北京理工大学"双一流"建设精品出版工程

Fundamentals of Elasticity

弹性力学基础

廖日东 ◎ 编著

U0233963

北京理工大学出版社
BEIJING INSTITUTE OF TECHNOLOGY PRESS

版权专有　侵权必究

图书在版编目（ＣＩＰ）数据

弹性力学基础 / 廖日东编著 . -- 北京：北京理工
大学出版社，2021. 11
ISBN 978 - 7 - 5763 - 0699 - 6

Ⅰ. ①弹… Ⅱ. ①廖… Ⅲ. ①弹性力学—教材 Ⅳ.
①O343

中国版本图书馆 ＣＩＰ 数据核字（2021）第 235459 号

出版发行 / 北京理工大学出版社有限责任公司		
社　　址 / 北京市海淀区中关村南大街 5 号		
邮　　编 / 100081		
电　　话 / (010) 68914775（总编室）		
(010) 82562903（教材售后服务热线）		
(010) 68944723（其他图书服务热线）		
网　　址 / http：//www.bitpress.com.cn		
经　　销 / 全国各地新华书店		
印　　刷 / 三河市华骏印务包装有限公司		
开　　本 / 787 毫米 × 1092 毫米　1/16		
印　　张 / 18.75	责任编辑 / 徐　宁
字　　数 / 418 千字	文案编辑 / 宋　肖
版　　次 / 2021 年 11 月第 1 版　2021 年 11 月第 1 次印刷	责任校对 / 周瑞红
定　　价 / 78.00 元	责任印制 / 李志强

图书出现印装质量问题，请拨打售后服务热线，本社负责调换

前　言

　　所谓弹性，是指物体在卸除所受载荷后能够完全恢复成原来形状的性质；与之相对应的是不能恢复变形的性质，即塑性。物体表现出弹性还是塑性是与其所受载荷密切相关的。当载荷足够小时，总可以认为物体是弹性的，也就是弹性体。弹性力学是研究弹性体在力的作用（也包括温度变化等其他因素）下如何变形以及如何传递所受作用力的一门理论。工程实践中，大多数固体结构在其正常工作载荷条件下都可以近似看成弹性体，因此弹性力学与工程实践具有密切的联系。事实上，正是由于工程技术发展的需要促进了弹性力学的产生和进步。如今，载运工具、动力机械、航空航天、土木水利等各个工程领域都是弹性力学应用的广阔天地。同时，弹性力学也是塑性力学、断裂力学、板壳力学、复合材料力学、细观力学以及土壤力学等多种固体力学课程的先修课程。

　　作为固体力学的基础，弹性力学的发展可谓源远流长，弹性力学的天空中可谓群星璀璨。但其早期的内容现在一般都归入材料力学的范畴。今天，我们通常将 19 世纪 20 年代纳维（Navier）、柯西（Cauchy）等建立弹性力学基本方程组作为弹性力学的肇端。因为弹性力学方程组的建立使得弹性力学问题得到完整的数学和物理描述，弹性力学方程组也与黏性流体力学方程组、电磁学方程组并称为 19 世纪物理学的三大著名偏微分方程组，在自然科学中占有重要地位。

　　特别值得一提的是，奠定弹性力学基础的纳维、柯西、泊松（Poisson）以及圣维南（Saint-Venant）等人均学习和任职于法国巴黎综合工科学校（École Ploytechnique）和桥梁道路学校（École des Ponts et Chaussées），他们生活在同一时代，都从事了大量的工程设计工作，且都十分重视理论与实践的结合。他们的成就是科学史上的一段佳话，对今天的工科学生应该具有重要的启示意义。

　　迄今，国内外已经出版了大量的弹性力学教材，其中很多都是经典名著。在参考部分教材的基础上，作者努力在以下几方面让本书具有一定的特色，以期更有利于初学者快速掌握弹性力学的基本概念、基本方程和基本方法。

　　（1）注重问题牵引。全书将紧紧围绕"弹性体如何传递所受作用力并如何变形"这一核心问题顺序展开，力求让读者始终明确自己解决这一核心问题时还面临的子问题，始终以"问题"作为自己前进的指南和牵引，进而提高学习和研究弹性力学的内在动力。

　　（2）强调数学推演。弹性力学问题是复杂的，只有采用数学语言才能准确描述，只有经历数学推导和演算才能真正理解问题的解。本书对重要方程尽量给出详细的推导和说明，希望大篇幅的数学推导是让读者深刻掌握弹性力学的保障而不是障碍。书中涉及的数学知识，相信只要具有工科大学数学基础的读者都能完全理解，并能从中体会到数学的关键作用。

（3）方便对比学习。弹性力学中很多概念、方法存在诸多相似之处，书中在相关内容的撰写上尽量采取相近的安排，如对"应力"和"应变"概念的介绍，对同一方程在直角坐标系、柱坐标系和球坐标系中的推导以及对"位移法"和"应力法"的介绍，对"位移函数法"和"应力函数法"的介绍等，有些内容甚至显得有些重复。作者希望通过这样的安排让读者，特别是初学者，加深对概念的理解和对方法的掌握，更清楚问题的困难所在。

下面再介绍一下作者在撰写本书的过程中对一些具体内容所做的思考和处理。

依作者的经验，学习弹性力学的一个突出困难是对"应力""应变"概念的理解。作为一个需要用 6 个量表示的二阶张量，"应力""应变"无疑是大多数学生所学过的最复杂的物理量或几何量。多数教材对这两个概念的引入和分析是很简略的，从而导致初学者难以做到深刻的理解和真正的掌握，大大影响后续内容的学习。本书尽量站在初学者的角度，紧扣"如何表征变形体上一点处的受力状态"和"如何描述变形体上一点的变形程度"这两个基本问题，采用"先假设，后证明"的方式，自然地提出直角坐标系中的应力概念和应变概念。然后从概念的数学表征、不同记法、相关方程推导和应用等内容上尽可能做详细的介绍，帮助初学者建立对两个基本概念的深刻理解。

我们知道，应力概念的提出是为了分析变形体上每一点的受力状态，因此应力是针对"点"而言的。与多数教材不同，本书没有采用直六面体而是采用了过同一点的 3 个"面"来标示应力分量，目的是强化一个点的应力和一个体的面力的区别，从而更好地理解应力概念的本质。

在介绍应变概念时，本书没有直接给出常用的柯西应变的定义，而是根据"描述一点处变形程度"的需要，首先提出格林应变，尽管格林应变具有复杂的非线性形式，却能让初学者树立清晰且完整的如何描述变形的概念，然后指出柯西应变只是格林应变的一次近似，对柯西应变进行几何含义的解释无论怎样都只是近似的。

与许多教材不同的另一点是，本书摒弃了"微元体"分析法，直接针对"有限体"，采用高等数学中积分/极限运算记法来阐述应力、应变的定义以及推导有关基本方程（柯西公式、平衡方程、几何方程等），整个过程中没有不必要的"假设"和"技巧"，作者希望这样的处理能够使初学者对弹性力学概念的理解更加严谨，也为高等数学知识的应用提供了途径。

从矩阵分析角度看，主应力、主应变无非是应力矩阵和应变矩阵的特征值，但一般来讲，在应力分析中，我们可以从"寻找过一点的某截面，使得该点在截面上的应力向量与法向重合"这样一个清晰的问题来引出应力矩阵的特征值问题，但由于传统应变矩阵元素的定义过程，应变矩阵的行或列失去了直观的向量特征，这样就使得应变矩阵的特征值问题失去了像应力矩阵特征值一样的问题牵引。为此，本书提出了正应变和剪应变的统一定义，凸显应变矩阵行或列的向量性质，使主应变的提出也具有了同样的问题牵引。

　　张量分析是弹性力学的重要内容，但对于张量的概念、记法和运算法则，本书只根据需要做一些必要但详细的介绍。本书力图表明弹性理论的建立需要（可以）采用指标记法和定义张量运算法则，因为只有这样才能更好地简化有关推导过程，才能让有关方程在形式上变得简单且在不同坐标下得到统一的表达。

　　各向同性弹性体的应变和应力关系在弹性力学中占有重要地位，本书充分发挥矩阵分析的作用，从数学上证明了常见的广义胡克定律是材料为线弹性各向同性的充分必要条件。依据同样的思路，本书也从数学上讨论了应变与温度变化的关系。相信这些内容对初学者深刻理解理论分析与实验测定之间的相互关系具有重要作用。

　　本书在分析弹性力学定解问题的求解方法上采取了从一般到特殊、从高维到低维的思路来组织有关内容。在给出三维弹性力学问题的一般描述和求解思路后，我们完全从数学上探讨三维问题向二维、一维问题降维的条件，相应的方程以及可能的求解方法。多年的教学实践表明，这种方式便于对问题的分类，便于初学者掌握弹性力学问题求解的脉络。

　　在介绍弹性力学问题的积分表示时，本书也是采用从一般到特殊的方式。在加权余量表达式的基础上，给出分别适用于位移法和应力法的虚位移原理、虚应力原理，进而给出适用于线弹性材料的最小势能原理和最小余能原理。为了更好地与后续有限元法课程衔接，本书对基于积分形式的近似解法也作了初步介绍。

　　本书在介绍弹性力学基本概念、基本方程和基本方法时，分别给出了3种不同坐标系（直角坐标系、柱坐标系和球坐标系）中的结果。事实上，不同问题采用不同的坐标系来分析和求解的难度是不同的。多数初学者似乎更容易接受直角坐标系，但很多问题采用直角坐标系涉及复杂的偏微分方程组的求解，而若采用柱坐标或球坐标后，问题都转化为常微分方程的求解，难度大大下降，这充分说明了坐标系选择的重要性，这一点希望初学者能够细心体会。

　　解析求解是弹性力学的重要内容，但是由于数值方法（特别是有限元法）的发展，人们觉得弹性力学问题的解析求解似乎已经没有再学习的必要，然而事实显然不是这样的。首先，对于同一个问题，如果同时获得了解析解和数值解，则解析解对问题的揭示是精确的、深刻的，而数值解通常只是近似的、粗浅的；解析解是用来检验该问题数值求解方法是否正确的标准；但对于不存在解析解的复杂问题，该问题退化形式的解析解往往也是理解复杂数值解的基础。事实上，许多看似简单的问题的解析解，如本书给出的厚薄圆筒（或球壳）问题的解、椭圆截面杆扭转问题的解、小孔应力集中问题的解等，都对复杂工程应用具有重要的指导作用。这一点也希望读者能够结合有关应用进一步去体会。

　　自研究生学习阶段起，作者主要从事弹塑性力学有限元法的工程应用工作，对弹性力学缺乏深入的理论研究。2005 年至今，作者承担了北京理工大学车辆工程、动力工程及工程热物理以及机械工程专业的硕士研究生弹性力学的教学工作。10 多年来，作者每次授课前，都将自己置身于初学者的位置，以"问题提出"牵引教学内容，以"数学推演"控制课堂节奏，这种最原始的教学方式在当今演示文稿（PPT）盛行的时代得到大多数学生的认可和欢迎，很多同学都热情鼓励作者将课上详细的板书编写成册，本书的内容便是在这样教与学的过程中锱铢积累而成的。

在此，作者首先要对以往历届和我共同学习的学生们表示真诚的谢意，并特别感谢鲍珂、李文、黄志荣、程正坤、陈国华、桂学文等同学在与作者课后讨论中给予的启发以及整理讲义、校对书稿时提供的帮助。但愿本书的完成，也能唤起我的学生们在离开学校多年以后对当年课堂往事的回忆。

北京理工大学物理学院范天佑教授和宇航学院赵颖涛副教授认真审阅了书稿，在指正错误和提出建议的同时也对本书的特点给予肯定，作者对他们表示深切的谢意！

本书的出版得到北京理工大学"特立教材"专项计划的资助；北京理工大学出版社宋肖、张路、熊琳编辑为本书的出版做了许多细致的、卓有成效的工作，作者一并表示感谢！

必须提及的是，本书成稿的最后一段时间，正值新冠疫情肆虐之际，每日里各路媒体传来大量的关于染病和抗疫的人和事，让我的心里满是感慨和感动，自己无力为抗疫做贡献，唯愿本书的早日完成能够成为自己心中这段非常岁月的一个纪念。

受能力所限，作者对很多问题的理解和认识可能是肤浅的或片面的，虽然付出了不少的努力，但错误或是不妥定是难免，热诚欢迎各方面的批评和指正。

廖日东

2020 年 4 月北京理工大学

目　　录

第一章

弹性体的受力分析

1.1　弹性体的外力分析

弹性体是一种特殊的变形体，当卸去所受载荷后，弹性体将完全恢复成原来的形状。弹性力学是研究弹性体在力系作用（也包括温度变化等其他因素）下如何变形以及如何传递所受力系的科学。所谓力系，是指作用于同一物体或物体系统上的一群力。

实践表明，力对物体的作用效应取决于力的大小、方向和作用点。对于质点（系）或刚体，我们关心的是力的**运动效应**或**外效应**，而对于弹性体等变形体，我们除了关心力的运动效应之外，更重要的是要关心力的**变形效应**或**内效应**。正是由于这种不同，弹性体的受力分析与刚体有所不同。

在刚体力学中，为了便于了解力系的总效应，常常采用一个简单的与之等效的力系进行替换。对于复杂的一般力系，我们可以将其向任意一点 O 简化，得到一个力 F_R（称为主矢）和一个力偶 M_O（称为主矩）。由于刚体的特殊性，这种等效是可以实现的。为此，力系的简化也成为刚体力学中的一项重要内容。根据主矢 F_R 和主矩 M_O 的结果，可以判断给定力系的最简单形式，如表 1.1.1 所示。

表 1.1.1　一般力系简化的最简单形式[①]

F_R（主矢）	M_O（主矩）	$F_R \cdot M_O$	力系最简单形式
=0	=0	=0	平衡
=0	≠0	=0	合力偶
≠0	=0	=0	合力
≠0	≠0	=0	合力
≠0	≠0	≠0	力螺旋

对于变形体，由于我们主要关心的是力的变形效应，而力的变形效应与力的三要素（即大小、方向与作用点）均密切相关，因此在变形体力学中，除了一些近似计算的情况，通常不能对给定的力系进行简化。

现代科学表明，物体结构和性能在微观上是不连续的。但是，为了便于建立合适的数学模型，我们需要将微观上并不连续的变形体假设为连续体（图 1.1.1），从而可以将变形体描述为表面封闭的几何区域。这一假设对变形体力学来说是根本性的，对变形体

① 梅凤翔. 工程力学（上册）[M]. 北京：高等教育出版社，2003.

的受力分析及变形分析都具有重大影响。解除连续性假设，将会引起整个思维体系和数学手段的根本改变。

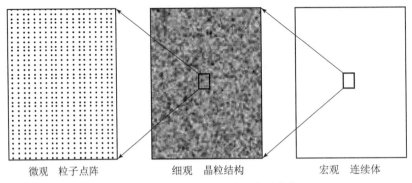

微观　粒子点阵　　　　　细观　晶粒结构　　　　　宏观　连续体

图 1.1.1　不同尺度下的物体结构①

基于连续性假设，我们可以将作用在物体上的力处理成两种不同形式的分布力，分别为**体力**和**面力**。

所谓**体力**，是指作用点分布在物体体积内的力，常见的可以处理成体力的作用力有万有引力、惯性力和磁力等。

体力可以用一个分布在体积上的定位向量函数表示。对任意点 $P(x,y,z)$，可以取包含该点的体积 ΔV，假设作用在该体积上的合力为 $\Delta \boldsymbol{Q}$，则点 P 上的体力向量为

$$\boldsymbol{f}(x,y,z)= \lim_{\Delta V \to 0}\frac{\Delta \boldsymbol{Q}}{\Delta V} = \frac{\mathrm{d}\boldsymbol{Q}}{\mathrm{d}V} \tag{1.1.1}$$

反之，如果已知体积 V 上的体力分布为 $\boldsymbol{f}(x,y,z)$，则在该体积上所受体力的合力为

$$\boldsymbol{Q} = \int_V \boldsymbol{f}(x,y,z)\,\mathrm{d}V \tag{1.1.2}$$

相应地，所谓**面力**，是指作用点分布在物体表面上的力，常见的可以处理成面力的作用力有固体与固体之间的接触力、流体对容器的压力等。

面力可以用一个分布在面积上的定位向量函数表示。对任意点 $P(x,y,z)$，可以取包含该点的面积 ΔS，假设作用在该面积上的合力为 $\Delta \boldsymbol{Q}$，则点 P 上的面力向量为

$$\boldsymbol{p}(x,y,z)= \lim_{\Delta S \to 0}\frac{\Delta \boldsymbol{Q}}{\Delta S} = \frac{\mathrm{d}\boldsymbol{Q}}{\mathrm{d}S} \tag{1.1.3}$$

反之，如果已知面积 S 上的面力分布为 $\boldsymbol{p}(x,y,z)$，则在该面积上所受面力的合力为

$$\boldsymbol{Q} = \int_S \boldsymbol{p}(x,y,z)\,\mathrm{d}S \tag{1.1.4}$$

例1：试给出图 1.1.2 所示重力作用下简支梁的体力分布函数。

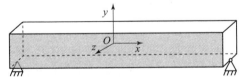

图 1.1.2　重力作用下简支梁的体力分布函数

---

① Pantelides S T. What is materials physics, any way? [J]. *Phys Today*, 1992, 49 (5): 67–69.

建立如图 1.1.2 所示的坐标系，假设梁上任意点 $P(x,y,z)$ 处的密度为 $\rho(x,y,z)$，重力加速度大小为 $g(x,y,z)$，方向为 $-y$ 方向，任意选取包含该点的体积 ΔV，则作用在该体积上的重力为

$$\Delta \boldsymbol{Q} = - \int_{\Delta V} \rho(x,y,z) g(x,y,z) \mathrm{d}V \boldsymbol{j}$$

式中，$\boldsymbol{j}$ 为 y 方向的单位基向量。

则点 P 上的体力向量为

$$\boldsymbol{f}(x,y,z) = \lim_{\Delta V \to 0} \frac{\Delta \boldsymbol{Q}}{\Delta V} = \lim_{\Delta V \to 0} \frac{- \int_{\Delta V} \rho(x,y,z) g(x,y,z) \mathrm{d}V \boldsymbol{j}}{\Delta V}$$

假设 $\rho(x,y,z)$ 和 $g(x,y,z)$ 均为连续函数，则由积分中值定理可以得到

$$\begin{aligned}
\boldsymbol{f}(x,y,z) &= \lim_{\Delta V \to 0} \frac{- \int_{\Delta V} \rho(x,y,z) g(x,y,z) \mathrm{d}V \boldsymbol{j}}{\Delta V} \\
&= \lim_{\substack{\Delta x \to 0 \\ \Delta y \to 0 \\ \Delta z \to 0}} \frac{- \rho(x + \alpha \Delta x, y + \beta \Delta y, z + \gamma \Delta z) g(x + \alpha \Delta x, y + \beta \Delta y, z + \gamma \Delta z) \Delta V \boldsymbol{j}}{\Delta V} \\
&= - \rho(x,y,z) g(x,y,z) \boldsymbol{j}
\end{aligned}$$

式中，$0 \leqslant \alpha \leqslant 1$，$0 \leqslant \beta \leqslant 1$，$0 \leqslant \gamma \leqslant 1$，且均为常数。

特别地，如果该梁的密度是均匀的，同时忽略梁上不同点处重力加速度的差异，则梁上各点的体力也是相同的。

例 2：试给出图 1.1.3 所示坝体所受水压作用的合力，假设水的密度 ρ 及重力加速度 g 均为常数。

建立如图 1.1.3 所示的坐标系，依据流体静力学理论可知，坝体 OA 边上任意点 $P(y)$ 处所受水压为

$$\boldsymbol{p}(y) = - \rho g (h_2 - y) \boldsymbol{i}$$

式中，$\boldsymbol{i}$ 为 x 方向的单位基向量。

假设坝体厚度（即 z 方向上的尺寸）为 L，则所受水压的合力为

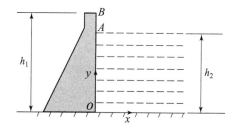

图 1.1.3 水压作用下的坝体

$$\begin{aligned}
\boldsymbol{Q} &= \int_S \boldsymbol{p}(y) \mathrm{d}S \\
&= - \int_0^{h_2} \rho g L (h_2 - y) \boldsymbol{i} \mathrm{d}y \\
&= - \frac{1}{2} \rho g L h_2^2 \boldsymbol{i}
\end{aligned}$$

即所受水压的合力大小为 $\frac{1}{2} \rho g L h_2^2$，方向为 $-x$ 方向。

值得指出的是，由于外力的变形效应，变形体上的外力若随时间变化，则其作用点的位移也会随时间变化。此时，即便物体上所受外力的合力、合力矩均为零，物体也不能处于平衡状态。

1.2　弹性体内力的表征——应力

1.2.1　应力的概念

所谓弹性体的内力，是指在外力作用下弹性体内部质点与质点之间产生的附加作用。之所以说是"附加"作用，是因为物体内部的质点之间原本就存在一定的凝聚力，而我们今后的所有分析是不考虑这种作用力的。

从运动效应的角度，变形体上一点的内力分析是简单的。对于静平衡的物体，其中的每一点所受的合力应该为零；对于动平衡的物体，则其中每一点所受的合力即等于其质量与加速度的乘积，引入惯性力的概念并运用达朗贝尔原理，动平衡物体的分析可以转化为作用有惯性力的静平衡分析，即每一点所受的合力与惯性力的和应该为零。

但是，从变形效应分析的角度，我们有必要分析变形体每一点 $P(x,y,z)$ 在每个方向上所受力的大小。为此，可以假想地采用通过该点的某一平面将弹性体截开成部分 I 和部分 II（图 1.2.1），如果令部分 I 的截面外法线方向为 $\boldsymbol{n}$，则部分 II 的截面外法线方向为 $-\boldsymbol{n}$。**我们忽略两部分在分界面上的相互体力作用，假设两部分之间的相互作用可等效为二者分界面上的接触面力**[①]。在这种假设下，P 点在 $\boldsymbol{n}$ 方向上所受的力等于在分界面上部分 II 对部分 I 的面力，记为 $\boldsymbol{T}_n(x,y,z)$，其中下标 n 表示截面的外法向为 $\boldsymbol{n}$。同样地，P 点在 $-\boldsymbol{n}$ 方向上所受的力等于在分界面上部分 I 对部分 II 分界面上的面力在该处的值，记为 $\boldsymbol{T}_{-n}(x,y,z)$。

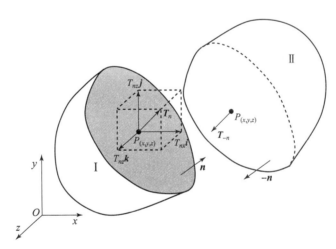

图 1.2.1　弹性体的内力分析

将 $\boldsymbol{T}_n(x,y,z)$ 沿 3 个坐标轴方向分解，得到

$$\boldsymbol{T}_n(x,y,z) = T_{nx}(x,y,z)\boldsymbol{i} + T_{ny}(x,y,z)\boldsymbol{j} + T_{nz}(x,y,z)\boldsymbol{k} \tag{1.2.1}$$

式中，$\boldsymbol{i}$，$\boldsymbol{j}$，$\boldsymbol{k}$ 分别为 x，y，z 方向的单位基向量。

---

① ［法］R. 特曼，A. 米朗维尔. 连续介质力学中的数学模型［M］. 薛密 译. 北京：清华大学出版社，2004.

运用牛顿第三定律，可知

$$T_n(x,y,z) = -T_{-n}(x,y,z) \tag{1.2.2}$$

也就是说，P 在 $-n$ 方向上所受的力与 n 方向上所受的力大小相等，方向相反。

　　显然，若要全面地知道点 P 的受力状态，必须知道 P 在任意方向上所受的力，即过该点的任意平面截分物体后，截面上的面力在 P 点的值。由于过一点的平面有无穷多个，因此采用这种方式来表征点 P 的受力状态，可能意味着需要无穷多个表示面力的变量。除非这无穷多个面力的变量之间具有特定的关系，从而可以由有限个变量来表征，否则这种方式就不适合用于表示一点的受力状态。

　　非常有趣且值得庆幸的是，过 P 点的无穷多个可能截面上的面力确实具有一定的关系，任意截面上 P 点的面力可以用 3 个不共面的法向决定的截面上的面力以确定的方式表示出来，因此这 3 个截面上的面力也就可以作为 P 点上受力状态的一种表征。

　　首先选择法向分别为 3 个坐标轴正方向的 3 个平面来截分物体，如图 1.2.2 所示。仿照式（1.2.1），可得

$$\begin{cases} T_x(x,y,z) = T_{xx}(x,y,z)\boldsymbol{i} + T_{xy}(x,y,z)\boldsymbol{j} + T_{xz}(x,y,z)\boldsymbol{k} \\ T_y(x,y,z) = T_{yx}(x,y,z)\boldsymbol{i} + T_{yy}(x,y,z)\boldsymbol{j} + T_{yz}(x,y,z)\boldsymbol{k} \\ T_z(x,y,z) = T_{zx}(x,y,z)\boldsymbol{i} + T_{zy}(x,y,z)\boldsymbol{j} + T_{zz}(x,y,z)\boldsymbol{k} \end{cases} \tag{1.2.3}$$

注意上式右端各分量都有两个下标，其中左下标表示了截面的方向，而右下标则表示分量的方向。

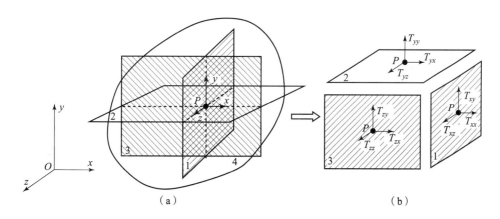

图 1.2.2　直角坐标系中变形体上任意点 P 处的应力分量

（a）变形体上任意点 P 及过该点且法向为 3 个直角坐标方向的截平面 1、2、3；

（b）P 点处在法向为 3 个坐标方向的截平面上内力分量

　　为了清楚地表示上述 9 个面力分量，在图 1.2.2（b）中将 3 个截面分别画出并标出相应的各应力分量。注意该图中平面 1、2、3 都通过点 P。

　　下面证明，任意的 $T_n(x,y,z)$ 可以用 $T_x(x,y,z)$，$T_y(x,y,z)$ 和 $T_z(x,y,z)$ 表示出来。

　　如图 1.2.3 所示，过点 P 作外法向为 n 的截面 4，将截面 4 沿其法向 n 平移 h 得到平面 $4'$，则平面 1、2、3 和 $4'$ 围成一个四面体 $PABC$。图中给出了该四面体表面及体积上的受力。为了与工程上认为杆 "在受拉时截面应力为正、受压时截面应力为负" 的观念一致，我们习惯上规定：对于外法线方向与某个坐标轴方向**相同**的截面，则所有 3 个分量均

取与坐标轴相同的方向为正；对于外法线方向与坐标轴方向**相反**的截面，则所有 3 个分量均取与坐标轴相反的方向为正；对其他方向的斜截面，将内力向量向 3 个坐标轴方向分解时，所有 3 个分量均取与坐标轴相同的方向为正。

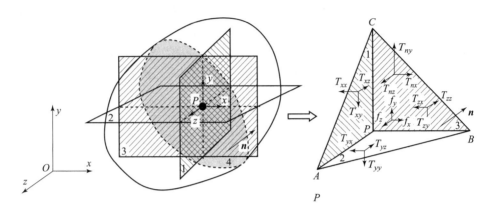

图 1.2.3 点 P 处四面体的形成及受力分析

首先，考察该四面体在 x 方向上的力平衡条件——4 个表面上的面力及体力在 x 方向的合力为零，即

$$\int_{ABC} T_{nx}(x,y,z)\mathrm{d}s + \int_{PABC} f_x(x,y,z)\mathrm{d}V$$

$$= \int_{PAC} T_{xx}(x,y,z)\mathrm{d}s + \int_{PAB} T_{yx}(x,y,z)\mathrm{d}s + \int_{PBC} T_{zx}(x,y,z)\mathrm{d}s \tag{1.2.4}$$

令三角形 PAC、PAB、PBC、ABC 的面积分别为 s_1，s_2，s_3 和 s_4，四面体 $PABC$ 的体积为 V，**假设各面力分量和体力分量在四面体上的分布都是连续的**，则利用积分中值定理可得

$$T_{nx}(x+\alpha_4\Delta x,\ y+\beta_4\Delta y,\ z+\gamma_4\Delta z)s_4 + f_x(x+\alpha_5\Delta x,\ y+\beta_5\Delta y,\ z+\gamma_5\Delta z)V$$

$$= T_{xx}(x,\ y+\beta_1\Delta y,\ z+\gamma_1\Delta z)s_1 + T_{yx}(x+\alpha_2\Delta x,y,z+\gamma_2\Delta z)s_2 +$$

$$T_{zx}(x+\alpha_3\Delta x,\ y+\beta_3\Delta y,z)s_3 \tag{1.2.5}$$

式中，$0\leqslant\alpha_i\leqslant 1$，$0\leqslant\beta_i\leqslant 1$，$0\leqslant\gamma_i\leqslant 1$，$i=1$，$2$，$\cdots$，$5$。

将等式两边同时除以 s_4，并注意到 $s_1=s_4 c_{nx}$，$s_2=s_4 c_{ny}$，$s_3=s_4 c_{nz}$，其中 c_{nx}，c_{ny}，c_{nz} 表示方向 n 的方向余弦。用 (n,x)，(n,y)，(n,z) 分别表示 n 与 x 轴，y 轴和 z 轴的夹角，则

$$c_{nx}=\cos(n,x), c_{ny}=\cos(n,y), c_{nz}=\cos(n,z) \tag{1.2.6}$$

还注意到

$$V=\frac{1}{3}s_4 c_{nx}\Delta x=\frac{1}{3}s_4 c_{ny}\Delta y=\frac{1}{3}s_4 c_{nz}\Delta z \tag{1.2.7}$$

所以由式（1.2.5）可以得到

$$T_{nx}(x+\alpha_4\Delta x,y+\beta_4\Delta y,z+\gamma_4\Delta z)+\frac{1}{3}f_x(x+\alpha_5\Delta x,y+\beta_5\Delta y,z+\gamma_5\Delta z)c_{nx}\Delta x$$

$$= T_{xx}(x,y+\beta_1\Delta y,z+\gamma_1\Delta z)c_{nx}+T_{yx}(x+\alpha_2\Delta x,y,z+\gamma_2\Delta z)c_{ny}+$$

$$T_{zx}(x+\alpha_3\Delta x,y+\beta_3\Delta y,z)c_{nz} \tag{1.2.8}$$

为了得到 P 点处的平衡条件，对等式两边取极限运算：

$$\lim_{\substack{\Delta x \to 0 \\ \Delta y \to 0 \\ \Delta z \to 0}} \left[T_{nx}(x + \alpha_4 \Delta x, y + \beta_4 \Delta y, z + \gamma_4 \Delta z) + \frac{1}{3} f_x(x + \alpha_5 \Delta x, y + \beta_5 \Delta y, z + \gamma_5 \Delta z) c_{nx} \Delta x \right]$$

$$= \lim_{\substack{\Delta x \to 0 \\ \Delta y \to 0 \\ \Delta z \to 0}} \left[T_{xx}(x, y + \beta_1 \Delta y, z + \gamma_1 \Delta z) c_{nx} + T_{yx}(x + \alpha_2 \Delta x, y, z + \gamma_2 \Delta z) c_{ny} + \right.$$

$$\left. T_{zx}(x + \alpha_3 \Delta x, y + \beta_3 \Delta y, z) c_{nz} \right] \tag{1.2.9}$$

完成极限运算,注意到体力项在求极限后等于零,得到

$$T_{nx}(x, y, z) = T_{xx}(x, y, z) c_{nx} + T_{yx}(x, y, z) c_{ny} + T_{zx}(x, y, z) c_{nz} \tag{1.2.10}$$

类似地,根据四面体 $PABC$ 在 y 方向和 z 方向上的力平衡条件,并作极限运算可得 P 点处 $\boldsymbol{n}$ 方向上的内力在 y, z 方向的分量为

$$T_{ny}(x, y, z) = T_{xy}(x, y, z) c_{nx} + T_{yy}(x, y, z) c_{ny} + T_{zy}(x, y, z) c_{nz} \tag{1.2.11}$$

$$T_{nz}(x, y, z) = T_{xz}(x, y, z) c_{nx} + T_{yz}(x, y, z) c_{ny} + T_{zz}(x, y, z) c_{nz} \tag{1.2.12}$$

由此,可以得出结论:$T_x(x, y, z)$,$T_y(x, y, z)$ 和 $T_z(x, y, z)$ 的 9 个分量 T_{xx},T_{xy},T_{xz},T_{yx},T_{yy},T_{yz},T_{zx},T_{zy},T_{zz} 表征了点 P 处的内力状态。

上述式(1.2.10)~式(1.2.12)是柯西(Cauchy)首先得到的,通常称之为**柯西公式**。

定义 1:由外力作用导致弹性体上一点处所受的内力称为该点的**应力**。在一般三维情况下,应力可以用给定坐标系下的 9 个分量表示。

习惯上将垂直于所在截面的应力分量 T_{xx},T_{yy},T_{zz} 称为**正应力分量**,简称正应力;而将平行于所在截面的应力分量 T_{xy},T_{xz},T_{yx},T_{yz},T_{zx},T_{zy} 称为**剪应力分量**,简称剪应力。

下面,我们再来考察该四面体所受力对平行于 x 方向的 PB 轴的力矩平衡条件,即四面体上所有面力和体力对 PB 轴的力矩之和为零。

$$\int_{ABC} \left[T_{nz}(y - y_P) - T_{ny}(z - z_P) \right] \mathrm{d}s + \int_{PAC} \left[T_{xy}(z - z_P) - T_{xz}(y - y_P) \right] \mathrm{d}s +$$

$$\int_{PAB} T_{yy}(z - z_P) \mathrm{d}s - \int_{PBC} T_{zz}(y - y_P) \mathrm{d}s +$$

$$\int_{PABC} \left[f_z(y - y_P) - f_y(z - z_P) \right] \mathrm{d}V = 0 \tag{1.2.13}$$

利用第二积分中值定理,由上式可得

$$T'_{nz} \int_{ABC} (y - y_P) \mathrm{d}s - T'_{ny} \int_{ABC} (z - z_P) \mathrm{d}s + T'_{xy} \int_{PAC} (z - z_P) \mathrm{d}s -$$

$$T'_{xz} \int_{PAC} (y - y_P) \mathrm{d}s + T'_{yy} \int_{PAB} (z - z_P) \mathrm{d}s - T'_{zz} \int_{PBC} (y - y_P) \mathrm{d}s +$$

$$f'_z \int_{PABC} (y - y_P) \mathrm{d}V - f'_y \int_{PABC} (z - z_P) \mathrm{d}V = 0 \tag{1.2.14}$$

为简洁起见,式中采用上标 "'" 表示定义域内某一点处的函数值,下同。

完成有关积分得到

$$\frac{1}{3} \left(T'_{nz} \Delta y s_4 - T'_{ny} \Delta z s_4 + T'_{xy} \Delta z s_1 - T'_{xz} \Delta y s_1 + T'_{yy} \Delta z s_2 - T'_{zz} \Delta y s_3 \right) +$$

$$\frac{1}{4}(f'_z \Delta y - f'_y \Delta z)V = 0 \tag{1.2.15}$$

利用四面体体积 $V = \frac{1}{3}\Delta x s_1 = \frac{1}{3}\Delta y s_2 = \frac{1}{3}\Delta z s_3 = \frac{1}{3}hs_4$，上式两端除以 V 转化为

$$T'_{nz}\frac{\Delta y}{h} - T'_{ny}\frac{\Delta z}{h} + T'_{xy}\frac{\Delta z}{\Delta x} - T'_{xz}\frac{\Delta y}{\Delta x} + T'_{yy}\frac{\Delta z}{\Delta y} - T'_{zz}\frac{\Delta y}{\Delta z} + \frac{1}{4}\ (f'_z\Delta y - f'_y\Delta z) = 0 \tag{1.2.16}$$

利用关系式 $h = \Delta x \cdot c_{nx} = \Delta y \cdot c_{ny} = \Delta z \cdot c_{nz}$，上式转化为

$$T'_{nz}\frac{1}{c_{ny}} - T'_{ny}\frac{1}{c_{nz}} + T'_{xy}\frac{c_{nx}}{c_{nz}} - T'_{xz}\frac{c_{nx}}{c_{ny}} + T'_{yy}\frac{c_{ny}}{c_{nz}} - T'_{zz}\frac{c_{nz}}{c_{ny}} + \frac{1}{4}\ (f'_z\Delta y - f'_y\Delta z) = 0 \tag{1.2.17}$$

整理上式并对其左端取极限，获得 P 点处的结果：

$$\lim_{\substack{\Delta x \to 0 \\ \Delta y \to 0 \\ \Delta z \to 0}}\left[\frac{1}{c_{ny}}(T'_{nz} - T'_{xz}c_{nx} - T_{zz}c_{nz}) - \frac{1}{c_{nz}}(T'_{ny} - T'_{xy}c_{nx} - T'_{yy}c_{ny}) + \frac{1}{4}(f'_z\Delta y - f'_y\Delta z) \right] = 0$$

即

$$\frac{1}{c_{ny}}(T_{nz} - T_{xz}c_{nx} - T_{zz}c_{nz}) - \frac{1}{c_{nz}}(T_{ny} - T_{xy}c_{nx} - T_{yy}c_{ny}) = 0 \tag{1.2.18}$$

利用柯西公式，有

$$\frac{1}{c_{ny}}(T_{nz} - T_{xz}c_{nx} - T_{zz}c_{nz}) = T_{yz} \tag{1.2.19}$$

$$\frac{1}{c_{nz}}(T_{ny} - T_{xy}c_{nx} - T_{yy}c_{ny}) = T_{zy} \tag{1.2.20}$$

所以有

$$T_{yz} = T_{zy} \tag{1.2.21}$$

类似地，考察该四面体受力对 PC 轴和 PA 轴的力矩平衡条件，可得

$$T_{xz} = T_{zx} \tag{1.2.22}$$

$$T_{xy} = T_{yx} \tag{1.2.23}$$

上述式（1.2.21）~式（1.2.23）表明，下标顺序互逆的两个剪应力分量相等，一点处的 9 个应力分量实际上只有 6 个是独立的，此称为**剪应力互等定理**。

1.2.2　应力的记法

鉴于一点处的应力需要用 9 个分量表示，因此必须提出合理的记法才能方便相关的应用。目前常见的记法有以下两种。

1. 矩阵形式

将一点处应力的 9 个分量记成一个 3×3 的矩阵，形如

$$\boldsymbol{T} = \begin{bmatrix} T_{xx} & T_{xy} & T_{xz} \\ T_{yx} & T_{yy} & T_{yz} \\ T_{zx} & T_{zy} & T_{zz} \end{bmatrix} \tag{1.2.24}$$

由于剪应力互等，因此应力矩阵为对称矩阵。

同时，$\boldsymbol{n}$ 方向的内力向量以及 3 个坐标轴方向的内力向量也可采用矩阵的形式表示为

$$\boldsymbol{T}_n = \begin{Bmatrix} T_{nx} \\ T_{ny} \\ T_{nz} \end{Bmatrix}, \ \boldsymbol{T}_x = \begin{Bmatrix} T_{xx} \\ T_{xy} \\ T_{xz} \end{Bmatrix}, \ \boldsymbol{T}_y = \begin{Bmatrix} T_{yx} \\ T_{yy} \\ T_{yz} \end{Bmatrix}, \ \boldsymbol{T}_z = \begin{Bmatrix} T_{zx} \\ T_{zy} \\ T_{zz} \end{Bmatrix} \tag{1.2.25}$$

采用矩阵记法后，则 n 方向的内力向量与应力分量的关系式（1.2.10）~ 式（1.2.12），即柯西公式，可以采用矩阵乘法运算统一表示成下式：

$$T_n = \begin{bmatrix} T_{xx} & T_{yx} & T_{zx} \\ T_{xy} & T_{yy} & T_{zy} \\ T_{xz} & T_{yz} & T_{zz} \end{bmatrix} \begin{Bmatrix} c_{nx} \\ c_{ny} \\ c_{nz} \end{Bmatrix} = \begin{bmatrix} T_x & T_y & T_z \end{bmatrix} \begin{Bmatrix} c_{nx} \\ c_{ny} \\ c_{nz} \end{Bmatrix} = T^{\mathrm{T}} n$$

即

$$T_n = T_x c_{nx} + T_y c_{ny} + T_z c_{nz} \tag{1.2.26}$$

也就是说，任意方向的应力向量可以由 3 个坐标轴方向的应力向量线性表示，而且线性表达的系数就是 n 的方向余弦值。

在采用的字母记法方面，目前普遍采用希腊字母 σ 代替上述式中的 T，因此式（1.2.24）更常见的记法是

$$\sigma = \begin{bmatrix} \sigma_{xx} & \sigma_{xy} & \sigma_{xz} \\ \sigma_{yx} & \sigma_{yy} & \sigma_{yz} \\ \sigma_{zx} & \sigma_{zy} & \sigma_{zz} \end{bmatrix} \tag{1.2.27}$$

在工程界，习惯将剪应力分量用希腊字母 τ 表示，这样正应力和剪应力已可明显区分，正应力分量只用一个下标符号即可表示，由此得到

$$\sigma = \begin{bmatrix} \sigma_x & \tau_{xy} & \tau_{xz} \\ \tau_{yx} & \sigma_y & \tau_{yz} \\ \tau_{zx} & \tau_{zy} & \sigma_z \end{bmatrix} \tag{1.2.28}$$

为了简化求和或求积运算的表达，可以将 3 个坐标 x，y，z 的名称分别改记为 x_1，x_2 和 x_3，即

$$x \to x_1, \quad y \to x_2, \quad z \to x_3 \tag{1.2.29}$$

然后在应力分量的下标中省略字母 x，这样，应力分量就可简记为

$$\sigma_{ij}, \quad i, j = 1 \sim 3 \tag{1.2.30}$$

这时，应力分量矩阵即可记为

$$\sigma = [\sigma_{ij}] = \begin{bmatrix} \sigma_{11} & \sigma_{12} & \sigma_{13} \\ \sigma_{21} & \sigma_{22} & \sigma_{23} \\ \sigma_{31} & \sigma_{32} & \sigma_{33} \end{bmatrix} \tag{1.2.31}$$

这时 n 方向的内力向量以及 3 个坐标轴方向的内力向量也可采用矩阵的形式表示为

$$T_n = \begin{Bmatrix} T_{n1} \\ T_{n2} \\ T_{n3} \end{Bmatrix}, \quad T_1 = \begin{Bmatrix} T_{11} \\ T_{12} \\ T_{13} \end{Bmatrix}, \quad T_2 = \begin{Bmatrix} T_{21} \\ T_{22} \\ T_{23} \end{Bmatrix}, \quad T_3 = \begin{Bmatrix} T_{31} \\ T_{32} \\ T_{33} \end{Bmatrix} \tag{1.2.32}$$

相应地，按相同的规则改变方向余弦的记法

$$c_{nx} \to c_{n1}, \quad c_{ny} \to c_{n2}, \quad c_{nz} \to c_{n3} \tag{1.2.33}$$

于是，

$$T_n = T_1 c_{n1} + T_2 c_{n2} + T_3 c_{n3} = \sum_{i=1}^{3} T_i c_{ni} \tag{1.2.34}$$

进一步约定，算式中同一项中采用两个相同的指标表示对该指标在取值范围内遍历求和，从而可以省略求和符号，得到更加简化的记法，即

$$\boldsymbol{T}_n = \boldsymbol{T}_i c_{ni} \tag{1.2.35}$$

这是爱因斯坦在其广义相对论中为缩短篇幅首次采用的记法，因此也称为"**爱因斯坦求和约定**"。我们将算式中同一项中两个相同的指标称为**哑标**，其他指标则称为**自由指标**。当采用这一约定时，由于哑标表示遍历求和，因此哑标作整体变化（即两个相同指标同时改变成为另一个取值范围相同的指标）时不影响算式的结果。例如，

$$\boldsymbol{T}_n = \boldsymbol{T}_i c_{ni} = \boldsymbol{T}_j c_{nj} = \boldsymbol{T}_k c_{nk} \tag{1.2.36}$$

2. 分解形式

仿照向量的分解式，将所有应力分量及其对应的坐标方向的基向量并列写在一起，不同分量间用加号"+"联结，即

$$\boldsymbol{\sigma} = \sigma_{xx}\boldsymbol{ii} + \sigma_{xy}\boldsymbol{ij} + \sigma_{xz}\boldsymbol{ik} + \sigma_{yx}\boldsymbol{ji} + \sigma_{yy}\boldsymbol{jj} + \sigma_{yz}\boldsymbol{jk} + \sigma_{zx}\boldsymbol{ki} + \sigma_{zy}\boldsymbol{kj} + \sigma_{zz}\boldsymbol{kk} \tag{1.2.37}$$

将 3 个坐标 x，y，z 的名称分别改记为 x_1，x_2 和 x_3，同时将 3 个基向量按下列规则改变记法：

$$\boldsymbol{i} \to \boldsymbol{e}_1, \quad \boldsymbol{j} \to \boldsymbol{e}_2, \quad \boldsymbol{k} \to \boldsymbol{e}_3 \tag{1.2.38}$$

采用"爱因斯坦求和约定"，则有

$$\boldsymbol{\sigma} = \sigma_{11}\boldsymbol{e}_1\boldsymbol{e}_1 + \sigma_{12}\boldsymbol{e}_1\boldsymbol{e}_2 + \sigma_{13}\boldsymbol{e}_1\boldsymbol{e}_3 + \sigma_{21}\boldsymbol{e}_2\boldsymbol{e}_1 + \sigma_{22}\boldsymbol{e}_2\boldsymbol{e}_2 + \sigma_{23}\boldsymbol{e}_2\boldsymbol{e}_3 + \sigma_{31}\boldsymbol{e}_3\boldsymbol{e}_1 + \sigma_{32}\boldsymbol{e}_3\boldsymbol{e}_2 +$$

$$\sigma_{33}\boldsymbol{e}_3\boldsymbol{e}_3 = \sum_{i=1}^{3}\sum_{j=1}^{3}\sigma_{ij}\boldsymbol{e}_i\boldsymbol{e}_j = \sigma_{ij}\boldsymbol{e}_i\boldsymbol{e}_j \tag{1.2.39}$$

如果将方向 $\boldsymbol{n}$ 也写成其分解式，并采用上述坐标记法规则和求和约定，可以得到

$$\boldsymbol{n} = c_{nx}\boldsymbol{i} + c_{ny}\boldsymbol{j} + c_{nz}\boldsymbol{k}$$
$$= c_{n1}\boldsymbol{e}_1 + c_{n2}\boldsymbol{e}_2 + c_{n3}\boldsymbol{e}_3$$
$$= c_{ni}\boldsymbol{e}_i = c_{nk}\boldsymbol{e}_k \tag{1.2.40}$$

通过比较可以发现，$\boldsymbol{T}_n$ 可以由 $\boldsymbol{\sigma}$ 分解式中每一项的左侧基向量和 $\boldsymbol{n}$ 分解式中各项作点积运算得到：

$$\boldsymbol{T}_n = \sigma_{ij}c_{nk}(\boldsymbol{e}_k \cdot \boldsymbol{e}_i)\boldsymbol{e}_j = \sigma_{ij}c_{nk}\delta_{ik}\boldsymbol{e}_j = \sigma_{ij}c_{ni}\boldsymbol{e}_j \tag{1.2.41}$$

式中，δ_{ik} 称为克罗内克尔（Kronecker）符号，其定义是

$$\delta_{ik} = \begin{cases} 1, & i = k \\ 0, & i \neq k \end{cases} \tag{1.2.42}$$

上述 $\boldsymbol{n}$ 和 $\boldsymbol{\sigma}$ 的运算即 $\boldsymbol{n}$ 和 $\boldsymbol{\sigma}$（左）**点积**，通常记为 $\boldsymbol{n} \cdot \boldsymbol{\sigma}$，这样式（1.2.26）也可以记为

$$\boldsymbol{T}_n = \boldsymbol{n} \cdot \boldsymbol{\sigma} \tag{1.2.43}$$

实际应用中，可根据方便性的需要合理选择上述两种记法。可以看出，采用矩阵记法便于采用矩阵运算法则来开展有关计算，而分解式记法则更突出了应力分量的两重方向性，更深刻地表达了**应力的数学本质——二阶张量**。

指标的数字化使应力等复杂变量的记法得到大大简化，因此成为近代力学广泛采用的记法，但这种"内容高度浓缩"的简化记法也是许多初学者觉得弹性力学难以掌握的一个重要原因。

1.3 不同坐标系中应力分量的变换

通过前面的介绍可以看出，**应力分量的值与选择的坐标系密切相关。**

根据应力的定义可知，当采用由原坐标系 $Oxyz$ 通过平移变换生成的新坐标系 $O'x'y'z'$（即 O' 不同于 O，但坐标轴 x'，y'，z' 分别与坐标轴 x，y，z 平行，如图 1.3.1（a）所示）时，变形体上任意点上的应力分量与原坐标系中的应力分量将完全相同。

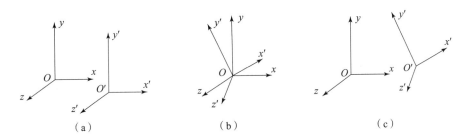

图 1.3.1 两个不同直角坐标系间的 3 种关系

（a）仅原点不同的两个直角坐标系；（b）原点相同但坐标轴存在夹角的两个直角坐标系；
（c）原点不同且坐标轴存在夹角的两个直角坐标系

但是，当采用的新坐标系与原坐标系存在一定夹角时，如图 1.3.1（b）、（c）所示，应力分量将会发生相应变化。如上所述，在两个仅原点不同的坐标系中，一点处的应力分量是完全相同的，因此要分析两个存在一定夹角的坐标系中的应力分量之间的关系，可以只分析图 1.3.1（b）所示的二者原点相同的情形，这时新坐标系可以认为是原坐标系绕原点转动一定角度的结果。

下面就来推导图 1.3.1（b）所示的新坐标系中的应力分量与原坐标系中的应力分量的关系。采用字母下标的矩阵记法，新坐标系 $Ox'y'z'$ 中的应力分量为

$$\boldsymbol{\sigma}' = \begin{bmatrix} \sigma_{x'x'} & \sigma_{x'y'} & \sigma_{x'z'} \\ \sigma_{y'x'} & \sigma_{y'y'} & \sigma_{y'z'} \\ \sigma_{z'x'} & \sigma_{z'y'} & \sigma_{z'z'} \end{bmatrix} \tag{1.3.1}$$

根据应力分量的定义，新坐标系 $Ox'y'z'$ 中的应力分量实际为 x'，y'，z' 坐标轴方向的 3 个内力向量在这 3 个坐标轴方向上分解得到的 9 个分量。

下面采用不同的方式推导这些分量的表达式。

1. 各分量单独推导

首先，直接运用柯西公式可以得到，x' 坐标轴方向的内力向量在 x，y，z 坐标轴方向上分解得到的 3 个分量为

$$\begin{cases} T_{x'x} = \sigma_{xx}c_{x'x} + \sigma_{yx}c_{x'y} + \sigma_{zx}c_{x'z} \\ T_{x'y} = \sigma_{xy}c_{x'x} + \sigma_{yy}c_{x'y} + \sigma_{zy}c_{x'z} \\ T_{x'z} = \sigma_{xz}c_{x'x} + \sigma_{yz}c_{x'y} + \sigma_{zz}c_{x'z} \end{cases} \tag{1.3.2}$$

然后，再将这 3 个分量向 x'，y'，z' 坐标轴方向分解即可得到如下 3 个应力分量：

$$\sigma_{x'x'} = T_{x'x}c_{x'x} + T_{x'y}c_{x'y} + T_{x'z}c_{x'z}$$

$$= (\sigma_{xx} c_{x'x} + \sigma_{yx} c_{x'y} + \sigma_{zx} c_{x'z}) c_{x'x} + (\sigma_{xy} c_{x'x} + \sigma_{yy} c_{x'y} + \sigma_{zy} c_{x'z}) c_{x'y} +$$

$$(\sigma_{xz} c_{x'x} + \sigma_{yz} c_{x'y} + \sigma_{zz} c_{x'z}) c_{x'z} \tag{1.3.3}$$

$$\sigma_{x'y'} = T_{x'x} c_{y'x} + T_{x'y} c_{y'y} + T_{x'z} c_{y'z}$$

$$= (\sigma_{xx} c_{x'x} + \sigma_{yx} c_{x'y} + \sigma_{zx} c_{x'z}) c_{y'x} + (\sigma_{xy} c_{x'x} + \sigma_{yy} c_{x'y} + \sigma_{zy} c_{x'z}) c_{y'y} +$$

$$(\sigma_{xz} c_{x'x} + \sigma_{yz} c_{x'y} + \sigma_{zz} c_{x'z}) c_{y'z} \tag{1.3.4}$$

$$\sigma_{x'z'} = T_{x'x} c_{z'x} + T_{x'y} c_{z'y} + T_{x'z} c_{z'z}$$

$$= (\sigma_{xx} c_{x'x} + \sigma_{yx} c_{x'y} + \sigma_{zx} c_{x'z}) c_{z'x} + (\sigma_{xy} c_{x'x} + \sigma_{yy} c_{x'y} + \sigma_{zy} c_{x'z}) c_{z'y} +$$

$$(\sigma_{xz} c_{x'x} + \sigma_{yz} c_{x'y} + \sigma_{zz} c_{x'z}) c_{z'z} \tag{1.3.5}$$

类似地，我们可以得到其他应力分量。

如果采用数字下标及求和约定，式（1.3.3）~式（1.3.5）可以改写为

$$\sigma_{1'1'} = (\sigma_{11} c_{1'1} + \sigma_{21} c_{1'2} + \sigma_{31} c_{1'3}) c_{1'1} + (\sigma_{12} c_{1'1} + \sigma_{22} c_{1'2} + \sigma_{32} c_{1'3}) c_{1'2} +$$

$$(\sigma_{13} c_{1'1} + \sigma_{23} c_{1'2} + \sigma_{33} c_{1'3}) c_{1'3} = \sigma_{ij} c_{1'i} c_{1'j} \tag{1.3.6}$$

$$\sigma_{1'2'} = (\sigma_{11} c_{1'1} + \sigma_{21} c_{1'2} + \sigma_{31} c_{1'3}) c_{2'1} + (\sigma_{12} c_{1'1} + \sigma_{22} c_{1'2} + \sigma_{32} c_{1'3}) c_{2'2} +$$

$$(\sigma_{13} c_{1'1} + \sigma_{23} c_{1'2} + \sigma_{33} c_{1'3}) c_{2'3} = \sigma_{ij} c_{1'i} c_{2'j} \tag{1.3.7}$$

$$\sigma_{1'3'} = (\sigma_{11} c_{1'1} + \sigma_{21} c_{1'2} + \sigma_{31} c_{1'3}) c_{3'1} + (\sigma_{12} c_{1'1} + \sigma_{22} c_{1'2} + \sigma_{32} c_{1'3}) c_{3'2} +$$

$$(\sigma_{13} c_{1'1} + \sigma_{23} c_{1'2} + \sigma_{33} c_{1'3}) c_{3'3} = \sigma_{ij} c_{1'i} c_{3'j} \tag{1.3.8}$$

按上述方式可以推导出其他应力分量的表达式，最终可以得到

$$\sigma_{i'j'} = \sigma_{ij} c_{i'i} c_{j'j} \tag{1.3.9}$$

注意，这里的 i' 和 i 以及 j' 和 j 都是相互独立的两个不同的指标。

对初学的读者，应该自己完成上述其余应力分量表达式的推导过程。

2. 采用矩阵形式推导

根据式（1.3.2）可以得到

$$\boldsymbol{T}_x' = \begin{Bmatrix} T_{x'x} \\ T_{x'y} \\ T_{x'z} \end{Bmatrix} = \begin{bmatrix} \sigma_{xx} & \sigma_{yx} & \sigma_{zx} \\ \sigma_{xy} & \sigma_{yy} & \sigma_{zy} \\ \sigma_{xz} & \sigma_{yz} & \sigma_{zz} \end{bmatrix} \begin{Bmatrix} c_{x'x} \\ c_{x'y} \\ c_{x'z} \end{Bmatrix} \tag{1.3.10}$$

根据应力分量的定义可以得到

$$\begin{Bmatrix} \sigma_{x'x'} \\ \sigma_{x'y'} \\ \sigma_{x'z'} \end{Bmatrix} = \begin{bmatrix} c_{x'x} & c_{x'y} & c_{x'z} \\ c_{y'x} & c_{y'y} & c_{y'z} \\ c_{z'x} & c_{z'y} & c_{z'z} \end{bmatrix} \begin{Bmatrix} T_{x'x} \\ T_{x'y} \\ T_{x'z} \end{Bmatrix} = \begin{bmatrix} c_{x'x} & c_{x'y} & c_{x'z} \\ c_{y'x} & c_{y'y} & c_{y'z} \\ c_{z'x} & c_{z'y} & c_{z'z} \end{bmatrix} \begin{bmatrix} \sigma_{xx} & \sigma_{yx} & \sigma_{zx} \\ \sigma_{xy} & \sigma_{yy} & \sigma_{zy} \\ \sigma_{xz} & \sigma_{yz} & \sigma_{zz} \end{bmatrix} \begin{Bmatrix} c_{x'x} \\ c_{x'y} \\ c_{x'z} \end{Bmatrix} \tag{1.3.11}$$

类似地，可以得到

$$\begin{Bmatrix} \sigma_{y'x'} \\ \sigma_{y'y'} \\ \sigma_{y'z'} \end{Bmatrix} = \begin{bmatrix} c_{x'x} & c_{x'y} & c_{x'z} \\ c_{y'x} & c_{y'y} & c_{y'z} \\ c_{z'x} & c_{z'y} & c_{z'z} \end{bmatrix} \begin{Bmatrix} T_{y'x} \\ T_{y'y} \\ T_{y'z} \end{Bmatrix} = \begin{bmatrix} c_{x'x} & c_{x'y} & c_{x'z} \\ c_{y'x} & c_{y'y} & c_{y'z} \\ c_{z'x} & c_{z'y} & c_{z'z} \end{bmatrix} \begin{bmatrix} \sigma_{xx} & \sigma_{yx} & \sigma_{zx} \\ \sigma_{xy} & \sigma_{yy} & \sigma_{zy} \\ \sigma_{xz} & \sigma_{yz} & \sigma_{zz} \end{bmatrix} \begin{Bmatrix} c_{y'x} \\ c_{y'y} \\ c_{y'z} \end{Bmatrix} \tag{1.3.12}$$

$$\begin{Bmatrix} \sigma_{z'x'} \\ \sigma_{z'y'} \\ \sigma_{z'z'} \end{Bmatrix} = \begin{bmatrix} c_{x'x} & c_{x'y} & c_{x'z} \\ c_{y'x} & c_{y'y} & c_{y'z} \\ c_{z'x} & c_{z'y} & c_{z'z} \end{bmatrix} \begin{Bmatrix} T_{z'x} \\ T_{z'y} \\ T_{z'z} \end{Bmatrix} = \begin{bmatrix} c_{x'x} & c_{x'y} & c_{x'z} \\ c_{y'x} & c_{y'y} & c_{y'z} \\ c_{z'x} & c_{z'y} & c_{z'z} \end{bmatrix} \begin{bmatrix} \sigma_{xx} & \sigma_{yx} & \sigma_{zx} \\ \sigma_{xy} & \sigma_{yy} & \sigma_{zy} \\ \sigma_{xz} & \sigma_{yz} & \sigma_{zz} \end{bmatrix} \begin{Bmatrix} c_{z'x} \\ c_{z'y} \\ c_{z'z} \end{Bmatrix} \tag{1.3.13}$$

合并式（1.3.11）~式（1.3.13）得到

$$
\begin{bmatrix}
\sigma_{x'x'} & \sigma_{y'x'} & \sigma_{z'x'} \\
\sigma_{x'y'} & \sigma_{y'y'} & \sigma_{z'y'} \\
\sigma_{x'z'} & \sigma_{y'z'} & \sigma_{z'z'}
\end{bmatrix}
=
\begin{bmatrix}
c_{x'x} & c_{x'y} & c_{x'z} \\
c_{y'x} & c_{y'y} & c_{y'z} \\
c_{z'x} & c_{z'y} & c_{z'z}
\end{bmatrix}
\begin{bmatrix}
\sigma_{xx} & \sigma_{yx} & \sigma_{zx} \\
\sigma_{xy} & \sigma_{yy} & \sigma_{zy} \\
\sigma_{xz} & \sigma_{yz} & \sigma_{zz}
\end{bmatrix}
\begin{bmatrix}
c_{x'x} & c_{y'x} & c_{z'x} \\
c_{x'y} & c_{y'y} & c_{z'y} \\
c_{x'z} & c_{y'z} & c_{z'z}
\end{bmatrix}
\tag{1.3.14}
$$

对上式两端进行转置即可得

$$
\begin{bmatrix}
\sigma_{x'x'} & \sigma_{x'y'} & \sigma_{x'z'} \\
\sigma_{y'x'} & \sigma_{y'y'} & \sigma_{y'z'} \\
\sigma_{z'x'} & \sigma_{z'y'} & \sigma_{z'z'}
\end{bmatrix}
=
\begin{bmatrix}
c_{x'x} & c_{x'y} & c_{x'z} \\
c_{y'x} & c_{y'y} & c_{y'z} \\
c_{z'x} & c_{z'y} & c_{z'z}
\end{bmatrix}
\begin{bmatrix}
\sigma_{xx} & \sigma_{xy} & \sigma_{xz} \\
\sigma_{yx} & \sigma_{yy} & \sigma_{yz} \\
\sigma_{zx} & \sigma_{zy} & \sigma_{zz}
\end{bmatrix}
\begin{bmatrix}
c_{x'x} & c_{y'x} & c_{z'x} \\
c_{x'y} & c_{y'y} & c_{z'y} \\
c_{x'z} & c_{y'z} & c_{z'z}
\end{bmatrix}
\tag{1.3.15}
$$

如果记

$$
\boldsymbol{c} =
\begin{bmatrix}
c_{x'x} & c_{x'y} & c_{x'z} \\
c_{y'x} & c_{y'y} & c_{y'z} \\
c_{z'x} & c_{z'y} & c_{z'z}
\end{bmatrix}
\tag{1.3.16}
$$

则式（1.3.15）可以记为

$$
\boldsymbol{\sigma}' = \boldsymbol{c}\boldsymbol{\sigma}\boldsymbol{c}^{\mathrm{T}}
\tag{1.3.17}
$$

注意到 $\boldsymbol{c}\boldsymbol{c}^{\mathrm{T}} = \boldsymbol{I}$，即 $\boldsymbol{c}^{\mathrm{T}} = \boldsymbol{c}^{-1}$。

另外，若采用数字化指标表示式（1.3.15），得到

$$
\begin{bmatrix}
\sigma_{1'1'} & \sigma_{1'2'} & \sigma_{1'3'} \\
\sigma_{2'1'} & \sigma_{2'2'} & \sigma_{2'3'} \\
\sigma_{3'1'} & \sigma_{3'2'} & \sigma_{3'3'}
\end{bmatrix}
=
\begin{bmatrix}
c_{1'1} & c_{1'2} & c_{1'3} \\
c_{2'1} & c_{2'2} & c_{2'3} \\
c_{3'1} & c_{3'2} & c_{3'3}
\end{bmatrix}
\begin{bmatrix}
\sigma_{11} & \sigma_{12} & \sigma_{13} \\
\sigma_{21} & \sigma_{22} & \sigma_{23} \\
\sigma_{31} & \sigma_{32} & \sigma_{33}
\end{bmatrix}
\begin{bmatrix}
c_{1'1} & c_{2'1} & c_{3'1} \\
c_{1'2} & c_{2'2} & c_{3'2} \\
c_{1'3} & c_{2'3} & c_{3'3}
\end{bmatrix}
\tag{1.3.18}
$$

同样，展开后可得到式（1.3.9），即

$$
\sigma_{i'j'} = \sigma_{ij}c_{i'i}c_{j'j}
$$

3. 采用分解式记法直接推导

根据式（1.2.39），在坐标系 $Ox'y'z'$ 中，采用分解形式表示一点处的应力为

$$
\boldsymbol{\sigma} = \sigma_{i'j'}\boldsymbol{e}_{i'}\boldsymbol{e}_{j'}
\tag{1.3.19}
$$

注意到不同坐标系间基向量具有如下关系：

$$
\boldsymbol{e}_{i'} = c_{i'i}\boldsymbol{e}_{i}
\tag{1.3.20}
$$

$$
\boldsymbol{e}_{j'} = c_{j'j}\boldsymbol{e}_{j}
\tag{1.3.21}
$$

注意到式（1.2.39）和式（1.3.19）表示的为同一点的应力，因此有

$$
\boldsymbol{\sigma} = \sigma_{ij}\boldsymbol{e}_{i}\boldsymbol{e}_{j} = \sigma_{i'j'}\boldsymbol{e}_{i'}\boldsymbol{e}_{j'} = \sigma_{i'j'}c_{i'i}c_{j'j}\boldsymbol{e}_{i}\boldsymbol{e}_{j}
\tag{1.3.22}
$$

对比系数可再次得到式（1.3.9），即

$$
\sigma_{i'j'} = \sigma_{ij}c_{i'i}c_{j'j}
$$

式（1.3.9）或式（1.3.17）都称为**应力转轴**公式。满足转轴公式是数学上判定张量的另一种方法。应力满足转轴公式说明应力是一个二阶张量。

例3：假定采用坐标系 $Oxyz$ 时，变形体上一点处的应力张量为 $\boldsymbol{\sigma} = \begin{bmatrix} \sigma_{xx} & \sigma_{yx} & \sigma_{zx} \\ \sigma_{xy} & \sigma_{yy} & \sigma_{zy} \\ \sigma_{xz} & \sigma_{yz} & \sigma_{zz} \end{bmatrix}$，试

给出采用 $Ox'y'z'$ 时该处应力张量分量，其中 $Ox'y'z'$ 由 $Oxyz$ 绕 y 轴转动 θ 角得到，如图 1.3.2 所示。

采用矩阵形式推导。

根据两坐标系各坐标轴之间的夹角关系，可以得到方向余弦矩阵

$$c = \begin{bmatrix} \cos\theta & 0 & -\sin\theta \\ 0 & 1 & 0 \\ \sin\theta & 0 & \cos\theta \end{bmatrix}$$

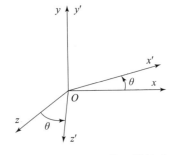

图 1.3.2　坐标系 $Oxyz$ 绕 y 轴转动 θ 角

根据式（1.3.15）得

$$\begin{bmatrix} \sigma_{x'x'} & \sigma_{x'y'} & \sigma_{x'z'} \\ \sigma_{y'x'} & \sigma_{y'y'} & \sigma_{y'z'} \\ \sigma_{z'x'} & \sigma_{z'y'} & \sigma_{z'z'} \end{bmatrix} = \begin{bmatrix} \cos\theta & 0 & -\sin\theta \\ 0 & 1 & 0 \\ \sin\theta & 0 & \cos\theta \end{bmatrix} \begin{bmatrix} \sigma_{xx} & \sigma_{xy} & \sigma_{xz} \\ \sigma_{yx} & \sigma_{yy} & \sigma_{yz} \\ \sigma_{zx} & \sigma_{zy} & \sigma_{zz} \end{bmatrix} \begin{bmatrix} \cos\theta & 0 & \sin\theta \\ 0 & 1 & 0 \\ -\sin\theta & 0 & \cos\theta \end{bmatrix}$$

展开后得到

$$\sigma_{x'x'} = \sigma_{xx}\cos^2\theta + \sigma_{zz}\sin^2\theta - \sigma_{xz}\sin(2\theta)$$

$$\sigma_{y'y'} = \sigma_{yy}$$

$$\sigma_{z'z'} = \sigma_{xx}\sin^2\theta + \sigma_{zz}\cos^2\theta + \sigma_{xz}\sin(2\theta)$$

$$\sigma_{x'y'} = \sigma_{y'x'} = \sigma_{xy}\cos\theta - \sigma_{yz}\sin\theta$$

$$\sigma_{x'z'} = \sigma_{z'x'} = \frac{1}{2}(\sigma_{xx} - \sigma_{zz})\sin(2\theta) + \sigma_{xz}\cos(2\theta)$$

$$\sigma_{y'z'} = \sigma_{z'y'} = \sigma_{xy}\sin\theta + \sigma_{yz}\cos\theta$$

1.4　柱坐标系和球坐标系中的应力分量

实际应用中，我们可能会根据需要采用不同于直角坐标系的其他曲线坐标系。这时，我们需要给出相应坐标系中应力分量的定义。事实上，前面给出的直角坐标系中应力分量的定义可以直接推广到任何坐标系中。

定义 2：任意坐标系中一点处的**应力分量**为，该点处法向分别为 3 个坐标轴方向的截面上的内力向量在该点处 3 个坐标方向的分量。

作为实例，我们给出应用最为广泛的曲线坐标系——柱坐标系和球坐标系中应力分量的定义及其与直角坐标系中应力分量之间的关系。

1.4.1　柱坐标系中的应力分量

1. 柱坐标系中应力分量的定义

如图 1.4.1 所示，根据定义 2，柱坐标系 $Or\theta z$ 中 P 点处的应力分量就是在该点法向分别为 3 个坐标轴正方向的 3 个平面来截物体后暴露的内力向量在 r，θ，z 坐标方向上的投影分量。和在直角坐标系中类似，在图 1.4.1（b）中将 3 个截面分别画出并标出相应的各应力分量。同样要注意该图中平面 1、2、3 都通过点 P。

采用矩阵记法，柱坐标系中 P 点处的应力可以表示为

$$\boldsymbol{\sigma} = \begin{bmatrix} \sigma_{rr} & \sigma_{r\theta} & \sigma_{rz} \\ \sigma_{\theta r} & \sigma_{\theta\theta} & \sigma_{\theta z} \\ \sigma_{zr} & \sigma_{z\theta} & \sigma_{zz} \end{bmatrix} \tag{1.4.1}$$

或

$$\boldsymbol{\sigma} = \begin{bmatrix} \sigma_r & \tau_{r\theta} & \tau_{rz} \\ \tau_{\theta r} & \sigma_\theta & \tau_{\theta z} \\ \tau_{zr} & \tau_{z\theta} & \sigma_z \end{bmatrix} \tag{1.4.2}$$

如果令 P 点处的柱坐标 r，θ，z 方向的基向量分别为 $\boldsymbol{e}_r$，$\boldsymbol{e}_\theta$，$\boldsymbol{e}_z$，则 P 点处的应力可以表示为分解式

$$\boldsymbol{\sigma} = \sigma_{rr}\boldsymbol{e}_r\boldsymbol{e}_r + \sigma_{r\theta}\boldsymbol{e}_r\boldsymbol{e}_\theta + \sigma_{rz}\boldsymbol{e}_r\boldsymbol{e}_z + \sigma_{\theta r}\boldsymbol{e}_\theta\boldsymbol{e}_r + \sigma_{\theta\theta}\boldsymbol{e}_\theta\boldsymbol{e}_\theta + \sigma_{\theta z}\boldsymbol{e}_\theta\boldsymbol{e}_z +$$
$$\sigma_{z\theta}\boldsymbol{e}_z\boldsymbol{e}_r + \sigma_{z\theta}\boldsymbol{e}_z\boldsymbol{e}_\theta + \sigma_{zz}\boldsymbol{e}_z\boldsymbol{e}_z \tag{1.4.3}$$

同样地，按下列规则变化记法：

$$r \to x_{1'} \to 1', \quad \theta \to x_{2'} \to 2', \quad z \to x_{3'} \to 3'$$
$$\boldsymbol{e}_r \to \boldsymbol{e}_{1'}, \quad \boldsymbol{e}_\theta \to \boldsymbol{e}_{2'}, \quad \boldsymbol{e}_z \to \boldsymbol{e}_{3'}$$

则式（1.4.3）可以记成与式（1.3.19）相同的形式，即

$$\boldsymbol{\sigma} = \sigma_{1'1'}\boldsymbol{e}_{1'}\boldsymbol{e}_{1'} + \sigma_{1'2'}\boldsymbol{e}_{1'}\boldsymbol{e}_{2'} + \sigma_{1'3'}\boldsymbol{e}_{1'}\boldsymbol{e}_{3'} + \sigma_{2'1'}\boldsymbol{e}_{2'}\boldsymbol{e}_{1'} + \sigma_{2'2'}\boldsymbol{e}_{2'}\boldsymbol{e}_{2'} + \sigma_{2'3'}\boldsymbol{e}_{2'}\boldsymbol{e}_{3'} +$$
$$\sigma_{3'1'}\boldsymbol{e}_{3'}\boldsymbol{e}_{1'} + \sigma_{3'2'}\boldsymbol{e}_{3'}\boldsymbol{e}_{2'} + \sigma_{3'3'}\boldsymbol{e}_{3'}\boldsymbol{e}_{3'}$$
$$= \sigma_{i'j'}\boldsymbol{e}_{i'}\boldsymbol{e}_{j'} \tag{1.4.4}$$

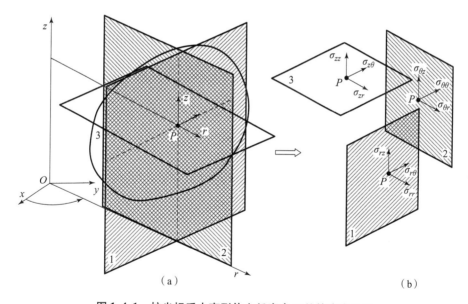

图 1.4.1　柱坐标系中变形体上任意点 P 处的应力分量

（a）变形体上任意点 P 及过该点且法向为 3 个柱坐标方向的截平面 1、2、3；

（b）柱坐标系下 P 点处的应力分量

需要着重指出的是，在柱坐标系中，物体上各点的 r，θ 坐标方向一般是不同的，即在式（1.4.3）和式（1.4.4）中，除了应力分量值是位置坐标的函数外，r，θ 基向量也是位置坐标的函数，这与直角坐标系中基向量是固定的很不相同，尽管式（1.4.3）和式（1.2.39）看似相同，但这只是因为这些记法中省略了作为自变量的坐标而已。

2. 柱坐标系中应力分量与直角坐标系中应力分量的关系

柱坐标系的定义必须参考一个直角坐标框架。下面给出在柱坐标系及其参考的直角坐标系中，同一点 P 的应力分量之间的关系。

根据定义可以看出，在柱坐标系 $Or\theta z$ 和直角坐标系 $Oxyz$ 中 P 点应力分量之所以不同，就是因为坐标方向之间存在夹角。由于柱坐标系也是正交系，因此，在柱坐标系中 P 点的应力分量与坐标方向相同的直角坐标系中的应力分量完全相同。因此根据 1.3 节中的应力转轴公式（1.3.15），作如下坐标对应：

$$x' \rightarrow r, \quad y' \rightarrow \theta, \quad z' \rightarrow z$$

即可得在柱坐标系 $Or\theta z$ 中的应力分量与直角坐标系 $Oxyz$ 中的应力分量关系为

$$\begin{bmatrix} \sigma_{rr} & \sigma_{r\theta} & \sigma_{rz} \\ \sigma_{\theta r} & \sigma_{\theta\theta} & \sigma_{\theta z} \\ \sigma_{zr} & \sigma_{z\theta} & \sigma_{zz} \end{bmatrix} = \begin{bmatrix} c_{rx} & c_{ry} & c_{rz} \\ c_{\theta x} & c_{\theta y} & c_{\theta z} \\ c_{zx} & c_{zy} & c_{zz} \end{bmatrix} \begin{bmatrix} \sigma_{xx} & \sigma_{xy} & \sigma_{xz} \\ \sigma_{yx} & \sigma_{yy} & \sigma_{yz} \\ \sigma_{zx} & \sigma_{zy} & \sigma_{zz} \end{bmatrix} \begin{bmatrix} c_{rx} & c_{\theta x} & c_{zx} \\ c_{ry} & c_{\theta y} & c_{zy} \\ c_{rz} & c_{\theta z} & c_{zz} \end{bmatrix} \qquad (1.4.5)$$

注意在点 $P(r, \theta, z)$ 处，

$$\begin{bmatrix} c_{rx} & c_{ry} & c_{rz} \\ c_{\theta x} & c_{\theta y} & c_{\theta z} \\ c_{zx} & c_{zy} & c_{zz} \end{bmatrix} = \begin{bmatrix} \cos\theta & \sin\theta & 0 \\ -\sin\theta & \cos\theta & 0 \\ 0 & 0 & 1 \end{bmatrix}$$

展开可得到

$$\begin{cases} \sigma_{rr} = \sigma_{xx}\cos^2\theta + \sigma_{yy}\sin^2\theta + 2\sigma_{xy}\sin\theta \cdot \cos\theta \\ \sigma_{\theta\theta} = \sigma_{xx}\sin^2\theta + \sigma_{yy}\cos^2\theta - 2\sigma_{xy}\sin\theta \cdot \cos\theta \\ \sigma_{zz} = \sigma_{zz} \\ \sigma_{r\theta} = \sigma_{\theta r} = (\sigma_{yy} - \sigma_{xx})\sin\theta \cdot \cos\theta + \sigma_{xy}(\cos^2\theta - \sin^2\theta) \\ \sigma_{\theta z} = \sigma_{z\theta} = -\sigma_{xz}\sin\theta + \sigma_{yz}\cos\theta \\ \sigma_{zr} = \sigma_{rz} = \sigma_{xz}\cos\theta + \sigma_{yz}\sin\theta \end{cases} \qquad (1.4.6)$$

也可求得其逆关系为

$$\begin{cases} \sigma_{xx} = \sigma_{rr}\cos^2\theta + \sigma_{\theta\theta}\sin^2\theta - 2\sigma_{r\theta}\sin\theta \cdot \cos\theta \\ \sigma_{yy} = \sigma_{rr}\sin^2\theta + \sigma_{\theta\theta}\cos^2\theta + 2\sigma_{r\theta}\sin\theta \cdot \cos\theta \\ \sigma_{zz} = \sigma_{zz} \\ \sigma_{yz} = \sigma_{rz}\sin\theta + \sigma_{\theta z}\cos\theta \\ \sigma_{zx} = \sigma_{rz}\cos\theta - \sigma_{\theta z}\sin\theta \\ \sigma_{xy} = (\sigma_{rr} - \sigma_{\theta\theta})\sin\theta \cdot \cos\theta + \sigma_{r\theta}(\cos^2\theta - \sin^2\theta) \end{cases} \qquad (1.4.7)$$

注意，上述两式中应用剪应力互等定理对剪应力项进行了合并。

1.4.2 球坐标系中的应力分量

1. 球坐标系中应力分量的定义

如图 1.4.2 所示，根据定义 2，球坐标系 $Or\theta\varphi$ 中 P 点处的应力分量就是在该点法向分别为 3 个坐标轴正方向的 3 个平面来截分物体后暴露的内力向量在 r、θ、φ 坐标方向上的投影分量。和在直角坐标系及柱坐标系中类似，我们在图 1.4.2（b）中将 3 个截面分别画出并标出相应的各应力分量。同样要注意该图中平面 1、2、3 都通过点 P。

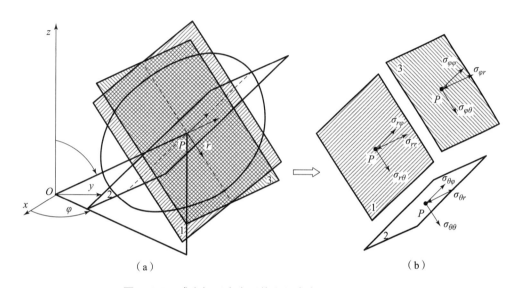

图 1.4.2 球坐标系中变形体上任意点 P 处的应力分量

（a）变形体上任意点 P 及过该点且法向为 3 个球坐标方向的截平面 1、2、3；（b）球坐标系下 P 点处的应力分量

采用矩阵记法，球坐标系中 P 点处的应力可以表示为

$$\boldsymbol{\sigma} = \begin{bmatrix} \sigma_{rr} & \sigma_{r\theta} & \sigma_{r\varphi} \\ \sigma_{\theta r} & \sigma_{\theta\theta} & \sigma_{\theta\varphi} \\ \sigma_{\varphi r} & \sigma_{\varphi\theta} & \sigma_{\varphi\varphi} \end{bmatrix} \tag{1.4.8}$$

或

$$\boldsymbol{\sigma} = \begin{bmatrix} \sigma_{r} & \tau_{r\theta} & \tau_{r\varphi} \\ \tau_{\theta r} & \sigma_{\theta} & \tau_{\theta\varphi} \\ \tau_{\varphi r} & \tau_{\varphi\theta} & \sigma_{\varphi} \end{bmatrix} \tag{1.4.9}$$

令 P 点处的柱坐标 r，θ，φ 方向的基向量分别为 $\boldsymbol{e}_r$，$\boldsymbol{e}_\theta$，$\boldsymbol{e}_\varphi$，则 P 点处的应力可以表示为分解式，即

$$\boldsymbol{\sigma} = \sigma_{rr}\boldsymbol{e}_r\boldsymbol{e}_r + \sigma_{r\theta}\boldsymbol{e}_r\boldsymbol{e}_\theta + \sigma_{r\varphi}\boldsymbol{e}_r\boldsymbol{e}_\varphi + \sigma_{\theta r}\boldsymbol{e}_\theta\boldsymbol{e}_r + \sigma_{\theta\theta}\boldsymbol{e}_\theta\boldsymbol{e}_\theta + \sigma_{\theta\varphi}\boldsymbol{e}_\theta\boldsymbol{e}_\varphi +$$
$$\sigma_{\varphi r}\boldsymbol{e}_\varphi\boldsymbol{e}_r + \sigma_{\varphi\theta}\boldsymbol{e}_\varphi\boldsymbol{e}_\theta + \sigma_{\varphi\varphi}\boldsymbol{e}_\varphi\boldsymbol{e}_\varphi \tag{1.4.10}$$

同样地，按下列规则变化记法：

$$r\rightarrow x_{1'}\rightarrow 1', \quad \theta\rightarrow x_{2'}\rightarrow 2', \quad \varphi\rightarrow x_{3'}\rightarrow 3'$$

$$\boldsymbol{e}_r\rightarrow\boldsymbol{e}_{1'}, \quad \boldsymbol{e}_\theta\rightarrow\boldsymbol{e}_{2'}, \quad \boldsymbol{e}_\varphi\rightarrow\boldsymbol{e}_{3'}$$

则式（1.4.10）可以记成与式（1.3.19）相同的形式，即

$$\begin{aligned}\boldsymbol{\sigma} &= \sigma_{1'1'}\boldsymbol{e}_{1'}\boldsymbol{e}_{1'} + \sigma_{1'2'}\boldsymbol{e}_{1}'\boldsymbol{e}_{2'} + \sigma_{1'3'}\boldsymbol{e}_{1}\boldsymbol{e}_{3'} + \sigma_{2'1'}\boldsymbol{e}_{2}\boldsymbol{e}_{1'} + \sigma_{2'2'}\boldsymbol{e}_{2}'\boldsymbol{e}_{2'} + \sigma_{2'3'}\boldsymbol{e}_{2}\boldsymbol{e}_{3'} + \\ &\quad \sigma_{3'1'}\boldsymbol{e}_{3}\boldsymbol{e}_{1'} + \sigma_{3'2'}\boldsymbol{e}_{3}\boldsymbol{e}_{2'} + \sigma_{3'3'}\boldsymbol{e}_{3}\boldsymbol{e}_{3'} \\ &= \sigma_{i'j'}\boldsymbol{e}_{i'}\boldsymbol{e}_{j'}\end{aligned} \tag{1.4.11}$$

与柱坐标系中的情形一样，需要着重指出，在球坐标系中，物体上各点的 3 个坐标方向一般是不同的，即在式（1.4.10）和式（1.4.11）中，除了应力分量值是位置坐标的函数外，基向量 $\boldsymbol{e}_r$，$\boldsymbol{e}_\theta$，$\boldsymbol{e}_\varphi$ 或 $\boldsymbol{e}_{1'}$，$\boldsymbol{e}_{2'}$，$\boldsymbol{e}_{3'}$ 也都是位置坐标的函数。

2. 球坐标系中应力分量与直角坐标系中应力分量的关系

仿照 1.4.1 节中柱坐标系中的情形，下面根据 1.3 节中的应力转轴公式（1.3.15），给出在球坐标系及其参考的直角坐标系中，同一点 P 的应力分量之间的关系。

首先作如下坐标对应：

$$x' \to r, \quad y' \to \theta, \quad z' \to \varphi$$

则在球坐标系 $Or\theta\varphi$ 中的应力分量与直角坐标系 $Oxyz$ 中的应力分量关系为

$$\begin{bmatrix} \sigma_{rr} & \sigma_{r\theta} & \sigma_{r\varphi} \\ \sigma_{\theta r} & \sigma_{\theta\theta} & \sigma_{\theta\varphi} \\ \sigma_{\varphi r} & \sigma_{\varphi\theta} & \sigma_{\varphi\varphi} \end{bmatrix} = \begin{bmatrix} c_{rx} & c_{ry} & c_{rz} \\ c_{\theta x} & c_{\theta y} & c_{\theta z} \\ c_{\varphi x} & c_{\varphi y} & c_{\varphi z} \end{bmatrix} \begin{bmatrix} \sigma_{xx} & \sigma_{xy} & \sigma_{xz} \\ \sigma_{yx} & \sigma_{yy} & \sigma_{yz} \\ \sigma_{zx} & \sigma_{zy} & \sigma_{zz} \end{bmatrix} \begin{bmatrix} c_{rx} & c_{\theta x} & c_{\varphi x} \\ c_{ry} & c_{\theta y} & c_{\varphi y} \\ c_{rz} & c_{\theta z} & c_{\varphi z} \end{bmatrix} \tag{1.4.12}$$

根据图 1.4.2 可求出在点 $P(r, \theta, \varphi)$ 处的方向余弦矩阵为

$$\begin{bmatrix} c_{rx} & c_{ry} & c_{rz} \\ c_{\theta x} & c_{\theta y} & c_{\theta z} \\ c_{\varphi x} & c_{\varphi y} & c_{\varphi z} \end{bmatrix} = \begin{bmatrix} \sin\theta\cos\varphi & \sin\theta\sin\varphi & \cos\theta \\ \cos\theta\cos\varphi & \cos\theta\sin\varphi & -\sin\theta \\ -\sin\varphi & \cos\varphi & 0 \end{bmatrix} \tag{1.4.13}$$

简记上述矩阵如下：

$$\begin{bmatrix} \sin\theta\cos\varphi & \sin\theta\sin\varphi & \cos\theta \\ \cos\theta\cos\varphi & \cos\theta\sin\varphi & -\sin\theta \\ -\sin\varphi & \cos\varphi & 0 \end{bmatrix} \overset{\Delta}{=} \begin{bmatrix} s_\theta c_\varphi & s_\theta s_\varphi & c_\theta \\ c_\theta c_\varphi & c_\theta s_\varphi & -s_\theta \\ -s_\varphi & c_\varphi & 0 \end{bmatrix}$$

展开可得到

$$\begin{cases} \sigma_{rr} = s_\theta^2 c_\varphi^2 \sigma_{xx} + s_\theta^2 s_\varphi^2 \sigma_{yy} + c_\theta^2 \sigma_{zz} + s_\theta^2 s_{2\varphi} \sigma_{xy} + s_{2\theta} s_\varphi \sigma_{yz} + s_{2\theta} c_\varphi \sigma_{zx} \\ \sigma_{\theta\theta} = c_\theta^2 c_\varphi^2 \sigma_{xx} + c_\theta^2 s_\varphi^2 \sigma_{yy} + s_\theta^2 \sigma_{zz} + c_\theta^2 s_{2\varphi} \sigma_{xy} - s_{2\theta} s_\varphi \sigma_{yz} - s_{2\theta} c_\varphi \sigma_{zx} \\ \sigma_{\varphi\varphi} = s_\varphi^2 \sigma_{xx} + c_\varphi^2 \sigma_{yy} - s_{2\varphi} \sigma_{xy} \\ \sigma_{r\theta} = \sigma_{\theta r} = \dfrac{1}{2}(s_{2\theta} c_\varphi^2 \sigma_{xx} + s_{2\theta} s_\varphi^2 \sigma_{yy} - s_{2\theta} \sigma_{zz}) + \dfrac{1}{2} s_{2\theta} s_{2\varphi} \sigma_{xy} + c_{2\theta} s_\varphi \sigma_{yz} + c_{2\theta} c_\varphi \sigma_{zx} \\ \sigma_{\theta\varphi} = \sigma_{\varphi\theta} = -\dfrac{1}{2}(c_\theta s_{2\varphi} \sigma_{xx} - c_\theta s_{2\varphi} \sigma_{yy}) + c_\theta c_{2\varphi} \sigma_{xy} - s_\theta c_\varphi \sigma_{yz} + s_\theta s_\varphi \sigma_{zx} \\ \sigma_{\varphi r} = \sigma_{r\varphi} = -\dfrac{1}{2}(s_\theta s_{2\varphi} \sigma_{xx} - s_\theta s_{2\varphi} \sigma_{yy}) + s_\theta c_{2\varphi} \sigma_{xy} + c_\theta c_\varphi \sigma_{yz} - c_\theta s_\varphi \sigma_{zx} \end{cases} \tag{1.4.14}$$

作为练习，请读者写出上式的逆关系，即采用球坐标系的应力分量表示其参考直角坐标系中的应力分量。

1.5 一些特殊方向上的应力分量

1.5.1 剪应力为零的情况——主应力问题

通过前面的分析已经知道，变形体任意点处在不同方向上的内力一般是不同的。在给定坐标系情况下，柯西公式给出了任意方向上内力与应力分量之间的关系。自然地，我们会问，**是否存在方向 n，在该方向上的内力方向与 n 相同**？也就是说，在该方向上的剪应力分量为零。

假设存在方向 n，该方向上的内力 T_n 方向与 n 是相同的，其大小为 σ_n，则 T_n 在 3 个坐标方向的分量分别为 σ_n 与 n 的 3 个方向余弦的乘积，同时根据柯西公式，有

$$T_n = \begin{bmatrix} \sigma_{xx} & \sigma_{yx} & \sigma_{zx} \\ \sigma_{xy} & \sigma_{yy} & \sigma_{zy} \\ \sigma_{xz} & \sigma_{yz} & \sigma_{zz} \end{bmatrix} \begin{Bmatrix} c_{nx} \\ c_{ny} \\ c_{nz} \end{Bmatrix} = \sigma_n \begin{Bmatrix} c_{nx} \\ c_{ny} \\ c_{nz} \end{Bmatrix} \tag{1.5.1}$$

由于 c_{nx}，c_{ny}，c_{nz} 为 n 的 3 个方向余弦，因此

$$c_{nx}^2 + c_{ny}^2 + c_{nz}^2 = 1 \tag{1.5.2}$$

虽然联立方程（1.5.1）和方程（1.5.2）可以求出 c_{nx}，c_{ny}，c_{nz} 和 σ_n，但要直接求解上述非线性方程组却并非易事。

注意到方程组（1.5.1）可以写为

$$\begin{bmatrix} \sigma_{xx} - \sigma_n & \sigma_{yx} & \sigma_{zx} \\ \sigma_{xy} & \sigma_{yy} - \sigma_n & \sigma_{zy} \\ \sigma_{xz} & \sigma_{yz} & \sigma_{zz} - \sigma_n \end{bmatrix} \begin{Bmatrix} c_{nx} \\ c_{ny} \\ c_{nz} \end{Bmatrix} = 0 \tag{1.5.3}$$

因此若要存在非零的 c_{nx}，c_{ny} 和 c_{nz}，则方程（1.5.3）的系数矩阵的行列式必须为零，即

$$\begin{vmatrix} \sigma_{xx} - \sigma_n & \sigma_{yx} & \sigma_{zx} \\ \sigma_{xy} & \sigma_{yy} - \sigma_n & \sigma_{zy} \\ \sigma_{xz} & \sigma_{yz} & \sigma_{zz} - \sigma_n \end{vmatrix} = 0 \tag{1.5.4}$$

展开行列式，得到关于 σ_n 的三次代数方程：

$$\sigma_n^3 - I_1 \sigma_n^2 + I_2 \sigma_n - I_3 = 0 \tag{1.5.5}$$

式中，

$$I_1 = \sigma_{xx} + \sigma_{yy} + \sigma_{zz} \tag{1.5.6}$$

$$I_2 = \begin{vmatrix} \sigma_{xx} & \sigma_{yx} \\ \sigma_{xy} & \sigma_{yy} \end{vmatrix} + \begin{vmatrix} \sigma_{yy} & \sigma_{zy} \\ \sigma_{yz} & \sigma_{zz} \end{vmatrix} + \begin{vmatrix} \sigma_{xx} & \sigma_{zx} \\ \sigma_{xz} & \sigma_{zz} \end{vmatrix} \tag{1.5.7}$$

$$I_3 = \begin{vmatrix} \sigma_{xx} & \sigma_{yx} & \sigma_{zx} \\ \sigma_{xy} & \sigma_{yy} & \sigma_{zy} \\ \sigma_{xz} & \sigma_{yz} & \sigma_{zz} \end{vmatrix} \tag{1.5.8}$$

可以证明（作为习题，请读者自行证明），I_1，I_2 和 I_3 不会随着坐标轴的旋转而变化，我们称其为**应力不变量**。应力不变量很多，例如，由于 I_1，I_2 和 I_3 为不变量，因此

方程（1.5.5）的根也为不变量。习惯上我们分别称 I_1，I_2 和 I_3 为应力第一、第二、第三不变量。

显然，上述问题即线性代数中讨论过的矩阵特征值问题。采用线性代数的概念，σ_n 即应力矩阵的特征值，$\boldsymbol{n}$ 为特征向量。

由于应力矩阵为对称矩阵，因此可以证明：

（1）σ_n 的解均为实数。

（2）σ_n 的不同解对应的方向互相正交。

结合代数方程理论，方程（1.5.5）有 3 个实根（可能有重根），假设为 σ_1，σ_2 和 σ_3，且 $\sigma_1 \geqslant \sigma_2 \geqslant \sigma_3$，我们分别称其为第一、第二、第三主应力。

将上述主应力值代入式（1.5.3），并结合式（1.5.2），可以求出对应的特征向量。我们分别称 σ_1、σ_2 和 σ_3 对应的特征向量为第一、第二、第三主应力方向。

当特征方程无重根时，3 个主应力方向必两两正交。

当特征方程有一对重根时，可在两个相同主应力作用面内任选两个正交的方向作为主方向。

当特征方程出现三重根时，空间中任意 3 个相互正交的方向都可以作为主方向。

总之，对于任何应力状态，至少能找到一组 3 个相互正交的主方向。

至此，我们实际上回答了本节开头提出的问题。对于受力变形体上一点，当其应力分量确定时，至少可以找到 3 个方向，在这些方向上的剪应力分量为零。

由此也可以知道，在对受力变形体上任意一点进行应力分析时，总可以选取 3 个正交方向（即主应力方向）作为坐标方向，在这个坐标系中该点的应力分量矩阵具有如下形式：

$$\boldsymbol{\sigma} = \begin{bmatrix} \sigma_1 & 0 & 0 \\ 0 & \sigma_2 & 0 \\ 0 & 0 & \sigma_3 \end{bmatrix} \tag{1.5.9}$$

显然，在此基础上开展有关计算分析可以使问题得到一定的简化。习惯上，我们把这种以主应力方向为坐标方向的坐标系称为主坐标系，相应的三维空间称为主应力空间。

特别地，在主应力空间中，柯西公式（1.2.10）~公式（1.2.12）可以写为

$$T_{nx} = \sigma_1 c_{nx}$$
$$T_{ny} = \sigma_2 c_{ny}$$
$$T_{nz} = \sigma_3 c_{nz}$$

结合式（1.5.2），可以得到

$$\left(\frac{T_{nx}}{\sigma_1}\right)^2 + \left(\frac{T_{ny}}{\sigma_2}\right)^2 + \left(\frac{T_{nz}}{\sigma_3}\right)^2 = 1$$

显然这是一个椭球方程，表明了任意方向上的内力向量具有的一个重要几何性质。该方程是法国数学家拉梅（Lamé）首先提出的，因此现在该椭球通常被称为**拉梅应力椭球**。

需要指出的是，式（1.5.9）并非表明一定处的应力状态仅用 3 个主应力即可表征，因为该表达式必须辅以 3 个主应力方向才能成立。

另一个相关的问题是，是否存在方向 $\boldsymbol{n}$，在该方向上的内力方向与 $\boldsymbol{n}$ 垂直？也就是说，在该方向上的正应力分量为零。这一问题将在 1.5.3 小节中讨论。

例 4： 如图 1.5.1 所示是一个两侧受拉、具有圆孔的薄板，假设在图示坐标系中该板圆孔边缘 P 点处的应力数值为

$$\boldsymbol{\sigma} = \begin{bmatrix} 90 & -90 & 0 \\ -90 & 90 & 0 \\ 0 & 0 & 0 \end{bmatrix}$$

试求该点的主应力值和主方向。

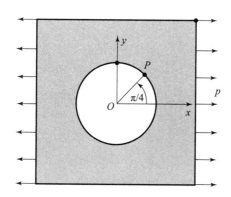

图 1.5.1　两侧受拉的带圆孔薄板

（1）该点主应力的求解。首先将给定的 P 点的应力代入式（1.5.4）得到

$$\begin{vmatrix} 90 - \lambda & -90 & 0 \\ -90 & 90 - \lambda & 0 \\ 0 & 0 & -\lambda \end{vmatrix} = 0$$

展开即得

$$\lambda^2 (180 - \lambda) = 0$$

解得方程的两个根为

$$\lambda_1 = 180，\lambda_2 = \lambda_3 = 0$$

因此可得主应力为

$$\sigma_1 = 180，\sigma_2 = \sigma_3 = 0$$

（2）该点主方向的求解。将给定应力及求出的第一主应力代入式（1.5.3），同时注意到 3 个方向余弦应该满足的条件可得

$$\begin{bmatrix} 90 - 180 & -90 & 0 \\ -90 & 90 - 180 & 0 \\ 0 & 0 & -180 \end{bmatrix} \begin{Bmatrix} c_{1x} \\ c_{1y} \\ c_{1z} \end{Bmatrix} = 0$$

$$c_{1x}^2 + c_{1y}^2 + c_{1z}^2 = 1$$

解得

$$\begin{Bmatrix} c_{1x} \\ c_{1y} \\ c_{1z} \end{Bmatrix} = \begin{Bmatrix} \dfrac{\sqrt{2}}{2} \\ -\dfrac{\sqrt{2}}{2} \\ 0 \end{Bmatrix} \text{或} \begin{Bmatrix} c_{1x} \\ c_{1y} \\ c_{1z} \end{Bmatrix} = \begin{Bmatrix} -\dfrac{\sqrt{2}}{2} \\ \dfrac{\sqrt{2}}{2} \\ 0 \end{Bmatrix}$$

类似地，再将第二、三主应力代入式（1.5.3），并结合 3 个方向余弦应该满足的条件可得

$$\begin{bmatrix} 90 & -90 & 0 \\ -90 & 90 & 0 \\ 0 & 0 & 0 \end{bmatrix} \begin{Bmatrix} c_{2x} \\ c_{2y} \\ c_{2z} \end{Bmatrix} = 0$$

$$c_{2x}^2 + c_{2y}^2 + c_{2z}^2 = 1$$

任取 $c_{2z} = 1$，则有

$$\begin{Bmatrix} c_{2x} \\ c_{2y} \\ c_{2z} \end{Bmatrix} = \begin{Bmatrix} 0 \\ 0 \\ 1 \end{Bmatrix}$$

任取 $c_{2z} = 0$，则有

$$\begin{Bmatrix} c_{3x} \\ c_{3y} \\ c_{3z} \end{Bmatrix} = \begin{Bmatrix} \dfrac{\sqrt{2}}{2} \\ \dfrac{\sqrt{2}}{2} \\ 0 \end{Bmatrix} \quad \text{或} \quad \begin{Bmatrix} c_{3x} \\ c_{3y} \\ c_{3z} \end{Bmatrix} = \begin{Bmatrix} -\dfrac{\sqrt{2}}{2} \\ -\dfrac{\sqrt{2}}{2} \\ 0 \end{Bmatrix}$$

因此可以得到正交的 3 个主方向：

$$\begin{Bmatrix} c_{1x} \\ c_{1y} \\ c_{1z} \end{Bmatrix} = \begin{Bmatrix} \dfrac{\sqrt{2}}{2} \\ -\dfrac{\sqrt{2}}{2} \\ 0 \end{Bmatrix}, \begin{Bmatrix} c_{2x} \\ c_{2y} \\ c_{2z} \end{Bmatrix} = \begin{Bmatrix} 0 \\ 0 \\ 1 \end{Bmatrix}, \begin{Bmatrix} c_{3x} \\ c_{3y} \\ c_{3z} \end{Bmatrix} = \begin{Bmatrix} \dfrac{\sqrt{2}}{2} \\ \dfrac{\sqrt{2}}{2} \\ 0 \end{Bmatrix}$$

注意，由于第二、三主应力相同，因此任意与第一主应力方向正交方向都是第二、三主应力方向。

1.5.2　主坐标系中等倾面上应力分量

所谓**等倾面**，是指法向与 3 个坐标轴夹角相同的平面。由于变形体上任意点处的主应力及主方向可能不同，因此所谓的主坐标系中的等倾面是因点而异的。主坐标系中等倾面上的受力之所以引起重视，是因为由结构强度理论指出，一点处该方向的受力与该点的强度密切相关。

如图 1.5.2 所示，设 n 为变形体上点 P 处的等倾面法向，根据等倾面的定义，n 与主方向之间的方向余弦满足下列关系：

$$c_{n1} = c_{n2} = c_{n3}$$
$$c_{n1}^2 + c_{n2}^2 + c_{n3}^2 = 1$$

由此可以解出

$$c_{n1} = c_{n2} = c_{n3} = \pm\frac{\sqrt{3}}{3}$$

其中，正负号分别表示了等倾面的正反面。为了方便和确定性起见，通常采用等倾面正面，即方向余弦取正值。

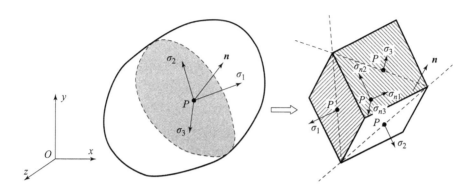

图 1.5.2 变形体上点 P 处的等倾面上受力分析

在这种特殊情况下，我们可以根据柯西公式（1.2.26）求出等倾面上的内力向量为

$$\boldsymbol{T}_n = \begin{Bmatrix} \sigma_{n1} \\ \sigma_{n2} \\ \sigma_{n3} \end{Bmatrix} = \begin{bmatrix} \sigma_1 & 0 & 0 \\ 0 & \sigma_2 & 0 \\ 0 & 0 & \sigma_3 \end{bmatrix} \begin{Bmatrix} \sqrt{3}/3 \\ \sqrt{3}/3 \\ \sqrt{3}/3 \end{Bmatrix} = \sqrt{3}/3 \begin{Bmatrix} \sigma_1 \\ \sigma_2 \\ \sigma_3 \end{Bmatrix} \qquad (1.5.10)$$

将其向 $\boldsymbol{n}$ 方向投影得到该方向的正应力

$$\sigma_n = \boldsymbol{T}_n \cdot \boldsymbol{n} = \frac{\sigma_1 + \sigma_2 + \sigma_3}{3} \qquad (1.5.11)$$

进一步，可以得到该方向的剪应力大小为

$$\tau_n = \sqrt{T_n^2 - \sigma_n^2} = \frac{1}{3}\sqrt{(\sigma_1 - \sigma_2)^2 + (\sigma_2 - \sigma_3)^2 + (\sigma_3 - \sigma_1)^2} \qquad (1.5.12)$$

定义

$$\sigma_e = \frac{3}{\sqrt{2}}\tau_n = \sqrt{\frac{(\sigma_1 - \sigma_2)^2 + (\sigma_2 - \sigma_3)^2 + (\sigma_3 - \sigma_1)^2}{2}} \qquad (1.5.13)$$

通常称 σ_e 为冯·米塞斯（**von Mises**）等效应力。在结构分析中，经常采用冯·米塞斯等效应力来判断一点处的结构强度。

1.5.3 最大正/剪应力及其方向的确定

下面我们再来分析另外几个问题，当**一点处的应力状态确定后，最大正应力和最大剪应力**值是多大？其方向又如何？

我们仍然选择在主坐标系中讨论这些问题。

根据柯西公式（1.2.26），可以求出主坐标系中任意 $\boldsymbol{n}$ 方向的内力向量为

$$T_n = \left\{ \begin{matrix} \sigma_{n1} \\ \sigma_{n2} \\ \sigma_{n3} \end{matrix} \right\} = \begin{bmatrix} \sigma_1 & 0 & 0 \\ 0 & \sigma_2 & 0 \\ 0 & 0 & \sigma_3 \end{bmatrix} \left\{ \begin{matrix} c_{n1} \\ c_{n2} \\ c_{n3} \end{matrix} \right\} = \left\{ \begin{matrix} c_{n1}\sigma_1 \\ c_{n2}\sigma_2 \\ c_{n3}\sigma_3 \end{matrix} \right\} \tag{1.5.14}$$

进而可以求出任意 n 方向截面的正应力和剪应力分别为

$$\sigma_n = T_n \cdot n = c_{n1}^2\sigma_1 + c_{n2}^2\sigma_2 + c_{n3}^2\sigma_3 \tag{1.5.15}$$

$$\tau_n^2 = T_n^2 - \sigma_n^2 = c_{n1}^2\sigma_1^2 + c_{n2}^2\sigma_2^2 + c_{n3}^2\sigma_3^2 - (c_{n1}^2\sigma_1 + c_{n2}^2\sigma_2 + c_{n3}^2\sigma_3)^2 \tag{1.5.16}$$

当一点处的应力状态确定后,其主应力即已知量,因此 n 方向截面的正应力和剪应力仅是方向余弦 c_{ni} 的函数。注意到作为方向余弦, c_{ni} 应该满足关系式(1.5.2),即

$$c_{n1}^2 + c_{n2}^2 + c_{n3}^2 = 1$$

因此,我们的问题转化为求由式(1.5.15)和式(1.5.16)表达的 σ_n 和 τ_n 在满足式(1.5.2)情况下的极值。

首先我们采用简单的初等代数方法来分析解决。

1. 最大正应力问题

将 $c_{n1}^2 = 1 - c_{n2}^2 - c_{n3}^2$ 和 $c_{n3}^2 = 1 - c_{n1}^2 - c_{n2}^2$ 分别代入式(1.5.15),整理后可以得到

$$\sigma_n = \sigma_1 - (\sigma_1 - \sigma_2)c_{n2}^2 - (\sigma_1 - \sigma_3)c_{n3}^2 \tag{1.5.17}$$

$$\sigma_n = \sigma_3 + (\sigma_1 - \sigma_3)c_{n1}^2 + (\sigma_2 - \sigma_3)c_{n2}^2 \tag{1.5.18}$$

由于已经规定 $\sigma_1 \geqslant \sigma_2 \geqslant \sigma_3$,所以上述两式表明

$$\sigma_1 \geqslant \sigma_n \geqslant \sigma_3 \tag{1.5.19}$$

由此得出,第一主应力和第三主应力分别为最大和最小的正应力。

2. 最大剪应力问题

联立式(1.5.15)、式(1.5.16)、式(1.5.2)得到关于 c_{n1}^2 , c_{n2}^2 , c_{n3}^2 的方程组:

$$\begin{bmatrix} 1 & 1 & 1 \\ \sigma_1 & \sigma_2 & \sigma_3 \\ \sigma_1^2 & \sigma_2^2 & \sigma_3^2 \end{bmatrix} \left\{ \begin{matrix} c_{n1}^2 \\ c_{n2}^2 \\ c_{n3}^2 \end{matrix} \right\} = \left\{ \begin{matrix} 1 \\ \sigma_n \\ \sigma_n^2 + \tau_n^2 \end{matrix} \right\} \tag{1.5.20}$$

直接采用克莱姆(Cramer)法则求解上述方程组,并注意到系数矩阵的行列式为范德蒙(Vandermonde)行列式,可以求出 c_{n1}^2 , c_{n2}^2 , c_{n3}^2 分别为

$$c_{n1}^2 = \frac{\tau_n^2 + (\sigma_n - \sigma_2)(\sigma_n - \sigma_3)}{(\sigma_1 - \sigma_2)(\sigma_1 - \sigma_3)} \tag{1.5.21}$$

$$c_{n2}^2 = \frac{\tau_n^2 + (\sigma_n - \sigma_3)(\sigma_n - \sigma_1)}{(\sigma_2 - \sigma_3)(\sigma_2 - \sigma_1)} \tag{1.5.22}$$

$$c_{n3}^2 = \frac{\tau_n^2 + (\sigma_n - \sigma_1)(\sigma_n - \sigma_2)}{(\sigma_3 - \sigma_1)(\sigma_3 - \sigma_2)} \tag{1.5.23}$$

为了保证方向余弦值的平方不小于零,结合我们的规定 $\sigma_1 \geqslant \sigma_2 \geqslant \sigma_3$,因此有下列不等式成立:

$$\tau_n^2 + (\sigma_n - \sigma_2)(\sigma_n - \sigma_3) \geqslant 0$$

$$\tau_n^2 + (\sigma_n - \sigma_3)(\sigma_n - \sigma_1) \leqslant 0$$

$$\tau_n^2 + (\sigma_n - \sigma_1)(\sigma_n - \sigma_2) \geqslant 0$$

容易看出，上述不等式可改写为

$$\tau_n^2 + \left(\sigma_n - \frac{\sigma_2 + \sigma_3}{2}\right)^2 \geqslant \left(\frac{\sigma_2 - \sigma_3}{2}\right)^2 \tag{1.5.24}$$

$$\tau_n^2 + \left(\sigma_n - \frac{\sigma_1 + \sigma_3}{2}\right)^2 \leqslant \left(\frac{\sigma_1 - \sigma_3}{2}\right)^2 \tag{1.5.25}$$

$$\tau_n^2 + \left(\sigma_n - \frac{\sigma_1 + \sigma_2}{2}\right)^2 \geqslant \left(\frac{\sigma_1 - \sigma_2}{2}\right)^2 \tag{1.5.26}$$

在 $\sigma_n - \tau_n$ 平面上，不等式（1.5.24）~不等式（1.5.26）取等号时表示了圆心位于 σ_n 轴上的 3 个圆，称为**莫尔（Mohr）应力圆**。当主应力已知且互不相等时，不等式（1.5.24）~不等式（1.5.26）表明，在 $\sigma_n - \tau_n$ 平面上，任意方向的正应力 σ_n 和剪应力 τ_n 的取值范围为图 1.5.3 所示的含边界阴影部分，该图再次表明

$$\sigma_1 \geqslant \sigma_n \geqslant \sigma_3$$

同时从图中也可以看出

$$\tau_{n\max} = \frac{\sigma_1 - \sigma_3}{2} \tag{1.5.27}$$

从图 1.5.3 中可以看出，当 $\tau_n = \tau_{n\max} = \frac{\sigma_1 - \sigma_3}{2}$ 时，$\sigma_n = \frac{\sigma_1 + \sigma_3}{2}$，将它们回代到式（1.5.21）~式（1.5.23），即可求出对应的 c_{n1}^2，c_{n2}^2，c_{n3}^2，从而获得剪应力取最大值时对应的方向 $\boldsymbol{n}$。

下面按照高等数学中函数条件极值问题的方法规范地求解。

首先来看正应力的极值问题。

由式（1.5.17），根据连续函数取极值的必要条件可知

$$\frac{\partial \sigma_n}{\partial c_{n2}} = 0, \ \frac{\partial \sigma_n}{\partial c_{n3}} = 0 \tag{1.5.28}$$

即

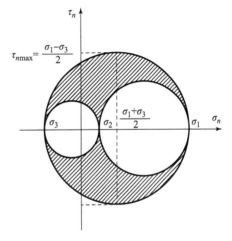

图 1.5.3 一般情况下的莫尔应力圆

$$\begin{cases} 2(\sigma_1 - \sigma_2)c_{n2} = 0 \\ 2(\sigma_1 - \sigma_3)c_{n3} = 0 \end{cases} \tag{1.5.29}$$

解上述方程并结合式（1.5.2）得

$$c_{n1} = \pm 1, \ c_{n2} = 0, \ c_{n3} = 0 \tag{1.5.30}$$

显然式（1.5.30）表示的是第一主应力方向及其反方向。

另外注意到

$$\frac{\partial^2 \sigma_n}{\partial c_{n2}^2} = -2(\sigma_1 - \sigma_2) \leqslant 0, \quad \begin{vmatrix} \dfrac{\partial^2 \sigma_n}{\partial c_{n2}^2} & \dfrac{\partial^2 \sigma_n}{\partial c_{n2} \partial c_{n3}} \\ \dfrac{\partial^2 \sigma_n}{\partial c_{n3} \partial c_{n2}} & \dfrac{\partial^2 \sigma_n}{\partial c_{n3}^2} \end{vmatrix} = 4(\sigma_1 - \sigma_2)(\sigma_1 - \sigma_3) \geqslant 0$$

因此，当 3 个主应力互不相等时，$c_{n1} = \pm 1$，$c_{n2} = 0$，$c_{n3} = 0$ 是 σ_n 的极大值点。

类似地，由式（1.5.18），根据连续函数取极值的必要条件可知

$$\frac{\partial \sigma_n}{\partial c_{n1}} = 0, \quad \frac{\partial \sigma_n}{\partial c_{n2}} = 0 \tag{1.5.31}$$

即

$$\begin{cases} 2(\sigma_1 - \sigma_3)c_{n1} = 0 \\ 2(\sigma_2 - \sigma_3)c_{n2} = 0 \end{cases} \tag{1.5.32}$$

解上述方程并结合式（1.5.2）得

$$c_{n1} = 0, \quad c_{n2} = 0, \quad c_{n3} = \pm 1 \tag{1.5.33}$$

显然式（1.5.33）表示的是第三主应力方向及其反方向。

同样，注意到

$$\frac{\partial^2 \sigma_n}{\partial c_{n1}^2} = 2(\sigma_1 - \sigma_3) \geqslant 0, \quad \begin{vmatrix} \dfrac{\partial^2 \sigma_n}{\partial c_{n1}^2} & \dfrac{\partial^2 \sigma_n}{\partial c_{n1} \partial c_{n2}} \\ \dfrac{\partial^2 \sigma_n}{\partial c_{n2} \partial c_{n1}} & \dfrac{\partial^2 \sigma_n}{\partial c_{n2}^2} \end{vmatrix} = 4(\sigma_1 - \sigma_3)(\sigma_2 - \sigma_3) \geqslant 0$$

因此，当 3 个主应力互不相等时，$c_{n1} = 0$，$c_{n2} = 0$，$c_{n3} = \pm 1$ 是 σ_n 的极小值点。

若将 σ_n 表示成 $\sigma_n(c_{n1}, c_{n3}) = \sigma_2 + (\sigma_1 - \sigma_2)c_{n1}^2 + (\sigma_3 - \sigma_2)c_{n3}^2$，根据连续函数取极值的必要条件可知

$$\begin{cases} \dfrac{\partial \sigma_n}{\partial c_{n1}} = 2(\sigma_1 - \sigma_2)c_{n1} = 0 \\ \dfrac{\partial \sigma_n}{\partial c_{n3}} = 2(\sigma_3 - \sigma_2)c_{n3} = 0 \end{cases} \tag{1.5.34}$$

可以分别求得对应于 σ_n 拐点的另外两个方向为第二主应力方向及其反方向：

$$c_{n1} = 0, \quad c_{n2} = \pm 1, \quad c_{n3} = 0 \tag{1.5.35}$$

但由于

$$\frac{\partial^2 \sigma_n}{\partial c_{n1}^2} = 2(\sigma_1 - \sigma_2) \geqslant 0, \quad \begin{vmatrix} \dfrac{\partial^2 \sigma_n}{\partial c_{n1}^2} & \dfrac{\partial^2 \sigma_n}{\partial c_{n1} \partial c_{n3}} \\ \dfrac{\partial^2 \sigma_n}{\partial c_{n3} \partial c_{n1}} & \dfrac{\partial^2 \sigma_n}{\partial c_{n3}^2} \end{vmatrix} = 4(\sigma_1 - \sigma_3)(\sigma_2 - \sigma_3) \leqslant 0$$

不满足两变量函数极值的充分条件，因此该点不是 σ_n 的极值点，也就是说第二主应力方向及其反方向不是 σ_n 取极值的方向。

至此，我们获得 σ_n 的极大值 σ_1 和极小值 σ_3，由于 $\sigma_1 \geqslant \sigma_n \geqslant \sigma_3$，因此可以知道正应力分量的最大值和最小值分别为第一主应力 σ_1 和第三主应力 σ_3。

上面是在求出主应力和主方向的情况下，在主应力空间内探讨正应力的最大值问题。我们当然也可以在一般坐标系下讨论一点处 $\boldsymbol{n}$ 方向的正应力的最值问题。

我们知道一般坐标系下,任意 $\boldsymbol{n}$ 方向的正应力为

$$\boldsymbol{\sigma}_n = \boldsymbol{T}_n \cdot \boldsymbol{n} = \begin{bmatrix} c_{nx} & c_{ny} & c_{nz} \end{bmatrix} \begin{bmatrix} \sigma_{xx} & \sigma_{yx} & \sigma_{zx} \\ \sigma_{xy} & \sigma_{yy} & \sigma_{zy} \\ \sigma_{xz} & \sigma_{yz} & \sigma_{zz} \end{bmatrix} \begin{Bmatrix} c_{nx} \\ c_{ny} \\ c_{nz} \end{Bmatrix}$$

σ_n 随方向 $\boldsymbol{n}$(也就是 3 个方向余弦值)变化而变化,当然方向余弦值满足约束条件式(1.5.2),即 $c_{nx}^2 + c_{ny}^2 + c_{nz}^2 = 1$。采用拉格朗日乘子法,令

$$L = \sigma_n + \lambda(1 - c_{nx}^2 - c_{ny}^2 - c_{nz}^2)$$

式中,λ 为拉格朗日乘子,则 σ_n 取极值的必要条件为

$$\frac{\partial L}{\partial c_{nx}} = 0, \frac{\partial L}{\partial c_{ny}} = 0, \frac{\partial L}{\partial c_{nz}} = 0, \frac{\partial L}{\partial \lambda} = 0$$

由此得到

$$\begin{bmatrix} \sigma_{xx} & \sigma_{yx} & \sigma_{zx} \\ \sigma_{xy} & \sigma_{yy} & \sigma_{zy} \\ \sigma_{xz} & \sigma_{yz} & \sigma_{zz} \end{bmatrix} \begin{Bmatrix} c_{nx} \\ c_{ny} \\ c_{nz} \end{Bmatrix} = \lambda \begin{Bmatrix} c_{nx} \\ c_{ny} \\ c_{nz} \end{Bmatrix}$$

$$c_{nx}^2 + c_{ny}^2 + c_{nz}^2 = 1$$

显然,此即前面的应力矩阵特征值问题。在此还可以看出,本问题中拉格朗日乘子就是 σ_n。自然我们也得到 σ_n 的极值一定是在主方向上取得,这和上面的结论是一致的。

接下来分析剪应力的极值问题。

将式(1.5.2)代入式(1.5.16)可得

$$\tau_n^2 = \sigma_1^2 c_{n1}^2 + \sigma_2^2 c_{n2}^2 + \sigma_3^2(1 - c_{n1}^2 - c_{n2}^2) - [\sigma_1 c_{n1}^2 + \sigma_2 c_{n2}^2 + \sigma_3(1 - c_{n1}^2 - c_{n2}^2)]^2 \quad (1.5.36)$$

根据连续函数取极值的必要条件可知

$$\frac{\partial \tau_n^2}{\partial c_{n1}} = 0 \qquad \frac{\partial \tau_n^2}{\partial c_{n2}} = 0 \qquad (1.5.37)$$

将式(1.5.36)代入式(1.5.37)并整理后得到

$$c_{n1}(\sigma_1 - \sigma_3)[2(\sigma_1 - \sigma_3)c_{n1}^2 + 2(\sigma_2 - \sigma_3)c_{n2}^2 - (\sigma_1 - \sigma_3)] = 0$$

$$c_{n2}(\sigma_2 - \sigma_3)[2(\sigma_1 - \sigma_3)c_{n1}^2 + 2(\sigma_2 - \sigma_3)c_{n2}^2 - (\sigma_2 - \sigma_3)] = 0$$

一般情况下:

(1)若 $c_{n1} = 0$,$c_{n2} = 0$,显然上述方程组成立,此时得到两个可能的驻值点为

$$c_{n1} = 0, \ c_{n2} = 0, \ c_{n3} = \pm 1$$

(2)若 $c_{n1} = 0$,$c_{n2} \neq 0$,要使上述方程组成立,则有 $2(\sigma_2 - \sigma_3)c_{n2}^2 - (\sigma_2 - \sigma_3) = 0$,解得 $c_{n2} = \pm \frac{\sqrt{2}}{2}$,得到问题的驻值点为

$$c_{n1} = 0, \ c_{n2} = \pm \frac{\sqrt{2}}{2}, \ c_{n3} = \pm \frac{\sqrt{2}}{2}$$

(3)若 $c_{n1} \neq 0$,$c_{n2} = 0$,要使上述方程组成立,则有 $2(\sigma_1 - \sigma_3)c_{n1}^2 - (\sigma_1 - \sigma_3) = 0$,解得 $c_{n1} = \pm \frac{\sqrt{2}}{2}$,得到问题的驻值点为

$$c_{n1} = \pm \frac{\sqrt{2}}{2}, \ c_{n2} = 0, \ c_{n3} = \pm \frac{\sqrt{2}}{2}$$

（4）若 $c_{n1} \neq 0$，$c_{n2} \neq 0$，要使上述方程组成立，则必须有

$$2(\sigma_1 - \sigma_3)c_{n1}^2 + 2(\sigma_2 - \sigma_3)c_{n2}^2 - (\sigma_1 - \sigma_3) = 0$$

$$2(\sigma_1 - \sigma_3)c_{n1}^2 + 2(\sigma_2 - \sigma_3)c_{n2}^2 - (\sigma_2 - \sigma_3) = 0$$

此方程在一般情况下无解。

类似地，如果将式（1.5.16）分别写成仅为 c_{n1}，c_{n3} 的函数 $\tau_n^2(c_{n1}, c_{n3})$ 和仅为 c_{n2}，c_{n3} 的函数 $\tau_n^2(c_{n2}, c_{n3})$，可以得到有别于上述的驻值点为

$$c_{n1} = 0, \quad c_{n2} = \pm 1, \quad c_{n3} = 0$$

$$c_{n1} = \pm 1, \quad c_{n2} = 0, \quad c_{n3} = 0$$

$$c_{n1} = \pm \frac{\sqrt{2}}{2}, \quad c_{n2} = \pm \frac{\sqrt{2}}{2}, \quad c_{n3} = 0$$

综上可以得到问题的所有驻值点包括

$$c_{n1} = 0, \quad c_{n2} = 0, \quad c_{n3} = \pm 1$$

$$c_{n1} = 0, \quad c_{n2} = \pm 1, \quad c_{n3} = 0$$

$$c_{n1} = \pm 1, \quad c_{n2} = 0, \quad c_{n3} = 0$$

$$c_{n1} = 0, \quad c_{n2} = \pm \frac{\sqrt{2}}{2}, \quad c_{n3} = \pm \frac{\sqrt{2}}{2}$$

$$c_{n1} = \pm \frac{\sqrt{2}}{2}, \quad c_{n2} = 0, \quad c_{n3} = \pm \frac{\sqrt{2}}{2}$$

$$c_{n1} = \pm \frac{\sqrt{2}}{2}, \quad c_{n2} = \pm \frac{\sqrt{2}}{2}, \quad c_{n3} = 0$$

将上述驻值点代入式（1.5.16）得 τ_n^2 的驻值包括

$$0, \quad \frac{(\sigma_2 - \sigma_3)^2}{4}, \quad \frac{(\sigma_1 - \sigma_3)^2}{4}, \quad \frac{(\sigma_1 - \sigma_2)^2}{4}$$

由于 $\sigma_1 \geqslant \sigma_2 \geqslant \sigma_3$，因此有

$$\tau_{n\min}^2 = 0$$

$$\tau_{n\max}^2 = \frac{(\sigma_1 - \sigma_3)^2}{4}$$

1.6   几种特殊的应力状态

为了更好地理解有关应力的概念，下面针对几种工程中常见的特殊情形，给出描述其应力状态的相关结果。

1.6.1   简单应力状态——单向拉/压

如果选择合适的坐标系，变形体上一点的应力状态可以表示为如下形式：

$$\boldsymbol{\sigma} = \begin{bmatrix} \sigma_{xx} & 0 & 0 \\ 0 & 0 & 0 \\ 0 & 0 & 0 \end{bmatrix} \tag{1.6.1}$$

即除一个正应力分量外，其他所有应力分量均为零，我们就称该点处于简单应力状态。

当 $\sigma_{xx} > 0$ 时，我们将其称为单向拉伸状态；当 $\sigma_{xx} < 0$ 时，我们将其称为单向压缩状态。

对简单应力状态容易看出，当 $\sigma_{xx} > 0$ 时，$\sigma_1 = \sigma_{xx}$，$\sigma_2 = \sigma_3 = 0$；当 $\sigma_{xx} < 0$ 时，$\sigma_1 = \sigma_2 = 0$，$\sigma_3 = \sigma_{xx}$。因此可以画出其莫尔圆如图 1.6.1 所示。

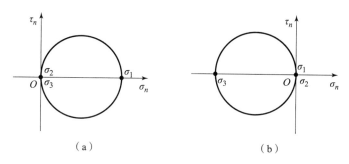

（a） （b）

图 1.6.1 简单应力状态的莫尔圆

（a）单向拉伸状态；（b）单向压缩状态

1.6.2 特殊的平面应力状态——纯剪切

类似地，如果选择合适的坐标系，变形体上一点的应力状态可以表示为如下形式：

$$\boldsymbol{\sigma} = \begin{bmatrix} 0 & \sigma_{xy} & 0 \\ \sigma_{yx} & 0 & 0 \\ 0 & 0 & 0 \end{bmatrix} \tag{1.6.2}$$

即除一对剪应力分量外，其他所有应力分量均为零，我们就称该点处于平面纯剪切应力状态。

容易看出，当 $\sigma_{xy} > 0$ 时，$\sigma_1 = -\sigma_3 = \sigma_{xy}$，$\sigma_2 = 0$；当 $\sigma_{xy} < 0$ 时，$\sigma_1 = -\sigma_3 = -\sigma_{xy}$，$\sigma_2 = 0$。因此可以画出其莫尔圆如图 1.6.2 所示。

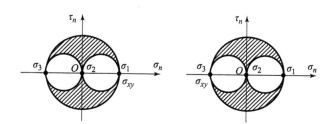

图 1.6.2 纯剪切应力状态的莫尔圆（双向等拉/压状态）

显然，在主坐标系中，平面纯剪切应力状态可以表示为

$$\sigma_{xy} > 0: \boldsymbol{\sigma} = \begin{bmatrix} \sigma_{xy} & 0 & 0 \\ 0 & 0 & 0 \\ 0 & 0 & -\sigma_{xy} \end{bmatrix}; \quad \sigma_{xy} < 0: \boldsymbol{\sigma} = \begin{bmatrix} -\sigma_{xy} & 0 & 0 \\ 0 & 0 & 0 \\ 0 & 0 & \sigma_{xy} \end{bmatrix}$$

对应于简单拉/压状态，平面纯剪切应力状态也可称为双向等拉/压状态。

1.6.3 特殊的三维应力状态——三向等拉/压

如果选择合适的坐标系，变形体上一点的应力状态可以表示为如下形式：

$$\boldsymbol{\sigma} = \begin{bmatrix} \sigma & 0 & 0 \\ 0 & \sigma & 0 \\ 0 & 0 & \sigma \end{bmatrix} \qquad (1.6.3)$$

即 3 个正应力分量相等，而所有剪应力分量均为零，我们就称该点处于三向等拉状态（$\sigma > 0$）或三向等压状态（$\sigma < 0$）。

显然，此时 3 个正应力即 3 个主应力，因此可以画出其莫尔圆如图 1.6.3 所示。从图中可以看出，由于 3 个主应力相等，因此莫尔圆退化为一个点。

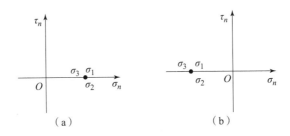

图 1.6.3 三向等拉/压状态的莫尔圆
（a）三向拉应力状态；（b）三向压应力状态

利用转轴公式，任意正交坐标系下该点的应力分量为

$$\begin{bmatrix} \sigma_{x'x'} & \sigma_{x'y'} & \sigma_{x'z'} \\ \sigma_{y'x'} & \sigma_{y'y'} & \sigma_{y'z'} \\ \sigma_{z'x'} & \sigma_{z'y'} & \sigma_{z'z'} \end{bmatrix} = \begin{bmatrix} c_{x'x} & c_{x'y} & c_{x'z} \\ c_{y'x} & c_{y'y} & c_{y'z} \\ c_{z'x} & c_{z'y} & c_{z'z} \end{bmatrix} \begin{bmatrix} \sigma & 0 & 0 \\ 0 & \sigma & 0 \\ 0 & 0 & \sigma \end{bmatrix} \begin{bmatrix} c_{x'x} & c_{y'x} & c_{z'x} \\ c_{x'y} & c_{y'y} & c_{z'y} \\ c_{x'z} & c_{y'z} & c_{z'z} \end{bmatrix} = \begin{bmatrix} \sigma & 0 & 0 \\ 0 & \sigma & 0 \\ 0 & 0 & \sigma \end{bmatrix}$$

也就是说任意正交坐标系下，处于各向等拉/压状态一点的应力分量完全相同，这也说明任意方向都是该应力状态的主方向。

1.7 应力对位置的变化规律——平衡方程

前面我们对一点处的应力状态作了较详细的分析。一般情况下，变形体上各点的应力是不同的，即应力是位置的函数。

下面我们来讨论变形体上应力对位置的变化规律。有关讨论将分别在常用的直角坐标系、柱坐标系及球坐标系中进行。

1.7.1 直角坐标系下的平衡方程

1. 正六面体的平衡（字母下标记法）

如图 1.7.1 所示，P 点为变形体上任意一点。为了分析 P 点处的应力变化规律，可以建立一个直角坐标系 $Oxyz$，并选取以 P 为顶点，沿 x，y，z 轴方向分别长为 Δx，Δy，Δz

的正六面体，并按 1.2.1 小节规定的内力正方向标出了各表面的受力。我们拟通过该六面体的受力平衡分析来探索 P 点处的应力变化规律。

首先，考虑六面体在 x 方向的受力平衡：

$$\int\limits_{BCFE} \sigma_{xx}(x_P + \Delta x, y, z)\,\mathrm{d}y\mathrm{d}z - \int\limits_{PADG} \sigma_{xx}(x_P, y, z)\,\mathrm{d}y\mathrm{d}z +$$

$$\int\limits_{DEFG} \sigma_{yx}(x, y_P + \Delta y, z)\,\mathrm{d}x\mathrm{d}z - \int\limits_{PABC} \sigma_{yx}(x, y_P, z)\,\mathrm{d}x\mathrm{d}z +$$

$$\int\limits_{ABED} \sigma_{zx}(x, y, z_P + \Delta z)\,\mathrm{d}x\mathrm{d}y - \int\limits_{PCFG} \sigma_{zx}(x, y, z_P)\,\mathrm{d}x\mathrm{d}y +$$

$$\int\limits_{V} f_x(x, y, z)\,\mathrm{d}x\mathrm{d}y\mathrm{d}z = 0$$

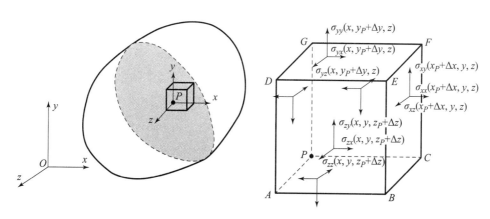

图 1.7.1 P 点处正六面体的受力平衡分析

假设各面力分量和体力分量在六面体上的分布都是连续的（请注意这里是基于连续体假设基础上的物理量分布的连续性），则利用积分中值定理可得

$$[\sigma_{xx}(x_P + \Delta x, y', z') - \sigma_{xx}(x_P, y', z')]\Delta y\Delta z +$$
$$[\sigma_{yx}(x', y_P + \Delta y, z') - \sigma_{yx}(x', y_P, z')]\Delta x\Delta z +$$
$$[\sigma_{zx}(x', y', z_P + \Delta z) - \sigma_{zx}(x', y', z_P)]\Delta x\Delta y +$$
$$f_x(x', y', z')\Delta x\Delta y\Delta z = 0$$

上式中采用的上标“′”仅是从记法简洁的角度，表示为定义域内某一点处的函数值，不同项中的“′”可能表示不同的点。

将上式两端除以 $\Delta x\Delta y\Delta z$ 并向 P 点取极限得到

$$\lim_{\substack{\Delta x \to 0 \\ \Delta y \to 0 \\ \Delta z \to 0}} \left\{ \frac{[\sigma_{xx}(x_P + \Delta x, y', z') - \sigma_{xx}(x_P, y', z')]}{\Delta x} + \frac{[\sigma_{yx}(x', y_P + \Delta y, z') - \sigma_{yx}(x', y_P, z')]}{\Delta y} + \right.$$

$$\left. \frac{[\sigma_{zx}(x', y', z_P + \Delta z) - \sigma_{zx}(x', y', z_P)]}{\Delta z} + f_x(x', y', z') \right\} = 0 \tag{1.7.1}$$

于是得到

$$\left(\frac{\partial \sigma_{xx}}{\partial x} + \frac{\partial \sigma_{yx}}{\partial y} + \frac{\partial \sigma_{zx}}{\partial z} + f_x \right)\bigg|_P = 0$$

同样，根据 y 和 z 方向的受力平衡，可以得到

$$\left(\frac{\partial \sigma_{xy}}{\partial x} + \frac{\partial \sigma_{yy}}{\partial y} + \frac{\partial \sigma_{zy}}{\partial z} + f_y \right)\bigg|_P = 0$$

$$\left(\frac{\partial \sigma_{xz}}{\partial x} + \frac{\partial \sigma_{yz}}{\partial y} + \frac{\partial \sigma_{zz}}{\partial z} + f_z \right)\bigg|_P = 0$$

由于 P 点为任意点，因此对变形体上每一点，只要该点处的应力及体力分量是连续的，且存在相应的偏导数，则有

$$\begin{cases} \dfrac{\partial \sigma_{xx}}{\partial x} + \dfrac{\partial \sigma_{yx}}{\partial y} + \dfrac{\partial \sigma_{zx}}{\partial z} + f_x = 0 \\[2mm] \dfrac{\partial \sigma_{xy}}{\partial x} + \dfrac{\partial \sigma_{yy}}{\partial y} + \dfrac{\partial \sigma_{zy}}{\partial z} + f_y = 0 \\[2mm] \dfrac{\partial \sigma_{xz}}{\partial x} + \dfrac{\partial \sigma_{yz}}{\partial y} + \dfrac{\partial \sigma_{zz}}{\partial z} + f_z = 0 \end{cases} \tag{1.7.2}$$

考虑六面体受力对 3 个坐标轴的力矩平衡，我们可以再次得到剪应力互等定律，即

$$\sigma_{yx} = \sigma_{xy},\ \sigma_{zy} = \sigma_{yz},\ \sigma_{zx} = \sigma_{xz}$$

式（1.7.2）给出了连续应力场和体力场随位置变化应该满足的关系，习惯上称之为**平衡方程**。

2. 平衡方程的其他记法

通常我们称式（1.7.2）为平衡方程的**坐标分量展开记法**。这种记法清晰地表达了方程的含义，但形式上稍嫌复杂。观察式（1.7.2），我们可以进一步按采用自由指标，并引入逗号 "," 下标求导符号$\left(例如 f_{,i} = \dfrac{\partial f}{\partial x_i} \right)$，将这 3 个方程简记为如下形式：

$$\sigma_{ij,i} + f_j = 0 \tag{1.7.3}$$

这便是**平衡方程的指标记法**。相比坐标分量展开记法，指标记法在形式上要简洁得多。

另外，如果引入直角坐标系中的哈密顿算子

$$\nabla = \frac{\partial}{\partial x}\boldsymbol{i} + \frac{\partial}{\partial y}\boldsymbol{j} + \frac{\partial}{\partial z}\boldsymbol{k} \tag{1.7.4}$$

定义哈密顿算子和应力张量的点积法则：

$$\begin{aligned} \nabla \cdot \boldsymbol{\sigma} &= \left(\frac{\partial}{\partial x}\boldsymbol{i} + \frac{\partial}{\partial y}\boldsymbol{j} + \frac{\partial}{\partial z}\boldsymbol{k} \right) \cdot (\sigma_{xx}\boldsymbol{ii} + \sigma_{xy}\boldsymbol{ij} + \sigma_{xz}\boldsymbol{ik} + \\ &\quad \sigma_{yx}\boldsymbol{ji} + \sigma_{yy}\boldsymbol{jj} + \sigma_{yz}\boldsymbol{jk} + \sigma_{zx}\boldsymbol{ki} + \sigma_{zy}\boldsymbol{kj} + \sigma_{zz}\boldsymbol{kk}) \\ &= \boldsymbol{i} \cdot \frac{\partial}{\partial x}(\sigma_{xx}\boldsymbol{ii}) + \boldsymbol{j} \cdot \frac{\partial}{\partial y}(\sigma_{xx}\boldsymbol{ii}) + \boldsymbol{k} \cdot \frac{\partial}{\partial z}(\sigma_{xx}\boldsymbol{ii}) + \\ &\quad \boldsymbol{i} \cdot \frac{\partial}{\partial x}(\sigma_{xy}\boldsymbol{ij}) + \boldsymbol{j} \cdot \frac{\partial}{\partial y}(\sigma_{xy}\boldsymbol{ij}) + \boldsymbol{k} \cdot \frac{\partial}{\partial z}(\sigma_{xy}\boldsymbol{ij}) + \\ &\quad \boldsymbol{i} \cdot \frac{\partial}{\partial x}(\sigma_{xz}\boldsymbol{ik}) + \boldsymbol{j} \cdot \frac{\partial}{\partial y}(\sigma_{xz}\boldsymbol{ik}) + \boldsymbol{k} \cdot \frac{\partial}{\partial z}(\sigma_{xz}\boldsymbol{ik}) + \\ &\quad \boldsymbol{i} \cdot \frac{\partial}{\partial x}(\sigma_{yx}\boldsymbol{ji}) + \boldsymbol{j} \cdot \frac{\partial}{\partial y}(\sigma_{yx}\boldsymbol{ji}) + \boldsymbol{k} \cdot \frac{\partial}{\partial z}(\sigma_{yx}\boldsymbol{ji}) + \end{aligned}$$

$$i \cdot \frac{\partial}{\partial x}(\sigma_{yy} jj) + j \cdot \frac{\partial}{\partial y}(\sigma_{yy} jj) + k \cdot \frac{\partial}{\partial z}(\sigma_{yy} jj) +$$

$$i \cdot \frac{\partial}{\partial x}(\sigma_{yz} jk) + j \cdot \frac{\partial}{\partial y}(\sigma_{yz} jk) + k \cdot \frac{\partial}{\partial z}(\sigma_{yz} jk) +$$

$$i \cdot \frac{\partial}{\partial x}(\sigma_{zx} ki) + j \cdot \frac{\partial}{\partial y}(\sigma_{zx} ki) + k \cdot \frac{\partial}{\partial z}(\sigma_{zx} ki) +$$

$$i \cdot \frac{\partial}{\partial x}(\sigma_{zy} kj) + j \cdot \frac{\partial}{\partial y}(\sigma_{zy} kj) + k \cdot \frac{\partial}{\partial z}(\sigma_{zy} kj) +$$

$$i \cdot \frac{\partial}{\partial x}(\sigma_{zz} kk) + j \cdot \frac{\partial}{\partial y}(\sigma_{zz} kk) + k \cdot \frac{\partial}{\partial z}(\sigma_{zz} kk) \tag{1.7.5}$$

注意到直角坐标系中单位基向量 i，j，k 不随位置变化，同时注意到 i，j，k 之间的正交性，因此上式的结果为

$$\nabla \cdot \boldsymbol{\sigma} = \frac{\partial \sigma_{xx}}{\partial x}i + \frac{\partial \sigma_{xy}}{\partial x}j + \frac{\partial \sigma_{xz}}{\partial x}k + \frac{\partial \sigma_{yx}}{\partial y}i + \frac{\partial \sigma_{yy}}{\partial y}j + \frac{\partial \sigma_{yz}}{\partial y}k +$$

$$\frac{\partial \sigma_{zx}}{\partial z}i + \frac{\partial \sigma_{zy}}{\partial z}j + \frac{\partial \sigma_{zz}}{\partial z}k$$

上述运算法则采用指标记法如下：

$$\nabla \cdot \boldsymbol{\sigma} = \left(\frac{\partial}{\partial x_i}\boldsymbol{e}_i\right) \cdot (\sigma_{kl}\boldsymbol{e}_k \boldsymbol{e}_l) = \boldsymbol{e}_i \cdot \frac{\partial}{\partial x_i}(\sigma_{kl}\boldsymbol{e}_k \boldsymbol{e}_l)$$

$$= \boldsymbol{e}_i \cdot \frac{\partial \sigma_{kl}}{\partial x_i}\boldsymbol{e}_k \boldsymbol{e}_l = \frac{\partial \sigma_{kl}}{\partial x_i}(\boldsymbol{e}_i \cdot \boldsymbol{e}_k)\boldsymbol{e}_l = \frac{\partial \sigma_{kl}}{\partial x_i}\delta_{ik}\boldsymbol{e}_l = \frac{\partial \sigma_{il}}{\partial x_i}\boldsymbol{e}_l$$

结合 $\boldsymbol{f} = f_x\boldsymbol{i} + f_y\boldsymbol{j} + f_z\boldsymbol{k}$，这样，平衡方程也可以记为

$$\nabla \cdot \boldsymbol{\sigma} + \boldsymbol{f} = 0 \tag{1.7.6}$$

我们称其为**平衡方程的整体记法**。在现代固体力学研究文献中，对平衡方程多采用的是指标记法或整体记法。

事实上，平衡方程也可以通过其他方式推导获得。下面通过物体内任意体积的平衡来推导平衡方程。

3. 任意体积的平衡

为了简洁起见，下面采用**数字下标记法**。

在物体上任意选取一个封闭曲面 S 包围的体积 V，得到一个隔离体。作用在 S 外表面上的力为 $\boldsymbol{T}_n = [\begin{array}{ccc} T_{n1} & T_{n2} & T_{n3} \end{array}]^{\mathrm{T}}$，作用在该体积 V 上的力为 $\boldsymbol{f} = [\begin{array}{ccc} f_1 & f_2 & f_3 \end{array}]^{\mathrm{T}}$。由于隔离体处于平衡状态，因此可以得到 3 个方向的力平衡方程，即

$$x_1 \text{ 方向：} \int_S T_{n1}\mathrm{d}S + \int_V f_1\mathrm{d}V = 0$$

$$x_2 \text{ 方向：} \int_S T_{n2}\mathrm{d}S + \int_V f_2\mathrm{d}V = 0$$

$$x_3 \text{ 方向：} \int_S T_{n3}\mathrm{d}S + \int_V f_3\mathrm{d}V = 0$$

写成指标形式为

$$\int_S T_{nj}\mathrm{d}S + \int_V f_j\mathrm{d}V = 0$$

和 3 个方向的力矩平衡方程，即

对 x_1 轴的矩：$\int_S (T_{n2}x_3 - T_{n3}x_2)\,\mathrm{d}S + \int_V (f_2x_3 - f_3x_2)\,\mathrm{d}V = 0$

对 x_2 轴的矩：$\int_S (T_{n3}x_1 - T_{n1}x_3)\,\mathrm{d}S + \int_V (f_3x_1 - f_1x_3)\,\mathrm{d}V = 0$

对 x_3 轴的矩：$\int_S (T_{n1}x_2 - T_{n2}x_1)\,\mathrm{d}S + \int_V (f_1x_2 - f_2x_1)\,\mathrm{d}V = 0$

引入轮换指标：

$$\varepsilon_{jkl} = \begin{cases} 1, & \text{当 } j, k, l \text{ 按图示顺时针取值时} \\ -1, & \text{当 } j, k, l \text{ 按图示逆时针取值时} \\ 0, & \text{当 } j, k, l \text{ 任意两个指标相同时} \end{cases}$$

则 3 个力矩平衡方程可以写成如下的指标形式（初学者不妨展开来验证一下，这对于掌握指标记法是很有好处的）：

$$\int_S T_{nj}x_k\varepsilon_{jkl}\,\mathrm{d}S + \int_V f_jx_k\varepsilon_{jkl}\,\mathrm{d}V = 0$$

注意到柯西公式可以写成指标形式

$$T_{nj} = \sigma_{ij}c_{ni}$$

将其代入力平衡方程和力矩平衡方程后分别得到

$$\int_S \sigma_{ij}c_{ni}\,\mathrm{d}S + \int_V f_j\,\mathrm{d}V = 0$$

$$\int_S \sigma_{ij}c_{ni}x_k\varepsilon_{jkl}\,\mathrm{d}S + \int_V f_jx_k\varepsilon_{jkl}\,\mathrm{d}V = 0$$

根据高斯（Gauss）公式，将上述面积分化为体积分得到

$$\int_V (\sigma_{ij,i} + f_j)\,\mathrm{d}V = 0$$

$$\int_V \left[(\sigma_{ij}x_k\varepsilon_{jkl})_{,i} + f_jx_k\varepsilon_{jkl} \right]\mathrm{d}V = 0$$

注意到体积 V 的任意性，由上述 3 个完全由体积分表示的力平衡方程式可以得到

$$\sigma_{ij,i} + f_j = 0$$

而由 3 个完全由体积分表示的力矩平衡方程式可以得到

$$(\sigma_{ij}x_k\varepsilon_{jkl})_{,i} + f_jx_k\varepsilon_{jkl} = 0$$

展开该式，注意 ε_{jkl} 为常数，$x_{k,i} = \delta_{ki}$，$\varepsilon_{jkl}\delta_{ki} = \varepsilon_{jil}$，因此有

$$\sigma_{ij}\varepsilon_{jil} + (\sigma_{ij,i} + f_j)x_k\varepsilon_{jkl} = 0$$

结合平衡方程式，因此有

$$\sigma_{ij}\varepsilon_{jil} = 0$$

展开后即得剪应力互等定理

$$\sigma_{12} = \sigma_{21},\ \ \sigma_{23} = \sigma_{32},\ \ \sigma_{31} = \sigma_{13}$$

1.7.2　柱坐标系下的平衡方程

当一个弹性力学问题适合采用柱坐标系进行分析时，我们就需要获得柱坐标系下的平衡方程。

如图 1.7.2 所示，与直角坐标系中的分析类似，P 点为变形体上任意一点，为了分

析 P 点处的应力变化规律，可以建立一个柱坐标系 $Or\theta z$，并选取以 P 为顶点，沿 r，θ，z 轴方向的长分别为 Δr，$\Delta\theta$，Δz 的正交六面体，按 1.2.1 小节规定的内力正方向标出了各表面的受力。我们可以通过该六面体的受力平衡分析来探索 P 点处的应力变化规律。

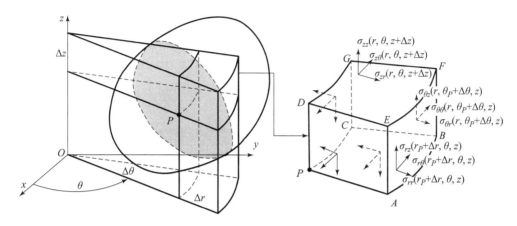

图 1.7.2　柱坐标系正交六面体的平衡

首先考虑该六面体在 P 点处 r 方向的受力平衡，注意各点处应力分量方向的变化：

$$\int_{ABFE}\sigma_{rr}(r_P+\Delta r,\theta,z)\cos(\theta-\theta_P)(r_P+\Delta r)\mathrm{d}\theta\mathrm{d}z-\int_{PCDG}\sigma_{rr}(r_P,\theta,z)\cos(\theta-\theta_P)r_P\mathrm{d}\theta\mathrm{d}z-$$

$$\int_{ABFE}\sigma_{r\theta}(r_P+\Delta r,\theta,z)\sin(\theta-\theta_P)(r_P+\Delta r)\mathrm{d}\theta\mathrm{d}z+\int_{PCDG}\sigma_{r\theta}(r_P,\theta,z)\sin(\theta-\theta_P)r_P\mathrm{d}\theta\mathrm{d}z+$$

$$\int_{BFGC}\sigma_{\theta r}(r,\theta_P+\Delta\theta,z)\cos(\Delta\theta)\mathrm{d}r\mathrm{d}z-\int_{PAED}\sigma_{\theta r}(r,\theta_P,z)\mathrm{d}r\mathrm{d}z-$$

$$\int_{BFGC}\sigma_{\theta\theta}(r,\theta_P+\Delta\theta,z)\sin(\Delta\theta)\mathrm{d}r\mathrm{d}z+$$

$$\int_{DEFG}\sigma_{zr}(r,\theta,z_P+\Delta z)\cos(\theta-\theta_P)r\mathrm{d}r\mathrm{d}\theta-\int_{PABC}\sigma_{zr}(r,\theta,z_P)\cos(\theta-\theta_P)r\mathrm{d}r\mathrm{d}\theta-$$

$$\int_{DEFG}\sigma_{z\theta}(r,\theta,z_P+\Delta z)\sin(\theta-\theta_P)r\mathrm{d}r\mathrm{d}\theta+\int_{PABC}\sigma_{z\theta}(r,\theta,z_P)\sin(\theta-\theta_P)r\mathrm{d}r\mathrm{d}\theta+$$

$$\int_V f_r(r,\theta,z)\cos(\theta-\theta_P)r\mathrm{d}r\mathrm{d}\theta\mathrm{d}z-\int_V f_\theta(r,\theta,z)\sin(\theta-\theta_P)r\mathrm{d}r\mathrm{d}\theta\mathrm{d}z=0$$

与直角坐标系中相同，假设各面力分量和体力分量在六面体上的分布都是连续的，利用积分中值定理可得

$$\sigma_{rr}(r_P+\Delta r,\theta',z')\cos(\theta'-\theta_P)(r_P+\Delta r)\Delta\theta\Delta z-\sigma_{rr}(r_P,\theta',z')\cos(\theta'-\theta_P)r_P\Delta\theta\Delta z-$$

$$\sigma_{r\theta}(r_P+\Delta r,\theta',z')\sin(\theta'-\theta_P)(r_P+\Delta r)\Delta\theta\Delta z+\sigma_{r\theta}(r_P,\theta',z')\sin(\theta'-\theta_P)r_P\Delta\theta\Delta z+$$

$$\sigma_{\theta r}(r',\theta_P+\Delta\theta,z')\cos(\Delta\theta)\Delta r\Delta z-\sigma_{\theta r}(r',\theta_P,z')\Delta r\Delta z-$$

$$\sigma_{\theta\theta}(r',\theta_P+\Delta\theta,z')\sin(\Delta\theta)\Delta r\Delta z+$$

$$\sigma_{zr}(r',\theta',z_P+\Delta z)\cos(\theta'-\theta_P)r'\Delta r\Delta\theta-\sigma_{zr}(r',\theta',z_P)\cos(\theta'-\theta_P)r'\Delta r\Delta\theta-$$

$$\sigma_{z\theta}(r',\theta',z_P+\Delta z)\sin(\theta'-\theta_P)r'\Delta r\Delta\theta+\sigma_{z\theta}(r',\theta',z_P)\sin(\theta'-\theta_P)r'\Delta r\Delta\theta+$$

$$f_r(r',\theta',z')\cos(\theta'-\theta_P)r'\Delta r\Delta\theta\Delta z-f_\theta(r',\theta',z')\sin(\theta'-\theta_P)r'\Delta r\Delta\theta\Delta z=0$$

注意，上式中采用的上标"′"仅是从记法简洁的角度，表示为定义域内某一点处的函数值，不同项中的"′"可能表示不同的点。

将上式两端除以 $\Delta r \Delta\theta\Delta z$ 并向 P 点取极限得到

$$\lim_{\substack{\Delta r\to 0\\ \Delta\theta\to 0\\ \Delta z\to 0}}\Big[\frac{\sigma_{rr}(r_P+\Delta r,\theta',z')\cos(\theta'-\theta_P)(r_P+\Delta r)-\sigma_{rr}(r_P,\theta',z')\cos(\theta'-\theta_P)r_P}{\Delta r}-$$

$$\frac{\sigma_{r\theta}(r_P+\Delta r,\theta',z')\sin(\theta'-\theta_P)(r_P+\Delta r)-\sigma_{r\theta}(r_P,\theta',z')\sin(\theta'-\theta_P)r_P}{\Delta r}+$$

$$\frac{\sigma_{\theta r}(r',\theta_P+\Delta\theta,z')\cos(\Delta\theta)-\sigma_{\theta r}(r',\theta_P,z')}{\Delta\theta}-\frac{\sigma_{\theta\theta}(r',\theta_P+\Delta\theta,z')\sin(\Delta\theta)}{\Delta\theta}+$$

$$\frac{\sigma_{zr}(r',\theta',z_P+\Delta z)\cos(\theta'-\theta_P)r'-\sigma_{zr}(r',\theta',z_P)\cos(\theta'-\theta_P)r'}{\Delta z}-$$

$$\frac{\sigma_{z\theta}(r',\theta',z_P+\Delta z)\sin(\theta'-\theta_P)r'-\sigma_{z\theta}(r',\theta',z_P)\sin(\theta'-\theta_P)r'}{\Delta z}+$$

$$f_r(r',\theta',z')\cos(\theta'-\theta_P)r'-f_\theta(r',\theta',z')\sin(\theta'-\theta_P)r'\Big]=0$$

完成上述极限运算，于是得到

$$\left(r\frac{\partial\sigma_{rr}}{\partial r}+\frac{\partial\sigma_{\theta r}}{\partial\theta}+r\frac{\partial\sigma_{zr}}{\partial z}+\sigma_{rr}-\sigma_{\theta\theta}+rf_r\right)\bigg|_P=0$$

同样，根据 P 点处 θ 和 z 方向的受力平衡，可以得到

$$\left(r\frac{\partial\sigma_{r\theta}}{\partial r}+\frac{\partial\sigma_{\theta\theta}}{\partial\theta}+r\frac{\partial\sigma_{z\theta}}{\partial z}+2\sigma_{r\theta}+rf_\theta)\right)\bigg|_P=0$$

$$\left(r\frac{\partial\sigma_{rz}}{\partial r}+\frac{\partial\sigma_{\theta z}}{\partial\theta}+r\frac{\partial\sigma_z}{\partial z}+\sigma_{rz}+rf_z\right)\bigg|_P=0$$

与直角坐标系中的情形一样，由于 P 点为任意点，因此对变形体上每一点，只要该点处的应力及体力分量是连续的，且存在相应的偏导数，则有

$$r\frac{\partial\sigma_{rr}}{\partial r}+\frac{\partial\sigma_{\theta r}}{\partial\theta}+r\frac{\partial\sigma_{zr}}{\partial z}+\sigma_{rr}-\sigma_{\theta\theta}+rf_r=0$$

$$r\frac{\partial\sigma_{r\theta}}{\partial r}+\frac{\partial\sigma_{\theta\theta}}{\partial\theta}+r\frac{\partial\sigma_{z\theta}}{\partial z}+2\sigma_{r\theta}+rf_\theta=0$$

$$r\frac{\partial\sigma_{rz}}{\partial r}+\frac{\partial\sigma_{\theta z}}{\partial\theta}+r\frac{\partial\sigma_{zz}}{\partial z}+\sigma_{rz}+rf_z=0$$

在 $r\neq 0$ 处，上式也可以写为

$$\begin{cases}\dfrac{\partial\sigma_{rr}}{\partial r}+\dfrac{1}{r}\dfrac{\partial\sigma_{\theta r}}{\partial\theta}+\dfrac{\partial\sigma_{zr}}{\partial z}+\dfrac{\sigma_{rr}-\sigma_{\theta\theta}}{r}+f_r=0\\[2mm]\dfrac{\partial\sigma_{r\theta}}{\partial r}+\dfrac{1}{r}\dfrac{\partial\sigma_{\theta\theta}}{\partial\theta}+\dfrac{\partial\sigma_{z\theta}}{\partial z}+\dfrac{2\sigma_{r\theta}}{r}+f_\theta=0\\[2mm]\dfrac{\partial\sigma_{rz}}{\partial r}+\dfrac{1}{r}\dfrac{\partial\sigma_{\theta z}}{\partial\theta}+\dfrac{\partial\sigma_{zz}}{\partial z}+\dfrac{\sigma_{rz}}{r}+f_z=0\end{cases}\qquad(1.7.7)$$

同样地，考虑六面体受力对 P 点处 3 个坐标轴的力矩平衡，我们可以再次得到柱坐标系中的剪应力互等定律，即

$$\sigma_{r\theta}=\sigma_{\theta r},\sigma_{\theta z}=\sigma_{z\theta},\sigma_{rz}=\sigma_{zr}\qquad(1.7.8)$$

对比式（1.7.7）和式（1.7.2）可以看出，直角坐标系和柱坐标系中应力平衡方程的展开式在形式上并不相同，相比较而言，柱坐标系中要复杂些。但如果引入柱坐标系下的哈密顿算子，该算子形式可以由直角坐标系中的形式（1.7.4）通过坐标变换得到：

$$\nabla = \frac{\partial}{\partial r}\boldsymbol{e}_r + \frac{1}{r}\frac{\partial}{\partial \theta}\boldsymbol{e}_\theta + \frac{\partial}{\partial z}\boldsymbol{e}_z \tag{1.7.9}$$

同时，仿照直角坐标系中哈密顿算子和应力张量的点积法则，定义柱坐标系中哈密顿算子和应力张量的点积法则如下：

$$\begin{aligned}
\nabla \cdot \boldsymbol{\sigma} &= \left(\frac{\partial}{\partial r}\boldsymbol{e}_r + \frac{1}{r}\frac{\partial}{\partial \theta}\boldsymbol{e}_\theta + \frac{\partial}{\partial z}\boldsymbol{e}_z \right) \cdot (\sigma_{rr}\boldsymbol{e}_r\boldsymbol{e}_r + \sigma_{r\theta}\boldsymbol{e}_r\boldsymbol{e}_\theta + \sigma_{rz}\boldsymbol{e}_r\boldsymbol{e}_z + \\
&\quad \sigma_{\theta r}\boldsymbol{e}_\theta\boldsymbol{e}_r + \sigma_{\theta\theta}\boldsymbol{e}_\theta\boldsymbol{e}_\theta + \sigma_{\theta z}\boldsymbol{e}_\theta\boldsymbol{e}_z + \sigma_{zr}\boldsymbol{e}_z\boldsymbol{e}_r + \sigma_{z\theta}\boldsymbol{e}_z\boldsymbol{e}_\theta + \sigma_{zz}\boldsymbol{e}_z\boldsymbol{e}_z) \\
&= \boldsymbol{e}_r\cdot\frac{\partial}{\partial r}(\sigma_{rr}\boldsymbol{e}_r\boldsymbol{e}_r) + \boldsymbol{e}_\theta\cdot\frac{1}{r}\frac{\partial}{\partial \theta}(\sigma_{rr}\boldsymbol{e}_r\boldsymbol{e}_r) + \boldsymbol{e}_z\cdot\frac{\partial}{\partial z}(\sigma_{rr}\boldsymbol{e}_r\boldsymbol{e}_r) + \\
&\quad \boldsymbol{e}_r\cdot\frac{\partial}{\partial r}(\sigma_{r\theta}\boldsymbol{e}_r\boldsymbol{e}_\theta) + \boldsymbol{e}_\theta\cdot\frac{1}{r}\frac{\partial}{\partial \theta}(\sigma_{r\theta}\boldsymbol{e}_r\boldsymbol{e}_\theta) + \boldsymbol{e}_z\cdot\frac{\partial}{\partial z}(\sigma_{r\theta}\boldsymbol{e}_r\boldsymbol{e}_\theta) + \\
&\quad \boldsymbol{e}_r\cdot\frac{\partial}{\partial r}(\sigma_{rz}\boldsymbol{e}_r\boldsymbol{e}_z) + \boldsymbol{e}_\theta\cdot\frac{1}{r}\frac{\partial}{\partial \theta}(\sigma_{rz}\boldsymbol{e}_r\boldsymbol{e}_z) + \boldsymbol{e}_z\cdot\frac{\partial}{\partial z}(\sigma_{rz}\boldsymbol{e}_r\boldsymbol{e}_z) + \\
&\quad \boldsymbol{e}_r\cdot\frac{\partial}{\partial r}(\sigma_{\theta r}\boldsymbol{e}_\theta\boldsymbol{e}_r) + \boldsymbol{e}_\theta\cdot\frac{1}{r}\frac{\partial}{\partial \theta}(\sigma_{\theta r}\boldsymbol{e}_\theta\boldsymbol{e}_r) + \boldsymbol{e}_z\cdot\frac{\partial}{\partial z}(\sigma_{\theta r}\boldsymbol{e}_\theta\boldsymbol{e}_r) + \\
&\quad \boldsymbol{e}_r\cdot\frac{\partial}{\partial r}(\sigma_{\theta\theta}\boldsymbol{e}_\theta\boldsymbol{e}_\theta) + \boldsymbol{e}_\theta\cdot\frac{1}{r}\frac{\partial}{\partial \theta}(\sigma_{\theta\theta}\boldsymbol{e}_\theta\boldsymbol{e}_\theta) + \boldsymbol{e}_z\cdot\frac{\partial}{\partial z}(\sigma_{\theta\theta}\boldsymbol{e}_\theta\boldsymbol{e}_\theta) + \\
&\quad \boldsymbol{e}_r\cdot\frac{\partial}{\partial r}(\sigma_{\theta z}\boldsymbol{e}_\theta\boldsymbol{e}_z) + \boldsymbol{e}_\theta\cdot\frac{1}{r}\frac{\partial}{\partial \theta}(\sigma_{\theta z}\boldsymbol{e}_\theta\boldsymbol{e}_z) + \boldsymbol{e}_z\cdot\frac{\partial}{\partial z}(\sigma_{\theta z}\boldsymbol{e}_\theta\boldsymbol{e}_z) + \\
&\quad \boldsymbol{e}_r\cdot\frac{\partial}{\partial r}(\sigma_{zr}\boldsymbol{e}_z\boldsymbol{e}_r) + \boldsymbol{e}_\theta\cdot\frac{1}{r}\frac{\partial}{\partial \theta}(\sigma_{zr}\boldsymbol{e}_z\boldsymbol{e}_r) + \boldsymbol{e}_z\cdot\frac{\partial}{\partial z}(\sigma_{zr}\boldsymbol{e}_z\boldsymbol{e}_r) + \\
&\quad \boldsymbol{e}_r\cdot\frac{\partial}{\partial r}(\sigma_{z\theta}\boldsymbol{e}_z\boldsymbol{e}_\theta) + \boldsymbol{e}_\theta\cdot\frac{1}{r}\frac{\partial}{\partial \theta}(\sigma_{z\theta}\boldsymbol{e}_z\boldsymbol{e}_\theta) + \boldsymbol{e}_z\cdot\frac{\partial}{\partial z}(\sigma_{z\theta}\boldsymbol{e}_z\boldsymbol{e}_\theta) + \\
&\quad \boldsymbol{e}_r\cdot\frac{\partial}{\partial r}(\sigma_{zz}\boldsymbol{e}_z\boldsymbol{e}_z) + \boldsymbol{e}_\theta\cdot\frac{1}{r}\frac{\partial}{\partial \theta}(\sigma_{zz}\boldsymbol{e}_z\boldsymbol{e}_z) + \boldsymbol{e}_z\cdot\frac{\partial}{\partial z}(\sigma_{zz}\boldsymbol{e}_z\boldsymbol{e}_z)
\end{aligned} \tag{1.7.10}$$

注意到柱坐标系与其参考直角坐标系中的单位基向量的关系为

$$\boldsymbol{e}_r = \cos\theta\boldsymbol{i} + \sin\theta\boldsymbol{j}, \boldsymbol{e}_\theta = -\sin\theta\boldsymbol{i} + \cos\theta\boldsymbol{j}, \boldsymbol{e}_z = \boldsymbol{k}$$

因此柱坐标系中的单位基向量$\boldsymbol{e}_r$和$\boldsymbol{e}_\theta$对θ的导数均不为零，即

$$\frac{\partial \boldsymbol{e}_r}{\partial \theta} = -\sin\theta\boldsymbol{i} + \cos\theta\boldsymbol{j} = \boldsymbol{e}_\theta, \frac{\partial \boldsymbol{e}_\theta}{\partial \theta} = -\cos\theta\boldsymbol{i} - \sin\theta\boldsymbol{j} = -\boldsymbol{e}_r \tag{1.7.11}$$

展开上式可以得到

$$\begin{aligned}
\nabla \cdot \boldsymbol{\sigma} &= \frac{\partial \sigma_{rr}}{\partial r}\boldsymbol{e}_r + \frac{\sigma_{rr}}{r}\boldsymbol{e}_r + \frac{\partial \sigma_{r\theta}}{\partial r}\boldsymbol{e}_\theta + \frac{\sigma_{r\theta}}{r}\boldsymbol{e}_\theta + \frac{\partial \sigma_{rz}}{\partial r}\boldsymbol{e}_z + \frac{\sigma_{rz}}{r}\boldsymbol{e}_z + \\
&\quad \frac{1}{r}\frac{\partial \sigma_{\theta r}}{\partial \theta}\boldsymbol{e}_r + \frac{\sigma_{\theta r}}{r}\boldsymbol{e}_\theta + \frac{1}{r}\frac{\partial \sigma_{\theta\theta}}{\partial \theta}\boldsymbol{e}_\theta - \frac{\sigma_{\theta\theta}}{r}\boldsymbol{e}_r + \frac{1}{r}\frac{\partial \sigma_{\theta z}}{\partial \theta}\boldsymbol{e}_z + \frac{\partial \sigma_{zr}}{\partial z}\boldsymbol{e}_r + \frac{\partial \sigma_{z\theta}}{\partial z}\boldsymbol{e}_\theta + \frac{\partial \sigma_{zz}}{\partial z}\boldsymbol{e}_z \\
&= \left(\frac{\partial \sigma_{rr}}{\partial r} + \frac{1}{r}\frac{\partial \sigma_{\theta r}}{\partial \theta} + \frac{\partial \sigma_{zr}}{\partial z} + \frac{\sigma_{rr} - \sigma_{\theta\theta}}{r} \right)\boldsymbol{e}_r + \left(\frac{1}{r}\frac{\partial \sigma_{\theta\theta}}{\partial \theta} + \frac{\partial \sigma_{r\theta}}{\partial r} + \frac{\partial \sigma_{z\theta}}{\partial z} + \frac{2\sigma_{r\theta}}{r} \right)\boldsymbol{e}_\theta + \\
&\quad \left(\frac{\partial \sigma_{rz}}{\partial r} + \frac{\sigma_{rz}}{r} + \frac{1}{r}\frac{\partial \sigma_{\theta z}}{\partial \theta} + \frac{\partial \sigma_{zz}}{\partial z} \right)\boldsymbol{e}_z
\end{aligned}$$

结合 $f = f_r e_r + f_\theta e_\theta + f_z e_z$，这样，平衡方程（1.7.7）也可以记为

$$\nabla \cdot \boldsymbol{\sigma} + f = 0$$

这与式（1.7.6）是完全相同的形式。这也是张量整体记法的意义所在，它能使不同坐标下的方程具有完全相同的形式，这一点我们会在后面的章节中多次体会到。

1.7.3　球坐标系下的平衡方程

类似地，当一个弹性力学问题适合采用球坐标系进行分析时，我们就需要获得球坐标系下的平衡方程。

如图 1.7.3 所示，与直角坐标系和柱坐标系中的分析相同，P 点为变形体上任意一点，为了分析 P 点处的应力变化规律，可以建立一个柱坐标系 $Or\theta\varphi$，并选取以 P 为顶点，沿 r，θ，φ 轴方向长分别为 Δr，$\Delta\theta$，$\Delta\varphi$ 的正交六面体。我们可以通过该六面体的受力平衡分析来探索 P 点处的应力变化规律。

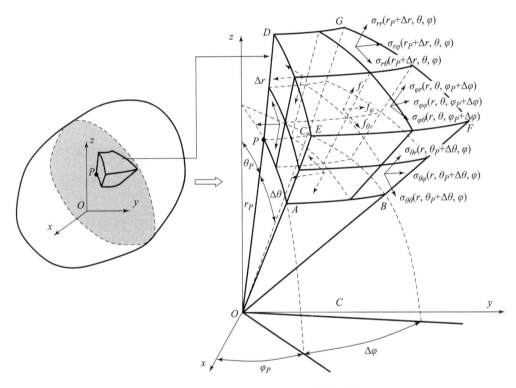

图 1.7.3　球坐标系正交六面体的平衡

首先考虑六面体在 P 点处 r 方向的受力平衡。需要特别注意的是，除了 $PACD$ 面上的 $\sigma_{\varphi\varphi}$ 分量始终保持与 P 点处 r 方向正交之外，该六面体上所受其余面力及体力分量均在 P 点处 r 方向有投影。

为了更好地计算各力的投影，表 1.7.1 列出了所有受力分量正方向在球坐标系所参考的直角坐标系中的向量表示。出于图面清晰的角度，图 1.7.3 中只标出了法向与球坐标正方向相同的面上的面力分量，即表 1.7.1 中带上划线"—"的面力分量。

表 1.7.1 球坐标系中隔离体各面受力分量在球坐标系所参考的直角坐标系中的向量表示

作用力	作用区域	作用力的正方向单位向量	作用力的正方向单位向量在 P 点处 r 方向投影 $\boldsymbol{r}=\sin\theta_P\cos\varphi_P\boldsymbol{i}+\sin\theta_P\sin\varphi_P\boldsymbol{j}+\cos\theta_P\boldsymbol{k}$
f_r	整个体积	$\sin\theta\cos\varphi\boldsymbol{i}+\sin\theta\sin\varphi\boldsymbol{j}+\cos\theta\boldsymbol{k}$	$\sin\theta\sin\theta_P\cos(\varphi-\varphi_P)+\cos\theta\cos\theta_P$
f_θ		$\cos\theta\cos\varphi\boldsymbol{i}+\cos\theta\sin\varphi\boldsymbol{j}-\sin\theta\boldsymbol{k}$	$\cos\theta\sin\theta_P\cos(\varphi-\varphi_P)-\sin\theta\cos\theta_P$
f_φ		$-\sin\varphi\boldsymbol{i}+\cos\varphi\boldsymbol{j}$	$-\sin\theta_P\sin(\varphi-\varphi_P)$
$\bar{\sigma}_{rr}$	表面 DEFG	$\sin\theta\cos\varphi\boldsymbol{i}+\sin\theta\sin\varphi\boldsymbol{j}+\cos\theta\boldsymbol{k}$	$\sin\theta\sin\theta_P\cos(\varphi-\varphi_P)+\cos\theta\cos\theta_P$
$\bar{\sigma}_{r\theta}$		$\cos\theta\cos\varphi\boldsymbol{i}+\cos\theta\sin\varphi\boldsymbol{j}-\sin\theta\boldsymbol{k}$	$\cos\theta\sin\theta_P\cos(\varphi-\varphi_P)-\sin\theta\cos\theta_P$
$\bar{\sigma}_{r\varphi}$		$-\sin\varphi\boldsymbol{i}+\cos\varphi\boldsymbol{j}$	$-\sin\theta_P\sin(\varphi-\varphi_P)$
σ_{rr}	表面 PABC	$-\sin\theta\cos\varphi\boldsymbol{i}-\sin\theta\sin\varphi\boldsymbol{j}-\cos\theta\boldsymbol{k}$	$-\sin\theta\sin\theta_P\cos(\varphi-\varphi_P)-\cos\theta\cos\theta_P$
$\sigma_{r\theta}$		$-\cos\theta\cos\varphi\boldsymbol{i}-\cos\theta\sin\varphi\boldsymbol{j}+\sin\theta\boldsymbol{k}$	$-\cos\theta\sin\theta_P\cos(\varphi-\varphi_P)+\sin\theta\cos\theta_P$
$\sigma_{r\varphi}$		$\sin\varphi\boldsymbol{i}-\cos\varphi\boldsymbol{j}$	$\sin\theta_P\sin(\varphi-\varphi_P)$
$\bar{\sigma}_{\theta r}$	表面 ABFE	$\sin(\theta_P+\Delta\theta)\cos\varphi\boldsymbol{i}+\sin(\theta_P+\Delta\theta)\sin\varphi\boldsymbol{j}+\cos(\theta_P+\Delta\theta)\boldsymbol{k}$	$\sin(\theta_P+\Delta\theta)\sin\theta_P\cos(\varphi-\varphi_P)+\cos(\theta_P+\Delta\theta)\cos\theta_P$
$\bar{\sigma}_{\theta\theta}$		$\cos(\theta_P+\Delta\theta)\cos\varphi\boldsymbol{i}+\cos(\theta_P+\Delta\theta)\sin\varphi\boldsymbol{j}-\sin(\theta_P+\Delta\theta)\boldsymbol{k}$	$\cos(\theta_P+\Delta\theta)\sin\theta_P\cos(\varphi-\varphi_P)-\sin(\theta_P+\Delta\theta)\cos\theta_P$
$\bar{\sigma}_{\theta\varphi}$		$-\sin\varphi\boldsymbol{i}+\cos\varphi\boldsymbol{j}$	$-\sin\theta_P\sin(\varphi-\varphi_P)$
$\sigma_{\theta r}$	表面 PCGD	$-\sin\theta_P\cos\varphi\boldsymbol{i}-\sin\theta_P\sin\varphi\boldsymbol{j}-\cos\theta_P\boldsymbol{k}$	$-\sin\theta_P\sin\theta_P\cos(\varphi-\varphi_P)-\cos\theta_P\cos\theta_P$
$\sigma_{\theta\theta}$		$-\cos\theta_P\cos\varphi\boldsymbol{i}-\cos\theta_P\sin\varphi\boldsymbol{j}+\sin\theta_P\boldsymbol{k}$	$-\cos\theta_P\sin\theta_P\cos(\varphi-\varphi_P)+\sin\theta_P\cos\theta_P$
$\sigma_{\theta\varphi}$		$\sin\varphi\boldsymbol{i}-\cos\varphi\boldsymbol{j}$	$\sin\theta_P\sin(\varphi-\varphi_P)$
$\bar{\sigma}_{\varphi r}$	表面 CBFG	$\sin\theta\cos(\varphi_P+\Delta\varphi)\boldsymbol{i}+\sin\theta\sin(\varphi_P+\Delta\varphi)\boldsymbol{j}+\cos\theta\boldsymbol{k}$	$\sin\theta\sin\theta_P\cos\Delta\varphi+\cos\theta\cos\theta_P$
$\bar{\sigma}_{\varphi\theta}$			
$\bar{\sigma}_{\varphi\varphi}$		$\cos\theta\cos(\varphi_P+\Delta\varphi)\boldsymbol{i}+\cos\theta\sin(\varphi_P+\Delta\varphi)\boldsymbol{j}-\sin\theta\boldsymbol{k}$	$\cos\theta\sin\theta_P\cos\Delta\varphi-\sin\theta\cos\theta_P$
		$-\sin(\varphi_P+\Delta\varphi)\boldsymbol{i}+\cos(\varphi_P+\Delta\varphi)\boldsymbol{j}$	$-\sin\theta_P\sin\Delta\varphi$
$\sigma_{\varphi r}$	表面 PAED	$-\sin\theta\cos\varphi_P\boldsymbol{i}-\sin\theta\sin\varphi_P\boldsymbol{j}-\cos\theta\boldsymbol{k}$	$-\cos(\theta-\theta_P)$
$\sigma_{\varphi\theta}$		$-\cos\theta\cos\varphi_P\boldsymbol{i}-\cos\theta\sin\varphi_P\boldsymbol{j}+\sin\theta\boldsymbol{k}$	$\sin(\theta-\theta_P)$
$\sigma_{\varphi\varphi}$		$\sin\varphi_P\boldsymbol{i}-\cos\varphi_P\boldsymbol{j}$	0

该六面体在 P 点处 r 方向的受力平衡式为

$$\int_{DEFG}\bar{\sigma}_{rr}[\sin\theta\sin\theta_P\cos(\varphi-\varphi_P)+\cos\theta\cos\theta_P](r_P+\Delta r)^2\sin\theta\mathrm{d}\theta\mathrm{d}\varphi+$$

$$\int_{DEFG}\bar{\sigma}_{r\theta}[\cos\theta\sin\theta_P\cos(\varphi-\varphi_P)-\sin\theta\cos\theta_P](r_P+\Delta r)^2\sin\theta\mathrm{d}\theta\mathrm{d}\varphi+$$

$$\int_{DEFG}\bar{\sigma}_{r\varphi}[-\sin\theta_P\sin(\varphi-\varphi_P)](r_P+\Delta r)^2\sin\theta\mathrm{d}\theta\mathrm{d}\varphi+$$

$$\int\limits_{PABC} \sigma_{rr}[-\sin\theta\sin\theta_P\cos(\varphi-\varphi_P)-\cos\theta\cos\theta_P]r_P^2\sin\theta d\theta d\varphi +$$

$$\int\limits_{PABC} \sigma_{r\theta}[-\cos\theta\sin\theta_P\cos(\varphi-\varphi_P)+\sin\theta\cos\theta_P]r_P^2\sin\theta d\theta d\varphi +$$

$$\int\limits_{PABC} \sigma_{r\varphi}[\sin\theta_P\sin(\varphi-\varphi_P)]r_P^2\sin\theta d\theta d\varphi +$$

$$\int\limits_{ABFE} \bar{\sigma}_{\theta r}[\sin(\theta_P+\Delta\theta)\sin\theta_P\cos(\varphi-\varphi_P)+\cos(\theta_P+\Delta\theta)\cos\theta_P]r\sin\theta drd\varphi +$$

$$\int\limits_{ABFE} \bar{\sigma}_{\theta\theta}[\cos(\theta_P+\Delta\theta)\sin\theta_P\cos(\varphi-\varphi_P)-\sin(\theta_P+\Delta\theta)\cos\theta_P]r\sin\theta drd\varphi +$$

$$\int\limits_{ABFE} \bar{\sigma}_{\theta\varphi}[-\sin\theta_P\sin(\varphi-\varphi_P)]r\sin\theta drd\varphi +$$

$$\int\limits_{PCGD} \sigma_{\theta r}[-\sin\theta_P\sin\theta_P\cos(\varphi-\varphi_P)-\cos\theta_P\cos\theta_P]r\sin\theta drd\varphi +$$

$$\int\limits_{PCGD} \sigma_{\theta\theta}[-\cos\theta_P\sin\theta_P\cos(\varphi-\varphi_P)+\sin\theta_P\cos\theta_P]r\sin\theta drd\varphi +$$

$$\int\limits_{PCGD} \sigma_{\theta\varphi}[\sin\theta_P\sin(\varphi-\varphi_P)]r\sin\theta drd\varphi +$$

$$\int\limits_{CBFG} \bar{\sigma}_{\varphi r}[\sin\theta\sin\theta_P\cos\Delta\varphi+\cos\theta\cos\theta_P]rdrd\theta +$$

$$\int\limits_{CBFG} \bar{\sigma}_{\varphi\theta}[\cos\theta\sin\theta_P\cos\Delta\varphi-\sin\theta\cos\theta_P]rdrd\theta +$$

$$\int\limits_{CBFG} \bar{\sigma}_{\varphi\varphi}[-\sin\theta_P\sin\Delta\varphi]rdrd\theta +$$

$$\int\limits_{PAED} \sigma_{\varphi r}[-\cos(\theta-\theta_P)]rdrd\theta +$$

$$\int\limits_{PAED} \sigma_{\varphi\theta}[\sin(\theta-\theta_P)]rdrd\theta +$$

$$\int\limits_{V} f_r[\sin\theta\sin\theta_P\cos(\varphi-\varphi_P)+\cos\theta\cos\theta_P]r^2\sin\theta drd\theta d\varphi +$$

$$\int\limits_{V} f_\theta[\cos\theta\sin\theta_P\cos(\varphi-\varphi_P)-\sin\theta\cos\theta_P]r^2\sin\theta drd\theta d\varphi +$$

$$\int\limits_{V} f_\varphi[-\sin\theta_P\sin(\varphi-\varphi_P)]r^2\sin\theta drd\theta d\varphi = 0$$

假设各面力分量和体力分量在六面体上的分布都是连续的，利用积分中值定理可得

$$\bar{\sigma}'_{rr}[\sin\theta'\sin\theta_P\cos(\varphi'-\varphi_P)+\cos\theta'\cos\theta_P]\sin\theta'(r_P+\Delta r)^2\Delta\theta\Delta\varphi +$$

$$\bar{\sigma}'_{r\theta}[\cos\theta'\sin\theta_P\cos(\varphi'-\varphi_P)-\sin\theta'\cos\theta_P]\sin\theta'(r_P+\Delta r)^2\Delta\theta\Delta\varphi +$$

$$\bar{\sigma}'_{r\varphi}[-\sin\theta_P\sin(\varphi'-\varphi_P)](r_P+\Delta r)^2\sin\theta'\Delta\theta\Delta\varphi +$$

$$\sigma'_{rr}[-\sin\theta'\sin\theta_P\cos(\varphi'-\varphi_P)-\cos\theta'\cos\theta_P]\sin\theta'r_P^2\Delta\theta\Delta\varphi +$$

$$\sigma'_{r\theta}[-\cos\theta'\sin\theta_P\cos(\varphi'-\varphi_P)+\sin\theta'\cos\theta_P]\sin\theta'r_P^2\Delta\theta\Delta\varphi +$$

$$\sigma'_{r\varphi}[\sin\theta_P\sin(\varphi'-\varphi_P)]\sin\theta'r_P^2\Delta\theta\Delta\varphi +$$

$$\bar{\sigma}'_{\theta r}[\sin(\theta_P + \Delta\theta)\sin\theta_P\cos(\varphi' - \varphi_P) + \cos(\theta_P + \Delta\theta)\cos\theta_P]\sin\theta' r'\Delta r\Delta\varphi +$$

$$\bar{\sigma}'_{\theta\theta}[\cos(\theta_P + \Delta\theta)\sin\theta_P\cos(\varphi' - \varphi_P) - \sin(\theta_P + \Delta\theta)\cos\theta_P]\sin\theta' r'\Delta r\Delta\varphi +$$

$$\bar{\sigma}'_{\theta\varphi}[-\sin\theta_P\sin(\varphi' - \varphi_P)]\sin\theta' r'\Delta r\Delta\varphi +$$

$$\sigma'_{\theta r}[-\sin\theta_P\sin\theta_P\cos(\varphi' - \varphi_P) - \cos\theta_P\cos\theta_P]\sin\theta' r'\Delta r\Delta\varphi +$$

$$\sigma'_{\theta\theta}[-\cos\theta_P\sin\theta_P\cos(\varphi' - \varphi_P) + \sin\theta_P\cos\theta_P]\sin\theta' r'\Delta r\Delta\varphi +$$

$$\sigma'_{\theta\varphi}[\sin\theta_P\sin(\varphi' - \varphi_P)]\sin\theta' r'\Delta r\Delta\varphi +$$

$$\bar{\sigma}'_{\varphi r}[\sin\theta'\sin\theta_P\cos\Delta\varphi + \cos\theta'\cos\theta_P]r'\Delta r\Delta\theta +$$

$$\bar{\sigma}'_{\varphi\theta}[\cos\theta'\sin\theta_P\cos\Delta\varphi - \sin\theta'\cos\theta_P]r'\Delta r\Delta\theta +$$

$$\bar{\sigma}'_{\varphi\varphi}[-\sin\theta_P\sin\Delta\varphi]r'\Delta r\Delta\theta +$$

$$\sigma'_{\varphi r}[-\cos(\theta' - \theta_P)]r'\Delta r\Delta\theta +$$

$$\sigma'_{\varphi\theta}[\sin(\theta' - \theta_P)]r'\Delta r\Delta\theta +$$

$$f'_r[\sin\theta'\sin\theta_P\cos(\varphi' - \varphi_P) + \cos\theta'\cos\theta_P]r'^2\sin\theta'\Delta r\Delta\theta\Delta\varphi +$$

$$f'_\theta[\cos\theta'\sin\theta_P\cos(\varphi' - \varphi_P) - \sin\theta'\cos\theta_P]r'^2\sin\theta'\Delta r\Delta\theta\Delta\varphi +$$

$$f'_\varphi[-\sin\theta_P\sin(\varphi' - \varphi_P)]r'^2\sin\theta'\Delta r\Delta\theta\Delta\varphi = 0$$

将上式两端除以 $\Delta r\Delta\theta\Delta\varphi$，并取 Δr，$\Delta\theta$，$\Delta\varphi$ 趋于零的极限，可以得到

$$\left\{\frac{\partial\sigma_{rr}}{\partial r}r\sin\theta + \frac{\partial\sigma_{\theta r}}{\partial\theta}\sin\theta + \frac{\partial\sigma_{\varphi r}}{\partial\varphi} + (2\sigma_{rr} - \sigma_{\theta\theta} - \sigma_{\varphi\varphi} + \cot\theta\sigma_{\theta r})\sin\theta + f_r r\sin\theta\right\}\bigg|_P = 0$$

上述极限运算很繁杂但并不困难，需要注意前文给出的记法以及一些基本极限运算

等式，如 $\lim\limits_{\substack{\Delta r\to 0\\\Delta\theta\to 0\\\Delta\varphi\to 0}}\bar{\sigma}'_{rr} = \sigma_{rr}$，$\lim\limits_{\substack{\Delta r\to 0\\\Delta\theta\to 0\\\Delta\varphi\to 0}}\varphi' - \varphi_P = 0$，$\lim\limits_{\substack{\Delta r\to 0\\\Delta\theta\to 0\\\Delta\varphi\to 0}}\dfrac{\bar{\sigma}'_{rr} - \sigma'_{rr}}{\mathrm{d}r} = \dfrac{\partial\sigma_{rr}}{\partial r}$ 等。

类似地，我们可以将正交六面体各个面力和体力向 P 点处 θ 方向和 φ 方向投影，通过这两个方向的受力平衡得到 P 点处另外两个平衡方程为

$$\left\{\frac{\partial\sigma_{r\theta}}{\partial r}r\sin\theta + \frac{\partial\sigma_{\theta\theta}}{\partial\theta}\sin\theta + \frac{\partial\sigma_{\varphi\theta}}{\partial\varphi} + [3\sigma_{r\theta} + \cot\theta(\sigma_{\theta\theta} - \sigma_{\varphi\varphi})]\sin\theta + f_\theta r\sin\theta\right\}\bigg|_P = 0$$

$$\left\{\frac{\partial\sigma_{r\varphi}}{\partial r}r\sin\theta + \frac{\partial\sigma_{\theta\varphi}}{\partial\theta}\sin\theta + \frac{\partial\sigma_{\varphi\varphi}}{\partial\varphi} + (3\sigma_{r\varphi} + 2\cot\theta\sigma_{\theta\varphi})\sin\theta + f_\varphi r\sin\theta\right\}\bigg|_P = 0$$

考虑到 P 点的任意性，因此得到球坐标系中的平衡方程为

$$\frac{\partial\sigma_{rr}}{\partial r}r\sin\theta + \frac{\partial\sigma_{\theta r}}{\partial\theta}\sin\theta + \frac{\partial\sigma_{\varphi r}}{\partial\varphi} + (2\sigma_{rr} - \sigma_{\theta\theta} - \sigma_{\varphi\varphi} + \cot\theta\sigma_{\theta r})\sin\theta + f_r r\sin\theta = 0$$

$$\frac{\partial\sigma_{r\theta}}{\partial r}r\sin\theta + \frac{\partial\sigma_{\theta\theta}}{\partial\theta}\sin\theta + \frac{\partial\sigma_{\varphi\theta}}{\partial\varphi} + [3\sigma_{r\theta} + \cot\theta(\sigma_{\theta\theta} - \sigma_{\varphi\varphi})]\sin\theta + f_\theta r\sin\theta = 0$$

$$\frac{\partial\sigma_{r\varphi}}{\partial r}r\sin\theta + \frac{\partial\sigma_{\theta\varphi}}{\partial\theta}\sin\theta + \frac{\partial\sigma_{\varphi\varphi}}{\partial\varphi} + (3\sigma_{r\varphi} + 2\cot\theta\sigma_{\theta\varphi})\sin\theta + f_\varphi r\sin\theta = 0$$

在 $r\neq 0$，$\sin\theta\neq 0$ 处，上式也可以写为

$$\begin{cases}
\dfrac{\partial\sigma_{rr}}{\partial r} + \dfrac{1}{r}\dfrac{\partial\sigma_{\theta r}}{\partial\theta} + \dfrac{1}{r\sin\theta}\dfrac{\partial\sigma_{\varphi r}}{\partial\varphi} + \dfrac{2\sigma_{rr} - \sigma_{\theta\theta} - \sigma_{\varphi\varphi} + \cot\theta\sigma_{\theta r}}{r} + f_r = 0 \\[3mm]
\dfrac{\partial\sigma_{r\theta}}{\partial r} + \dfrac{1}{r}\dfrac{\partial\sigma_{\theta\theta}}{\partial\theta} + \dfrac{1}{r\sin\theta}\dfrac{\partial\sigma_{\varphi\theta}}{\partial\varphi} + \dfrac{3\sigma_{r\theta} + \cot\theta(\sigma_{\theta\theta} - \sigma_{\varphi\varphi})}{r} + f_\theta = 0 \qquad (1.7.12) \\[3mm]
\dfrac{\partial\sigma_{r\varphi}}{\partial r} + \dfrac{1}{r}\dfrac{\partial\sigma_{\theta\varphi}}{\partial\theta} + \dfrac{1}{r\sin\theta}\dfrac{\partial\sigma_{\varphi\varphi}}{\partial\varphi} + \dfrac{3\sigma_{r\varphi} + 2\cot\theta\sigma_{\theta\varphi}}{r} + f_\varphi = 0
\end{cases}$$

同样地，考虑六面体受力对 P 点处 3 个坐标轴的力矩平衡，我们可以再次得到球坐标系中的剪应力互等定律，即

$$\sigma_{r\theta} = \sigma_{\theta r}, \sigma_{\theta\varphi} = \sigma_{\varphi\theta}, \sigma_{r\varphi} = \sigma_{\varphi r} \tag{1.7.13}$$

如果引入球坐标系下的哈密顿算子

$$\nabla = \frac{\partial}{\partial r}\boldsymbol{e}_r + \frac{1}{r}\frac{\partial}{\partial\theta}\boldsymbol{e}_\theta + \frac{1}{r\sin\theta}\frac{\partial}{\partial\varphi}\boldsymbol{e}_\varphi \tag{1.7.14}$$

以及类似式（1.7.5）或式（1.7.10）一样的点积运算，则球坐标系中平衡方程（1.7.12）也可以记为直角坐标和柱坐标系中完全相同的形式，即

$$\nabla \cdot \boldsymbol{\sigma} + \boldsymbol{f} = 0$$

具体验证留作习题。

1.7.4　曲线坐标系下平衡方程推导的坐标变换法

在上面 3 节中，我们直接采用隔离体受力平衡分析的方法，推导了直角坐标系、柱坐标系和球坐标系中的平衡方程。我们不妨称之为**直接法**。显然，直接法简单易懂，但对于柱坐标系和球坐标系的情形，推导过程显得非常繁杂，需要十分耐心。

实际上，根据在直角坐标系中获得的微分方程，我们也可以通过坐标变换的方法获得其他坐标系中对应的微分方程。

1. 坐标变换法的基本步骤

采用坐标变换法，由直角坐标系中的微分方程获得另一种坐标系中对应微分方程的基本思路具有一般性，过程并不复杂，主要需完成两方面的工作：

（1）将原微分方程中的函数表达成另一种坐标系中的形式。

对平衡方程而言，其中涉及的函数包括应力分量和体力分量，因此需要将直角坐标系中的应力分量和体力分量对应表达成柱坐标系（或球坐标系）的应力分量和体力分量。

（2）将原微分方程中对直角坐标的导数表达成另一种坐标系中的形式。

对平衡方程而言，其中只涉及对直角坐标的一阶导数，因此属于相对简单的情形。

下面以柱坐标系情形为例，介绍如何通过坐标变换由直角坐标系的平衡方程获得柱坐标系的平衡方程。

2. 柱坐标系下平衡方程推导的坐标变换法

1）将直角坐标系中的应力分量和体力分量表达成柱坐标系中的应力分量和体力分量

直角坐标系中的应力分量与柱坐标系中的应力分量的关系问题在前面 1.4 节已经解决，即

$$\sigma_{xx} = \sigma_{rr}\cos^2\theta + \sigma_{\theta\theta}\sin^2\theta - 2\sigma_{r\theta}\sin\theta \cdot \cos\theta$$

$$\sigma_{yy} = \sigma_{rr}\sin^2\theta + \sigma_{\theta\theta}\cos^2\theta + 2\sigma_{r\theta}\sin\theta \cdot \cos\theta$$

$$\sigma_{zz} = \sigma_{zz}$$

$$\sigma_{yz} = \sigma_{rz}\sin\theta + \sigma_{\theta z}\cos\theta$$

$$\sigma_{zx} = \sigma_{rz}\cos\theta - \sigma_{\theta z}\sin\theta$$

$$\sigma_{xy} = (\sigma_{rr} - \sigma_{\theta\theta})\sin\theta \cdot \cos\theta + \sigma_{r\theta}(\cos^2\theta - \sin^2\theta)$$

直角坐标系中的体力分量与柱坐标系中的体力分量的关系可以根据向量的分解获

得，即

$$
\begin{cases}
f_x = f_r\cos\theta - f_\theta\sin\theta \\
f_y = f_r\sin\theta + f_\theta\cos\theta \\
f_z = f_z
\end{cases}
\tag{1.7.15}
$$

2）将对直角坐标的导数表达成对柱坐标的导数

根据柱坐标与直角坐标的关系

$$
x = r\cos\theta, \ y = r\sin\theta, \ z = z
\tag{1.7.16}
$$

$$
r = \sqrt{x^2 + y^2}, \ \theta = \arctan\frac{y}{x}, \ z = z
\tag{1.7.17}
$$

可以获得对直角坐标的导数与对柱坐标的导数关系为

$$
\begin{cases}
\dfrac{\partial}{\partial x} = \dfrac{\partial}{\partial r}\dfrac{\partial r}{\partial x} + \dfrac{\partial}{\partial \theta}\dfrac{\partial \theta}{\partial x} = \cos\theta\,\dfrac{\partial}{\partial r} - \dfrac{\sin\theta}{r}\dfrac{\partial}{\partial \theta} \\[2mm]
\dfrac{\partial}{\partial y} = \dfrac{\partial}{\partial r}\dfrac{\partial r}{\partial y} + \dfrac{\partial}{\partial \theta}\dfrac{\partial \theta}{\partial y} = \sin\theta\,\dfrac{\partial}{\partial r} + \dfrac{\cos\theta}{r}\dfrac{\partial}{\partial \theta} \\[2mm]
\dfrac{\partial}{\partial z} = \dfrac{\partial}{\partial z}
\end{cases}
\tag{1.7.18}
$$

3）将上述结果代入直角坐标系平衡方程

将式（1.4.7）、式（1.7.15）和式（1.7.18）依次代入直角坐标系中的平衡方程式（1.7.2），完成相关演算即可获得柱坐标系中的平衡方程。

首先代入式（1.7.2）的第一式 $\dfrac{\partial \sigma_{xx}}{\partial x} + \dfrac{\partial \sigma_{yx}}{\partial y} + \dfrac{\partial \sigma_{zx}}{\partial z} + f_x = 0$ 可以得到

$$
\left(\cos\theta\,\frac{\partial}{\partial r} - \frac{\sin\theta}{r}\frac{\partial}{\partial \theta}\right)\left(\sigma_{rr}\cos^2\theta + \sigma_{\theta\theta}\sin^2\theta - 2\sigma_{r\theta}\sin\theta\cdot\cos\theta\right) +
$$

$$
\left(\sin\theta\,\frac{\partial}{\partial r} + \frac{\cos\theta}{r}\frac{\partial}{\partial \theta}\right)\left[\left(\sigma_{rr} - \sigma_{\theta\theta}\right)\sin\theta\cdot\cos\theta + \sigma_{r\theta}\left(\cos^2\theta - \sin^2\theta\right)\right] +
$$

$$
\frac{\partial}{\partial z}\left(\sigma_{rz}\cos\theta - \sigma_{\theta z}\sin\theta\right) + f_r\cos\theta - f_\theta\sin\theta = 0
$$

整理后得到

$$
\left(\frac{\partial \sigma_{rr}}{\partial r} + \frac{1}{r}\frac{\partial \sigma_{\theta r}}{\partial \theta} + \frac{\partial \sigma_{zr}}{\partial z} + \frac{\sigma_{rr} - \sigma_{\theta\theta}}{r} + f_r\right)\cos\theta -
$$

$$
\left(\frac{\partial \sigma_{r\theta}}{\partial r} + \frac{1}{r}\frac{\partial \sigma_{\theta\theta}}{\partial \theta} + \frac{\partial \sigma_{z\theta}}{\partial z} + \frac{2\sigma_{r\theta}}{r} + f_\theta\right)\sin\theta = 0
$$

注意到 θ 的任意性，因此有

$$
\frac{\partial \sigma_{rr}}{\partial r} + \frac{1}{r}\frac{\partial \sigma_{\theta r}}{\partial \theta} + \frac{\partial \sigma_{zr}}{\partial z} + \frac{\sigma_{rr} - \sigma_{\theta\theta}}{r} + f_r = 0
$$

$$
\frac{\partial \sigma_{r\theta}}{\partial r} + \frac{1}{r}\frac{\partial \sigma_{\theta\theta}}{\partial \theta} + \frac{\partial \sigma_{z\theta}}{\partial z} + \frac{2\sigma_{r\theta}}{r} + f_\theta = 0
$$

类似地，由式（1.7.2）第二个方程也可以得到两个与上述方程相同的柱坐标系中的平衡方程，由式（1.7.2）第三个方程可以得到另一个不同的方程，综合起来得到柱坐标系下的平衡方程为

$$\begin{cases} \dfrac{\partial \sigma_{rr}}{\partial r} + \dfrac{1}{r}\dfrac{\partial \sigma_{\theta r}}{\partial \theta} + \dfrac{\partial \sigma_{zr}}{\partial z} + \dfrac{\sigma_{rr} - \sigma_{\theta\theta}}{r} + f_r = 0 \\[3mm] \dfrac{\partial \sigma_{r\theta}}{\partial r} + \dfrac{1}{r}\dfrac{\partial \sigma_{\theta\theta}}{\partial \theta} + \dfrac{\partial \sigma_{z\theta}}{\partial z} + \dfrac{2\sigma_{r\theta}}{r} + f_\theta = 0 \\[3mm] \dfrac{\partial \sigma_{rz}}{\partial r} + \dfrac{1}{r}\dfrac{\partial \sigma_{\theta z}}{\partial \theta} + \dfrac{\partial \sigma_{zz}}{\partial z} + \dfrac{\sigma_{rz}}{r} + f_z = 0 \end{cases} \tag{1.7.19}$$

采用相同的步骤，我们可以根据直角坐标系下的平衡方程推导获得球坐标系下的平衡方程。为了节省篇幅，将其作为练习，留给读者。

事实上，根据平衡方程的整体记法式（1.7.7），利用坐标变换由直角坐标系中的哈密顿算子式（1.7.4）分别得到柱坐标系和球坐标系中的哈密顿算子式（1.7.9）和式（1.7.14），然后按哈密顿算子和应力张量的点积运算即可得到相应坐标系中平衡方程的展开式，这种方法其实本质也就是坐标变换法。

习题一

1.1 厚度为 t，密度为 ρ，内径为 d，外径为 D 的圆盘绕其中心线以角速度 ω 匀速旋转，试给出圆盘上的体力（惯性力）分布，求出圆盘所受体力的合力。

1.2 试推导均匀球体在自身万有引力作用下的体力分析。

1.3 根据有限大小的直四面体力平衡，推导柯西公式（1.2.11）或（1.2.12）。

1.4 根据有限大小的直四面体矩平衡，推导剪应力互等式（1.2.22）或（1.2.23）。

1.5 试采用爱因斯坦求和约定，将第二应力不变量 $I_2 = \sigma_x\sigma_y + \sigma_y\sigma_z + \sigma_z\sigma_x - \tau_{xy}^2 - \tau_{yz}^2 - \tau_{zx}^2$ 简写成指标形式；将应变能密度函数 $W = \dfrac{1}{2}\sigma_{ij}e_{ij}$ 写成展开式，其中哑标 $i = 1$，2，3，$j = 1$，2，3。

1.6 通过同一点 P 的两平面 Π_1，Π_2，其单位法向量分别为 $\boldsymbol{n}_1$ 及 $\boldsymbol{n}_2$，这两平面上的内力向量分别为 $\boldsymbol{T}_1$ 及 $\boldsymbol{T}_2$，试证明 $\boldsymbol{T}_1 \cdot \boldsymbol{n}_2 = \boldsymbol{T}_2 \cdot \boldsymbol{n}_1$。

1.7 如图一个带有凸尖的平板两端受拉，假设平板各点均为平面应力状态，试讨论凸起尖点 A 以及角点 B 和 C 处的应力状态，并分析当凸起逐渐变为缺口时它们应力状态的变化。

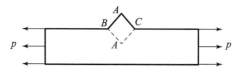

题 1.7 图　两端受拉的带有凸尖平板

1.8 仿照式（1.3.3）~式（1.3.5）的推导方法，推导新坐标系中其他应力分量的表达式。

1.9 推导球坐标系的应力分量表示其参考直角坐标系中的应力分量的表达式，即式（1.4.14）的逆关系。

1.10 已知直角坐标系下一点处的应力为 $\begin{bmatrix} \sigma_x & 0 & 0 \\ 0 & \sigma_y & 0 \\ 0 & 0 & \sigma_z \end{bmatrix}$，试找出该点处正应力分量为零的方向。

1.11 试证明：（1）主应力值一定为实数；（2）互不相等的主应力对应的主方向互相正交；（3）应力不变量 I_1，I_2，I_3 不随坐标旋转而变化。

1.12 已知在柱坐标系下应力分量为 $\sigma_r = \dfrac{A}{r^2} + B$，$\sigma_\theta = -\dfrac{A}{r^2} + B$，$\sigma_z = C$，$\tau_{r\theta} = \tau_{\theta z} = \tau_{zr}$。试求直角坐标系下应力分量表达式。

1.13 试根据直四面体的平衡推导直角坐标系中的应力平衡方程。

1.14 根据柱坐标系中正六面体的平衡推导直角坐标系中应力平衡方程的后两式。

1.15 采用坐标变换方法，根据直角坐标系下的平衡方程推导获得球坐标系下的平衡方程。

1.16 引入球坐标系的哈密顿算子，验证球坐标系下的平衡方程可以记成 $\nabla \cdot \boldsymbol{\sigma} + \boldsymbol{f} = 0$。

1.17 电场作用的磁化介质体积上存在力偶向量 $\boldsymbol{m}:(m_x, m_y, m_z)$ 的作用，试推导该种介质的应力平衡方程。

1.18 已知应力场 $[\sigma_{ij}] = \begin{bmatrix} \sigma_{11}(x_1, x_2) & \sigma_{12}(x_1, x_2) & 0 \\ \sigma_{21}(x_1, x_2) & \sigma_{22}(x_1, x_2) & 0 \\ 0 & 0 & 0 \end{bmatrix}$，写出各应力分量间需满足的平衡方程，并验证若引入标量函数 $\varphi(x_1, x_2)$，使得 $\sigma_{11} = \dfrac{\partial^2 \varphi}{\partial x_2^2}$，$\sigma_{22} = \dfrac{\partial^2 \varphi}{\partial x_1^2}$，$\sigma_{12} = -\dfrac{\partial^2 \varphi}{\partial x_1 \partial x_2}$，则以 φ 表示的上述应力分量将自动满足无体力的平衡方程。

第二章

弹性体的变形分析

2.1 弹性体变形程度的表征——应变

弹性体是一类特殊的变形体，特殊在于卸载后其变形将完全恢复。要研究弹性力学，一个重要的前提就是要采用合适的方式来表征弹性体的变形。尽管描述物体的变形是一个纯几何学问题，但在弹性力学中变形的描述还应该方便于研究变形与受力的关系。

2.1.1 一些简单的情形

对一些形状简单同时受载也简单的物体，我们可以根据对变形规律观察到的事实或者通过适当的假设将变形的描述简单化。下面是我们在一般的材料力学中学习过的几个例子。

例1：仅受轴向拉伸作用的圆柱体变形分析。

对于一个圆柱体 [图 2.1.1 (a)]，当仅受轴向拉伸作用力时，如果作用力沿横截面均匀分布或者忽略作用力位置处的局部效应，则可以认为柱体的所有轴截面均匀伸长，同时所有横截面均匀地缩小，柱体不会发生扭转，柱体所有轴截面和所有横截面在变形后仍保持平面，这就是简单拉压的平面假设[①]。因此就可以考虑采用轴线长度的变化和横截面半径的变化来表示柱体的变形。

假设柱体的原长为 l，拉伸后长度变为 l'，则其长度的变化量为

$$\Delta l = l' - l \tag{2.1.1}$$

为了消除柱体原长对变形程度的影响，我们可以进一步引入长度变化率 ε 的概念，其定义为

$$\varepsilon_l = \frac{\Delta l}{l} = \frac{l' - l}{l} \tag{2.1.2}$$

柱体直径的变化同样可以采用直径的变化率来表征，其定义为

$$\varepsilon_d = \frac{\Delta d}{d} = \frac{d' - d}{d} \tag{2.1.3}$$

实践表明，在小变形情况下，柱体的直径变化率与长度变化率存在固定的线性关系，即

$$\varepsilon_d = -\nu \varepsilon_l \tag{2.1.4}$$

式中，ν 为柱体的材料参数，称为泊松比；负号表示长度增大时，半径减小。

---

① 刘鸿文. 材料力学（第三版）上册 [M]. 北京：高等教育出版社，1996.

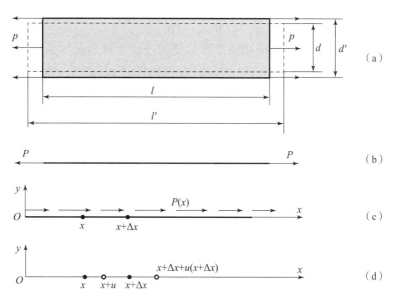

图 2.1.1 仅受轴向拉伸作用的圆柱体的受力与变形分析

（a）两端受拉的圆柱体；（b）两端受拉圆柱体的线段模型；

（c）受随位置变化轴力的柱体；（d）圆柱体的轴向变形

因此，如果给定材料的泊松比，则柱体的变形完全可以采用轴线的长度变化率 ε_l 表示。因此，柱体的轴向变形及受力分析采用代表轴线的线段模型 ［图 2.1.1（b）］ 即可。

如果柱体所受的轴向作用力是随轴向位置变化的函数，如图 2.1.1（c）所示，则任意点处的长度变化率也将随轴向位置的变化而变化，其计算可按如下方式进行。

如图 2.1.1（d）所示，以柱体一端形心为原点，轴线为 x 轴，方向指向另一端形心建立坐标系。在轴向拉伸作用下，轴线上任意一点仅会发生轴向的位移。假设坐标值为 x 的任意点在拉伸作用下的轴向位移为 $u(x)$，其相邻点 $x + \Delta x$ 的位移为 $u(x + \Delta x)$，则该点处的伸长率为

$$
\begin{aligned}
\varepsilon_l(x) &= \lim_{\Delta x \to 0} \frac{\left[x + \Delta x + u(x + \Delta x) - x - u(x) \right] - \Delta x}{\Delta x} \\
&= \lim_{\Delta x \to 0} \frac{\left[u(x + \Delta x) - u(x) \right]}{\Delta x} \\
&= \frac{\mathrm{d}u}{\mathrm{d}x}
\end{aligned}
\tag{2.1.5}
$$

显然，上述方法也适用于轴向拉力恒定的情况。只是此时柱体上各点的位移是 x 的线性函数，因此得到的伸长率是一个沿轴线的常数，与式（2.1.2）得到的结果相同。

综上表明，对于仅受轴向拉伸作用的圆柱体，如果满足平面变形假设，则采用长度变化率 ε_l 即可完全描述其变形情况。压缩作用时也有相同的结论。

事实上，如果基于平面假设，截面为其他形状的柱体，在仅受轴向拉伸作用时，其横截面也将均匀缩小，因此也可以仅采用长度变化率 ε_l 来描述其变形情况。

例 2：仅受扭转作用的圆柱体变形分析。

对于如图 2.1.2 所示的圆柱体，当仅在柱的两端作用一对大小相同的扭矩 M 时，观察表明柱体的长度和横截面均未发生变化，但柱体上不同横截面之间会发生相对转动。我们假设：圆柱扭转前为平面的横截面变形后仍为平面，且形状和大小不变，半径仍保持为直线，相邻两截面间的距离不变。这就是圆柱扭转的平面假设[①]。按照这一假设，扭转变形中，圆柱的横截面就像刚性平面一样绕轴线旋转了一个角度。柱体的变形可以采用两端面间的相互转角 φ 表示。

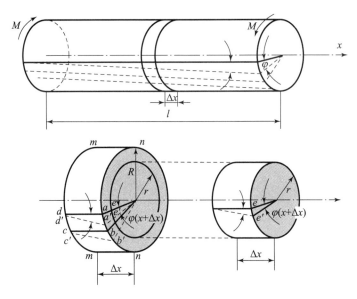

图 2.1.2 仅受扭矩作用的圆柱体变形

注意到当两端面间的相互转角 φ 相同，但柱体的长度不同时，所需的扭矩 M 也是不同的，当变形很小时，M 与长度成反比，为此可以进一步引入角度变化率 γ_φ 的概念，其定义为

$$\gamma_\varphi = \frac{\varphi}{l} \tag{2.1.6}$$

我们也可以采用侧面母线与周线夹角的变化量 θ（变形前二者互相垂直）来表示柱体的变形。注意到不同半径 r 处的 θ 不同，为此可以进一步引入角度变化率 γ_θ 的概念，其定义为

$$\gamma_\theta = \frac{\theta}{r} \tag{2.1.7}$$

根据几何关系，可以得到

$$\theta = \frac{r}{l}\varphi \tag{2.1.8}$$

如果柱体所受的扭矩是随轴向位置变化的函数，则任意点处转角 φ 的变化率为

$$\gamma_\varphi = \lim_{\Delta x \to 0} \frac{\varphi(x + \Delta x) - \varphi(x)}{\Delta x} = \frac{\mathrm{d}\varphi}{\mathrm{d}x} \tag{2.1.9}$$

① 刘鸿文. 材料力学（第三版）上册［M］. 北京：高等教育出版社，1996.

综上表明，对于仅受轴向扭转作用的圆柱体，基于平面变形假设，采用横截面相对一端面的扭转角 φ 或侧面母线扭转角都可以完全描述其变形情况。但这两个量都是位置的函数，其中 φ 是横截面轴向位置的线性函数，而 θ 则是半径的函数。

例3：仅受弯曲的矩形截面柱体变形分析。

对仅受弯矩作用的矩形截面梁，我们假设变形前原为平面的横截面变形后仍保持为平面，且仍然垂直于变形后的梁轴线。这就是弯曲变形的平面假设①。

图 2.1.3（a）和（b）为一个弯曲变形前后的梁段示意图。假设发生图中所示的凸向下的弯曲变形，也就是说梁的底面伸长而顶面缩短。因为横截面仍保持为平面，所以沿截面高度上必有一层结构长度不变，我们称其为中性层。又称中性层与横截面的交线为中性轴［图 2.1.3（c）］，在中性层两侧，如一侧伸长则另一侧必缩短，这就形成了横截面绕中性轴的转动。当梁上载荷都作用于梁的纵向对称面内，梁的整体变形应对称于纵向对称面，这就要求中性轴与纵向对称面垂直。

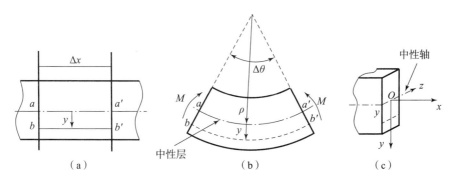

图 2.1.3　梁的弯曲变形

（a）弯曲变形前的梁段；（b）弯曲变形后的梁段；（c）弯曲变形梁的中性轴

在梁的任意横截面上建立图 2.1.3（c）所示的坐标系，以梁横截面的对称轴为 y 轴，且向下为正［图 2.1.3（c）］。以中性轴为 z 轴，通过分析可知中性轴通过截面的形心，x 轴平行于横截面的法向。根据平面假设，变形后两个横截面相对转动 θ 角但仍保持为平面，代表中性层的线段 aa' 变形成为夹角为 θ 的一段圆弧，假设圆弧半径为 ρ，这样可求得距离中性层为 y 处的线段 bb' 沿 x 方向的伸长率为

$$\varepsilon_l(y) = \frac{\Delta l(y)}{l} = \frac{(\rho + y)\theta - \rho\theta}{\rho\theta} = \frac{y}{\rho} \qquad (2.1.10)$$

这表明，基于平面假设，只要我们求出了中性层变形后的曲率半径 ρ，就掌握了梁的变形。梁上任意点处沿轴线方向的伸长率是该点与中性轴距离 y 的线性函数。

令 s 为梁的轴线变形后的弧长，u_y 为梁的轴线上任意点的在 y 方向的位移，即挠度。基于图 2.1.3 所示的坐标系，有

$$\frac{1}{\rho} = \frac{\mathrm{d}\theta}{\mathrm{d}s} = \frac{\mathrm{d}\theta}{\mathrm{d}x} \Big/ \sqrt{1 + \left(\frac{\mathrm{d}u_y}{\mathrm{d}x}\right)^2} = \frac{\mathrm{d}^2 u_y}{\mathrm{d}x^2} \Big/ \left[1 + \left(\frac{\mathrm{d}u_y}{\mathrm{d}x}\right)^2\right]^{\frac{3}{2}} \qquad (2.1.11)$$

① 刘鸿文. 材料力学（第三版）上册［M］. 北京：高等教育出版社，1996.

当变形很小时，

$$\theta \approx \tan\theta = \frac{\mathrm{d}u_y}{\mathrm{d}x} \ll 1$$

因此有

$$\frac{1}{\rho} \approx \frac{\mathrm{d}^2 u_y}{\mathrm{d}x^2} \tag{2.1.12}$$

也就是说，柱体中性层的曲率半径可以用轴上点的挠度（即 y 方向的位移 u_y）对轴向位置坐标的二阶导数表示。由此可以得出，梁的变形可以用中性轴上点的挠度（即 y 方向的位移 u_y 对轴向位置坐标的二阶导数完全描述。

类似地，仅受弯曲的薄板变形也可以采用中性面的挠度对中性面内横向位置坐标的二阶导数表示[①]。

2.1.2 一般情形

在几何上，一个物体的形状通常采用**长度**和**角度**两个量来描述。因此，物体的变形也应该采用**长度的变化**和**角度的变化**来描述。要完整地描述物体变形的程度，实际上就是需要知道物体上每一点与任意方向上其他点连线的**长度变化率**和这些连线间**夹角的变化率**。与前述简单情形不同的是，一般情形下，物体上每一点处的**长度变化率**和**夹角变化率**均不同，它们是点的位置的函数。下面具体阐述。

如图 2.1.4 所示，设 P 点为变形前物体上的任意一点，要完整地描述物体变形的程度，就需要描述清楚 P 点处任意方向 $\boldsymbol{n}$ 上线段 PN 的长度变化率，以及线段 PN 与任意方向 $\boldsymbol{m}$ 上的线段 PM 之间夹角的变化率。为了计算方便，通常取 $PM \perp PN$，即 $\angle MPN = \pi/2$。注意，由于线段 PN 的任意性，因此尽管取 $PM \perp PN$，仍不失一般性。**这时我们只需要关注角度的变化量，而无须关注角度的变化率。**

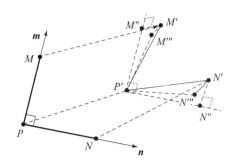

图 2.1.4 变形前后的点和线段

设 P'，M'，N' 为 P，M，N 变形后的位置，在一般情形下，可以采用很多种方式描述 PN 的长度变化率，如

$$\frac{|P'N'| - |PN|}{|PN|}, \quad \frac{|P'N'| - |PN|}{|P'N'|}, \quad \frac{|P'N'|^2 - |PN|^2}{|PN|^2}, \quad \frac{|P'N'|^2 - |PN|^2}{2|PN|^2}, \cdots$$

同样地，描述 PN 与 PM 之间夹角的变化方式也有很多种，如

$$\angle M'P'N' - \angle MPN, \cos(\angle M'P'N') - \cos(\angle MPN), \sin(\angle M'P'N' - \angle MPN), \cdots$$

究竟采用何种形式，则要取决于后续计算的方便性、结果的简洁性等多方面的因素。前面我们在几种简单情形中，实际上分别采用了 $\frac{|P'N'| - |PN|}{|PN|}$ 和 $\angle MPN - \angle M'P'N'$ 表示长度变化率和角度变化。

另外，为了使采用的描述方式不受线段 PN 和 PM 的长度任意性的影响，我们需要

采用极限的形式，令 $|PN| \to 0$，$|PM| \to 0$，从而得到反映 P 点处变形程度的表示。

但是，由于过 P 点可以作无数条线段 PN 和 PM，因此 P **点处变形程度**这一量可能需要无穷多个分量才能表示，除非这无穷多个分量具有一定的内在规律，或者只需要采用有限个分量表示，而其余任意分量均可以通过这有限个分量完全表达。

非常幸运和有趣的是，运用变形的连续性假设，我们的确可以证明，在一般的三维情况下，P **点处变形程度**这一量只需要采用 3 个互相垂直方向上线段的长度变化率以及它们两两间角度的变化共 9 个量即可完全表达。

在一般有限变形的情况下，P 点处任意方向 $\boldsymbol{n}$ 上线段 PN 的长度变化率可以采用如下形式进行定义：

$$E_{nn} \underset{=}{\Delta} \lim_{|PN| \to 0} \frac{|P'N'|^2 - |PN|^2}{2|PN|^2} \tag{2.1.13}$$

而 P 点处任意方向 $\boldsymbol{n}$ 上线段 PN 和任意与它垂直方向 $\boldsymbol{m}$ 上线段 PM 之间夹角的变化表示为

$$E_{nm} = E_{mn} \underset{=}{\Delta} \lim_{\substack{|PM| \to 0 \\ |PN| \to 0}} \frac{\overrightarrow{P'N'} \cdot \overrightarrow{P'M'}}{2|PN||PM|} \tag{2.1.14}$$

对于**为什么没有采用其他形式**，初学者不妨仿照 2.2 节的方法，具体完成后续的相关推导，从中体会其中的原因。

利用式（2.1.13），可以得到

$$E_{nm} = E_{mn} = \lim_{\substack{|PM| \to 0 \\ |PN| \to 0}} \frac{\sqrt{1 + 2E_{mm}}\sqrt{1 + 2E_{nn}}}{2} \cos \angle M'P'N' \tag{2.1.15}$$

后面的分析将表明，按式（2.1.13）和式（2.1.14）定义的量能够描述一点处的变形程度，但在一般三维情况下形式非常复杂。当变形很小时，为了计算简便，我们可以基于上述定义给出相应的近似描述变形程度的量。

过 P' 点作平行于 PN 的直线，令 N' 在该直线上的投影为 N''，再过 P' 点作平行于 PM 的直线，令 M' 点向该直线上的投影为 M''，又令 N''' 和 M''' 分别为 N'、M' 在平面 $N''P'M''$ 上的投影（图 2.1.4）。当变形很小时，不难想象有

$$|PN| \approx |P'N'|, |PM| \approx |P'M'|, |P'N'| \approx |P'N''|, |P'M'| \approx |P'M''|, \cdots$$

这时，我们可以对上述定义的 E_{nn} 和 E_{nm} 做一定近似，得到形式简单又可以较好描述微小变形程度的量。

$$E_{nn} \approx \lim_{|PN| \to 0} \frac{2|PN|(|P'N'| - |PN|)}{2|PN|^2} \quad （\text{应用} |PN| \approx |P'N'|）$$

$$= \lim_{|PN| \to 0} \frac{|P'N'| - |PN|}{|PN|} \approx \lim_{|PN| \to 0} \frac{|P'N''| - |PN|}{|PN|} \underset{=}{\Delta} e_{nn} \quad （\text{应用} |P'N''| \approx |P'N'|）$$

$$\tag{2.1.16}$$

$$E_{nm} \approx \lim_{\substack{|PM| \to 0 \\ |PN| \to 0}} \frac{1}{2} \cos \angle M'P'N' \quad （\text{应用} |PN| \approx |P'N'|, |PM| \approx |P'M'|）$$

$$= \frac{1}{2} \lim_{\substack{|PM| \to 0 \\ |PN| \to 0}} \sin(\angle MPN - \angle M'P'N') \quad （\angle MPN = \frac{\pi}{2}, \text{三角恒等式}）$$

$$\approx \frac{1}{2} \lim_{\substack{|PM| \to 0 \\ |PN| \to 0}} (\angle MPN - \angle M'P'N') \quad （变形很小时 \angle MPN - \angle M'P'N' 也很小）$$

$$\approx \frac{1}{2} \lim_{\substack{|PM| \to 0 \\ |PN| \to 0}} (\angle M''P'M''' + \angle N''P'N''') \quad （变形很小时 \angle M'''P'N''' \approx \angle M'P'N'）$$

$$\approx \frac{1}{2} \lim_{\substack{|PM| \to 0 \\ |PN| \to 0}} (\tan \angle M''P'M''' + \tan \angle N''P'N''') \quad （\alpha 很小时 \alpha \approx \tan\alpha）$$

$$= \frac{1}{2} \lim_{\substack{|PM| \to 0 \\ |PN| \to 0}} \left(\frac{|M''M'''|}{|P'M''|} + \frac{|N''N'''|}{|P'N''|} \right) \quad （M''M''' \perp P'M'', N''N''' \perp P'N''）$$

$$\approx \frac{1}{2} \lim_{\substack{|PM| \to 0 \\ |PN| \to 0}} \left(\frac{|M''M'''|}{|PM|} + \frac{|N''N'''|}{|PN|} \right) \underset{=}{\triangle} e_{mn} \quad （|P'M''| \approx |PM|, |P'N''| \approx |PN|） \quad (2.1.17)$$

在给定坐标系的三维情况下，只要令上述式中 n 和 m 方向分别为某坐标轴的方向，即可得到用于描述 P 点处变形程度的 6 个分量表达式。

例如，对于一般的有限变形情形，在三维直角坐标系 $Oxyz$ 下，令上述式中 n 和 m 方向分别为 x，y，z 坐标轴的方向，则得到基于式（2.1.13）和式（2.1.14）定义的 3 个用于 x，y，z 方向长度变化率的量

$$E_{xx}, \ E_{yy}, \ E_{zz}$$

和 6 个表示 x，y，z 坐标轴方向两两间角度变化的量，分别记为

$$E_{xy}, \ E_{yx}, \ E_{yz}, \ E_{zy}, \ E_{zx}, \ E_{xz}$$

根据定义可知

$$E_{xy} = E_{yx}, \ E_{yz} = E_{zy}, \ E_{zx} = E_{xz}$$

类似地，在柱坐标系 $Or\theta z$ 下，这 9 个分量分别为

$$E_{rr}, \ E_{\theta\theta}, \ E_{zz}, \ E_{r\theta}, \ E_{\theta r}, \ E_{\theta z}, \ E_{z\theta}, \ E_{zr}, \ E_{rz}$$

而球坐标系 $Or\theta\varphi$ 下，这 9 个分量分别为

$$E_{rr}, \ E_{\theta\theta}, \ E_{\varphi\varphi}, \ E_{r\theta}, \ E_{\theta r}, \ E_{\theta z}, \ E_{z\theta}, \ E_{\varphi r}, \ E_{r\varphi}$$

如果变形为小变形，在三维直角坐标系 $Oxyz$ 下，则得到基于式（2.1.16）和式（2.1.17）定义的 3 个用于 x，y，z 方向长度变化率的量

$$e_{xx}, \ e_{yy}, \ e_{zz}$$

和 6 个表示 x，y，z 坐标轴方向两两间角度变化的量

$$e_{xy}, \ e_{yx}, \ e_{yz}, \ e_{zy}, \ e_{zx}, \ e_{xz}$$

根据定义可知

$$e_{xy} = e_{yx}, \ e_{yz} = e_{zy}, \ e_{zx} = e_{xz}$$

类似地，在柱坐标系 $Or\theta z$ 下，这 9 个分量分别为

$$e_{rr}, \ e_{\theta\theta}, \ e_{zz}, \ e_{r\theta}, \ e_{\theta r}, \ e_{\theta z}, \ e_{z\theta}, \ e_{zr}, \ e_{rz}$$

而球坐标系 $Or\theta\varphi$ 下，这 9 个分量分别为

$$e_{rr}, \ e_{\theta\theta}, \ e_{\varphi\varphi}, \ e_{r\theta}, \ e_{\theta r}, \ e_{\theta z}, \ e_{z\theta}, \ e_{\varphi r}, \ e_{r\varphi}$$

通常，我们称上述表示长度变化率的量 $E_{nn}(e_{nn})$ 为 P 点处 n 方向的正应变，称表示角度变化率的量 $E_{nm} = E_{mn}(e_{nm} = e_{mn})$ 为 n 和 m 方向的**剪应变**。

下面，首先就采用直角坐标系的情形，根据物体上各点的位移，详细推导 P 点处各正应变分量 $E_{xx}(e_{xx})$，$E_{yy}(e_{yy})$，$E_{zz}(e_{zz})$ 和剪应变分量 $E_{xy} = E_{yx}(e_{xy} = e_{yx})$，$E_{yz} = E_{zy}(e_{yz} = $

e_{zy}），$E_{zx} = E_{xz}(e_{zx} = e_{xz})$ 的表达式，并证明对于 P 点处任意方向 $\boldsymbol{n}$ 以及任意与之垂直方向 $\boldsymbol{m}$，正应变 $E_{nn}(e_{nn})$ 以及剪应变 $E_{nm} = E_{mn}(e_{nm} = e_{mn})$ 均可以采用上述分量表达，从而证明，在直角坐标系中，P 点处变形程度可以采用 3 个正应变分量 $E_{xx}(e_{xx})$，E_{yy}（e_{yy}），E_{zz}（e_{zz}）和 6 个剪应变分量 $E_{xy} = E_{yx}(e_{xy} = e_{yx})$，$E_{yz} = E_{zy}(e_{yz} = e_{zy})$，$E_{zx} = E_{xz}(e_{zx} = e_{xz})$ 进行表达。

之后，我们再进一步分析应变具有的性质，并针对采用柱坐标系和球坐标系的情形，详细推导各正应变分量和剪应变分量的表达式。

2.2 直角坐标系中位移与应变的关系——几何方程

2.2.1 几何方程的推导

如图 2.2.1 所示，在直角坐标系中取变形体上任意一点 $P(x,y,z)$，又取 A（$x + \Delta x$，y，z），B（x，$y + \Delta y$，z），C（x，y，$z + \Delta z$）三点。显然，在 $\Delta x \rightarrow 0$，$\Delta y \rightarrow 0$ 以及 $\Delta z \rightarrow 0$ 过程中，线段 PA、PB、PC 始终分别平行于 x 轴、y 轴和 z 轴，因此，沿这 3 条线段方向的应变即对应坐标轴方向的应变。假设变形后 P、A、B、C 分别移动到 P'、A'、B'、C'，记任意点 P、A、B、C 的位移向量分别为

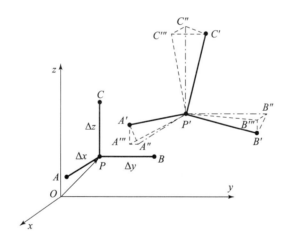

图 2.2.1 直角坐标系中变形前后的点和线段

$$[u_x\ u_y\ u_z]^{\mathrm{T}} = [u_x(x,y,z)\ u_y(x,y,z)\ u_z(x,y,z)]^{\mathrm{T}} \tag{2.2.1}$$

$$[u_{Ax}\ u_{Ay}\ u_{Az}]^{\mathrm{T}} = [u_x(x+\Delta x,y,z)\ u_y(x+\Delta x,y,z)\ u_z(x+\Delta x,y,z)]^{\mathrm{T}} \tag{2.2.2}$$

$$[u_{Bx}\ u_{By}\ u_{Bz}]^{\mathrm{T}} = [u_x(x,y+\Delta y,z)\ u_y(x,y+\Delta y,z)\ u_z(x,y+\Delta y,z)]^{\mathrm{T}} \tag{2.2.3}$$

$$[u_{Cx}\ u_{Cy}\ u_{Cz}]^{\mathrm{T}} = [u_x(x,y,z+\Delta z)\ u_y(x,y,z+\Delta z)\ u_z(x,y,z+\Delta z)]^{\mathrm{T}} \tag{2.2.4}$$

过 P' 点作 3 个坐标轴线和坐标面，A''、B''、C'' 分别为 A'、B'、C' 在这 3 个坐标轴线上的投影点，A'''、B'''、C''' 为 A'、B'、C' 在这 3 个坐标平面上的投影点。为了方便起见，我们将上述各点的直角坐标列于表 2.2.1 中。

表 2.2.1   图 2.2.1 中各点的直角坐标

点	x	y	z	点	x	y	z
P	x	y	z	P'	$x + u_x$	$y + u_y$	$z + u_z$
A	$x + \Delta x$	y	z	A''	$x + \Delta x + u_{Ax}$	$y + u_y$	$z + u_z$
B	x	$y + \Delta y$	z	B''	$x + u_x$	$y + \Delta y + u_{By}$	$z + u_z$
C	x	y	$z + \Delta z$	C''	$x + u_x$	$y + u_y$	$z + \Delta z + u_{Cz}$
A'	$x + \Delta x + u_{Ax}$	$y + u_{Ay}$	$z + u_{Az}$	A'''	$x + \Delta x + u_{Ax}$	$y + u_{Ay}$	$z + u_z$
B'	$x + u_{Bx}$	$y + \Delta y + u_{By}$	$z + u_{Bz}$	B'''	$x + u_{Bx}$	$y + \Delta y + u_{By}$	$z + u_z$
C'	$x + u_{Cx}$	$y + u_{Cy}$	$z + \Delta z + u_{Cz}$	C'''	$x + u_x$	$y + u_{Cy}$	$z + \Delta z + u_{Cz}$

1. E_{xx}，e_{xx} 与位移的关系推导

根据式（2.1.13），并结合表 2.2.1 可得

$$
\begin{aligned}
E_{xx} &= \lim_{|PA| \to 0} \frac{|P'A'|^2 - |PA|^2}{2|PA|^2} = \frac{1}{2} \lim_{\Delta x \to 0} \frac{|P'A'|^2 - (\Delta x)^2}{(\Delta x)^2} \\
&= \frac{1}{2} \lim_{\Delta x \to 0} \frac{(\Delta x + u_{Ax} - u_x)^2 + (u_{Ay} - u_y)^2 + (u_{Az} - u_z)^2 - (\Delta x)^2}{(\Delta x)^2} \\
&= \frac{\partial u_x}{\partial x} + \frac{1}{2}\left[\left(\frac{\partial u_x}{\partial x}\right)^2 + \left(\frac{\partial u_y}{\partial x}\right)^2 + \left(\frac{\partial u_z}{\partial x}\right)^2 \right]
\end{aligned}
\tag{2.2.5}
$$

根据式（2.1.16），并结合表 2.2.1 可得

$$
\begin{aligned}
e_{xx} &= \lim_{|PA| \to 0} \frac{|P'A''| - |PA|}{|PA|} \\
&= \lim_{\Delta x \to 0} \frac{\Delta x + u_{Ax} - u_x - \Delta x}{\Delta x} \\
&= \frac{\partial u_x}{\partial x}
\end{aligned}
\tag{2.2.6}
$$

由上述定义式可知，e_{xx} 实际上是变形后的线段 $P'A'$ 在 x 轴上的投影相比于原长的变化率在 P 点的极限值。显然，e_{xx} 也就是忽略 E_{xx} 中的非线性项结果。

2. E_{xy}，e_{xy} 与位移的关系推导

根据式（2.1.14），结合表 2.2.1 可得

$$
\begin{aligned}
E_{xy} = E_{yx} &= \lim_{\substack{|PA| \to 0 \\ |PB| \to 0}} \frac{\overrightarrow{P'A'} \cdot \overrightarrow{P'B'}}{2|PA||PB|} = \lim_{\substack{\Delta x \to 0 \\ \Delta y \to 0}} \frac{\overrightarrow{P'A'} \cdot \overrightarrow{P'B'}}{2\Delta x \Delta y} \\
&= \lim_{\substack{\Delta x \to 0 \\ \Delta y \to 0}} \frac{(\Delta x + u_{Ax} - u_x)(u_{Bx} - u_x) + (u_{Ay} - u_y)(\Delta y + u_{By} - u_y) + (u_{Az} - u_z)(u_{Bz} - u_z)}{2\Delta x \Delta y} \\
&= \frac{1}{2}\left[\left(\frac{\partial u_x}{\partial y} + \frac{\partial u_y}{\partial x}\right) + \frac{\partial u_x}{\partial x}\frac{\partial u_x}{\partial y} + \frac{\partial u_y}{\partial x}\frac{\partial u_y}{\partial y} + \frac{\partial u_z}{\partial x}\frac{\partial u_z}{\partial y} \right]
\end{aligned}
\tag{2.2.7}
$$

根据式（2.1.17），结合表 2.2.1 可得

$$e_{xy} = e_{yx} = \frac{1}{2} \lim_{\substack{|PM| \to 0 \\ |PN| \to 0}} \left(\frac{|A''A'''|}{|PA|} + \frac{|B''B'''|}{|PB|} \right)$$

$$= \frac{1}{2} \lim_{\substack{\Delta x \to 0 \\ \Delta y \to 0}} \frac{u_{Ay} - u_y}{\Delta x} + \frac{u_{Bx} - u_x}{\Delta y}$$

$$= \frac{1}{2} \left(\frac{\partial u_y}{\partial x} + \frac{\partial u_x}{\partial y} \right) \tag{2.2.8}$$

根据式（2.1.17）的近似思路有

$$\lim_{\substack{|PA| \to 0 \\ |PB| \to 0}} \frac{1}{2} \left(\frac{|A''A'''|}{|PA|} + \frac{|B''B'''|}{|PB|} \right) \approx \lim_{\substack{|PA| \to 0 \\ |PB| \to 0}} \frac{1}{2} \left(\frac{|A''A'''|}{|P'A''|} + \frac{|B''B'''|}{|P'B''|} \right)$$

$$= \lim_{\substack{|PA| \to 0 \\ |PB| \to 0}} \frac{1}{2} \left(\tan \angle A''P'A''' + \tan \angle B''P'B''' \right)$$

$$\approx \lim_{\substack{|PA| \to 0 \\ |PB| \to 0}} \frac{1}{2} \left(\angle A''P'A''' + \angle B''P'B''' \right)$$

因此，$e_{xy} = e_{yx}$实际上可以近似认为是直角$\angle APB$变形后在xOy平面上的投影$\angle A'''P'B'''$与原直角之间的变化量在P点的极限值的一半。显然，$e_{xy} = e_{yx}$也就是忽略$E_{xy} = E_{yx}$中的非线性项结果。

上述计算中运用了函数偏导数的定义，即

$$\lim_{\Delta x \to 0} \frac{u_{Ax} - u_x}{\Delta x} = \frac{\partial u_x}{\partial x}, \quad \lim_{\Delta x \to 0} \frac{u_{Ay} - u_y}{\Delta x} = \frac{\partial u_y}{\partial x}, \quad \lim_{\Delta x \to 0} \frac{u_{Az} - u_z}{\Delta x} = \frac{\partial u_z}{\partial x}$$

$$\lim_{\Delta y \to 0} \frac{u_{Bx} - u_x}{\Delta y} = \frac{\partial u_x}{\partial y}, \quad \lim_{\Delta y \to 0} \frac{u_{By} - u_y}{\Delta y} = \frac{\partial u_y}{\partial y}, \quad \lim_{\Delta y \to 0} \frac{u_{Bz} - u_z}{\Delta y} = \frac{\partial u_z}{\partial y}$$

类似地，可以推导出其他几何方程。综合起来可以得到在直角坐标系中描述一般变形的9个量与位移的关系（即大变形几何方程）为

$$E_{xx} = \frac{\partial u_x}{\partial x} + \frac{1}{2} \left[\left(\frac{\partial u_x}{\partial x} \right)^2 + \left(\frac{\partial u_y}{\partial x} \right)^2 + \left(\frac{\partial u_z}{\partial x} \right)^2 \right] \tag{2.2.9}$$

$$E_{yy} = \frac{\partial u_y}{\partial y} + \frac{1}{2} \left[\left(\frac{\partial u_x}{\partial y} \right)^2 + \left(\frac{\partial u_y}{\partial y} \right)^2 + \left(\frac{\partial u_z}{\partial y} \right)^2 \right] \tag{2.2.10}$$

$$E_{zz} = \frac{\partial u_z}{\partial z} + \frac{1}{2} \left[\left(\frac{\partial u_x}{\partial z} \right)^2 + \left(\frac{\partial u_y}{\partial z} \right)^2 + \left(\frac{\partial u_z}{\partial z} \right)^2 \right] \tag{2.2.11}$$

$$E_{xy} = E_{yx} = \frac{1}{2} \left(\frac{\partial u_x}{\partial y} + \frac{\partial u_y}{\partial x} \right) + \frac{1}{2} \left(\frac{\partial u_x}{\partial x} \frac{\partial u_x}{\partial y} + \frac{\partial u_y}{\partial x} \frac{\partial u_y}{\partial y} + \frac{\partial u_z}{\partial x} \frac{\partial u_z}{\partial y} \right) \tag{2.2.12}$$

$$E_{yz} = E_{zy} = \frac{1}{2} \left(\frac{\partial u_y}{\partial z} + \frac{\partial u_z}{\partial y} \right) + \frac{1}{2} \left(\frac{\partial u_x}{\partial y} \frac{\partial u_x}{\partial z} + \frac{\partial u_y}{\partial y} \frac{\partial u_y}{\partial z} + \frac{\partial u_z}{\partial y} \frac{\partial u_z}{\partial z} \right) \tag{2.2.13}$$

$$E_{zx} = E_{xz} = \frac{1}{2} \left(\frac{\partial u_z}{\partial x} + \frac{\partial u_x}{\partial z} \right) + \frac{1}{2} \left(\frac{\partial u_x}{\partial z} \frac{\partial u_x}{\partial x} + \frac{\partial u_y}{\partial z} \frac{\partial u_y}{\partial x} + \frac{\partial u_z}{\partial z} \frac{\partial u_z}{\partial x} \right) \tag{2.2.14}$$

描述小变形的9个量与位移的关系（即小变形几何方程）为

$$e_{xx} = \frac{\partial u_x}{\partial x} \tag{2.2.15}$$

$$e_{yy} = \frac{\partial u_y}{\partial y} \tag{2.2.16}$$

$$e_{zz} = \frac{\partial u_z}{\partial z} \tag{2.2.17}$$

$$e_{xy} = e_{yx} = \frac{1}{2}\left(\frac{\partial u_y}{\partial x} + \frac{\partial u_x}{\partial y}\right) \tag{2.2.18}$$

$$e_{yz} = e_{zy} = \frac{1}{2}\left(\frac{\partial u_y}{\partial z} + \frac{\partial u_z}{\partial y}\right) \tag{2.2.19}$$

$$e_{zx} = e_{xz} = \frac{1}{2}\left(\frac{\partial u_z}{\partial x} + \frac{\partial u_x}{\partial z}\right) \tag{2.2.20}$$

根据第一章中给出的指标定义和逗号求导符号，上述式子写成指标记法为

$$E_{ij} = \frac{1}{2}\left(u_{i,j} + u_{j,i} + u_{k,i}u_{k,j}\right) \tag{2.2.21}$$

$$e_{ij} = \frac{1}{2}\left(u_{i,j} + u_{j,i}\right) \tag{2.2.22}$$

2.2.2　应变分量有效性的证明

正如 2.1.2 小节分析的，如果要采用 2.2.1 小节中得到的 3 个正应变分量 $E_{xx}(e_{xx})$，$E_{yy}(e_{yy})$，E_{zz} (e_{zz}) 和 6 个剪应变分量 $E_{xy} = E_{yx}(e_{xy} = e_{yx})$，$E_{yz} = E_{zy}$ $(e_{yz} = e_{zy})$，$E_{zx} = E_{xz}(e_{zx} = e_{xz})$ 来表征点 P 处的变形程度，还需要证明对于图 2.2.2 所示的 P 点处任意方向 n 上线段 PD 长度的变化及其与任意方向 m 上线段 PE 之间角度的变化均可以采用上述分量表达。

为了方便，我们将变形后 P、A、B、C、D 和 E 点，即 P'、A'、B'、C'、D' 和 E' 的直角坐标列于表 2.2.2 中。

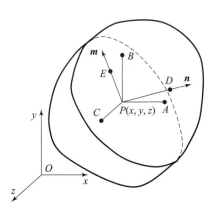

图 2.2.2　直角坐标系中的变形体

表 2.2.2　图 2.2.2 中各点的直角坐标

点	x	y	z
P'	$x + u_x$	$y + u_y$	$z + u_z$
A'	$x + \Delta x + u_{Ax}$	$y + u_{Ay}$	$z + u_{Az}$
B'	$x + u_{Bx}$	$y + \Delta y + u_{By}$	$z + u_{Bz}$
C'	$x + u_{Cx}$	$y + u_{Cy}$	$z + \Delta z + u_{Cz}$
D'	$x + \Delta x_D + u_{Dx}$	$y + \Delta y_D + u_{Dy}$	$z + \Delta z_D + u_{Dz}$
E'	$x + \Delta x_E + u_{Ex}$	$y + \Delta y_E + u_{Ey}$	$z + \Delta z_E + u_{Ez}$

首先，我们来看 n 方向上的正应变，根据定义

$$
\begin{aligned}
E_{nn} &= \lim_{\substack{\Delta x \to 0 \\ \Delta y \to 0 \\ \Delta z \to 0}} \frac{|P'D'|^2 - |PD|^2}{2|PD|^2} \\[2mm]
&= \lim_{\substack{\Delta x \to 0 \\ \Delta y \to 0 \\ \Delta z \to 0}} \frac{(\Delta x_D + u_{Dx} - u_x)^2 + (\Delta y_D + u_{Dy} - u_y)^2 + (\Delta z_D + u_{Dz} - u_z)^2 - \left[(\Delta x_D)^2 + (\Delta y_D)^2 + (\Delta z_D)^2\right]}{2\left[(\Delta x_D)^2 + (\Delta y_D)^2 + (\Delta z_D)^2\right]} \\[2mm]
&= \lim_{\substack{\Delta x \to 0 \\ \Delta y \to 0 \\ \Delta z \to 0}} \frac{2(u_{Dx} - u_x)\Delta x_D + 2(u_{Dy} - u_y)\Delta y_D + 2(u_{Dz} - u_z)\Delta z_D + (u_{Dx} - u_x)^2 + (u_{Dy} - u_y)^2 + (u_{Dz} - u_z)^2}{2\left[(\Delta x_D)^2 + (\Delta y_D)^2 + (\Delta z_D)^2\right]}
\end{aligned}
$$

$$= \frac{\partial u_x}{\partial n}c_{nx} + \frac{\partial u_y}{\partial n}c_{ny} + \frac{\partial u_z}{\partial n}c_{nz} + \frac{1}{2}\left[\left(\frac{\partial u_x}{\partial n}\right)^2 + \left(\frac{\partial u_y}{\partial n}\right)^2 + \left(\frac{\partial u_z}{\partial n}\right)^2\right] \qquad (\text{利用方向导数定义})$$

$$= \left(\frac{\partial u_x}{\partial x}c_{nx} + \frac{\partial u_x}{\partial y}c_{ny} + \frac{\partial u_x}{\partial z}c_{nz}\right)c_{nx} + \left(\frac{\partial u_y}{\partial x}c_{nx} + \frac{\partial u_y}{\partial y}c_{ny} + \frac{\partial u_y}{\partial z}c_{nz}\right)c_{ny} +$$

$$\left(\frac{\partial u_z}{\partial x}c_{nx} + \frac{\partial u_z}{\partial y}c_{ny} + \frac{\partial u_z}{\partial z}c_{nz}\right)c_{nz} + \frac{1}{2}\left(\frac{\partial u_x}{\partial x}c_{nx} + \frac{\partial u_x}{\partial y}c_{ny} + \frac{\partial u_x}{\partial z}c_{nz}\right)^2 +$$

$$\frac{1}{2}\left(\frac{\partial u_y}{\partial x}c_{nx} + \frac{\partial u_y}{\partial y}c_{ny} + \frac{\partial u_y}{\partial z}c_{nz}\right)^2 + \frac{1}{2}\left(\frac{\partial u_z}{\partial x}c_{nx} + \frac{\partial u_z}{\partial y}c_{ny} + \frac{\partial u_z}{\partial z}c_{nz}\right)^2 (\text{方向导数与坐标导数关系})$$

运用式(2.2.9) ~ 式（2.2.14），整理上式可得

$$\begin{aligned}
E_{nn} &= E_{xx}c_{nx}c_{nx} + E_{yy}c_{ny}c_{ny} + E_{zz}c_{nz}c_{nz} + \\
&\quad E_{xy}c_{nx}c_{ny} + E_{yx}c_{ny}c_{nx} + E_{yz}c_{ny}c_{nz} + \\
&\quad E_{zy}c_{nz}c_{ny} + E_{xz}c_{nx}c_{nz} + E_{zx}c_{nz}c_{nx}
\end{aligned} \qquad (2.2.23)$$

式（2.2.23）也可以用矩阵记法记为

$$E_{nn} = \begin{bmatrix} c_{nx} & c_{ny} & c_{nz} \end{bmatrix} \begin{bmatrix} E_{xx} & E_{xy} & E_{xz} \\ E_{yx} & E_{yy} & E_{yz} \\ E_{zx} & E_{zy} & E_{zz} \end{bmatrix} \begin{bmatrix} c_{nx} \\ c_{ny} \\ c_{nz} \end{bmatrix} \qquad (2.2.24)$$

若将 x, y, z 坐标轴分别用 1、2、3 表示，则式（2.2.23）也可以记为

$$E_{nn} = \begin{bmatrix} c_{n1} & c_{n2} & c_{n3} \end{bmatrix} \begin{bmatrix} E_{11} & E_{12} & E_{13} \\ E_{21} & E_{22} & E_{23} \\ E_{31} & E_{32} & E_{33} \end{bmatrix} \begin{bmatrix} c_{n1} \\ c_{n2} \\ c_{n3} \end{bmatrix} \qquad (2.2.25)$$

则式（2.2.23）可用指标记法记为

$$E_{nn} = E_{ij}c_{ni}c_{nj} \quad (i,j = 1,2,3) \qquad (2.2.26)$$

可见，正应变 E_{nn} 可以采用前面定义的应变分量表达。

接下来，我们再来看 **n** 和 **m** 方向之间的剪应变，根据定义

$$\begin{aligned}
E_{nm} = E_{mn} &= \lim_{\substack{|PA| \to 0 \\ |PB| \to 0}} \frac{\overrightarrow{P'D'} \cdot \overrightarrow{P'E'}}{2|PD||PE|} \\
&= \frac{1}{2}(c_{nx}c_{mx} + c_{ny}c_{my} + c_{nz}c_{mz}) + \\
&\quad E_{xx}c_{nx}c_{mx} + E_{yy}c_{ny}c_{my} + E_{zz}c_{nz}c_{mz} + \\
&\quad E_{xy}c_{nx}c_{my} + E_{yx}c_{ny}c_{mx} + E_{yz}c_{ny}c_{mz} + \\
&\quad E_{zy}c_{nz}c_{my} + E_{xz}c_{nx}c_{mz} + E_{zx}c_{nz}c_{mx}
\end{aligned} \qquad (2.2.27)$$

式（2.2.27）也可以用矩阵记法记为

$$E_{nm} = \frac{1}{2}\begin{bmatrix} c_{nx} & c_{ny} & c_{nz} \end{bmatrix} \begin{bmatrix} c_{nx} \\ c_{ny} \\ c_{nz} \end{bmatrix} + \begin{bmatrix} c_{nx} & c_{ny} & c_{nz} \end{bmatrix} \begin{bmatrix} E_{xx} & E_{xy} & E_{xz} \\ E_{yx} & E_{yy} & E_{yz} \\ E_{zx} & E_{zy} & E_{zz} \end{bmatrix} \begin{bmatrix} c_{nx} \\ c_{ny} \\ c_{nz} \end{bmatrix} \qquad (2.2.28)$$

同样地，将 x, y, z 坐标轴分别用 1、2、3 表示，则式（2.2.27）也可以记为

$$E_{nm} = \frac{1}{2}\begin{bmatrix} c_{m1} & c_{m2} & c_{m3} \end{bmatrix} \begin{bmatrix} c_{n1} \\ c_{n2} \\ c_{n3} \end{bmatrix} + \begin{bmatrix} c_{m1} & c_{m2} & c_{m3} \end{bmatrix} \begin{bmatrix} E_{11} & E_{12} & E_{13} \\ E_{21} & E_{22} & E_{23} \\ E_{31} & E_{32} & E_{33} \end{bmatrix} \begin{bmatrix} c_{n1} \\ c_{n2} \\ c_{n3} \end{bmatrix} \qquad (2.2.29)$$

采用指标记法：

$$E_{nm} = \frac{1}{2} c_{ni} c_{mi} + E_{ij} c_{ni} c_{mj} \quad (i,j = 1,2,3) \tag{2.2.30}$$

可见，剪应变 $E_{nm} = E_{mn}$ 也可以采用前面定义的应变分量表达。

特别地，当 n 和 m 互相垂直时有 $c_{nx} c_{mx} + c_{ny} c_{my} + c_{nz} c_{mz} = 0$，则式（2.2.27）简化为

$$\begin{aligned}
E_{nm} = & E_{xx} c_{nx} c_{mx} + E_{yy} c_{ny} c_{my} + E_{zz} c_{nz} c_{mz} + \\
& E_{xy} c_{nx} c_{my} + E_{yx} c_{ny} c_{mx} + E_{yz} c_{ny} c_{mz} + \\
& E_{zy} c_{nz} c_{my} + E_{xz} c_{nx} c_{mz} + E_{zx} c_{nz} c_{mx}
\end{aligned} \tag{2.2.31}$$

写成矩阵形式为

$$E_{nm} = \begin{bmatrix} c_{mx} & c_{my} & c_{mz} \end{bmatrix} \begin{bmatrix} E_{xx} & E_{xy} & E_{xz} \\ E_{yx} & E_{yy} & E_{yz} \\ E_{zx} & E_{zy} & E_{zz} \end{bmatrix} \begin{bmatrix} c_{nx} \\ c_{ny} \\ c_{nz} \end{bmatrix} \tag{2.2.32}$$

采用指标记法：

$$E_{nm} = E_{ij} c_{ni} c_{mj} \quad (i,j = 1,2,3) \tag{2.2.33}$$

由于小应变实际上是大应变的线性部分，从式（2.2.23）、式（2.2.27）或式（2.2.31）不难看出，由于各式均为应变分量的线性运算，因此单纯的小应变部分也完全满足上述要求，也就是说由上述各式可以得到

$$e_{nn} = e_{ij} c_{ni} c_{nj} \quad (i,j = 1,2,3) \tag{2.2.34}$$

$$e_{nm} = e_{ij} c_{ni} c_{mj} \quad (i,j = 1,2,3) \tag{2.2.35}$$

综上，采用前面定义的应变分量可表征一点处的变形程度。我们称式（2.2.9）~式（2.2.14）定义的应变为**格林应变**，式（2.2.15）~式（2.2.20）定义的应变为**柯西应变**。

2.2.3　应变的记法

式（2.2.26）、式（2.2.33）、式（2.2.34）和式（2.2.35）表明，格林应变和柯西应变都是二阶张量。和应力一样，应变也具有多种不同的记法。本书后续讨论仅限于小变形情况，这里介绍柯西应变的几种常用记法。

1. 矩阵形式

将一点处柯西应变张量的 9 个分量记成一个 3×3 的矩阵，形如

$$e = \begin{bmatrix} e_{xx} & e_{xy} & e_{xz} \\ e_{yx} & e_{yy} & e_{yz} \\ e_{zx} & e_{zy} & e_{zz} \end{bmatrix} \tag{2.2.36}$$

根据前面的定义可知，剪应变互等（即 $e_{xy} = e_{yx}$，$e_{yz} = e_{zy}$，$e_{zx} = e_{xz}$），因此应变矩阵为对称矩阵。不过与剪应力互等是因为力矩平衡的物理机制不同，剪应变互等是因为定义上二者就是相等的。

与应力记法一样，可以将下标字母数字化，这时柯西应变矩阵可记为

$$e = [e_{ij}] = \begin{bmatrix} e_{11} & e_{12} & e_{13} \\ e_{21} & e_{22} & e_{23} \\ e_{31} & e_{32} & e_{33} \end{bmatrix} \tag{2.2.37}$$

将几何方程（2.2.15）~方程（2.2.20）代入式（2.2.36）得到

$$
\begin{bmatrix} e_{xx} & e_{xy} & e_{xz} \\ e_{yx} & e_{yy} & e_{yz} \\ e_{zx} & e_{zy} & e_{zz} \end{bmatrix} = \frac{1}{2} \begin{bmatrix} \dfrac{\partial u}{\partial x} + \dfrac{\partial u}{\partial x} & \dfrac{\partial u}{\partial y} + \dfrac{\partial v}{\partial x} & \dfrac{\partial u}{\partial z} + \dfrac{\partial w}{\partial x} \\ \dfrac{\partial v}{\partial x} + \dfrac{\partial u}{\partial y} & \dfrac{\partial v}{\partial y} + \dfrac{\partial v}{\partial y} & \dfrac{\partial v}{\partial z} + \dfrac{\partial w}{\partial y} \\ \dfrac{\partial w}{\partial x} + \dfrac{\partial u}{\partial z} & \dfrac{\partial w}{\partial y} + \dfrac{\partial v}{\partial z} & \dfrac{\partial w}{\partial z} + \dfrac{\partial w}{\partial z} \end{bmatrix}
\tag{2.2.38}
$$

当然，上述矩阵也可以记成如下的数字下标形式：

$$
\begin{bmatrix} e_{11} & e_{12} & e_{13} \\ e_{21} & e_{22} & e_{23} \\ e_{31} & e_{32} & e_{33} \end{bmatrix} = \frac{1}{2} \begin{bmatrix} u_{1,1} + u_{1,1} & u_{1,2} + u_{2,1} & u_{1,3} + u_{3,1} \\ u_{2,1} + u_{1,2} & u_{2,2} + u_{2,2} & u_{2,3} + u_{3,2} \\ u_{3,1} + u_{1,3} & u_{3,2} + u_{2,3} & u_{3,3} + u_{3,3} \end{bmatrix}
\tag{2.2.39}
$$

顺便提一下，分析式（2.2.38）不难发现，柯西应变矩阵实际上就是式（2.3.40）给出的位移梯度张量矩阵分解得到的对称部分，而反对称部分正是转动张量矩阵。

$$
\begin{bmatrix} \dfrac{\partial u}{\partial x} & \dfrac{\partial u}{\partial y} & \dfrac{\partial u}{\partial z} \\ \dfrac{\partial v}{\partial x} & \dfrac{\partial v}{\partial y} & \dfrac{\partial v}{\partial z} \\ \dfrac{\partial w}{\partial x} & \dfrac{\partial w}{\partial y} & \dfrac{\partial w}{\partial z} \end{bmatrix} = \frac{1}{2} \begin{bmatrix} \dfrac{\partial u}{\partial x} + \dfrac{\partial u}{\partial x} & \dfrac{\partial u}{\partial y} + \dfrac{\partial v}{\partial x} & \dfrac{\partial u}{\partial z} + \dfrac{\partial w}{\partial x} \\ \dfrac{\partial v}{\partial x} + \dfrac{\partial u}{\partial y} & \dfrac{\partial v}{\partial y} + \dfrac{\partial v}{\partial y} & \dfrac{\partial v}{\partial z} + \dfrac{\partial w}{\partial y} \\ \dfrac{\partial w}{\partial x} + \dfrac{\partial u}{\partial z} & \dfrac{\partial w}{\partial y} + \dfrac{\partial v}{\partial z} & \dfrac{\partial w}{\partial z} + \dfrac{\partial w}{\partial z} \end{bmatrix} + \frac{1}{2} \begin{bmatrix} 0 & \dfrac{\partial u}{\partial y} - \dfrac{\partial v}{\partial x} & \dfrac{\partial u}{\partial z} - \dfrac{\partial w}{\partial x} \\ \dfrac{\partial v}{\partial x} - \dfrac{\partial u}{\partial y} & 0 & \dfrac{\partial v}{\partial z} \dfrac{\partial w}{\partial y} \\ \dfrac{\partial w}{\partial x} - \dfrac{\partial u}{\partial z} & \dfrac{\partial w}{\partial y} - \dfrac{\partial v}{\partial z} & 0 \end{bmatrix}
\tag{2.2.40}
$$

2. 张量分解形式

和应力一样，应变作为二阶张量，也可以记成如下的分解展式：

$$
\boldsymbol{e} = e_{xx}\boldsymbol{ii} + e_{xy}\boldsymbol{ij} + e_{xz}\boldsymbol{ik} + e_{yx}\boldsymbol{ji} + e_{yy}\boldsymbol{jj} + e_{yz}\boldsymbol{jk} + e_{zx}\boldsymbol{ki} + e_{zy}\boldsymbol{kj} + e_{zz}\boldsymbol{kk}
\tag{2.2.41}
$$

同样地，将 3 个坐标 x，y，z 的名称分别改记为 x_1，x_2 和 x_3，同时将 3 个基向量按式（1.2.38）的规则改变记法

$$
\boldsymbol{i} \rightarrow \boldsymbol{e}_1, \quad \boldsymbol{j} \rightarrow \boldsymbol{e}_2, \quad \boldsymbol{k} \rightarrow \boldsymbol{e}_3
$$

则采用爱因斯坦求和约定，应变分解式（2.2.41）也可以记为

$$
\boldsymbol{e} = e_{ij}\boldsymbol{e}_i\boldsymbol{e}_j
\tag{2.2.42}
$$

将几何方程代入式（2.2.41）后得到

$$
\begin{aligned}
\boldsymbol{e} = \frac{1}{2}\Big[& \Big(\frac{\partial u}{\partial x} + \frac{\partial u}{\partial x}\Big)\boldsymbol{ii} + \Big(\frac{\partial v}{\partial x} + \frac{\partial u}{\partial y}\Big)\boldsymbol{ij} + \Big(\frac{\partial w}{\partial x} + \frac{\partial u}{\partial z}\Big)\boldsymbol{ik} + \\
& \Big(\frac{\partial u}{\partial y} + \frac{\partial v}{\partial x}\Big)\boldsymbol{ji} + \Big(\frac{\partial v}{\partial y} + \frac{\partial v}{\partial y}\Big)\boldsymbol{jj} + \Big(\frac{\partial w}{\partial y} + \frac{\partial v}{\partial z}\Big)\boldsymbol{jk} + \\
& \Big(\frac{\partial w}{\partial x} + \frac{\partial u}{\partial z}\Big)\boldsymbol{ki} + \Big(\frac{\partial w}{\partial y} + \frac{\partial v}{\partial z}\Big)\boldsymbol{kj} + \Big(\frac{\partial w}{\partial z} + \frac{\partial w}{\partial z}\Big)\boldsymbol{kk} \Big]
\end{aligned}
\tag{2.2.43}
$$

写成指标记法为

$$
\boldsymbol{e} = \frac{1}{2}(u_{i,j} + u_{j,i})\boldsymbol{e}_i\boldsymbol{e}_j
\tag{2.2.44}
$$

引入哈密顿算子 $\nabla = \dfrac{\partial}{\partial x}\boldsymbol{i} + \dfrac{\partial}{\partial y}\boldsymbol{j} + \dfrac{\partial}{\partial z}\boldsymbol{k}$，以及张量的并积运算，上式也可以记为

$$
\boldsymbol{e} = \frac{1}{2}(\nabla\boldsymbol{u} + \boldsymbol{u}\nabla)
\tag{2.2.45}
$$

其中，哈密顿算子与位移向量的并积运算定义为：将哈密顿算子和位移向量以分解式表示，按多项式乘法的法则对位移分量及相应单位向量整体完成求导运算，将结果与哈密顿算子各项的单位向量按原顺序不变并列在一起。下面是上式涉及的哈密顿算子和位移向量的两个并积运算。

$$
\begin{aligned}
\nabla \boldsymbol{u} &= \left(\frac{\partial}{\partial x}\boldsymbol{i} + \frac{\partial}{\partial y}\boldsymbol{j} + \frac{\partial}{\partial z}\boldsymbol{k} \right)(u\boldsymbol{i} + v\boldsymbol{j} + w\boldsymbol{k}) \\
&= \boldsymbol{i}\frac{\partial}{\partial x}(u\boldsymbol{i} + v\boldsymbol{j} + w\boldsymbol{k}) + \boldsymbol{j}\frac{\partial}{\partial y}(u\boldsymbol{i} + v\boldsymbol{j} + w\boldsymbol{k}) + \boldsymbol{k}\frac{\partial}{\partial z}(u\boldsymbol{i} + v\boldsymbol{j} + w\boldsymbol{k}) \\
&= \frac{\partial u}{\partial x}\boldsymbol{ii} + \frac{\partial v}{\partial x}\boldsymbol{ij} + \frac{\partial w}{\partial x}\boldsymbol{ik} + \frac{\partial u}{\partial y}\boldsymbol{ji} + \frac{\partial v}{\partial y}\boldsymbol{jj} + \frac{\partial w}{\partial y}\boldsymbol{jk} + \frac{\partial u}{\partial z}\boldsymbol{ki} + \frac{\partial v}{\partial z}\boldsymbol{kj} + \frac{\partial w}{\partial z}\boldsymbol{kk}
\end{aligned} \tag{2.2.46}
$$

$$
\begin{aligned}
\boldsymbol{u}\nabla &= (u\boldsymbol{i} + v\boldsymbol{j} + w\boldsymbol{k})\left(\frac{\partial}{\partial x}\boldsymbol{i} + \frac{\partial}{\partial y}\boldsymbol{j} + \frac{\partial}{\partial z}\boldsymbol{k} \right) \\
&= \frac{\partial}{\partial x}(u\boldsymbol{i} + v\boldsymbol{j} + w\boldsymbol{k})\boldsymbol{i} + \frac{\partial}{\partial y}(u\boldsymbol{i} + v\boldsymbol{j} + w\boldsymbol{k})\boldsymbol{j} + \frac{\partial}{\partial z}(u\boldsymbol{i} + v\boldsymbol{j} + w\boldsymbol{k})\boldsymbol{k} \\
&= \frac{\partial u}{\partial x}\boldsymbol{ii} + \frac{\partial v}{\partial x}\boldsymbol{ji} + \frac{\partial w}{\partial x}\boldsymbol{ki} + \frac{\partial u}{\partial y}\boldsymbol{ij} + \frac{\partial v}{\partial y}\boldsymbol{jj} + \frac{\partial w}{\partial y}\boldsymbol{kj} + \frac{\partial u}{\partial z}\boldsymbol{ik} + \frac{\partial v}{\partial z}\boldsymbol{jk} + \frac{\partial w}{\partial z}\boldsymbol{kk}
\end{aligned} \tag{2.2.47}
$$

可以看出，$\nabla \boldsymbol{u}$ 和 $\boldsymbol{u}\nabla$ 都是二阶张量，分别称之为**位移左梯度张量**和**位移右梯度张量**。上述求导运算中应用了直角坐标系中单位基向量不随位置变化的性质。

令 $\boldsymbol{U} = U_{ij}\boldsymbol{e}_i\boldsymbol{e}_j, \boldsymbol{V} = V_{ij}\boldsymbol{e}_i\boldsymbol{e}_j$ 为两个二阶张量，仿照向量的点积运算，定义它们之间的点积运算如下：

$$
\boldsymbol{W} = \boldsymbol{U} \cdot \boldsymbol{V} = (U_{ij}\boldsymbol{e}_i\boldsymbol{e}_j) \cdot (V_{kl}\boldsymbol{e}_k\boldsymbol{e}_l) = U_{ij}V_{kl}\boldsymbol{e}_i(\boldsymbol{e}_j \cdot \boldsymbol{e}_k)\boldsymbol{e}_l = U_{ij}V_{kl}\delta_{jk}\boldsymbol{e}_i\boldsymbol{e}_l = U_{ik}V_{kl}\boldsymbol{e}_i\boldsymbol{e}_l \tag{2.2.48}
$$

即

$$
W_{ij} = U_{ik}V_{kj}
$$

由此，格林应变也可以记成如下整体形式：

$$
\boldsymbol{E} = \frac{1}{2}(\nabla \boldsymbol{u} + \boldsymbol{u}\nabla + \nabla \boldsymbol{u} \cdot \boldsymbol{u}\nabla) \tag{2.2.49}
$$

3. 工程应变

在工程上，人们习惯沿用材料力学的记法，将正应变分量用希腊字母 ε 表示，剪应变分量用希腊字母 γ 表示，并且定义为两个方向上角度变化的近似值，而不是像前面所定义角度变化近似值的 1/2。也就是说，工程正应变分量与对应的柯西正应变分量是相等的，工程剪应变分量是对应柯西剪应变分量的 2 倍。由于正应变和剪应变采用了不同的字母表示，因此正应变的下标只需采用一个即可。

$$
\begin{cases}
\varepsilon_x = e_{xx} = \dfrac{\partial u_x}{\partial x} \ , \quad \gamma_{xy} = \gamma_{yx} = 2e_{xy} = \dfrac{\partial u_y}{\partial x} + \dfrac{\partial u_x}{\partial y} \\[2mm]
\varepsilon_y = e_{yy} = \dfrac{\partial u_y}{\partial y} \ , \quad \gamma_{yz} = \gamma_{zy} = 2e_{yz} = \dfrac{\partial u_z}{\partial y} + \dfrac{\partial u_y}{\partial z} \\[2mm]
\varepsilon_z = e_{zz} = \dfrac{\partial u_z}{\partial z} \ , \quad \gamma_{zx} = \gamma_{xz} = 2e_{zx} = \dfrac{\partial u_x}{\partial z} + \dfrac{\partial u_z}{\partial x}
\end{cases} \tag{2.2.50}
$$

不难理解，按式（2.2.50）定义的 9 个量不再构成一个张量，我们称之为**工程应变**。正因为工程应变不是张量，因此工程应变一般不会采用 3×3 矩阵的形式来表达，而是采

用如下 6×1 的列向量形式：

$$\{\varepsilon\} = \begin{bmatrix} \varepsilon_x & \varepsilon_y & \varepsilon_z & \gamma_{xy} & \gamma_{yz} & \gamma_{zx} \end{bmatrix}^{\mathrm{T}} \tag{2.2.51}$$

2.2.4 刚体运动时应变定义的检验

刚体运动时，结构不存在变形。因此，合理的应变定义应该满足在刚体运动时应变为零的条件。下面对上述给定的两种不同的应变定义，即一般情形下的格林应变和小变形条件下的柯西应变，检验其各自对刚体运动描述的精度。

1. 刚体平动

当物体进行刚体平动时，3 个方向上的位移均为常数，即

$$u_x(x, y, z) = c_1, \ u_y(x, y, z) = c_2, \ u_z(x, y, z) = c_3$$

由式（2.2.9）~ 式（2.2.20）可知，所有应变分量，无论是格林应变还是柯西应变，均为位移对位置的导数，将上述位移代入式（2.2.9）~ 式（2.2.20）容易得到，当物体进行刚体平动时，物体上任意点处的应变，无论是格林应变还是柯西应变，均为 0。因此，就刚体平动而言，格林应变和柯西应变都是精确的。

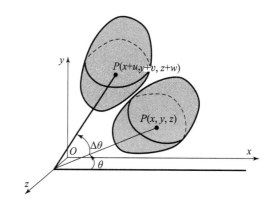

图 2.2.3 刚体绕 z 轴转动

2. 刚体转动

不失一般性，假设物体绕 z 轴逆时针转动 $\Delta\theta$，如图 2.2.3 所示，则物体上任意点 $P(x, y, z)$ 的位移为

$$u_x(x, y, z) = \sqrt{x^2 + y^2} \cos\left(\arctan\frac{y}{x} + \Delta\theta\right) - x$$

$$u_y(x, y, z) = \sqrt{x^2 + y^2} \sin\left(\arctan\frac{y}{x} + \Delta\theta\right) - y$$

$$u_z(x, y, z) = 0$$

根据上述位移表达式算出各种导数如下：

$$\frac{\partial u_x}{\partial x} = \cos(\Delta\theta) - 1, \frac{\partial u_x}{\partial y} = -\sin(\Delta\theta), \ \frac{\partial u_x}{\partial z} = 0$$

$$\frac{\partial u_y}{\partial x} = \sin(\Delta\theta), \ \frac{\partial u_y}{\partial y} = \cos(\Delta\theta) - 1, \ \frac{\partial u_y}{\partial z} = 0$$

$$\frac{\partial u_z}{\partial x} = 0, \ \frac{\partial u_z}{\partial y} = 0, \ \frac{\partial u_z}{\partial z} = 0$$

将上述各导数结果代入格林应变表达式（2.2.9）~ 式（2.2.14），可以计算出物体上各点的格林应变均为 0。这里以式（2.2.12）E_{xy} 的计算为例。

$$E_{xy} = E_{yx} = \frac{1}{2}\Big[\left(\frac{\partial u_x}{\partial y} + \frac{\partial u_y}{\partial x}\right) + \frac{\partial u_x}{\partial x}\frac{\partial u_x}{\partial y} + \frac{\partial u_y}{\partial x}\frac{\partial u_y}{\partial y} + \frac{\partial u_z}{\partial x}\frac{\partial u_z}{\partial y}\Big]$$

$$= \frac{1}{2}[-\sin(\Delta\theta) + \sin(\Delta\theta) + 0 \cdot \sin(\Delta\theta) + \sin(\Delta\theta) \cdot 0 + 0 \cdot 0] = 0$$

但是，根据式（2.2.15）~式（2.2.20）可以计算出物体上各点的柯西应变为

$$e_{xx} = \frac{\partial u_x}{\partial x} = \cos(\Delta\theta) - 1 \neq 0, e_{yy} = \frac{\partial u_y}{\partial y} = \cos(\Delta\theta) - 1 \neq 0, e_{zz} = \frac{\partial u_z}{\partial z} = 0$$

$$e_{xy} = \frac{1}{2}\left(\frac{\partial u_x}{\partial y} + \frac{\partial u_y}{\partial x}\right) = 0, e_{yz} = \frac{1}{2}\left(\frac{\partial u_y}{\partial z} + \frac{\partial u_z}{\partial y}\right) = 0, e_{zx} = \frac{1}{2}\left(\frac{\partial u_z}{\partial x} + \frac{\partial u_x}{\partial z}\right) = 0$$

可见对于物体作刚性转动的情形，柯西应变对物体变形的描述是不精确的。

柯西应变部分分量之所以不为零，是因为它实质上是小变形、小位移情况下变形程度的一种近似表示。显然，当刚体转动为微小转动时，$\cos(\Delta\theta) \approx 1$，$e_{xx} = e_{yy} \approx 0$。此时，柯西应变也能近似表示物体的变形程度。

2.3　不同直角坐标系中应变分量的转换

由于应变分量是依赖于坐标系定义的，因此采用不同的坐标系，同一点处的应变分量可能不同。下面讨论当坐标系选择不同时，物体上同一点的应变分量将发生的变化。

根据定义可知，如果两个直角坐标系仅是原点不同，但 3 个坐标轴方向对应相互平行，则物体上同一点的应变分量将完全一致。因此，我们仅需讨论原点相同，但相同坐标轴之间存在一定夹角的两个坐标系的情形。

如图 2.3.1 所示，设 P 为物体上任一点，D、E、F 分别为 P 沿 x' 方向、y' 方向和 z' 方向上线段上的任意点。将 x，y，z 3

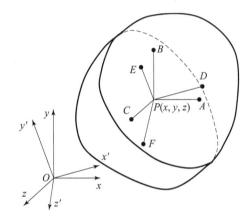

图 2.3.1　两个存在夹角的直角坐标系中的变形体

个坐标轴分别用 1、2、3 表示，将 x'，y' 和 z' 3 个坐标轴分别用 1′、2′、3′表示。注意到 x'，y' 和 z' 3 个坐标轴互相垂直，要计算坐标系 $Ox'y'z'$ 中任意点 P 处的格林应变分量 $E_{i'j'}$，根据定义，只需要将式（2.2.33）中的 n 替换为 i'，m 替换为 j'，即可得到

$$E_{i'j'} = E_{ij}c_{i'i}c_{j'j} \quad (i,j = 1,2,3; i',j' = 1',2',3') \tag{2.3.1}$$

式（2.3.1）也可以用矩阵记法记为

$$\begin{bmatrix} E_{x'x'} & E_{x'y'} & E_{x'z'} \\ E_{y'x'} & E_{y'y'} & E_{y'z'} \\ E_{z'x'} & E_{z'y'} & E_{z'z'} \end{bmatrix} = \begin{bmatrix} c_{xx'} & c_{yx'} & c_{zx'} \\ c_{xy'} & c_{yy'} & c_{zy'} \\ c_{xz'} & c_{yz'} & c_{zz'} \end{bmatrix} \begin{bmatrix} E_{xx} & E_{xy} & E_{xz} \\ E_{yx} & E_{yy} & E_{yz} \\ E_{zx} & E_{zy} & E_{zz} \end{bmatrix} \begin{bmatrix} c_{xx'} & c_{xy'} & c_{xz'} \\ c_{yx'} & c_{yy'} & c_{yz'} \\ c_{zx'} & c_{zy'} & c_{zz'} \end{bmatrix} \tag{2.3.2}$$

式（2.3.1）或式（2.3.2）也称为**应变转轴公式**，给出了两个不同坐标系中格林应变分量之间的转换关系。

类似地，利用式（2.2.33）和式（2.2.34），可以得到两个不同坐标系中柯西应变分量之间的转换关系：

$$e_{i'j'} = e_{ij}c_{i'i}c_{j'j} \quad (i,j = 1,2,3; i',j' = 1',2',3') \tag{2.3.3}$$

$$\begin{bmatrix} e_{x'x'} & e_{x'y'} & e_{x'z'} \\ e_{y'x'} & e_{y'y'} & e_{y'z'} \\ e_{z'x'} & e_{z'y'} & e_{z'z'} \end{bmatrix} = \begin{bmatrix} c_{xx'} & c_{yx'} & c_{zx'} \\ c_{xy'} & c_{yy'} & c_{zy'} \\ c_{xz'} & c_{yz'} & c_{zz'} \end{bmatrix} \begin{bmatrix} e_{xx} & e_{xy} & e_{xz} \\ e_{yx} & e_{yy} & e_{yz} \\ e_{zx} & e_{zy} & e_{zz} \end{bmatrix} \begin{bmatrix} c_{xx'} & c_{xy'} & c_{xz'} \\ c_{yx'} & c_{yy'} & c_{yz'} \\ c_{zx'} & c_{zy'} & c_{zz'} \end{bmatrix} \tag{2.3.4}$$

2.4 柱坐标系和球坐标系下的应变

2.4.1 柱坐标系下的应变

下面根据 2.1 节的定义，直接推导出柱坐标下的应变表达式，即柱坐标系中的几何方程。我们将在 2.5 节介绍基于直角坐标系中的几何方程推导出柱坐标系中的几何方程的坐标变换法。

如图 2.4.1 所示，在柱坐标系中取变形体上任意一点 P (r, θ, z)，又取 A $(r+\Delta r, \theta, z)$，B $(r, \theta+\Delta\theta, z)$，$C$ $(r, \theta, z+\Delta z)$ 三点。显然，在 $\Delta r \to 0$，$\Delta\theta \to 0$ 以及 $\Delta z \to 0$ 时，线段 PA、PB、PC 分别平行于 P 点处的 r 轴、θ 轴和 z 轴，因此，这 3 条线段方向的应变即对应坐标轴方向的应变。假设变形后 P、A、B、C 分别移动到 P'、A'、B'、C'，记任意点 P、A、B、C 的位移向量分别为

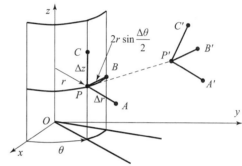

图 2.4.1 柱坐标系中变形前后的点和线段

$$\begin{bmatrix} u_r & u_\theta & u_z \end{bmatrix}^T = \begin{bmatrix} u_r(r,\theta,z) & u_\theta(r,\theta,z) & u_z(r,\theta,z) \end{bmatrix}^T \tag{2.4.1}$$

$$\begin{bmatrix} u_{Ar} & u_{A\theta} & u_{Az} \end{bmatrix}^T = \begin{bmatrix} u_r(r+\Delta r,\theta,z) & u_\theta(r+\Delta r,\theta,z) & u_z(r+\Delta r,\theta,z) \end{bmatrix}^T \tag{2.4.2}$$

$$\begin{bmatrix} u_{Br} & u_{B\theta} & u_{Bz} \end{bmatrix}^T = \begin{bmatrix} u_r(r,\theta+\Delta\theta,z) & u_\theta(r,\theta+\Delta\theta,z) & u_z(r,\theta+\Delta\theta,z) \end{bmatrix}^T \tag{2.4.3}$$

$$\begin{bmatrix} u_{Cr} & u_{C\theta} & u_{Cz} \end{bmatrix}^T = \begin{bmatrix} u_r(r,\theta,z+\Delta z) & u_\theta(r,\theta,z+\Delta z) & u_z(r,\theta,z+\Delta z) \end{bmatrix}^T \tag{2.4.4}$$

这里以 E_{rr}，e_{rr} 以及 $E_{r\theta}$，$e_{r\theta}$ 为例，从柱坐标系中应变的定义出发，直接推导其与位移的关系。

1. E_{rr}，e_{rr} 与位移关系的推导

根据式（2.1.13），结合表 2.4.1 给出的变形后各点的直角坐标可得

$$E_{rr} = \lim_{|PA| \to 0} \frac{|P'A'|^2 - |PA|^2}{2|PA|^2} = \lim_{\Delta r \to 0} \frac{|P'A'|^2 - |PA|^2}{2|PA|^2}$$

$$= \lim_{\Delta r \to 0} \frac{(\Delta r + u_{Ar} - u_r)^2 + (u_{A\theta} - u_\theta)^2 + (u_{Az} - u_z)^2 - (\Delta r)^2}{2(\Delta r)^2}$$

$$= \frac{\partial u_r}{\partial r} + \frac{1}{2}\left[\left(\frac{\partial u_r}{\partial r}\right)^2 + \left(\frac{\partial u_\theta}{\partial r}\right)^2 + \left(\frac{\partial u_z}{\partial r}\right)^2\right] \tag{2.4.5}$$

忽略非线性项，得到

$$e_{rr} = \frac{\partial u_r}{\partial r} \tag{2.4.6}$$

表 2.4.1　图 2.4.1 中 P'、A'、B'、C' 的直角坐标

点	x	y	z
P'	$(r+u_r)\cos\theta - u_\theta\sin\theta$	$(r+u_r)\sin\theta + u_\theta\cos\theta$	$z+u_z$
A'	$(r+\Delta r+u_{Ar})\cos\theta - u_{A\theta}\sin\theta$	$(r+\Delta r+u_{Ar})\sin\theta + u_{A\theta}\cos\theta$	$z+u_{Az}$
B'	$(r+u_{Br})\cos(\theta+\Delta\theta) - u_{B\theta}\sin(\theta+\Delta\theta)$	$(r+u_{Br})\sin(\theta+\Delta\theta) + u_{B\theta}\cos(\theta+\Delta\theta)$	$z+u_{Bz}$
C'	$(r+u_{Cr})\cos\theta - u_{C\theta}\sin\theta$	$(r+u_{Cr})\sin\theta + u_{C\theta}\cos\theta$	$z+\Delta z+u_{Cz}$

2. $E_{r\theta}, e_{r\theta}$ 与位移关系的推导

根据式(2.1.14)，结合表 2.4.1 可得

$$E_{r\theta} = \lim_{\substack{|PA|\to 0\\|PB|\to 0}} \frac{\overrightarrow{P'A'}\cdot\overrightarrow{P'B'}}{2|PA||PB|} = \lim_{\substack{\Delta r\to 0\\\Delta\theta\to 0}} (\overrightarrow{P'A'}\cdot\overrightarrow{P'B'}) \Big/ \left(4r\Delta r\sin\left(\frac{\Delta\theta}{2}\right)\right) = \lim_{\substack{\Delta r\to 0\\\Delta\theta\to 0}} \frac{\overrightarrow{P'A'}\cdot\overrightarrow{P'B'}}{2r\Delta r\Delta\theta}$$

$$= \lim_{\substack{\Delta r\to 0\\\Delta\theta\to 0}} \{[(\Delta r+u_{Ar}-u_r)\cos\theta - (u_{A\theta}-u_\theta)\sin\theta][(r+u_{Br})\cos(\theta+\Delta\theta) - u_{B\theta}\sin(\theta+\Delta\theta) -$$

$$(r+u_r)\cos\theta + u_\theta\sin\theta]/(2r\Delta r\Delta\theta) + [(\Delta r+u_{Ar}-u_r)\sin\theta + (u_{A\theta}-u_\theta)\cos\theta]$$

$$[(r+u_{Br})\sin(\theta+\Delta\theta) + u_{B\theta}\cos(\theta+\Delta\theta) - (r+u_r)\sin\theta - u_\theta\cos\theta]/(2r\Delta r\Delta\theta) +$$

$$(u_{Az}-u_z)(u_{Bz}-u_z)/(2r\Delta r\Delta\theta)\}$$

$$= \frac{1}{2r}\left[\left(1+\frac{\partial u_r}{\partial r}\right)\cos\theta - \frac{\partial u_\theta}{\partial r}\sin\theta\right]\left[\frac{\partial u_r}{\partial\theta}\cos\theta - (r+u_r)\sin\theta - \frac{\partial u_\theta}{\partial\theta}\sin\theta - u_\theta\cos\theta\right] +$$

$$\frac{1}{2r}\left[\left(1+\frac{\partial u_r}{\partial r}\right)\sin\theta + \frac{\partial u_\theta}{\partial r}\cos\theta\right]\left[\frac{\partial u_r}{\partial\theta}\sin\theta + (r+u_r)\cos\theta + \frac{\partial u_\theta}{\partial\theta}\cos\theta - u_\theta\sin\theta\right] +$$

$$\frac{1}{2r}\frac{\partial u_z}{\partial r}\frac{\partial u_z}{\partial\theta}$$

$$= \frac{1}{2}\left(\frac{1}{r}\frac{\partial u_r}{\partial\theta} + \frac{\partial u_\theta}{\partial r} - \frac{u_\theta}{r}\right) + \frac{1}{2r}\left[\frac{\partial u_r}{\partial r}\left(\frac{\partial u_r}{\partial\theta} - u_\theta\right) + \frac{\partial u_\theta}{\partial r}\left(\frac{\partial u_\theta}{\partial\theta} + u_r\right) + \frac{\partial u_z}{\partial r}\frac{\partial u_z}{\partial\theta}\right] \quad (2.4.7)$$

忽略非线性项，得到

$$e_{r\theta} = \frac{1}{2}\left(\frac{1}{r}\frac{\partial u_r}{\partial\theta} + \frac{\partial u_\theta}{\partial r} - \frac{u_\theta}{r}\right) \quad (2.4.8)$$

由此得到工程剪应变

$$\gamma_{r\theta} = 2e_{r\theta} = \frac{1}{r}\frac{\partial u_r}{\partial\theta} + \frac{\partial u_\theta}{\partial r} - \frac{u_\theta}{r} \quad (2.4.9)$$

上式计算中运用了函数偏导数的定义以及几个极限恒等式，即

$$\lim_{\Delta r \to 0} \frac{u_{Ar} - u_r}{\Delta r} = \frac{\partial u_r}{\partial r}, \lim_{\Delta r \to 0} \frac{u_{A\theta} - u_\theta}{\Delta r} = \frac{\partial u_\theta}{\partial r}, \lim_{\Delta r \to 0} \frac{u_{Az} - u_z}{\Delta r} = \frac{\partial u_z}{\partial r}$$

$$\lim_{\Delta y \to 0} \frac{u_{Bx} - u_x}{\Delta y} = \frac{\partial u_x}{\partial y}, \lim_{\Delta y \to 0} \frac{u_{By} - u_y}{\Delta y} = \frac{\partial u_y}{\partial y}, \lim_{\Delta \theta \to 0} \frac{u_{Bz} - u_z}{\Delta \theta} = \frac{\partial u_z}{\partial \theta}$$

$$\lim_{\Delta \theta \to 0} \frac{u_{Br} \cos(\theta + \Delta\theta) - u_r \cos\theta}{\Delta\theta} = \frac{\partial(u_r \cos\theta)}{\partial\theta} = \frac{\partial u_r}{\partial\theta}\cos\theta - u_r\sin\theta$$

$$\lim_{\Delta \theta \to 0} \frac{u_{B\theta} \sin(\theta + \Delta\theta) - u_\theta \sin\theta}{\Delta\theta} = \frac{\partial(u_\theta \sin\theta)}{\partial\theta} = \frac{\partial u_\theta}{\partial\theta}\sin\theta + u_\theta\cos\theta$$

类似地，可以推导出其他几何方程。

3. 柱坐标系中应变与位移的关系——几何方程

总结柱坐标系下，格林应变与位移的关系式

$$E_{rr} = \frac{\partial u_r}{\partial r} + \frac{1}{2}\left[\left(\frac{\partial u_r}{\partial r}\right)^2 + \left(\frac{\partial u_\theta}{\partial r}\right)^2 + \left(\frac{\partial u_z}{\partial r}\right)^2\right] \tag{2.4.10}$$

$$E_{\theta\theta} = \frac{1}{r}\frac{\partial u_\theta}{\partial \theta} + \frac{u_r}{r} + \frac{1}{2}\left[\left(\frac{1}{r}\frac{\partial u_r}{\partial\theta} - \frac{u_\theta}{r}\right)^2 + \left(\frac{u_r}{r} + \frac{1}{r}\frac{\partial u_\theta}{\partial\theta}\right)^2 + \left(\frac{1}{r}\frac{\partial u_z}{\partial\theta}\right)^2\right] \tag{2.4.11}$$

$$E_{zz} = \frac{\partial u_z}{\partial z} + \frac{1}{2}\left[\left(\frac{\partial u_r}{\partial z}\right)^2 + \left(\frac{\partial u_\theta}{\partial z}\right)^2 + \left(\frac{\partial u_z}{\partial z}\right)^2\right] \tag{2.4.12}$$

$$E_{r\theta} = \frac{1}{2}\left[\left(\frac{1}{r}\frac{\partial u_r}{\partial\theta} + \frac{\partial u_\theta}{\partial r} - \frac{u_\theta}{r}\right) + \frac{\partial u_r}{\partial r}\left(\frac{1}{r}\frac{\partial u_r}{\partial\theta} - \frac{u_\theta}{r}\right) + \frac{\partial u_\theta}{\partial r}\left(\frac{1}{r}\frac{\partial u_\theta}{\partial\theta} + \frac{u_r}{r}\right) + \frac{\partial u_z}{\partial r}\frac{1}{r}\frac{\partial u_z}{\partial\theta}\right] \tag{2.4.13}$$

$$E_{\theta z} = \frac{1}{2}\left[\left(\frac{\partial u_\theta}{\partial z} + \frac{1}{r}\frac{\partial u_z}{\partial\theta}\right) + \frac{\partial u_r}{\partial z}\left(\frac{1}{r}\frac{\partial u_r}{\partial\theta} - \frac{u_\theta}{r}\right) + \frac{\partial u_\theta}{\partial z}\left(\frac{1}{r}\frac{\partial u_\theta}{\partial\theta} + \frac{u_r}{r}\right) + \frac{\partial u_z}{\partial z}\frac{1}{r}\frac{\partial u_z}{\partial\theta}\right] \tag{2.4.14}$$

$$E_{zr} = \frac{1}{2}\left[\left(\frac{\partial u_z}{\partial r} + \frac{\partial u_r}{\partial z}\right) + \frac{\partial u_r}{\partial z}\frac{\partial u_r}{\partial r} + \frac{\partial u_\theta}{\partial z}\frac{\partial u_\theta}{\partial r} + \frac{\partial u_z}{\partial z}\frac{\partial u_z}{\partial r}\right] \tag{2.4.15}$$

忽略二次项，可以得到柱坐标系下的柯西应变（工程应变）与位移的关系式

$$e_{rr} = \varepsilon_r = \frac{\partial u_r}{\partial r} \tag{2.4.16}$$

$$e_{\theta\theta} = \varepsilon_\theta = \frac{1}{r}\frac{\partial u_\theta}{\partial\theta} + \frac{u_r}{r} \tag{2.4.17}$$

$$e_{zz} = \varepsilon_z = \frac{\partial u_z}{\partial z} \tag{2.4.18}$$

$$e_{r\theta} = \frac{1}{2}\gamma_{r\theta} = \frac{1}{2}\left(\frac{1}{r}\frac{\partial u_r}{\partial\theta} + \frac{\partial u_\theta}{\partial r} - \frac{u_\theta}{r}\right) \tag{2.4.19}$$

$$e_{\theta z} = \frac{1}{2}\gamma_{\theta z} = \frac{1}{2}\left(\frac{\partial u_\theta}{\partial z} + \frac{1}{r}\frac{\partial u_z}{\partial\theta}\right) \tag{2.4.20}$$

$$e_{zr} = \frac{1}{2}\gamma_{zr} = \frac{1}{2}\left(\frac{\partial u_z}{\partial r} + \frac{\partial u_r}{\partial z}\right) \tag{2.4.21}$$

记 $\boldsymbol{u} = u_r\boldsymbol{e}_r + u_\theta\boldsymbol{e}_\theta + u_z\boldsymbol{e}_z$，引入柱坐标系中的哈密顿算子［式（1.7.9）］，即

$$\nabla = \frac{\partial}{\partial r}\boldsymbol{e}_r + \frac{1}{r}\frac{\partial}{\partial\theta}\boldsymbol{e}_\theta + \frac{\partial}{\partial z}\boldsymbol{e}_z$$

则在柱坐标系中有位移左梯度张量和位移右梯度张量分别为

$$\nabla \boldsymbol{u} = \left(\frac{\partial}{\partial r}\boldsymbol{e}_r + \frac{1}{r}\frac{\partial}{\partial \theta}\boldsymbol{e}_\theta + \frac{\partial}{\partial z}\boldsymbol{e}_z \right)(u_r\boldsymbol{e}_r + u_\theta\boldsymbol{e}_\theta + u_z\boldsymbol{e}_z)$$

$$= \boldsymbol{e}_r \frac{\partial}{\partial r}(u_r\boldsymbol{e}_r + u_\theta\boldsymbol{e}_\theta + u_z\boldsymbol{e}_z) + \boldsymbol{e}_\theta \frac{1}{r}\frac{\partial}{\partial \theta}(u_r\boldsymbol{e}_r + u_\theta\boldsymbol{e}_\theta + u_z\boldsymbol{e}_z) + \boldsymbol{e}_z \frac{\partial}{\partial z}(u_r\boldsymbol{e}_r + u_\theta\boldsymbol{e}_\theta + u_z\boldsymbol{e}_z)$$

$$= \frac{\partial u_r}{\partial r}\boldsymbol{e}_r\boldsymbol{e}_r + \frac{\partial u_\theta}{\partial r}\boldsymbol{e}_r\boldsymbol{e}_\theta + \frac{\partial u_z}{\partial r}\boldsymbol{e}_r\boldsymbol{e}_z +$$

$$\frac{1}{r}\frac{\partial u_r}{\partial \theta}\boldsymbol{e}_\theta\boldsymbol{e}_r + \frac{1}{r}\frac{\partial u_\theta}{\partial \theta}\boldsymbol{e}_\theta\boldsymbol{e}_\theta + \frac{1}{r}\frac{\partial u_z}{\partial \theta}\boldsymbol{e}_\theta\boldsymbol{e}_z + \frac{u_r}{r}\boldsymbol{e}_\theta\frac{\partial \boldsymbol{e}_r}{\partial \theta} + \frac{u_\theta}{r}\boldsymbol{e}_\theta\frac{\partial \boldsymbol{e}_\theta}{\partial \theta} +$$

$$\frac{\partial u_r}{\partial z}\boldsymbol{e}_z\boldsymbol{e}_r + \frac{\partial u_\theta}{\partial z}\boldsymbol{e}_z\boldsymbol{e}_\theta + \frac{\partial u_z}{\partial z}\boldsymbol{e}_z\boldsymbol{e}_z$$

$$= \frac{\partial u_r}{\partial r}\boldsymbol{e}_r\boldsymbol{e}_r + \frac{\partial u_\theta}{\partial r}\boldsymbol{e}_r\boldsymbol{e}_\theta + \frac{\partial u_z}{\partial r}\boldsymbol{e}_r\boldsymbol{e}_z +$$

$$\frac{1}{r}\left(\frac{\partial u_r}{\partial \theta} - u_\theta\right)\boldsymbol{e}_\theta\boldsymbol{e}_r + \frac{1}{r}\left(\frac{\partial u_\theta}{\partial \theta} + u_r\right)\boldsymbol{e}_\theta\boldsymbol{e}_\theta + \frac{1}{r}\frac{\partial u_z}{\partial \theta}\boldsymbol{e}_\theta\boldsymbol{e}_z +$$

$$\frac{\partial u_r}{\partial z}\boldsymbol{e}_z\boldsymbol{e}_r + \frac{\partial u_\theta}{\partial z}\boldsymbol{e}_z\boldsymbol{e}_\theta + \frac{\partial u_z}{\partial z}\boldsymbol{e}_z\boldsymbol{e}_z \tag{2.4.22}$$

$$\boldsymbol{u} \nabla = (u_r\boldsymbol{e}_r + u_\theta\boldsymbol{e}_\theta + u_z\boldsymbol{e}_z)\left(\frac{\partial}{\partial r}\boldsymbol{e}_r + \frac{1}{r}\frac{\partial}{\partial \theta}\boldsymbol{e}_\theta + \frac{\partial}{\partial z}\boldsymbol{e}_z \right)$$

$$= \frac{\partial}{\partial r}(u_r\boldsymbol{e}_r + u_\theta\boldsymbol{e}_\theta + u_z\boldsymbol{e}_z)\boldsymbol{e}_r + \frac{1}{r}\frac{\partial}{\partial \theta}(u_r\boldsymbol{e}_r + u_\theta\boldsymbol{e}_\theta + u_z\boldsymbol{e}_z)\boldsymbol{e}_\theta + \frac{\partial}{\partial z}(u_r\boldsymbol{e}_r + u_\theta\boldsymbol{e}_\theta + u_z\boldsymbol{e}_z)\boldsymbol{e}_z$$

$$= \frac{\partial u_r}{\partial r}\boldsymbol{e}_r\boldsymbol{e}_r + \frac{\partial u_\theta}{\partial r}\boldsymbol{e}_\theta\boldsymbol{e}_r + \frac{\partial u_z}{\partial r}\boldsymbol{e}_z\boldsymbol{e}_r +$$

$$\frac{1}{r}\frac{\partial u_r}{\partial \theta}\boldsymbol{e}_r\boldsymbol{e}_\theta + \frac{1}{r}\frac{\partial u_\theta}{\partial \theta}\boldsymbol{e}_\theta\boldsymbol{e}_\theta + \frac{1}{r}\frac{\partial u_z}{\partial \theta}\boldsymbol{e}_z\boldsymbol{e}_\theta + \frac{u_r}{r}\frac{\partial \boldsymbol{e}_r}{\partial \theta}\boldsymbol{e}_\theta + \frac{u_\theta}{r}\frac{\partial \boldsymbol{e}_\theta}{\partial \theta}\boldsymbol{e}_\theta +$$

$$\frac{\partial u_r}{\partial z}\boldsymbol{e}_r\boldsymbol{e}_z + \frac{\partial u_\theta}{\partial z}\boldsymbol{e}_\theta\boldsymbol{e}_z + \frac{\partial u_z}{\partial z}\boldsymbol{e}_z\boldsymbol{e}_z$$

$$= \frac{\partial u_r}{\partial r}\boldsymbol{e}_r\boldsymbol{e}_r + \frac{\partial u_\theta}{\partial r}\boldsymbol{e}_\theta\boldsymbol{e}_r + \frac{\partial u_z}{\partial r}\boldsymbol{e}_z\boldsymbol{e}_r +$$

$$\frac{1}{r}\left(\frac{\partial u_r}{\partial \theta} - u_\theta\right)\boldsymbol{e}_r\boldsymbol{e}_\theta + \frac{1}{r}\left(\frac{\partial u_\theta}{\partial \theta} + u_r\right)\boldsymbol{e}_\theta\boldsymbol{e}_\theta + \frac{1}{r}\frac{\partial u_z}{\partial \theta}\boldsymbol{e}_z\boldsymbol{e}_\theta +$$

$$\frac{\partial u_r}{\partial z}\boldsymbol{e}_r\boldsymbol{e}_z + \frac{\partial u_\theta}{\partial z}\boldsymbol{e}_\theta\boldsymbol{e}_z + \frac{\partial u_z}{\partial z}\boldsymbol{e}_z\boldsymbol{e}_z \tag{2.4.23}$$

上述计算中运用了柱坐标系中 3 个单位基向量对坐标的求导结果 [式 (1.7.11)]，即

$$\frac{\partial \boldsymbol{e}_r}{\partial \theta} = -\sin\theta\boldsymbol{i} + \cos\theta\boldsymbol{j} = \boldsymbol{e}_\theta, \frac{\partial \boldsymbol{e}_\theta}{\partial \theta} = -\cos\theta\boldsymbol{i} - \sin\theta\boldsymbol{j} = -\boldsymbol{e}_r$$

则上述几何方程(2.4.16)~方程 (2.4.21) 也可以记为 (2.2.45) 的形式，即

$$\boldsymbol{e} = \frac{1}{2}(\nabla \boldsymbol{u} + \boldsymbol{u}\nabla)$$

同时采用张量的点积运算法则 [式 (2.2.48)]，柱坐标系下的格林应变式 (2.4.10)~式 (2.4.15) 也可以记成形如式 (2.2.49) 的整体形式，即

$$\boldsymbol{E} = \frac{1}{2}(\nabla \boldsymbol{u} + \boldsymbol{u}\nabla + \nabla \boldsymbol{u} \cdot \boldsymbol{u}\nabla)$$

2.4.2 球坐标系下的应变

下面根据 2.1 节的定义，直接推导出球坐标下的应变表达式，即球坐标系中的几何方程。事实上，采用 2.5 节中介绍的坐标变换法，我们也可以基于直角坐标系中的几何方程获得相同的结果。

如图 2.4.2 所示，在球坐标系中取变形体上任意一点 $P(r, \theta, \varphi)$，又取 $A(r + \Delta r, \theta, \varphi)$，$B(r, \theta + \Delta\theta, \varphi)$，$C(r, \theta, \varphi + \Delta\varphi)$ 三点。显然，在 $\Delta r \to 0$，$\Delta\theta \to 0$ 以及 $\Delta\varphi \to 0$ 时，线段 PA、PB、PC 分别平行于 P 点处的 r 轴、θ 轴和 φ 轴，因此这 3 条线段方向的应变即对应坐标轴方向的应变。假设变形后 P、A、B、C 分别移动到 P'、A'、B'、C'，记任意点 P、A、B、C 在球坐标系中的位移向量分别为

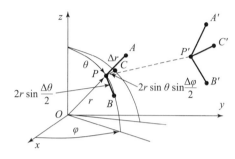

图 2.4.2 球坐标系中变形前后的点和线段

$$\begin{bmatrix} u_r & u_\theta & u_\varphi \end{bmatrix}^{\mathrm{T}} = \begin{bmatrix} u_r(r,\theta,\varphi) & u_\theta(r,\theta,\varphi) & u_\varphi(r,\theta,\varphi) \end{bmatrix}^{\mathrm{T}} \tag{2.4.24}$$

$$\begin{bmatrix} u_{Ar} & u_{A\theta} & u_{A\varphi} \end{bmatrix}^{\mathrm{T}} = \begin{bmatrix} u_r(r+\Delta r,\theta,\varphi) & u_\theta(r+\Delta r,\theta,\varphi) & u_\varphi(r+\Delta r,\theta,\varphi) \end{bmatrix}^{\mathrm{T}} \tag{2.4.25}$$

$$\begin{bmatrix} u_{Br} & u_{B\theta} & u_{B\varphi} \end{bmatrix}^{\mathrm{T}} = \begin{bmatrix} u_r(r,\theta+\Delta\theta,\varphi) & u_\theta(r,\theta+\Delta\theta,\varphi) & u_\varphi(r,\theta+\Delta\theta,\varphi) \end{bmatrix}^{\mathrm{T}} \tag{2.4.26}$$

$$\begin{bmatrix} u_{Cr} & u_{C\theta} & u_{C\varphi} \end{bmatrix}^{\mathrm{T}} = \begin{bmatrix} u_r(r,\theta,\varphi+\Delta\varphi) & u_\theta(r,\theta,\varphi+\Delta\varphi) & u_\varphi(r,\theta,\varphi+\Delta\varphi) \end{bmatrix}^{\mathrm{T}} \tag{2.4.27}$$

各点直角坐标下位移与球坐标系下位移的关系为

$$\begin{Bmatrix} u_x \\ u_y \\ u_z \end{Bmatrix} = \begin{bmatrix} \sin\theta\cos\varphi & \cos\theta\cos\varphi & -\sin\varphi \\ \sin\theta\sin\varphi & \cos\theta\sin\varphi & \cos\varphi \\ \cos\theta & -\sin\theta & 0 \end{bmatrix} \begin{Bmatrix} u_r \\ u_\theta \\ u_\varphi \end{Bmatrix} \tag{2.4.28}$$

$$\begin{Bmatrix} u_{Ax} \\ u_{Ay} \\ u_{Az} \end{Bmatrix} = \begin{bmatrix} \sin\theta\cos\varphi & \cos\theta\cos\varphi & -\sin\varphi \\ \sin\theta\sin\varphi & \cos\theta\sin\varphi & \cos\varphi \\ \cos\theta & -\sin\theta & 0 \end{bmatrix} \begin{Bmatrix} u_{Ar} \\ u_{A\theta} \\ u_{A\varphi} \end{Bmatrix} \tag{2.4.29}$$

$$\begin{Bmatrix} u_{Bx} \\ u_{By} \\ u_{Bz} \end{Bmatrix} = \begin{bmatrix} \sin(\theta+\Delta\theta)\cos\varphi & \cos(\theta+\Delta\theta)\cos\varphi & -\sin\varphi \\ \sin(\theta+\Delta\theta)\sin\varphi & \cos(\theta+\Delta\theta)\sin\varphi & \cos\varphi \\ \cos(\theta+\Delta\theta) & -\sin(\theta+\Delta\theta) & 0 \end{bmatrix} \begin{Bmatrix} u_{Br} \\ u_{B\theta} \\ u_{B\varphi} \end{Bmatrix} \tag{2.4.30}$$

$$\begin{Bmatrix} u_{Cx} \\ u_{Cy} \\ u_{Cz} \end{Bmatrix} = \begin{bmatrix} \sin\theta\cos(\varphi+\Delta\varphi) & \cos\theta\cos(\varphi+\Delta\varphi) & -\sin(\varphi+\Delta\varphi) \\ \sin\theta\sin(\varphi+\Delta\varphi) & \cos\theta\sin(\varphi+\Delta\varphi) & \cos(\varphi+\Delta\varphi) \\ \cos\theta & -\sin\theta & 0 \end{bmatrix} \begin{Bmatrix} u_{Cr} \\ u_{C\theta} \\ u_{C\varphi} \end{Bmatrix} \tag{2.4.31}$$

变形后各点的直角坐标列于表 2.4.2 中。

表 2.4.2　图 2.4.2 中 P'、A'、B'、C' 的直角坐标

点	x	y	z
P'	$r\sin\theta\cos\varphi + u_x$	$r\sin\theta\sin\varphi + u_y$	$r\cos\theta + u_z$
A'	$(r+\Delta r)\sin\theta\cos\varphi + u_{Ax}$	$(r+\Delta r)\sin\theta\sin\varphi + u_{Ay}$	$(r+\Delta r)\cos\theta + u_{Az}$
B'	$r\sin(\theta+\Delta\theta)\cos\varphi + u_{Bx}$	$r\sin(\theta+\Delta\theta)\sin\varphi + u_{By}$	$r\cos(\theta+\Delta\theta) + u_{Bz}$
C'	$r\sin\theta\cos(\varphi+\Delta\varphi) + u_{Cx}$	$r\sin\theta\sin(\varphi+\Delta\varphi) + u_{Cy}$	$r\cos\theta + u_{Cz}$

下面以 E_{rr}，e_{rr} 以及 $E_{r\theta}$，$e_{r\theta}$ 为例，从球坐标系中应变的定义出发，直接推导其与位移的关系。

1. E_{rr}，e_{rr} 与位移的关系推导

根据式 (2.1.13)，可得

$$E_{rr} = \lim_{|PA|\to 0} \frac{|P'A'|^2 - |PA|^2}{2\,|PA|^2} = \frac{1}{2}\lim_{\Delta r\to 0}\left[\left(\frac{|P'A'|}{\Delta r}\right)^2 - 1\right] \tag{2.4.32}$$

根据表 2.4.2 可以计算

$$\lim_{\Delta r\to 0}\left(\frac{|P'A'|}{\Delta r}\right)^2$$

$$= \lim_{\Delta r\to 0}\left[\frac{(\Delta r\sin\theta\cos\varphi + u_{Ax} - u_x)^2}{(\Delta r)^2} + \frac{(\Delta r\sin\theta\sin\varphi + u_{Ay} - u_y)^2}{(\Delta r)^2} + \frac{(\Delta r\cos\theta + u_{Az} - u_z)^2}{(\Delta r)^2}\right]$$

$$= \left(\sin\theta\cos\varphi + \lim_{\Delta r\to 0}\frac{u_{Ax} - u_x}{\Delta r}\right)^2 + \left(\sin\theta\sin\varphi + \lim_{\Delta r\to 0}\frac{u_{Ay} - u_y}{\Delta r}\right)^2 + \left(\cos\theta + \lim_{\Delta r\to 0}\frac{u_{Az} - u_z}{\Delta r}\right)^2 \tag{2.4.33}$$

利用式 (2.4.28) 和式 (2.4.29) 可以得到

$$\lim_{\Delta r\to 0}\frac{u_{Ax} - u_x}{\Delta r} = \sin\theta\cos\varphi\,\frac{\partial u_r}{\partial r} + \cos\theta\cos\varphi\,\frac{\partial u_\theta}{\partial r} - \sin\varphi\,\frac{\partial u_\varphi}{\partial r} \tag{2.4.34}$$

$$\lim_{\Delta r\to 0}\frac{u_{Ay} - u_y}{\Delta r} = \sin\theta\sin\varphi\,\frac{\partial u_r}{\partial r} + \cos\theta\sin\varphi\,\frac{\partial u_\theta}{\partial r} + \cos\varphi\,\frac{\partial u_\varphi}{\partial r} \tag{2.4.35}$$

$$\lim_{\Delta r\to 0}\frac{u_{Az} - u_z}{\Delta r} = \cos\theta\,\frac{\partial u_r}{\partial r} - \sin\theta\,\frac{\partial u_\theta}{\partial r} \tag{2.4.36}$$

将式 (2.4.34) ~ 式 (2.4.36) 代入式 (2.4.33) 整理可得

$$\lim_{\Delta r\to 0}\left(\frac{|P'A'|}{\Delta r}\right)^2 = 1 + 2\frac{\partial u_r}{\partial r} + \left(\frac{\partial u_r}{\partial r}\right)^2 + \left(\frac{\partial u_\theta}{\partial r}\right)^2 + \left(\frac{\partial u_\varphi}{\partial r}\right)^2 \tag{2.4.37}$$

将式 (2.4.37) 代入式 (2.4.32) 得到

$$E_{rr} = \frac{\partial u_r}{\partial r} + \frac{1}{2}\left[\left(\frac{\partial u_r}{\partial r}\right)^2 + \left(\frac{\partial u_\theta}{\partial r}\right)^2 + \left(\frac{\partial u_\varphi}{\partial r}\right)^2\right] \tag{2.4.38}$$

忽略非线性项，得到

$$e_{rr} = \frac{\partial u_r}{\partial r} \tag{2.4.39}$$

2. $E_{r\theta}$，$e_{r\theta}(\gamma_{r\theta})$ 与位移的关系推导

根据式 (2.1.14)，可得

$$E_{r\theta} = \lim_{\substack{|PA|\to 0 \\ |PB|\to 0}} \frac{\overrightarrow{P'A'}\cdot\overrightarrow{P'B'}}{2\,|PA|\,|PB|} = \frac{1}{2}\lim_{\substack{\Delta r\to 0 \\ \Delta\theta\to 0}} \frac{\overrightarrow{P'A'}\cdot\overrightarrow{P'B'}}{\Delta r\Delta\theta} \Big/ \frac{|PA|\,|PB|}{\Delta r\Delta\theta} \tag{2.4.40}$$

$$\lim_{\substack{\Delta r \to 0 \\ \Delta \theta \to 0}} \frac{|PA||PB|}{\Delta r \Delta \theta} = \lim_{\substack{\Delta r \to 0 \\ \Delta \theta \to 0}} \frac{\Delta r \cdot 2r\sin\left(\dfrac{\Delta\theta}{2}\right)}{\Delta r \Delta \theta} = r \tag{2.4.41}$$

根据表2.4.2可得

$$\lim_{\substack{\Delta r \to 0 \\ \Delta \theta \to 0}} \frac{\overrightarrow{P'A'} \cdot \overrightarrow{P'B'}}{\Delta r \Delta \theta} = \lim_{\substack{\Delta r \to 0 \\ \Delta \theta \to 0}} \frac{(\Delta r\sin\theta\cos\varphi + u_{Ax} - u_x)\{r[\sin(\theta+\Delta\theta) - \sin\theta]\cos\varphi + u_{Bx} - u_x\}}{\Delta r \Delta \theta} +$$

$$\lim_{\substack{\Delta r \to 0 \\ \Delta \theta \to 0}} \frac{(\Delta r\sin\theta\sin\varphi + u_{Ay} - u_y)\{r[\sin(\theta+\Delta\theta) - \sin\theta]\sin\varphi + u_{By} - u_y\}}{\Delta r \Delta \theta} +$$

$$\lim_{\substack{\Delta r \to 0 \\ \Delta \theta \to 0}} \frac{(\Delta r\cos\theta + u_{Az} - u_z)\{r[\cos(\theta+\Delta\theta) - \cos\theta] + u_{Bz} - u_z\}}{\Delta r \Delta \theta}$$

$$= \left(\sin\theta\cos\varphi + \lim_{\Delta r \to 0}\frac{u_{Ax} - u_x}{\Delta r}\right)\left(r\cos\theta\cos\varphi + \lim_{\Delta\theta \to 0}\frac{u_{Bx} - u_x}{\Delta\theta}\right) +$$

$$\left(\sin\theta\sin\varphi + \lim_{\Delta r \to 0}\frac{u_{Ay} - u_y}{\Delta r}\right)\left(r\cos\theta\sin\varphi + \lim_{\Delta\theta \to 0}\frac{u_{By} - u_y}{\Delta\theta}\right) +$$

$$\left(\cos\theta + \lim_{\Delta r \to 0}\frac{u_{Az} - u_z}{\Delta r}\right)\left(-r\sin\theta + \lim_{\Delta\theta \to 0}\frac{u_{Bz} - u_z}{\Delta\theta}\right) \tag{2.4.42}$$

利用式（2.4.28）和式（2.4.30）可以计算 $\lim\limits_{\Delta\theta \to 0}\dfrac{u_{Bx} - u_x}{\Delta\theta}$，$\lim\limits_{\Delta\theta \to 0}\dfrac{u_{By} - u_y}{\Delta\theta}$，$\lim\limits_{\Delta\theta \to 0}\dfrac{u_{Bz} - u_z}{\Delta\theta}$，结合式（2.4.34）~式（2.4.36），可以得到

$$\lim_{\substack{\Delta r \to 0 \\ \Delta \theta \to 0}} \frac{\overrightarrow{P'A'} \cdot \overrightarrow{P'B'}}{\Delta r \Delta \theta} = \left(1 + \frac{\partial u_r}{\partial r}\right)\left(\frac{\partial u_r}{\partial\theta} - u_\theta\right) + \frac{\partial u_\theta}{\partial r}\left(r + u_r + \frac{\partial u_\theta}{\partial\theta}\right) + \frac{\partial u_\varphi}{\partial r}\frac{\partial u_\varphi}{\partial\theta}$$

$$= \frac{\partial u_r}{\partial\theta} + r\frac{\partial u_\theta}{\partial r} - u_\theta + \frac{\partial u_\theta}{\partial r}\left(\frac{\partial u_\theta}{\partial\theta} + u_r\right) + \frac{\partial u_r}{\partial r}\left(\frac{\partial u_r}{\partial\theta} - u_\theta\right) + \frac{\partial u_\varphi}{\partial r}\frac{\partial u_\varphi}{\partial\theta} \tag{2.4.43}$$

将式（2.4.41）、式（2.4.43）代入式（2.4.40）得到

$$E_{r\theta} = \frac{1}{2}\left(\frac{1}{r}\frac{\partial u_r}{\partial\theta} + \frac{\partial u_\theta}{\partial r} - \frac{u_\theta}{r}\right) + \frac{1}{2r}\left[\frac{\partial u_\theta}{\partial r}\left(\frac{\partial u_\theta}{\partial\theta} + u_r\right) + \frac{\partial u_r}{\partial r}\left(\frac{\partial u_r}{\partial\theta} - u_\theta\right) + \frac{\partial u_\varphi}{\partial r}\frac{\partial u_\varphi}{\partial\theta}\right] \tag{2.4.44}$$

忽略非线性项，得到

$$e_{r\theta} = \frac{1}{2}\gamma_{r\theta} = \frac{1}{2}\left(\frac{1}{r}\frac{\partial u_r}{\partial\theta} + \frac{\partial u_\theta}{\partial r} - \frac{u_\theta}{r}\right) \tag{2.4.45}$$

类似地，可以推导出其他几何方程。

3. 球坐标系中应变与位移的关系——几何方程

总结球坐标系下，格林应变与位移的关系式为

$$E_{rr} = \frac{\partial u_r}{\partial r} + \frac{1}{2}\left[\left(\frac{\partial u_r}{\partial r}\right)^2 + \left(\frac{\partial u_\theta}{\partial r}\right)^2 + \left(\frac{\partial u_\varphi}{\partial r}\right)^2\right] \tag{2.4.46}$$

$$E_{\theta\theta} = \frac{1}{r}\frac{\partial u_\theta}{\partial\theta} + \frac{u_r}{r} + \frac{1}{2r^2}\left[\left(\frac{\partial u_r}{\partial\theta} - u_\theta\right)^2 + \left(\frac{\partial u_\theta}{\partial\theta} + u_r\right)^2 + \left(\frac{\partial u_\varphi}{\partial\theta}\right)^2\right] \tag{2.4.47}$$

$$E_{\varphi\varphi} = \frac{1}{r\sin\theta}\frac{\partial u_\varphi}{\partial\varphi} + \frac{\cot\theta}{r}u_\theta + \frac{u_r}{r} +$$

$$\frac{1}{2(r\sin\theta)^2}\left[\left(\frac{\partial u_\varphi}{\partial\varphi} + \sin\theta u_r + \cos\theta u_\theta\right)^2 + \left(\frac{\partial u_\theta}{\partial\varphi} - \cos\theta u_\varphi\right)^2 + \left(\frac{\partial u_r}{\partial\varphi} - \sin\theta u_\varphi\right)^2\right] \tag{2.4.48}$$

$$E_{r\theta} = \frac{1}{2}\left(\frac{1}{r}\frac{\partial u_r}{\partial\theta} + \frac{\partial u_\theta}{\partial r} - \frac{u_\theta}{r}\right) + \frac{1}{2r}\left[\frac{\partial u_\theta}{\partial r}\left(\frac{\partial u_\theta}{\partial\theta} + u_r\right) + \frac{\partial u_r}{\partial r}\left(\frac{\partial u_r}{\partial\theta} - u_\theta\right) + \frac{\partial u_\varphi}{\partial r}\frac{\partial u_\varphi}{\partial\theta}\right] \tag{2.4.49}$$

$$E_{\theta\varphi} = \frac{1}{2}\left(\frac{1}{r\sin\theta}\frac{\partial u_\theta}{\partial\varphi} + \frac{1}{r}\frac{\partial u_\varphi}{\partial\theta} - \frac{\cot\theta}{r}u_\varphi\right) + \frac{1}{2r\sin\theta}\left[\left(\frac{\partial u_r}{\partial\theta} - u_\theta\right)\left(\frac{1}{r}\frac{\partial u_r}{\partial\varphi} - \frac{u_\varphi}{r}\sin\theta\right) + \right.$$

$$\left.\left(\frac{\partial u_\theta}{\partial\theta} + u_r\right)\left(\frac{1}{r}\frac{\partial u_\theta}{\partial\varphi} - \frac{u_\varphi}{r}\cos\theta\right) + \frac{\partial u_\varphi}{\partial\theta}\left(\frac{1}{r}\frac{\partial u_\varphi}{\partial\varphi} + \frac{u_r}{r}\sin\theta + \frac{u_\theta}{r}\cos\theta\right)\right] \tag{2.4.50}$$

$$E_{\varphi r} = \frac{1}{2}\left(\frac{\partial u_\varphi}{\partial r} + \frac{1}{r\sin\theta}\frac{\partial u_r}{\partial\varphi} - \frac{u_\varphi}{r}\right) + \frac{1}{2\sin\theta}\left[\frac{\partial u_r}{\partial r}\left(\frac{1}{r}\frac{\partial u_r}{\partial\varphi} - \frac{u_\varphi}{r}\sin\theta\right) + \right.$$

$$\left.\frac{\partial u_\theta}{\partial r}\left(\frac{1}{r}\frac{\partial u_\theta}{\partial\varphi} - \frac{u_\varphi}{r}\cos\theta\right) + \frac{\partial u_\varphi}{\partial r}\left(\frac{1}{r}\frac{\partial u_\varphi}{\partial\varphi} + \frac{u_r}{r}\sin\theta + \frac{u_\theta}{r}\cos\theta\right)\right] \tag{2.4.51}$$

忽略二次项，可以得到球坐标系下柯西应变（工程应变）与位移的关系式为

$$e_{rr} = \varepsilon_r = \frac{\partial u_r}{\partial r} \tag{2.4.52}$$

$$e_{\theta\theta} = \varepsilon_\theta = \frac{1}{r}\frac{\partial u_\theta}{\partial\theta} + \frac{u_r}{r} \tag{2.4.53}$$

$$e_{\varphi\varphi} = \varepsilon_\varphi = \frac{1}{r\sin\theta}\frac{\partial u_\varphi}{\partial\varphi} + \frac{\cot\theta}{r}u_\theta + \frac{u_r}{r} \tag{2.4.54}$$

$$e_{r\theta} = \frac{1}{2}\gamma_{r\theta} = \frac{1}{2}\left(\frac{1}{r}\frac{\partial u_r}{\partial\theta} + \frac{\partial u_\theta}{\partial r} - \frac{u_\theta}{r}\right) \tag{2.4.55}$$

$$e_{\theta\varphi} = \frac{1}{2}\gamma_{\theta\varphi} = \frac{1}{2}\left(\frac{1}{r\sin\theta}\frac{\partial u_\theta}{\partial\varphi} + \frac{1}{r}\frac{\partial u_\varphi}{\partial\theta} - \frac{\cot\theta}{r}u_\varphi\right) \tag{2.4.56}$$

$$e_{\varphi r} = \frac{1}{2}\gamma_{\varphi r} = \frac{1}{2}\left(\frac{\partial u_\varphi}{\partial r} + \frac{1}{r\sin\theta}\frac{\partial u_r}{\partial\varphi} - \frac{u_\varphi}{r}\right) \tag{2.4.57}$$

与柱坐标系中一样，如果记 $\boldsymbol{u} = u_r\boldsymbol{e}_r + u_\theta\boldsymbol{e}_\theta + u_\varphi\boldsymbol{e}_\varphi$，引入球坐标系中的哈密顿算子

$$\nabla = \frac{\partial}{\partial r}\boldsymbol{e}_r + \frac{1}{r}\frac{\partial}{\partial\theta}\boldsymbol{e}_\theta + \frac{1}{r\sin\theta}\frac{\partial}{\partial\varphi}\boldsymbol{e}_\varphi$$

则上述几何方程也可以记为式（2.2.45）的形式，即

$$\boldsymbol{e} = \frac{1}{2}(\nabla\boldsymbol{u} + \boldsymbol{u}\nabla)$$

同样地，球坐标系下的格林应变也可以记成形如式（2.2.49）的整体形式，即

$$\boldsymbol{E} = \frac{1}{2}(\nabla\boldsymbol{u} + \boldsymbol{u}\nabla + \nabla\boldsymbol{u}\cdot\boldsymbol{u}\nabla)$$

具体验证过程留作习题，验证过程中请注意球坐标系中 3 个单位基向量对坐标变化的情况。

2.5　曲线坐标系下几何方程推导的坐标变换法

根据第一章 1.7.4 节坐标变换法的基本步骤，我们也可以基于直角坐标系中的几何方程推导出柱坐标系中的几何方程。下面以柱坐标系的柯西应变为例进行介绍。

在 2.2 节中，我们已经获得了直角坐标系中小变形情况的几何方程，即柯西应变与位移的关系如下：

$$e_{xx} = \frac{\partial u_x}{\partial x}, \ e_{yy} = \frac{\partial u_y}{\partial y}, \ e_{zz} = \frac{\partial u_z}{\partial z}$$

$$e_{xy} = e_{yx} = \frac{1}{2}\left(\frac{\partial u_x}{\partial y} + \frac{\partial u_y}{\partial x}\right), \ e_{yz} = e_{zy} = \frac{1}{2}\left(\frac{\partial u_z}{\partial y} + \frac{\partial u_y}{\partial z}\right), \ e_{zx} = e_{xz} = \frac{1}{2}\left(\frac{\partial u_z}{\partial x} + \frac{\partial u_x}{\partial z}\right)$$

根据应变的转轴公式可知，以该直角坐标系为参考定义的柱坐标系中的柯西应变为

$$\begin{cases} e_{rr} = e_{xx}\cos^2\theta + e_{yy}\sin^2\theta + 2e_{xy}\sin\theta \cdot \cos\theta \\ e_{\theta\theta} = e_{xx}\sin^2\theta + e_{yy}\cos^2\theta - 2e_{xy}\sin\theta \cdot \cos\theta \\ e_{zz} = e_{zz} \\ e_{r\theta} = e_{\theta r} = (e_{yy} - e_{xx})\sin\theta \cdot \cos\theta + e_{xy}(\cos^2\theta - \sin^2\theta) \\ e_{\theta z} = e_{z\theta} = -e_{xz}\sin\theta + e_{yz}\cos\theta \\ e_{zr} = e_{rz} = e_{xz}\cos\theta + e_{yz}\sin\theta \end{cases} \quad (2.5.1)$$

而由位移的转轴公式可知

$$\begin{cases} u_x = u_r\cos\theta - u_\theta\sin\theta \\ u_y = u_r\sin\theta + u_\theta\cos\theta \\ u_z = u_z \end{cases} \quad (2.5.2)$$

另外，根据柱坐标和直角坐标的关系可知，对直角坐标的偏导数与对柱坐标的偏导数之间的关系为

$$\begin{cases} \dfrac{\partial}{\partial x} = \dfrac{\partial}{\partial r}\dfrac{\partial r}{\partial x} + \dfrac{\partial}{\partial \theta}\dfrac{\partial \theta}{\partial x} = \cos\theta\dfrac{\partial}{\partial r} - \dfrac{\sin\theta}{r}\dfrac{\partial}{\partial \theta} \\ \dfrac{\partial}{\partial y} = \dfrac{\partial}{\partial r}\dfrac{\partial r}{\partial y} + \dfrac{\partial}{\partial \theta}\dfrac{\partial \theta}{\partial y} = \sin\theta\dfrac{\partial}{\partial r} + \dfrac{\cos\theta}{r}\dfrac{\partial}{\partial \theta} \\ \dfrac{\partial}{\partial z} = \dfrac{\partial}{\partial z} \end{cases} \quad (2.5.3)$$

将位移和偏导数表达式代入应变表达式，完成有关偏导数计算即可得到柱坐标系中应变和位移的关系式，即柱坐标系中的几何方程（以 e_{rr} 为例）：

$$e_{rr} = \frac{\partial u_x}{\partial x}\cos^2\theta + \frac{\partial u_y}{\partial y}\sin^2\theta + \left(\frac{\partial u_x}{\partial y} + \frac{\partial u_y}{\partial x}\right)\sin\theta \cdot \cos\theta$$

$$e_{rr} = \cos^2\theta\left(\cos\theta\frac{\partial}{\partial r} - \frac{\sin\theta}{r}\frac{\partial}{\partial \theta}\right)(u_r\cos\theta - u_\theta\sin\theta) +$$

$$\sin^2\theta\left(\sin\theta\frac{\partial}{\partial r} + \frac{\cos\theta}{r}\frac{\partial}{\partial \theta}\right)(u_r\sin\theta + u_\theta\cos\theta) +$$

$$\sin\theta \cdot \cos\theta\left(\sin\theta\frac{\partial}{\partial r} + \frac{\cos\theta}{r}\frac{\partial}{\partial \theta}\right)(u_r\cos\theta - u_\theta\sin\theta) +$$

$$\sin\theta \cdot \cos\theta\left(\cos\theta\frac{\partial}{\partial r} - \frac{\sin\theta}{r}\frac{\partial}{\partial \theta}\right)(u_r\sin\theta + u_\theta\cos\theta)$$

$$= \frac{\partial u_r}{\partial r}$$

球坐标系下几何方程的推导完全类似，作为练习留给读者。

与应力平衡方程一样，根据几何方程的整体记法式（2.2.42），根据坐标变换由直角坐标系中的哈密顿算子分别得到柱坐标系和球坐标系中的哈密顿算子，然后按哈密顿算子和位移向量的并积运算即可得到相应坐标系中几何方程的展开式，这种方法其实本质

也就是坐标变换法。

2.6　应变分量定义的统一形式

前面介绍物体上一点的应变分量时，我们指出，在一般有限变形的情况下，P 点处任意方向 n 上线段 PN 的长度变化率可以采用如下形式进行定义：

$$E_{nn} \overset{\Delta}{=} \lim_{|PN| \mapsto 0} \frac{|P'N'|^2 - |PN|^2}{2|PN|^2} \tag{2.6.1}$$

而 P 点处任意方向 n 上线段 PN 和与之垂直的 m 上线段 PM 之间夹角的变化（图 2.6.1）表示为

$$E_{nm} = E_{mn} \overset{\Delta}{=} \lim_{\substack{|PM| \mapsto 0 \\ |PN| \mapsto 0}} \frac{\overrightarrow{P'N'} \cdot \overrightarrow{P'M'}}{2|PN||PM|} \tag{2.6.2}$$

我们称 E_{nn} 为 n 方向的格林正应变，称 E_{nm} 为 n 方向和 m 方向之间的格林剪应变，对应的还定义有 n 方向的柯西正应变 e_{nn}，以及 n 方向和 m 方向之间的柯西剪应变 e_{nm}。定义式以及名称的不同，容易让人认为这是两个不同类型的量。但仔细分析可以发现，两个定义式完全可以统一起来，这样便于更加深入理解应变的含义。

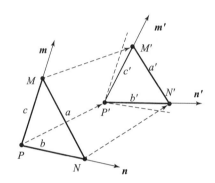

图 2.6.1　P 点处两个不同方向上的线段变形

定义 1：P 点处沿方向 n 的**伸长比** λ_n 为该方向上线段 PN 变形前后线段长度的比值在 PN 的长度趋于 0 时的极限，即

$$\lambda_n = \lim_{|PN| \mapsto 0} \frac{|P'N'|}{|PN|} \tag{2.6.3}$$

定义 2：P 点处沿方向 n 和方向 m 之间的**形变**为

$$
\begin{aligned}
E_{nm} = E_{mn} &= \lim_{\substack{|PN| \mapsto 0 \\ |PM| \mapsto 0}} \frac{1}{2} \frac{\overrightarrow{P'N'} \cdot \overrightarrow{P'M'} - \overrightarrow{PN} \cdot \overrightarrow{PM}}{|PN||PM|} \\
&= \lim_{\substack{|PN| \mapsto 0 \\ |PM| \mapsto 0}} \frac{1}{2} \frac{|P'N'||P'M'|\cos(\boldsymbol{n'},\boldsymbol{m'}) - |PN||PM|\cos(\boldsymbol{n},\boldsymbol{m})}{|PN||PM|} \\
&= \frac{1}{2}[\lambda_n \lambda_m \cos(\boldsymbol{n'},\boldsymbol{m'}) - \cos(\boldsymbol{n},\boldsymbol{m})]
\end{aligned} \tag{2.6.4}
$$

根据三角函数公式可知

$$E_{nm} = E_{mn} = \lim_{\substack{|PN| \mapsto 0 \\ |PM| \mapsto 0}} \frac{1}{2} \frac{(b'^2 + c'^2 - a'^2) - (b^2 + c^2 - a^2)}{2bc} \tag{2.6.5}$$

显然，当方向 n 和方向 m 相同时，有

$$E_{nm} = E_{nn} = \lim_{|PN| \mapsto 0} \frac{|P'N'|^2 - |PN|^2}{2|PN|^2} = \frac{1}{2}(\lambda_n^2 - 1) \tag{2.6.6}$$

此即 P 点处沿方向 n 上的格林正应变分量。

当方向 n 和方向 m 垂直时，有

$$E_{nm} = \lim_{\substack{|PN|\to 0 \\ |PM|\to 0}} \frac{1}{2} \frac{\overrightarrow{P'N'} \cdot \overrightarrow{P'M'}}{|PN||PM|} = \frac{1}{2} \lambda_n \lambda_m \cos(\boldsymbol{n}', \boldsymbol{m}') \tag{2.6.7}$$

此即 P 点处沿方向 $\boldsymbol{n}$ 和 $\boldsymbol{m}$ 之间的格林剪应变分量。

由于 λ_n 和 λ_m 均不为零，因此由式（2.6.7）可以推知方向 $\boldsymbol{n}$ 和方向 $\boldsymbol{m}$ 之间角度变化为 0 $\left(\text{保持为} \dfrac{\pi}{2}\right)$ 是二者之间格林剪应变为 0 的充分必要条件。

上述分析表明，式（2.6.4）或式（2.6.5）是格林应变分量的统一定义。显然，该统一定义式的线性部分即柯西应变的统一定义。

2.7 特殊方向上的应变分量

根据上述应变分量的统一定义，我们可以计算图 2.7.1 所示的直角坐标系中点 P 处任意方向 $\boldsymbol{n}$ 与 x 轴、y 轴和 z 轴方向之间的应变分量，即图中 PD 方向分别与 PA、PB 和 PC 之间的应变。

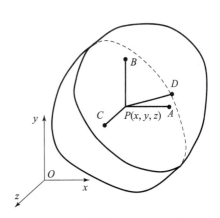

$$E_{nx} = E_{xn} = \frac{1}{2}\left[\lambda_n \lambda_x \cos(\boldsymbol{n}', x') - \cos(\boldsymbol{n}, x)\right]$$
$$= E_{xx}c_{nx} + E_{yx}c_{ny} + E_{zx}c_{nz} \tag{2.7.1}$$

$$E_{ny} = E_{yn} = \frac{1}{2}\left[\lambda_n \lambda_y \cos(\boldsymbol{n}', y') - \cos(\boldsymbol{n}, y)\right]$$
$$= E_{xy}c_{nx} + E_{yy}c_{ny} + E_{zy}c_{nz} \tag{2.7.2}$$

$$E_{nz} = E_{zn} = \frac{1}{2}\left[\lambda_n \lambda_z \cos(\boldsymbol{n}', z) - \cos(\boldsymbol{n}, z)\right]$$
$$= E_{xz}c_{nx} + E_{yz}c_{ny} + E_{zz}c_{nz} \tag{2.7.3}$$

图 2.7.1　直角坐标系中的变形体

写成矩阵形式

$$\begin{Bmatrix} E_{nx} \\ E_{ny} \\ E_{nz} \end{Bmatrix} = \begin{bmatrix} E_{xx} & E_{yx} & E_{zx} \\ E_{xy} & E_{yy} & E_{zy} \\ E_{xz} & E_{yz} & E_{zz} \end{bmatrix} \begin{Bmatrix} c_{nx} \\ c_{ny} \\ c_{nz} \end{Bmatrix} \tag{2.7.4}$$

采用指标记法

$$E_{nj} = E_{ij}c_{ni} \tag{2.7.5}$$

对比式（2.7.1）~ 式（2.7.3）与应力分析中柯西公式（1.2.10）~ 公式（1.2.12），可以看出二者形式上完全相同，它表示了点 P 处任意方向 $\boldsymbol{n}$ 与 x 轴、y 轴和 z 轴方向之间的变形程度与该点处应变分量之间的关系。

注意到式（2.7.4）的右端是格林应变张量和 $\boldsymbol{n}$ 方向单位向量的点积，其结果是一个向量，我们将其记为 $\boldsymbol{E}_n$，显然该向量可以类比于第一章的内力向量 $\boldsymbol{T}_n$，可以称其为**形变向量**。

在应力分析中，我们曾问及是否存在方向 $\boldsymbol{n}$，在以该方向为法向的截面上内力向量 $\boldsymbol{T}_n$ 与 $\boldsymbol{n}$ 平行，也就是该截面上的内力只有法向分量没有切向分量，由此导出应力矩阵的特征值问题，也就是主应力的问题。在此，我们同样可以问，**是否存在方向 $\boldsymbol{n}$，在与该方向关联的形变向量 $\boldsymbol{E}_n$ 的方向与 $\boldsymbol{n}$ 方向平行**？为此我们同样引出了格林应变矩阵的特征值问题，求方向 $\boldsymbol{n}$，使下列方程组成立：

$$\begin{cases} \begin{bmatrix} E_{xx} & E_{yx} & E_{zx} \\ E_{xy} & E_{yy} & E_{zy} \\ E_{xz} & E_{yz} & E_{zz} \end{bmatrix} \begin{Bmatrix} c_{nx} \\ c_{ny} \\ c_{nz} \end{Bmatrix} = \boldsymbol{E}_n \begin{Bmatrix} c_{nx} \\ c_{ny} \\ c_{nz} \end{Bmatrix} \\ c_{nx}^2 + c_{ny}^2 + c_{nz}^2 = 1 \end{cases} \qquad (2.7.6)$$

上述有关分析同样适用于柯西应变，我们可以定义柯西形变向量 $\boldsymbol{e}_n$：

$$\boldsymbol{e}_n = \begin{Bmatrix} e_{nx} \\ e_{ny} \\ e_{nz} \end{Bmatrix} = \begin{bmatrix} e_{xx} & e_{yx} & e_{zx} \\ e_{xy} & e_{yy} & e_{zy} \\ e_{xz} & e_{yz} & e_{zz} \end{bmatrix} \begin{Bmatrix} c_{nx} \\ c_{ny} \\ c_{nz} \end{Bmatrix} \qquad (2.7.7)$$

以及柯西应变矩阵的特征值问题，求方向 $\boldsymbol{n}$，使下列方程组成立：

$$\begin{cases} \begin{bmatrix} e_{xx} & e_{yx} & e_{zx} \\ e_{xy} & e_{yy} & e_{zy} \\ e_{xz} & e_{yz} & e_{zz} \end{bmatrix} \begin{Bmatrix} c_{nx} \\ c_{ny} \\ c_{nz} \end{Bmatrix} = \boldsymbol{e}_n \begin{Bmatrix} c_{nx} \\ c_{ny} \\ c_{nz} \end{Bmatrix} \\ c_{nx}^2 + c_{ny}^2 + c_{nz}^2 = 1 \end{cases} \qquad (2.7.8)$$

注意到应变矩阵与应力矩阵一样，是一个对称矩阵，因此在主应力分析中得到的有关结论在这里都成立，而无论我们分析的是格林应变还是柯西应变。

主要结论包括：

（1）主应变值均为实数。

（2）互不相同的主应变值对应的特征方向相互垂直。

（3）正应变的取值范围介于第一主应变和第三主应变之间，即

$$E_3 \leqslant E_{nn} \leqslant E_1 , \quad e_3 \leqslant e_{nn} \leqslant e_1$$

（4）最大剪应变等于第一主应变和第三主应变之差的 1/2（$n \neq m$），即

$$\max E_{nm} = \frac{E_1 - E_3}{2} , \quad \max e_{nm} = \frac{e_1 - e_3}{2}$$

如果以 3 个主应变方向为坐标方向，即在所谓的主应变空间内，一点处的应变矩阵变为

$$\begin{bmatrix} E_1 & 0 & 0 \\ 0 & E_2 & 0 \\ 0 & 0 & E_3 \end{bmatrix} \quad \begin{bmatrix} e_1 & 0 & 0 \\ 0 & e_2 & 0 \\ 0 & 0 & e_3 \end{bmatrix}$$

也就是说，在主应变方向之间，剪应变为 0。由剪应变定义式（2.6.7）可知，主应变方向间的剪应变为 0 意味着主应变方向间的角度保持为 $\frac{\pi}{2}$，也就是主应变方向间的角度变化为 0。

与应力分析一样，柯西应变矩阵的特征值问题也可以由柯西形变向量 $\boldsymbol{e}_n$ 在 $\boldsymbol{n}$ 方向上的投影取极值导出，这一点留作习题，在此不再赘述。

与应力分析中一样，我们也可以定义应变张量的第一、第二、第三不变量（以柯西应变为例）：

$$\theta_1 = e_{xx} + e_{yy} + e_{zz} \qquad (2.7.9)$$

$$\theta_2 = \begin{vmatrix} e_{xx} & e_{xy} \\ e_{yx} & e_{yy} \end{vmatrix} + \begin{vmatrix} e_{yy} & e_{yz} \\ e_{zy} & e_{zz} \end{vmatrix} + \begin{vmatrix} e_{xx} & e_{xz} \\ e_{zx} & e_{zz} \end{vmatrix} \qquad (2.7.10)$$

$$\theta_3 = \begin{vmatrix} e_{xx} & e_{yx} & e_{zx} \\ e_{xy} & e_{yy} & e_{zy} \\ e_{xz} & e_{yz} & e_{zz} \end{vmatrix} \qquad (2.7.11)$$

如果在弹性体上一点，沿 3 个主方向分别取边长为 Δx_1，Δx_2，Δx_3 的小立方体，由于变形后主方向之间没有剪应变，因此变形前后小立方体体积的变化比为

$$\frac{(1+e_1)(1+e_2)(1+e_3)\Delta x_1 \Delta x_2 \Delta x_3 - \Delta x_1 \Delta x_2 \Delta x_3}{\Delta x_1 \Delta x_2 \Delta x_3} = e_1 + e_2 + e_3 + e_1 e_2 + e_1 e_3 + e_2 e_3 + e_1 e_2 e_3$$

小变形情况下，忽略高阶项，变形前后体积的变化比近似为应变张量的第一不变量，我们称之为**体积应变**。

2.8　由柯西应变求位移

2.8.1　线积分法

要求出物体的变形，也就是要求出物体上各点的位移。这里讨论的是在微小变形的情形下，如何根据给定的柯西应变求出变形体对应的变形。

根据几何方程可知，微小变形情况下，应变本质上是位移对位置坐标的一阶偏导数的函数。若要由应变求位移，数学上其实就是要由偏导数求原函数。如图 2.8.1 所示，如果选择物体上的某一点 P_0 为位移参考点，则任意点 P 的位移分量分别为

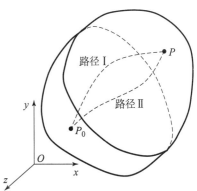

图 2.8.1　由柯西应变求位移

$$u = u_0 + \int_{P_0 \to P} \mathrm{d}u = u_0 + \int_{P_0 \to P} \frac{\partial u}{\partial x}\mathrm{d}x + \frac{\partial u}{\partial y}\mathrm{d}y + \frac{\partial u}{\partial z}\mathrm{d}z \qquad (2.8.1)$$

$$v = v_0 + \int_{P_0 \to P} \mathrm{d}v = v_0 + \int_{P_0 \to P} \frac{\partial v}{\partial x}\mathrm{d}x + \frac{\partial v}{\partial y}\mathrm{d}y + \frac{\partial v}{\partial z}\mathrm{d}z \qquad (2.8.2)$$

$$w = w_0 + \int_{P_0 \to P} \mathrm{d}w = w_0 + \int_{P_0 \to P} \frac{\partial w}{\partial x}\mathrm{d}x + \frac{\partial w}{\partial y}\mathrm{d}y + \frac{\partial w}{\partial z}\mathrm{d}z \qquad (2.8.3)$$

要由式（2.8.1）~式（2.8.3）求出 3 个位移分量，除给出参考点 P_0 的位移 u_0，v_0，w_0 外，还必须给出式中的 9 个一阶偏导数函数，当然这些偏导数必须满足单值可积性条件，也就是说，要保证沿图 2.8.1 所示任意两条不同路径 I 和路径 II 的积分值相同。

当已知应变 e_{ij}（通常以工程应变的形式给出）时，可以依据几何方程，令

$$\frac{\partial u}{\partial x} = \varepsilon_x \qquad (2.8.4)$$

$$\frac{\partial v}{\partial y} = \varepsilon_y \qquad (2.8.5)$$

$$\frac{\partial w}{\partial z} = \varepsilon_z \qquad (2.8.6)$$

$$\frac{\partial u}{\partial y} + \frac{\partial v}{\partial x} = \gamma_{xy} \tag{2.8.7}$$

$$\frac{\partial v}{\partial z} + \frac{\partial w}{\partial y} = \gamma_{yz} \tag{2.8.8}$$

$$\frac{\partial u}{\partial z} + \frac{\partial w}{\partial x} = \gamma_{zx} \tag{2.8.9}$$

由式（2.8.4）~式（2.8.9），我们实际上只直接给出了 $\frac{\partial u}{\partial x}, \frac{\partial v}{\partial y}$ 和 $\frac{\partial w}{\partial z}$，则还必须求出其余 6 个偏导数 $\frac{\partial u}{\partial y}, \frac{\partial u}{\partial z}, \frac{\partial v}{\partial x}, \frac{\partial v}{\partial z}, \frac{\partial w}{\partial x}$ 和 $\frac{\partial w}{\partial y}$。但是，这余下的 6 个偏导数无法通过式（2.8.4）~式（2.8.9）简单求出。下面通过积分的方式进行求解。

一般地，$\frac{\partial u}{\partial y}$ 可以通过如下积分求得：

$$\frac{\partial u}{\partial y} = \int \frac{\partial}{\partial x}\left(\frac{\partial u}{\partial y}\right)\mathrm{d}x + \frac{\partial}{\partial y}\left(\frac{\partial u}{\partial y}\right)\mathrm{d}y + \frac{\partial}{\partial z}\left(\frac{\partial u}{\partial y}\right)\mathrm{d}z \tag{2.8.10}$$

为了给定上述积分式中的被积函数，可以依据式（2.8.4）~式（2.8.9），令

$$\frac{\partial}{\partial x}\left(\frac{\partial u}{\partial y}\right) = \frac{\partial \varepsilon_x}{\partial y} \tag{2.8.11}$$

$$\frac{\partial}{\partial y}\left(\frac{\partial u}{\partial y}\right) = \frac{\partial \gamma_{xy}}{\partial y} - \frac{\partial \varepsilon_y}{\partial x} \tag{2.8.12}$$

$$\frac{\partial}{\partial z}\left(\frac{\partial u}{\partial y}\right) = \frac{1}{2}\left(\frac{\partial \gamma_{xy}}{\partial z} + \frac{\partial \gamma_{zx}}{\partial y} - \frac{\partial \gamma_{yz}}{\partial x}\right) \tag{2.8.13}$$

因此式（2.8.10）可以写为

$$\frac{\partial u}{\partial y} = \int \frac{\partial \varepsilon_x}{\partial y}\mathrm{d}x + \left(\frac{\partial \gamma_{xy}}{\partial y} - \frac{\partial \varepsilon_y}{\partial x}\right)\mathrm{d}y + \frac{1}{2}\left(\frac{\partial \gamma_{xy}}{\partial z} + \frac{\partial \gamma_{zx}}{\partial y} - \frac{\partial \gamma_{yz}}{\partial x}\right)\mathrm{d}z \tag{2.8.14}$$

类似地，$\frac{\partial u}{\partial z}, \frac{\partial v}{\partial x}, \frac{\partial v}{\partial z}, \frac{\partial w}{\partial x}, \frac{\partial w}{\partial y}$ 可以通过如下积分求得：

$$\frac{\partial u}{\partial z} = \int \frac{\partial \varepsilon_x}{\partial z}\mathrm{d}x + \frac{1}{2}\left(\frac{\partial \gamma_{xy}}{\partial z} + \frac{\partial \gamma_{zx}}{\partial y} - \frac{\partial \gamma_{yz}}{\partial x}\right)\mathrm{d}y + \left(\frac{\partial \gamma_{zx}}{\partial z} - \frac{\partial \varepsilon_z}{\partial x}\right)\mathrm{d}z \tag{2.8.15}$$

$$\frac{\partial v}{\partial x} = \int \left(\frac{\partial \gamma_{xy}}{\partial x} - \frac{\partial \varepsilon_x}{\partial y}\right)\mathrm{d}x + \frac{\partial \varepsilon_y}{\partial x}\mathrm{d}y + \frac{1}{2}\left(\frac{\partial \gamma_{xy}}{\partial z} + \frac{\partial \gamma_{yz}}{\partial x} - \frac{\partial \gamma_{zx}}{\partial y}\right)\mathrm{d}z \tag{2.8.16}$$

$$\frac{\partial v}{\partial z} = \int \frac{1}{2}\left(\frac{\partial \gamma_{xy}}{\partial z} + \frac{\partial \gamma_{yz}}{\partial x} - \frac{\partial \gamma_{zx}}{\partial y}\right)\mathrm{d}x + \frac{\partial \varepsilon_y}{\partial z}\mathrm{d}y + \left(\frac{\partial \gamma_{yz}}{\partial z} - \frac{\partial \varepsilon_z}{\partial y}\right)\mathrm{d}z \tag{2.8.17}$$

$$\frac{\partial w}{\partial x} = \int \left(\frac{\partial \gamma_{zx}}{\partial x} - \frac{\partial \varepsilon_x}{\partial z}\right)\mathrm{d}x + \frac{1}{2}\left(\frac{\partial \gamma_{yz}}{\partial x} + \frac{\partial \gamma_{zx}}{\partial y} - \frac{\partial \gamma_{xy}}{\partial z}\right)\mathrm{d}y + \frac{\partial \varepsilon_z}{\partial x}\mathrm{d}z \tag{2.8.18}$$

$$\frac{\partial w}{\partial y} = \int \frac{1}{2}\left(\frac{\partial \gamma_{yz}}{\partial x} + \frac{\partial \gamma_{zx}}{\partial y} - \frac{\partial \gamma_{xy}}{\partial z}\right)\mathrm{d}x + \left(\frac{\partial \gamma_{yz}}{\partial y} - \frac{\partial \varepsilon_y}{\partial z}\right)\mathrm{d}y + \frac{\partial \varepsilon_z}{\partial y}\mathrm{d}z \tag{2.8.19}$$

将式（2.8.4）、式（2.8.14）、式（2.8.15）代入式（2.8.1），式（2.8.5）、式（2.8.16）、式（2.8.17）代入式（2.8.2），式（2.8.6）、式（2.8.18）、式（2.8.19）代入式（2.8.3），得到

$$u = u_0 + \int_{P_0 \to P} \varepsilon_x \mathrm{d}x + \left[\int \frac{\partial \varepsilon_x}{\partial y}\mathrm{d}x + \left(\frac{\partial \gamma_{xy}}{\partial y} - \frac{\partial \varepsilon_y}{\partial x}\right)\mathrm{d}y + \frac{1}{2}\left(\frac{\partial \gamma_{xy}}{\partial z} + \frac{\partial \gamma_{zx}}{\partial y} - \frac{\partial \gamma_{yz}}{\partial x}\right)\mathrm{d}z\right]\mathrm{d}y +$$

$$\left[\int\frac{\partial\varepsilon_x}{\partial z}\mathrm{d}x+\frac{1}{2}\left(\frac{\partial\gamma_{xy}}{\partial z}+\frac{\partial\gamma_{zx}}{\partial y}-\frac{\partial\gamma_{yz}}{\partial x}\right)\mathrm{d}y+\left(\frac{\partial\gamma_{zx}}{\partial z}-\frac{\partial\varepsilon_z}{\partial x}\right)\mathrm{d}z\right]\mathrm{d}z \tag{2.8.20}$$

$$v=v_0+\int_{P_0\to P}\left[\int\left(\frac{\partial\gamma_{xy}}{\partial x}-\frac{\partial\varepsilon_x}{\partial y}\right)\mathrm{d}x+\frac{\partial\varepsilon_y}{\partial x}\mathrm{d}y+\frac{1}{2}\left(\frac{\partial\gamma_{xy}}{\partial z}+\frac{\partial\gamma_{yz}}{\partial x}-\frac{\partial\gamma_{zx}}{\partial y}\right)\mathrm{d}z\right]\mathrm{d}x+$$

$$\varepsilon_y\mathrm{d}y+\left[\int\frac{1}{2}\left(\frac{\partial\gamma_{xy}}{\partial z}+\frac{\partial\gamma_{yz}}{\partial x}-\frac{\partial\gamma_{zx}}{\partial y}\right)\mathrm{d}x+\frac{\partial\varepsilon_y}{\partial z}\mathrm{d}y+\left(\frac{\partial\gamma_{yz}}{\partial z}-\frac{\partial\varepsilon_z}{\partial y}\right)\mathrm{d}z\right]\mathrm{d}z \tag{2.8.21}$$

$$w=w_0+\int_{P_0\to P}\left[\int\left(\frac{\partial\gamma_{zx}}{\partial x}-\frac{\partial\varepsilon_x}{\partial z}\right)\mathrm{d}x+\frac{1}{2}\left(\frac{\partial\gamma_{yz}}{\partial x}+\frac{\partial\gamma_{zx}}{\partial y}-\frac{\partial\gamma_{xy}}{\partial z}\right)\mathrm{d}y+\frac{\partial\varepsilon_z}{\partial x}\mathrm{d}z\right]\mathrm{d}x+$$

$$\left[\int\frac{1}{2}\left(\frac{\partial\gamma_{yz}}{\partial x}+\frac{\partial\gamma_{zx}}{\partial y}-\frac{\partial\gamma_{xy}}{\partial z}\right)\mathrm{d}x+\left(\frac{\partial\gamma_{yz}}{\partial y}-\frac{\partial\varepsilon_y}{\partial z}\right)\mathrm{d}y+\frac{\partial\varepsilon_z}{\partial y}\mathrm{d}z\right]\mathrm{d}y+\varepsilon_z\mathrm{d}z \tag{2.8.22}$$

2.8.2 位移单值可积的条件——应变协调方程

为了保证计算$\frac{\partial u}{\partial y}$的式（2.8.14）单值可积，假定被积函数在物体上处处光滑可导，根据斯托克斯（Stokes）定理应该有

$$\frac{\partial}{\partial y}\left(\frac{\partial\varepsilon_x}{\partial y}\right)=\frac{\partial}{\partial x}\left(\frac{\partial\gamma_{xy}}{\partial y}-\frac{\partial\varepsilon_y}{\partial x}\right)$$

$$\frac{\partial}{\partial z}\left(\frac{\partial\varepsilon_x}{\partial y}\right)=\frac{1}{2}\frac{\partial}{\partial x}\left(\frac{\partial\gamma_{xy}}{\partial z}+\frac{\partial\gamma_{zx}}{\partial y}-\frac{\partial\gamma_{yz}}{\partial x}\right)$$

$$\frac{\partial}{\partial z}\left(\frac{\partial\gamma_{xy}}{\partial y}-\frac{\partial\varepsilon_y}{\partial x}\right)=\frac{1}{2}\frac{\partial}{\partial y}\left(\frac{\partial\gamma_{xy}}{\partial z}+\frac{\partial\gamma_{zx}}{\partial y}-\frac{\partial\gamma_{yz}}{\partial x}\right)$$

即

$$\frac{\partial^2\varepsilon_y}{\partial x^2}+\frac{\partial^2\varepsilon_x}{\partial y^2}=\frac{\partial^2\gamma_{xy}}{\partial x\partial y}$$

$$\frac{\partial^2\varepsilon_x}{\partial y\partial z}=\frac{1}{2}\left(\frac{\partial^2\gamma_{xy}}{\partial x\partial z}+\frac{\partial^2\gamma_{zx}}{\partial x\partial y}-\frac{\partial^2\gamma_{yz}}{\partial x^2}\right)$$

$$\frac{\partial^2\varepsilon_y}{\partial z\partial x}=\frac{1}{2}\left(\frac{\partial^2\gamma_{xy}}{\partial y\partial z}+\frac{\partial^2\gamma_{yz}}{\partial y\partial x}-\frac{\partial^2\gamma_{zx}}{\partial y^2}\right)$$

类似地，斯托克斯定理对保证式（2.8.15）～式（2.8.19）单值可积也有类似的要求，综合起来共有 18 个这样的等式，但只有如下 6 个是不同的：

$$\frac{\partial^2\varepsilon_x}{\partial y^2}+\frac{\partial^2\varepsilon_y}{\partial x^2}=\frac{\partial^2\gamma_{xy}}{\partial x\partial y} \tag{2.8.23}$$

$$\frac{\partial^2\varepsilon_y}{\partial z^2}+\frac{\partial^2\varepsilon_z}{\partial y^2}=\frac{\partial^2\gamma_{yz}}{\partial y\partial z} \tag{2.8.24}$$

$$\frac{\partial^2\varepsilon_z}{\partial x^2}+\frac{\partial^2\varepsilon_x}{\partial z^2}=\frac{\partial^2\gamma_{zx}}{\partial x\partial z} \tag{2.8.25}$$

$$\frac{\partial^2\varepsilon_x}{\partial y\partial z}=\frac{1}{2}\left(\frac{\partial^2\gamma_{xy}}{\partial x\partial z}+\frac{\partial^2\gamma_{zx}}{\partial x\partial y}-\frac{\partial^2\gamma_{yz}}{\partial x^2}\right) \tag{2.8.26}$$

$$\frac{\partial^2\varepsilon_y}{\partial z\partial x}=\frac{1}{2}\left(\frac{\partial^2\gamma_{xy}}{\partial y\partial z}+\frac{\partial^2\gamma_{yz}}{\partial y\partial x}-\frac{\partial^2\gamma_{zx}}{\partial y^2}\right) \tag{2.8.27}$$

$$\frac{\partial^2 \varepsilon_z}{\partial x \partial y} = \frac{1}{2}\left(\frac{\partial^2 \gamma_{yz}}{\partial x \partial z} + \frac{\partial^2 \gamma_{zx}}{\partial z \partial y} - \frac{\partial^2 \gamma_{xy}}{\partial z^2}\right) \tag{2.8.28}$$

显然，这 6 个方程表明，要根据 6 个应变按几何方程反求出 3 个位移分量来，给定的 6 个应变函数应该满足上述方程对应的协调关系，为此我们称上述方程组为**应变协调方程**（组）。它最早是由圣维南（Saint Venant）于 1860 年得到的，因此也称为**圣维南协调方程**。

观察应变协调方程容易看出，这些方程反映的是应变分量对坐标的二阶导数之间的关系。利用工程应变分量和应变张量分量之间的关系，将式（2.8.23）~式（2.8.28）改写成如下形式：

$$\begin{cases} \dfrac{\partial^2 e_{xx}}{\partial y^2} + \dfrac{\partial^2 e_{yy}}{\partial x^2} = \dfrac{\partial^2 e_{xy}}{\partial x \partial y} + \dfrac{\partial^2 e_{yx}}{\partial y \partial x}, & \dfrac{\partial^2 e_{xx}}{\partial y \partial z} + \dfrac{\partial^2 e_{yz}}{\partial x^2} = \dfrac{\partial^2 e_{xy}}{\partial x \partial z} + \dfrac{\partial^2 e_{zx}}{\partial x \partial y} \\[3mm] \dfrac{\partial^2 e_{yy}}{\partial z^2} + \dfrac{\partial^2 e_{zz}}{\partial y^2} = \dfrac{\partial^2 e_{yz}}{\partial y \partial z} + \dfrac{\partial^2 e_{zy}}{\partial z \partial y}, & \dfrac{\partial^2 e_{yy}}{\partial z \partial x} + \dfrac{\partial^2 e_{zx}}{\partial y^2} = \dfrac{\partial^2 e_{yz}}{\partial y \partial x} + \dfrac{\partial^2 e_{xy}}{\partial y \partial z} \\[3mm] \dfrac{\partial^2 e_{zz}}{\partial x^2} + \dfrac{\partial^2 e_{xx}}{\partial z^2} = \dfrac{\partial^2 e_{zx}}{\partial z \partial x} + \dfrac{\partial^2 e_{xz}}{\partial x \partial z}, & \dfrac{\partial^2 e_{zz}}{\partial x \partial y} + \dfrac{\partial^2 e_{xy}}{\partial z^2} = \dfrac{\partial^2 e_{zx}}{\partial z \partial y} + \dfrac{\partial^2 e_{yz}}{\partial x \partial z} \end{cases} \tag{2.8.29}$$

我们可以根据这种表达式将其记成如下的指标形式（注意式中下标的逗号为求导符号）：

$$e_{ij,kl} + e_{kl,ij} = e_{ik,jl} + e_{jl,ik} \qquad (i,\, j,\, k,\, l = 1,\, 2,\, 3) \tag{2.8.30}$$

我们还可以验证，若引入哈密顿算子以及它与应变张量的叉积运算

$$\nabla \times \boldsymbol{e} = \left(\frac{\partial}{\partial x_i}\boldsymbol{e}_i\right) \times (e_{jk}\boldsymbol{e}_j\boldsymbol{e}_k) = \boldsymbol{e}_i \times \frac{\partial}{\partial x_i}(e_{jk}\boldsymbol{e}_j\boldsymbol{e}_k) = e_{jk,i}(\boldsymbol{e}_i \times \boldsymbol{e}_j)\boldsymbol{e}_k \tag{2.8.31}$$

$$\boldsymbol{e} \times \nabla = (e_{jk}\boldsymbol{e}_j\boldsymbol{e}_k) \times \left(\frac{\partial}{\partial x_i}\boldsymbol{e}_i\right) = \frac{\partial}{\partial x_i}(e_{jk}\boldsymbol{e}_j\boldsymbol{e}_k) \times \boldsymbol{e}_i = e_{jk,i}\boldsymbol{e}_j(\boldsymbol{e}_k \times \boldsymbol{e}_i) \tag{2.8.32}$$

应变协调方程也可以记成如下的张量整体式：

$$\nabla \times \boldsymbol{e} \times \nabla = 0 \tag{2.8.33}$$

事实上，上述方程的简单记法（指标记法和整体记法）中都包含了 $3 \times 3 \times 3 \times 3 = 81$ 个方程，只是因为应变张量的对称性以及二阶偏导数的顺序无关性，使其中许多方程式或恒等或重复，只有 6 个是不同的而已。

2.8.3 位移解中积分常数的讨论

式（2.8.20）~式（2.8.22）中包含 6 个不定积分。这些不定积分分别是 $\dfrac{\partial u}{\partial y}, \dfrac{\partial u}{\partial z}, \dfrac{\partial v}{\partial x},$ $\dfrac{\partial v}{\partial z}, \dfrac{\partial w}{\partial x}, \dfrac{\partial w}{\partial y}$ 的表达式［式（2.8.14）~式（2.8.19）］。显然，完成这些不定积分后将会产生 6 个积分常数，需要通过有关的边界条件来确定。但是，注意到式（2.8.7）~式（2.8.9），说明在给定 3 个剪应变函数时，$\dfrac{\partial u}{\partial y}, \dfrac{\partial u}{\partial z}, \dfrac{\partial v}{\partial x}, \dfrac{\partial v}{\partial z}, \dfrac{\partial w}{\partial x}, \dfrac{\partial w}{\partial y}$ 并不独立，若令 $\dfrac{\partial u}{\partial y}, \dfrac{\partial u}{\partial z}, \dfrac{\partial v}{\partial z}$ 的积分常数为 C_1，C_2，C_3，为了保证式（2.8.7）~式（2.8.9）成立（即各剪应变不能含有待定的常数），则 $\dfrac{\partial v}{\partial x}, \dfrac{\partial w}{\partial x}, \dfrac{\partial w}{\partial y}$ 的积分常数应该取为 $-C_1$，$-C_2$，$-C_3$。如果将这些积分常数的最终积分结果与 P_0 点的位移结合，并令其为 $\bar{u}$，$\bar{v}$ 和 $\bar{w}$，即

$$\bar{u} = u_0 + C_1(y - y_0) + C_2(z - z_0) \tag{2.8.34}$$

$$\bar{v} = v_0 - C_1(x - x_0) + C_3(z - z_0) \tag{2.8.35}$$

$$\bar{w} = w_0 - C_2(x - x_0) - C_3(y - y_0) \tag{2.8.36}$$

对比刚体运动学，$\bar{u}$、$\bar{v}$ 和 $\bar{w}$ 可以理解为变形体上任意点随 P_0 点的特殊刚体位移，其中包含 C_1，C_2，C_3 的项为变形体绕 P_0 点做微小刚体转动时产生位移的近似，C_1，C_2，C_3 可以分别视为变形体绕过 P_0 点的 z，y，x 轴的微小转角。如果限制了 P_0 点的刚性位移和转动，则相当于令

$$u_0 = v_0 = w_0 = 0, \quad C_1 = C_2 = C_3 = 0$$

如果令

$$u^* = u - \bar{u}, \quad v^* = v - \bar{v}, \quad w^* = w - \bar{w}$$

我们可以称 u^*，v^*，w^* 为物体的**纯变形位移**。

2.8.4　对多连通域位移协调方程的讨论

根据高等数学中的结论，上述 2.8.2 节中关于位移单值可积的条件，即应变协调方程对单连通域来讲是充分必要条件，而对于多连通域该条件仅是必要条件。由于实际工程中大量存在具有孔洞的结构（图 2.8.2），显然这类结构属于数学上的多连通域，因此有必要对这一类结构的位移单值可积条件作进一步讨论，以给出其充分必要条件。

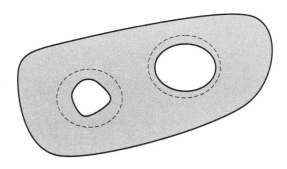

图 2.8.2　具有孔洞的结构（多连通域）

高等数学中曾经论及，多连通域中曲线积分的单值条件之所以不同于单连通域，实质上是因为多连通域的孔洞中含有被积函数奇点。由于奇点处函数不连续，因此积分只能在去除奇点的区域中进行，即便原问题的区域在几何上是一个单连通域。反过来，如果一个没有奇点的单连通域被"人为"挖去几个孔洞而变成多连通域，则不难证明，在这个多连通域中，原有的积分单值条件依然是充分必要的。换句话说，如果在一个多连通域及其包含的孔洞中都不存在被积函数的奇点，则可以将多连通域及其包含的孔洞一并视为一个单连通域，该多连通域上的曲线积分可以视作被延拓成的单连通域上的曲线积分。

根据上述结论，在讨论一个实际工程中具有孔洞结构上的位移单值可积条件时，可以分作两种情况进行。

（1）给定的应变分量函数及其一阶导数在结构及其孔洞区域上均光滑连续，那么前面讨论的单连通域上的应变协调方程也是该含孔洞结构的位移单值可积的充分必要条件。对满足该方程的应变分量可以通过任意路径积分得到结构上一点相对参考点的位移。选择的积分路径根据需要甚至可以经过结构的孔洞区域。

（2）给定的应变分量函数及其一阶导数在结构孔洞区域上存在奇点，则前面讨论的单连通域上的应变协调方程只是该结构位移单值可积的必要条件，充分条件还需补充绕含奇点孔洞的任意封闭曲线积分等于零。

2.8.5 三个例子

例 1：如图 2.8.3 所示，直六面体变形前的长、宽、高分别为 L，W 和 H，假设六面体的应变场为 $\varepsilon_x = \varepsilon_y = \varepsilon_z = c$，$\gamma_{xy} = \gamma_{yz} = \gamma_{zx} = 0$，试求出任意点 P 的位移。

选择原点作为位移的参考点 P_0。显然，本题给定的应变场函数在物体内处处光滑可导，且满足应变协调方程，因此可以将应变函数代入式（2.8.20）~式（2.8.22），任意选择积分路线，可以算出 P 点相对于 P_0 点的位移。

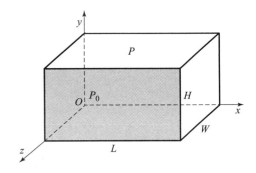

图 2.8.3　均匀应变场下的直六面体

$$u = u_0 + c(x - x_{p_0}) + C_1(y - y_{p_0}) + C_2(z - z_{p_0})$$
$$v = v_0 - C_1(x - x_{p_0}) + c(y - y_{p_0}) + C_3(z - z_{p_0})$$
$$w = w_0 - C_2(x - x_{p_0}) - C_3(y - y_{p_0}) + c(z - z_{p_0})$$

假设 P_0 点的位移为 0，可以推出

$$u_0 = 0, \ v_0 = 0, \ w_0 = 0$$

又假设物体没有绕 x，y，z 轴的转动，可以得到

$$C_1 = C_2 = C_3 = 0$$
$$u = c(x - x_{p_0}) = cx, v = c(y - y_{p_0}) = cy, w = c(z - z_{p_0}) = cz$$

于是原来物体上任意点 (x, y, z) 在变形后的坐标为

$$\bar{x} = (1 + c)x, \bar{y} = (1 + c)y, \bar{z} = (1 + c)z$$

代入各个顶点坐标后，容易知道原六面体变为边长分别为 $(1+c)L, (1+c)W, (1+c)H$ 的六面体。

例 2：如图 2.8.4 所示，圆环变形前的内、外径分别为 r_i 和 r_o，忽略厚度的变化，假设圆环的柯西应变场为 $\varepsilon_x = \varepsilon_y = \alpha x$，$\gamma_{xy} = 0$，试求出变形后圆环的形状。

显然，本例中的圆环为复连通域，但给定的应变场在圆环以及圆环中间的孔中光滑连续，且满足应变协调方程。根据 2.8.4 节的结论，给定的应变场可以唯一确定圆环的位移场，在选定参考点后，结构上任意点的位移可以通过任意路径积分得到。

为了验证这一结论，下面通过**几种不同的积分路**径来计算图 2.8.4（a）中圆环内径与坐标系 x 轴正半轴的交点 P_1 的位移。

选取内径与坐标系 x 轴负半轴的交点 P_0 为位移参考点，采用线积分法，可知 P_1 点的 3 个位移分量分别为

$$u = u_0 + \int_{P_0 \to P_1} \varepsilon_x \mathrm{d}x - \int_{P_0 \to P_1} \left(\int \frac{\partial \varepsilon_y}{\partial x} \mathrm{d}y \right) \mathrm{d}y = u_0 + \int_{P_0 \to P_1} \alpha x \mathrm{d}x - \int_{P_0 \to P_1} (\alpha y + C_1) \mathrm{d}y$$

$$v = v_0 + \int_{P_0 \to P_1} \left(\int \frac{\partial \varepsilon_y}{\partial x} \mathrm{d}y \right) \mathrm{d}x + \int_{P_0 \to P_1} \varepsilon_y \mathrm{d}y = v_0 + \int_{P_0 \to P_1} (\alpha y + C_2) \mathrm{d}x + \int_{P_0 \to P_1} \alpha x \mathrm{d}y$$

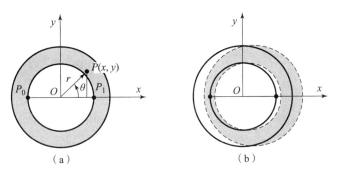

图 2.8.4　均匀应变下的圆环

（a）变形前的圆环；（b）变形后的圆环

（1）选取内径的上半圆为积分路径，并建立如图 2.8.4（a）所示的极坐标系，上述积分可以化为

$$u_1 = u_0 - \int_{\pi}^{0} r_i \left[2r_i \alpha \cos\theta \sin\theta + C_1 \cos\theta \right] \mathrm{d}\theta = u_0$$

$$v_1 = v_0 - \int_{\pi}^{0} r_i \left[\left(r_i \alpha \sin\theta + C_2 \right) \sin\theta - r_i \alpha \cos^2\theta \right] \mathrm{d}\theta = v_0 + 2C_2 r_i$$

（2）若选取内径的下半圆为积分路径，上述积分可以化为

$$u_1 = u_0 - \int_{\pi}^{2\pi} r_i \left[2r_i \alpha \cos\theta \sin\theta + C_1 \cos\theta \right] \mathrm{d}\theta = u_0$$

$$v_1 = v_0 - \int_{\pi}^{2\pi} r_i \left[\left(r_i \alpha \sin\theta + C_2 \right) \sin\theta - r_i \alpha \cos^2\theta \right] \mathrm{d}\theta = v_0 + 2C_2 r_i$$

（3）若选取 $P_0 P$ 线段为积分路径（注意该线段属于孔洞，并不在结构上，我们在这里假设将应变场拓展到孔洞内），上述积分可以化为

$$u = u_0 + \int_{P_0 \to P_1} \alpha x \mathrm{d}x - (\alpha y + C_1) \mathrm{d}y = u_0 + \int_{-r_i}^{r_i} \alpha x \mathrm{d}x = u_0$$

$$v = v_0 + \int_{P_0 \to P_1} (\alpha y + C_2) \mathrm{d}x + \alpha x \mathrm{d}y = v_0 + \int_{-r_i}^{r_i} C_2 \mathrm{d}x = v_0 + 2C_2 r_i$$

显然，上述 3 种积分结果是完全相同的。前面 2.8.4 小节的讨论表明，这一结果并不是偶然的，事实上，沿任意的其他路径进行积分，结果也将完全相同。因此，为求出变形后圆环的形状则可以采用如下方式进行。

以圆环中心为参考点，圆环上任意一点 P（x，y）的位移为

$$u = u_0 + \int_{o \to P} \alpha x \mathrm{d}x - (\alpha y + C_1) \mathrm{d}y$$

$$= u_0 + \int_{0}^{x} \alpha x \mathrm{d}x - \int_{0}^{y} (\alpha y + C_1) \mathrm{d}y = u_0 + \frac{1}{2}\alpha(x^2 - y^2) - C_1 y$$

$$v = v_0 + \int_{o \to P} (\alpha y + C_2) \mathrm{d}x + \alpha x \mathrm{d}y$$

$$= v_0 + \int_{0}^{x} C_2 \mathrm{d}x + \int_{0}^{y} \alpha x \mathrm{d}y = v_0 + \alpha xy + C_2 x$$

假定圆环中心没有位移和转动，则 $u_0 = v_0 = C_1 = C_2 = 0$，因此圆环的位移场为

$$u = \frac{1}{2}\alpha(x^2 - y^2) = \frac{1}{2}\alpha r^2 \cos(2\theta), \quad v = \alpha xy = \frac{1}{2}\alpha r^2 \sin(2\theta)$$

位移向量的幅值为

$$d = \sqrt{u^2 + v^2} = \frac{1}{2}\alpha(x^2 + y^2) = \frac{1}{2}\alpha r^2$$

因此变形后圆环上任意点 (x, y) 的位置坐标为

$$x' = x + u = r\cos\theta + \frac{1}{2}\alpha r^2 \cos(2\theta), \quad y' = y + v = r\sin\theta + \frac{1}{2}\alpha r^2 \sin(2\theta)$$

根据上式，即可绘制出变形后的圆环形状，如图 2.8.4（b）中虚线所示。

例 3：如图 2.8.5 所示，对截面为圆形或圆环形的薄板，在轴对称载荷作用下，可求得其柯西平面应变场为如下式（a）~ 式（c），为保证位移单值可积，试验证必有 $B = 0$。

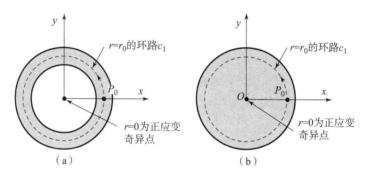

图 2.8.5　平面应变场作用下的圆环和圆盘

（a）圆环；（b）圆盘

$$\varepsilon_r = \frac{\partial u_r}{\partial r} = \frac{1}{E}\left[(1+v)\frac{A}{r^2} + (1-3v)B + 2(1-v)B\ln r + 2(1-v)C \right] \tag{a}$$

$$\varepsilon_\theta = \frac{1}{r}\frac{\partial u_\theta}{\partial \theta} + \frac{u_r}{r} = \frac{1}{E}\left[-(1+v)\frac{A}{r^2} + (3-v)B + 2(1-v)B\ln r + 2(1-v)C \right] \tag{b}$$

$$\gamma_{r\theta} = \frac{1}{r}\frac{\partial u_r}{\partial \theta} + \frac{\partial u_\theta}{\partial r} - \frac{u_\theta}{r} = 0 \tag{c}$$

在平面应变情况下，采用极坐标表示的应变协调方程（可以先将式（2.8.23）~ 式（2.8.28）应用于平面应变情况下，得到只有式（2.8.23）一个方程的退化形式，其余均为 $0=0$ 的恒等式，然后再通过坐标变换得到该方程，即后文式（2.9.1）的第三式，这里省略这一过程）为

$$\left(\frac{\partial^2 \varepsilon_r}{\partial \theta^2} - r\frac{\partial \varepsilon_r}{\partial r} \right) + \frac{\partial}{\partial r}\left(r^2 \frac{\partial \varepsilon_\theta}{\partial r} \right) - \frac{\partial}{\partial r}\left(r\frac{\partial \gamma_{r\theta}}{\partial \theta} \right) = 0$$

根据式（a）可以计算出

$$\frac{\partial^2 \varepsilon_r}{\partial \theta^2} - r\frac{\partial \varepsilon_r}{\partial r} = \frac{2}{E}\left[(1+v)\frac{A}{r^2} - (1-v)B \right]$$

类似地，根据式（b）和式（c）可以得到

$$\frac{\partial}{\partial r}\left(r^2 \frac{\partial \varepsilon_\theta}{\partial r} \right) = \frac{2}{E}\left[-(1+v)\frac{A}{r^2} + (1-v)B \right], \quad \frac{\partial}{\partial r}\left(r\frac{\partial \gamma_{r\theta}}{\partial \theta} \right) = 0$$

综合上述结果可以得到

$$\left(\frac{\partial^2 \varepsilon_r}{\partial \theta^2} - r\frac{\partial \varepsilon_r}{\partial r}\right) + \frac{\partial}{\partial r}\left(r^2 \frac{\partial \varepsilon_\theta}{\partial r}\right) - \frac{\partial}{\partial r}\left(r\frac{\partial \gamma_{r\theta}}{\partial \theta}\right) \equiv 0$$

也就是说，给定的应变式（a）、（b）、（c）恒满足应变协调方程。

但是注意到，式（a）和式（b）两个正应变式均有一个奇异点 $r = 0$。因此，为保证位移单值可积，还需要满足有关积分沿绕奇异点的环路结果为零的条件。为便于理解，我们转化到直角坐标系中进行讨论。

根据直角坐标系和柱坐标系中应变分量之间的关系式（2.5.1）的逆形式，同时注意到 $\gamma_{r\theta} = 0$，因此有

$$\varepsilon_x = \varepsilon_r \cos^2\theta + \varepsilon_\theta \sin^2\theta$$
$$= \frac{1}{E}\left[(1+v)\frac{A}{r^2}\cos(2\theta) + (1-3v)B + 2(1+v)B\sin^2\theta + 2(1-v)B\ln r + 2(1-v)C\right]$$
$$\varepsilon_y = \varepsilon_r \sin^2\theta + \varepsilon_\theta \cos^2\theta$$
$$= \frac{1}{E}\left[-(1+v)\frac{A}{r^2}\cos(2\theta) + (1-3v)B + 2(1+v)B\cos^2\theta + 2(1-v)B\ln r + 2(1-v)C\right]$$
$$\gamma_{xy} = 2(\varepsilon_r - \varepsilon_\theta)\sin\theta \cdot \cos\theta$$
$$= \frac{2(1+v)}{E}\left(\frac{A}{r^2} - B\right)\sin(2\theta)$$

首先，我们来计算从圆环（或圆盘）上任意点 P_0（坐标为 $(r_0, 0)$）出发，沿 $r = r_0$ 的环路 c_1（图 2.8.5）绕奇异点（原点）一圈后，x 方向位移 u 的变化。记 P_0 点 x 方向位移为 u_0，则由式（2.8.20）可知，沿环路 c_1 绕奇异点一圈后，u 的值为

$$u = u_0 + \oint_{c_1}\varepsilon_x dx + \left[\int\frac{\partial \varepsilon_x}{\partial y}dx + \left(\frac{\partial \gamma_{xy}}{\partial y} - \frac{\partial \varepsilon_y}{\partial x}\right)dy\right]dy \qquad (d)$$

利用直角坐标的偏导数和柱坐标偏导数之间的关系式（2.5.3），有

$$\frac{\partial \varepsilon_x}{\partial y} = \left(\sin\theta\frac{\partial}{\partial r} + \frac{\cos\theta}{r}\frac{\partial}{\partial \theta}\right)\frac{1}{E}\left[(1+v)\frac{A}{r^2}\cos(2\theta) + 2(1+v)B\sin^2\theta + 2(1-v)B\ln r\right]$$
$$= \frac{2}{Er}\left[-(1+v)\frac{A}{r^2}\sin(3\theta) + (1-v)B\sin\theta + (1+v)B\sin(2\theta)\cos\theta\right]$$

$$\frac{\partial \gamma_{xy}}{\partial y} = \left(\sin\theta\frac{\partial}{\partial r} + \frac{\cos\theta}{r}\frac{\partial}{\partial \theta}\right)\frac{2(1+v)}{E}\left(\frac{A}{r^2} - B\right)\sin(2\theta)$$
$$= -\frac{4(1+v)}{Er}\left(\frac{A}{r^2}\cos(3\theta) + B\cos(2\theta)\cos\theta\right)$$

$$\frac{\partial \varepsilon_y}{\partial x} = \left(\cos\theta\frac{\partial}{\partial r} - \frac{\sin\theta}{r}\frac{\partial}{\partial \theta}\right)\frac{1}{E}\left[-(1+v)\frac{A}{r^2}\cos(2\theta) + 2(1+v)B\cos^2\theta + 2(1-v)B\ln r\right]$$
$$= \frac{2}{Er}\left[(1+v)\frac{A}{r^2}\cos(3\theta) + (1-v)B\cos\theta + (1+v)B\sin(2\theta)\sin\theta\right]$$

$$\frac{\partial \gamma_{xy}}{\partial y} - \frac{\partial \varepsilon_y}{\partial x} = -\frac{2}{Er}\left[\frac{3(1+v)A}{r^2}\cos(3\theta) + (1+v)B\cos(2\theta)\cos\theta + 2B\cos\theta\right]$$

根据上述结果可以得到有关不定积分为

$$\int\frac{\partial \varepsilon_x}{\partial y}dx = \int\frac{2}{E}\left[(1+v)\frac{A}{r^2}\sin(3\theta) - (1-v)B\sin\theta - (1+v)B\sin(2\theta)\cos\theta\right]\sin\theta d\theta$$

$$= \frac{2}{E}\Big[(1+v)\frac{A}{r^2}\Big(\frac{\sin(2\theta)}{4} - \frac{\sin(4\theta)}{8} \Big) - (1-v)B\Big(\frac{\theta}{2} - \frac{\sin(2\theta)}{4} \Big) - \frac{(1+v)B}{2}\Big(\frac{\theta}{2} - \frac{\sin(4\theta)}{8} \Big) \Big] + C_1$$

$$\int \Big(\frac{\partial \gamma_{xy}}{\partial y} - \frac{\partial \varepsilon_y}{\partial x} \Big)\mathrm{d}y = \int -\frac{2}{E}\Big[\frac{3(1+v)A}{r^2}\cos(3\theta) + (1+v)B\cos(2\theta)\cos\theta + 2B\cos\theta \Big]\cos\theta\mathrm{d}\theta$$

$$= -\frac{2}{E}\Big[\frac{3(1+v)A}{r^2}\Big(\frac{\sin(2\theta)}{4} + \frac{\sin(4\theta)}{8} \Big) - (1+v)B\Big(\frac{\theta}{8} + \frac{\sin(2\theta)}{16} - \frac{\cos^3\theta\sin\theta}{4} \Big) +$$

$$B(\theta + \sin(2\theta)) \Big] + C_2$$

利用积分恒等式

$$\int_0^{2\pi} \sin\theta\mathrm{d}\theta = 0 , \quad \int_0^{2\pi} \sin^3\theta\mathrm{d}\theta = 0 , \quad \int_0^{2\pi} \sin m\theta\cos n\theta\mathrm{d}\theta = 0 ,$$

$$\int_0^{2\pi} \theta\cos\theta\mathrm{d}\theta = 0 , \quad \int_0^{2\pi} \cos^3\theta\sin\theta\cos\theta\mathrm{d}\theta = 0$$

容易得到

$$\oint_{c_1} \varepsilon_x\ \mathrm{d}x = -\int_0^{2\pi} \varepsilon_x r\sin\theta\mathrm{d}\theta \equiv 0$$

$$\oint_{c_1}\Big[\int \frac{\partial \varepsilon_x}{\partial y}\mathrm{d}x + \Big(\frac{\partial \gamma_{xy}}{\partial y} - \frac{\partial \varepsilon_y}{\partial x} \Big)\mathrm{d}y \Big]\mathrm{d}y = \int_0^{2\pi}\Big[\int \frac{\partial \varepsilon_x}{\partial y}\mathrm{d}x + \Big(\frac{\partial \gamma_{xy}}{\partial y} - \frac{\partial \varepsilon_y}{\partial x} \Big)\mathrm{d}y \Big]r\cos\theta\mathrm{d}\theta \equiv 0$$

因此，式（d）右端所有积分均恒为零，即

$$u \equiv u_0$$

下面，我们再来看 y 方向的位移分量 v。记 P_0 点 y 方向位移为 v_0，则由式（2.8.21）可知，沿环路 c_1 绕奇异点一圈后，v 的值为

$$v = v_0 + \oint_{c_1}\Big[\int \Big(\frac{\partial \gamma_{xy}}{\partial x} - \frac{\partial \varepsilon_x}{\partial y} \Big)\mathrm{d}x + \frac{\partial \varepsilon_y}{\partial x}\mathrm{d}y \Big]\mathrm{d}x + \varepsilon_y\mathrm{d}y \tag{e}$$

同样地，利用直角坐标的偏导数和柱坐标偏导数之间的关系式（2.5.3），有

$$\frac{\partial \gamma_{xy}}{\partial x} = \Big(\cos\theta\frac{\partial}{\partial r} - \frac{\sin\theta}{r}\frac{\partial}{\partial \theta} \Big)\frac{2(1+v)}{E}\Big(\frac{A}{r^2} - B \Big)\sin(2\theta)$$

$$= -\frac{4(1+v)}{Er}\Big(\frac{A}{r^2}\sin(3\theta) - B\cos(2\theta)\sin\theta \Big)$$

$$\frac{\partial \gamma_{xy}}{\partial x} - \frac{\partial \varepsilon_x}{\partial y} = \frac{2}{Er}\Big[B(1+v)\cos(2\theta)\sin\theta - (1+v)\frac{A}{r^2}\sin(3\theta) - 2B\sin\theta \Big]$$

结合前面的结果，可以计算有关不定积分得到

$$\int \frac{\partial \varepsilon_y}{\partial x}\mathrm{d}y = \int \frac{2}{Er}\Big[(1+v)\frac{A}{r^2}\cos(3\theta) + (1-v)B\cos\theta + (1+v)B\sin(2\theta)\sin\theta \Big]r\cos\theta\mathrm{d}\theta$$

$$= \frac{2}{E}\Big[(1+v)\frac{A}{r^2}\Big(\frac{\sin(2\theta)}{4} + \frac{\sin(4\theta)}{8} \Big) + (1-v)B\Big(\frac{\theta}{2} + \frac{\sin(2\theta)}{4} \Big) + \frac{1+v}{2}B\Big(\frac{\theta}{2} - \frac{\sin(4\theta)}{8} \Big) \Big] + C_3$$

$$\int \Big(\frac{\partial \gamma_{xy}}{\partial x} - \frac{\partial \varepsilon_x}{\partial y} \Big)\mathrm{d}x = \int \frac{2}{Er}\Big[(1+v)\frac{A}{r^2}\sin(3\theta) + 2B\sin\theta - B(1+v)\cos(2\theta)\sin\theta \Big]r\sin\theta\mathrm{d}\theta$$

$$= \frac{2}{Er}\Big[(1+v)\frac{A}{r}\Big(\frac{\sin(2\theta)}{4} - \frac{\sin(4\theta)}{8}\Big) + B\Big(\theta - \frac{\sin(2\theta)}{2}\Big) - $$

$$\frac{1}{2}B(1+v)\Big(\frac{\theta}{2} - \frac{\sin(2\theta)}{4} - \sin(3\theta)\cos\theta\Big)\Big] + C_4$$

类似地，利用积分恒等式

$$\int_0^{2\pi}\cos\theta\mathrm{d}\theta = 0, \int_0^{2\pi}\cos^3\theta\mathrm{d}\theta = 0, \int_0^{2\pi}\sin(m\theta)\sin(n\theta)\mathrm{d}\theta = 0, m\neq n, \int_0^{2\pi}\theta\sin\theta\mathrm{d}\theta = -2\pi$$

容易得到

$$\oint_{c_1}\varepsilon_y\mathrm{d}y = \int_0^{2\pi}\varepsilon_y r\cos\theta\mathrm{d}\theta = 0$$

$$\oint_{c_1}\Big[\int\Big(\frac{\partial\gamma_{xy}}{\partial x} - \frac{\partial\varepsilon_x}{\partial y}\Big)\mathrm{d}x + \frac{\partial\varepsilon_y}{\partial x}\mathrm{d}y\Big]\mathrm{d}x = -\int_0^{2\pi}\Big[\int\Big(\frac{\partial\gamma_{xy}}{\partial x} - \frac{\partial\varepsilon_x}{\partial y}\Big)\mathrm{d}x + \frac{\partial\varepsilon_y}{\partial x}\mathrm{d}y\Big]r\sin\theta\mathrm{d}\theta$$

$$= -\frac{3-v}{E}B\int_0^{2\pi}\theta\sin\theta\mathrm{d}\theta = \frac{3-v}{E}2\pi B$$

因此，完成式（e）右端所有积分后得到

$$v = v_0 + \frac{3-v}{E}2\pi B$$

为了保证位移在绕奇异点（原点）后保持单值，必须有 $B = 0$。

2.9 柱坐标和球坐标系下的应变协调方程

通过坐标变换，我们可以由直角坐标系下的应变协调方程获得柱坐标和球坐标系下的应变协调方程。这里忽略推导过程，直接给出结果如下。

（1）柱坐标系下的应变协调方程：

$$\begin{cases} r\dfrac{\partial^2\gamma_{\theta z}}{\partial\theta\partial z} + r\dfrac{\partial\gamma_{zr}}{\partial z} - r^2\dfrac{\partial^2\varepsilon_\theta}{\partial z^2} - \dfrac{\partial^2\varepsilon_z}{\partial\theta^2} - r\dfrac{\partial\varepsilon_z}{\partial r} = 0 \\[2mm] \dfrac{\partial^2\gamma_{rz}}{\partial r\partial z} - \dfrac{\partial^2\varepsilon_z}{\partial r^2} - \dfrac{\partial^2\varepsilon_r}{\partial z^2} = 0 \\[2mm] \Big(\dfrac{\partial^2}{\partial\theta^2} - r\dfrac{\partial}{\partial r}\Big)\varepsilon_r + \dfrac{\partial}{\partial r}\Big(r^2\dfrac{\partial\varepsilon_\theta}{\partial r}\Big) - \dfrac{\partial}{\partial r}\Big(r\dfrac{\partial\gamma_{r\theta}}{\partial\theta}\Big) = 0 \\[2mm] 2r\dfrac{\partial^2\varepsilon_r}{\partial\theta\partial z} + r^2\dfrac{\partial}{\partial r}\Big[\dfrac{1}{r}\Big(\dfrac{\partial}{\partial r}r\gamma_{\theta z}\Big)\Big] - r^2\dfrac{\partial}{\partial r}\Big(\dfrac{1}{r}\dfrac{\partial\gamma_{zr}}{\partial\theta}\Big) - \dfrac{\partial}{\partial r}\Big(r^2\dfrac{\partial\gamma_{r\theta}}{\partial z}\Big) = 0 \\[2mm] 2r\dfrac{\partial}{\partial r}\Big(r\dfrac{\partial\varepsilon_\theta}{\partial z}\Big) - 2r\dfrac{\partial\varepsilon_r}{\partial z} - \dfrac{\partial}{\partial r}\Big(r\dfrac{\partial\gamma_{z\theta}}{\partial\theta}\Big) + \dfrac{\partial^2\gamma_{zr}}{\partial\theta^2} - r\dfrac{\partial^2\gamma_{\theta r}}{\partial\theta\partial z} = 0 \\[2mm] 2r\dfrac{\partial}{\partial r}\Big(r\dfrac{\partial\varepsilon_z}{\partial\theta}\Big) - r^2\dfrac{\partial}{\partial r}\Big(\dfrac{1}{r}\dfrac{\partial\gamma_{z\theta}}{\partial z}\Big) - \dfrac{\partial^2\gamma_{zr}}{\partial\theta\partial z} + r\dfrac{\partial^2\gamma_{\theta r}}{\partial z^2} = 0 \end{cases} \tag{2.9.1}$$

（2）球坐标系下的应变协调方程：

$$\begin{cases} \dfrac{1}{r^2 s_\theta^2}\dfrac{\partial^2(\gamma_{\theta\varphi}s_\theta)}{\partial\theta\partial\varphi} + \dfrac{1}{r^2 s_\theta}\dfrac{\partial(\gamma_{r\theta}s_\theta)}{\partial\theta} + \dfrac{1}{r^2 s_\theta}\dfrac{\partial\gamma_{r\varphi}}{\partial\varphi} - \dfrac{1}{r^2 s_\theta^2}\dfrac{\partial^2\varepsilon_\theta}{\partial\varphi^2} - \dfrac{1}{r^3}\dfrac{\partial(r^2\varepsilon_\theta)}{\partial r} + \\[3mm] \qquad \dfrac{c_\theta}{r^2 s_\theta}\dfrac{\partial\varepsilon_\theta}{\partial\theta} - \dfrac{1}{r^2 s_\theta^2}\dfrac{\partial\left(s_\theta^2\dfrac{\partial\varepsilon_\varphi}{\partial\theta}\right)}{\partial\theta} - \dfrac{1}{r}\dfrac{\partial\varepsilon_\varphi}{\partial r} + \dfrac{2}{r^2}\varepsilon_r = 0 \\[4mm] \dfrac{1}{r^2 s_\theta^2}\dfrac{\partial^2(r\gamma_{r\varphi})}{\partial r\partial\varphi} + \dfrac{c_\theta}{r^2 s_\theta}\dfrac{\partial(r\gamma_{r\theta})}{\partial r} - \dfrac{1}{r^2}\dfrac{\partial}{\partial r}\left(r^2\dfrac{\partial\varepsilon_\varphi}{\partial r}\right) - \dfrac{1}{r^2 s_\theta^2}\dfrac{\partial^2\varepsilon_r}{\partial\varphi^2} + \dfrac{1}{r}\dfrac{\partial\varepsilon_r}{\partial r} - \dfrac{c_\theta}{r^2 s_\theta}\dfrac{\partial\varepsilon_r}{\partial\theta} = 0 \\[4mm] \dfrac{1}{r^2}\dfrac{\partial^2(r\gamma_{r\theta})}{\partial r\partial\theta} - \dfrac{1}{r^2}\dfrac{\partial^2\varepsilon_r}{\partial\theta^2} + \dfrac{1}{r}\dfrac{\partial\varepsilon_r}{\partial r} - \dfrac{1}{r^2}\dfrac{\partial}{\partial r}\left(r^2\dfrac{\partial\varepsilon_\theta}{\partial r}\right) = 0 \\[4mm] \dfrac{2}{r^2}\dfrac{\partial^2}{\partial\varphi\partial\theta}\left(\dfrac{\varepsilon_r}{s_\theta}\right) + \dfrac{1}{r^2}\dfrac{\partial(r^2\gamma_{\theta\varphi})}{\partial r} - \dfrac{s_\theta}{r^2}\dfrac{\partial^2}{\partial r\partial\theta}\left(r\dfrac{\gamma_{r\varphi}}{s_\theta}\right) - \dfrac{1}{r^2 s_\theta}\dfrac{\partial^2}{\partial r\partial\varphi}(r\gamma_{r\theta}) = 0 \\[4mm] \dfrac{2}{r s_\theta}\dfrac{\partial^2\varepsilon_\theta}{\partial r\partial\varphi} - \dfrac{2}{r^2 s_\theta}\dfrac{\partial\varepsilon_r}{\partial\varphi} - \dfrac{1}{r s_\theta^2}\dfrac{\partial^2}{\partial r\partial\theta}(\gamma_{\theta\varphi}s_\theta^2) + \dfrac{1}{r^2 s_\theta}\dfrac{\partial}{\partial\varphi}\left(s_\theta\dfrac{\partial\gamma_{r\varphi}}{\partial\theta}\right) - \\[3mm] \qquad \dfrac{c_{2\theta}}{r^2 s_\theta^2}\gamma_{r\varphi} - \dfrac{1}{r^2}\dfrac{\partial^2}{\partial\varphi\partial\theta}\left(\dfrac{\gamma_{r\theta}}{s_\theta}\right) = 0 \\[4mm] \dfrac{2}{r s_\theta}\dfrac{\partial^2(\varepsilon_\varphi s_\theta)}{\partial r\partial\theta} - \dfrac{2}{r^2}\dfrac{\partial\varepsilon_r}{\partial\theta} - \dfrac{2c_\theta}{r s_\theta}\dfrac{\partial\varepsilon_\theta}{\partial r} - \dfrac{1}{r s_\theta}\dfrac{\partial^2\gamma_{\theta\varphi}}{\partial r\partial\varphi} - \dfrac{1}{r^2 s_\theta^2}\dfrac{\partial^2}{\partial\varphi\partial\theta}(\gamma_{r\varphi}s_\theta) + \\[3mm] \qquad \dfrac{1}{r^2 s_\theta^2}\dfrac{\partial^2\gamma_{r\theta}}{\partial\varphi^2} + \dfrac{2}{r^2}\gamma_{r\theta} = 0 \end{cases} \tag{2.9.2}$$

注意与式（1.4.14）相同，上面各式中的 s_θ 和 c_θ 分别表示的是 $\sin\theta$ 和 $\cos\theta$。

值得指出的是，根据哈密顿算子及其与应变张量的叉积运算的定义，柱坐标系和球坐标系中的应变协调方程也可以记成形如式（2.8.33）的统一形式，即

$$\nabla \times \boldsymbol{e} \times \nabla = 0$$

只是要注意哈密顿算子应该采用对应于柱坐标系和球坐标系下的形式，并且注意这两种曲线坐标系的单位基向量可能是随坐标位置变化的，在进行求导运算时不能像直角坐标系中那样视为常数，因此整个过程要复杂得多。

习题二

2.1 采用直接法，推导出柱坐标系中的格林应变 [式（2.4.11）] 和球坐标系中的格林应变 [式（2.4.47）]。

2.2 采用坐标变换的方法，根据直角坐标系中的几何方程，推导出球坐标系中的几何方程。

2.3 引入球坐标系的哈密顿算子，验证球坐标系下的柯西应变可以记为 $\boldsymbol{e} = \dfrac{1}{2}(\nabla\boldsymbol{u} + \boldsymbol{u}\nabla)$，而格林应变可以记成 $\boldsymbol{E} = \dfrac{1}{2}(\nabla\boldsymbol{u} + \boldsymbol{u}\nabla + \nabla\boldsymbol{u}\cdot\boldsymbol{u}\nabla)$。

2.4 位移场为坐标线性函数的变形称为均匀变形。证明：均匀变形 $u_i = A_{ij}x_j$（其中 A_{ij} 的各分量为常数）具有如下性质：（a）直线在变形后仍然是直线；（b）相同方向的直线按同样的比例伸缩；（c）平行直线在变形后仍然平行；（d）平面在变形后仍为平面；（e）平行平面在变形后仍然平行。

2.5 假设某弹性体的位移场为

$$\begin{cases} u = N_i(x,y)u_i \\ v = N_i(x,y)v_i, \quad i = 1,2,3,4 \text{ 为哑标} \\ w = 0 \end{cases}$$

其中，$N_1 = \dfrac{1}{4}(1-x)(1-y)$，$N_2 = \dfrac{1}{4}(1+x)(1-y)$，$N_3 = \dfrac{1}{4}(1+x)(1+y)$，$N_4 = \dfrac{1}{4}(1-x)(1+y)$，且 u_i，v_i 为已知量，试求该弹性体的柯西应变场。

2.6 试由柯西形变向量 $\boldsymbol{e}_n$ 在 $\boldsymbol{n}$ 方向上的投影取极值导出柯西应变矩阵的特征值问题。

2.7 对于平面应变状态（$\varepsilon_3 = \gamma_{13} = \gamma_{23} = 0$），如果已知平面内 0°，45° 和 90° 方向的正应变，试求主应变的大小及方向。画出此状态的应变莫尔圆。

2.8 假定某物体的柯西应变分量为 $\varepsilon_{11} = \varepsilon_{22} = \varepsilon_{33} = \alpha T(x,y,z)$；$\gamma_{12} = \gamma_{31} = \gamma_{32} = 0$。试根据应变协调方程确定 T 的函数形式。

2.9 由以下应变确定物体中的位移：

$$\varepsilon_{11} = ax_1, \quad \varepsilon_{22} = bx_2, \quad \varepsilon_{33} = cx_3, \quad \gamma_{12} = \gamma_{23} = \gamma_{31} = 0$$

其中，a，b，c 为常数。

2.10 验证应变协调方程可以记为以下指标形式，其中 ε_{mjk} 和 ε_{nil} 为轮换指标，e_{ij} 为柯西应变张量：$\varepsilon_{mjk}\varepsilon_{nil}e_{ij,kl} = 0$。

2.11 假定应变分量通过以下关系由函数 $\varphi(x_1, x_2)$ 确定：

$$\varepsilon_{11} = \frac{1}{E}\left(\frac{\partial^2 \varphi}{\partial x_2^2} - \nu \frac{\partial^2 \varphi}{\partial x_1^2}\right), \varepsilon_{22} = \frac{1}{E}\left(\frac{\partial^2 \varphi}{\partial x_1^2} - \nu \frac{\partial^2 \varphi}{\partial x_2^2}\right), \gamma_{12} = -\frac{2(1+\nu)}{E}\frac{\partial^2 \varphi}{\partial x_1 \partial x_2},$$

$$\varepsilon_{33} = \gamma_{32} = \gamma_{31} = 0$$

试确定函数 $\varphi(x_1, x_2)$ 应满足的方程，其中 E，ν 为常数。

第三章

弹性体的变形与受力的关系

物体的变形可以由多种原因产生，例如受到外力、温度变化、湿度变化或者发生相变等。本章首先介绍物体的变形过程完全由受力造成，同时外力的作用没有造成物体温度、湿度变化或相变等其他能引起物体变形的因素产生，在此基础上我们给出物体的变形与受力的关系，然后我们再介绍温度变化造成的变形与温度变化量的关系。

前面两章已经阐明，物体上一点处的变形程度和受力状态分别可以采用应变张量和应力张量表示。因此，物体的变形和受力的关系即是关于一点处的应变张量和应力张量之间的关系，而变形与温度变化的关系，实际上也就是应变张量与温度变化标量之间的关系。这种应力—应变关系或温变—应变关系反映了材料的宏观性质，通常也称为材料的**本构关系**或**本构方程**。

3.1　线性各向同性材料的应力—应变关系

对于大多数材料，在外力不太大的情况下，结构具有线弹性性质，即结构的变形和外力的大小成正比，在外力卸除后，结构变形能完全消失。另外，工程中许多材料的变形和外力的关系还与方向无关，我们称这种与方向无关的性质为**各向同性**。各向同性的线弹性材料是最简单的材料类型。

下面，回顾几个在材料力学中介绍过的简单试验，我们要通过这几个简单试验获得线性各向同性材料在特殊受力和变形状态下一点的应力—应变关系，然后在此基础上推出这种材料在一般情况下的应力—应变关系。

1. 直杆的简单（单向）拉伸试验

首先，我们来看直杆的简单（单向）拉伸试验。如图 3.1.1 所示，长为 l，截面宽为 w，高为 h 的矩形截面直杆是一个标准试验件的中间段，通常称为试验段。试验设计能够保证在该段两端的拉力基本为均匀拉力。

为了便于观测结构的变形，建立如图 3.1.1 所示的坐标系，并在试件表面刻画一系列平行于坐标轴线的网格线（为图面清晰起见，图中未画出）。试验表明，杆件在缓慢施加的轴向拉力作用下，轴向尺寸将均匀增大而横向尺寸将均匀缩小，变形前互相垂直的网格线变形后仍保持互相垂直。变形后的试验段如图中虚线所示。令试验机拉力为 F，直杆长度伸长量为 Δl，两个端面尺寸的缩短量分别为 Δw 和 Δh。通过试验可以测得，当 F 不是很大时，F 和 Δl 基本呈线性关系，即

$$F = k \cdot \Delta l \tag{3.1.1}$$

建立如图 3.1.1 所示的坐标系，根据应变的定义，可以得到物体上任意点处的应变为

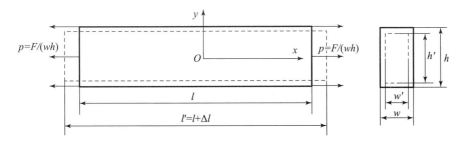

图 3.1.1 矩形截面杆的简单拉伸试验

$$\varepsilon_x = \frac{\Delta l}{l}, \; \varepsilon_y = -\frac{\Delta h}{h}, \; \varepsilon_z = -\frac{\Delta w}{w}, \; \gamma_{xy} = \gamma_{yz} = \gamma_{zx} = 0 \tag{3.1.2}$$

试验结果分析还表明，横截面的两个方向的正应变相等，并且数值上与杆段的轴向正应变呈线性关系，即

$$\varepsilon_y = \varepsilon_z = -\nu \varepsilon_x \tag{3.1.3}$$

由于所取杆段的两端拉力均匀分布，在材料均匀的情况下可以推断杆段内的任意一点处的应力为

$$\sigma_x = \frac{F}{wh}, \; \sigma_y = \sigma_z = 0, \; \tau_{xy} = \tau_{yz} = \tau_{zx} = 0 \tag{3.1.4}$$

将式（3.1.1）代入式（3.1.4）后可以得到轴向正应力与应变的关系为

$$\sigma_x = \frac{k \cdot \Delta l}{wh} = \frac{kl}{wh} \frac{\Delta l}{l} = \frac{kl}{wh} \varepsilon_x \tag{3.1.5}$$

令 $E = \dfrac{kl}{wh}$，则有

$$\sigma_x = E \varepsilon_x \tag{3.1.6}$$

或者

$$\varepsilon_x = \frac{\sigma_x}{E}, \; \varepsilon_y = \varepsilon_z = -\frac{\nu}{E} \sigma_x \tag{3.1.7}$$

大量试验统计表明，上述 E 和 ν 都只与杆件的材料有关，而与杆件的尺寸以及载荷的大小无关，分别称为材料的**弹性模量**和**横向收缩系数**。其中式（3.1.6）是 1807 年英国物理学家托马斯·杨（Thomas Young）首先得到的，而式（3.1.3）则是由法国科学家泊松（Simon Denis Poisson）最先发现并提出的。为了纪念杨和泊松所做的贡献，这两个参数现在也分别称为**杨氏模量**和**泊松比**。

2. 薄壁圆筒纯剪切试验

如图 3.1.2 所示，一个长为 l，截面面积为 A 的薄壁直圆筒受扭矩 M 的作用。由于壁很薄，我们不加区分地将其内外半径统一记为 r。与前面的直杆一样，这个圆筒也是一个标准试验件的中间段。试验设计能够保证在该圆筒段两端的剪切力基本为均匀分布。为便于观测变形情况，也可以在试件表面刻画一系列平行于轴线和圆周的网格线。

试验表明，薄壁圆筒在缓慢施加的扭转载荷作用下，沿轴向和周向的尺寸都基本没有变化，只是各个横截面发生相对的转动，圆筒上任意纵向线向周向线转过 γ 角度，如图中虚线所示。令试验机扭矩为 M，圆筒两个端面的相对转动角度 φ，通过试验可以测得，当 M 不是很大时，M 和 φ 基本呈线性关系，即

$$M = k\varphi \tag{3.1.8}$$

建立如图 3.1.2 所示的坐标系，根据应变的定义，可以得到圆筒上任意点处的应变为

$$\varepsilon_r = \varepsilon_\theta = \varepsilon_z = 0, \quad \gamma_{r\theta} = \gamma_{zr} = 0, \quad \gamma_{\theta z} \approx \gamma = \frac{r\varphi}{l} \tag{3.1.9}$$

在材料均匀的情况下，假定两端剪切力均匀分布，根据静力平衡条件，可以得到物体上任意点处的应力为

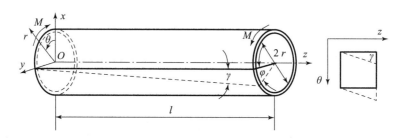

图 3.1.2   薄壁圆筒的纯剪切试验

$$\sigma_r = \sigma_\theta = \sigma_z = 0, \quad \tau_{r\theta} = \tau_{zr} = 0, \quad \tau_{\theta z} = \frac{M}{Ar} \tag{3.1.10}$$

综合式（3.1.8）~式（3.1.10），可以得到

$$\tau_{\theta z} = \frac{M}{Ar} = \frac{k\varphi}{Ar} = \frac{kl}{Ar^2}\gamma_{z\theta}$$

令 $G = \dfrac{kl}{Ar^2}$，则上式可以记为

$$\tau_{\theta z} = G\gamma_{\theta z} \quad \text{或} \quad \gamma_{\theta z} = \frac{\tau_{\theta z}}{G} \tag{3.1.11}$$

同样地，大量试验统计表明，上述 G 只与薄壁圆筒的材料有关，而与其尺寸以及载荷的大小无关。由于 G 值描述了剪应变和剪应力之间的关系，我们称其为材料的**剪切模量**。

通过坐标变换，可以得到对应于式（3.1.9）和式（3.1.10）的应变状态和应力状态在图 3.1.2 直角坐标系中的表示为

$$\varepsilon_x = \varepsilon_y = \varepsilon_z = 0, \quad \gamma_{yz} = \gamma_{\theta z}\cos\theta, \quad \gamma_{zx} = -\gamma_{\theta z}\sin\theta, \quad \gamma_{xy} = 0$$

$$\sigma_x = \sigma_y = \sigma_z = 0, \quad \tau_{yz} = \tau_{\theta z}\cos\theta, \quad \tau_{zx} = -\tau_{\theta z}\sin\theta, \quad \tau_{xy} = 0$$

由此也可以得到

$$\tau_{yz} = \tau_{\theta z}\cos\theta = G\gamma_{\theta z}\cos\theta = G\gamma_{yz}, \quad \tau_{zx} = -\tau_{\theta z}\sin\theta = -G\gamma_{\theta z}\sin\theta = G\gamma_{zx} \tag{3.1.12}$$

或者

$$\gamma_{yz} = \frac{\tau_{yz}}{G}, \quad \gamma_{zx} = \frac{\tau_{zx}}{G} \tag{3.1.13}$$

3. 一般情况下线性各向同性材料的应力—应变关系

上述简单试验表明，在弹性范围内，正应变只与正应力有关，剪应变只与剪应力有

关。由此可以推断，如果材料是各向同性的，则当结构上一点仅作用其他应力分量时产生的应变分别为

$$\sigma_y \text{ 单独作用时：} \varepsilon_x = -\frac{\nu}{E}\sigma_y, \ \varepsilon_y = \frac{\sigma_y}{E}, \ \varepsilon_z = -\frac{\nu}{E}\sigma_y \tag{3.1.14}$$

$$\sigma_z \text{ 单独作用时：} \varepsilon_x = -\frac{\nu}{E}\sigma_z, \ \varepsilon_y = -\frac{\nu}{E}\sigma_z, \ \varepsilon_z = \frac{\sigma_z}{E} \tag{3.1.15}$$

$$\tau_{xy} \text{单独作用时：} \gamma_{xy} = \frac{\tau_{xy}}{G} \tag{3.1.16}$$

但是，对于结构处于更一般的三维应力状态时，由于试验加载和测量的困难，我们无法直接通过试验获得材料的一般应力和应变的关系。为此，假设各应力分量的作用满足叠加原理，这样在理论上可以推广得到一般的应力—应变关系为

$$\begin{cases} \varepsilon_x = \dfrac{\sigma_x}{E} - \dfrac{\nu}{E}(\sigma_y + \sigma_z) \\[2mm] \varepsilon_y = \dfrac{\sigma_y}{E} - \dfrac{\nu}{E}(\sigma_x + \sigma_z) \\[2mm] \varepsilon_z = \dfrac{\sigma_z}{E} - \dfrac{\nu}{E}(\sigma_x + \sigma_y) \\[2mm] \gamma_{xy} = \dfrac{\tau_{xy}}{G}, \ \gamma_{yz} = \dfrac{\tau_{yz}}{G}, \ \gamma_{zx} = \dfrac{\tau_{zx}}{G} \end{cases} \tag{3.1.17}$$

反过来，我们也可以将式（3.1.17）写成用应变表示应力的形式，即

$$\begin{cases} \sigma_x = \dfrac{E}{1+\nu}\varepsilon_x + \dfrac{E\nu}{(1+\nu)(1-2\nu)}(\varepsilon_x + \varepsilon_y + \varepsilon_z) \\[2mm] \sigma_y = \dfrac{E}{1+\nu}\varepsilon_y + \dfrac{E\nu}{(1+\nu)(1-2\nu)}(\varepsilon_x + \varepsilon_y + \varepsilon_z) \\[2mm] \sigma_z = \dfrac{E}{1+\nu}\varepsilon_z + \dfrac{E\nu}{(1+\nu)(1-2\nu)}(\varepsilon_x + \varepsilon_y + \varepsilon_z) \\[2mm] \tau_{xy} = G\gamma_{xy} \quad \tau_{yz} = G\gamma_{yz} \quad \tau_{zx} = G\gamma_{zx} \end{cases} \tag{3.1.18}$$

上述三维应力—应变关系也称为**广义胡克（Hooke）定律**。

至此，我们似乎已经获得仅有作用力时弹性体上一点的变形和受力的关系，但需要注意的是上述结果是在材料为各向同性的假设基础上的，对于一种未知的材料，如何来测定它是否为各向同性的呢？当还不能确定它为各向同性材料时，当然可以设想对试验件在不同方向上加载（或者在一块材料上选取不同方向上的材料加工成试验件），但显然，无论如何也不能完成所有方向上的测定，除非具有相关理论的指导，否则便不能仅通过试验断定一种材料是否为各向同性的。

另外，如果知道某种材料不是各向同性的，即各向异性的，因此在不同方向 n 上所测得材料参数可能是不同的，我们不妨记为 E_n，ν_n 和 G_n 等，那么对这种材料究竟要测得多少个方向上的材料参数才能完整地描述其应力—应变关系呢？

另外，即便是各向同性材料，上述测得的材料参数 E、ν 和 G 是否相互独立，还是存在某种内在关系？这些问题很难仅通过试验得到答案，我们仍有必要研究有关变形体应

力—应变关系的更一般理论，以实现对试验设计和方法上的指导。

3.2 弹性体应力—应变关系一般理论

3.2.1 变形过程的功和能分析

弹性体的受力变形过程是一个复杂的热力学过程。在这个过程中一般会伴随着物体速度的变化以及物体的生热、热交换，还可能会导致物体的断裂破坏等。为了简化问题的分析，我们在此不考虑变形过程中物体热量的变化，即物体在变形过程中既不生热也不与外界发生热交换，因此物体的温度是恒定的；另外，我们假设物体变形过程中的速度变化足够小，同时也没有发生断裂破坏等。总之，我们假设物体的变形完全由所受的作用力产生，同时假设外部作用力完全用于使物体产生变形。

如图 3.2.1 所示，我们分析任意变形体 Ω，其表面边界为 Γ。在 Ω 内作用有体力 f，在边界 Γ 上作用有面力 p（位移约束总可以等效为相应的面力作用）。假设物体受力变形的过程是一个相对缓慢的过程，过程中始终可以认为物体处于力平衡状态；同时又假定物体在外力作用下的变形过程是一个可逆过程，变形过程中物体上各点的位移 u_i 和作用力（p_i，f_i）是一一对应的函数，如图 3.2.2 所示。变形过程符合上述假定的物体，我们称其为**理想弹性体**。工程中，许多结构在载荷不是太大的情况下都能近似看成理想弹性体。

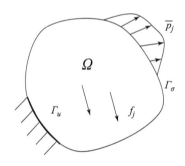

图 3.2.1 作用有面力和体力的变形体

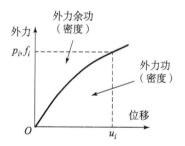

图 3.2.2 外力功和外力余功

在这个基础上，我们来分析外力（体力和面力）作用过程中，物体上各点的位移由 0 变化为 u_i 时外力所做的功为 A，为书写的方便，这里采用指标记法。

根据外力功的定义，A 可以采用下列积分的形式计算：

$$A = \int_{\Gamma} \left(\int_0^{u_j} p_j \mathrm{d}u_j \right) \mathrm{d}\Gamma + \int_{\Omega} \left(\int_0^{u_j} f_j \mathrm{d}u_j \right) \mathrm{d}\Omega$$

$$= \int_{\Gamma} \left(\int_0^{u_j} \sigma_{ij} c_{ni} \mathrm{d}u_j \right) \mathrm{d}\Gamma + \int_{\Omega} \left(\int_0^{u_j} f_j \mathrm{d}u_j \right) \mathrm{d}\Omega \quad （利用边界上柯西公式）$$

$$= \int_{\Omega} \left(\int_0^{u_j} \sigma_{ij} \mathrm{d}u_j \right)_{,i} \mathrm{d}\Omega + \int_{\Omega} \left(\int_0^{u_j} f_j \mathrm{d}u_j \right) \mathrm{d}\Omega \quad （利用高斯公式）$$

$$= \int_{\Omega} \left(\int_0^{u_j} \sigma_{ij,i} \mathrm{d}u_j + \sigma_{ij} \mathrm{d}u_{j,i} \right) \mathrm{d}\Omega + \int_{\Omega} \left(\int_0^{u_j} f_j \mathrm{d}u_j \right) \mathrm{d}\Omega \quad （展开导数运算）$$

$$= \int_{\Omega} \Big[\int_0^{u_j} (\sigma_{ij,i} + f_j) \, \mathrm{d}u_j \Big] \mathrm{d}\Omega + \int_{\Omega} \Big(\int_0^{u_j} \sigma_{ij} \, \mathrm{d}u_{j,i} \Big) \mathrm{d}\Omega \quad \text{（合并同类项）}$$

$$= \int_{\Omega} \Big[\int_0^{u_j} (\sigma_{ij,i} + f_j) \, \mathrm{d}u_j \Big] \mathrm{d}\Omega + \int_{\Omega} \Big[\int_0^{u_j} \frac{1}{2} \sigma_{ij} (\mathrm{d}u_{i,j} + \mathrm{d}u_{j,i}) \Big] \mathrm{d}\Omega \quad \text{（指标运算恒等式）}$$

$$= \int_{\Omega} \Big(\int_0^{e_{ij}} \sigma_{ij} \mathrm{d}e_{ij} \Big) \mathrm{d}V \quad \text{（变量代换，并利用平衡方程和几何方程）}$$

如果令

$$W = \int_0^{e_{ij}} \sigma_{ij} \mathrm{d}e_{ij} \tag{3.2.1}$$

则外力功可以简记为

$$A = \int_{\Omega} W \mathrm{d}\Omega \tag{3.2.2}$$

我们称 W 为**应变能密度函数**，它表示的是变形体单位体积内积累的变形能。

对理想弹性体，在已知变形的情况下（即已知 e_{ij}），W 存在且唯一，也就是说弹性体上任一点，应力对应变的积分与应变的变化过程（对应外力加载过程）无关，根据格林公式有

$$\frac{\partial \sigma_{ij}}{\partial e_{kl}} = \frac{\partial \sigma_{kl}}{\partial e_{ij}}$$

这时，$\sigma_{ij} \mathrm{d}e_{ij}$ 成为 W 的全微分，即

$$\mathrm{d}W = \sigma_{ij} \mathrm{d}e_{ij}$$

如果知道 $W = W(e_{ij})$ 的表达式，则通过求导便可以得到由应变表示的应力

$$\sigma_{ij} = \frac{\partial W}{\partial e_{ij}} \tag{3.2.3}$$

我们当然也可以计算变形过程中外力的余功 $\overline{A}$。根据余功的定义：

$$\overline{A} = \int_{\Gamma} \Big(\int_0^{p_j} u_j \mathrm{d}p_j \Big) \mathrm{d}\Gamma + \int_{\Omega} \Big(\int_0^{f_j} u_j \mathrm{d}f_j \Big) \mathrm{d}\Omega$$

$$= \int_{\Gamma} \Big(\int_0^{\sigma_{ij}} u_j c_{ni} \mathrm{d}\sigma_{ij} \Big) \mathrm{d}\Gamma + \int_{\Omega} \Big(\int_0^{f_j} u_j \mathrm{d}f_j \Big) \mathrm{d}\Omega \quad \text{（利用边界上柯西公式）}$$

$$= \int_{\Omega} \Big(\int_0^{\sigma_{ij}} u_j \mathrm{d}\sigma_{ij} \Big)_{,i} \mathrm{d}\Omega + \int_{\Omega} \Big(\int_0^{f_j} u_j \mathrm{d}f_j \Big) \mathrm{d}\Omega \quad \text{（利用高斯公式）}$$

$$= \int_{\Omega} \Big(\int_0^{\sigma_{ij}} u_{j,i} \mathrm{d}\sigma_{ij} + u_j \mathrm{d}\sigma_{ij,i} \Big) \mathrm{d}\Omega + \int_{\Omega} \Big(\int_0^{f_j} u_j \mathrm{d}f_j \Big) \mathrm{d}\Omega \quad \text{（展开导数运算）}$$

$$= \int_{\Omega} \Big[\int_0^{\sigma_{ij} f_j} u_i \mathrm{d}(\sigma_{ij,i} + f_j) \Big] \mathrm{d}\Omega + \int_{\Omega} \Big[\int_0^{\sigma_{ij}} u_{j,i} \mathrm{d}\sigma_{ij} \Big] \mathrm{d}\Omega \quad \text{（合并同类项）}$$

$$= \int_{\Omega} \Big[\int_0^{\sigma_{ij}} \frac{1}{2} (u_{i,j} + u_{j,i}) \mathrm{d}\sigma_{ij} \Big] \mathrm{d}\Omega \quad \text{（运用平衡方程和指标运算恒等式）}$$

$$= \int_{\Omega} \Big(\int_0^{\sigma_{ij}} e_{ij} \mathrm{d}\sigma_{ij} \Big) \mathrm{d}\Omega \quad \text{（几何方程）}$$

如果令

$$\overline{W} = \int_0^{\sigma_{ij}} e_{ij} \mathrm{d}\sigma_{ij} \tag{3.2.4}$$

则外力余功可以简记为

$$\overline{A} = \int_{\Omega} \overline{W} \mathrm{d}\Omega \tag{3.2.5}$$

我们称 $\overline{W}$ 为**应变余能密度函数**，它表示了单位体积内积累的变形余能。

　　同样地，对理想弹性体，在已知变形的情况下（即已知 σ_{ij}），$\overline{W}$ 存在且唯一，则 e_{ij} $\mathrm{d}\sigma_{ij}$ 应该为 $\overline{W}$ 的全微分，即

$$\mathrm{d}\overline{W} = e_{ij}\mathrm{d}\sigma_{ij}$$

这时根据格林公式自然有

$$\frac{\partial e_{ij}}{\partial \sigma_{kl}} = \frac{\partial e_{kl}}{\partial \sigma_{ij}}$$

而如果知道 $\overline{W} = \overline{W}(\sigma_{ij})$ 的表达式，则通过求导便可以得到由应力表示的应变，即

$$e_{ij} = \frac{\partial \overline{W}}{\partial \sigma_{ij}} \tag{3.2.6}$$

　　对理想弹性体，如果应力和应变的关系是线性的，同时假设弹性体应力为零时应变也为零，或者应变为零时应力也为零（我们称之**零初应变假设**或**零初应力假设**），则我们可以选择各应变分量按相同比例 α 增大到当前值的变化路径，这时各应力分量也按该比例变化到当前值，由此我们可以按下式计算应变能密度函数

$$W = \int_{0}^{e_{ij}} \sigma_{ij}\mathrm{d}e_{ij} = \int_{0}^{1} \alpha\sigma_{ij}e_{ij}\mathrm{d}\alpha = \frac{1}{2}\sigma_{ij}e_{ij} \tag{3.2.7}$$

同理，我们也可以这样计算应变余能密度函数

$$\overline{W} = \int_{0}^{\sigma_{ij}} e_{ij}\mathrm{d}\sigma_{ij} = \int_{0}^{1} \alpha e_{ij}\sigma_{ij}\mathrm{d}\alpha = \frac{1}{2}e_{ij}\sigma_{ij} \tag{3.2.8}$$

　　对比上述两式我们得到，在零初应变假设下线性弹性体的应变能密度函数与应变余能密度函数恒相等，这时的外力功和外力余功相等

$$A = \overline{A} = \frac{1}{2}\int_{\Omega} \sigma_{ij}e_{ij}\mathrm{d}\Omega \tag{3.2.9}$$

3.2.2　线弹性体应力—应变关系的一般分析

　　在零初应变或零初应力假设下，线弹性体应力—应变关系可以一般地表达为

$$\sigma_{ij} = C_{ijkl}e_{kl} \tag{3.2.10}$$

由于 σ_{ij}，e_{kl} 均为二阶张量，根据张量的性质，可知 C_{ijkl} 为一个四阶张量，我们称之为**弹性张量**，而上式右端实际上表示的就是弹性张量和应变张量的**双点积**。

　　为清楚起见，可以将上式展开写成矩阵形式［式（3.2.11）］。从中可以看出，要确定 σ_{ij} 和 e_{kl} 这两个二阶张量之间的线性关系，共需要确定 $3 \times 3 \times 3 \times 3 = 81$ 个系数。但注意到 σ_{ij} 和 e_{kl} 的对称性，因此实际上只需要确定 36 个常数，即确定关系式（3.2.12），我们称该关系式的系数矩阵 **D** 为**弹性矩阵**。

$$
\begin{Bmatrix} \sigma_{11} \\ \sigma_{12} \\ \sigma_{13} \\ \sigma_{21} \\ \sigma_{22} \\ \sigma_{23} \\ \sigma_{31} \\ \sigma_{32} \\ \sigma_{33} \end{Bmatrix} = \begin{bmatrix} C_{1111} & C_{1112} & C_{1113} & C_{1121} & C_{1122} & C_{1123} & C_{1131} & C_{1132} & C_{1133} \\ C_{1211} & C_{1212} & C_{1213} & C_{1221} & C_{1222} & C_{1223} & C_{1231} & C_{1232} & C_{1233} \\ C_{1311} & C_{1312} & C_{1313} & C_{1321} & C_{1322} & C_{1323} & C_{1331} & C_{1332} & C_{1333} \\ C_{2111} & C_{2112} & C_{2113} & C_{2121} & C_{2122} & C_{2123} & C_{2131} & C_{2132} & C_{2133} \\ C_{2211} & C_{2212} & C_{2213} & C_{2221} & C_{2222} & C_{2223} & C_{2231} & C_{2232} & C_{2233} \\ C_{2311} & C_{2312} & C_{2313} & C_{2321} & C_{2322} & C_{2323} & C_{2331} & C_{2332} & C_{2333} \\ C_{3111} & C_{3112} & C_{3113} & C_{3121} & C_{3122} & C_{3123} & C_{3131} & C_{3132} & C_{3133} \\ C_{3211} & C_{3212} & C_{3213} & C_{3221} & C_{3222} & C_{3223} & C_{3231} & C_{3232} & C_{3233} \\ C_{3311} & C_{3312} & C_{3313} & C_{3321} & C_{3322} & C_{3323} & C_{3331} & C_{3332} & C_{3333} \end{bmatrix} \begin{Bmatrix} e_{11} \\ e_{12} \\ e_{13} \\ e_{21} \\ e_{22} \\ e_{23} \\ e_{31} \\ e_{32} \\ e_{33} \end{Bmatrix} \tag{3.2.11}
$$

$$
\begin{Bmatrix} \sigma_{11} \\ \sigma_{22} \\ \sigma_{33} \\ \sigma_{12} \\ \sigma_{23} \\ \sigma_{31} \end{Bmatrix} = \begin{bmatrix} D_{11} & D_{12} & D_{13} & D_{14} & D_{15} & D_{16} \\ D_{21} & D_{22} & D_{23} & D_{24} & D_{25} & D_{26} \\ D_{31} & D_{32} & D_{33} & D_{34} & D_{35} & D_{36} \\ D_{41} & D_{42} & D_{43} & D_{44} & D_{45} & D_{46} \\ D_{51} & D_{52} & D_{53} & D_{54} & D_{55} & D_{56} \\ D_{61} & D_{62} & D_{63} & D_{64} & D_{65} & D_{66} \end{bmatrix} \begin{Bmatrix} e_{11} \\ e_{22} \\ e_{33} \\ e_{12} \\ e_{23} \\ e_{31} \end{Bmatrix} \tag{3.2.12}
$$

对于存在应变能密度函数的弹性体，根据式（3.2.3）可得到

$$
D_{ij} = D_{ji} \tag{3.2.13}
$$

这时弹性矩阵是对称阵，其中的 36 个元素中实际上只有 21 个是独立的。

下面讨论在具有各种方向性（对称性）条件下，材料弹性矩阵独立元素的变化。

3.2.3 线弹性体应力—应变关系的方向性

生活或工程经验表明，有些材料沿不同方向表现出的变形与受力关系是不同的，也就是说这些材料沿不同方向的应力—应变关系是不同的，这就是所谓的**材料应力—应变关系的方向性**。

为简单起见，这里先看二维的情况，以图 3.2.3 所示的均匀方板为例。所谓材料的应力—应变关系的方向性，指的就是方板上选取不同方向上的试件（如图中的 x 方向试件和 x' 方向试件）测得的应力—应变关系可能不同。假设这两个试件在简单拉伸试验中测得的关系分别为

$$
x \text{ 方向试件结果：} \varepsilon_x = \frac{\sigma_x}{E_x}, \ \varepsilon_y = -\frac{\nu_x}{E_x}\sigma_x \tag{3.2.14}
$$

$$
x' \text{方向试件结果：} \varepsilon_{x'} = \frac{\sigma_{x'}}{E_{x'}}, \ \varepsilon_{y'} = -\frac{\nu_{x'}}{E_{x'}}\sigma_{x'} \tag{3.2.15}
$$

材料应力—应变关系的方向性意味着上述两式中的参数 E_x 与 $E_{x'}$ 可能不等，ν_x 与 $\nu_{x'}$ 可能不等。

当然，这种方向性也可理解为，当方板在某种载荷作用下，同一点处采用两个不同坐标系来分析其各应力分量（如图 3.2.3 的右侧所示）与各应变关系时得到的结果［式（3.2.16）和式（3.2.17）］的系数矩阵可能不同。

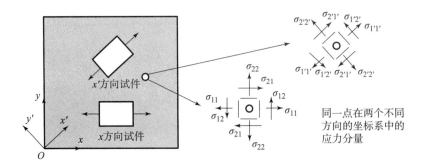

图 3.2.3　材料应力—应变关系的方向性

$$Oxy \text{ 坐标系中：} \begin{Bmatrix} \sigma_{11} \\ \sigma_{22} \\ \sigma_{12} \end{Bmatrix} = \begin{bmatrix} D_{11} & D_{12} & D_{13} \\ D_{21} & D_{22} & D_{23} \\ D_{31} & D_{32} & D_{33} \end{bmatrix} \begin{Bmatrix} e_{11} \\ e_{22} \\ e_{12} \end{Bmatrix} \tag{3.2.16}$$

$$Ox'y' \text{ 坐标系中：} \begin{Bmatrix} \sigma_{1'1'} \\ \sigma_{2'2'} \\ \sigma_{1'2'} \end{Bmatrix} = \begin{bmatrix} D_{1'1'} & D_{1'2'} & D_{1'3'} \\ D_{2'1'} & D_{2'2'} & D_{2'3'} \\ D_{3'1'} & D_{3'2'} & D_{3'3'} \end{bmatrix} \begin{Bmatrix} e_{1'1'} \\ e_{2'2'} \\ e_{1'2'} \end{Bmatrix} \tag{3.2.17}$$

　　显然，第一种理解便于工程通过试验来判断材料的方向性，而第二种理解则便于在理论上开展材料应力—应变关系方向性的数学分析。

　　由于同一点处的应力和应变在不同坐标系中的分量之间满足转轴公式，因此应力—应变关系式（3.2.17）可以通过坐标变换由式（3.2.16）得到，反之亦然。由此可以进一步从数学上理解材料应力—应变关系的方向性，即材料应力—应变关系的方向性等价于坐标变换下弹性矩阵的可变性。

　　更一般地，如果在坐标系 $Oxyz$ 中，应力—应变关系为式（3.2.12），而在坐标系 $O'x'y'z'$ 中，材料的应力—应变关系为式（3.2.18）。

$$\begin{Bmatrix} \sigma_{1'1'} \\ \sigma_{2'2'} \\ \sigma_{3'3'} \\ \sigma_{1'2'} \\ \sigma_{2'3'} \\ \sigma_{3'1'} \end{Bmatrix} = \begin{bmatrix} D_{1'1'} & D_{1'2'} & D_{1'3'} & D_{1'4'} & D_{1'5'} & D_{1'6'} \\ D_{2'1'} & D_{2'2'} & D_{2'3'} & D_{2'4'} & D_{2'5'} & D_{2'6'} \\ D_{3'1'} & D_{3'2'} & D_{3'3'} & D_{3'4'} & D_{3'5'} & D_{3'6'} \\ D_{4'1'} & D_{4'2'} & D_{4'3'} & D_{4'4'} & D_{4'5'} & D_{4'6'} \\ D_{5'1'} & D_{5'2'} & D_{5'3'} & D_{5'4'} & D_{5'5'} & D_{5'6'} \\ D_{6'1'} & D_{6'2'} & D_{6'3'} & D_{6'4'} & D_{6'5'} & D_{6'6'} \end{bmatrix} \begin{Bmatrix} e_{1'1'} \\ e_{2'2'} \\ e_{3'3'} \\ e_{1'2'} \\ e_{2'3'} \\ e_{3'1'} \end{Bmatrix} \tag{3.2.18}$$

则材料的方向性表明，一般情况下，

$$D_{ij} \neq D_{i'j'}$$

在这种情况下，材料的弹性特性在不同的坐标系下，必须用不同的 21 个常数才能完全描述，我们通常称这种材料为**完全各向异性材料**。

　　而如果材料是各向同性的，则是要求材料的弹性矩阵在不同的坐标下总是相同的，即

$$D_{ij} \equiv D_{i'j'}$$

因此，如果令

$$\{\boldsymbol{\sigma}\} = \begin{Bmatrix} \sigma_{11} \\ \sigma_{22} \\ \sigma_{33} \\ \sigma_{12} \\ \sigma_{23} \\ \sigma_{31} \end{Bmatrix}, \quad \{\boldsymbol{e}\} = \begin{Bmatrix} e_{11} \\ e_{22} \\ e_{33} \\ e_{12} \\ e_{23} \\ e_{31} \end{Bmatrix}, \quad [\boldsymbol{D}] = \begin{bmatrix} D_{11} & D_{12} & D_{13} & D_{14} & D_{15} & D_{16} \\ D_{21} & D_{22} & D_{23} & D_{24} & D_{25} & D_{26} \\ D_{31} & D_{32} & D_{33} & D_{34} & D_{35} & D_{36} \\ D_{41} & D_{42} & D_{43} & D_{44} & D_{45} & D_{46} \\ D_{51} & D_{52} & D_{53} & D_{54} & D_{55} & D_{56} \\ D_{61} & D_{62} & D_{63} & D_{64} & D_{65} & D_{66} \end{bmatrix}$$

则式（3.2.12）可以简记为

$$\{\boldsymbol{\sigma}\} = [\boldsymbol{D}]\{\boldsymbol{e}\} \tag{3.2.19}$$

类似地，我们定义 $\{\boldsymbol{\sigma}'\}$，$\{\boldsymbol{e}'\}$ 和 $[\boldsymbol{D}']$，则式（3.2.18）可以简记为

$$\{\boldsymbol{\sigma}'\} = [\boldsymbol{D}']\{\boldsymbol{e}'\} \tag{3.2.20}$$

根据转轴公式，可以得到 $\{\boldsymbol{\sigma}\}$ 和 $\{\boldsymbol{\sigma}'\}$ 之间以及 $\{\boldsymbol{e}\}$ 和 $\{\boldsymbol{e}'\}$ 之间的变换矩阵 $[\boldsymbol{T}]$：

$$[\boldsymbol{T}] = \begin{bmatrix} c_{1'1}c_{1'1} & c_{1'2}c_{1'2} & c_{1'3}c_{1'3} & 2c_{1'1}c_{1'2} & 2c_{1'2}c_{1'3} & 2c_{1'3}c_{1'1} \\ c_{2'1}c_{2'1} & c_{2'2}c_{2'2} & c_{2'3}c_{2'3} & 2c_{2'1}c_{2'2} & 2c_{2'2}c_{2'3} & 2c_{2'3}c_{2'1} \\ c_{3'1}c_{3'1} & c_{3'2}c_{3'2} & c_{3'3}c_{3'3} & 2c_{3'1}c_{3'2} & 2c_{3'2}c_{3'3} & 2c_{3'3}c_{3'1} \\ c_{1'1}c_{2'1} & c_{1'2}c_{2'2} & c_{1'3}c_{2'3} & c_{1'1}c_{2'2}+c_{1'2}c_{2'1} & c_{1'2}c_{2'3}+c_{1'3}c_{2'2} & c_{1'3}c_{2'1}+c_{1'1}c_{2'3} \\ c_{2'1}c_{3'1} & c_{2'2}c_{3'2} & c_{2'3}c_{3'3} & c_{2'1}c_{3'2}+c_{2'2}c_{3'1} & c_{2'2}c_{3'3}+c_{2'3}c_{3'2} & c_{2'3}c_{3'1}+c_{2'1}c_{3'3} \\ c_{3'1}c_{1'1} & c_{3'2}c_{1'2} & c_{3'3}c_{1'3} & c_{3'1}c_{1'2}+c_{3'2}c_{1'1} & c_{3'2}c_{1'3}+c_{3'3}c_{1'2} & c_{3'1}c_{1'3}+c_{3'3}c_{1'1} \end{bmatrix} \tag{3.2.21}$$

因此有

$$\{\boldsymbol{\sigma}'\} = [\boldsymbol{T}]\{\boldsymbol{\sigma}\}, \quad \{\boldsymbol{e}'\} = [\boldsymbol{T}]\{\boldsymbol{e}\} \tag{3.2.22}$$

将式（3.2.22）代入式（3.2.20）得到

$$[\boldsymbol{T}]\{\boldsymbol{\sigma}\} = [\boldsymbol{D}'][\boldsymbol{T}]\{\boldsymbol{e}\}$$

由此解出

$$\{\boldsymbol{\sigma}\} = [\boldsymbol{T}]^{-1}[\boldsymbol{D}'][\boldsymbol{T}]\{\boldsymbol{e}\} \tag{3.2.23}$$

对比式（3.2.19）和式（3.2.23）可知，如果材料是各向同性的，则有 $[\boldsymbol{D}'] \equiv [\boldsymbol{D}]$，所以这意味着必有下式成立：

$$[\boldsymbol{D}] = [\boldsymbol{T}]^{-1}[\boldsymbol{D}][\boldsymbol{T}] \quad 或 \quad [\boldsymbol{T}][\boldsymbol{D}] = [\boldsymbol{D}][\boldsymbol{T}] \tag{3.2.24}$$

式（3.2.24）表明，各向同性材料的弹性矩阵是一个特殊矩阵。显然，零矩阵和单位矩阵（或常数乘以单位矩阵）都满足上述条件，但根据物理判断，弹性矩阵不可能是零矩阵或单位矩阵。因此根据式（3.2.24）探明各向同性材料弹性矩阵的一般形式具有重要的理论意义，对应力—应变关系试验具有重要的指导价值。

由于 $[\boldsymbol{T}]$ 的复杂性，要直接由上式得到一般情况下各向同性材料的弹性矩阵 $[\boldsymbol{D}]$ 应该具有的形式非常困难。为此，下面将充分利用 $[\boldsymbol{T}]$ 的任意性，先得到材料满足某些特殊的对称性条件（相当于给定特殊形式的 $[\boldsymbol{T}]$）下 $[\boldsymbol{D}]$ 应该具有的形式，从而将 $[\boldsymbol{D}]$ 不断简化，最后再由一般形式的 $[\boldsymbol{T}]$ 确定各向同性材料的弹性矩阵 $[\boldsymbol{D}]$ 应该具有的普遍形式。

1. 材料存在一个对称面时的弹性矩阵 $[\boldsymbol{D}]$

首先，假设弹性体的力学特性关于法向为某方向的任意平面对称，也就是说在关于

这种平面对称的任意两方向上，弹性体的应力—应变关系相同。如图 3.2.4 所示，如果在弹性体 Ω 关于 n 平面（法向为 n）对称的任意两个方向（如 n_1 和 n'_1，n_2 和 n'_2）上选取试件，测得的应力—应变关系相同，则称该材料关于 n 平面对称。

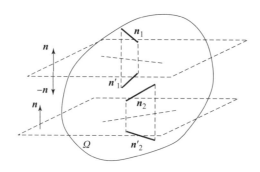

图 3.2.4　关于 n 平面对称的材料

　　若以方向 n 为一个坐标方向，材料关于 n 平面对称则意味着材料的应力—应变关系在仅有 n 方向互为相反的两个坐标系中的应力－应变关系是完全相同的。

　　不失一般性，令 n 方向为坐标系的 z 轴，并称该种材料关于 z 面对称，如图 3.2.5 所示。我们当然可以根据两个坐标系各坐标轴的方向关系，得到二者的方向余弦矩阵：

$$\begin{bmatrix} c_{1'1} & c_{1'2} & c_{1'3} \\ c_{2'1} & c_{2'2} & c_{2'3} \\ c_{3'1} & c_{3'2} & c_{3'3} \end{bmatrix} = \begin{bmatrix} 1 & 0 & 0 \\ 0 & 1 & 0 \\ 0 & 0 & -1 \end{bmatrix}$$

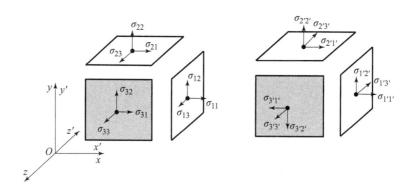

图 3.2.5　关于 z 面对称的两个坐标系中一点处应力分量正方向变化

由此得到相应的 $[T]$，进而根据式（3.2.22）计算出 $\{\sigma'\}$ 和 $\{e'\}$。显然，尽管方向余弦矩阵很简单，但整个过程还是比较繁杂的。

　　不过，由于两个坐标系的特殊性，根据第一章对应力分量的定义和正方向的规定，我们可以直接画出坐标系 $Oxyz$ 和 $Ox'y'z'$ 中各应力分量的示意图，进而很容易得到在图中两个坐标系中各应力分量的关系。据此我们也得到了两个坐标系中应变分量的关系，二者在形式上完全相同，因为二者满足的坐标转轴公式是完全相同的。只是应力完全可以通过物理定义得到，而应变理解起来却要困难得多。

$$
\left\{\begin{array}{c} \sigma_{1'1'} \\ \sigma_{2'2'} \\ \sigma_{3'3'} \\ \sigma_{1'2'} \\ \sigma_{2'3'} \\ \sigma_{3'1'} \end{array}\right\} = \left\{\begin{array}{c} \sigma_{11} \\ \sigma_{22} \\ \sigma_{33} \\ \sigma_{12} \\ -\sigma_{23} \\ -\sigma_{31} \end{array}\right\}, \left\{\begin{array}{c} e_{1'1'} \\ e_{2'2'} \\ e_{3'3'} \\ e_{1'2'} \\ e_{2'3'} \\ e_{3'1'} \end{array}\right\} = \left\{\begin{array}{c} e_{11} \\ e_{22} \\ e_{33} \\ e_{12} \\ -e_{23} \\ -e_{31} \end{array}\right\} \tag{3.2.25}
$$

如果材料应力—应变关系关于 z 面对称，根据式（3.2.25）的两式并结合式（3.2.12），可知必有下式成立：

$$
\left\{\begin{array}{c} \sigma_{11} \\ \sigma_{22} \\ \sigma_{33} \\ \sigma_{12} \\ -\sigma_{23} \\ -\sigma_{31} \end{array}\right\} = \left[\begin{array}{cccccc} D_{11} & D_{12} & D_{13} & D_{14} & D_{15} & D_{16} \\ D_{21} & D_{22} & D_{23} & D_{24} & D_{25} & D_{26} \\ D_{31} & D_{32} & D_{33} & D_{34} & D_{35} & D_{36} \\ D_{41} & D_{42} & D_{43} & D_{44} & D_{45} & D_{41} \\ D_{51} & D_{52} & D_{53} & D_{54} & D_{55} & D_{56} \\ D_{61} & D_{62} & D_{63} & D_{64} & D_{65} & D_{66} \end{array}\right] \left\{\begin{array}{c} e_{11} \\ e_{22} \\ e_{33} \\ e_{12} \\ -e_{23} \\ -e_{31} \end{array}\right\}
$$

即

$$
\left\{\begin{array}{c} \sigma_{11} \\ \sigma_{22} \\ \sigma_{33} \\ \sigma_{12} \\ \sigma_{23} \\ \sigma_{31} \end{array}\right\} = \left[\begin{array}{cccccc} D_{11} & D_{12} & D_{13} & D_{14} & -D_{15} & -D_{16} \\ D_{21} & D_{22} & D_{23} & D_{24} & -D_{25} & -D_{26} \\ D_{31} & D_{32} & D_{33} & D_{34} & -D_{35} & -D_{36} \\ D_{41} & D_{42} & D_{43} & D_{44} & -D_{45} & -D_{41} \\ -D_{51} & -D_{52} & -D_{53} & -D_{54} & D_{55} & D_{56} \\ -D_{61} & -D_{62} & -D_{63} & -D_{64} & D_{65} & D_{66} \end{array}\right] \left\{\begin{array}{c} e_{11} \\ e_{22} \\ e_{33} \\ e_{12} \\ e_{23} \\ e_{31} \end{array}\right\} \tag{3.2.26}
$$

注意，至此我们相当于通过坐标变换由 $[D]$ 得到了 $[D']$，由于 $[D]=[D']$，对比式（3.2.12）和式（3.2.26）可以得到 $[D]$ 必具有以下形式：

$$
[D] = \left[\begin{array}{cccccc} D_{11} & D_{12} & D_{13} & D_{14} & 0 & 0 \\ D_{21} & D_{22} & D_{23} & D_{24} & 0 & 0 \\ D_{31} & D_{32} & D_{33} & D_{34} & 0 & 0 \\ D_{41} & D_{42} & D_{43} & D_{44} & 0 & 0 \\ 0 & 0 & 0 & 0 & D_{55} & D_{56} \\ 0 & 0 & 0 & 0 & D_{65} & D_{66} \end{array}\right] \tag{3.2.27}
$$

这说明，如果材料的应力—应变关系存在一个对称面，则其独立的弹性常数将由 21 个减少为 13 个。

2. 材料存在两个正交对称面时的弹性矩阵 $[D]$

假设材料的应力—应变关系还存在一个与 z 面正交的对称面。不失一般性，令对称面是法向为 x 的面（简称 x 面）。同样地，根据应力分量的定义（或者坐标转轴公式），我们容易得到在仅 x 轴和 x' 轴互为相反的坐标系 $Oxyz$ 和坐标系 $Ox'y'z'$ 中应力分量的关系以及应变分量的关系为

$$
\begin{Bmatrix} \sigma_{1'1'} \\ \sigma_{2'2'} \\ \sigma_{3'3'} \\ \sigma_{1'2'} \\ \sigma_{2'3'} \\ \sigma_{3'1'} \end{Bmatrix} = \begin{Bmatrix} \sigma_{11} \\ \sigma_{22} \\ \sigma_{33} \\ -\sigma_{12} \\ \sigma_{23} \\ -\sigma_{31} \end{Bmatrix}, \quad \begin{Bmatrix} e_{1'1'} \\ e_{2'2'} \\ e_{3'3'} \\ e_{1'2'} \\ e_{2'3'} \\ e_{3'1'} \end{Bmatrix} = \begin{Bmatrix} e_{11} \\ e_{22} \\ e_{33} \\ -e_{12} \\ e_{23} \\ -e_{31} \end{Bmatrix} \tag{3.2.28}
$$

与推导式（3.2.27）的方法相同，我们可以得到同时关于 z 面和 x 面对称的材料，其弹性矩阵 $[\boldsymbol{D}]$ 应该为

$$
[\boldsymbol{D}] = \begin{bmatrix} D_{11} & D_{12} & D_{13} & 0 & 0 & 0 \\ D_{21} & D_{22} & D_{23} & 0 & 0 & 0 \\ D_{31} & D_{32} & D_{33} & 0 & 0 & 0 \\ 0 & 0 & 0 & D_{44} & 0 & 0 \\ 0 & 0 & 0 & 0 & D_{55} & 0 \\ 0 & 0 & 0 & 0 & 0 & D_{66} \end{bmatrix} \tag{3.2.29}
$$

这时材料的独立弹性常数也进一步减少为 9 个。

可以验证，此时材料的应力—应变关系必定也是关于 y 面对称的，也就是说，一种材料若存在两个互相垂直的对称面，则必定也关于与这两个面垂直的面对称。我们称这种材料为**正交各向异性材料**。

3. 关于某轴旋转对称材料的弹性矩阵 $[\boldsymbol{D}]$

材料关于某轴旋转对称，指的就是绕某轴旋转任意方向上材料的应力—应变关系相同。如图 3.2.6 所示，假设 $\boldsymbol{n}_1$ 绕方向为 $\boldsymbol{n}$ 的轴线旋转后可以得到 $\boldsymbol{n}_2$，$\boldsymbol{n}_3$，…，$\boldsymbol{n}_i$，如果某材料是关于 $\boldsymbol{n}$ 轴旋转对称的，则意味着利用沿 $\boldsymbol{n}_1$，$\boldsymbol{n}_2$，$\boldsymbol{n}_3$，…，$\boldsymbol{n}_i$ 方向制作的试件测定的应力 - 应变关系是相同的。注意，这里的旋转轴并不是一个固定的轴，而只是一个确定的方向而已。

不难理解，关于某轴旋转对称的材料一定是正交各向异性材料（请初学者思考一下原因），也就是说，这种材料的弹性矩阵一定具有式（3.2.29）的形式。

不失一般性，令该旋转对称轴 $\boldsymbol{n}$ 的正方向为 z 方向，如图 3.2.7 所示。

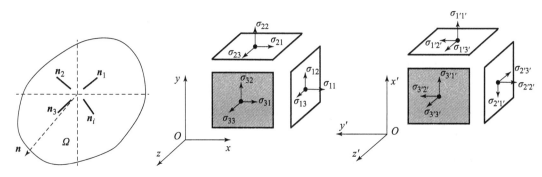

图 3.2.6　关于 n
方向旋转对称的材料　　　图 3.2.7　坐标绕 z 轴旋转 90° 前后一点处应力分量正方向变化

首先考虑，将原坐标绕 z 轴旋转 $90°$。如前所述，根据两个坐标系中一点处应力分量的正方向规定，可以直接画出坐标系 $Oxyz$ 和 $Ox'y'z'$ 中的各应力分量的示意图，我们容易得到两个坐标系中应力分量之间的转换关系和两个坐标系中应变分量之间的转换关系 [式 (3.2.30)]。

$$\begin{Bmatrix} \sigma_{1'1'} \\ \sigma_{2'2'} \\ \sigma_{3'3'} \\ \sigma_{1'2'} \\ \sigma_{2'3'} \\ \sigma_{3'1'} \end{Bmatrix} = \begin{Bmatrix} \sigma_{22} \\ \sigma_{11} \\ \sigma_{33} \\ -\sigma_{12} \\ -\sigma_{31} \\ \sigma_{23} \end{Bmatrix}, \quad \begin{Bmatrix} e_{1'1'} \\ e_{2'2'} \\ e_{3'3'} \\ e_{1'2'} \\ e_{2'3'} \\ e_{3'1'} \end{Bmatrix} = \begin{Bmatrix} e_{22} \\ e_{11} \\ e_{33} \\ -e_{12} \\ -e_{31} \\ e_{23} \end{Bmatrix} \tag{3.2.30}$$

结合式 (3.2.29) 有

$$\begin{Bmatrix} \sigma_{22} \\ \sigma_{11} \\ \sigma_{33} \\ -\sigma_{12} \\ -\sigma_{31} \\ \sigma_{23} \end{Bmatrix} = \begin{bmatrix} D_{11} & D_{12} & D_{13} & 0 & 0 & 0 \\ D_{21} & D_{22} & D_{23} & 0 & 0 & 0 \\ D_{31} & D_{32} & D_{33} & 0 & 0 & 0 \\ 0 & 0 & 0 & D_{44} & 0 & 0 \\ 0 & 0 & 0 & 0 & D_{55} & 0 \\ 0 & 0 & 0 & 0 & 0 & D_{66} \end{bmatrix} \begin{Bmatrix} e_{22} \\ e_{11} \\ e_{33} \\ -e_{12} \\ -e_{31} \\ e_{23} \end{Bmatrix}$$

交换相关的行和列，将上式转化为如下与式 (3.2.12) 相同的形式：

$$\begin{Bmatrix} \sigma_{11} \\ \sigma_{22} \\ \sigma_{33} \\ \sigma_{12} \\ \sigma_{23} \\ \sigma_{31} \end{Bmatrix} = \begin{bmatrix} D_{22} & D_{21} & D_{23} & 0 & 0 & 0 \\ D_{12} & D_{11} & D_{13} & 0 & 0 & 0 \\ D_{32} & D_{31} & D_{33} & 0 & 0 & 0 \\ 0 & 0 & 0 & D_{44} & 0 & 0 \\ 0 & 0 & 0 & 0 & D_{66} & 0 \\ 0 & 0 & 0 & 0 & 0 & D_{55} \end{bmatrix} \begin{Bmatrix} e_{11} \\ e_{22} \\ e_{33} \\ e_{12} \\ e_{23} \\ e_{31} \end{Bmatrix}$$

对比矩阵元素可知，要保证弹性矩阵不变，则应该有

$$D_{22} = D_{11}, \quad D_{23} = D_{13}, \quad D_{66} = D_{55}$$

因此弹性矩阵 $[\boldsymbol{D}]$ 的独立元素进一步缩减为 6 个，形式如下：

$$[\boldsymbol{D}] = \begin{bmatrix} D_{11} & D_{12} & D_{13} & 0 & 0 & 0 \\ D_{21} & D_{11} & D_{13} & 0 & 0 & 0 \\ D_{31} & D_{31} & D_{33} & 0 & 0 & 0 \\ 0 & 0 & 0 & D_{44} & 0 & 0 \\ 0 & 0 & 0 & 0 & D_{55} & 0 \\ 0 & 0 & 0 & 0 & 0 & D_{55} \end{bmatrix} \tag{3.2.31}$$

在此基础上，我们再将原坐标绕 z 轴旋转任意角度 θ。由转轴公式可以确定此时的转换矩阵

$$
[\boldsymbol{T}] = \begin{bmatrix}
\cos^2\theta & \sin^2\theta & 0 & \sin(2\theta) & 0 & 0 \\
\sin^2\theta & \cos^2\theta & 0 & -\sin(2\theta) & 0 & 0 \\
0 & 0 & 1 & 0 & 0 & 0 \\
-\cos\theta\sin\theta & \cos\theta\sin\theta & 0 & \cos(2\theta) & 0 & 0 \\
0 & 0 & 0 & 0 & \cos\theta & -\sin\theta \\
0 & 0 & 0 & 0 & \sin\theta & \cos\theta
\end{bmatrix}
$$

要保证在该种变换下弹性矩阵保持不变，即有下式成立：

$$
\begin{bmatrix}
D_{11} & D_{12} & D_{13} & 0 & 0 & 0 \\
D_{21} & D_{11} & D_{13} & 0 & 0 & 0 \\
D_{31} & D_{31} & D_{33} & 0 & 0 & 0 \\
0 & 0 & 0 & D_{44} & 0 & 0 \\
0 & 0 & 0 & 0 & D_{55} & 0 \\
0 & 0 & 0 & 0 & 0 & D_{55}
\end{bmatrix}
\begin{bmatrix}
\cos^2\theta & \sin^2\theta & 0 & \sin(2\theta) & 0 & 0 \\
\sin^2\theta & \cos^2\theta & 0 & -\sin(2\theta) & 0 & 0 \\
0 & 0 & 1 & 0 & 0 & 0 \\
-\cos\theta\sin\theta & \cos\theta\sin\theta & 0 & \cos(2\theta) & 0 & 0 \\
0 & 0 & 0 & 0 & \cos\theta & -\sin\theta \\
0 & 0 & 0 & 0 & \sin\theta & \cos\theta
\end{bmatrix}
$$

$$
=
\begin{bmatrix}
\cos^2\theta & \sin^2\theta & 0 & \sin(2\theta) & 0 & 0 \\
\sin^2\theta & \cos^2\theta & 0 & -\sin(2\theta) & 0 & 0 \\
0 & 0 & 1 & 0 & 0 & 0 \\
-\cos\theta\sin\theta & \cos\theta\sin\theta & 0 & \cos(2\theta) & 0 & 0 \\
0 & 0 & 0 & 0 & \cos\theta & -\sin\theta \\
0 & 0 & 0 & 0 & \sin\theta & \cos\theta
\end{bmatrix}
\begin{bmatrix}
D_{11} & D_{12} & D_{13} & 0 & 0 & 0 \\
D_{21} & D_{11} & D_{13} & 0 & 0 & 0 \\
D_{31} & D_{31} & D_{33} & 0 & 0 & 0 \\
0 & 0 & 0 & D_{44} & 0 & 0 \\
0 & 0 & 0 & 0 & D_{55} & 0 \\
0 & 0 & 0 & 0 & 0 & D_{55}
\end{bmatrix}
$$

展开上式等号两端并对比后，可以得到

$$
(D_{11} - D_{21})\sin(2\theta) = D_{44}\sin(2\theta)
$$

注意到 θ 的任意性，即有

$$
D_{11} - D_{21} = D_{44} \tag{3.2.32}
$$

这时弹性矩阵 $[\boldsymbol{D}]$ 的独立元素进一步缩减为 5 个。

我们称这种具有一个旋转对称轴的正交各向异性材料为**横观各向同性材料**，其弹性矩阵的一般形式为

$$
[\boldsymbol{D}] = \begin{bmatrix}
D_{11} & D_{12} & D_{13} & 0 & 0 & 0 \\
D_{21} & D_{11} & D_{13} & 0 & 0 & 0 \\
D_{31} & D_{31} & D_{33} & 0 & 0 & 0 \\
0 & 0 & 0 & D_{11}-D_{12} & 0 & 0 \\
0 & 0 & 0 & 0 & D_{55} & 0 \\
0 & 0 & 0 & 0 & 0 & D_{55}
\end{bmatrix} \tag{3.2.33}
$$

4. 材料具有进一步旋转对称性时的弹性矩阵 $[\boldsymbol{D}]$

在式（3.2.31）的基础上，进一步假设将原坐标分别绕 x 轴旋转 $90°$ 后得到的新坐标系中弹性矩阵保持不变，可以得到

$$
D_{33} = D_{11}, \quad D_{55} = D_{44}, \quad D_{13} = D_{12}
$$

这时弹性矩阵的一般形式为

$$[\boldsymbol{D}] = \begin{bmatrix} D_{11} & D_{12} & D_{12} & 0 & 0 & 0 \\ D_{21} & D_{11} & D_{12} & 0 & 0 & 0 \\ D_{21} & D_{21} & D_{11} & 0 & 0 & 0 \\ 0 & 0 & 0 & D_{44} & 0 & 0 \\ 0 & 0 & 0 & 0 & D_{44} & 0 \\ 0 & 0 & 0 & 0 & 0 & D_{44} \end{bmatrix} \quad (3.2.34)$$

可以验证，如果弹性矩阵在绕 z 轴旋转 $90°$ 和绕 x 轴旋转 $90°$ 后得到的新坐标系保持不变，则其必定在绕 y 轴旋转 $90°$ 后得到的新坐标系中也能保持不变。

结合式（3.2.33），这时独立弹性常数减为 2 个，其一般形式为

$$[\boldsymbol{D}] = \begin{bmatrix} D_{11} & D_{12} & D_{12} & 0 & 0 & 0 \\ D_{12} & D_{11} & D_{12} & 0 & 0 & 0 \\ D_{12} & D_{12} & D_{11} & 0 & 0 & 0 \\ 0 & 0 & 0 & D_{11}-D_{12} & 0 & 0 \\ 0 & 0 & 0 & 0 & D_{11}-D_{12} & 0 \\ 0 & 0 & 0 & 0 & 0 & D_{11}-D_{12} \end{bmatrix} \quad (3.2.35)$$

令 $D_{12}=\lambda$，$D_{44}=2\mu$，则式（3.2.35）可记为

$$[\boldsymbol{D}] = \begin{bmatrix} 2\mu+\lambda & \lambda & \lambda & 0 & 0 & 0 \\ \lambda & 2\mu+\lambda & \lambda & 0 & 0 & 0 \\ \lambda & \lambda & 2\mu+\lambda & 0 & 0 & 0 \\ 0 & 0 & 0 & 2\mu & 0 & 0 \\ 0 & 0 & 0 & 0 & 2\mu & 0 \\ 0 & 0 & 0 & 0 & 0 & 2\mu \end{bmatrix} \quad (3.2.36)$$

式中，λ 和 μ 也称为材料的**拉梅（Láme）常数**。

根据前面的推导过程，我们知道式（3.2.36）是材料具有各向同性的必要条件，但它是否为材料具有各向同性的充分条件呢？也就是说，材料的弹性矩阵若为式（3.2.36）的形式，则该材料即具有各向同性呢？

鉴于现在弹性矩阵 $[\boldsymbol{D}]$ 已经足够简单，我们可以取转换矩阵为一般形式直接验证 $[\boldsymbol{D}]$ 为式（3.2.36）时是否在任意坐标变换下仍能保持不变。为运算方便，这里对 $[\boldsymbol{D}]$ 和 $[\boldsymbol{T}]$ 进行分块处理：

$$[\boldsymbol{D}] = \begin{bmatrix} 2\mu+\lambda & \lambda & \lambda & 0 & 0 & 0 \\ \lambda & 2\mu+\lambda & \lambda & 0 & 0 & 0 \\ \lambda & \lambda & 2\mu+\lambda & 0 & 0 & 0 \\ 0 & 0 & 0 & 2\mu & 0 & 0 \\ 0 & 0 & 0 & 0 & 2\mu & 0 \\ 0 & 0 & 0 & 0 & 0 & 2\mu \end{bmatrix} = \begin{bmatrix} [\boldsymbol{D}_1]_{3\times3} & [\boldsymbol{D}_2]_{3\times3} \\ [\boldsymbol{D}_3]_{3\times3} & [\boldsymbol{D}_4]_{3\times3} \end{bmatrix} \quad (3.2.37)$$

$$
\begin{bmatrix} T \end{bmatrix} = \begin{bmatrix}
c_{1'1}c_{1'1} & c_{1'2}c_{1'2} & c_{1'3}c_{1'3} & 2c_{1'1}c_{1'2} & 2c_{1'2}c_{1'3} & 2c_{1'3}c_{1'1} \\
c_{2'1}c_{2'1} & c_{2'2}c_{2'2} & c_{2'3}c_{2'3} & 2c_{2'1}c_{2'2} & 2c_{2'2}c_{2'3} & 2c_{2'3}c_{2'1} \\
c_{3'1}c_{3'1} & c_{3'2}c_{3'2} & c_{3'3}c_{3'3} & 2c_{3'1}c_{3'2} & 2c_{3'2}c_{3'3} & 2c_{3'3}c_{3'1} \\
c_{1'1}c_{2'1} & c_{1'2}c_{2'2} & c_{1'3}c_{2'3} & c_{1'1}c_{2'2}+c_{1'2}c_{2'1} & c_{1'2}c_{2'3}+c_{1'3}c_{2'2} & c_{1'3}c_{2'1}+c_{1'1}c_{2'3} \\
c_{2'1}c_{3'1} & c_{2'2}c_{3'2} & c_{2'3}c_{3'3} & c_{2'1}c_{3'2}+c_{2'2}c_{3'1} & c_{2'2}c_{3'3}+c_{2'3}c_{3'2} & c_{2'3}c_{3'1}+c_{2'1}c_{3'3} \\
c_{3'1}c_{1'1} & c_{3'2}c_{1'2} & c_{3'3}c_{1'3} & c_{3'1}c_{1'2}+c_{3'2}c_{1'1} & c_{3'2}c_{1'3}+c_{3'3}c_{1'2} & c_{3'1}c_{1'3}+c_{3'3}c_{1'1}
\end{bmatrix}
$$

$$
= \begin{bmatrix} \begin{bmatrix} T_1 \end{bmatrix}_{3\times3} & \begin{bmatrix} T_2 \end{bmatrix}_{3\times3} \\ \begin{bmatrix} T_3 \end{bmatrix}_{3\times3} & \begin{bmatrix} T_4 \end{bmatrix}_{3\times3} \end{bmatrix} \tag{3.2.38}
$$

直接将上述$[T]$和$[D]$代入式（3.2.24），并注意到$[D_2]=0$，$[D_3]=0$，可得

$$
\begin{bmatrix} T \end{bmatrix}\begin{bmatrix} D \end{bmatrix} = \begin{bmatrix} \begin{bmatrix} T_1 \end{bmatrix} & \begin{bmatrix} T_2 \end{bmatrix} \\ \begin{bmatrix} T_3 \end{bmatrix} & \begin{bmatrix} T_4 \end{bmatrix} \end{bmatrix}\begin{bmatrix} \begin{bmatrix} D_1 \end{bmatrix} & \begin{bmatrix} D_2 \end{bmatrix} \\ \begin{bmatrix} D_3 \end{bmatrix} & \begin{bmatrix} D_4 \end{bmatrix} \end{bmatrix} = \begin{bmatrix} \begin{bmatrix} T_1 \end{bmatrix}\begin{bmatrix} D_1 \end{bmatrix} & 2\mu\begin{bmatrix} T_2 \end{bmatrix} \\ \begin{bmatrix} T_3 \end{bmatrix}\begin{bmatrix} D_1 \end{bmatrix} & 2\mu\begin{bmatrix} T_4 \end{bmatrix} \end{bmatrix}
$$

$$
\begin{bmatrix} D \end{bmatrix}\begin{bmatrix} T \end{bmatrix} = \begin{bmatrix} \begin{bmatrix} D_1 \end{bmatrix} & \begin{bmatrix} D_2 \end{bmatrix} \\ \begin{bmatrix} D_3 \end{bmatrix} & \begin{bmatrix} D_4 \end{bmatrix} \end{bmatrix}\begin{bmatrix} \begin{bmatrix} T_1 \end{bmatrix} & \begin{bmatrix} T_2 \end{bmatrix} \\ \begin{bmatrix} T_3 \end{bmatrix} & \begin{bmatrix} T_4 \end{bmatrix} \end{bmatrix} = \begin{bmatrix} \begin{bmatrix} D_1 \end{bmatrix}\begin{bmatrix} T_1 \end{bmatrix} & \begin{bmatrix} D_1 \end{bmatrix}\begin{bmatrix} T_2 \end{bmatrix} \\ 2\mu\begin{bmatrix} T_3 \end{bmatrix} & 2\mu\begin{bmatrix} T_4 \end{bmatrix} \end{bmatrix}
$$

注意到

$$
\begin{bmatrix} D_1 \end{bmatrix} = \lambda\begin{bmatrix} 1 & 1 & 1 \\ 1 & 1 & 1 \\ 1 & 1 & 1 \end{bmatrix} + 2\mu\begin{bmatrix} 1 & & \\ & 1 & \\ & & 1 \end{bmatrix}, \quad \begin{bmatrix} T_1 \end{bmatrix} = \begin{bmatrix} c_{1'1}c_{1'1} & c_{1'2}c_{1'2} & c_{1'3}c_{1'3} \\ c_{2'1}c_{2'1} & c_{2'2}c_{2'2} & c_{2'3}c_{2'3} \\ c_{3'1}c_{3'1} & c_{3'2}c_{3'2} & c_{3'3}c_{3'3} \end{bmatrix}
$$

$$
\begin{bmatrix} T_2 \end{bmatrix} = 2\begin{bmatrix} c_{1'1}c_{1'2} & c_{1'2}c_{1'3} & c_{1'3}c_{1'1} \\ c_{2'1}c_{2'2} & c_{2'2}c_{2'3} & c_{2'3}c_{2'1} \\ c_{3'1}c_{3'2} & c_{3'2}c_{3'3} & c_{3'3}c_{3'1} \end{bmatrix}, \quad \begin{bmatrix} T_3 \end{bmatrix} = \begin{bmatrix} c_{1'1}c_{2'1} & c_{1'2}c_{2'2} & c_{1'3}c_{2'3} \\ c_{2'1}c_{3'1} & c_{2'2}c_{3'2} & c_{2'3}c_{3'3} \\ c_{3'1}c_{1'1} & c_{3'2}c_{1'2} & c_{3'3}c_{1'3} \end{bmatrix}
$$

将上述各式直接代入，不难验证

$$
\begin{bmatrix} T_1 \end{bmatrix}\begin{bmatrix} D_1 \end{bmatrix} = \begin{bmatrix} D_1 \end{bmatrix}\begin{bmatrix} T_1 \end{bmatrix}, \quad \begin{bmatrix} D_1 \end{bmatrix}\begin{bmatrix} T_2 \end{bmatrix} = 2\mu\begin{bmatrix} T_2 \end{bmatrix}, \quad \begin{bmatrix} T_3 \end{bmatrix}\begin{bmatrix} D_1 \end{bmatrix} = 2\mu\begin{bmatrix} T_3 \end{bmatrix}
$$

也就是说当$[D]$具有式（3.2.36）的形式时，对任意的转换矩阵式（3.2.38）均有

$$
\begin{bmatrix} T \end{bmatrix}\begin{bmatrix} D \end{bmatrix} = \begin{bmatrix} D \end{bmatrix}\begin{bmatrix} T \end{bmatrix}
$$

因此弹性矩阵$[D]$具有式（**3.2.36**）的形式是材料具有各向同性的充分必要条件。

3.3　线性各向同性弹性常数及应力—应变关系记法

前面，我们完全通过理论分析确定了不同类型的材料所需弹性常数的个数。但目前的理论分析还不能直接确定弹性常数，弹性常数的具体数值还需要通过实验进行测定。

值得一提的是，关于材料弹性常数的个数在历史上存在很长一段时间的争论。很多著名学者参与了这方面的工作，如纳维、泊松、圣维南等就依据一定的假定，从材料的分子作用力理论出发，得出各向同性材料的弹性常数只有 1 个，最普遍情况下材料所需弹性常数个数是 15 的结论。直到 19 世纪后期，在德国物理学家诺依曼（Franz Neumann）领导下，由其学生沃依特（Woldemar Voigt）通过精密的单晶体实验结束了历史上对弹性常数个数的争辩，明确了各向同性材料的弹性常数是 2 个，证明了当时关于分子力的纳

维—泊松假定不成立[1]。

3.3.1 各种弹性常数的测定、相互关系及取值范围

1. 各种弹性常数的测定

确定线性各向同性材料的弹性矩阵的一般形式为式（3.2.36）后，各向同性材料应力—应变关系的测定便有了理论指导。

根据 3.2 节的分析结果，对于图 3.3.1 所示的均匀（即各点的性质相同）材料，只需要沿 3 个不同的方向（当然一般可以选择在给定坐标系下沿 3 个坐标轴方向）的试件，通过简单拉伸试验，如果在试验测量的精度范围内，3 个方向的弹性模量和泊松比均相同，则可以推断该材料一定为各向同性材料。

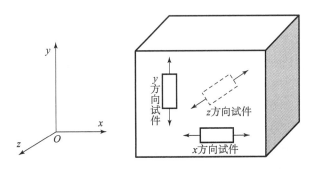

图 3.3.1 沿 3 个坐标轴方向的均匀材料性能试验件

反过来，如果已经确定一种材料是各向同性的，那该材料弹性常数的测定只需要选取任意方向的试件通过简单拉伸试验即可完成。这也说明 3.1 节的广义胡克定律就是各向同性材料的应力—应变关系。

2. 各种弹性常数之间的关系及取值范围

至此，我们已经提及或定义的弹性常数有弹性模量 E、泊松比 ν、剪切模量 G、拉梅常数 λ 和 μ。已经证明，对于线性各向同性材料，独立的弹性常数只有两个，因此这些常数之间必存在一定的相互关系。目前，工程实践中最常用的弹性常数为弹性模量 E 和泊松比 ν。下面重点给出其他常数与弹性模量和泊松比的关系式。

对比式（3.1.21）和式（3.2.36），容易看出拉梅常数 μ 其实就是剪切模量 G，同时也容易得到

$$\lambda = \frac{E\nu}{(1+\nu)(1-2\nu)} \tag{3.3.1}$$

$$G = \frac{1}{2}\left[\frac{E(1-\nu)}{(1+\nu)(1-2\nu)} - \lambda\right] = \frac{E}{2(1+\nu)} \tag{3.3.2}$$

如果将式（3.1.20）的前三式相加，可得

$$\sigma_x + \sigma_y + \sigma_z = \frac{E}{1-2\nu}(\varepsilon_x + \varepsilon_y + \varepsilon_z) \tag{3.3.3}$$

---

① ［美］S. P. 铁木生可. 材料力学史［M］. 常振槐，译. 上海：上海科学技术出版社，1961.

由此，我们还可以设计一个静水压力试验，此时试验件处于三向等压缩状态，当压力为 p 时，应力第一不变量 $I_1 = \sigma_x + \sigma_y + \sigma_z = 3p$，令应变第一不变量 $\theta_1 = \varepsilon_x + \varepsilon_y + \varepsilon_z$（也就是体积应变），我们定义

$$K = \frac{I_1}{3\theta_1} = \frac{p}{\theta_1} = \frac{E}{3(1-2\nu)} \tag{3.3.4}$$

为**体积模量**，它表示了材料的可压缩性能。

在没有温度等其他导致变形的因素情况下，简单拉伸试验表明，沿拉力的方向上，试件总是伸长的，因此弹性模量总是大于零的；同样的，纯剪切试验和静水压力试验也表明剪切模量和体积模量是恒大于零的，即

$$E > 0, \quad G > 0, \quad K > 0 \tag{3.3.5}$$

由此根据式（3.3.2）和式（3.3.4），可以推断

$$-1 < \nu < 0.5 \tag{3.3.6}$$

特别地，当 $\nu \to 0.5$，$K \to \infty$ 时，表示材料绝对不可压缩，这当然是一个理想的情况。

生活经验和工程实践表明，自然界中的绝大多数材料都表现出纵向受拉时横向收缩、纵向受压时横向膨胀的现象，也就是泊松比总是大于零的。多数金属材料的试验结果表明，$\nu = 0.25 \sim 0.35$。但研究表明，通过适当的设计，人们可以制造出具有特殊结构的"材料"，它们的泊松比为负数，并且获得了很好的工程应用[1]。

值得一提的是，若取 $\nu = 0.25$，则 $\lambda = G$，由此可以简化弹性力学基本方程组，这一点对今后求解弹性力学方程组具有重要的理论意义。

3.3.2 线性各向同性应力—应变关系的记法

前面分析表明，对线弹性各向同性材料，其弹性矩阵必为（3.2.36）的形式，结合 3.1 节通过简单实验测定的结果以及 3.3.1 小节中给出的各弹性常数之间的关系，这样关于线性各向同性应力—应变关系的记法，除了（3.1.17）式和（3.1.18）式给出的分量展开记法外，我们还经常采用其他几种不同形式的应力—应变关系表达式。

与（3.1.17）式、（3.1.18）式一样，我们既可以采用应力表示应变，也可以采用应变表示应力。为了方便各种不同记法对比，在这里对应力和应变统一采用张量分量的记法，而不是 3.1 节中采用的工程上的应力和应变分量的记法。这样（3.1.17）式、（3.1.18）式也可以作相应的改写。

1. 分量展开记法

$$\begin{cases} \sigma_{xx} = 2Ge_{xx} + \lambda(e_{xx} + e_{yy} + e_{zz}) \\ \sigma_{yy} = 2Ge_{yy} + \lambda(e_{xx} + e_{yy} + e_{zz}) \\ \sigma_{zz} = 2Ge_{zz} + \lambda(e_{xx} + e_{yy} + e_{zz}) \\ \sigma_{xy} = 2Ge_{xy}, \quad \sigma_{yz} = 2Ge_{yz}, \quad \sigma_{zx} = 2Ge_{zx} \end{cases} \tag{3.3.7}$$

---

① Ma, ZD. Macro-architectured cellular materials: Properties, characteristic modes, and prediction methods. *Front. Mech. Eng.* 13, 442–459 (2018). https://doi.org/10.1007/s11465-018-0488-8

$$\begin{cases} e_{xx} = \dfrac{\sigma_{xx}}{E} - \dfrac{\nu}{E}(\sigma_{yy} + \sigma_{zz}) \\[2mm] e_{yy} = \dfrac{\sigma_{yy}}{E} - \dfrac{\nu}{E}(\sigma_{xx} + \sigma_{zz}) \\[2mm] e_{zz} = \dfrac{\sigma_{zz}}{E} - \dfrac{\nu}{E}(\sigma_{xx} + \sigma_{yy}) \\[2mm] e_{xy} = \dfrac{\sigma_{xy}}{2G}, \quad e_{yz} = \dfrac{\sigma_{yz}}{2G}, \quad e_{zx} = \dfrac{\sigma_{zx}}{2G} \end{cases} \tag{3.3.8}$$

2. 矩阵表示

$$\begin{Bmatrix} \sigma_{xx} \\ \sigma_{yy} \\ \sigma_{zz} \\ \sigma_{xy} \\ \sigma_{yz} \\ \sigma_{zx} \end{Bmatrix} = \begin{bmatrix} 2G+\lambda & \lambda & \lambda & 0 & 0 & 0 \\ \lambda & 2G+\lambda & \lambda & 0 & 0 & 0 \\ \lambda & \lambda & 2G+\lambda & 0 & 0 & 0 \\ 0 & 0 & 0 & 2G & 0 & 0 \\ 0 & 0 & 0 & 0 & 2G & 0 \\ 0 & 0 & 0 & 0 & 0 & 2G \end{bmatrix} \begin{Bmatrix} e_{xx} \\ e_{yy} \\ e_{zz} \\ e_{xy} \\ e_{yz} \\ e_{zx} \end{Bmatrix} \tag{3.3.9}$$

$$\begin{Bmatrix} e_{xx} \\ e_{yy} \\ e_{zz} \\ e_{xy} \\ e_{yz} \\ e_{zx} \end{Bmatrix} = \begin{bmatrix} \dfrac{1}{E} & -\dfrac{\nu}{E} & -\dfrac{\nu}{E} & 0 & 0 & 0 \\[2mm] -\dfrac{\nu}{E} & \dfrac{1}{E} & -\dfrac{\nu}{E} & 0 & 0 & 0 \\[2mm] -\dfrac{\nu}{E} & -\dfrac{\nu}{E} & \dfrac{1}{E} & 0 & 0 & 0 \\[2mm] 0 & 0 & 0 & \dfrac{1}{2G} & 0 & 0 \\[2mm] 0 & 0 & 0 & 0 & \dfrac{1}{2G} & 0 \\[2mm] 0 & 0 & 0 & 0 & 0 & \dfrac{1}{2G} \end{bmatrix} \begin{Bmatrix} \sigma_{xx} \\ \sigma_{yy} \\ \sigma_{zz} \\ \sigma_{xy} \\ \sigma_{yz} \\ \sigma_{zx} \end{Bmatrix} \tag{3.3.10}$$

或者写成张量表达式

$$\begin{bmatrix} \sigma_{xx} & \sigma_{xy} & \sigma_{xz} \\ \sigma_{yx} & \sigma_{yy} & \sigma_{yz} \\ \sigma_{zx} & \sigma_{zy} & \sigma_{zz} \end{bmatrix} = 2G \begin{bmatrix} e_{xx} & e_{xy} & e_{xz} \\ e_{yx} & e_{yy} & e_{yz} \\ e_{zx} & e_{zy} & e_{zz} \end{bmatrix} + \lambda(e_{xx} + e_{yy} + e_{zz}) \begin{bmatrix} 1 & 0 & 0 \\ 0 & 1 & 0 \\ 0 & 0 & 1 \end{bmatrix} \tag{3.3.11}$$

$$\begin{bmatrix} e_{xx} & e_{xy} & e_{xz} \\ e_{yx} & e_{yy} & e_{yz} \\ e_{zx} & e_{zy} & e_{zz} \end{bmatrix} = \frac{1+\nu}{E} \begin{bmatrix} \sigma_{xx} & \sigma_{xy} & \sigma_{xz} \\ \sigma_{yx} & \sigma_{yy} & \sigma_{yz} \\ \sigma_{zx} & \sigma_{zy} & \sigma_{zz} \end{bmatrix} - \frac{\nu}{E}(\sigma_{xx} + \sigma_{yy} + \sigma_{zz}) \begin{bmatrix} 1 & 0 & 0 \\ 0 & 1 & 0 \\ 0 & 0 & 1 \end{bmatrix} \tag{3.3.12}$$

3. 张量整体记法

$$\boldsymbol{\sigma} = 2G\boldsymbol{e} + \lambda\theta_1\boldsymbol{I} \tag{3.3.13}$$

$$\boldsymbol{e} = \frac{1+\nu}{E}\boldsymbol{\sigma} - \frac{\nu}{E}I_1\boldsymbol{I} \tag{3.3.14}$$

4. 张量指标记法

$$\sigma_{ij} = 2Ge_{ij} + \lambda\theta_1\delta_{ij} \tag{3.3.15}$$

$$e_{ij} = \frac{1+\nu}{E}\sigma_{ij} - \frac{\nu}{E}I_1\delta_{ij} \qquad (3.3.16)$$

事实上，当应力—应变关系采用（3.3.11）~（3.3.16）式的张量记法时，我们很容易验证这种应力—应变关系满足各向同性。

以（3.3.13）式为例，在等式两边分别左乘坐标变换矩阵 $\boldsymbol{c}$ 和右乘变换矩阵的转置 $\boldsymbol{c}^T$ 得

$$\boldsymbol{c\sigma c}^{\mathrm{T}} = 2G\boldsymbol{cec}^{\mathrm{T}} + \lambda\theta_1\boldsymbol{cI}\,\boldsymbol{c}^{\mathrm{T}}$$

注意到 $\boldsymbol{\sigma}' = \boldsymbol{c\sigma c}^{\mathrm{T}}$，$\boldsymbol{e}' = \boldsymbol{cec}^{\mathrm{T}}$，$\boldsymbol{I} = \boldsymbol{cI}\,\boldsymbol{c}^{\mathrm{T}}$，$\theta'_1 = \theta_1$，因此有

$$\boldsymbol{\sigma}' = 2G\boldsymbol{e}' + \lambda\theta'_1\boldsymbol{I}$$

也就是说式（3.1.13）在坐标变换下具有形式不变性，由此（3.1.13）式表示的材料应力—应变关系具有各向同性。

5. 柱坐标和球坐标系中的应力—应变关系

根据前面 3.2 节的分析过程，我们知道各向同性应力—应变关系具有坐标旋转不变性，也就是说与坐标系的选择无关，适用于任意正交坐标系，柱坐标系和球坐标系作为正交系自然也适用。上述公式，例如式（3.3.7），只需要将下标 x，y，z 分别采用 r，θ，z 和 r，θ，φ 替代即得到相应的柱坐标系和球坐标系下的结果。

$$\begin{cases} \sigma_r = 2G\varepsilon_r + \lambda(\varepsilon_r + \varepsilon_\theta + \varepsilon_z) \\ \sigma_\theta = 2G\varepsilon_\theta + \lambda(\varepsilon_r + \varepsilon_\theta + \varepsilon_z) \\ \sigma_z = 2G\varepsilon_z + \lambda(\varepsilon_r + \varepsilon_\theta + \varepsilon_z) \\ \tau_{r\theta} = G\gamma_{r\theta},\ \tau_{\theta z} = G\gamma_{\theta z},\ \tau_{zx} = G\gamma_{zx} \end{cases} \qquad (3.3.17)$$

$$\begin{cases} \sigma_r = 2G\varepsilon_r + \lambda(\varepsilon_r + \varepsilon_\theta + \varepsilon_\varphi) \\ \sigma_\theta = 2G\varepsilon_\theta + \lambda(\varepsilon_r + \varepsilon_\theta + \varepsilon_\varphi) \\ \sigma_\varphi = 2G\varepsilon_\varphi + \lambda(\varepsilon_r + \varepsilon_\theta + \varepsilon_\varphi) \\ \tau_{r\theta} = G\gamma_{r\theta},\ \tau_{\theta\varphi} = G\gamma_{\theta\varphi},\ \tau_{\varphi r} = G\gamma_{\varphi r} \end{cases} \qquad (3.3.18)$$

3.4　线性各向同性弹性体主应力和主应变之间的关系

由线性各向同性应力—应变关系可以直接得到，剪应变只和剪应力有关，因此在主应力空间下，剪应变必为零，因此主应力空间也为主应变空间，即此时 3 个正应变分量也是主应变分量。

不失一般性，令

$$\sigma_1 = \sigma_{xx},\ \sigma_2 = \sigma_{yy},\ \sigma_3 = \sigma_{zz}$$

因此有

$$e_{xx} = \frac{\sigma_1}{E} - \frac{\nu}{E}(\sigma_2 + \sigma_3)$$

$$e_{yy} = \frac{\sigma_2}{E} - \frac{\nu}{E}(\sigma_1 + \sigma_3)$$

$$e_{zz} = \frac{\sigma_3}{E} - \frac{\nu}{E}(\sigma_1 + \sigma_2)$$

根据上述方程组可以得到

$$e_{xx} - e_{yy} = \frac{1+\nu}{E}(\sigma_1 - \sigma_2) \geqslant 0$$

$$e_{yy} - e_{zz} = \frac{1+\nu}{E}(\sigma_2 - \sigma_3) \geqslant 0$$

因此有

$$e_{xx} \geqslant e_{yy} \geqslant e_{zz}$$

即 $e_{xx} = e_1$，$e_{yy} = e_2$，$e_{zz} = e_3$。也就是说，主应力方向也是相应的主应变方向。

3.5　考虑温度变化的弹性体应力—应变关系

众所周知，一般物体随温度升高而膨胀，随温度下降而收缩。因此，温度是使物体产生形变的一个重要原因，在分析弹性体的应力—应变关系时，必须考虑温度变化的影响。

与受力与变形的关系类似，温升与变形的关系也存在线性/非线性，各向同性/各向异性之分。最简单的情况是**线性各向同性热胀材料**，也就是由这种材料制成的结构在不同方向上相同的温升导致的应变相同，而且温升与应变之间的关系是线性的。

如图 3.5.1 所示，假设有一块均匀的线性热胀材料 Ω。建立一个直角坐标系，沿平行坐标轴方向切取一个长为 l 的正方体，现将其均匀升温 ΔT 并测量各边长的变化。如果在测量误差范围内，各边长度变化量相同，令其为 Δl，原先互相垂直的线段在温升变形后仍然互相垂直，则我们可以根据应变的定义得到立方体上任意一点的柯西应变分量为

$$\begin{bmatrix} e_{xx} & e_{xy} & e_{xz} \\ e_{yx} & e_{yy} & e_{yz} \\ e_{zx} & e_{zy} & e_{zz} \end{bmatrix} = \begin{bmatrix} \dfrac{\Delta l}{l} & 0 & 0 \\ 0 & \dfrac{\Delta l}{l} & 0 \\ 0 & 0 & \dfrac{\Delta l}{l} \end{bmatrix}$$

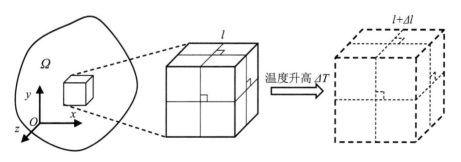

图 3.5.1　材料应变与温升关系的测定

进一步地，如果温度变化不是很大，各边长度变化量 Δl 与温度变化量 ΔT 成正比，也与边长 l 成正比，即

$$\Delta l = \alpha \Delta T \cdot l \tag{3.5.1}$$

其中比例系数 α 称为材料的**线胀系数**（即单位长度的材料伸长量与温度变化量的比值），

由此我们得到在给定坐标系下材料的应变与温升的关系为

$$
\begin{bmatrix}
e_{xx} & e_{xy} & e_{xz} \\
e_{yx} & e_{yy} & e_{yz} \\
e_{zx} & e_{zy} & e_{zz}
\end{bmatrix}
=
\begin{bmatrix}
\alpha & 0 & 0 \\
0 & \alpha & 0 \\
0 & 0 & \alpha
\end{bmatrix}
\Delta T
\tag{3.5.2}
$$

显然上述假想的实验中，材料在给定坐标系的三个坐标轴方向上的热胀性能是相同的，但我们能由此断定这个材料就是热胀各向同性的吗？上述（3.5.2）式是线胀各向同性材料应变与温升关系的一般表达式吗？为此，我们需要对材料应变与温升的关系做一个一般性的理论分析。

由于温度是标量，因此从一般意义上讲，结构柯西应变与温度变化的线性关系可以表示为

$$
\begin{bmatrix}
e_{xx} & e_{xy} & e_{xz} \\
e_{yx} & e_{yy} & e_{yz} \\
e_{zx} & e_{zy} & e_{zz}
\end{bmatrix}
=
\begin{bmatrix}
\alpha_{xx} & \alpha_{xy} & \alpha_{xz} \\
\alpha_{yx} & \alpha_{yy} & \alpha_{yz} \\
\alpha_{zx} & \alpha_{zy} & \alpha_{zz}
\end{bmatrix}
\Delta T
$$

其中，等式右端的矩阵称为材料的**线胀系数矩阵**。由于应变矩阵是对称的，因此线胀系数矩阵也必是对称的。也就是说，在一般各向异性情形下，给定坐标系中结构具有 6 个独立的线胀系数。

我们分析最简单的理想情况，假设结构材料的热胀冷缩性质是各向同性的，即在给定温度变化的情况下，任意坐标系下结构由温度产生的应变是相同的。显然，这要求线胀系数矩阵具有坐标旋转不变性，即

$$
\begin{bmatrix}
c_{1'1} & c_{1'2} & c_{1'3} \\
c_{2'1} & c_{2'2} & c_{2'3} \\
c_{3'1} & c_{3'2} & c_{3'3}
\end{bmatrix}
\begin{bmatrix}
\alpha_{xx} & \alpha_{xy} & \alpha_{xz} \\
\alpha_{yx} & \alpha_{yy} & \alpha_{yz} \\
\alpha_{zx} & \alpha_{zy} & \alpha_{zz}
\end{bmatrix}
\begin{bmatrix}
c_{1'1} & c_{1'2} & c_{1'3} \\
c_{2'1} & c_{2'2} & c_{2'3} \\
c_{3'1} & c_{3'2} & c_{3'3}
\end{bmatrix}^{\mathrm{T}}
\equiv
\begin{bmatrix}
\alpha_{xx} & \alpha_{xy} & \alpha_{xz} \\
\alpha_{yx} & \alpha_{yy} & \alpha_{yz} \\
\alpha_{zx} & \alpha_{zy} & \alpha_{zz}
\end{bmatrix}
\tag{3.5.3}
$$

我们可以仿照推导各向同性材料弹性矩阵形式的过程，先由一些特定的旋转变换确定部分线胀系数元素的关系，最后再由一般的旋转变换确定各元素的关系，推导出各向同性线胀系数矩阵具有的形式。

首先，我们来看**关于法向为 z 方向的平面对称的热胀材料**。由于材料的线胀特性关于 z 面对称，因此将下列方向余弦矩阵

$$
\begin{bmatrix}
c_{1'1} & c_{1'2} & c_{1'3} \\
c_{2'1} & c_{2'2} & c_{2'3} \\
c_{3'1} & c_{3'2} & c_{3'3}
\end{bmatrix}
=
\begin{bmatrix}
1 & 0 & 0 \\
0 & 1 & 0 \\
0 & 0 & -1
\end{bmatrix}
$$

代入式（3.5.3）得到

$$
\begin{bmatrix}
\alpha_{xx} & \alpha_{xy} & -\alpha_{xz} \\
\alpha_{yx} & \alpha_{yy} & -\alpha_{yz} \\
-\alpha_{zx} & -\alpha_{zy} & \alpha_{zz}
\end{bmatrix}
=
\begin{bmatrix}
\alpha_{xx} & \alpha_{xy} & \alpha_{xz} \\
\alpha_{yx} & \alpha_{yy} & \alpha_{yz} \\
\alpha_{zx} & \alpha_{zy} & \alpha_{zz}
\end{bmatrix}
$$

因此必有

$$
\alpha_{xz} = \alpha_{zx} = 0, \ \alpha_{yz} = \alpha_{zy} = 0
$$

此时的线胀系数矩阵具有以下形式：

$$\begin{bmatrix} \alpha_{xx} & \alpha_{xy} & \alpha_{xz} \\ \alpha_{yx} & \alpha_{yy} & \alpha_{yz} \\ \alpha_{zx} & \alpha_{zy} & \alpha_{zz} \end{bmatrix} = \begin{bmatrix} \alpha_{xx} & \alpha_{xy} & 0 \\ \alpha_{yx} & \alpha_{yy} & 0 \\ 0 & 0 & \alpha_{zz} \end{bmatrix} \tag{3.5.4}$$

即具有一个对称面的线胀系数矩阵具有 4 个独立参数。

进一步，我们可以得到关于 3 个坐标面对称的正交各向异性热胀材料的线胀系数矩阵为

$$\begin{bmatrix} \alpha_{xx} & \alpha_{xy} & \alpha_{xz} \\ \alpha_{yx} & \alpha_{yy} & \alpha_{yz} \\ \alpha_{zx} & \alpha_{zy} & \alpha_{zz} \end{bmatrix} = \begin{bmatrix} \alpha_{xx} & 0 & 0 \\ 0 & \alpha_{yy} & 0 \\ 0 & 0 & \alpha_{zz} \end{bmatrix} \tag{3.5.5}$$

此时的线胀系数矩阵具有 3 个独立参数。

在此基础上，我们令

$$\begin{bmatrix} c_{1'1} & c_{1'2} & c_{1'3} \\ c_{2'1} & c_{2'2} & c_{2'3} \\ c_{3'1} & c_{3'2} & c_{3'3} \end{bmatrix} = \begin{bmatrix} \cos\theta & \sin\theta & 0 \\ -\sin\theta & \cos\theta & 0 \\ 0 & 0 & 1 \end{bmatrix}$$

当式 (3.5.3) 对任意的 θ 都成立，即材料的热胀特性关于 z 轴旋转对称时，可以得到

$$\alpha_{xx} = \alpha_{yy}$$

此时材料的线胀系数矩阵为

$$\begin{bmatrix} \alpha_{xx} & \alpha_{xy} & \alpha_{xz} \\ \alpha_{yx} & \alpha_{yy} & \alpha_{yz} \\ \alpha_{zx} & \alpha_{zy} & \alpha_{zz} \end{bmatrix} = \begin{bmatrix} \alpha_{xx} & 0 & 0 \\ 0 & \alpha_{xx} & 0 \\ 0 & 0 & \alpha_{zz} \end{bmatrix} \tag{3.5.6}$$

线胀系数矩阵只有 2 个独立参数。

最后可以再令材料的热胀特性关于 y 轴旋转对称，从而得到

$$\alpha_{xx} = \alpha_{zz}$$

此时材料的线胀系数矩阵具有如下形式：

$$\begin{bmatrix} \alpha_{xx} & \alpha_{xy} & \alpha_{xz} \\ \alpha_{yx} & \alpha_{yy} & \alpha_{yz} \\ \alpha_{zx} & \alpha_{zy} & \alpha_{zz} \end{bmatrix} = \begin{bmatrix} \alpha & 0 & 0 \\ 0 & \alpha & 0 \\ 0 & 0 & \alpha \end{bmatrix} \tag{3.5.7}$$

线胀系数矩阵只有 1 个独立参数。

容易验证，当材料的线胀系数矩阵具有式 (3.5.7) 的形式时，式 (3.5.3) 恒成立，也就是说此种材料为各向同性线胀材料。这一结果表明，对各向同性材料，当物体上任一点的温度变化为 ΔT 时，该点处的柯西应变张量为式 (3.5.2)。

假设温度变形和应力变形是相互独立的（注意这与温度变化可能导致应力在内涵上是不同的），则叠加上由于应力产生的应变，得到考虑温度变化后各向同性弹性体上一点的应力—应变关系为

$$\begin{cases} \varepsilon_x = \dfrac{1}{E}\left[\sigma_x - \nu(\sigma_y + \sigma_z)\right] + \alpha \cdot \Delta T \\[2mm] \varepsilon_y = \dfrac{1}{E}\left[\sigma_y - \nu(\sigma_x + \sigma_z)\right] + \alpha \cdot \Delta T \\[2mm] \varepsilon_z = \dfrac{1}{E}\left[\sigma_z - \nu(\sigma_x + \sigma_y)\right] + \alpha \cdot \Delta T \\[2mm] \gamma_{xy} = \dfrac{\tau_{xy}}{G}, \ \gamma_{yz} = \dfrac{\tau_{yz}}{G}, \ \gamma_{zx} = \dfrac{\tau_{zx}}{G} \end{cases} \quad (3.5.8)$$

或者反过来的应变 – 应力关系为

$$\begin{cases} \sigma_x = 2G\varepsilon_x + \lambda(\varepsilon_x + \varepsilon_y + \varepsilon_z) - \beta \cdot \Delta T \\[1mm] \sigma_y = 2G\varepsilon_y + \lambda(\varepsilon_x + \varepsilon_y + \varepsilon_z) - \beta \cdot \Delta T \\[1mm] \sigma_z = 2G\varepsilon_z + \lambda(\varepsilon_x + \varepsilon_y + \varepsilon_z) - \beta \cdot \Delta T \\[1mm] \tau_{xy} = G\gamma_{xy}, \ \tau_{yz} = G\gamma_{yz}, \ \tau_{zx} = G\gamma_{yz} \end{cases} \quad (3.5.9)$$

式中，$\beta = \dfrac{E\alpha}{(1 - 2\nu)}$ 为**热应力系数**。当然，这里的弹性常数指的是温度变化后材料的弹性常数。

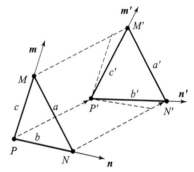

对各向同性热变形中剪应变为零的问题，我们还可以从另一个角度进行分析。

如图 3.5.2，在变形体上 P 点沿 n 方向和 m 方向分别取邻近的 N 点和 M 点，假设物体温度上升 ΔT 后，P 点、N 点和 M 点的位置分别变为 P' 点、N' 点和 M' 点，令 $a = |MN|$，$b = |PN|$，$c = |PM|$，$a' = |M'N'|$，$b' = |P'N'|$，$c' = |P'M'|$。

图 3.5.2   各向同性热胀冷缩

根据我们在第二章给出的应变的统一定义

$$E_{nm} = E_{mn} = \lim_{\substack{|PN| \to 0 \\ |PM| \to 0}} \frac{1}{2} \frac{\overrightarrow{P'N'} \cdot \overrightarrow{P'M'} - \overrightarrow{PN} \cdot \overrightarrow{PM}}{|PN||PM|}$$

取方向 n 和方向 m 相同时，得到 P 点处温度上升 ΔT 后 n 方向的格林正应变为

$$E_{nm} = E_{nn} = \lim_{|PN| \to 0} \frac{|P'N'|^2 - |PN|^2}{2|PN|^2} = \frac{(1 + \alpha \cdot \Delta T)^2 - 1}{2}$$

$$= \alpha \cdot \Delta T + \frac{(\alpha \cdot \Delta T)^2}{2}$$

取一次项，得到 P 点处温度上升 ΔT 后 n 方向的柯西正应变为

$$e_{nn} = \alpha \cdot \Delta T$$

取方向 n 和方向 m 垂直时，得到 P 点处温度上升 ΔT 后 n 方向和 m 方向之间的格林剪应变为

$$E_{nm} = E_{mn} = \lim_{\substack{b \to 0 \\ c \to 0}} \frac{1}{2} \frac{(b'^2 + c'^2 - a'^2) - (b^2 + c^2 - a^2)}{2bc}$$

对均匀各向同性的线胀材料有，

$$a' = (1 + \alpha \cdot \Delta T)a, \ b' = (1 + \alpha \cdot \Delta T)b, \ c' = (1 + \alpha \cdot \Delta T)c,$$

同时注意到 $b^2 + c^2 - a^2 = 0$，由此

$$E_{nm} = E_{mn} = \lim_{\substack{b \to 0 \\ c \to 0}} \frac{1}{2} \frac{(b^2 + c^2 - a^2)[(1 + \alpha \cdot \Delta T)^2 - 1]}{2bc} \equiv 0$$

由此也可得到 P 点处温度上升 ΔT 后的 $\boldsymbol{n}$ 方向的柯西剪应变为

$$e_{nm} = e_{mn} \equiv 0$$

习题三

3.1　根据线性各向同性材料的应力—应变关系，推导出其应变能密度函数和应变余能密度函数的表达式。

3.2　如果应变能密度函数 $W = A\theta_1^2 + B\theta_2$，其中 θ_1 和 θ_2 分别为应变第一不变量和第二不变量，试给出相应的应力—应变关系。

3.3　根据三维情况线性各向同性材料的应力—应变关系，给出平面应力、平面应变、一维应力和一维应变情况下的应力—应变关系。

3.4　已知 $\{\boldsymbol{\varepsilon}\} = [\boldsymbol{E}]\{\boldsymbol{\sigma}\}$，请用矩阵求逆的方法求 $[\boldsymbol{D}]$，使得 $\{\boldsymbol{\sigma}\} = [\boldsymbol{D}]\{\boldsymbol{\varepsilon}\}$。

3.5　对于各向同性材料，证明：若有 $\varepsilon_x > \varepsilon_y > \varepsilon_z$，则必有 $\sigma_x > \sigma_y > \sigma_z$。

3.6　已知一块正方形薄板，边长 $a = 800$ mm，且平行于 x，y 轴，z 方向厚度为 $h = 10$ mm，假设其应力状态为 $\sigma_x = 360$ MPa，$\sigma_y = \sigma_z = \tau_{xy} = \tau_{yz} = \tau_{zx} = 0$，若 $E = 72$ GPa，$\nu = 0.33$，试求此板变形后的尺寸。

第四章

弹性力学一般方程及其退化

众所周知，弹性体在受外界载荷的作用（这里只包括所受体力、面力以及位移约束）下将产生相应的变形。我们在前面已经指出，可以采用位移向量表示物体上质点位置的变化，用应变张量表示物体任意点上形状变化的剧烈程度，用应力张量表示物体上任意一点受周围介质的作用大小。

本章要综合前面几章分析的结果，给出线弹性力学问题完整的数学描述。考虑到一般问题的复杂性，我们要在此基础上着重探讨由一般三维问题逐步降维退化的可能，以寻求今后可以解析求解的情形。

4.1 三维线弹性力学定解问题

4.1.1 基本方程

通过前面的分析，我们已经建立了在一般情况下应力、应变和位移应该满足的方程组。表4.1.1采用不同记法，总结了我们已经得到的直角坐标系中线弹性力学问题的基本方程组。其中分量展开记法、指标记法以及整体记法在前面已经介绍，而表中列出的矩阵记法则是今后在弹性力学有限元法等应用中会经常使用的。

这里给出矩阵记法中的有关矩阵的具体定义，请注意这里的应变分量采用的是工程应变分量，为此弹性矩阵 $[D]$ 与第三章的 (3.2.36) 式略有差别，这里采用工程中常用的弹性模量 E 和泊松比 ν 再次给出。需要强调的是，应力、应变和位移一般均为点的位置坐标的函数，为简洁起见表中各式均未明确写出。

其中，位移向量：$\{u\} = \begin{bmatrix} u_x & u_y & u_z \end{bmatrix}^{\mathrm{T}}$

应变矩阵：$\{\varepsilon\} = \begin{bmatrix} \varepsilon_x & \varepsilon_y & \varepsilon_z & \gamma_{xy} & \gamma_{yz} & \gamma_{zx} \end{bmatrix}^{\mathrm{T}}$

应力矩阵：$\{\sigma\} = \begin{bmatrix} \sigma_x & \sigma_y & \sigma_z & \tau_{xy} & \tau_{yz} & \tau_{zx} \end{bmatrix}^{\mathrm{T}}$

弹性矩阵：$[D] = \dfrac{E(1-\nu)}{(1+\nu)(1-2\nu)} \begin{bmatrix} 1 & \dfrac{\nu}{1-\nu} & \dfrac{\nu}{1-\nu} & 0 & 0 & 0 \\[2mm] \dfrac{\nu}{1-\nu} & 1 & \dfrac{\nu}{1-\nu} & 0 & 0 & 0 \\[2mm] \dfrac{\nu}{1-\nu} & \dfrac{\nu}{1-\nu} & 1 & 0 & 0 & 0 \\[2mm] 0 & 0 & 0 & \dfrac{1-2\nu}{2(1-\nu)} & 0 & 0 \\[2mm] 0 & 0 & 0 & 0 & \dfrac{1-2\nu}{2(1-\nu)} & 0 \\[2mm] 0 & 0 & 0 & 0 & 0 & \dfrac{1-2\nu}{2(1-\nu)} \end{bmatrix}$

$$
\text{一阶导数运算矩阵：} [\boldsymbol{A}] = \begin{bmatrix} \dfrac{\partial}{\partial x} & 0 & 0 & \dfrac{\partial}{\partial y} & 0 & \dfrac{\partial}{\partial z} \\[2mm] 0 & \dfrac{\partial}{\partial y} & 0 & \dfrac{\partial}{\partial x} & \dfrac{\partial}{\partial z} & 0 \\[2mm] 0 & 0 & \dfrac{\partial}{\partial z} & 0 & \dfrac{\partial}{\partial y} & \dfrac{\partial}{\partial x} \end{bmatrix}, \quad \text{运算矩阵} [\boldsymbol{L}] = [\boldsymbol{A}]^{\mathrm{T}}
$$

$$
\text{二阶导数运算矩阵：} [\boldsymbol{H}] = \begin{bmatrix} \dfrac{\partial^2}{\partial y^2} & \dfrac{\partial^2}{\partial x^2} & 0 & -\dfrac{\partial^2}{\partial x \partial y} & 0 & 0 \\[3mm] 0 & \dfrac{\partial^2}{\partial z^2} & \dfrac{\partial^2}{\partial y^2} & 0 & -\dfrac{\partial^2}{\partial y \partial z} & 0 \\[3mm] \dfrac{\partial^2}{\partial z^2} & 0 & \dfrac{\partial^2}{\partial x^2} & 0 & 0 & -\dfrac{\partial^2}{\partial x \partial z} \\[3mm] \dfrac{\partial^2}{\partial y \partial z} & 0 & 0 & -\dfrac{1}{2}\dfrac{\partial^2}{\partial x \partial z} & \dfrac{1}{2}\dfrac{\partial^2}{\partial x^2} & -\dfrac{1}{2}\dfrac{\partial^2}{\partial x \partial y} \\[3mm] 0 & \dfrac{\partial^2}{\partial z \partial x} & 0 & -\dfrac{1}{2}\dfrac{\partial^2}{\partial y \partial z} & -\dfrac{1}{2}\dfrac{\partial^2}{\partial x \partial y} & \dfrac{1}{2}\dfrac{\partial^2}{\partial y^2} \\[3mm] 0 & 0 & \dfrac{\partial^2}{\partial x \partial y} & \dfrac{1}{2}\dfrac{\partial^2}{\partial z^2} & -\dfrac{1}{2}\dfrac{\partial^2}{\partial x \partial z} & -\dfrac{1}{2}\dfrac{\partial^2}{\partial y \partial z} \end{bmatrix}
$$

表 4.1.1 直角坐标系下线弹性力学基本方程组的不同记法

方程	分量展开记法	矩阵记法	指标记法	张量整体记法
平衡方程	$\dfrac{\partial \sigma_x}{\partial x} + \dfrac{\partial \tau_{yx}}{\partial y} + \dfrac{\partial \tau_{zx}}{\partial z} + f_x = 0$ $\dfrac{\partial \tau_{xy}}{\partial x} + \dfrac{\partial \sigma_y}{\partial y} + \dfrac{\partial \tau_{zy}}{\partial z} + f_y = 0$ $\dfrac{\partial \tau_{xz}}{\partial x} + \dfrac{\partial \tau_{yz}}{\partial y} + \dfrac{\partial \sigma_z}{\partial z} + f_z = 0$	$[\boldsymbol{A}]\{\boldsymbol{\sigma}\} + \{\boldsymbol{f}\} = 0$	$\sigma_{ij,i} + f_j = 0$	$\nabla \cdot \boldsymbol{\sigma} + \boldsymbol{f} = 0$
几何方程	$\varepsilon_x = \dfrac{\partial u}{\partial x}, \varepsilon_y = \dfrac{\partial v}{\partial y}, \varepsilon_z = \dfrac{\partial w}{\partial z}$ $\gamma_{xy} = \gamma_{yx} = \dfrac{\partial v}{\partial x} + \dfrac{\partial u}{\partial y}$ $\gamma_{yz} = \gamma_{zy} = \dfrac{\partial w}{\partial y} + \dfrac{\partial v}{\partial z}$ $\gamma_{zx} = \gamma_{xz} = \dfrac{\partial u}{\partial z} + \dfrac{\partial w}{\partial x}$	$\{\boldsymbol{\varepsilon}\} = [\boldsymbol{L}]\{\boldsymbol{u}\}$	$e_{ij} = \dfrac{1}{2}\left(u_{i,j} + u_{j,i} \right)$	$\boldsymbol{e} = \dfrac{1}{2}\left(\nabla \boldsymbol{u} + \boldsymbol{u}\nabla \right)$
协调方程	$\dfrac{\partial^2 \varepsilon_x}{\partial y^2} + \dfrac{\partial^2 \varepsilon_y}{\partial x^2} = \dfrac{\partial^2 \gamma_{xy}}{\partial x \partial y}$ $\dfrac{\partial^2 \varepsilon_y}{\partial z^2} + \dfrac{\partial^2 \varepsilon_z}{\partial y^2} = \dfrac{\partial^2 \gamma_{yz}}{\partial y \partial z}$ $\dfrac{\partial^2 \varepsilon_z}{\partial x^2} + \dfrac{\partial^2 \varepsilon_x}{\partial z^2} = \dfrac{\partial^2 \gamma_{zx}}{\partial x \partial z}$ $\dfrac{\partial^2 \varepsilon_x}{\partial y \partial z} = \dfrac{1}{2}\left(\dfrac{\partial^2 \gamma_{xy}}{\partial x \partial z} + \dfrac{\partial^2 \gamma_{zx}}{\partial x \partial y} - \dfrac{\partial^2 \gamma_{yz}}{\partial x^2} \right)$ $\dfrac{\partial^2 \varepsilon_y}{\partial z \partial x} = \dfrac{1}{2}\left(\dfrac{\partial^2 \gamma_{xy}}{\partial y \partial z} + \dfrac{\partial^2 \gamma_{yz}}{\partial y \partial x} - \dfrac{\partial^2 \gamma_{zx}}{\partial y^2} \right)$ $\dfrac{\partial^2 \varepsilon_z}{\partial x \partial y} = \dfrac{1}{2}\left(\dfrac{\partial^2 \gamma_{yz}}{\partial x \partial z} + \dfrac{\partial^2 \gamma_{zx}}{\partial z \partial y} - \dfrac{\partial^2 \gamma_{xy}}{\partial z^2} \right)$	$[\boldsymbol{H}]\{\boldsymbol{\varepsilon}\} = 0$	$e_{ij,kl} + e_{kl,ij} = e_{ik,jl} + e_{jl,ik}$	$\nabla \times \boldsymbol{e} \times \nabla = 0$

方程	分量展开记法	矩阵记法	指标记法	张量整体记法
本构方程	$\sigma_x = 2G\varepsilon_x + \lambda(\varepsilon_x + \varepsilon_y + \varepsilon_z)$ $\sigma_y = 2G\varepsilon_y + \lambda(\varepsilon_x + \varepsilon_y + \varepsilon_z)$ $\sigma_z = 2G\varepsilon_z + \lambda(\varepsilon_x + \varepsilon_y + \varepsilon_z)$ $\tau_{xy} = G\gamma_{xy}$ $\tau_{yz} = G\gamma_{yz}$ $\tau_{zx} = G\gamma_{zx}$	$\{\sigma\} = [D]\{\varepsilon\}$	$\sigma_{ij} = 2Ge_{ij} + \lambda e_{kk}\delta_{ij}$	$\boldsymbol{\sigma} = \boldsymbol{D} \cdot \boldsymbol{\varepsilon}$
位移条件	$u = \bar{u}$ $v = \bar{v}$ $w = \bar{w}$	$\{u\} = \{\bar{u}\}$	$u_i = \bar{u}_i$	$\boldsymbol{u} = \bar{\boldsymbol{u}}$
应力条件	$\sigma_x c_{nx} + \tau_{yx} c_{ny} + \tau_{zx} c_{nz} = \bar{p}_x$ $\tau_{xy} c_{nx} + \sigma_y c_{ny} + \tau_{zy} c_{nz} = \bar{p}_y$ $\tau_{xz} c_{nx} + \tau_{yz} c_{ny} + \sigma_z c_{nz} = \bar{p}_z$	$[n]\{\sigma\} = \{\bar{p}\}$	$\sigma_{ij} c_{ni} = \bar{p}_j$	$\boldsymbol{n} \cdot \boldsymbol{\sigma} = \bar{\boldsymbol{p}}$

4.1.2　边界条件

从一般三维角度看弹性体的力学分析问题，其基本方程在形式上是完全相同的，应用于具体问题，我们必须确定物体的几何形状，即方程组待求函数的定义域，通常用希腊字母 Ω 表示；其全部边界则多用希腊字母 Γ 表示；物体上各点所受的外界作用，包括体积力 $\boldsymbol{f} = [f_x, f_y, f_z]^{\mathrm{T}}$ 和所有边界点在各个方向的位移值 $\bar{\boldsymbol{u}} = [\bar{u}, \bar{v}, \bar{w}]^{\mathrm{T}}$ 或面力值 $\bar{\boldsymbol{p}} = [\bar{p}_x, \bar{p}_y, \bar{p}_z]^{\mathrm{T}}$。

我们称给定的结构边界点位移值或面力值为**边界条件**。常见的弹性力学问题的边界条件有以下几种形式：

（1）所有边界点的所有方向均给定了面力值。根据应力柯西公式，如果给定边界上某点的面力值，实际上也就给定了该点部分应力分量应该满足的条件，见式（4.1.1）。因此，我们也将给定结构的面力称为**应力边界条件**，而所有边界点的所有方向均给定了面力值的边界条件称为**完全应力边界条件**。

$$\begin{cases} \sigma_x c_{nx} + \tau_{yx} c_{ny} + \tau_{zx} c_{nz} = \bar{p}_x \\ \tau_{xy} c_{nx} + \sigma_y c_{ny} + \tau_{zy} c_{nz} = \bar{p}_y \\ \tau_{xz} c_{nx} + \tau_{yz} c_{ny} + \sigma_z c_{nz} = \bar{p}_z \end{cases} \tag{4.1.1}$$

（2）所有边界点的所有方向均给定了位移值，如式（4.1.2）所示。这种边界条件也称为**完全位移边界条件**。

$$\begin{cases} u = \bar{u} \\ v = \bar{v} \\ w = \bar{w} \end{cases} \tag{4.1.2}$$

（3）部分边界点上给定面力值，部分边界点给定位移值，或者同一边界点的部分方向上给定面力值，其余方向上给定位移值。这种边界条件可以称为**混合边界条件**。

我们将给定了位移条件的边界称为**位移边界**，通常用 Γ_u 表示；将给定了应力条件的边界称为应力边界，通常用 Γ_σ 表示。由于弹性力学问题必须给定全部边界上的位移或应力条件，因此必有 $\Gamma = \Gamma_u + \Gamma_\sigma$。

如前所述，对一般的三维弹性力学问题，从数学建模的角度看，基本方程组是完全相同的，只是不同问题的求解域（即结构形状决定的空间区域）和边界条件可能不同。由于结构形状是相对容易确定的，因此对具体弹性力学问题而言，准确地给出全部边界条件便成为最重要的内容。这一点应该引起初学者足够的重视。

4.1.3　边界条件的近似——圣维南原理

前面已经指出，为了获得弹性力学问题的解，我们必须正确地给定弹性体所受的边界条件。但在许多情况下，精确地给定弹性体所受面力的分布是很困难的。例如，两个弹性体表面接触产生的面力，其分布规律受两个接触面的形状、合力大小、材料参数等多种因素影响，求出精确的接触力分布本身就是一个很复杂的问题，因此要将其作为一个已知条件来求解弹性体的变形和应力自然也就存在很大的困难。这种情况下，通常只能近似地给定相应的面力条件。

另一种常见的情况是反过来的。这里能够给出弹性体精确的面力分布，但要给出满足这种边界条件的解存在很大困难，为此也需要将给定的边界条件进行等效或近似处理。

无论上面哪一种情况，实际上都要回答这样一个问题，即边界条件的近似或等效会在多大程度上影响原问题的解？

实践经验表明，当面力的合力和合力矩相同的情况下，分布不同的边界条件只对受力点附近的应力分布有大的影响，而对距离受力点较远位置处的应力分布影响很小。这一现象被法国力学家圣维南在1855—1856年求解柱体结构的扭转和弯曲问题时发现并总结成了如下思想：**如果柱体端部两种外载荷在静力学上是等效的，则端部以外区域内两种情况中应力场的差别甚微**。根据这一思想，在如图4.1.1所示的4种情形下，虽然柱体两端拉力作用分布不同，但只要合力大小相同且作用在同一条直线上，则在远离端部的杆中间部位（如图中的虚线部分）的应力场是基本相同的。正是因为这一点，如果我们只是关心远离端部位置的应力分布，就可以求解边界条件最简单的情形［图4.1.1（d）］。

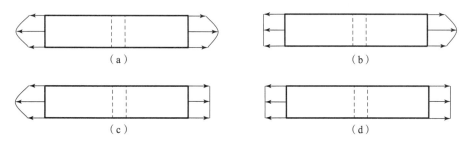

图4.1.1　端部作用静力等效但分布不同的拉力的柱体
（a）两端受非均匀拉力；（b）左端受均匀拉力右端受非均匀拉力；
（c）左端受非均匀拉力右端受均匀拉力；（d）两端受均匀拉力

布森涅斯克（J. V. Boussinesq）于1885年把这个思想加以推广，并称之为**圣维南原理：设弹性体的一个小范围作用有一个平衡力系（即合力和合力矩均为零），则在远离作用区域弹性体内由这个平衡力系引起的应力是可以忽略的**。如图4.1.2所示的钳子夹持物体大概是这一原理最直观的例子。当我们使劲用钳子夹持一个物体时，物体在夹持部位 A 处被施加了一对平衡力，对于远离作用区域的 B 处而言，该平衡力等效于没有任何作用力。实践表明，无论夹持力 F 多大，B 处的应力都可以忽略。因此，在这种情况下圣维南原理是成立的。

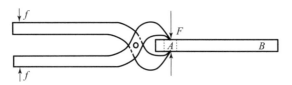

图 4.1.2　用钳子夹持物体

显然，根据圣维南原理也能推导出图 4.1.1 中情形（a）可以用情形（d）来近似，推导过程如图 4.1.3 所示。为叙述方便，我们令情形（a）的左端载荷为 Q_1，右端载荷为 Q_r，其合力大小为 F。根据圣维南原理，在柱体的左右端叠加上一对分布均匀合力也为 F 的平衡拉力 P_1 和 P_r 后，几乎不会影响远离柱体端部的中间部位应力场。在左端，当然也可以视 Q_1 和 P_1 为一对平衡力系，同样根据圣维南原理，它们的作用几乎不会影响远离柱体端部的中间部位应力场，因此可以去掉，从而推出左端的作用相当于仅有 P_1 的情形。类似地，右端也可近似为仅作用 P_r 的情形。这就证明了图 4.1.1 的（a）情形可以用情形（d）来近似。

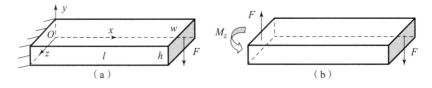

图 4.1.3　圣维南原理在柱体端部受拉问题中的应用

根据圣维南原理，当不能准确给出结构的应力边界条件时，也可以采用积分的形式，给出结构在某些边界上的合力和合力矩。下面通过如图 4.1.4（a）情形所示的左端固定右端受横向力 F 的悬臂梁问题来说明。

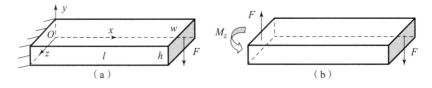

图 4.1.4　左端固定右端受横向力 F 的悬臂梁
（a）左端固定；（b）左端受等效力和力矩作用

建立图中所示的直角坐标系，由于上、下、前、后 4 个表面都是自由边界，可以准确地按式（4.1.1）给出在这 4 个面的应力边界条件为

$$\begin{cases} \sigma_y = 0 \\ \tau_{yx} = 0 \quad \begin{matrix} y = 0 \\ y = h \end{matrix} ; \\ \tau_{yz} = 0 \end{cases} \quad \begin{cases} \sigma_z = 0 \\ \tau_{zx} = 0 \quad \begin{matrix} z = 0 \\ z = w \end{matrix} \\ \tau_{zy} = 0 \end{cases} \tag{4.1.3}$$

右侧面因为没有给出横向力的分布，因此无法按式（4.1.1）给出该面的应力边界条件，但可以采用积分形式给出如下形式的边界条件，即截面沿 x，z 方向的合力为零，沿负 y 方向的合力为 F，同时对截面形心的合力矩为零。

$$
\begin{cases}
\displaystyle\int_0^w\int_0^h \sigma_x \mathrm{d}y\mathrm{d}z = F_x = 0, & \displaystyle\int_0^w\int_0^h \sigma_x\left(z - \frac{w}{2}\right)\mathrm{d}y\mathrm{d}z = M_y = 0 \\[3mm]
\displaystyle\int_0^w\int_0^h \tau_{xy}\mathrm{d}y\mathrm{d}z = F_y = -F, & \displaystyle\int_0^w\int_0^h \sigma_x\left(y - \frac{h}{2}\right)\mathrm{d}y\mathrm{d}z = -M_z = 0 & x = l \\[3mm]
\displaystyle\int_0^w\int_0^h \tau_{xz}\mathrm{d}y\mathrm{d}z = F_z = 0, & \displaystyle\int_0^w\int_0^h\left[\tau_{xy}\left(z - \frac{w}{2}\right) - \tau_{xz}\left(y - \frac{h}{2}\right)\right]\mathrm{d}y\mathrm{d}z = -M_x = 0
\end{cases}
$$

$$(4.1.4)$$

至于梁的固定端即左侧面，当然容易得到如下位移边界条件：

$$
\begin{cases}
u = 0 \\
v = 0 \quad x = 0 \\
w = 0
\end{cases}
$$

$$(4.1.5)$$

但实际求解该问题时，由于难以获得精确满足该位移边界条件的解析解，因此通常采用静力等效的应力边界条件来代替原位移条件。根据静力学分析容易知道，悬臂梁的左端（固定端）应该作用有 y 方向的合力 F 和大小为 Fl 的 z 方向弯矩，如图4.1.4（b）情形所示，因此与右端类似，有如下用积分形式表示的应力边界条件：

$$
\begin{cases}
\displaystyle\int_0^w\int_0^h \sigma_x \mathrm{d}y\mathrm{d}z = F_x = 0, & \displaystyle\int_0^w\int_0^h \sigma_x\left(z - \frac{w}{2}\right)\mathrm{d}y\mathrm{d}z = -M_y = 0 \\[3mm]
\displaystyle\int_0^w\int_0^h \tau_{xy}\mathrm{d}y\mathrm{d}z = F_y = F, & \displaystyle\int_0^w\int_0^h \sigma_x\left(y - \frac{h}{2}\right)\mathrm{d}y\mathrm{d}z = M_z = Fl & x = 0 \\[3mm]
\displaystyle\int_0^w\int_0^h \tau_{xz}\mathrm{d}y\mathrm{d}z = F_z = 0, & \displaystyle\int_0^w\int_0^h\left[\tau_{xy}\left(z - \frac{w}{2}\right) - \tau_{xz}\left(y - \frac{h}{2}\right)\right]\mathrm{d}y\mathrm{d}z = M_x = 0
\end{cases}
$$

$$(4.1.6)$$

我们将形如式（4.1.4）和式（4.1.6），用积分表示的应力边界条件称为**弱边界条件**。之所以称其为"弱"条件，就是因为边界上满足这类条件的应力分布可能有无数种，这种给定边界条件的方式实际上是放松了这些边界上的应力要求。根据圣维南原理，这些静力等效的不同边界条件之间的差异对远离这种边界位置处的应力分布影响很小。

圣维南原理长期以来在工程力学中得到广泛应用，但在应用过程中一直存在难以定量的问题，即"**远离作用区域**"是多远？这个问题的核心是，等效力系间差异造成的影响在结构中是怎样衰减的？要在数学上给出该问题的精确回答和严格证明是很困难的。在圣维南原理提出近100年后，古地尔（J. N. Goodier）和冯·米赛斯（R. von Mises）等人采用应变能估计的方法，推出圣维南原理中影响区域与面力作用区域的大小相当。若以圆柱体端部受力分析为例，圣维南原理中的影响区域大致为截面直径范围之内。但他们的证明仍有局限性，后来有人举出了圣维南原理不适用的实例。

例如，图4.1.5（a）和（b）分别为一个实心杆和工字形薄壁杆，假设它们一端固定，一端受由4个集中力构成的自平衡力系作用。计算表明，实心杆上从载荷作用的右端面向左应力迅速衰减，体现了圣维南原理的正确性。但对于工字形薄壁杆，当中间腹板很薄时，其刚度很小，两个翼板各自接近于受纯弯矩作用的情形，从载荷作用的右端面向左应力衰减很慢，在很大范围内均有较大应力存在，表明圣维南原理在这类结构上并不适用。究其原因，就是因为载荷的作用范围尺寸（翼板的宽度）远大于结构的最小尺寸（腹板的厚度），从而使原结构实际上相当于是两个近似独立的结构，而每个结构在端部的载荷不是静平衡的。

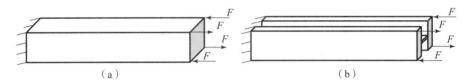

图 4.1.5　一端受平衡力系的实心杆和工字形薄壁杆

（a）实心杆；（b）工字形薄壁杆

又如图 4.1.6 所示，为一个带裂纹的矩形梁，在梁的一端作用有一个平衡力系，按照断裂力学可知，无论裂纹位置距离端面多远，裂纹尖端的应力场都充分大，不可忽略。

上述例子表明，圣维南原理适用与否是与结构的几何形状有一定关系的。最后还应该指

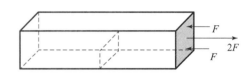

图 4.1.6　带裂纹的矩形梁

出的是，圣维南原理只适用于结构静力学问题，对结构动力学问题是不适用的，因为即便是自平衡的局部动态载荷，所引起的动态响应也可以传播到结构的很远处而不衰减。

4.2　弹性力学问题解的适定性

对一般的微分方程组定解问题，解的存在性、唯一性和稳定性等适定性质对寻求问题的解都具有重要意义。

尽管在物理上容易理解，一个弹性体作用外力时应该会产生变形和应力，但在数学上针对我们建立的数学模型探讨其解的存在性并非易事，因为其中还要涉及数学模型的结构和特点。Fichera[1] 和 Kupradze[2] 分别利用利用索伯列夫（Sobolev）空间理论和弹性位势理论证明了弹性力学边值问题解的存在性和稳定性（即解对边界条件的连续依赖性）。鉴于其复杂性，本书对这些证明及其成立条件不做详细介绍，感兴趣的读者可以参阅脚注的文献。在此只是指出，诸多已经求解的例子表明，合理给定的弹性力学问题的解是存在的。同时应该知道，尽管大多数弹性体在外界作用力发生微小变化时，其变形并不会发生很大的变化，但对一些细长杆件或薄壁板件结构，当沿杆身或板身的作用力很大时，很小的横向力即可导致结构变形的剧烈变化，即出现失稳现象。因此，对一些特定形式的弹性体的确存在明显的稳定性问题，需要对其做专门的探讨。

① Fichera G. Existence theorems in elasticity//S. Flugge. Encyclopedia of physics. Vol. VI a/2. Berlin, New York：Springer，1972.

② Kupradze V D. Three-dimensional problems of mathematical of elasticity and thermoelasticity［M］. New York：North-Holland，1979.

相比较而言，弹性力学问题解的唯一性则要容易得多，这主要得益于方程组的线性性质。解的唯一性表明，对一个复杂的弹性力学问题，如果通过猜测、试探或其他任意方法获得了问题的一个解，那么这个解就是问题的"真解"。由于弹性力学问题的正向解析求解通常是非常困难的，因此，解的唯一性对弹性力学定解问题的求解具有重要的实用价值。

下面用反证法来证明，线弹性力学定解问题的解具有唯一性。

假设问题存在两个不同的解，即 u_i^1，e_{ij}^1，σ_{ij}^1 和 u_i^2，e_{ij}^2，σ_{ij}^2。我们将这两组解分别作差，并记为

$$u_i = u_i^1 - u_i^2, \quad e_{ij} = e_{ij}^1 - e_{ij}^2, \quad \sigma_{ij} = \sigma_{ij}^1 - \sigma_{ij}^2$$

容易知道，这组量将满足以下方程组及边界条件：

$$\sigma_{ij,i} = 0, \text{ 在 } \Omega \text{ 内} \tag{4.2.1}$$

$$e_{ij} = \frac{1}{2}(u_{i,j} + u_{j,i}), \text{ 在 } \Omega \text{ 内} \tag{4.2.2}$$

$$e_{ij} = \frac{1+\nu}{E}\sigma_{ij} - \frac{\nu}{E}\sigma_{kk}\delta_{ij}, \text{在 } \Omega \text{ 内} \tag{4.2.3}$$

$$u_i = 0, \text{ 在 } \Gamma_u \text{ 上} \tag{4.2.4}$$

$$\sigma_{ij}c_{ni} = 0, \text{ 在 } \Gamma_\sigma \text{ 上} \tag{4.2.5}$$

从物理上看，这个模型描述了一个不受任何外力（包括体力和面力）的弹性体的变形和受力问题，直觉上我们当然可以猜测，在约束刚体位移的情况下，这个弹性体上各点的位移、应变和应力均应为零，也就是说假设的两组不同解的差为零，因此这两组不同的解其实是完全相同的，也就是说问题的解是唯一的。

但是，物理上的直觉判断并不能代替数学证明。事实上，如果还有其他导致变形的因素存在，这个结论就不成立，例如一个完全没有受力（包括体力和面力）的物体，如果它的温度发生变化，则物体也会存在变形甚至应力。因此，我们还需从数学上严格地证明式（4.2.1）~（4.2.5）组成的微分方程定解问题只有零解。

为此，我们可以来计算积分值 $I = \int_\Omega \sigma_{ij}e_{ij}\mathrm{d}\Omega$。实际上，正如第三章（3.2.9）式表明的，对于零初应变假设下的线性弹性体，这个积分值正是外力（余）功或变形能的两倍。不过在这里我们仅是出于数学证明的需要而计算这个积分，并不需要利用它的物理内涵。

$$\int_\Omega \sigma_{ij}e_{ij}\mathrm{d}\Omega = \int_\Omega \frac{1}{2}\sigma_{ij}(u_{i,j} + u_{j,i})\mathrm{d}\Omega \quad （代入式(4.2.2)）$$

$$= \int_\Omega \sigma_{ij}u_{j,i}\mathrm{d}\Omega \quad （根据指标运算有 \sigma_{ij}u_{i,j} = \sigma_{ij}u_{j,i}）$$

$$= \int_\Omega \big[(\sigma_{ij}u_j)_{,i} - \sigma_{ij,i}u_j\big]\mathrm{d}\Omega \quad （运用分部积分公式）$$

$$= \int_\Gamma \sigma_{ij}u_j c_{ni}\mathrm{d}\Gamma - \int_\Omega \sigma_{ij,i}u_j\mathrm{d}\Omega \quad （运用高斯积分定理）$$

$$= \int_{\Gamma_u} \sigma_{ij}u_j c_{ni}\mathrm{d}\Gamma + \int_{\Gamma_\sigma} \sigma_{ij}u_j c_{ni}\mathrm{d}\Gamma - \int_\Omega \sigma_{ij,i}u_j\mathrm{d}\Omega \quad （\Gamma = \Gamma_u + \Gamma_\sigma）$$

$$= 0 \quad （代入式（4.2.1）、式（4.2.4）、式（4.2.5））$$

又因为

$$\int_{\Omega} \sigma_{ij} e_{ij} \mathrm{d}\Omega = \int_{\Omega} \sigma_{ij} \left(\frac{1+\nu}{E} \sigma_{ij} - \frac{\nu}{E} \sigma_{kk} \delta_{ij} \right) \mathrm{d}\Omega \qquad (\text{代入 (4.2.3) 式})$$

$$= \int_{\Omega} \left(\frac{1+\nu}{E} \sigma_{ij} \sigma_{ij} - \frac{\nu}{E} \sigma_{ii} \sigma_{jj} \right) \mathrm{d}\Omega \qquad (\text{根据指标运算法则有 } \delta_{ij} \sigma_{ij} = \sigma_{ii})$$

$$= \frac{1}{3E} \int_{\Omega} (1-2\nu)(\sigma_{11} + \sigma_{22} + \sigma_{33})^2 + (1+\nu) \big[(\sigma_{11} - \sigma_{22})^2$$

$$+ (\sigma_{22} - \sigma_{33})^2 + (\sigma_{33} - \sigma_{11})^2 + 6(\sigma_{12}^2 + \sigma_{23}^2 + \sigma_{31}^2) \big] \mathrm{d}\Omega \,(\text{展开指标运算})$$

$$\geqslant 0 \qquad (E > 0, -1 < \nu < 0.5)$$

显然，上述结果表明，积分值 $\int_{\Omega} \sigma_{ij} e_{ij} \mathrm{d}\Omega$ 是应力分量 σ_{ij}（实际上也是应变分量 e_{ij}）的正定二次型，当且仅当 $\sigma_{ij} = 0$ 时等号成立。这当然也表明零初应变假设下的线性各向同性弹性体应变能（或应变余能）密度函数是应力（实际上也是应变）分量的正定二次型。而根据前面的分析，对于满足 (4.2.1)、(4.2.2)、(4.2.4) 和 (4.2.5) 式的弹性力学问题，必有应变能密度函数 $W = \frac{1}{2} \sigma_{ij} e_{ij} \equiv 0$，因此也必有应力

$$\sigma_{ij} = 0$$

将其代入 (4.2.3)，我们有应变

$$e_{ij} = 0$$

再将应变值代入第二章式 (2.8.20)～式 (2.8.22)，得到应变为零时的位移解为

$$u = u_0 + C_1(y - y_0) + C_2(z - z_0) \tag{4.2.6}$$

$$v = v_0 - C_1(x - x_0) + C_3(z - z_0) \tag{4.2.7}$$

$$w = w_0 - C_2(x - x_0) - C_3(y - y_0) \tag{4.2.8}$$

结合式 (4.2.4)，如果给定的位移条件能够约束物体的刚体位移，则可以求出

$$u = v = w = 0$$

因此式 (4.2.1)～式 (4.2.5) 描述的弹性力学问题的所有解均恒为零。至此，我们从数学上严格证明了线弹性力学定解问题的解具有唯一性。

如果说式 (4.2.4) 给定的位移条件不能约束物体的刚体位移，则式 (4.2.1)～式 (4.2.5) 描述的弹性力学问题存在形如 (4.2.6)～式 (4.2.8) 的位移解。正如第二章中指出的，这种形式的位移正是变形体上任意点的一种特殊刚体位移，其中包含 C_1，C_2，C_3 的项为变形体绕 P_0 点作微小刚体转动时产生位移的近似，C_1，C_2，C_3 可以分别视为变形体绕 P_0 点绕 z，y，x 轴的微小转角。

4.3 线弹性力学问题的叠加原理

所谓**线弹性力学问题的叠加原理**，是指对于同一个弹性体结构 Ω，如果它的边界划分 Γ_u，Γ_σ 是确定的，那么对应两种不同外界条件（包括位移约束、所受的体力和面力）下的响应之和，等于两种外界条件共同作用时弹性体的响应。

也就是说，如果 u_i^1，e_{ij}^1，σ_{ij}^1 和 u_i^2，e_{ij}^2，σ_{ij}^2 分别是表 4.3.1 中问题 1 和问题 2 的解，那么 $u_i^3 = u_i^1 + u_i^2$，$e_{ij}^3 = e_{ij}^1 + e_{ij}^2$ 和 $\sigma_{ij}^3 = \sigma_{ij}^1 + \sigma_{ij}^2$ 就是表中问题 3 的解。

表 4.3.1 线弹性力学问题的叠加原理

问题 1	问题 2	问题 3	定义域
$\sigma_{ij,i} + f_j^1 = 0$ $e_{ij} = \dfrac{1}{2}(u_{i,j} + u_{j,i})$ $\sigma_{ij} = 2Ge_{ij} + \lambda e_{kk}\delta_{ij}$	$\sigma_{ij,i} + f_j^2 = 0$ $e_{ij} = \dfrac{1}{2}(u_{i,j} + u_{j,i})$ $\sigma_{ij} = 2Ge_{ij} + \lambda e_{kk}\delta_{ij}$	$\sigma_{ij,i} + (f_j^1 + f_j^2) = 0$ $e_{ij} = \dfrac{1}{2}(u_{i,j} + u_{j,i})$ $\sigma_{ij} = 2Ge_{ij} + \lambda e_{kk}\delta_{ij}$	在 Ω 内
$u_i = \bar{u}_i^1$	$u_i = \bar{u}_i^2$	$u_i = \bar{u}_i^1 + \bar{u}_i^2$	在 Γ_u 上
$\sigma_{ij}c_{ni} = \bar{p}_j^1$	$\sigma_{ij}c_{ni} = \bar{p}_j^2$	$\sigma_{ij}c_{ni} = \bar{p}_j^1 + \bar{p}_j^2$	在 Γ_σ 上

这个结论的证明很简单。由于结构的边界划分 Γ_u，Γ_σ 是确定的，因此只要将问题 1 和问题 2 的解代入各自方程和边界条件，然后相加，我们就容易验证二者之和就是问题 3 的解。

显然，叠加原理的成立是线弹性力学问题线性性质的一种体现。从证明的过程可以看出，该原理的成立不仅要求有关方程是线性的，也要求边界条件是线性的。任何诸如本构方程的非线性化（材料非线性，如塑性的出现）、几何方程的非线性化（几何非线性，如出现大变形）和边界条件的非线性化（边界非线性，如存在接触边界）都将导致叠加原理的失效。

叠加原理对弹性力学问题的求解很有用处。我们常常可以利用叠加原理将一个复杂问题分解为两个或更多个相对简单问题来进行求解。具体例子请参见 7.2.2 节小孔应力集中问题。

4.4 线弹性力学定解问题的降维

一般情况下，三维弹性力学问题的求解是非常困难的。因此，探讨在一些特殊情况下，如何将线弹性力学问题退化为较为简单的情形，对最终获得问题的解析解具有重要意义。本节直接从数学模型出发，探讨一般三维问题在何种条件下可以降维成二维乃至一维的问题。

4.4.1 平面应力问题

1. 平面应力的定义

我们定义，如果存在某一坐标系，使得在该坐标系中物体内各应力分量满足以下要求：

$$\begin{cases} \sigma_x = \sigma_x(x,y) \\ \sigma_y = \sigma_y(x,y) \\ \tau_{xy} = \tau_{xy}(x,y) \\ \sigma_z = \tau_{zx} = \tau_{yz} = 0 \end{cases} \tag{4.4.1}$$

则称物体处于**平面应力状态**。

显然，物体的应力场若要与 z 无关，则物体沿 z 轴必须具有相同的截面，也就是说**物**

体在几何上必须是一个等截面的板状或柱状结构，如图 4.4.1 所示。这样，我们才能选择物体的任意横截面作为求解域，从而将问题由三维降为二维。

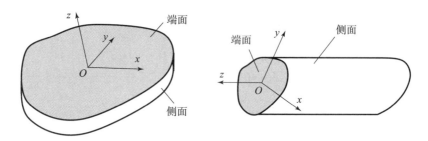

图 4.4.1　等截面的柱状或板状结构

2. 平面应力问题应该满足的其他条件

下面根据上述平面应力的定义，从弹性力学基本方程出发，分析平面应力状态存在时应该满足的条件。

首先来看应力平衡方程。将定义式（4.4.1）代入弹性力学平衡方程得到

$$\begin{cases} \dfrac{\partial \sigma_x}{\partial x} + \dfrac{\partial \tau_{yx}}{\partial y} + f_x = 0 \\[2mm] \dfrac{\partial \tau_{xy}}{\partial x} + \dfrac{\partial \sigma_y}{\partial y} + f_y = 0 \\[2mm] f_z = 0 \end{cases} \qquad (4.4.2)$$

显然，根据上述 x 和 y 方向的应力平衡方程可知，若平面应力解存在（即平面应力状态存在），则 f_x 和 f_y 必须仅是 x 和 y 的函数，同时根据 z 方向的应力平衡方程，则必有

$$f_z \equiv 0 \qquad (4.4.3)$$

接下来，我们用应力表示应变，得到平面应力状态下的本构方程为

$$\begin{cases} \varepsilon_x = \dfrac{1}{E}(\sigma_x - \nu \sigma_y) \\[2mm] \varepsilon_y = \dfrac{1}{E}(\sigma_y - \nu \sigma_x) \\[2mm] \varepsilon_z = -\dfrac{\nu}{E}(\sigma_x + \sigma_y) = -\dfrac{\nu}{1-\nu}(\varepsilon_x + \varepsilon_y) \\[2mm] \gamma_{xy} = \dfrac{2(1+\nu)}{E}\tau_{xy}, \gamma_{yz} = 0, \gamma_{zx} = 0 \end{cases} \qquad (4.4.4)$$

由该方程组可以看出，平面应力状态下，应变可以不是二维的，而可能存在 z 方向的正应变，但其值可以根据 x 和 y 的正应变计算得到，且所有不为零的应变分量也仅是 x 和 y 的函数。

进一步，我们将平面应力状态下的应变代入 6 个应变协调方程，除了 $0 = 0$ 的恒等式外，有

$$\begin{cases} \dfrac{\partial^2 \varepsilon_x}{\partial y^2} + \dfrac{\partial^2 \varepsilon_y}{\partial x^2} = \dfrac{\partial^2 \gamma_{xy}}{\partial x \partial y} \\[4mm] \dfrac{\partial^2 \varepsilon_z}{\partial x^2} = 0 \\[4mm] \dfrac{\partial^2 \varepsilon_z}{\partial y^2} = 0 \\[4mm] \dfrac{\partial^2 \varepsilon_z}{\partial x \partial y} = 0 \end{cases} \tag{4.4.5}$$

由方程组（4.4.5）的后三式可知，z 方向正应变 ε_z 仅是 x 和 y 的线性函数，即

$$\varepsilon_z = Ax + By + C \tag{4.4.6}$$

这时 z 方向的位移为

$$w = w_0 + \int_{P_0 \to P} \varepsilon_z \mathrm{d}z = w_0 + (Ax + By + C)(z - z_0) \tag{4.4.7}$$

因此对于原来 $z = c$ 的横截面，变形后仍为平面，其方程为

$$z' = c + w_0 + (Ax + By + C)(c - z_0)$$

另外，我们也可以将应变协调方程（4.4.5）用应力表示，可得到

$$\begin{cases} \left(\dfrac{\partial^2 \sigma_x}{\partial y^2} + \dfrac{\partial^2 \sigma_y}{\partial x^2} \right) - 2\dfrac{\partial^2 \tau_{xy}}{\partial x \partial y} = \dfrac{\nu}{1+\nu} \nabla^2 (\sigma_y + \sigma_x) \\[4mm] \dfrac{\partial^2 (\sigma_x + \sigma_y)}{\partial x^2} = 0 \\[4mm] \dfrac{\partial^2 (\sigma_x + \sigma_y)}{\partial y^2} = 0 \\[4mm] \dfrac{\partial^2 (\sigma_x + \sigma_y)}{\partial x \partial y} = 0 \end{cases} \tag{4.4.8}$$

将方程组（4.4.8）的中间两式相加可得

$$\dfrac{\partial^2 (\sigma_x + \sigma_y)}{\partial x^2} + \dfrac{\partial^2 (\sigma_x + \sigma_y)}{\partial y^2} = \nabla^2 (\sigma_x + \sigma_y) = 0 \tag{4.4.9}$$

代入方程组（4.4.8）的第一式可得

$$\left(\dfrac{\partial^2 \sigma_x}{\partial y^2} + \dfrac{\partial^2 \sigma_y}{\partial x^2} \right) - 2\dfrac{\partial^2 \tau_{xy}}{\partial x \partial y} = 0 \tag{4.4.10}$$

我们也可以将平面应力定义直接代入应力协调方程（6.1.7）~方程（6.1.12）（该方程将在 6.1 节给出推导，这里直接引用该结果），同时注意到方程（4.4.3）和方程组（4.4.8）的后三式，则 6 个应力协调方程除了 0 = 0 的恒等式外，还有下列方程成立：

$$\nabla^2 \sigma_x = -2\dfrac{\partial f_x}{\partial x} - \dfrac{\nu}{1-\nu} \left(\dfrac{\partial f_x}{\partial x} + \dfrac{\partial f_y}{\partial y} \right) \tag{4.4.11}$$

$$\nabla^2 \sigma_y = -2\dfrac{\partial f_y}{\partial y} - \dfrac{\nu}{1-\nu} \left(\dfrac{\partial f_x}{\partial x} + \dfrac{\partial f_y}{\partial y} \right) \tag{4.4.12}$$

$$0 = \frac{\partial f_x}{\partial x} + \frac{\partial f_y}{\partial y} \tag{4.4.13}$$

$$\nabla^2 \tau_{xy} = -\left(\frac{\partial f_x}{\partial y} + \frac{\partial f_y}{\partial x} \right) \tag{4.4.14}$$

式（4.4.13）表明，**平面应力状态若存在，则体力的散度必为零**。将式（4.4.11）和式（4.4.12）两式相加后可以得到

$$\nabla^2 (\sigma_x + \sigma_y) = -\frac{2}{1-\nu}\left(\frac{\partial f_x}{\partial x} + \frac{\partial f_y}{\partial y} \right)$$

注意到体力的散度为零，当然也可以得到式（4.4.9）。

最后，我们来看边界条件。如前所述，由于平面应力状态对应的物体必定是一个等截面结构，因此该类型结构的表面可以分为侧面和端面，如图4.4.1所示。注意到侧面的法线总是和 z 轴垂直，而端面的法线总是和 z 轴是平行。因此，将平面应力定义代入应力边界条件后可得

$$\text{侧面}（c_{nz} \equiv 0）: \begin{cases} \bar{p}_x = \sigma_x c_{nx} + \tau_{xy} c_{ny} \\ \bar{p}_y = \tau_{yx} c_{nx} + \sigma_y c_{ny} \\ \bar{p}_z = 0 \end{cases} \tag{4.4.15}$$

$$\text{端面}（c_{nz} = \pm 1）: \begin{cases} \bar{p}_x = 0 \\ \bar{p}_y = 0 \\ \bar{p}_z = 0 \end{cases} \tag{4.4.16}$$

也就是说，在平面应力状态下，表面所受面力向量中，z 方向分量必须恒为零，且 $\bar{p}_x$ 和 $\bar{p}_y$ 仅是 x 和 y 的函数。

综上所述，实际问题要成为平面应力问题，必须满足以下条件：

1）结构要求

物体在几何上必须是沿某个方向等截面的板状或柱状结构，因此结构的任意截面成为问题的求解域。

2）体力分布

只存在沿结构截面内方向的体力，体力与截面的轴向位置无关且散度为零，即

$$f_z = 0, \ f_x = f_x(x, y), \ f_y = f_y(x, y), \ \frac{\partial f_x}{\partial x} + \frac{\partial f_y}{\partial y} = 0$$

显然，对于常见的无体力或常体力情形，这些条件都是满足的。

3）面力分布

结构端面一定是自由的，只能在侧面作用均匀的面力，并且面力方向只能垂直于结构的轴线（z 轴）。

端面：$\bar{p}_x = 0$，$\bar{p}_y = 0$，$\bar{p}_z = 0$；侧面：$\bar{p}_x = \bar{p}_x(x, y)$，$\bar{p}_y = \bar{p}_y(x, y)$，$\bar{p}_z = 0$
即在截面求解域的边界上，

$$\bar{p}_x = \bar{p}_x(x, y), \ \ \bar{p}_y = \bar{p}_y(x, y)$$

3. 平面应力问题的基本方程及定解条件

在满足上述条件下，弹性力学平面应力问题的基本待求量为位移分量 u，v，应变分量 ε_x，ε_y，γ_{xy} 和应力分量 σ_x，σ_y，τ_{xy}，线弹性力学定解问题的基本方程组及定解条件可

以降为二维形式。为方便起见，我们将一般三维情况和平面应力情况下的基本方程和定解条件统一总结在表4.4.1中。表中带方框的等式就是给出的平面应力状态的必要条件。

　　在平面应力状态下，物体轴向位移（或轴向正应变）并不一定为零。在求得上述平面内的基本待求量后，利用下列方程即可求出轴向的正应变：

$$\varepsilon_z = -\frac{\nu}{E}(\sigma_x + \sigma_y) = -\frac{\nu}{1-\nu}(\varepsilon_x + \varepsilon_y)$$

进而求解轴向位移 w。

表 4.4.1　平面应力问题和一般三维问题对比

方程	一般三维情形 $\sigma_x = \sigma_x(x,y,z), \sigma_y = \sigma_y(x,y,z), \sigma_z = \sigma_z(x,y,z),$ $\tau_{xy} = \tau_{xy}(x,y,z), \tau_{zx} = \tau_{zx}(x,y,z), \tau_{yz} = \tau_{yz}(x,y,z)$	平面应力情形 $\sigma_x = \sigma_x(x,y), \sigma_y = \sigma_y(x,y), \tau_{xy} = \tau_{xy}(x,y),$ $\sigma_z = \tau_{zx} = \tau_{yz} = 0$
平衡方程	$\dfrac{\partial \sigma_x}{\partial x} + \dfrac{\partial \tau_{xy}}{\partial y} + \dfrac{\partial \tau_{xz}}{\partial z} + f_x = 0$ $\dfrac{\partial \tau_{yx}}{\partial x} + \dfrac{\partial \sigma_y}{\partial y} + \dfrac{\partial \tau_{yz}}{\partial z} + f_y = 0$ $\dfrac{\partial \tau_{zx}}{\partial x} + \dfrac{\partial \tau_{zy}}{\partial y} + \dfrac{\partial \sigma_z}{\partial z} + f_z = 0$	$\dfrac{\partial \sigma_x}{\partial x} + \dfrac{\partial \tau_{yx}}{\partial y} + f_x = 0$ $\quad\boxed{f_x = f_x(x, y)}$ $\dfrac{\partial \tau_{xy}}{\partial x} + \dfrac{\partial \sigma_y}{\partial y} + f_y = 0$ $\quad\boxed{f_y = f_y(x, y)}$ $\boxed{f_z = 0}$
几何方程	$\varepsilon_x = \dfrac{\partial u}{\partial x}, \ \varepsilon_y = \dfrac{\partial v}{\partial y}, \ \varepsilon_z = \dfrac{\partial w}{\partial z}$ $\gamma_{xy} = \gamma_{yx} = \dfrac{\partial v}{\partial x} + \dfrac{\partial u}{\partial y}$ $\gamma_{yz} = \gamma_{zy} = \dfrac{\partial w}{\partial y} + \dfrac{\partial v}{\partial z}$ $\gamma_{zx} = \gamma_{xz} = \dfrac{\partial u}{\partial z} + \dfrac{\partial w}{\partial x}$	$\varepsilon_x = \dfrac{\partial u}{\partial x}, \ \varepsilon_y = \dfrac{\partial v}{\partial y}, \ \varepsilon_z = \dfrac{\partial w}{\partial z}$ $\gamma_{xy} = \gamma_{yx} = \dfrac{\partial v}{\partial x} + \dfrac{\partial u}{\partial y}$ $\boxed{\begin{aligned}\gamma_{yz} &= \gamma_{zy} = \dfrac{\partial w}{\partial y} + \dfrac{\partial v}{\partial z} = 0\\[4pt]\gamma_{zx} &= \gamma_{xz} = \dfrac{\partial u}{\partial z} + \dfrac{\partial w}{\partial x} = 0\end{aligned}}$
本构方程	$\sigma_x = 2G\varepsilon_x + \lambda(\varepsilon_x + \varepsilon_y + \varepsilon_z)$ $\sigma_y = 2G\varepsilon_y + \lambda(\varepsilon_x + \varepsilon_y + \varepsilon_z)$ $\sigma_z = 2G\varepsilon_z + \lambda(\varepsilon_x + \varepsilon_y + \varepsilon_z)$ $\tau_{xy} = G\gamma_{xy}, \ \tau_{yz} = G\gamma_{yz}, \ \tau_{zx} = G\gamma_{zx}$ $\varepsilon_x = \dfrac{1+\nu}{E}\sigma_x - \dfrac{\nu}{E}(\sigma_x + \sigma_y + \sigma_z)$ $\varepsilon_y = \dfrac{1+\nu}{E}\sigma_y - \dfrac{\nu}{E}(\sigma_x + \sigma_y + \sigma_z)$ $\varepsilon_z = \dfrac{1+\nu}{E}\sigma_z - \dfrac{\nu}{E}(\sigma_x + \sigma_y + \sigma_z)$ $\gamma_{xy} = \dfrac{\tau_{xy}}{G}, \ \gamma_{yz} = \dfrac{\tau_{yz}}{G}, \ \gamma_{zx} = \dfrac{\tau_{zx}}{G}$	$\sigma_x = \dfrac{E}{1-\nu^2}(\varepsilon_x + \nu\varepsilon_y)$ $\sigma_y = \dfrac{E}{1-\nu^2}(\varepsilon_y + \nu\varepsilon_x)$ $\tau_{xy} = G\gamma_{xy}$ $\boxed{\varepsilon_z = -\dfrac{\lambda}{2G+\lambda}(\varepsilon_x + \varepsilon_y)}$ $\varepsilon_x = \dfrac{1}{E}\sigma_x - \dfrac{\nu}{E}\sigma_y$ $\varepsilon_y = \dfrac{1}{E}\sigma_y - \dfrac{\nu}{E}\sigma_x$ $\quad\boxed{\varepsilon_z = -\dfrac{\nu}{E}(\sigma_x + \sigma_y)}$ $\gamma_{xy} = \dfrac{\tau_{xy}}{G}$

应变协调方程	$\dfrac{\partial^2\varepsilon_x}{\partial y^2}+\dfrac{\partial^2\varepsilon_y}{\partial x^2}=\dfrac{\partial^2\gamma_{xy}}{\partial x\partial y}$ $\dfrac{\partial^2\varepsilon_z}{\partial z^2}+\dfrac{\partial^2\varepsilon_y}{\partial y^2}=\dfrac{\partial^2\gamma_{yz}}{\partial y\partial z}$ $\dfrac{\partial^2\varepsilon_z}{\partial x^2}+\dfrac{\partial^2\varepsilon_x}{\partial z^2}=\dfrac{\partial^2\gamma_{zx}}{\partial x\partial z}$ $\dfrac{\partial^2\varepsilon_x}{\partial y\partial z}=\dfrac12\left(\dfrac{\partial^2\gamma_{xy}}{\partial x\partial z}+\dfrac{\partial^2\gamma_{zx}}{\partial x\partial y}-\dfrac{\partial^2\gamma_{yz}}{\partial x^2}\right)$ $\dfrac{\partial^2\varepsilon_y}{\partial z\partial x}=\dfrac12\left(\dfrac{\partial^2\gamma_{xy}}{\partial y\partial z}+\dfrac{\partial^2\gamma_{yz}}{\partial y\partial x}-\dfrac{\partial^2\gamma_{zx}}{\partial y^2}\right)$ $\dfrac{\partial^2\varepsilon_z}{\partial x\partial y}=\dfrac12\left(\dfrac{\partial^2\gamma_{xz}}{\partial x\partial z}+\dfrac{\partial^2\gamma_{zx}}{\partial z\partial y}-\dfrac{\partial^2\gamma_{xy}}{\partial z^2}\right)$	$\dfrac{\partial^2\varepsilon_x}{\partial y^2}+\dfrac{\partial^2\varepsilon_y}{\partial x^2}=\dfrac{\partial^2\gamma_{xy}}{\partial x\partial y}$ 即 $\dfrac{\partial^2\sigma_x}{\partial y^2}+\dfrac{\partial^2\sigma_y}{\partial x^2}-2\dfrac{\partial^2\tau_{xy}}{\partial x\partial y}=\dfrac{\nu}{1+\nu}\nabla^2(\sigma_x+\sigma_y)$ $\boxed{\dfrac{\partial^2\varepsilon_z}{\partial y^2}=0}\rightarrow\boxed{\dfrac{\partial^2(\sigma_x+\sigma_y)}{\partial y^2}=0}\quad \boxed{\nabla^2(\sigma_x+\sigma_y)=0}$ $\boxed{\dfrac{\partial^2\varepsilon_z}{\partial x^2}=0}\rightarrow\boxed{\dfrac{\partial^2(\sigma_x+\sigma_y)}{\partial x^2}=0}\quad \boxed{\dfrac{\partial^2\sigma_x}{\partial y^2}+\dfrac{\partial^2\sigma_y}{\partial x^2}-2\dfrac{\partial^2\tau_{xy}}{\partial x\partial y}=0}$ $0=0$ $0=0$ $\boxed{\dfrac{\partial^2\varepsilon_z}{\partial x\partial y}=0}\rightarrow\boxed{\dfrac{\partial^2(\sigma_x+\sigma_y)}{\partial x\partial y}=0}$ $\varepsilon_z=Ax+By+C$ $\sigma_x+\sigma_y=Dx+Ey+F$	
应力协调方程	$\nabla^2\sigma_x+\dfrac{1}{1+\nu}\dfrac{\partial^2\Theta}{\partial x^2}=-2\dfrac{\partial f_x}{\partial x}-\dfrac{\nu}{1-\nu}\left(\dfrac{\partial f_x}{\partial x}+\dfrac{\partial f_y}{\partial y}+\dfrac{\partial f_z}{\partial z}\right)$ $\nabla^2\sigma_y+\dfrac{1}{1+\nu}\dfrac{\partial^2\Theta}{\partial y^2}=-2\dfrac{\partial f_y}{\partial y}-\dfrac{\nu}{1-\nu}\left(\dfrac{\partial f_x}{\partial x}+\dfrac{\partial f_y}{\partial y}+\dfrac{\partial f_z}{\partial z}\right)$ $\nabla^2\sigma_z+\dfrac{1}{1+\nu}\dfrac{\partial^2\Theta}{\partial z^2}=-2\dfrac{\partial f_z}{\partial z}-\dfrac{\nu}{1-\nu}\left(\dfrac{\partial f_x}{\partial x}+\dfrac{\partial f_y}{\partial y}+\dfrac{\partial f_z}{\partial z}\right)$ $\nabla^2\tau_{xy}+\dfrac{1}{1+\nu}\dfrac{\partial^2\Theta}{\partial x\partial y}=-\left(\dfrac{\partial f_x}{\partial y}+\dfrac{\partial f_y}{\partial x}\right)$ $\nabla^2\tau_{yz}+\dfrac{1}{1+\nu}\dfrac{\partial^2\Theta}{\partial y\partial z}=-\left(\dfrac{\partial f_y}{\partial z}+\dfrac{\partial f_z}{\partial y}\right)$ $\nabla^2\tau_{zx}+\dfrac{1}{1+\nu}\dfrac{\partial^2\Theta}{\partial z\partial x}=-\left(\dfrac{\partial f_z}{\partial x}+\dfrac{\partial f_x}{\partial z}\right)$	$\nabla^2\sigma_x=-2\dfrac{\partial f_x}{\partial x}$ $\nabla^2\sigma_y=-2\dfrac{\partial f_y}{\partial y}$ $\boxed{0=\dfrac{\partial f_x}{\partial x}+\dfrac{\partial f_y}{\partial y}}$ （结合上栏中虚框部分） $\nabla^2\tau_{xy}=-\left(\dfrac{\partial f_x}{\partial y}+\dfrac{\partial f_y}{\partial x}\right)$ $0=0$ $0=0$	
位移条件	$u=\bar u(x,y,z)$ $v=\bar v(x,y,z)$ $w=\bar w(x,y,z)$	$u=\bar u(x,y)$ $v=\bar v(x,y)$ $\boxed{w=w_0+\displaystyle\int_{P_0\to P}\varepsilon_z\mathrm dz=w_0+(Ax+By+C)(z-z_0)}$	
应力条件	$\sigma_x c_{nx}+\tau_{yx}c_{ny}+\tau_{zx}c_{nz}=\bar p_x$ $\tau_{xy}c_{nx}+\sigma_y c_{ny}+\tau_{zy}c_{nz}=\bar p_y$ $\tau_{xz}c_{nx}+\tau_{yz}c_{ny}+\sigma_z c_{nz}=\bar p_z$	端面：$\begin{cases}\bar p_x=0\\ \bar p_y=0\\ \bar p_z=0\end{cases}$ 侧面：$\begin{cases}\sigma_x c_{nx}+\tau_{yx}c_{ny}=\bar p_x(x,y)\\ \tau_{xy}c_{nx}+\sigma_y c_{ny}=\bar p_y(x,y)\\ \bar p_z=0\end{cases}$	

4. 平面应力问题实例

根据前面分析得到的条件，不难找到实际工程中或理论上存在的平面应力问题的例子。

例如，如果要分析一个处于均匀高压流体中的柱体结构强度和变形问题，忽略体力作用，可以将问题分解为仅侧面受压和仅端面受压情形的叠加，如图 4.4.2 所示。显然，侧面受压情形就满足平面应力问题的结构要求、体力分布和面力分布等方面的条件，通过求解可以验证它是一个精确的平面应力问题；端面受压情形则是一个简单压缩问题，属于一维应力问题（当然也属于平面应力问题）。

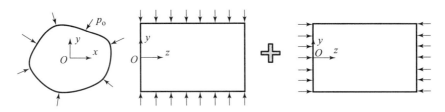

图 4.4.2　受均匀压力作用的柱体问题

　　类似地，如图 4.4.3 所示的两端自由受均匀内外压的圆筒也满足平面应力问题的有关条件，我们将会在后面的第五章和第六章对其进行详细求解，结果将表明这也是一个精确的平面应力问题。这一问题的解答在压力容器的设计分析中具有重要应用。

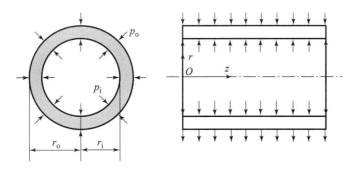

图 4.4.3　两端自由受均匀内外压的圆筒

　　对于端面自由的薄板（图 4.4.4），如果侧面受力平行于端面，沿厚度方向虽不均匀但合力作用于板的中面内，在这种情况下，由于板的厚度很小，可以认为在整个薄板内均满足与端面相同的条件，即 $\sigma_z = \tau_{zx} = \tau_{yz} = 0$；同时，由于板的厚度很小，也忽略 σ_x，σ_y 和 τ_{xy} 沿轴向的变化，认为三者仅为 x，y 的函数，然后将其作为待求变量进行分析；类似地，对于应变分量 ε_x，ε_y 和 γ_{xy} 以及位移分量 u，v 也可以做这种近似处理，这样原问题就可以作为

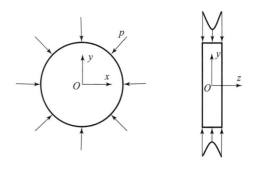

图 4.4.4　端面自由的薄板问题

平面应力问题进行求解。显然，这种近似处理也可以认为求解的均是薄板内（x，y）相同点的应力、应变以及位移等分量沿厚度方向的平均值。

　　实践表明，这种近似处理是可以满足大多数工程需要的。对于这种只是近似的平面应力问题，有时也被称为**广义平面应力**问题。

4.4.2　平面应变问题

1. 平面应变的定义

与平面应力类似，我们定义，如果存在某一坐标系，使得在该坐标系中物体内各应变满足以下要求：

$$\begin{cases} \varepsilon_x = \varepsilon_x(x,y) \\ \varepsilon_y = \varepsilon_y(x,y) \\ \gamma_{xy} = \gamma_{xy}(x,y) \\ \varepsilon_z = \gamma_{zx} = \gamma_{yz} = 0 \end{cases} \qquad (4.4.17)$$

则称物体处于**平面应变状态**。

显然，也与平面应力情况类似，物体的应变场若要与 z 无关，则物体在几何上必须是一个等截面的板状或柱状结构，如图 4.4.1 所示。

2. 平面应变问题应该满足的条件

下面根据上述平面应变的定义，从弹性力学基本方程即定解条件出发，分析平面应变状态存在的必要条件。

首先来看本构方程。将平面应变定义代入线弹性力学本构方程，得到平面应变状态下的本构方程为

$$\begin{cases} \sigma_x = 2G\varepsilon_x + \lambda(\varepsilon_x + \varepsilon_y) \\ \sigma_y = 2G\varepsilon_y + \lambda(\varepsilon_x + \varepsilon_y) \\ \sigma_z = \lambda(\varepsilon_x + \varepsilon_y) \\ \tau_{xy} = G\gamma_{xy}, \ \tau_{yz} = 0, \ \tau_{zx} = 0 \end{cases} \qquad (4.4.18)$$

由该方程组可以看出，在平面应变状态下，应力并不是平面的，存在轴向（z 方向）的正应力，但其值可以根据 x 和 y 的正应变（应力）计算得到，且所有不为零的应力分量也仅是 x 和 y 的函数。同时，根据上述应力—应变关系容易得到

$$\sigma_z = \lambda(\varepsilon_x + \varepsilon_y) = \frac{\lambda}{2(G+\lambda)}(\sigma_x + \sigma_y) = \nu(\sigma_x + \sigma_y) \qquad (4.4.19)$$

将上述平面应变状态下的应力分量代入平衡方程为

$$\begin{cases} \dfrac{\partial \sigma_x}{\partial x} + \dfrac{\partial \tau_{yx}}{\partial y} + f_x = 0 \\ \dfrac{\partial \tau_{xy}}{\partial x} + \dfrac{\partial \sigma_y}{\partial y} + f_y = 0 \\ f_z = 0 \end{cases} \qquad (4.4.20)$$

显然，根据上述 x 和 y 方向的应力平衡方程可知，在平面应变状态下 f_x 和 f_y 必须仅是 x 和 y 的函数，同时根据 z 方向的应力平衡方程可知，必有 $f_z \equiv 0$，这和平面应力状态是完全相同的。

接下来，我们用应力表示应变，可以得到平面应变状态下的本构方程为

$$\begin{cases} \varepsilon_x = \dfrac{(1-\nu^2)}{E}\left(\sigma_x - \dfrac{\nu}{1-\nu}\sigma_y\right) \\[3mm] \varepsilon_y = \dfrac{(1-\nu^2)}{E}\left(\sigma_y - \dfrac{\nu}{1-\nu}\sigma_x\right) \\[3mm] \gamma_{xy} = \dfrac{\tau_{xy}}{G} \end{cases} \tag{4.4.21}$$

根据定义，将平面应变状态下的应变代入应变协调方程，除了 $0=0$ 的恒等式之外，只有

$$\frac{\partial^2 \varepsilon_x}{\partial y^2} + \frac{\partial^2 \varepsilon_y}{\partial x^2} = \frac{\partial^2 \gamma_{xy}}{\partial x \partial y} \tag{4.4.22}$$

将其用应力表示得到

$$\frac{\partial^2 \sigma_x}{\partial y^2} + \frac{\partial^2 \sigma_y}{\partial x^2} - 2\frac{\partial^2 \tau_{xy}}{\partial x \partial y} = \nu \nabla^2 (\sigma_x + \sigma_y) \tag{4.4.23}$$

若对应力平衡方程前两式的两端分别对 x 和 y 求偏导数可得

$$\frac{\partial^2 \sigma_x}{\partial x^2} + \frac{\partial \tau_{yx}}{\partial y \partial x} + \frac{\partial f_x}{\partial x} = 0$$

$$\frac{\partial^2 \tau_{xy}}{\partial x \partial y} + \frac{\partial^2 \sigma_y}{\partial y^2} + \frac{\partial f_y}{\partial y} = 0$$

将上述三式相加得到

$$\nabla^2 (\sigma_x + \sigma_y) = \left(-\frac{1}{1-\nu}\right)\left(\frac{\partial f_x}{\partial x} + \frac{\partial f_y}{\partial y}\right) \tag{4.4.24}$$

我们也可以将平面应变状态的应力分量代入应力协调方程（6.1.7）~式（6.1.12）（该方程将在 6.1 节给出推导，这里再次直接引用该结果），并注意到式（4.4.19），因此有

$$\frac{1}{1+\nu}\sigma_{mm} = \frac{1}{1+\nu}(\sigma_x + \sigma_y + \sigma_z) = (\sigma_x + \sigma_y) \tag{4.4.25}$$

这样，原来 6 个应力协调方程除了 $0=0$ 的恒等式之外，还有以下方程成立：

$$\begin{cases} \nabla^2 \sigma_x + \dfrac{\partial^2 (\sigma_x + \sigma_y)}{\partial x^2} = -2\dfrac{\partial f_x}{\partial x} - \dfrac{\nu}{1-\nu}\left(\dfrac{\partial f_x}{\partial x} + \dfrac{\partial f_y}{\partial y}\right) \\[4mm] \nabla^2 \sigma_y + \dfrac{\partial^2 (\sigma_x + \sigma_y)}{\partial y^2} = -2\dfrac{\partial f_y}{\partial y} - \dfrac{\nu}{1-\nu}\left(\dfrac{\partial f_x}{\partial x} + \dfrac{\partial f_y}{\partial y}\right) \\[4mm] \nabla^2 (\sigma_x + \sigma_y) = -\dfrac{1}{1-\nu}\left(\dfrac{\partial f_x}{\partial x} + \dfrac{\partial f_y}{\partial y}\right) \\[4mm] \nabla^2 \sigma_{xy} + \dfrac{\partial^2 (\sigma_x + \sigma_y)}{\partial x \partial y} = -\left(\dfrac{\partial f_x}{\partial y} + \dfrac{\partial f_y}{\partial x}\right) \end{cases} \tag{4.4.26}$$

与平面应力状态不同，$\nabla^2 (\sigma_x + \sigma_y) = 0$ 不是平面应变状态的必要条件，因此平面应变状态并不要求体力满足散度为零的条件。但是当在常体力或零体力等常见的情形下，也可以知道此时平面应变状态满足 $\nabla^2 (\sigma_x + \sigma_y) = 0$。

将平面应变状态的应变分量代入第二章由应变求位移的表达式（2.8.20）~式

(2.8.22)，可得 3 个方向的位移为

$$u = u_0 + \int\limits_{P_0 \to P} \varepsilon_x \mathrm{d}x + \int\limits_{P_0 \to P} \left[\int \frac{\partial \varepsilon_x}{\partial y} \mathrm{d}x + \left(\frac{\partial \gamma_{xy}}{\partial y} - \frac{\partial \varepsilon_y}{\partial x} \right) \mathrm{d}y \right] \mathrm{d}y$$

$$v = v_0 + \int\limits_{P_0 \to P} \left[\int \left(\frac{\partial \gamma_{xy}}{\partial x} - \frac{\partial \varepsilon_x}{\partial y} \right) \mathrm{d}x + \frac{\partial \varepsilon_y}{\partial x} \mathrm{d}y \right] \mathrm{d}x + \int\limits_{P_0 \to P} \varepsilon_y \mathrm{d}y$$

$$w = w_0$$

由此可以得到，平面应变状态的位移一定具有以下形式：

$$\begin{cases} u = u_0 + u(x,y) \\ v = v_0 + v(x,y) \\ w = w_0 \end{cases} \tag{4.4.27}$$

如果约束参考点的刚体位移，则结构各点轴向位移必定恒为零，其他两方向的位移也仅是 x 和 y 的函数，因此平面应变状态也可以称为**平面位移状态**。由此也可知，平面应变状态的位移边界条件只可能为

$$\begin{cases} u = \overline{u}(x,y) \\ v = \overline{v}(x,y) \\ w = 0 \end{cases} \tag{4.4.28}$$

如前所述，与平面应力状态一样，平面应变状态对应的物体也必定是一个等截面结构，如图 4.4.1 所示。注意到在给定坐标系中，该类结构侧面的法线总是和 z 轴垂直的，而端面的法线总是和 z 轴平行的。因此，将平面应变条件下的应力状态式（4.4.18）代入应力边界条件后可得

$$\text{侧面 } (c_{nz} \equiv 0): \begin{cases} \sigma_x c_{nx} + \tau_{yx} c_{ny} = \overline{p}_x \\ \tau_{xy} c_{nx} + \sigma_y c_{ny} = \overline{p}_y \\ 0 = \overline{p}_z \end{cases} \tag{4.4.29}$$

$$\text{端面 } (c_{nz} = \pm 1): \quad \overline{p}_x = 0, \ \overline{p}_y = 0, \ \overline{p}_z = \sigma_z = \nu(\sigma_x + \sigma_y) \tag{4.4.30}$$

也就是说，在平面应变状态下，物体端面所受面力向量中，x 和 y 方向分量必须为零，z 方向分量不必为零，也就是说端面的约束必须是轴向刚性、面内光滑的约束，而侧面所受面力必是沿轴向均匀的。

综上所述，实际问题要成为平面应变问题，必须满足以下条件：

1）结构要求

结构必须是沿某方向（通常选为 z 轴方向）的等截面形式。我们可以选取结构的任意截面或端面为问题的求解域。

2）体力分布

只存在沿结构截面内方向的体力，体力与截面的轴向位置无关，即

$$f_z = 0, \ f_x = f_x(x,y), \ f_y = f_y(x,y)$$

3）面力分布

物体在端面和侧面上所受的面力，应该具有以下形式：

端面：$\overline{p}_x = 0$，$\overline{p}_y = 0$，即平面应变结构端面约束必定是面内光滑约束。

侧面：$\overline{p}_x = \overline{p}_x(x,y)$，$\overline{p}_y = \overline{p}_y(x,y)$，$\overline{p}_z = 0$，即侧面只受横向面力且必是沿轴向均

匀的。

4）位移分布

消除结构刚体位移后，结构的位移模式为

$$u = u(x,y) , \quad v = v(x,y) , \quad w = 0$$

即结构上各点只有沿横向的位移，没有沿轴向的位移。

3. 平面应变问题的基本方程及定解条件

通过上述分析可知，在平面应变定义下，弹性力学平面应变问题的基本待求量为位移分量 u，v，应变分量 ε_x，ε_y，γ_{xy} 和应力分量 σ_x，σ_y，τ_{xy}，线弹性力学定解问题的基本方程组及定解条件可以退化为二维形式。表 4.4.2 汇总了一般三维情形和平面应变情形下的线弹性力学基本方程组和定解条件。表中带方框的等式就是一般弹性力学问题退化为平面应变问题的必要条件。

在完成求得上述平面内的基本待求量后，利用下列方程即可求出轴向的正应力：

$$\sigma_z = \nu(\sigma_x + \sigma_y)$$

表 4.4.2　平面应变问题和一般三维问题对比

	一般三维情形	平面应变情形
方程	$\varepsilon_x = \varepsilon_x(x,y,z), \varepsilon_y = \varepsilon_y(x,y,z), \varepsilon_z = \varepsilon_z(x,y,z)$ $\gamma_{xy} = \gamma_{xy}(x,y,z), \gamma_{yz} = \gamma_{yz}(x,y,z),$ $\gamma_{zx} = \gamma_{zx}(x,y,z)$	$\varepsilon_x = \varepsilon_x(x,y), \varepsilon_y = \varepsilon_y(x,y), \gamma_{xy} = \gamma_{xy}(x,y),$ $\varepsilon_z = \gamma_{zx} = \gamma_{yz} = 0$
几何方程	$\varepsilon_x = \dfrac{\partial u}{\partial x}, \varepsilon_y = \dfrac{\partial v}{\partial y}, \varepsilon_z = \dfrac{\partial w}{\partial z}$ $\gamma_{xy} = \gamma_{yx} = \dfrac{\partial v}{\partial x} + \dfrac{\partial u}{\partial y}$ $\gamma_{yz} = \gamma_{zy} = \dfrac{\partial w}{\partial y} + \dfrac{\partial v}{\partial z}$ $\gamma_{zx} = \gamma_{xz} = \dfrac{\partial u}{\partial z} + \dfrac{\partial w}{\partial x}$	$\varepsilon_x = \dfrac{\partial u}{\partial x}, \varepsilon_y = \dfrac{\partial v}{\partial y}, \varepsilon_z = \dfrac{\partial w}{\partial z} = 0$ $\gamma_{xy} = \gamma_{yx} = \dfrac{\partial v}{\partial x} + \dfrac{\partial u}{\partial y}$ $\gamma_{yz} = \gamma_{zy} = \dfrac{\partial w}{\partial y} + \dfrac{\partial v}{\partial z} = 0$ $\gamma_{zx} = \gamma_{xz} = \dfrac{\partial u}{\partial z} + \dfrac{\partial w}{\partial x} = 0$ $\boxed{\begin{array}{l} u = u_0 + u(x,y) \\ v = v_0 + v(x,y) \\ w = w_0 \end{array}}$
本构方程	$\sigma_x = 2G\varepsilon_x + \lambda(\varepsilon_x + \varepsilon_y + \varepsilon_z)$ $\sigma_y = 2G\varepsilon_y + \lambda(\varepsilon_x + \varepsilon_y + \varepsilon_z)$ $\sigma_z = 2G\varepsilon_z + \lambda(\varepsilon_x + \varepsilon_y + \varepsilon_z)$ $\tau_{xy} = G\gamma_{xy}, \tau_{yz} = G\gamma_{yz}, \tau_{zx} = G\gamma_{yz}$ $\varepsilon_x = \dfrac{1+\nu}{E}\sigma_x - \dfrac{\nu}{E}(\sigma_x + \sigma_y + \sigma_z)$ $\varepsilon_y = \dfrac{1+\nu}{E}\sigma_y - \dfrac{\nu}{E}(\sigma_x + \sigma_y + \sigma_z)$ $\varepsilon_z = \dfrac{1+\nu}{E}\sigma_z - \dfrac{\nu}{E}(\sigma_x + \sigma_y + \sigma_z)$ $\gamma_{xy} = \dfrac{\tau_{xy}}{G}, \gamma_{yz} = \dfrac{\tau_{yz}}{G}, \gamma_{zx} = \dfrac{\tau_{zx}}{G}$	$\sigma_x = (2G + \lambda)\varepsilon_x + \lambda\varepsilon_y$ $\sigma_y = (2G + \lambda)\varepsilon_y + \lambda\varepsilon_x$ $\sigma_z = \lambda(\varepsilon_x + \varepsilon_y)$ $\tau_{xy} = G\gamma_{xy}, \tau_{yz} = 0, \tau_{zx} = 0$ $\overline{\underline{\sigma_z = \nu(\sigma_x + \sigma_y)}}$ $\varepsilon_x = \dfrac{1-\nu^2}{E}\left(\sigma_x - \dfrac{\nu}{1-\nu}\sigma_y\right)$ $\varepsilon_y = \dfrac{1-\nu^2}{E}\left(\sigma_y - \dfrac{\nu}{1-\nu}\sigma_x\right)$ $\varepsilon_z = 0$ $\gamma_{xy} = \dfrac{\tau_{xy}}{G}, \gamma_{yz} = 0, \gamma_{zx} = 0$

续表

平衡方程	$\dfrac{\partial \sigma_x}{\partial x}+\dfrac{\partial \tau_{yx}}{\partial y}+\dfrac{\partial \tau_{zx}}{\partial z}+f_x=0$ $\dfrac{\partial \tau_{xy}}{\partial x}+\dfrac{\partial \sigma_y}{\partial y}+\dfrac{\partial \tau_{zy}}{\partial z}+f_y=0$ $\dfrac{\partial \tau_{xz}}{\partial x}+\dfrac{\partial \tau_{yz}}{\partial y}+\dfrac{\partial \sigma_z}{\partial z}+f_z=0$	$\dfrac{\partial \sigma_x}{\partial x}+\dfrac{\partial \tau_{yx}}{\partial y}+f_x=0$ $\dfrac{\partial \tau_{xy}}{\partial x}+\dfrac{\partial \sigma_y}{\partial y}+f_y=0$ $\boxed{f_z=0}$ $\boxed{\begin{array}{l}f_x=f_x(x,\,y)\\[4pt] f_y=f_y(x,\,y)\end{array}}$
协调方程	$\dfrac{\partial^2 \varepsilon_x}{\partial y^2}+\dfrac{\partial^2 \varepsilon_y}{\partial x^2}=\dfrac{\partial^2 \gamma_{xy}}{\partial x\partial y}$ $\dfrac{\partial^2 \varepsilon_y}{\partial z^2}+\dfrac{\partial^2 \varepsilon_z}{\partial y^2}=\dfrac{\partial^2 \gamma_{yz}}{\partial y\partial z}$ $\dfrac{\partial^2 \varepsilon_z}{\partial x^2}+\dfrac{\partial^2 \varepsilon_x}{\partial z^2}=\dfrac{\partial^2 \gamma_{zx}}{\partial z\partial x}$ $\dfrac{\partial^2 \varepsilon_x}{\partial y\partial z}=\dfrac12\left(\dfrac{\partial^2 \gamma_{xy}}{\partial x\partial z}+\dfrac{\partial^2 \gamma_{zx}}{\partial x\partial y}-\dfrac{\partial^2 \gamma_{yz}}{\partial x^2}\right)$ $\dfrac{\partial^2 \varepsilon_y}{\partial z\partial x}=\dfrac12\left(\dfrac{\partial^2 \gamma_{xy}}{\partial y\partial z}+\dfrac{\partial^2 \gamma_{yz}}{\partial y\partial x}-\dfrac{\partial^2 \gamma_{zx}}{\partial y^2}\right)$ $\dfrac{\partial^2 \varepsilon_z}{\partial x\partial y}=\dfrac12\left(\dfrac{\partial^2 \gamma_{yz}}{\partial x\partial z}+\dfrac{\partial^2 \gamma_{zx}}{\partial z\partial y}-\dfrac{\partial^2 \gamma_{xy}}{\partial z^2}\right)$ $\nabla^2 \sigma_x+\dfrac{1}{1+\nu}\dfrac{\partial^2 \Theta}{\partial x^2}=-2\dfrac{\partial f_x}{\partial x}-\dfrac{\nu}{1-\nu}\left(\dfrac{\partial f_x}{\partial x}+\dfrac{\partial f_y}{\partial y}+\dfrac{\partial f_z}{\partial z}\right)$ $\nabla^2 \sigma_y+\dfrac{1}{1+\nu}\dfrac{\partial^2 \Theta}{\partial y^2}=-2\dfrac{\partial f_y}{\partial y}-\dfrac{\nu}{1-\nu}\left(\dfrac{\partial f_x}{\partial x}+\dfrac{\partial f_y}{\partial y}+\dfrac{\partial f_z}{\partial z}\right)$ $\nabla^2 \sigma_z+\dfrac{1}{1+\nu}\dfrac{\partial^2 \Theta}{\partial z^2}=-2\dfrac{\partial f_z}{\partial z}-\dfrac{\nu}{1-\nu}\left(\dfrac{\partial f_x}{\partial x}+\dfrac{\partial f_y}{\partial y}+\dfrac{\partial f_z}{\partial z}\right)$ $\nabla^2 \tau_{xy}+\dfrac{1}{1+\nu}\dfrac{\partial^2 \Theta}{\partial x\partial y}=-\left(\dfrac{\partial f_x}{\partial y}+\dfrac{\partial f_y}{\partial x}\right)$ $\nabla^2 \tau_{yz}+\dfrac{1}{1+\nu}\dfrac{\partial^2 \Theta}{\partial y\partial z}=-\left(\dfrac{\partial f_y}{\partial z}+\dfrac{\partial f_z}{\partial y}\right)$ $\nabla^2 \tau_{zx}+\dfrac{1}{1+\nu}\dfrac{\partial^2 \Theta}{\partial z\partial x}=-\left(\dfrac{\partial f_z}{\partial x}+\dfrac{\partial f_x}{\partial z}\right)$	$\dfrac{\partial^2 \varepsilon_x}{\partial y^2}+\dfrac{\partial^2 \varepsilon_y}{\partial x^2}=\dfrac{\partial^2 \gamma_{xy}}{\partial x\partial y}$ 即 $\dfrac{\partial^2 \sigma_x}{\partial y^2}+\dfrac{\partial^2 \sigma_y}{\partial x^2}-2\dfrac{\partial^2 \tau_{xy}}{\partial x\partial y}=\nu\,\nabla^2(\sigma_x+\sigma_y)$ $0=0$ $0=0$ $0=0$ $0=0$ $0=0$ $\nabla^2 \sigma_x+\dfrac{\partial^2(\sigma_x+\sigma_y)}{\partial x^2}=-2\dfrac{\partial f_x}{\partial x}-\dfrac{\nu}{1-\nu}\left(\dfrac{\partial f_x}{\partial x}+\dfrac{\partial f_y}{\partial y}\right)$ $\nabla^2 \sigma_y+\dfrac{\partial^2(\sigma_x+\sigma_y)}{\partial y^2}=-2\dfrac{\partial f_y}{\partial y}-\dfrac{\nu}{1-\nu}\left(\dfrac{\partial f_x}{\partial x}+\dfrac{\partial f_y}{\partial y}\right)$ $\nabla^2(\sigma_x+\sigma_y)=-\dfrac{1}{1-\nu}\left(\dfrac{\partial f_x}{\partial x}+\dfrac{\partial f_y}{\partial y}\right)$ $\nabla^2 \tau_{xy}+\dfrac{\partial^2(\sigma_x+\sigma_y)}{\partial x\partial y}=-\left(\dfrac{\partial f_y}{\partial y}+\dfrac{\partial f_x}{\partial x}\right)$ $0=0$ $0=0$
位移条件	$u=\bar u(x,y,z)$ $v=\bar v(x,y,z)$ $w=\bar w(x,y,z)$	$u=\bar u(x,y)$ $v=\bar v(x,y)$ $w=0$
应力条件	$\sigma_x c_{nx}+\tau_{yx}c_{ny}+\tau_{zx}c_{nz}=\bar p_x$ $\tau_{xy}c_{nx}+\sigma_y c_{ny}+\tau_{zy}c_{nz}=\bar p_y$ $\tau_{xz}c_{nx}+\tau_{yz}c_{ny}+\sigma_z c_{nz}=\bar p_z$	$\bar p_x=0$ $\sigma_x c_{nx}+\tau_{yx}c_{ny}=\bar p_x$ 端面：$\bar p_y=0$ 侧面：$\tau_{xy}c_{nx}+\sigma_y c_{ny}=\bar p_y$ $\sigma_z=\bar p_z$ $\bar p_z=0$

4. 平面应变问题实例

与平面应力问题一样，根据前面分析得到的条件，不难找到理论上存在的平面应变问题的例子。

如图 4.4.5 所示，两端光滑固定，侧面受沿轴向均布压力的柱体就是一个平面应力问题的例子。这一点可以利用问题在轴向的对称性得到验证。首先，在给定条件下，结构的位移显然是关于中间横截面对称的，也就是说结构在中间横截面处的位移必定为零。由于面对称约束相当于刚性光滑固定，因此在反复运用对称性后便可推断结构沿轴向的位移处处为零，即该问题属于精确的平面应变问题。

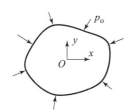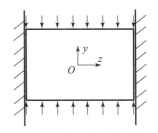

图 4.4.5 两端光滑固定，侧面受沿轴向均布压力的柱体

但是在实际工程中，"刚性光滑固定"通常不能精确满足，而如果采用平面应变模型进行计算也能满足工程应用的需要，则也可以将其视为近似的平面应变问题。

例如，对于两端刚性固定的足够长的柱体［图 4.4.6（a）］，其两端由于面内约束使其应变不属于平面应变，但在远离柱体端面位置，其应力、应变状态就与平面应变问题基本一致。

又如，水利工程中的坝体结构［图 4.4.6（b）］，其两端及底部均受到很强的约束，可以认为坝体结构的轴向位移近似为零，因此有时也可以将其作为平面应变问题进行求解。

另外，道桥工程中的压力隧道以及机械工程中过盈装配的衬套结构［图 4.4.6（c）］，它们的外侧面均承受很大的压力，由此产生的摩擦作用可以限制各横截面沿轴向的位移，从而使结构也呈现为近似的平面应变状态。

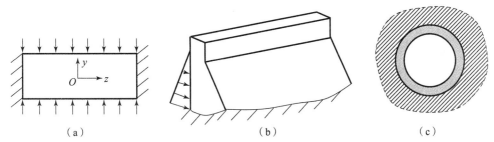

图 4.4.6 几种典型的近似平面应变问题

（a）两端刚性固定的柱体（两端受多余约束）；（b）坝体结构（底部及两端约束）；

（c）压力隧道或过盈衬套结构（外侧面受强约束）

4.4.3 平面问题方程组的统一形式

对比表 4.4.1 和表 4.4.2 可以看出，无论是平面应力问题还是平面应变问题，基本待求量都已缩减为横截面内的位移分量 u，v，应变分量 ε_x，ε_y，γ_{xy} 和应力分量 σ_x，σ_y，τ_{xy}。不难发现，除本构方程外，这两类问题的平衡方程与几何方程是完全相同的。

为分析方便，我们采用弹性模量和泊松比，将平面应力和平面应变问题的本构方程罗列如下：

$$
\text{平面应力：}
\begin{cases}
\sigma_x = \dfrac{E}{1-\nu^2}(\varepsilon_x + \nu\varepsilon_y) \\[2mm]
\sigma_y = \dfrac{E}{1-\nu^2}(\varepsilon_y + \nu\varepsilon_x) \\[2mm]
\tau_{xy} = \dfrac{E}{2(1+\nu)}\gamma_{xy}
\end{cases}
$$

$$\text{平面应变：}\begin{cases} \sigma_x = \dfrac{E}{(1+\nu)(1-2\nu)}[\,(1-\nu)\varepsilon_x + \nu\varepsilon_y\,] \\[3mm] \sigma_y = \dfrac{E}{(1+\nu)(1-2\nu)}[\,(1-\nu)\varepsilon_y + \nu\varepsilon_x\,] \\[3mm] \tau_{xy} = \dfrac{E}{2(1+\nu)}\gamma_{xy} \end{cases}$$

通过对比分析，发现如果以平面应力问题的本构方程为准，通过以下材料参数的变换：

$$E' = \frac{E}{1-\nu^2}, \quad \nu' = \frac{\nu}{1-\nu} \tag{4.4.31}$$

则可以将平面应变问题本构方程也转化为与平面应力问题本构方程完全相同的形式，即

$$\begin{cases} \sigma_x = \dfrac{E'}{1-\nu'^2}(\varepsilon_x + \nu'\varepsilon_y) \\[3mm] \sigma_y = \dfrac{E'}{1-\nu'^2}(\varepsilon_y + \nu'\varepsilon_x) \\[3mm] \tau_{xy} = \dfrac{E'}{2(1+\nu')}\gamma_{xy} \end{cases} \tag{4.4.32}$$

另外，我们已经知道，对于原三维情况下的应变协调方程组（共6个方程），在平面应变问题中已退化为一个方程，即

$$\frac{\partial^2 \varepsilon_x}{\partial y^2} + \frac{\partial^2 \varepsilon_y}{\partial x^2} = \frac{\partial^2 \gamma_{xy}}{\partial x \partial y}$$

其余均为 $0=0$ 的恒等式。

对于平面应力问题，原来的6个方程除了3个要求 z 方向的正应变对 x，y 坐标的二阶偏导数为零的条件外，关于基本待求函数的方程也已退化为1个，形式上与平面应变问题完全相同。

前面已经给出，若将这个退化后得到的应变协调方程写成应力表示的形式：

平面应力问题：$\dfrac{\partial^2 \sigma_x}{\partial y^2} + \dfrac{\partial^2 \sigma_y}{\partial x^2} - 2\dfrac{\partial^2 \tau_{xy}}{\partial x \partial y} = \dfrac{\nu}{1+\nu}\nabla^2(\sigma_x + \sigma_y)$

平面应变问题：$\dfrac{\partial^2 \sigma_x}{\partial y^2} + \dfrac{\partial^2 \sigma_y}{\partial x^2} - 2\dfrac{\partial^2 \tau_{xy}}{\partial x \partial y} = \nu\,\nabla^2(\sigma_x + \sigma_y)$

显然，上述方程也可以按照泊松系数的变换式（4.4.31）写成统一的形式，即

$$\frac{\partial^2 \sigma_x}{\partial y^2} + \frac{\partial^2 \sigma_y}{\partial x^2} - 2\frac{\partial^2 \tau_{xy}}{\partial x \partial y} = \frac{\nu'}{1+\nu'}\nabla^2(\sigma_x + \sigma_y) \tag{4.4.33}$$

但值得注意的是，由平面应力问题条件可以推知 $\nabla^2(\sigma_x + \sigma_y) = 0$，因此对于平面应力问题通常并不需要求解上述应变协调方程。当然，如果在平面应变情况下体力也满足散度为零，即

$$\frac{\partial f_x}{\partial x} + \frac{\partial f_y}{\partial y} = 0$$

则也有

$$\nabla^2(\sigma_x + \sigma_y) = 0$$

总之，只要分别定义方程中的弹性模量和泊松比，则平面应力和平面应变问题基本

方程组可以写成如下统一的形式：

平衡方程：

$$\begin{cases} \dfrac{\partial \sigma_x}{\partial x} + \dfrac{\partial \tau_{yx}}{\partial y} + f_x = 0 \\[2mm] \dfrac{\partial \tau_{xy}}{\partial x} + \dfrac{\partial \sigma_y}{\partial y} + f_y = 0 \end{cases} \qquad (4.4.34)$$

几何方程：

$$\varepsilon_x = \frac{\partial u}{\partial x}, \quad \varepsilon_y = \frac{\partial v}{\partial y}, \quad \gamma_{xy} = \gamma_{yx} = \frac{\partial v}{\partial x} + \frac{\partial u}{\partial y} \qquad (4.4.35)$$

本构方程：

$$\begin{cases} \varepsilon_x = \dfrac{1}{E'}\sigma_x - \dfrac{\nu'}{E'}\sigma_y, \quad & \sigma_x = \dfrac{E'}{1-\nu'^2}(\varepsilon_x + \nu'\varepsilon_y) \\[3mm] \varepsilon_y = \dfrac{1}{E'}\sigma_y - \dfrac{\nu'}{E'}\sigma_x, \quad & \sigma_y = \dfrac{E'}{1-\nu'^2}(\varepsilon_y + \nu'\varepsilon_x) \\[3mm] \gamma_{xy} = \dfrac{2(1+\nu')\tau_{xy}}{E'}, \quad & \tau_{xy} = \dfrac{E'}{2(1+\nu')}\gamma_{xy} \end{cases} \qquad (4.4.36)$$

应变协调方程：

$$\frac{\partial^2 \varepsilon_x}{\partial y^2} + \frac{\partial^2 \varepsilon_y}{\partial x^2} = \frac{\partial^2 \gamma_{xy}}{\partial x \partial y} \qquad (4.4.37)$$

应力协调方程：

$$\frac{\partial^2 \sigma_x}{\partial y^2} + \frac{\partial^2 \sigma_y}{\partial x^2} - 2\frac{\partial^2 \tau_{xy}}{\partial x \partial y} = \frac{\nu'}{1+\nu'}\nabla^2(\sigma_x + \sigma_y) \qquad (4.4.38)$$

只是对平面应力问题：

$$E' = E, \quad \nu' = \nu \qquad (4.4.39)$$

而对平面应变问题则是

$$E' = \frac{E}{1-\nu^2}, \quad \nu' = \frac{\nu}{1-\nu} \qquad (4.4.40)$$

式中，E 和 ν 分别为材料的弹性模量和泊松比。

4.4.4 平面问题方程组的极坐标形式

对于圆柱结构的平面问题，采用极坐标系来分析要方便得多。通过坐标转换，或者直接基于柱坐标系的弹性力学基本方程，可以得到极坐标下的弹性力学基本方程。为了后续应用的方便，这里给出相关结果如下：

1. 平衡方程

$$\begin{cases} r\dfrac{\partial \sigma_r}{\partial r} + \dfrac{\partial \tau_{\theta r}}{\partial \theta} + \sigma_r - \sigma_\theta + rf_r = 0 \\[2mm] r\dfrac{\partial \tau_{r\theta}}{\partial r} + \dfrac{\partial \sigma_\theta}{\partial \theta} + 2\tau_{r\theta} + rf_\theta = 0 \end{cases} \qquad (4.4.41)$$

2. 几何方程

$$\begin{cases} \varepsilon_r = \dfrac{\partial u_r}{\partial r}, \quad \varepsilon_\theta = \dfrac{1}{r}\dfrac{\partial u_\theta}{\partial \theta} + \dfrac{u_r}{r} \\[3mm] \gamma_{r\theta} = \gamma_{\theta r} = \dfrac{1}{r}\dfrac{\partial u_r}{\partial \theta} + \dfrac{\partial u_\theta}{\partial r} - \dfrac{u_\theta}{r} \end{cases} \tag{4.4.42}$$

3. 本构方程

$$\begin{cases} \varepsilon_r = \dfrac{1}{E'}\sigma_r - \dfrac{\nu'}{E'}\sigma_\theta, \quad \sigma_r = \dfrac{E'}{1-\nu'^2}(\varepsilon_r + \nu'\varepsilon_\theta) \\[3mm] \varepsilon_\theta = \dfrac{1}{E'}\sigma_\theta - \dfrac{\nu'}{E'}\sigma_r, \quad \sigma_\theta = \dfrac{E'}{1-\nu'^2}(\varepsilon_\theta + \nu'\varepsilon_r) \\[3mm] \gamma_{r\theta} = \dfrac{2(1+\nu')\tau_{r\theta}}{E'}, \quad \tau_{r\theta} = \dfrac{E'}{2(1+\nu')}\gamma_{r\theta} \end{cases} \tag{4.4.43}$$

上述 E' 和 ν' 的定义与直角坐标系中完全相同，即平面应力情况时为式（4.4.39），平面应变情况时为式（4.4.40）。

4. 协调方程

1）平面应变

对于平面应变问题，我们可以将各应变分量值代入 2.9 节柱坐标下的应变协调方程式（2.9.1）～式（2.9.6），除了 0 = 0 的恒等式外，得到极坐标下应变协调方程为

$$\frac{\partial^2 \varepsilon_r}{\partial \theta^2} + r\frac{\partial \varepsilon_r}{\partial r} + \frac{\partial}{\partial r}\left(r^2 \frac{\partial \varepsilon_\theta}{\partial r}\right) + 2\frac{\partial}{\partial r}\left(r\frac{\partial \gamma_{r\theta}}{\partial \theta}\right) = 0 \tag{4.4.44}$$

2）平面应力

如前所述，平面应力问题和平面应变问题的应变协调方程是相同的，如上述式（4.4.44）。另外，我们可以将各应力分量值代入 6.2 节柱坐标下的应力协调方程组式（6.2.16）～式（6.2.21），注意到平面应力状态要求，则

$$\frac{\partial f_x}{\partial x} + \frac{\partial f_y}{\partial y} = \frac{\partial f_r}{\partial r} + \frac{1}{r}\left(f_r + \frac{\partial f_\theta}{\partial \theta}\right) = 0 \tag{4.4.45}$$

因此除了 0 = 0 的恒等式外，得到极坐标下平面应力协调方程为

$$\nabla^2 \sigma_r - \frac{2(\sigma_r - \sigma_\theta)}{r^2} - \frac{4}{r^2}\frac{\partial \tau_{r\theta}}{\partial \theta} + \frac{1}{1+\mu}\frac{\partial^2 \Theta}{\partial r^2} = -2\frac{\partial f_r}{\partial r} \tag{4.4.46}$$

$$\nabla^2 \sigma_\theta + \frac{2(\sigma_r - \sigma_\theta)}{r^2} + \frac{4}{r^2}\frac{\partial \tau_{r\theta}}{\partial \theta} + \frac{1}{1+\mu}\left(\frac{1}{r^2}\frac{\partial^2 \Theta}{\partial \theta^2} + \frac{1}{r}\frac{\partial \Theta}{\partial r}\right) = -\frac{2}{r}\left(f_r + \frac{\partial f_\theta}{\partial \theta}\right) \tag{4.4.47}$$

$$\nabla^2 \tau_{r\theta} - \frac{4\tau_{r\theta}}{r^2} + \frac{2}{r^2}\frac{\partial(\sigma_r - \sigma_\theta)}{\partial \theta} + \frac{1}{1+\mu}\frac{\partial}{\partial r}\left(\frac{1}{r}\frac{\partial \Theta}{\partial \theta}\right) = -\frac{1}{r}f_\theta + \frac{\partial f_\theta}{\partial r} + \frac{1}{r}\frac{\partial f_r}{\partial \theta} \tag{4.4.48}$$

如果将式（4.4.46）和式（4.4.47）两式相加，并且应用式（4.4.45），也可以得到

$$\nabla^2(\sigma_r + \sigma_\theta) = 0$$

注意，在这里 $\nabla^2 = \dfrac{\partial^2}{\partial r^2} + \dfrac{1}{r}\dfrac{\partial}{\partial r} + \dfrac{1}{r^2}\dfrac{\partial^2}{\partial \theta^2}$。事实上，由于 $\sigma_r + \sigma_\theta = \sigma_x + \sigma_y$，根据式（4.4.9），我们自然也很容易得到上述结果。

4.4.5　轴对称平面问题

特别地，对于圆柱结构的平面问题，如果结构所受边界条件均关于其轴线呈对称分布，

则称该问题为**轴对称平面问题**。例如前面 4.4.2 节介绍的均匀压力作用下的圆柱筒问题就是一个典型的轴对称平面问题。

轴对称平面问题是一种特殊的平面问题,也可以分为**轴对称平面应力问题**和**轴对称平面应变问题**。关于轴对称平面问题的条件,除了 4.4.1 节和 4.4.2 节介绍的平面应力或平面应变的条件外,需要特别注意载荷条件的轴对称性。如图 4.4.7 所示,由于大小和方向均要具有对称性,因此可以推定轴对称平面问题的周向体力分量 f_θ 和周向面力分量 $\bar{p}_\theta$ 均应为零,因为它们的正方向不具有轴对称性。

根据问题的对称性,在消除刚体位移的情况下,可以推定轴对称平面问题的位移、应变和应力分布也应该是轴对称的。这时上述方程又可以进一步得到简化。

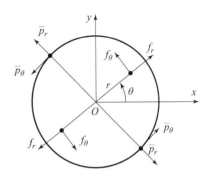

图 4.4.7　极坐标系中的
体力分量和面力分量

1. 平衡方程

$$r\frac{\mathrm{d}\sigma_r}{\mathrm{d}r} + \sigma_r - \sigma_\theta + rf_r = 0 \tag{4.4.49}$$

2. 几何方程

$$\varepsilon_r = \frac{\mathrm{d}u_r}{\mathrm{d}r}, \quad \varepsilon_\theta = \frac{u_r}{r} \tag{4.4.50}$$

3. 本构方程

$$\begin{cases} \sigma_r = \dfrac{E'}{1-\nu'^2}(\varepsilon_r + \nu'\varepsilon_\theta) \\[2mm] \sigma_\theta = \dfrac{E'}{1-\nu'^2}(\varepsilon_\theta + \nu'\varepsilon_r) \end{cases} \tag{4.4.51}$$

4. 协调方程

（1）应变协调方程。对于轴对称平面应力/应变问题,极坐标下应变协调方程进一步简化为

$$\frac{\mathrm{d}\varepsilon_r}{\mathrm{d}r} + 2\frac{\mathrm{d}\varepsilon_\theta}{\mathrm{d}r} + r\frac{\mathrm{d}^2\varepsilon_\theta}{\mathrm{d}r^2} = 0 \tag{4.4.52}$$

（2）应力协调方程。对于轴对称平面应力问题,极坐标下应力协调方程进一步简化为

$$\nabla^2\sigma_r - \frac{2(\sigma_r - \sigma_\theta)}{r^2} + \frac{1}{1+\nu}\frac{\mathrm{d}^2\Theta}{\mathrm{d}r^2} = -2\frac{\mathrm{d}f_r}{\mathrm{d}r} \tag{4.4.53}$$

$$\nabla^2\sigma_\theta + \frac{2(\sigma_r - \sigma_\theta)}{r^2} + \frac{1}{1+\nu}\frac{1}{r}\frac{\mathrm{d}\Theta}{\mathrm{d}r} = -\frac{2}{r}f_r \tag{4.4.54}$$

式中, $\nabla^2 = \dfrac{\mathrm{d}^2}{\mathrm{d}r^2} + \dfrac{1}{r}\dfrac{\mathrm{d}}{\mathrm{d}r}$。显然,作为特殊的平面应力问题,此时也必有

$$\frac{\partial f_x}{\partial x} + \frac{\partial f_y}{\partial y} = \frac{\mathrm{d}f_r}{\mathrm{d}r} + \frac{1}{r}f_r = 0 \tag{4.4.55}$$

因此也就必有$\nabla^2(\sigma_r+\sigma_\theta)=0$，这个方程对实际问题的求解具有重要作用，后面我们将会通过实例（参见第六章的厚壁圆筒问题）来进一步说明。

4.4.6 一维应力问题

1. 一维应力的定义

仿照平面应力，我们可以定义一维应力问题。如果存在某一直角坐标系，物体内各应力分量满足以下形式时，我们称物体处于**一维应力状态**，或称**单向应力状态**。

$$\begin{cases} \sigma_x=\sigma_x(x) \\ \sigma_y=\sigma_z=\tau_{xy}=\tau_{zx}=\tau_{yz}=0 \end{cases} \tag{4.4.56}$$

显然，与平面问题类似，物体的应力场若要只与一个方向有关，则物体沿该方向必须具有相同的结构，也就是说物体在几何上也必须是一个等截面的板状或柱状结构，如图4.4.1所示。这样，我们才能选择物体的轴线作为求解域，从而将问题由三维降为一维。不过与图4.4.1不同的是，习惯上通常将轴线方向取为x方向。

2. 一维应力问题应该满足的条件

下面根据一维应力的定义，探讨一维应力问题应该满足的必要条件。

首先，将一维应力状态代入应力平衡方程。这时原来3个应力平衡方程转化为

$$\begin{cases} \dfrac{\mathrm{d}\sigma_x}{\mathrm{d}x}+f_x=0 \\ f_y=0 \\ f_z=0 \end{cases} \tag{4.4.57}$$

显然，根据上述x方向的应力平衡方程可知，若一维应力状态存在，则f_x必须仅是x的函数，同时根据y方向、z方向的应力平衡方程可知，这两个方向的体力必须恒为零。

接下来，我们用应力表示应变，得到平面应力状态下的本构方程为

$$\begin{cases} \varepsilon_x=\dfrac{1}{E}\sigma_x \\ \varepsilon_y=-\dfrac{\nu}{E}\sigma_x \\ \varepsilon_z=-\dfrac{\nu}{E}\sigma_x \end{cases} \tag{4.4.58}$$

由该方程组可以看出，一维应力状态下，存在y和z方向的正应变，即应变仍是三维的，但其值可以根据x方向的正应变（应力）计算得到，且所有应变分量也仅是x的函数。

将一维应力状态下的应变代入应变协调方程，除了$0=0$的恒等式外，有

$$\begin{cases} \dfrac{\partial^2\varepsilon_y}{\partial x^2}=0 \\ \dfrac{\partial^2\varepsilon_z}{\partial x^2}=0 \end{cases} \tag{4.4.59}$$

将其改用应力表示则可得到

$$\frac{\mathrm{d}^2\sigma_x}{\mathrm{d}x^2}=0 \tag{4.4.60}$$

求解该方程得到 $\sigma_x = c_0 + c_1 x$，即 σ_x 仅是 x 的线性函数，结合平衡方程必有

$$\frac{\mathrm{d}f_x}{\mathrm{d}x} = 0, \quad f_x = -c_1 \tag{4.4.61}$$

也就是说，一维应力问题若存在，仅可能作用有的 x 方向的体力也必须是常数。由此可知，y 和 z 方向正应变也仅是 x 的线性函数，即

$$\varepsilon_x = Ax + C \tag{4.4.62}$$

$$\varepsilon_y = \varepsilon_z = -\nu(Ax + C) \tag{4.4.63}$$

根据式 (2.8.20) ~ 式 (2.8.22)，这时 3 个方向的位移分别为

$$
\begin{aligned}
u &= u_0 + \int_{P_0 \to P} \varepsilon_x \mathrm{d}x - \int_{P_0 \to P} \left(\int \frac{\partial \varepsilon_y}{\partial x}\mathrm{d}y \right)\mathrm{d}y - \int_{P_0 \to P} \left(\int \frac{\partial \varepsilon_z}{\partial x}\mathrm{d}z \right)\mathrm{d}z \\
&= u_0 + \int_{P_0 \to P}(Ax + C)\mathrm{d}x + \nu \int_{P_0 \to P}\left(\int A\mathrm{d}y \right)\mathrm{d}y + \nu \int_{P_0 \to P}\left(\int A\mathrm{d}z \right)\mathrm{d}z \\
&= u_0 + \left[\frac{1}{2}Ax^2 + Cx + \nu\left(\frac{1}{2}Ay^2 + C_1 y \right) + \nu\left(\frac{1}{2}Az^2 + C_2 z \right) \right]\Bigg|_{P_0}^{P}
\end{aligned}
$$

$$
\begin{aligned}
v &= v_0 + \int_{P_0 \to P}\left(\int \frac{\partial \varepsilon_y}{\partial x}\mathrm{d}y \right)\mathrm{d}x + \int_{P_0 \to P} \varepsilon_y \mathrm{d}y \\
&= v_0 - \nu \int_{P_0 \to P}\left(\int A\mathrm{d}y \right)\mathrm{d}x - \nu \int_{P_0 \to P}(Ax + C)\mathrm{d}y \\
&= v_0 - \left[\nu(Ayx + C_1 x) + \nu(Axy + Cy) \right]\Big|_{P_0}^{P}
\end{aligned}
$$

$$
\begin{aligned}
w &= w_0 + \int_{P_0 \to P}\left(\int \frac{\partial \varepsilon_z}{\partial x}\mathrm{d}z \right)\mathrm{d}x + \int_{P_0 \to P} \varepsilon_z \mathrm{d}z \\
&= w_0 - \nu \int_{P_0 \to P}\left(\int A\mathrm{d}z \right)\mathrm{d}x - \nu \int_{P_0 \to P}(Ax + C)\mathrm{d}z \\
&= w_0 - \left[\nu(Azx + C_2 x) + \nu(Axz + Cz) \right]\Big|_{P_0}^{P}
\end{aligned}
$$

由位移 u 的表达式可以看出，对于原来 $x = c$ 的横截面，变形后一般不再为平面。若选择结构上的某点作为坐标原点，并将其作为我们位移的参考点 p_0，则约束原点的刚体位移和转动后（即 $u_0 = v_0 = w_0 = 0$，$C_1 = C_2 = C_3 = 0$），原 $x = c$ 的横截面方程变为

$$
\begin{cases}
x' = (1 + C)c + \dfrac{A}{2}c^2 + \dfrac{\nu A}{2}(y^2 + z^2) \\[2mm]
y' = (1 - 2\nu Ac - C)y \\[2mm]
z' = (1 - 2\nu Ac - C)z
\end{cases}
\tag{4.4.64}
$$

显然，除非 $A = 0$，即结构为常应变状态，否则变形后的截面不再是平面。

另外，注意到侧面上 $c_{nx} = 0$，端面上 $c_{nx} = 1$，将一维应力状态分量代入应力边界条件可得

侧面：$\bar{p}_x = 0$，$\bar{p}_y = 0$，$\bar{p}_z = 0$

端面：$\bar{p}_x = \sigma_x$，$\bar{p}_y = 0$，$\bar{p}_z = 0$

也就是说，在一维应力状态下，侧面所有面力分量均为零，端面上所受的轴向面力 $\bar{p}_x$ 即该处的应力。

综上所述，实际问题要成为一维应力问题，必须满足以下条件：**一个等截面的板状或柱状结构，仅受轴向的均匀体力，并只在端面上受均匀的轴向面力**。

3. 一维应力问题的基本方程及定解条件

通过上述分析可知，在一维应力定义下，弹性力学一维应力问题的基本待求量可以选择为应力分量 $\sigma_x(x)$，这时线弹性力学定解问题的基本方程组可以退化为一维形式。

$$\frac{\mathrm{d}\sigma_x}{\mathrm{d}x} + f_x = 0$$

由于 x 方向的体力必为常数，即 $f_x = c_1$，因此可以求出 σ_x 的通解仅是 x 的线性函数，即

$$\sigma_x = c_0 + c_1 x$$

依据本构方程以及位移积分公式即可求出相应的应变和位移，而根据给定的端部应力条件和位移条件即可确定出通解中的系数。

为方便对比，表 4.4.3 汇总了一般三维情形和一维应力情形下的线弹性力学基本方程组和定解条件。表中带方框的等式就是一般弹性力学问题退化为一维应变问题的必要条件。

表 4.4.3 一维应力问题和一般三维问题对比

	一般三维情形	一维应力情形
方程	$\sigma_x = \sigma_x(x,y,z)$，$\sigma_y = \sigma_y(x,y,z)$，$\sigma_z = \sigma_z(x,y,z)$， $\tau_{xy} = \tau_{xy}(x,y,z)$，$\tau_{zx} = \tau_{zx}(x,y,z)$，$\tau_{yz} = \tau_{yz}(x,y,z)$	$\sigma_x = \sigma_x(x)$ $\sigma_y = \tau_{xy} = \sigma_z = \tau_{zx} = \tau_{yz} = 0$
平衡方程	$\dfrac{\partial \sigma_x}{\partial x} + \dfrac{\partial \tau_{yx}}{\partial y} + \dfrac{\partial \tau_{zx}}{\partial z} + f_x = 0$ $\dfrac{\partial \tau_{xy}}{\partial x} + \dfrac{\partial \sigma_y}{\partial y} + \dfrac{\partial \tau_{zy}}{\partial z} + f_y = 0$ $\dfrac{\partial \tau_{xz}}{\partial x} + \dfrac{\partial \tau_{yz}}{\partial y} + \dfrac{\partial \sigma_z}{\partial z} + f_z = 0$	$\dfrac{\mathrm{d}\sigma_x}{\mathrm{d}x} + f_x = 0$，$\boxed{f_x = f_x(x)}$ $\boxed{f_y = 0}$ $\boxed{f_z = 0}$
本构方程	$\varepsilon_x = \dfrac{1+\nu}{E}\sigma_x - \dfrac{\nu}{E}(\sigma_x + \sigma_y + \sigma_z)$ $\varepsilon_y = \dfrac{1+\nu}{E}\sigma_y - \dfrac{\nu}{E}(\sigma_x + \sigma_y + \sigma_z)$ $\varepsilon_z = \dfrac{1+\nu}{E}\sigma_z - \dfrac{\nu}{E}(\sigma_x + \sigma_y + \sigma_z)$ $\gamma_{xy} = \dfrac{\tau_{xy}}{G}$，$\gamma_{yz} = \dfrac{\tau_{yz}}{G}$，$\gamma_{zx} = \dfrac{\tau_{zx}}{G}$	$\varepsilon_x = \dfrac{1}{E}\sigma_x$ $\varepsilon_y = -\dfrac{\nu}{E}\sigma_x$ $\varepsilon_z = -\dfrac{\nu}{E}\sigma_x$ $\gamma_{xy} = 0$，$\gamma_{yz} = 0$，$\gamma_{zx} = 0$
本构方程	$\sigma_x = 2G\varepsilon_x + \lambda(\varepsilon_x + \varepsilon_y + \varepsilon_z)$ $\sigma_y = 2G\varepsilon_y + \lambda(\varepsilon_x + \varepsilon_y + \varepsilon_z)$ $\sigma_z = 2G\varepsilon_z + \lambda(\varepsilon_x + \varepsilon_y + \varepsilon_z)$ $\tau_{xy} = G\gamma_{xy}$，$\tau_{yz} = G\gamma_{yz}$，$\tau_{zx} = G\gamma_{zx}$	$\sigma_x = E\varepsilon_x$

续表

协调方程	$\dfrac{\partial^2 \varepsilon_x}{\partial y^2} + \dfrac{\partial^2 \varepsilon_y}{\partial x^2} = \dfrac{\partial^2 \gamma_{xy}}{\partial x \partial y}$ $\dfrac{\partial^2 \varepsilon_y}{\partial z^2} + \dfrac{\partial^2 \varepsilon_z}{\partial y^2} = \dfrac{\partial^2 \gamma_{yz}}{\partial y \partial z}$ $\dfrac{\partial^2 \varepsilon_z}{\partial x^2} + \dfrac{\partial^2 \varepsilon_x}{\partial z^2} = \dfrac{\partial^2 \gamma_{zx}}{\partial x \partial z}$ $\dfrac{\partial^2 \varepsilon_x}{\partial y \partial z} = \dfrac{1}{2}\left(\dfrac{\partial^2 \gamma_{xy}}{\partial x \partial z} + \dfrac{\partial^2 \gamma_{zx}}{\partial x \partial y} - \dfrac{\partial^2 \gamma_{yz}}{\partial x^2} \right)$ $\dfrac{\partial^2 \varepsilon_y}{\partial z \partial x} = \dfrac{1}{2}\left(\dfrac{\partial^2 \gamma_{xy}}{\partial y \partial z} + \dfrac{\partial^2 \gamma_{yz}}{\partial y \partial x} - \dfrac{\partial^2 \gamma_{zx}}{\partial y^2} \right)$ $\dfrac{\partial^2 \varepsilon_z}{\partial x \partial y} = \dfrac{1}{2}\left(\dfrac{\partial^2 \gamma_{yz}}{\partial x \partial z} + \dfrac{\partial^2 \gamma_{zx}}{\partial z \partial y} - \dfrac{\partial^2 \gamma_{xy}}{\partial z^2} \right)$	$\dfrac{\mathrm{d}^2 \varepsilon_y}{\mathrm{d}x^2} = 0$ 即 $\dfrac{\mathrm{d}^2 \sigma_x}{\mathrm{d}x^2} = 0$ $0 = 0$ $0 = 0$ $0 = 0$ $0 = 0$ $0 = 0$
	$\nabla^2 \sigma_x + \dfrac{1}{1+\nu}\dfrac{\partial^2 \Theta}{\partial x^2} = -2\dfrac{\partial f_x}{\partial x} - \dfrac{\nu}{1-\nu}\left(\dfrac{\partial f_x}{\partial x} + \dfrac{\partial f_y}{\partial y} + \dfrac{\partial f_z}{\partial z} \right)$ $\nabla^2 \sigma_y + \dfrac{1}{1+\nu}\dfrac{\partial^2 \Theta}{\partial y^2} = -2\dfrac{\partial f_y}{\partial y} - \dfrac{\nu}{1-\nu}\left(\dfrac{\partial f_x}{\partial x} + \dfrac{\partial f_y}{\partial y} + \dfrac{\partial f_z}{\partial z} \right)$ $\nabla^2 \sigma_z + \dfrac{1}{1+\nu}\dfrac{\partial^2 \Theta}{\partial z^2} = -2\dfrac{\partial f_z}{\partial z} - \dfrac{\nu}{1-\nu}\left(\dfrac{\partial f_x}{\partial x} + \dfrac{\partial f_y}{\partial y} + \dfrac{\partial f_z}{\partial z} \right)$ $\nabla^2 \tau_{xy} + \dfrac{1}{1+\nu}\dfrac{\partial^2 \Theta}{\partial x \partial y} = -\left(\dfrac{\partial f_x}{\partial y} + \dfrac{\partial f_y}{\partial x} \right)$ $\nabla^2 \tau_{yz} + \dfrac{1}{1+\nu}\dfrac{\partial^2 \Theta}{\partial y \partial z} = -\left(\dfrac{\partial f_y}{\partial z} + \dfrac{\partial f_z}{\partial y} \right)$ $\nabla^2 \tau_{zx} + \dfrac{1}{1+\nu}\dfrac{\partial^2 \Theta}{\partial z \partial x} = -\left(\dfrac{\partial f_z}{\partial x} + \dfrac{\partial f_x}{\partial z} \right)$	$\dfrac{2+\nu}{1+\nu}\dfrac{\mathrm{d}^2 \sigma_x}{\mathrm{d}x^2} = -\dfrac{2-\nu}{1-\nu}\dfrac{\mathrm{d}f_x}{\mathrm{d}x}$ $\boxed{\dfrac{\mathrm{d}f_x}{\mathrm{d}x} = 0} \longrightarrow \boxed{f_x = c} \longrightarrow \dfrac{\mathrm{d}^2 \sigma_x}{\mathrm{d}x^2} = 0$ $\boxed{\dfrac{\mathrm{d}f_x}{\mathrm{d}x} = 0}$ $0 = 0$ $0 = 0$ $0 = 0$
几何方程	$\varepsilon_x = \dfrac{\partial u}{\partial x}, \ \varepsilon_y = \dfrac{\partial v}{\partial y}, \ \varepsilon_z = \dfrac{\partial w}{\partial z}$ $\gamma_{xy} = \gamma_{yx} = \dfrac{\partial v}{\partial x} + \dfrac{\partial u}{\partial y}$ $\gamma_{yz} = \gamma_{zy} = \dfrac{\partial w}{\partial y} + \dfrac{\partial v}{\partial z}$ $\gamma_{zx} = \gamma_{xz} = \dfrac{\partial u}{\partial z} + \dfrac{\partial w}{\partial x}$	$\varepsilon_x = \dfrac{\partial u}{\partial x}, \ \varepsilon_y = \dfrac{\partial v}{\partial y}, \ \gamma_{xy} = \gamma_{yx} = \dfrac{\partial v}{\partial x} + \dfrac{\partial u}{\partial y}$ $\boxed{\varepsilon_z = -\dfrac{\nu}{E}(\sigma_x + \sigma_y) = \dfrac{\partial w}{\partial z} = -\dfrac{\nu}{1-\nu}\left(\dfrac{\partial u}{\partial x} + \dfrac{\partial u}{\partial y} \right)}$ $\boxed{\gamma_{yz} = \dfrac{\partial w}{\partial y} + \dfrac{\partial v}{\partial z} = 0} \quad \boxed{\dfrac{\partial w}{\partial y} = -\dfrac{\partial v}{\partial z}}$ $\boxed{\gamma_{zx} = \dfrac{\partial w}{\partial x} + \dfrac{\partial u}{\partial z} = 0} \quad \boxed{\dfrac{\partial w}{\partial x} = -\dfrac{\partial u}{\partial z}}$
位移条件	$u = \bar{u}$ $v = \bar{v}$ $w = \bar{w}$	$u = \bar{u}$ $v = \bar{v}$ $w = \bar{w}$
应力条件	$\sigma_x c_{nx} + \tau_{yx} c_{ny} + \tau_{zx} c_{nz} = \bar{p}_x$ $\tau_{xy} c_{nx} + \sigma_y c_{ny} + \tau_{zy} c_{nz} = \bar{p}_y$ $\tau_{xz} c_{nx} + \tau_{yz} c_{ny} + \sigma_z c_{nz} = \bar{p}_z$	侧面：$\boxed{\bar{p}_x = 0}$，$\boxed{\bar{p}_y = 0}$，$\boxed{\bar{p}_z = 0}$ 端面：$\boxed{\bar{p}_x = \sigma_x}$，$\boxed{\bar{p}_y = 0}$，$\boxed{\bar{p}_z = 0}$

4. 一维应力问题的实例

根据前面分析得到的一维应力状态存在的条件，不难找到工程上或理论上一维应力问题的例子。如图 4.4.8 所示，在自重作用下，如果在柱体的上端条件为与重力平衡的均匀分布拉力［图 4.4.8（a）］，则该问题即精确的一维应力问题，我们将在第六章对该问题进行具体求解和分析。但是，如果该柱体上端面条件改为光滑固定甚至是完全固定［图 4.4.8（b）］，则由于上端面对轴向位移的限制，该问题不满足一维应力的条件，因此不是一个严格的一维应力问题。但有时我们也可以利用圣维南原理，将其上端边界条件用均匀拉力代替（在静力上是等效的），从而将其简化为一维应力问题进行求解。

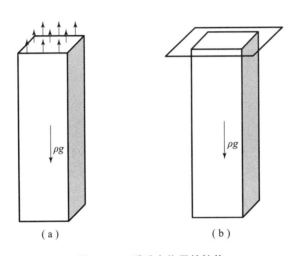

图 4.4.8 受重力作用的柱体

（a）上端受均布拉力；（b）上端光滑固定或定位固定

4.4.7 一维应变问题

1. 一维应变的定义

与一维应力问题一样，我们可以定义一维应变问题。如果存在某一直角坐标系，物体内各应变分量满足以下形式时，我们称物体处于**一维应变**状态。

$$\begin{cases} \varepsilon_x = \varepsilon_x(x) \\ \varepsilon_y = \varepsilon_z = \gamma_{xy} = \gamma_{zx} = \gamma_{yz} = 0 \end{cases} \tag{4.4.65}$$

显然，约束刚体位移后，此时物体内各位移分量将满足以下要求：

$$u = u(x), \ v = 0, \ w = 0 \tag{4.4.66}$$

因此，我们又称其为**一维位移**状态，或称**单向位移**状态。

2. 一维应变问题应该满足的条件

同样，下面根据一维应变的定义，从弹性力学基本方程出发，分析一维应变状态存在的必要条件。

首先，将一维应变定义代入线弹性力学本构方程，得到一维应变状态下的本构方程为

$$\begin{cases} \sigma_x = (2G + \lambda) \, \varepsilon_x \\ \sigma_y = \lambda \varepsilon_x \\ \sigma_z = \lambda \varepsilon_x \\ \tau_{xy} = \tau_{yz} = \tau_{zx} = 0 \end{cases} \tag{4.4.67}$$

由该方程组可以看出，在一维应变状态下，应力并不是平面的，而是存在 3 个方向的正应力，但都可以通过 x 方向的正应变（应力）计算得到，且仅是 x 的函数。

将上述应力分量代入平衡方程，与一维应力状态一样，原来 3 个应力平衡方程转化为

$$\begin{cases} \dfrac{\mathrm{d}\sigma_x}{\mathrm{d}x} + f_x = 0 \\ f_y = 0 \\ f_z = 0 \end{cases} \tag{4.4.68}$$

因此可以知道，若一维应变解存在则 f_x 必须仅是 x 的函数，同时根据 y 方向、z 方向的体力必须恒为零，积分关于 σ_x 的平衡方程得到其通解为

$$\sigma_x = -\int f_x \mathrm{d}x \tag{4.4.69}$$

将一维应变状态下的应变代入应变协调方程，发现所有方程均成为 $0 = 0$ 的恒等式。而将一维应变状态下的应力代入应力协调方程后，除了 $0 = 0$ 的恒等式之外还有

$$\frac{\mathrm{d}^2 \sigma_x}{\mathrm{d}x^2} + \frac{\mathrm{d}^2 (\sigma_x + \sigma_y)}{\mathrm{d}x^2} = -\frac{2 - \nu}{1 - \nu} \frac{\mathrm{d}f_x}{\mathrm{d}x}$$

$$\frac{\mathrm{d}^2 \sigma_y}{\mathrm{d}x^2} = -\frac{\nu}{1 - \nu} \frac{\mathrm{d}f_x}{\mathrm{d}x}$$

$$\frac{\mathrm{d}^2 \sigma_z}{\mathrm{d}x^2} = -\frac{\nu}{1 - \nu} \frac{\mathrm{d}f_x}{\mathrm{d}x}$$

注意到一维应力状态的本构关系，这几个应力协调方程实际上是相同的，写成应力表示的形式为

$$\frac{\mathrm{d}^2 \sigma_x}{\mathrm{d}x^2} = -\frac{\mathrm{d}f_x}{\mathrm{d}x} \tag{4.4.70}$$

这个方程显然与平衡方程是一致（重复）的。

请注意，与一维应力状态不同的是，在一维应变状态下并不要求 x 方向的体力为常数，因此应力分布也就不一定是线性的。

特别地，当 x 方向的体力为常数（$f_x = c_1$）时，由式（4.4.69）以及式（4.4.67）可以得到

$$\sigma_x = c_1 x + c_2, \quad \varepsilon_x = c_3 x + c_4 \tag{4.4.71}$$

根据式（2.8.20），这时 x 方向的位移为

$$u = u_0 + \int_{P \to P_0} \varepsilon_x \mathrm{d}x + C_1 (y - y_0) + C_2 (z - z_0)$$

$$= u_0 + \left(\frac{1}{2} c_3 x^2 + c_4 x \right) \Bigg|_{P_0}^{P} + C_1 (y - y_0) + C_2 (z - z_0) \tag{4.4.72}$$

由位移 u 的表达式可以看出，对于原来 $x=c$ 的横截面，变形必定还是平面。若结构上的某点作为坐标系原点，并将坐标原点作为位移的参考点 p_0，则约束原点的刚体位移和转动后，结构上各点 x 方向的位移为

$$u(x) = \frac{1}{2}c_3 x^2 + c_4 x$$

根据应力或位移边界条件，结合本构关系式（4.4.67），可以确定上述应力结果或位移（应变）结果的待定常数。

另外，将一维应变状态的应力分量式（4.4.67）代入应力边界条件可得

$$\text{侧面：} \begin{cases} \overline{p}_x = 0 \\ \overline{p}_y = \sigma_y c_{ny} \\ \overline{p}_z = \sigma_z c_{nz} \end{cases}$$

$$\text{端面：} \begin{cases} \overline{p}_x = \sigma_x \\ \overline{p}_y = 0 \\ \overline{p}_z = 0 \end{cases}$$

也就是说，在一维应变状态下，侧面不能作用轴向（x 方向）的面力，而端面只能承受轴向面力。

3. 基本方程和定解条件

基于上述分析，可以知道线弹性力学一维应变定解问题只需要求解关于应力分量 σ_x 的平衡方程（4.4.68），其通解形式为式（4.4.69），当给定体力表达式，再结合给定的端部应力条件或（和）位移约束即可获得问题最终的解。

同样，为方便对比，表4.4.4 汇总了一般三维情形和一维应变情形下的线弹性力学基本方程组和定解条件。表中带方框的等式就是一般弹性力学问题退化为一维应变问题的必要条件。

表4.4.4　一维应变问题和一般三维问题对比

	一般三维情形	一维应变情形
方程	$\varepsilon_x = \varepsilon_x(x,y,z)$, $\varepsilon_y = \varepsilon_y(x,y,z)$, $\varepsilon_z = \varepsilon_z(x,y,z)$ $\gamma_{xy} = \gamma_{xy}(x,y,z)$, $\gamma_{yz} = \gamma_{yz}(x,y,z)$, $\gamma_{zx} = \gamma_{zx}(x,y,z)$	$u = u(x), v = w = 0$, $\varepsilon_y = \varepsilon_z = \gamma_{xy} = \gamma_{zx} = \gamma_{yz} = 0$
几何方程	$\varepsilon_x = \dfrac{\partial u}{\partial x}$, $\varepsilon_y = \dfrac{\partial v}{\partial y}$, $\varepsilon_z = \dfrac{\partial w}{\partial z}$ $\gamma_{xy} = \gamma_{yx} = \dfrac{\partial v}{\partial x} + \dfrac{\partial u}{\partial y}$ $\gamma_{yz} = \gamma_{zy} = \dfrac{\partial w}{\partial y} + \dfrac{\partial v}{\partial z}$ $\gamma_{zx} = \gamma_{xz} = \dfrac{\partial u}{\partial z} + \dfrac{\partial w}{\partial x}$	$\varepsilon_x = \dfrac{\mathrm{d}u}{\mathrm{d}x}$

续表

本构方程	$\sigma_x = 2G\varepsilon_x + \lambda(\varepsilon_x + \varepsilon_y + \varepsilon_z)$ $\sigma_y = 2G\varepsilon_y + \lambda(\varepsilon_x + \varepsilon_y + \varepsilon_z)$ $\sigma_z = 2G\varepsilon_z + \lambda(\varepsilon_x + \varepsilon_y + \varepsilon_z)$ $\tau_{xy} = G\gamma_{xy}$, $\tau_{yz} = G\gamma_{yz}$, $\tau_{zx} = G\gamma_{yz}$ $\varepsilon_x = \dfrac{1+\nu}{E}\sigma_x - \dfrac{\nu}{E}(\sigma_x + \sigma_y + \sigma_z)$ $\varepsilon_y = \dfrac{1+\nu}{E}\sigma_y - \dfrac{\nu}{E}(\sigma_x + \sigma_y + \sigma_z)$ $\varepsilon_z = \dfrac{1+\nu}{E}\sigma_z - \dfrac{\nu}{E}(\sigma_x + \sigma_y + \sigma_z)$ $\gamma_{xy} = \dfrac{\tau_{xy}}{G}$, $\gamma_{yz} = \dfrac{\tau_{yz}}{G}$, $\gamma_{zx} = \dfrac{\tau_{zx}}{G}$	$\sigma_x = (2G + \lambda)\varepsilon_x$ $\sigma_y = \lambda\varepsilon_x$ $\sigma_z = \lambda\varepsilon_x$ $\tau_{xy} = 0$, $\tau_{yz} = 0$, $\tau_{zx} = 0$ $\varepsilon_x = \dfrac{\sigma_x}{2G + \lambda}$
平衡方程	$\dfrac{\partial \sigma_x}{\partial x} + \dfrac{\partial \tau_{yx}}{\partial y} + \dfrac{\partial \tau_{zx}}{\partial z} + f_x = 0$ $\dfrac{\partial \tau_{xy}}{\partial x} + \dfrac{\partial \sigma_y}{\partial y} + \dfrac{\partial \tau_{zy}}{\partial z} + f_y = 0$ $\dfrac{\partial \tau_{xz}}{\partial x} + \dfrac{\partial \tau_{yz}}{\partial y} + \dfrac{\partial \sigma_z}{\partial z} + f_z = 0$	$\dfrac{\mathrm{d}\sigma_x}{\mathrm{d}x} + f_x = 0$ $f_y = 0$ $f_z = 0$
协调方程	$\dfrac{\partial^2 \varepsilon_x}{\partial y^2} + \dfrac{\partial^2 \varepsilon_y}{\partial x^2} = \dfrac{\partial^2 \gamma_{xy}}{\partial x \partial y}$ $\dfrac{\partial^2 \varepsilon_y}{\partial z^2} + \dfrac{\partial^2 \varepsilon_z}{\partial y^2} = \dfrac{\partial^2 \gamma_{yz}}{\partial y \partial z}$ $\dfrac{\partial^2 \varepsilon_z}{\partial x^2} + \dfrac{\partial^2 \varepsilon_x}{\partial z^2} = \dfrac{\partial^2 \gamma_{zx}}{\partial x \partial z}$ $\dfrac{\partial^2 \varepsilon_x}{\partial y \partial z} = \dfrac{1}{2}\left(\dfrac{\partial^2 \gamma_{xy}}{\partial x \partial z} + \dfrac{\partial^2 \gamma_{zx}}{\partial x \partial y} - \dfrac{\partial^2 \gamma_{yz}}{\partial x^2}\right)$ $\dfrac{\partial^2 \varepsilon_y}{\partial z \partial x} = \dfrac{1}{2}\left(\dfrac{\partial^2 \gamma_{xy}}{\partial y \partial z} + \dfrac{\partial^2 \gamma_{yz}}{\partial y \partial x} - \dfrac{\partial^2 \gamma_{zx}}{\partial y^2}\right)$ $\dfrac{\partial^2 \varepsilon_z}{\partial x \partial y} = \dfrac{1}{2}\left(\dfrac{\partial^2 \gamma_{yz}}{\partial x \partial z} + \dfrac{\partial^2 \gamma_{zx}}{\partial z \partial y} - \dfrac{\partial^2 \gamma_{xy}}{\partial z^2}\right)$ $\nabla^2 \sigma_x + \dfrac{1}{1+\nu}\dfrac{\partial^2 \Theta}{\partial x^2} = -2\dfrac{\partial f_x}{\partial x} - \dfrac{\nu}{1-\nu}\left(\dfrac{\partial f_x}{\partial x} + \dfrac{\partial f_y}{\partial y} + \dfrac{\partial f_z}{\partial z}\right)$ $\nabla^2 \sigma_y + \dfrac{1}{1+\nu}\dfrac{\partial^2 \Theta}{\partial y^2} = -2\dfrac{\partial f_y}{\partial y} - \dfrac{\nu}{1-\nu}\left(\dfrac{\partial f_x}{\partial x} + \dfrac{\partial f_y}{\partial y} + \dfrac{\partial f_z}{\partial z}\right)$ $\nabla^2 \sigma_z + \dfrac{1}{1+\nu}\dfrac{\partial^2 \Theta}{\partial z^2} = -2\dfrac{\partial f_z}{\partial z} - \dfrac{\nu}{1-\nu}\left(\dfrac{\partial f_x}{\partial x} + \dfrac{\partial f_y}{\partial y} + \dfrac{\partial f_z}{\partial z}\right)$ $\nabla^2 \tau_{xy} + \dfrac{1}{1+\nu}\dfrac{\partial^2 \Theta}{\partial x \partial y} = -\left(\dfrac{\partial f_x}{\partial y} + \dfrac{\partial f_y}{\partial x}\right)$ $\nabla^2 \tau_{yz} + \dfrac{1}{1+\nu}\dfrac{\partial^2 \Theta}{\partial y \partial z} = -\left(\dfrac{\partial f_y}{\partial z} + \dfrac{\partial f_z}{\partial y}\right)$ $\nabla^2 \tau_{zx} + \dfrac{1}{1+\nu}\dfrac{\partial^2 \Theta}{\partial z \partial x} = -\left(\dfrac{\partial f_z}{\partial x} + \dfrac{\partial f_x}{\partial z}\right)$	$0 = 0$ $0 = 0$ $0 = 0$ $0 = 0$ $0 = 0$ $0 = 0$ $\dfrac{\mathrm{d}^2 \sigma_x}{\mathrm{d}x^2} + \dfrac{\mathrm{d}^2(\sigma_x + \sigma_y)}{\mathrm{d}x^2} = -\dfrac{2-\nu}{1-\nu}\dfrac{\mathrm{d}f_x}{\mathrm{d}x}$ $\dfrac{\mathrm{d}^2 \sigma_y}{\mathrm{d}x^2} = -\dfrac{\nu}{1-\nu}\dfrac{\mathrm{d}f_x}{\mathrm{d}x}$ $\dfrac{\mathrm{d}^2 \sigma_z}{\mathrm{d}x^2} = -\dfrac{\nu}{1-\nu}\dfrac{\mathrm{d}f_x}{\mathrm{d}x}$ $0 = 0$ $0 = 0$ $0 = 0$
位移条件	$u - \bar{u} = 0$ $v - \bar{v} = 0$ $w - \bar{w} = 0$	$u - \bar{u} = 0$
应力条件	$\sigma_x c_{nx} + \tau_{yx} c_{ny} + \tau_{zx} c_{nz} = \bar{p}_x$ $\tau_{xy} c_{nx} + \sigma_y c_{ny} + \tau_{zy} c_{nz} = \bar{p}_y$ $\tau_{xz} c_{nx} + \tau_{yz} c_{ny} + \sigma_z c_{nz} = \bar{p}_z$	侧面： $\boxed{\bar{p}_x = 0}$, $\boxed{\bar{p}_y = \sigma_y c_{ny}}$, $\boxed{\bar{p}_z = \sigma_z c_{nz}}$ 端面： $\boxed{\bar{p}_x = \sigma_x}$, $\boxed{\bar{p}_y = 0}$, $\boxed{\bar{p}_z = 0}$

4. 一维应变的实例

如图4.4.9所示的直六面体弹性块体，无间隙地置于五面刚性光滑的槽内。除重力外，上表面受均匀压力 p 的作用。根据结构和载荷的对称性，我们可以判定，弹性体上各点只有沿高度方向的位移，因此是一个一维应变（位移）问题。同样，无间隙置于刚性光滑圆柱槽内的弹性圆柱体也是一维应变问题。

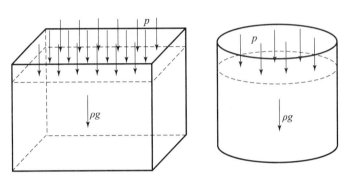

图 4.4.9　光滑刚性槽内的弹性体

在工程中，不存在绝对刚性的结构和完全光滑的接触。如果槽体结构的刚度比弹性体刚度大得多（如弹性体为橡胶材料，而槽壁为钢铁等金属材料），且弹性体与槽壁间没有粘接，此时的弹性体也可以视为处于近似的一维应变状态。

4.4.8　球对称问题

对于球体结构的分析，存在一种特殊的情形，即球对称问题。

1. 球对称问题的定义

当物体的几何形状以及边界条件均关于某一个点呈对称分布时（即球对称），则称该问题为**球对称问题**。例如，受均匀分布的内、外压力作用的球壳问题便是一个典型的球对称问题。

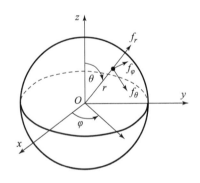

球对称问题一般采用球坐标系进行分析。如图4.4.10所示，根据球坐标系中关于球心对称的两点处向量正方向的规定，我们可以推定，结构中任一点处给定的体力、面力以及产生的位移（约束刚体位移后）必定只有径向分量，即具有式（4.4.73）的形式。

图 4.4.10　球坐标系中的向量正方向

$$\begin{cases} f_r = f_r(r), \ \bar{p}_r = \bar{p}_r(r), \ u_r = u_r(r) \\ f_\theta = 0, \qquad \bar{p}_\theta = 0, \qquad u_\theta = 0 \\ f_\varphi = 0, \qquad \bar{p}_\varphi = 0, \qquad u_\varphi = 0 \end{cases} \tag{4.4.73}$$

2. 基本方程

由于位移是球对称的，因此根据几何方程和本构方程容易推定结构上应变和应力也是球对称的，即剪应变分量和剪应力分量必定均为零。基于此，球坐标系下的球对称线弹性力学问题基本方程组得到大大简化。

1）平衡方程

$$\frac{\mathrm{d}\sigma_r}{\mathrm{d}r} + \frac{2(\sigma_r - \sigma_\theta)}{r} + f_r = 0 \tag{4.4.74}$$

2）几何方程

$$\varepsilon_r = \frac{\mathrm{d}u_r}{\mathrm{d}r} \tag{4.4.75}$$

$$\varepsilon_\theta = \varepsilon_\varphi = \frac{u_r}{r} \tag{4.4.76}$$

3）本构方程

$$\begin{cases} \sigma_r = 2G\varepsilon_r + \lambda(\varepsilon_r + 2\varepsilon_\theta) \\ \sigma_\theta = \sigma_\varphi = 2G\varepsilon_\theta + \lambda(\varepsilon_r + 2\varepsilon_\theta) \end{cases} \tag{4.4.77}$$

或者

$$\begin{cases} \varepsilon_r = \frac{1}{E}\sigma_r - \frac{\nu}{E}(\sigma_\theta + \sigma_\varphi) = \frac{1}{E}(\sigma_r - 2\nu\sigma_\theta) \\ \varepsilon_\theta = \frac{1}{E}\sigma_\theta - \frac{\nu}{E}(\sigma_r + \sigma_\varphi) = \frac{1}{E}\left[(1-\nu)\sigma_\theta - \nu\sigma_r\right] \end{cases} \tag{4.4.78}$$

4）协调方程

（1）应变协调方程。将球对称应变模式

$$\varepsilon_r = \varepsilon_r(r)$$

$$\varepsilon_\theta = \varepsilon_\varphi = \varepsilon_\theta(r)$$

$$\gamma_{r\theta} = \gamma_{\theta\varphi} = \gamma_{\varphi r} = 0$$

代入 2.9 节球坐标系下的应变协调方程（2.9.2），除了 0 = 0 恒等式外，仍有以下方程成立：

$$\begin{cases} \dfrac{\mathrm{d}\varepsilon_\theta}{\mathrm{d}r} + \dfrac{1}{r}(\varepsilon_\theta - \varepsilon_r) = 0 \\ \dfrac{2}{r}\dfrac{\mathrm{d}\varepsilon_\theta}{\mathrm{d}r} + \dfrac{\mathrm{d}^2\varepsilon_\theta}{\mathrm{d}r^2} - \dfrac{1}{r}\dfrac{\mathrm{d}\varepsilon_r}{\mathrm{d}r} = 0 \end{cases} \tag{4.4.79}$$

（2）应力协调方程。将球对称应力模式

$$\sigma_r = \sigma_r(r)$$

$$\sigma_\theta = \sigma_\varphi = \sigma_\theta(r)$$

$$\tau_{r\theta} = \tau_{\theta\varphi} = \tau_{\varphi r} = 0$$

代入 6.3 节球坐标系下的应力协调方程，除了 0 = 0 恒等式之外，仍有以下方程成立：

$$\begin{cases} \nabla^2\sigma_r - \dfrac{4(\sigma_r - \sigma_\theta)}{r^2} + \dfrac{1}{1+\nu}\dfrac{\mathrm{d}^2\Theta}{\mathrm{d}r^2} = -2\dfrac{\mathrm{d}f_r}{\mathrm{d}r} - \dfrac{\nu}{1-\nu}\left(\dfrac{\mathrm{d}f_r}{\mathrm{d}r} + \dfrac{2}{r}f_r\right) \\ \nabla^2\sigma_\theta + \dfrac{2(\sigma_r - \sigma_\theta)}{r^2} + \dfrac{1}{1+\nu}\dfrac{1}{r}\dfrac{\mathrm{d}\Theta}{\mathrm{d}r} = -2\dfrac{f_r}{r} - \dfrac{\nu}{1-\nu}\left(\dfrac{\mathrm{d}f_r}{\mathrm{d}r} + \dfrac{2}{r}f_r\right) \end{cases} \tag{4.4.80}$$

将方程组（4.4.80）第二式乘以 2 与第一式相加再整理后可得

$$\nabla^2 \Theta = -\frac{1+\nu}{1-\nu}\left(\frac{\mathrm{d}f_r}{\mathrm{d}r} + \frac{2}{r}f_r\right) \tag{4.4.81}$$

特别地，如果体力为零，则有

$$\nabla^2 \Theta = \nabla^2(\sigma_r + \sigma_\theta + \sigma_\varphi) = \nabla^2(\sigma_r + 2\sigma_\theta) = 0 \tag{4.4.82}$$

如果体力为有势力，即 $f_r = -\dfrac{\mathrm{d}V}{\mathrm{d}r}$，则

$$\nabla^2 \Theta = \frac{1+\nu}{1-\nu}\nabla^2 V \tag{4.4.83}$$

5）位移边界条件

$$u_r = \bar{u}_r，在球的内表面或（和）内表面 \tag{4.4.84}$$

6）应力边界条件

$$\sigma_r = \bar{p}，在球的内表面或（和）内表面 \tag{4.4.85}$$

习题四

4.1 如图所示为一个截面为矩形的杆件，其中一端固定，一端受集度为 p 的均布拉力，请给出该问题的边界条件，并验证按简单拉伸得到的解，$\sigma_x = p$（其余应力分量为零）是否为本问题的解。

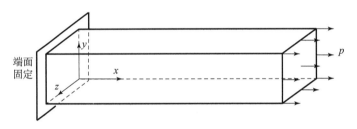

题 4.1 图 一端固定一端受拉的矩形截面杆

4.2 如题图 -1 所示为一个长 a、宽 b、厚 h 的薄板，在中心位置具有直径为 d 的圆孔，两侧面作用有拉力 F，弹性模量为 E，泊松比为 ν。

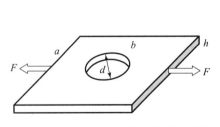

题 4.2 图 -1 两侧面受拉力的带孔薄板

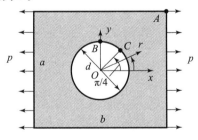

题 4.2 图 -2 两侧面受均匀拉力的带孔薄板

（1）请建立合适的直角坐标系，并采用分量展开式给出该问题的弹性力学基本方程组和边界条件。

（2）假设拉力在作用面上均匀分布，则问题可以简化为平面应力问题。建立如题

图 -2 所示的极坐标系，请给出该极坐标系问题的基本方程组和边界条件。

（3）请证明，题图 -2 所示问题的解是题图 -3 和题图 -4 所示两个问题的解的叠加。

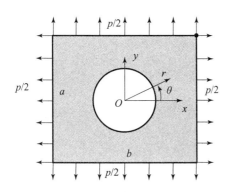

题 4.2 图 -3　受双向均匀拉力的带孔薄板

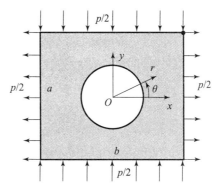

题 4.2 图 -4　一侧受拉一侧受压的带孔薄板

4.3　如图所示三角形截面水坝，材料密度为 ρ，承受密度为 ρ_1 的液体压力，已求得应力解为

$$\sigma_x = ax + by$$
$$\sigma_y = cx + \mathrm{d}y - \rho g y$$
$$\tau_{xy} = -\mathrm{d}x - ay$$

试根据直边和斜边上的边界条件确定常数 a，b，c，d。

4.4　如图所示悬臂薄板，已知板内的应力分量为 $\sigma_x = ax$，$\sigma_y = a(2x + y - l - h)$，$\tau_{xy} = -ax$，其中 a 为常数，其余应力分量为 0。求此薄板所受的边界载荷及体力，并在图上画出边界载荷。

题 4.3 图　三角形截面水坝

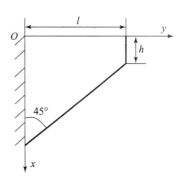

题 4.4 图　梯形悬臂薄板

第五章

线弹性力学定解问题的位移法求解

5.1 线弹性力学定解问题基本解法概述

弹性力学问题本质上是一个关于应力、应变和位移的微分方程边值问题。具体来讲是以平衡方程、几何方程以及本构方程作为基本方程组，结合给定的边界条件进行求解。为阅读方便，这里再给出采用指标记法的相关方程及边界条件。

$$\text{平衡方程：} \sigma_{ij,i} + f_j = 0，\text{在弹性体体积 } \Omega \text{ 内} \tag{5.1.1}$$

$$\text{几何方程：} e_{ij} = \frac{1}{2}\left(u_{i,j} + u_{j,i}\right)，\text{在弹性体体积 } \Omega \text{ 内} \tag{5.1.2}$$

$$\text{本构方程：} \sigma_{ij} = 2Ge_{ij} + \lambda e_{kk}\delta_{ij}，\text{在弹性体体积 } \Omega \text{ 内} \tag{5.1.3}$$

$$\text{位移边界条件：} u_i = \bar{u}_i，\text{在位移边界 } \Gamma_u \text{ 上} \tag{5.1.4}$$

$$\text{应力边界条件：} \sigma_{ij}c_{ni} = \bar{p}_j，\text{在应力边界 } \Gamma_\sigma \text{ 上} \tag{5.1.5}$$

分析上述弹性力学方程组的结构，注意到应力与应变关系只是一个代数方程组，因此一般可以从如下两个不同的思路来求解该问题。

1. 位移法

首先通过几何方程，用位移表示应变，再通过本构方程，用应变表示应力，进而得到用位移表示的应力，最后将用位移表示的应力代入平衡方程，得到以位移表示的平衡方程。为了给出确定问题的解，需要给定相应的位移边界条件，如果问题存在应力边界条件，同样需要将其表示为位移的形式。

2. 应力法

通过本构方程，用应力表示应变，将其代入协调方程，联立应力平衡方程和用应力表示的协调方程，结合给定的应力或位移边界条件，确定问题的解。对于位移边界条件，需要通过积分形式表示为应力的形式。

图 5.1.1 给出了这两种不同的求解思路需要求解的方程组、定解条件以及顺次求解的待求函数。

显然，理论上还存在和应力法类似的所谓"**应变法**"，需要求解由应变表示的应力平衡方程和应变协调方程。但由于实际问题中给出的都是位移边界条件或应力边界条件，若采用应变法，还需要同时将位移边界条件和应力边界条件转化为应变表示的形式。可以预见，相比于应力法，应变法将更为复杂，因此没有实用意义。

不难看出，在一般三维的情况下，无论哪一种方法，最终都需要求解三维的二阶偏微分方程组。但我们在第四章已经指出，根据弹性体形状、受力及约束的特点，选择合

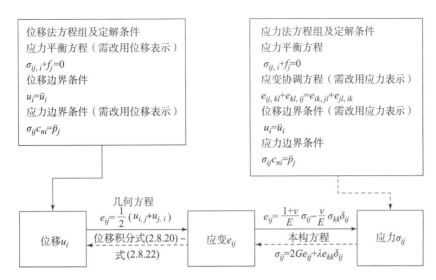

图 5.1.1 求解弹性力学问题的位移法和应力法

适的坐标系,许多问题可以简化成为二维甚至一维的情形。

如果问题可以简化为一维的情形,则原三维的二阶偏微分方程边值问题即相应转化为常微分方程的边值问题。由于常微分方程理论和方法相对成熟,我们可以充分利用相关理论和方法获得这类问题严格的解析解。本章给出的例子基本属于这一类型。

5.2 直角坐标系中位移法基本方程的推导

5.2.1 三维问题

在直角坐标系中,采用指标记法,可以较方便地完成位移法基本方程的推导,具体过程如下:

(1)将位移表示的应变[方程(5.1.2)]代入本构方程[方程(5.1.3)],得到如下用位移表示的应力表达式:

$$\sigma_{ij} = G(u_{i,j} + u_{j,i}) + \lambda u_{k,k}\delta_{ij} \tag{5.2.1}$$

(2)将上述用位移表示的应力代入平衡方程(5.1.1),**假定材料为均匀材料,即 G 和 λ 为常数**,则得到如下以位移表示的平衡方程:

$$G(u_{i,ji} + u_{j,ii}) + \lambda u_{k,ki}\delta_{ij} + f_j = 0 \tag{5.2.2}$$

注意到 δ_{ij} 的定义,根据指标运算法则,方程(5.2.2)也可以写成以下形式:

$$G(u_{i,ji} + u_{j,ii}) + \lambda u_{k,kj} + f_j = 0 \tag{5.2.3}$$

根据哑标性质和可导函数求导顺序无关的特点,上式可写为

$$Gu_{j,ii} + (\lambda + G)u_{i,ij} + f_j = 0 \tag{5.2.4}$$

将式(5.2.4)写成展开式如下:

$$G\left(\frac{\partial^2 u_1}{\partial x_1^2} + \frac{\partial^2 u_1}{\partial x_2^2} + \frac{\partial^2 u_1}{\partial x_3^2}\right) + (\lambda + G)\left(\frac{\partial^2 u_1}{\partial x_1 \partial x_1} + \frac{\partial^2 u_2}{\partial x_2 \partial x_1} + \frac{\partial^2 u_3}{\partial x_3 \partial x_1}\right) + f_1 = 0 \tag{5.2.5}$$

$$G\left(\frac{\partial^2 u_2}{\partial x_1^2} + \frac{\partial^2 u_2}{\partial x_2^2} + \frac{\partial^2 u_2}{\partial x_3^2}\right) + (\lambda + G)\left(\frac{\partial^2 u_1}{\partial x_1 \partial x_2} + \frac{\partial^2 u_2}{\partial x_2 \partial x_2} + \frac{\partial^2 u_3}{\partial x_3 \partial x_2}\right) + f_2 = 0 \qquad (5.2.6)$$

$$G\left(\frac{\partial^2 u_3}{\partial x_1^2} + \frac{\partial^2 u_3}{\partial x_2^2} + \frac{\partial^2 u_3}{\partial x_3^2}\right) + (\lambda + G)\left(\frac{\partial^2 u_1}{\partial x_1 \partial x_3} + \frac{\partial^2 u_2}{\partial x_2 \partial x_3} + \frac{\partial^2 u_3}{\partial x_3 \partial x_3}\right) + f_3 = 0 \qquad (5.2.7)$$

（3）如果问题中含有应力边界条件，需要将应力边界条件用位移表示，即将式（5.2.1）代入式（5.1.5），得到如下形式：

$$G(u_{i,j} + u_{j,i})c_{nj} + \lambda u_{k,k}\delta_{ij}c_{nj} = \bar{p}_i \qquad (5.2.8)$$

如果采用调和算子 $\nabla^2 = \frac{\partial^2}{\partial x_1^2} + \frac{\partial^2}{\partial x_2^2} + \frac{\partial^2}{\partial x_3^2}$，并记 $\theta_1 = e_{kk} = u_{k,k}$，则式（5.2.5）~式（5.2.7）可以简记为

$$G\nabla^2 u_1 + (\lambda + G)\frac{\partial \theta_1}{\partial x_1} + f_1 = 0$$

$$G\nabla^2 u_2 + (\lambda + G)\frac{\partial \theta_1}{\partial x_2} + f_2 = 0$$

$$G\nabla^2 u_3 + (\lambda + G)\frac{\partial \theta_1}{\partial x_3} + f_3 = 0$$

上述 3 个方程分别对 x_1，x_2，x_3 求偏导并相加得到

$$(\lambda + 2G)\nabla^2\theta_1 + \frac{\partial f_1}{\partial x_1} + \frac{\partial f_2}{\partial x_2} + \frac{\partial f_3}{\partial x_3} = 0 \qquad (5.2.9)$$

当 $\frac{\partial f_1}{\partial x_1} + \frac{\partial f_2}{\partial x_2} + \frac{\partial f_3}{\partial x_3} = 0$ 时，

$$\nabla^2\theta_1 = 0 \qquad (5.2.10)$$

注意到 $\sigma_{ii} = (2G + \lambda)e_{kk}$，即 $(2G + \lambda)\theta_1 = I_1$，因此也可以得到

$$\nabla^2 I_1 = 0 \qquad (5.2.11)$$

上述推导表明，采用位移法求解三维弹性力学问题时，需要求解的是一个二阶偏微分方程组式（5.2.5）~式（5.2.7）。由于目前尚没有获得一般情况下该方程组的通解，因此对一些复杂的三维弹性力学问题还只能采用数值方法进行数值求解。但在一些特殊情况下，该方程组可以得到简化，三维问题于是退化成一些可以解析求解的情形。

5.2.2 二维问题

在平面应变的情形，不失一般性，令 $u_1 = u_1(x_1, x_2)$，$u_2 = u_2(x_1, x_2)$，$u_3 = 0$，式（5.2.5）~式（5.2.7）退化为如下两个方程，另外一个则是 $0 = 0$ 的恒等式：

$$G\left(\frac{\partial^2 u_1}{\partial x_1^2} + \frac{\partial^2 u_1}{\partial x_2^2}\right) + (\lambda + G)\left(\frac{\partial^2 u_1}{\partial x_1 \partial x_1} + \frac{\partial^2 u_2}{\partial x_2 \partial x_1}\right) + f_1 = 0 \qquad (5.2.12)$$

$$G\left(\frac{\partial^2 u_2}{\partial x_1^2} + \frac{\partial^2 u_2}{\partial x_2^2}\right) + (\lambda + G)\left(\frac{\partial^2 u_1}{\partial x_1 \partial x_2} + \frac{\partial^2 u_2}{\partial x_2 \partial x_2}\right) + f_2 = 0 \qquad (5.2.13)$$

5.2.3 一维问题

一维应变情况下，不失一般性，令 $u_1 = u_1(x_1)$，$u_2 = 0$，$u_3 = 0$，式（5.2.5）~式（5.2.7）退化为两个 $0 = 0$ 的恒等式外加一个常微分方程。

$$(\lambda + 2G)\frac{\mathrm{d}^2 u_1}{\mathrm{d}x_1^2} + f_1 = 0 \tag{5.2.14}$$

显然，该方程通过直接积分两次即可得到其通解。当体力为 0 时，上述方程进一步简化为

$$\frac{\mathrm{d}^2 u_1}{\mathrm{d}x_1^2} = 0 \tag{5.2.15}$$

该方程的通解即 $u_1 = c_1 x + c_2$，结合给定的边界条件即可得到问题的解。

5.3　柱坐标系中位移法基本方程的推导

5.3.1　三维问题

由于在柱坐标系下，平衡方程和几何方程没有简洁的指标记法，下面我们首先采用展开式推导一般三维情况下的位移法基本方程，然后在此基础上给出可以退化为二维和一维情况的基本方程。

为阅读方便，下面给出前面已经得到的柱坐标系中的平衡方程、几何方程以及本构方程组。

柱坐标系中的平衡方程：

$$r\frac{\partial \sigma_r}{\partial r} + \frac{\partial \tau_{\theta r}}{\partial \theta} + r\frac{\partial \tau_{zr}}{\partial z} + \sigma_r - \sigma_\theta + rf_r = 0 \tag{5.3.1}$$

$$r\frac{\partial \tau_{r\theta}}{\partial r} + \frac{\partial \sigma_\theta}{\partial \theta} + r\frac{\partial \tau_{z\theta}}{\partial z} + 2\tau_{r\theta} + rf_\theta = 0 \tag{5.3.2}$$

$$r\frac{\partial \tau_{rz}}{\partial r} + \frac{\partial \tau_{\theta z}}{\partial \theta} + r\frac{\partial \sigma_z}{\partial z} + \tau_{rz} + rf_z = 0 \tag{5.3.3}$$

柱坐标系中的几何方程（采用工程应变的形式）：

$$\varepsilon_r = \frac{\partial u_r}{\partial r} \tag{5.3.4}$$

$$\varepsilon_\theta = \frac{1}{r}\frac{\partial u_\theta}{\partial \theta} + \frac{u_r}{r} \tag{5.3.5}$$

$$\varepsilon_z = \frac{\partial u_z}{\partial z} \tag{5.3.6}$$

$$\gamma_{r\theta} = \frac{1}{r}\frac{\partial u_r}{\partial \theta} + \frac{\partial u_\theta}{\partial r} - \frac{u_\theta}{r} \tag{5.3.7}$$

$$\gamma_{\theta z} = \frac{\partial u_\theta}{\partial z} + \frac{1}{r}\frac{\partial u_z}{\partial \theta} \tag{5.3.8}$$

$$\gamma_{zr} = \frac{\partial u_r}{\partial z} + \frac{\partial u_z}{\partial r} \tag{5.3.9}$$

柱坐标系中的本构方程：

$$\sigma_r = 2G\varepsilon_r + \lambda(\varepsilon_r + \varepsilon_\theta + \varepsilon_z) \tag{5.3.10}$$

$$\sigma_\theta = 2G\varepsilon_\theta + \lambda(\varepsilon_r + \varepsilon_\theta + \varepsilon_z) \tag{5.3.11}$$

$$\sigma_z = 2G\varepsilon_z + \lambda(\varepsilon_r + \varepsilon_\theta + \varepsilon_z) \tag{5.3.12}$$

$$\tau_{r\theta} = G\gamma_{r\theta} \tag{5.3.13}$$

$$\tau_{\theta z} = G\gamma_{\theta z} \tag{5.3.14}$$

$$\tau_{zr} = G\gamma_{zr} \tag{5.3.15}$$

下面给出采用柱坐标表示的位移法基本方程的推导过程。

将有关本构方程代入平衡方程（5.3.1）得到

$$r\frac{\partial}{\partial r}\big[2G\varepsilon_r + \lambda(\varepsilon_r + \varepsilon_\theta + \varepsilon_z)\big] + \frac{\partial}{\partial \theta}(G\gamma_{r\theta}) + r\frac{\partial}{\partial z}(G\gamma_{zr}) + 2G(\varepsilon_r - \varepsilon_\theta) + rf_r = 0$$

$$\tag{5.3.16}$$

如果材料为均匀材料，即 G **和** λ **为常数**，上式经简单整理后得到

$$2rG\frac{\partial \varepsilon_r}{\partial r} + G\frac{\partial \gamma_{r\theta}}{\partial \theta} + rG\frac{\partial \gamma_{zr}}{\partial z} + 2G(\varepsilon_r - \varepsilon_\theta) + r\lambda\frac{\partial(\varepsilon_r + \varepsilon_\theta + \varepsilon_z)}{\partial r} + rf_r = 0 \quad (5.3.17)$$

将有关几何方程代入上式，并将等式两边同时除以 rG 可得

$$2\frac{\partial}{\partial r}\Big(\frac{\partial u_r}{\partial r}\Big) + \frac{1}{r}\frac{\partial}{\partial \theta}\Big(\frac{1}{r}\frac{\partial u_r}{\partial \theta} + \frac{\partial u_\theta}{\partial r} - \frac{u_\theta}{r}\Big) + \frac{\partial}{\partial z}\Big(\frac{\partial u_r}{\partial z} + \frac{\partial u_z}{\partial r}\Big) +$$

$$\frac{2}{r}\Big(\frac{\partial u_r}{\partial r} - \frac{1}{r}\frac{\partial u_\theta}{\partial \theta} - \frac{u_r}{r}\Big) + \frac{\lambda}{G}\frac{\partial}{\partial r}\Big(\frac{\partial u_r}{\partial r} + \frac{1}{r}\frac{\partial u_\theta}{\partial \theta} + \frac{u_r}{r} + \frac{\partial u_z}{\partial z}\Big) + \frac{f_r}{G} = 0$$

将前 4 项完成求导运算展开后得到

$$2\frac{\partial^2 u_r}{\partial r^2} + \frac{1}{r}\Big(\frac{1}{r}\frac{\partial^2 u_r}{\partial \theta^2} + \frac{\partial^2 u_\theta}{\partial r\partial \theta} - \frac{\partial u_\theta}{r\partial \theta}\Big) + \Big(\frac{\partial^2 u_r}{\partial z^2} + \frac{\partial^2 u_z}{\partial r\partial z}\Big) + \frac{2}{r}\Big(\frac{\partial u_r}{\partial r} - \frac{1}{r}\frac{\partial u_\theta}{\partial \theta} - \frac{u_r}{r}\Big) +$$

$$\frac{\lambda}{G}\frac{\partial}{\partial r}\Big(\frac{\partial u_r}{\partial r} + \frac{1}{r}\frac{\partial u_\theta}{\partial \theta} + \frac{u_r}{r} + \frac{\partial u_z}{\partial z}\Big) + \frac{f_r}{G} = 0$$

将前 3 个括号去掉，并简单整理得到

$$2\frac{\partial^2 u_r}{\partial r^2} + \frac{2}{r}\frac{\partial u_r}{\partial r} + \frac{1}{r^2}\frac{\partial^2 u_r}{\partial \theta^2} + \frac{\partial^2 u_r}{\partial z^2} + \frac{1}{r}\frac{\partial^2 u_\theta}{\partial r\partial \theta} - \frac{1}{r^2}\frac{\partial u_\theta}{\partial \theta} + \frac{\partial^2 u_z}{\partial r\partial z} - \frac{2}{r^2}\frac{\partial u_\theta}{\partial \theta} - \frac{2u_r}{r^2} +$$

$$\frac{\lambda}{G}\frac{\partial}{\partial r}\Big(\frac{\partial u_r}{\partial r} + \frac{1}{r}\frac{\partial u_\theta}{\partial \theta} + \frac{u_r}{r} + \frac{\partial u_z}{\partial z}\Big) + \frac{f_r}{G} = 0 \tag{5.3.18}$$

注意到在柱坐标系中，调和算子

$$\nabla^2 = \frac{\partial^2}{\partial r^2} + \frac{1}{r}\frac{\partial}{\partial r} + \frac{1}{r^2}\frac{\partial^2}{\partial \theta^2} + \frac{\partial^2}{\partial z^2} \tag{5.3.19}$$

因此采用调和算子，式（5.3.18）可整理为

$$\Big(\frac{\partial^2}{\partial r^2} + \frac{1}{r}\frac{\partial}{\partial r} + \frac{1}{r^2}\frac{\partial^2}{\partial \theta^2} + \frac{\partial^2}{\partial z^2}\Big)u_r + \frac{\partial}{\partial r}\Big(\frac{1}{r}\frac{\partial u_\theta}{\partial \theta} + \frac{\partial u_z}{\partial z} + \frac{\partial u_r}{\partial r} + \frac{u_r}{r}\Big) - \frac{2}{r^2}\frac{\partial u_\theta}{\partial \theta} - \frac{u_r}{r^2} +$$

$$\frac{\lambda}{G}\frac{\partial}{\partial r}\Big(\frac{\partial u_r}{\partial r} + \frac{1}{r}\frac{\partial u_\theta}{\partial \theta} + \frac{u_r}{r} + \frac{\partial u_z}{\partial z}\Big) + \frac{f_r}{G} = 0$$

即

$$\nabla^2 u_r - \frac{2}{r^2}\frac{\partial u_\theta}{\partial \theta} - \frac{u_r}{r^2} + \Big(\frac{\lambda + G}{G}\Big)\frac{\partial}{\partial r}\Big(\frac{\partial u_r}{\partial r} + \frac{u_r}{r} + \frac{1}{r}\frac{\partial u_\theta}{\partial \theta} + \frac{\partial u_z}{\partial z}\Big) + \frac{f_r}{G} = 0 \tag{5.3.20}$$

两边同乘以 G，上式也可写为

$$G\Big(\nabla^2 u_r - \frac{2}{r^2}\frac{\partial u_\theta}{\partial \theta} - \frac{u_r}{r^2}\Big) + (\lambda + G)\frac{\partial}{\partial r}\Big(\frac{\partial u_r}{\partial r} + \frac{u_r}{r} + \frac{1}{r}\frac{\partial u_\theta}{\partial \theta} + \frac{\partial u_z}{\partial z}\Big) + f_r = 0 \tag{5.3.21}$$

请读者注意对比该式与直角坐标系中用位移表示的平衡方程的异同。

类似地，可得到另两个方程（作为作业，请读者自己完成）。

概括起来，柱坐标系下，位移法求解弹性力学问题的基本方程为

$$G\left(\nabla^2 u_r - \frac{2}{r^2}\frac{\partial u_\theta}{\partial \theta} - \frac{u_r}{r^2}\right) + (\lambda + G)\frac{\partial}{\partial r}\left(\frac{\partial u_r}{\partial r} + \frac{u_r}{r} + \frac{1}{r}\frac{\partial u_\theta}{\partial \theta} + \frac{\partial u_z}{\partial z}\right) + f_r = 0 \quad (5.3.22)$$

$$G\left(\nabla^2 u_\theta + \frac{2}{r^2}\frac{\partial u_r}{\partial \theta} - \frac{u_\theta}{r^2}\right) + (\lambda + G)\frac{\partial}{\partial \theta}\left(\frac{\partial u_r}{\partial r} + \frac{u_r}{r} + \frac{1}{r}\frac{\partial u_\theta}{\partial \theta} + \frac{\partial u_z}{\partial z}\right) + f_\theta = 0 \quad (5.3.23)$$

$$G\nabla^2 u_z + (\lambda + G)\frac{\partial}{\partial z}\left(\frac{\partial u_r}{\partial r} + \frac{u_r}{r} + \frac{1}{r}\frac{\partial u_\theta}{\partial \theta} + \frac{\partial u_z}{\partial z}\right) + f_z = 0 \quad (5.3.24)$$

注意到有关弹性常数之间的关系

$$G = \frac{E}{2(1+\nu)}, \quad \lambda = \frac{\nu E}{(1+\nu)(1-2\nu)}, \quad \frac{\lambda + G}{G} = \frac{1}{1-2\nu}$$

可以将式（5.3.22）~式（5.3.24）写成目前工程上常用的材料参数 G 和 ν 表达的形式：

$$\nabla^2 u_r - \frac{2}{r^2}\frac{\partial u_\theta}{\partial \theta} - \frac{u_r}{r^2} + \frac{1}{1-2\nu}\frac{\partial}{\partial r}\left(\frac{\partial u_r}{\partial r} + \frac{u_r}{r} + \frac{1}{r}\frac{\partial u_\theta}{\partial \theta} + \frac{\partial u_z}{\partial z}\right) + \frac{f_r}{G} = 0 \quad (5.3.25)$$

$$\nabla^2 u_\theta + \frac{2}{r^2}\frac{\partial u_r}{\partial \theta} - \frac{u_\theta}{r^2} + \frac{1}{1-2\nu}\frac{\partial}{r\partial \theta}\left(\frac{\partial u_r}{\partial r} + \frac{u_r}{r} + \frac{1}{r}\frac{\partial u_\theta}{\partial \theta} + \frac{\partial u_z}{\partial z}\right) + \frac{f_\theta}{G} = 0 \quad (5.3.26)$$

$$\nabla^2 u_z + \frac{1}{1-2\nu}\frac{\partial}{\partial z}\left(\frac{\partial u_r}{\partial r} + \frac{u_r}{r} + \frac{1}{r}\frac{\partial u_\theta}{\partial \theta} + \frac{\partial u_z}{\partial z}\right) + \frac{f_z}{G} = 0 \quad (5.3.27)$$

显然，上述方程组是非常复杂的，目前也没有获得一般情况下的通解。下面给出一些特殊情况下该方程组退化而成的情形。

5.3.2　轴对称结构轴截面平面应变问题

如果结构仅有径向和轴向位移，且它们仅是径向和轴向位置的函数，也就是说

$$u_r = u_r(r, z), \quad u_\theta = 0, \quad u_z = u_z(r, z)$$

不难验证，此时结构所受的体力必须满足下列条件：

$$f_r = f_r(r, z), \quad f_\theta = 0, \quad f_z = f_z(r, z)$$

因此，原方程组式（5.3.25）~式（5.3.27）变为

$$\nabla^2 u_r - \frac{u_r}{r^2} + \frac{1}{1-2\nu}\frac{\partial}{\partial r}\left(\frac{\partial u_r}{\partial r} + \frac{u_r}{r} + \frac{\partial u_z}{\partial z}\right) + \frac{f_r}{G} = 0 \quad (5.3.28)$$

$$\nabla^2 u_z + \frac{1}{1-2\nu}\frac{\partial}{\partial z}\left(\frac{\partial u_r}{\partial r} + \frac{u_r}{r} + \frac{\partial u_z}{\partial z}\right) + \frac{f_z}{G} = 0 \quad (5.3.29)$$

值得注意的是，该情况下对位移的调和算子实际上已变为

$$\nabla^2 = \frac{\partial^2}{\partial r^2} + \frac{1}{r}\frac{\partial}{\partial r} + \frac{\partial^2}{\partial z^2}$$

当无体力时，如果引入中间函数 $\zeta = \zeta(r, z)$，并令

$$u_r = -\frac{\partial^2 \zeta}{\partial r \partial z}, \quad u_z = 2(1-\nu)\nabla^2 \zeta - \frac{\partial^2 \zeta}{\partial z^2} \quad (5.3.30)$$

将其代入方程组式（5.3.28）和式（5.3.29）后两个方程均转化为

$$\nabla^2\nabla^2\zeta = 0$$

这样，方程组式（5.3.28）和式（5.3.29）的求解转化为求解一个双调和函数。这一函数称为**拉甫（Love）位移函数**。

特别地，如果径向位移和轴向位移均不为零，但是径向位移与 z 无关，轴向位移与 r

无关，即 $u_r = u_r(r)$，$u_z = u_z(z)$，$u_\theta = 0$，此时问题转为两个解耦的二阶常微分方程的求解。

$$\frac{\mathrm{d}^2 u_r}{\mathrm{d}r^2} + \frac{1}{r}\frac{\mathrm{d}u_r}{\mathrm{d}r} - \frac{u_r}{r^2} + \frac{(1-2\nu)f_r}{(2-2\nu)G} = 0 \tag{5.3.31}$$

$$\frac{\mathrm{d}^2 u_z}{\mathrm{d}z^2} + \frac{(1-2\nu)f_z}{(2-2\nu)G} = 0 \tag{5.3.32}$$

进一步，如果体力为零，上述方程可以简化为

$$\frac{\mathrm{d}^2 u_r}{\mathrm{d}r^2} + \frac{1}{r}\frac{\mathrm{d}u_r}{\mathrm{d}r} - \frac{u_r}{r^2} = 0 \tag{5.3.33}$$

$$\frac{\mathrm{d}^2 u_z}{\mathrm{d}z^2} = 0 \tag{5.3.34}$$

方程（5.3.31）和方程（5.3.33）为二阶欧拉型常微分方程，已有成熟的求解方法进行求解。而方程方程（5.3.32）和方程（5.3.34）更是可以通过直接积分获得其通解。

5.3.3　轴对称结构横截面平面应变问题

如果结构仅有径向和周向位移，且它们仅是径向和周向位置的函数，也就是说，

$$u_r = u_r(r,\theta)，\ u_\theta = u_\theta(r,\theta)，\ u_z = 0$$

与5.3.2节中的轴截面平面应变问题类似，不难验证此时结构所受的体力必须满足下列条件：

$$f_r = f_r(r,\theta)，f_\theta = f_\theta(r,\theta)，f_z = 0$$

因此，原方程组退化为

$$\nabla^2 u_r - \frac{2}{r^2}\frac{\partial u_\theta}{\partial \theta} - \frac{u_r}{r^2} + \frac{1}{1-2\nu}\frac{\partial}{\partial r}\left(\frac{\partial u_r}{\partial r} + \frac{u_r}{r} + \frac{1}{r}\frac{\partial u_\theta}{\partial \theta}\right) + \frac{f_r}{G} = 0 \tag{5.3.35}$$

$$\nabla^2 u_\theta + \frac{2}{r^2}\frac{\partial u_r}{\partial \theta} - \frac{u_\theta}{r^2} + \frac{1}{1-2\nu}\frac{\partial}{r\partial\theta}\left(\frac{\partial u_r}{\partial r} + \frac{u_r}{r} + \frac{1}{r}\frac{\partial u_\theta}{\partial \theta}\right) + \frac{f_\theta}{G} = 0 \tag{5.3.36}$$

不过此时对位移的调和算子实际上变为

$$\nabla^2 = \frac{\partial^2}{\partial r^2} + \frac{1}{r}\frac{\partial}{\partial r} + \frac{1}{r^2}\frac{\partial^2}{\partial \theta^2}$$

5.3.4　轴对称结构一维径向应变问题

如果结构仅有径向（r 向）变形，即

$$u_r = u_r(r)，\ u_z = u_\theta = 0$$

可以验证，此时结构所受的体力必须满足下列条件：

$$f_r = f_r(r)，\ f_\theta = 0，\ f_z = 0$$

此时调和算子变为

$$\nabla^2 = \frac{\mathrm{d}^2}{\mathrm{d}r^2} + \frac{1}{r}\frac{\mathrm{d}}{\mathrm{d}r}$$

因此,原方程组变为

$$\nabla^2 u_r - \frac{u_r}{r^2} + \frac{1}{1-2\nu}\frac{d}{dr}\left(\frac{du_r}{dr}+\frac{u_r}{r}\right) + \frac{f_r}{G} = 0$$

注意到

$$\nabla^2 u_r - \frac{u_r}{r^2} = \frac{d}{dr}\left(\frac{du_r}{dr}+\frac{u_r}{r}\right) = \frac{d^2 u_r}{dr^2} + \frac{1}{r}\frac{du_r}{dr} - \frac{u_r}{r^2}$$

因此方程可进一步简化为

$$\frac{d}{dr}\left(\frac{du_r}{dr}+\frac{u_r}{r}\right) + \frac{1-2\nu}{2-2\nu}\frac{f_r}{G} = 0 \tag{5.3.37}$$

即

$$\frac{d^2 u_r}{dr^2} + \frac{1}{r}\frac{du_r}{dr} - \frac{u_r}{r^2} + \frac{1-2\nu}{2-2\nu}\frac{f_r}{G} = 0 \tag{5.3.38}$$

当体力为 0 时，有

$$\frac{d^2 u_r}{dr^2} + \frac{1}{r}\frac{du_r}{dr} - \frac{u_r}{r^2} = 0 \tag{5.3.39}$$

上述方程（5.3.38）和方程（5.3.39）是二阶欧拉型常微分方程，可以根据给定的边界条件直接求出问题的解析解。

5.3.5　轴对称结构一维轴向应变问题

如果结构仅有轴向（z 向）变形，即

$$u_z = u_z(z), \quad u_r = u_\theta = 0$$

不难验证，此时结构所受的体力必须满足下列条件：

$$f_r = 0, \quad f_\theta = 0, \quad f_z = f_z(z)$$

此时调和算子变为

$$\nabla^2 = \frac{d^2}{dz^2}$$

因此方程可进一步简化为

$$\frac{d^2 u_z}{dz^2} + \frac{(1-2\nu)f_z}{(2-2\nu)G} = 0 \tag{5.3.40}$$

进一步，如果体力为 0，上述方程可以简化为

$$\frac{d^2 u_z}{dz^2} = 0 \tag{5.3.41}$$

这两个方程也可以通过积分直接求解。

5.4　球坐标系中位移法基本方程的推导

5.4.1　三维问题

通过坐标变换，可以求得三维球坐标系下的调和算子为

$$\nabla^2 = \frac{\partial^2}{\partial r^2} + \frac{2}{r}\frac{\partial}{\partial r} + \frac{1}{r^2}\left(\frac{\partial^2}{\partial \theta^2} + \cot\theta\frac{\partial}{\partial \theta} + \frac{1}{\sin^2\theta}\frac{\partial^2}{\partial \varphi^2}\right) \tag{5.4.1}$$

仿照 5.3.1 节类似的方法，可以推导球坐标系下的位移法基本方程组为

$$\nabla^2 u_r - \frac{2}{r^2}\left(\frac{\partial u_\theta}{\partial \theta} + \frac{1}{\sin\theta}\frac{\partial u_\varphi}{\partial \varphi} + u_r + \cot\theta u_\theta\right) +$$

$$\frac{1}{1-2\nu}\frac{\partial}{\partial r}\left(\frac{\partial u_r}{\partial r} + \frac{2u_r}{r} + \frac{1}{r}\frac{\partial u_\theta}{\partial \theta} + \frac{\cot\theta}{r}u_\theta + \frac{1}{r\sin\theta}\frac{\partial u_\varphi}{\partial \varphi}\right) + \frac{f_r}{G} = 0 \qquad (5.4.2)$$

$$\nabla^2 u_\theta + \frac{2}{r^2}\left(\frac{\partial u_r}{\partial \theta} - \frac{\cos\theta}{\sin^2\theta}\frac{\partial u_\varphi}{\partial \varphi} - \frac{u_\theta}{2\sin^2\theta}\right) +$$

$$\frac{1}{1-2\nu}\frac{\partial}{r\partial\theta}\left(\frac{\partial u_r}{\partial r} + \frac{2u_r}{r} + \frac{1}{r}\frac{\partial u_\theta}{\partial \theta} + \frac{\cot\theta}{r}u_\theta + \frac{1}{r\sin\theta}\frac{\partial u_\varphi}{\partial \varphi}\right) + \frac{f_\theta}{G} = 0 \qquad (5.4.3)$$

$$\nabla^2 u_\varphi + \frac{2}{r^2\sin\theta}\left(\frac{\partial u_r}{\partial \varphi} + \cot\theta\frac{\partial u_\theta}{\partial \varphi} - \frac{u_\varphi}{2\sin\theta}\right) +$$

$$\frac{1}{1-2\nu}\frac{1}{r\sin\theta}\frac{\partial}{\partial \varphi}\left(\frac{\partial u_r}{\partial r} + \frac{2u_r}{r} + \frac{1}{r}\frac{\partial u_\theta}{\partial \theta} + \frac{\cot\theta}{r}u_\theta + \frac{1}{r\sin\theta}\frac{\partial u_\varphi}{\partial \varphi}\right) + \frac{f_\varphi}{G} = 0 \qquad (5.4.4)$$

详细过程作为练习，留给读者自己完成。

下面给出几种特殊情况下该方程组的退化形式。

5.4.2　球结构轴对称问题

无体力状态下，如果结构仅有径向和某个周向位移，且它们仅是径向和该周向位置的函数。不失一般性，以 z 轴为对称轴，令 $u_r = u_r(r,\theta)$，$u_\theta = u_\theta(r,\theta)$，$u_\varphi = 0$，则方程 (5.4.2)~方程 (5.4.4) 退化为

$$\nabla^2 u_r - \frac{2}{r^2}\left(\frac{\partial u_\theta}{\partial \theta} + u_r + \cot\theta u_\theta\right) + \frac{1}{1-2\nu}\frac{\partial}{\partial r}\left(\frac{\partial u_r}{\partial r} + \frac{2u_r}{r} + \frac{1}{r}\frac{\partial u_\theta}{\partial \theta} + \frac{\cot\theta}{r}u_\theta\right) = 0 \quad (5.4.5)$$

$$\nabla^2 u_\theta + \frac{2}{r^2}\left(\frac{\partial u_r}{\partial \theta} - \frac{u_\theta}{2\sin^2\theta}\right) + \frac{1}{1-2\nu}\frac{\partial}{r\partial\theta}\left(\frac{\partial u_r}{\partial r} + \frac{2u_r}{r} + \frac{1}{r}\frac{\partial u_\theta}{\partial \theta} + \frac{\cot\theta}{r}u_\theta\right) = 0 \quad (5.4.6)$$

其中，式 (5.4.4) 变成了 0 = 0 的恒等式。

5.4.3　球对称问题

无体力状态下，如果结构仅有径向位移，且它们仅是径向位置的函数，即 $u_r = u_r(r)$，$u_\theta = u_\varphi = 0$。这时，方程 (5.4.2) 退化为下面的二阶欧拉型常微分方程，而式 (5.4.3) 和式 (5.4.4) 则退化为两个 0 = 0 的恒等式。

$$\nabla^2 u_r - \frac{2}{r^2}u_r + \frac{1}{1-2\nu}\frac{\partial}{\partial r}\left(\frac{\partial u_r}{\partial r} + \frac{2u_r}{r}\right) = 0$$

即

$$\frac{\mathrm{d}^2 u_r}{\mathrm{d}r^2} + \frac{2}{r}\frac{\mathrm{d}u_r}{\mathrm{d}r} - \frac{2}{r^2}u_r = 0 \qquad (5.4.7)$$

这时所对应的问题可以获得解析解。

5.5　均匀压力作用下的五面刚性光滑约束块体问题

1. 问题描述

如图 5.5.1 所示，一个尺寸为 $l \times w \times h$ 的直六面体弹性块体，无间隙地置于五面刚性光滑槽内，上表面受均匀压力 p，考虑重力作用，要求该弹性体内的应力分布及变形。假设弹性体的弹性模量为 E，泊松比为 ν，密度为 ρ，重力加速度为 g。

2. 问题的控制方程及定解条件

建立如图 5.5.1 所示的坐标系，反复利用对称性，可以知道该弹性体上任意点沿 y 方向和 z 方向的位移均为零，因此是一个一维应变问题。采用位移法，其待求方程即前文的式（5.2.14），注意到本问题中体力的具体形式为重力，因此该问题完整的方程及定解条件为

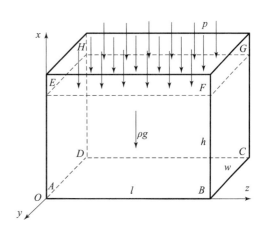

图 5.5.1　均匀压力作用下的五面刚性光滑约束块体

$$(\lambda + 2G)\frac{\mathrm{d}^2 u}{\mathrm{d}x^2} - \rho g = 0 \tag{5.5.1}$$

$$e_x = \frac{\mathrm{d}u}{\mathrm{d}x} \tag{5.5.2}$$

$$\sigma_x = (2G + \lambda)e_x \tag{5.5.3}$$

$$\sigma_y = \sigma_z = \lambda e_x \tag{5.5.4}$$

$$x = 0,\ u = 0 \tag{5.5.5}$$

$$x = h,\ \sigma_x = -p,\ 即\ (2G + \lambda)\frac{\mathrm{d}u}{\mathrm{d}x} = -p \tag{5.5.6}$$

式中，G 和 λ 为材料的拉梅常数。

3. 问题的求解

对方程（5.5.1）进行直接积分得到

$$u = \frac{\rho g}{2(\lambda + 2G)}x^2 + a_1 x + a_0$$

将位移边界条件 $x = 0$，$u = 0$ 代入可得

$$a_0 = 0$$

将位移边界条件 $x = h$，$(2G + \lambda)\dfrac{\mathrm{d}u}{\mathrm{d}x} = -p$ 代入可得

$$a_1 = -\frac{\rho g h + p}{2G + \lambda}$$

因此问题的位移解为

$$u = \frac{\rho g}{2(2G + \lambda)}x^2 - \frac{\rho gh + p}{2G + \lambda}x$$

结合式（5.5.3）和式（5.5.4）得到问题的应力解为

$$\sigma_x = (2G + \lambda)e_x = \rho gx - \rho gh - p$$

$$\sigma_y = \sigma_z = \lambda e_x = \frac{\lambda(\rho gx - \rho gh - p)}{2G + \lambda}$$

将 $G = \frac{E}{2(1 + \nu)}$，$\lambda = \frac{\nu E}{(1 + \nu)(1 - 2\nu)}$ 代入上述结果，得到采用弹性模量和泊松比表示的位移及应力解如下：

$$u = \frac{(1 + \nu)(1 - 2\nu)}{E(1 - \nu)}\left[\frac{\rho g}{2}x^2 - (\rho gh + p)x\right]$$

$$\sigma_x = \rho gx - \rho gh - p$$

$$\sigma_y = \sigma_z = \lambda e_x = \frac{\nu}{1 - \nu}(\rho gx - \rho gh - p)$$

4. 对结果的讨论

显然，如果忽略所受的重力，则

$$u = -\frac{(1 + \nu)(1 - 2\nu)}{E(1 - \nu)}px$$

$$\sigma_x = -p$$

$$\sigma_y = \sigma_z = -\frac{\nu}{1 - \nu}p$$

请读者将该解与杆受压问题的解对比，并从中体会泊松比 ν 的作用。

当 $\nu = 0.5$，$\frac{\nu}{1 - \nu} = 1$，即弹性体为不可压缩材料时，

$$\sigma_x = \sigma_y = \sigma_z = \rho g(x - h) - p$$

这时弹性体内的应力分布与无黏、不可压缩流体内压强分布一样。

5.6 均匀压力作用下两端自由的厚壁圆筒问题

1. 问题描述

图 5.6.1 所示为一两端自由的圆筒，内外半径分别为 r_i 和 r_o，内外压力分别为 p_i 和 p_o，轴向长度为 l，要求圆筒上任意点的全部应力分量和位移分量。

2. 问题的控制方程及定解条件

选取图 5.6.1 所示的圆柱坐标 r，θ，z，其中 z 轴为圆筒的中心轴。与一般的轴对称问题相比，本问题的几何结构及边界条件沿 z 轴是完全均匀的，因此可进一步假设径向位移 u_r 与 z 无关，同时轴向位移 u_z 与 r 无关。注意，这里实际上是采用了先假定部分解的**半逆解法**。解答的最后结果将表明，这些假定对于两端自由的厚壁筒是完全正确的。

由于没有体力的作用，因此该问题的控制方程即方程（5.3.31）和方程（5.3.32），结合边界条件，本问题转化为如下微分方程组的定解问题：

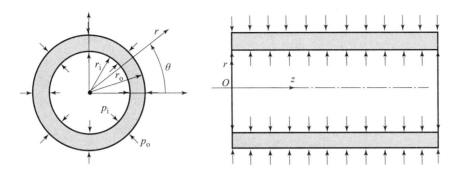

图 5.6.1　均匀压力作用下两端自由的厚壁圆筒

$$\frac{\mathrm{d}^2 u_r}{\mathrm{d}r^2} + \frac{1}{r}\frac{\mathrm{d}u_r}{\mathrm{d}r} - \frac{u_r}{r^2} = 0, \ r_i \leqslant r \leqslant r_o \tag{5.6.1}$$

$$\frac{\mathrm{d}^2 u_z}{\mathrm{d}z^2} = 0, \quad 0 \leqslant z \leqslant l \tag{5.6.2}$$

$$\begin{cases} \sigma_r = -p_i, & r = r_i \\ \sigma_r = -p_o, & r = r_o \end{cases} \tag{5.6.3}$$

$$\begin{cases} \sigma_z = 0, & z = 0 \\ \sigma_z = 0, & z = l \end{cases} \tag{5.6.4}$$

3. 问题的求解

根据常微分方程理论，方程（5.6.1）的通解为

$$u_r = Ar + \frac{B}{r} \tag{5.6.5}$$

方程（5.6.2）的通解为

$$u_z = Cz + D \tag{5.6.6}$$

式中，A，B，C，D 为待定积分常数，由给定边界条件确定。

首先，将式（5.6.6）与式（2.8.22）以及式（2.8.36）对比可以看出，常数 D 表示了柱体沿 z 方向的刚体位移，我们不妨令原点的位移为零（实际也可以令圆筒任意横截面处的位移为某个确定值，如等于零），则可以得到

$$D = 0$$

然后，利用几何方程及本构方程可得

$$\varepsilon_r = \frac{\mathrm{d}u_r}{\mathrm{d}r} = A - \frac{B}{r^2}$$

$$\varepsilon_\theta = \frac{u_r}{r} = A + \frac{B}{r^2}$$

$$\varepsilon_z = \frac{\mathrm{d}u_z}{\mathrm{d}z} = C$$

$$\sigma_r = 2G\left(A - \frac{B}{r^2}\right) + \lambda(2A + C) = 2(G + \lambda)A - \frac{2GB}{r^2} + \lambda C$$

$$\sigma_\theta = 2G\left(A + \frac{B}{r^2}\right) + \lambda(2A + C) = 2(G + \lambda)A + \frac{2GB}{r^2} + \lambda C$$

$$\sigma_z = 2GC + \lambda(2A + C) = 2\lambda A + (2G + \lambda)C$$

根据应力边界条件式（5.6.3）和式（5.6.4）可得

$$\sigma_r(r_i) = 2(G + \lambda)A - \frac{2GB}{r_i^2} + \lambda C = -p_i$$

$$\sigma_r(r_o) = 2(G + \lambda)A - \frac{2GB}{r_o^2} + \lambda C = -p_o$$

$$\sigma_z(0) = \sigma_z(l) = 2\lambda A + (2G + \lambda)C = 0$$

联立求解上述 3 个方程，并注意 $G = \dfrac{E}{2(1 + \nu)}$，$\lambda = \dfrac{\nu E}{(1 + \nu)(1 - 2\nu)}$，可以得到

$$A = \frac{2G + \lambda}{2G(2G + 3\lambda)} \frac{p_i r_i^2 - p_o r_o^2}{r_o^2 - r_i^2} = \frac{1 - \nu}{E} \frac{p_i r_i^2 - p_o r_o^2}{r_o^2 - r_i^2}$$

$$B = \frac{1}{2G} \frac{r_o^2 r_i^2 (p_i - p_o)}{r_o^2 - r_i^2} = \frac{(1 + \nu)}{E} \frac{r_o^2 r_i^2 (p_i - p_o)}{r_o^2 - r_i^2}$$

$$C = \frac{\lambda}{G(2G + 3\lambda)} \frac{p_o r_o^2 - p_i r_i^2}{r_o^2 - r_i^2} = \frac{2\nu}{E} \frac{p_o r_o^2 - p_i r_i^2}{r_o^2 - r_i^2}$$

因此，本问题的位移解为

$$u_r = Ar + \frac{B}{r} = \frac{1 - \nu}{E} \frac{p_i r_i^2 - p_o r_o^2}{r_o^2 - r_i^2} r + \frac{1 + \nu}{E} \frac{r_o^2 r_i^2 (p_i - p_o)}{r_o^2 - r_i^2} \frac{1}{r} \quad (5.6.7)$$

$$u_z = Cz + D = \frac{2\nu}{E} \frac{p_o r_o^2 - p_i r_i^2}{r_o^2 - r_i^2} z \quad (5.6.8)$$

本问题的应力解为

$$\sigma_r = \frac{r_i^2}{r_o^2 - r_i^2}\left(1 - \frac{r_o^2}{r^2}\right)p_i - \frac{r_o^2}{r_o^2 - r_i^2}\left(1 - \frac{r_i^2}{r^2}\right)p_o \quad (5.6.9)$$

$$\sigma_\theta = \frac{r_i^2}{r_o^2 - r_i^2}\left(1 + \frac{r_o^2}{r^2}\right)p_i - \frac{r_o^2}{r_o^2 - r_i^2}\left(1 + \frac{r_i^2}{r^2}\right)p_o \quad (5.6.10)$$

其余应力分量都等于零。

读者不妨令圆筒的其他截面（如中截面，即 $z = l/2$ 处）位移为零，重新求解本问题，体会刚体位移项的取值对问题结果的影响。读者也可以思考一下，为什么径向位移通解式（5.6.3）中没有刚体位移项和刚体转动项？

4. 对结果的讨论

值得指出的是，以上解答是严格按三维问题求解得到的。对于两端自由的内、外压作用下的厚壁筒，上述解答能满足弹性力学全部 15 个基本方程和全部力边界条件，因而是精确解。这样表明我们初始所做的假设是合理的。

上述结果表明，在这种情况下的厚壁筒中，不仅 $\tau_{r\theta}$，$\tau_{\theta z}$，τ_{zr} 处处为零，σ_z 也处处为零，并且 $(\sigma_r + \sigma_\theta)$ 处处为常量。

$$\sigma_r + \sigma_\theta = \frac{2(r_i^2 p_i - r_o^2 p_o)}{r_o^2 - r_i^2} \qquad (5.6.11)$$

下面针对几种特殊情况的应力解进行讨论分析。

1）只受内压作用，即 $p_o = 0$ 时

将 $p_o = 0$ 代入式（5.6.9）和式（5.6.10）可得

$$\sigma_r = \frac{r_i^2}{r_o^2 - r_i^2}\left(1 - \frac{r_o^2}{r^2}\right)p_i, \quad \sigma_\theta = \frac{r_i^2}{r_o^2 - r_i^2}\left(1 + \frac{r_o^2}{r^2}\right)p_i$$

容易看出，此时圆筒径向受压，周向受拉。在圆筒的内壁（即 $r = r_i$ 处），3 个正应力（也是主应力）的绝对值最大，分别为

$$\sigma_1 = \sigma_\theta = \frac{r_i^2 + r_o^2}{r_o^2 - r_i^2}p_i, \quad \sigma_2 = \sigma_z = 0, \quad \sigma_3 = \sigma_r = -p_i$$

如果 $r_o \gg r_i$，此时有

$$\sigma_r \approx -\frac{r_i^2}{r^2}p_i, \quad \sigma_\theta \approx \frac{r_i^2}{r^2}p_i$$

不难看出，随着半径 r 的增大，σ_r、σ_θ 均迅速减小，趋于零。同时可以看到，在圆筒内壁（即 $r = r_i$ 处），应力趋于一个与结构无关的恒定值：

$$\sigma_r = -p_i, \quad \sigma_\theta \approx p_i$$

如果 $r_o \approx r_i$，此时圆筒成为薄壁圆筒。设壁厚为 δ，即 $\delta = r_o - r_i$，则可以忽略 σ_θ 沿厚度的变化，按下式进行估算具有足够的精度：

$$\sigma_\theta = \frac{r_i^2}{r_o^2 - r_i^2}\left(1 + \frac{r_o^2}{r^2}\right)p_i = \frac{r_i^2}{(r_o - r_i)(r_o + r_i)}\left(1 + \frac{r_o^2}{r^2}\right)p_i \approx \frac{r_o}{\delta}p_i \approx \frac{r_i}{\delta}p_i$$

2）只受外压作用，即 $p_i = 0$ 时

$$\sigma_r = -\frac{r_o^2}{r_o^2 - r_i^2}\left(1 - \frac{r_i^2}{r^2}\right)p_o, \quad \sigma_\theta = -\frac{r_o^2}{r_o^2 - r_i^2}\left(1 + \frac{r_i^2}{r^2}\right)p_o$$

如果 $r_o \gg r_i$，此时有

$$\sigma_r = -\left(1 - \frac{r_i^2}{r^2}\right)p_o, \quad \sigma_\theta = -\left(1 + \frac{r_i^2}{r^2}\right)p_o$$

由此可见，随着半径 r 的增大，σ_r 和 σ_θ 均迅速趋于 $-p_o$。同时也可以看到，在圆筒内壁（即 $r = r_i$ 处），应力趋于一个与结构无关的恒定值：

$$\sigma_r = 0, \quad \sigma_\theta \approx -2p_o$$

特别地，如果 $r_i = 0$，则总有

$$\sigma_r = \sigma_\theta = -p_o$$

如果 $r_o \approx r_i$，即薄壁圆筒的情形。此时也可以忽略 σ_θ 沿厚度的变化，按下式进行估算：

$$\sigma_\theta = -\frac{r_o^2}{r_o^2 - r_i^2}\left(1 + \frac{r_i^2}{r^2}\right)p_o = -\frac{r_o^2}{(r_o - r_i)(r_o + r_i)}\left(1 + \frac{r_i^2}{r^2}\right)p_o \approx -\frac{r_o}{\delta}p_o \approx -\frac{r_i}{\delta}p_o$$

5.7 均匀压力作用下的球壳问题

1. 问题描述

图 5.7.1 所示为一受均匀分布的内、外压作用的球壳，其内外半径分别为 r_i 和 r_o，内外压力分别为 p_i 和 p_o。

由于其几何形状、外载荷及约束都关于球心对称，所以球壳壁中任一点处的位移、应变和应力必定关于球心对称。此时我们可以根据对称性推定，在以球心为原点的球坐标系下，该问题的位移解是一维的。

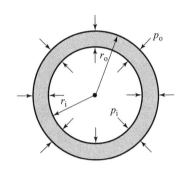

图 5.7.1 受均匀内、外压作用的球壳

2. 问题的控制方程及定解条件

无体力情况下，采用位移法，该问题的控制方程及定解条件为

$$\frac{\mathrm{d}^2 u_r}{\mathrm{d}r^2} + \frac{2}{r}\frac{\mathrm{d}u_r}{\mathrm{d}r} - \frac{2u_r}{r^2} = 0 \tag{5.7.1}$$

$$\varepsilon_r = \frac{\mathrm{d}u_r}{\mathrm{d}r}, \quad \varepsilon_\theta = \frac{u_r}{r}, \quad \varepsilon_\varphi = \frac{u_r}{r} \tag{5.7.2}$$

$$\gamma_{r\theta} = \gamma_{\theta\varphi} = \gamma_{\varphi r} = 0$$

$$\begin{cases} \sigma_r = 2G\varepsilon_r + \lambda(\varepsilon_r + \varepsilon_\theta + \varepsilon_\varphi) \\ \sigma_\theta = 2G\varepsilon_\theta + \lambda(\varepsilon_r + \varepsilon_\theta + \varepsilon_\varphi) \\ \sigma_\varphi = 2G\varepsilon_\varphi + \lambda(\varepsilon_r + \varepsilon_\theta + \varepsilon_\varphi) \\ \tau_{r\theta} = 0, \quad \tau_{\theta\varphi} = 0, \quad \tau_{\varphi r} = 0 \end{cases} \tag{5.7.3}$$

$$r = r_i, \quad \sigma_r = -p_i \tag{5.7.4}$$

$$r = r_o, \quad \sigma_r = -p_o \tag{5.7.5}$$

3. 问题的求解

根据常微分方程理论，方程（5.7.1）的通解为

$$u_r = Ar + \frac{B}{r^2} \tag{5.7.6}$$

利用几何方程及本构方程可得

$$\varepsilon_r = \frac{\mathrm{d}u_r}{\mathrm{d}r} = A - \frac{2B}{r^3}$$

$$\varepsilon_\theta = \varepsilon_\varphi = \frac{u_r}{r} = A + \frac{B}{r^3}$$

$$\sigma_r = (2G + 3\lambda)A - \frac{4GB}{r^3}$$

$$\sigma_\theta = \sigma_\varphi = (2G + 3\lambda)A + \frac{2GB}{r^3}$$

将 $G = \dfrac{E}{2(1+\nu)}$，$\lambda = \dfrac{\nu E}{(1+\nu)(1-2\nu)}$ 代入后得到

$$\sigma_r = \frac{E}{1-2\nu}A - \frac{2E}{1+\nu}\frac{B}{r^3} \tag{5.7.7}$$

$$\sigma_\theta = \sigma_\varphi = \frac{E}{1-2\nu}A + \frac{E}{1+\nu}\frac{B}{r^3} \tag{5.7.8}$$

将上述两式代入边界条件式（5.7.4）和式（5.7.5），可解得常数

$$A = \frac{(1-2\nu)}{E}\frac{(r_i^3 p_i - r_o^3 p_o)}{r_o^3 - r_i^3}$$

$$B = \frac{(1+\nu)}{2E}\frac{r_i^3 r_o^3 (p_i - p_o)}{r_o^3 - r_i^3}$$

将 A，B 代入式（5.7.6），可得本问题的位移解

$$u_r = \frac{(1-2\nu)}{E}\frac{(r_i^3 p_i - r_o^3 p_o)}{r_o^3 - r_i^3}r + \frac{(1+\nu)}{2E}\frac{r_i^3 r_o^3 (p_i - p_o)}{r_o^3 - r_i^3}\frac{1}{r^2} \tag{5.7.9}$$

将 A，B 代入式（5.7.7）和式（5.7.8）并整理，可得本问题的应力解

$$\sigma_r = \frac{r_i^3}{r_o^3 - r_i^3}\left(1 - \frac{r_o^3}{r^3}\right)p_i - \frac{r_o^3}{r_o^3 - r_i^3}\left(1 - \frac{r_i^3}{r^3}\right)p_o \tag{5.7.10}$$

$$\sigma_\theta = \sigma_\varphi = \frac{r_i^3}{r_o^3 - r_i^3}\left(1 + \frac{r_o^3}{2r^3}\right)p_i - \frac{r_o^3}{r_o^3 - r_i^3}\left(1 + \frac{r_i^3}{2r^3}\right)p_o \tag{5.7.11}$$

未给出的位移和应力解均为零。

4. 对结果的几点讨论

与 5.6 节类似，下面针对几种特殊情况的应力解进行讨论分析。

1）只受内压作用，即 $p_o = 0$ 时

将 $p_o = 0$ 代入式（5.7.10）和式（5.7.11）可得

$$\sigma_r = \frac{r_i^3}{r_o^3 - r_i^3}\left(1 - \frac{r_o^3}{r^3}\right)p_i, \quad \sigma_\theta = \sigma_\varphi = \frac{r_i^3}{r_o^3 - r_i^3}\left(1 + \frac{r_o^3}{2r^3}\right)p_i$$

容易看出，此时球壳径向受压，切向受拉。在球壳的内壁（即 $r = r_i$ 处），3 个正应力（也是主应力）的绝对值最大，分别为

$$\sigma_1 = \sigma_2 = \sigma_\theta = \sigma_\varphi = \frac{2r_i^3 + r_o^3}{2(r_o^3 - r_i^3)}p_i, \quad \sigma_3 = \sigma_r = -p_i$$

这个结果通常用于压力容器的设计。

如果 $r_o \gg r_i$，此时有

$$\sigma_r \approx -\frac{r_i^3}{2r^3}p_i, \quad \sigma_\theta = \sigma_\varphi \approx -\frac{r_i^3}{2r^3}p_i$$

由此可见，随着半径 r 的增大，σ_r，σ_θ 和 σ_φ 均迅速减小并趋于零。同时可以看到，在球壳的内壁（即 $r = r_i$ 处），应力趋于一个与结构无关的恒定值：

$$\sigma_r = -p_i, \quad \sigma_\theta = \sigma_\varphi \approx \frac{p_i}{2}$$

如果 $r_o \approx r_i$，此时球壳成为薄壁球壳。设壁厚为 δ，即 $\delta = r_o - r_i$，则可以忽略 $\sigma_\theta = \sigma_\varphi$ 沿厚度的变化，按下式进行估算具有足够的精度：

$$\sigma_\theta = \sigma_\varphi = \frac{r_i^3}{(r_o - r_i)(r_o^2 + r_o r_i + r_i^2)} = \left(1 + \frac{r_o^3}{2r^3}\right)p_i \approx \frac{r_i^3}{3\delta_i^2}\left(1 + \frac{1}{2}\right)p_i \approx \frac{r_i}{2\delta}p_i$$

2) 只受外压，即 $p_i = 0$ 时

$$\sigma_r = -\frac{r_o^3}{r_o^3 - r_i^3}\left(1 - \frac{r_i^3}{r^3}\right)p_o, \quad \sigma_\theta = \sigma_\varphi = -\frac{r_o^3}{r_o^3 - r_i^3}\left(1 + \frac{r_i^3}{r^3}\right)p_o$$

如果 $r_o \gg r_i$，此时有

$$\sigma_r = -\left(1 - \frac{r_i^3}{r^3}\right)p_o, \quad \sigma_\theta = \sigma_\varphi = -\left(1 + \frac{r_i^3}{r^3}\right)p_o$$

由此可见，随着半径 r 的增大，σ_r、σ_θ 和 σ_φ 均迅速趋于 $-p_o$。同时也可以看到，在圆筒内壁（即 $r = r_i$ 处），应力趋于一个与结构无关的恒定值：

$$\sigma_r = 0, \quad \sigma_\theta = \sigma_\varphi = \approx -\frac{3}{2}p_o$$

特别地，如果 $r_i = 0$，则总有

$$\sigma_r = \sigma_\theta = \sigma_\varphi = -p_o$$

这就是三向等压缩状态。

如果 $r_o \approx r_i$，即薄壁圆筒的情形。此时也可以忽略 $\sigma_\theta = \sigma_\varphi$ 沿厚度的变化，按下式进行估算：

$$\sigma_\theta = \sigma_\varphi = \frac{r_o^3}{(r_o - r_i)(r_o^2 + r_o r_i + r_i^2)} = \left(1 + \frac{r_i^3}{2r^3}\right)p_i \approx -\frac{r_i^3}{3\delta_i^2()}\left(1 + \frac{1}{2}\right)p_i \approx \frac{r_o}{2\delta}p_i$$

但是，在外压作用下，薄壁球壳的失效往往不是强度失效而是失稳。

本章在概述线弹性力学定解问题基本解法的基础上，分别给出 3 种不同坐标系中位移法求解弹性力学问题的基本方程，并给出了相应的求解算例。不难看出，5.6 节和 5.7 节的例子如果采用直角坐标系，都涉及复杂的二维二阶偏微分方程组的求解，而分别采用柱坐标和球坐标后，问题都转化为常微分方程的求解，难度大大下降，这也充分说明了坐标系选择的重要性，这一点希望初学的读者能够细心体会。

习题五

5.1 推导柱坐标系下位移法求解弹性力学问题的基本方程 [式（5.3.23）或式（5.3.25）]。

5.2 推导球坐标系中位移法求解弹性力学问题的基本方程 [式（5.4.2）、式（5.4.2）或式（5.4.4）]。

5.3 橡胶衬套由一个内径为 a、外径为 b 的橡胶圆筒粘接在两个薄壁同心钢管制成，如图所示。假设橡胶剪切模量为 G，泊松比为 0.5（即视为不可压缩体），相比于橡胶，钢管可以视为刚性体。橡胶衬套工作时外钢管固定，内钢管在单位轴向长度作用有 x 方向大小为 F 的力。试分别给出长衬套（即平面应变情形）和短衬套（即平面应力情形）的刚度（也就是力 F 和内钢管在 x 方向的位移之间的关系）。[提示：

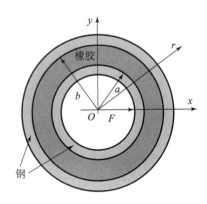

题 5.3 图 橡胶衬套

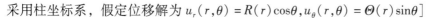

采用柱坐标系，假定位移解为 $u_r(r,\theta) = R(r)\cos\theta, u_\theta(r,\theta) = \Theta(r)\sin\theta$]

5.4　给出均匀球体在自身万有引力作用下半径的变化和内部应力分布。

5.5　试求温度分布为 $T(r)$、半径为 a 的球体的应力分布，讨论球体没有应力的 $T(r)$ 的条件。已知球的线胀系数为 α，弹性模量为 E，泊松比为 μ。

5.6　证明当体力为 0 时，无旋位移场对应的体积应变为常数，并举一个该情形的工程实例。

第六章

线弹性力学定解问题的应力法求解

正如 5.1 节中所述，采用应力法求解弹性力学问题时，首先视应力分量为基本待求量，以平衡方程、应变（应力）协调方程以及本构方程作为基本方程组，结合给定的边界条件进行求解，在求得应力解后，再通过本构方程求得应变，最后再求得位移。

对于位移边界条件，需要通过积分表示为应力的形式。

本章依次推导直角坐标系、柱坐标系和球坐标系下应力法的基本方程，然后给出相应的实例。

6.1 直角坐标系中应力法基本方程的推导

6.1.1 三维问题

为阅读方便起见，这里采用指标记法给出直角坐标系中平衡方程、协调方程以及本构方程如下：

$$\sigma_{ij,i} + f_j = 0 \tag{6.1.1}$$

$$e_{ij,kl} + e_{kl,ij} = e_{ik,jl} + e_{jl,ik} \tag{6.1.2}$$

$$e_{ij} = \frac{1+\nu}{E}\sigma_{ij} - \frac{\nu}{E}\sigma_{kk}\delta_{ij} \tag{6.1.3}$$

采用指标记法，可以较方便地完成基本方程的推导，具体过程如下：

（1）将应力表示的应变［即本构方程 (6.1.3)］代入应变协调方程 (6.1.2)，得到应力表示的协调方程

$$\sigma_{ij,kl} + \sigma_{kl,ij} - \sigma_{ik,jl} - \sigma_{jl,ik} = \frac{\nu}{1+\nu}(\Theta_{,kl}\delta_{ij} + \Theta_{,ij}\delta_{kl} - \Theta_{,ik}\delta_{jl} - \Theta_{,jl}\delta_{ik})$$

式中，$\Theta = \sigma_{kk} = \sigma_x + \sigma_y + \sigma_z$。前文已用 I_1 表示应力第一不变量，此处为避免下标"1"和坐标指标混淆，特改用 Θ 表示。

（2）缩并指标 k，l（将式中的 k 变为 l，或 l 变为 k，相当于将 k 和 l 指标同时取 1、2、3 的 3 个等式相加起来），得到

$$\sigma_{ij,kk} + \sigma_{kk,ij} - \sigma_{ik,jk} - \sigma_{jk,ik} = \frac{\nu}{1+\nu}(\Theta_{,kk}\delta_{ij} + \Theta_{,ij}\delta_{kk} - \Theta_{,ik}\delta_{jk} - \Theta_{,jk}\delta_{ik})$$

（3）利用平衡方程 $\sigma_{ij,i} + f_j = 0$，并注意到 δ_{ij} 的作用，上式可以写为

$$\sigma_{ij,kk} + \frac{1}{1+\nu}\Theta_{,ij} - \frac{\nu}{1+\nu}\Theta_{,kk}\delta_{ij} + f_{i,j} + f_{j,i} = 0 \tag{6.1.4}$$

（4）进一步缩并指标 i，j 可以得到

$$\sigma_{ii,kk} + \frac{1}{1+\nu}\Theta_{,ii} - \frac{\nu}{1+\nu}\Theta_{,kk}\delta_{ii} + f_{i,i} + f_{i,i} = 0$$

即

$$\Theta_{,kk} + \frac{1}{1+\nu}\Theta_{,ii} - \frac{3\nu}{1+\nu}\Theta_{,kk} + 2f_{i,i} = 0$$

由此解出

$$\Theta_{,kk} = -\frac{1+\nu}{1-\nu}f_{i,i} \tag{6.1.5}$$

即

$$\nabla^2\Theta = -\left(\frac{1+\nu}{1-\nu}\right)\left(\frac{\partial f_x}{\partial x} + \frac{\partial f_y}{\partial y} + \frac{\partial f_z}{\partial z}\right)$$

（5）将式（6.1.5）代回式（6.1.4）得

$$\sigma_{ij,kk} + \frac{1}{1+\nu}\Theta_{,ij} + \frac{\nu}{1-\nu}f_{k,k}\delta_{ij} + f_{i,j} + f_{j,i} = 0 \tag{6.1.6}$$

将上式写成展开形式得到

$$\nabla^2\sigma_x + \frac{1}{1+\nu}\frac{\partial^2\Theta}{\partial x^2} = -2\frac{\partial f_x}{\partial x} - \frac{\nu}{1-\nu}\left(\frac{\partial f_x}{\partial x} + \frac{\partial f_y}{\partial y} + \frac{\partial f_z}{\partial z}\right) \tag{6.1.7}$$

$$\nabla^2\sigma_y + \frac{1}{1+\nu}\frac{\partial^2\Theta}{\partial y^2} = -2\frac{\partial f_y}{\partial y} - \frac{\nu}{1-\nu}\left(\frac{\partial f_x}{\partial x} + \frac{\partial f_y}{\partial y} + \frac{\partial f_z}{\partial z}\right) \tag{6.1.8}$$

$$\nabla^2\sigma_z + \frac{1}{1+\nu}\frac{\partial^2\Theta}{\partial z^2} = -2\frac{\partial f_z}{\partial z} - \frac{\nu}{1-\nu}\left(\frac{\partial f_x}{\partial x} + \frac{\partial f_y}{\partial y} + \frac{\partial f_z}{\partial z}\right) \tag{6.1.9}$$

$$\nabla^2\tau_{xy} + \frac{1}{1+\nu}\frac{\partial^2\Theta}{\partial x\partial y} = -\left(\frac{\partial f_x}{\partial y} + \frac{\partial f_y}{\partial x}\right) \tag{6.1.10}$$

$$\nabla^2\tau_{yz} + \frac{1}{1+\nu}\frac{\partial^2\Theta}{\partial y\partial z} = -\left(\frac{\partial f_y}{\partial z} + \frac{\partial f_z}{\partial y}\right) \tag{6.1.11}$$

$$\nabla^2\tau_{zx} + \frac{1}{1+\nu}\frac{\partial^2\Theta}{\partial z\partial x} = -\left(\frac{\partial f_z}{\partial x} + \frac{\partial f_x}{\partial z}\right) \tag{6.1.12}$$

该方程通常称为**米歇尔（Michell）方程**。

显然，在无体力或常体力的情况下，上述方程右端项均为零，因此方程简化为

$$\nabla^2\sigma_x + \frac{1}{1+\nu}\frac{\partial^2\Theta}{\partial x^2} = 0 \tag{6.1.13}$$

$$\nabla^2\sigma_y + \frac{1}{1+\nu}\frac{\partial^2\Theta}{\partial y^2} = 0 \tag{6.1.14}$$

$$\nabla^2\sigma_z + \frac{1}{1+\nu}\frac{\partial^2\Theta}{\partial z^2} = 0 \tag{6.1.15}$$

$$\nabla^2\tau_{xy} + \frac{1}{1+\nu}\frac{\partial^2\Theta}{\partial x\partial y} = 0 \tag{6.1.16}$$

$$\nabla^2\tau_{yz} + \frac{1}{1+\nu}\frac{\partial^2\Theta}{\partial y\partial z} = 0 \tag{6.1.17}$$

$$\nabla^2\tau_{zx} + \frac{1}{1+\nu}\frac{\partial^2\Theta}{\partial z\partial x} = 0 \tag{6.1.18}$$

该方程通常称为贝尔特拉米（Beltrami）方程。

6.1.2　平面应力问题

在满足平面应力的条件下，不失一般性，令 $\sigma_x = \sigma_x(x, y), \sigma_y = \sigma_y(x, y), \tau_{xy} = \tau_{xy}(x, y)$，则方程(6.1.7)～方程（6.1.12）退化为如下 3 个偏微分方程，另外 3 个则是 0 = 0 的恒等式。

$$\nabla^2 \sigma_x + \frac{1}{1+\nu} \frac{\partial^2 \Theta}{\partial x^2} = -2 \frac{\partial f_x}{\partial x} \tag{6.1.19}$$

$$\nabla^2 \sigma_y + \frac{1}{1+\nu} \frac{\partial^2 \Theta}{\partial y^2} = -2 \frac{\partial f_y}{\partial y} \tag{6.1.20}$$

$$\nabla^2 \tau_{xy} + \frac{1}{1+\nu} \frac{\partial^2 \Theta}{\partial x \partial y} = -\left(\frac{\partial f_x}{\partial y} + \frac{\partial f_y}{\partial x} \right) \tag{6.1.21}$$

由于平面应力具有 $\frac{\partial f_x}{\partial x} + \frac{\partial f_y}{\partial y} = 0$，因此将式（6.1.19）和式（6.1.20）相加或直接由式（6.1.5）可以得到

$$\nabla^2 (\sigma_x + \sigma_y) = \nabla^2 \Theta = 0$$

6.1.3　一维应力问题

在满足一维应力的条件下，不失一般性，令 $\sigma_x = \sigma_x(x)$，则方程（6.1.7）～方程（6.1.12）退化为如下一个常微分方程，其他方程均退化为 0 = 0 的恒等式。

$$\frac{\mathrm{d}^2 \sigma_x}{\mathrm{d} x^2} = 0 \tag{6.1.22}$$

注意到上述方程的通解为 x 的一次函数，因此，如果存在一维应力状态，则应力分布最多只能是坐标的一次函数。

6.2　柱坐标系中应力法基本方程的推导

6.2.1　三维问题

在柱坐标系下，采用指标记法并不方便。

本节利用坐标变换的方法，直接由直角坐标系下的米歇尔方程推导出柱坐标系下的米歇尔方程。

柱坐标和直角坐标的关系为

$$\begin{cases} x = r\cos\theta \\ y = r\sin\theta \\ z = z \end{cases} \tag{6.2.1}$$

由此可以得到有关一阶导数运算的关系为

$$\begin{cases} \dfrac{\partial}{\partial x} = \dfrac{\partial}{\partial r}\dfrac{\partial r}{\partial x} + \dfrac{\partial}{\partial \theta}\dfrac{\partial \theta}{\partial x} = \cos\theta\dfrac{\partial}{\partial r} - \dfrac{\sin\theta}{r}\dfrac{\partial}{\partial \theta} \\[3mm] \dfrac{\partial}{\partial y} = \dfrac{\partial}{\partial r}\dfrac{\partial r}{\partial y} + \dfrac{\partial}{\partial \theta}\dfrac{\partial \theta}{\partial y} = \sin\theta\dfrac{\partial}{\partial r} + \dfrac{\cos\theta}{r}\dfrac{\partial}{\partial \theta} \\[3mm] \dfrac{\partial}{\partial z} = \dfrac{\partial}{\partial z} \end{cases} \quad (6.2.2)$$

进一步，我们可以得到二阶导数运算的关系为

$$\begin{cases} \dfrac{\partial^2}{\partial x^2} = \cos^2\theta\dfrac{\partial^2}{\partial r^2} + \dfrac{\sin^2\theta}{r^2}\dfrac{\partial^2}{\partial \theta^2} - \dfrac{\sin(2\theta)}{r}\dfrac{\partial^2}{\partial r\partial \theta} + \dfrac{\sin^2\theta}{r}\dfrac{\partial}{\partial r} + \dfrac{\sin(2\theta)}{r^2}\dfrac{\partial}{\partial \theta} \\[3mm] \dfrac{\partial^2}{\partial y^2} = \sin^2\theta\dfrac{\partial^2}{\partial r^2} + \dfrac{\cos^2\theta}{r^2}\dfrac{\partial^2}{\partial \theta^2} + \dfrac{\sin(2\theta)}{r}\dfrac{\partial^2}{\partial r\partial \theta} + \dfrac{\cos^2\theta}{r}\dfrac{\partial}{\partial r} - \dfrac{\sin(2\theta)}{r^2}\dfrac{\partial}{\partial \theta} \\[3mm] \dfrac{\partial^2}{\partial z^2} = \dfrac{\partial^2}{\partial z^2} \end{cases} \quad (6.2.3)$$

将方程组（6.2.3）的三式相加，可以得到在柱坐标系中的调和算子

$$\nabla^2 = \dfrac{\partial^2}{\partial r^2} + \dfrac{1}{r}\dfrac{\partial}{\partial r} + \dfrac{1}{r^2}\dfrac{\partial^2}{\partial \theta^2} + \dfrac{\partial^2}{\partial z^2} \quad (6.2.4)$$

第一章给出了直角坐标系和柱坐标系中同一点的应力分量之间的关系式（1.4.7），为方便起见，将其中的应力分量改为工程中常用的记法，再次罗列如下：

$$\begin{cases} \sigma_x = \sigma_r\cos^2\theta + \sigma_\theta\sin^2\theta - \tau_{r\theta}\sin(2\theta) \\[2mm] \sigma_y = \sigma_r\sin^2\theta + \sigma_\theta\cos^2\theta + \tau_{r\theta}\sin(2\theta) \\[2mm] \sigma_z = \sigma_z \\[2mm] \tau_{xy} = \dfrac{1}{2}(\sigma_r - \sigma_\theta)\sin(2\theta) + \tau_{r\theta}\cos(2\theta) \\[2mm] \tau_{yz} = \tau_{rz}\sin\theta + \tau_{\theta z}\cos\theta \\[2mm] \tau_{zx} = \tau_{rz}\cos\theta - \tau_{\theta z}\sin\theta \end{cases} \quad (6.2.5)$$

另外，两个坐标系中的体力分量关系为

$$\begin{cases} f_x = f_r\cos\theta - f_\theta\sin\theta \\[2mm] f_y = f_r\sin\theta + f_\theta\cos\theta \\[2mm] f_z = f_z \end{cases} \quad (6.2.6)$$

首先针对应力协调方程（6.1.7）进行坐标变换。

将方程组（6.2.5）的第一式代入后，方程（6.1.7）的左端变为

$$\nabla^2(\sigma_r\cos^2\theta + \sigma_\theta\sin^2\theta - \tau_{r\theta}\sin(2\theta)) + \dfrac{1}{1+\nu}\dfrac{\partial^2\Theta}{\partial x^2}$$

根据方程组（6.2.4）和方程组（6.2.3）第一式，上式运算展开为

$$\nabla^2(\sigma_r\cos^2\theta) = \nabla^2\sigma_r\cos^2\theta - \dfrac{2}{r^2}\Big[\sigma_r(\cos^2\theta - \sin^2\theta) + \sin(2\theta)\dfrac{\partial\sigma_r}{\partial\theta}\Big]$$

$$\nabla^2(\sigma_\theta\sin^2\theta) = \nabla^2\sigma_\theta\sin^2\theta + \dfrac{2}{r^2}\Big[(\cos^2\theta - \sin^2\theta)\sigma_\theta + \dfrac{\partial\sigma_\theta}{\partial\theta}\sin(2\theta)\Big]$$

$$\nabla^2(\tau_{r\theta}\sin(2\theta)) = \nabla^2\tau_{r\theta}\sin(2\theta) - \dfrac{4}{r^2}\Big[\sin2\theta\sigma_\theta - \dfrac{\partial\tau_{r\theta}}{\partial\theta}(\cos^2\theta - \sin^2\theta)\Big]$$

$$\frac{\partial^2 \Theta}{\partial x^2} = \left(\cos^2\theta \frac{\partial^2 \Theta}{\partial r^2} + \frac{\sin^2\theta}{r^2}\frac{\partial^2 \Theta}{\partial \theta^2} - \frac{\sin(2\theta)}{r}\frac{\partial^2 \Theta}{\partial r \partial \theta} + \frac{\sin^2\theta}{r}\frac{\partial \Theta}{\partial r} + \frac{\sin(2\theta)}{r^2}\frac{\partial \Theta}{\partial \theta} \right)$$

根据式（6.2.2）和式（6.2.6）计算各体力分量的导数得

$$\frac{\partial f_x}{\partial x} = \frac{\partial f_r}{\partial r}\cos^2\theta + \left(f_r + \frac{\partial f_\theta}{\partial \theta} \right)\frac{\sin^2\theta}{r} + \left(\frac{1}{r}f_\theta - \frac{\partial f_\theta}{\partial r} - \frac{1}{r}\frac{\partial f_r}{\partial \theta} \right)\frac{\sin(2\theta)}{2}$$

$$\frac{\partial f_y}{\partial y} = \frac{\partial f_r}{\partial r}\sin^2\theta + \left(f_r + \frac{\partial f_\theta}{\partial \theta} \right)\frac{\cos^2\theta}{r} + \left(\frac{\partial f_\theta}{\partial r} + \frac{1}{r}\frac{\partial f_r}{\partial \theta} - \frac{1}{r}f_\theta \right)\frac{\sin(2\theta)}{2}$$

$$\frac{\partial f_z}{\partial z} = \frac{\partial f_z}{\partial z}$$

因此有

$$\frac{\partial f_x}{\partial x} + \frac{\partial f_y}{\partial y} + \frac{\partial f_z}{\partial z} = \frac{\partial f_r}{\partial r} + \frac{1}{r}\left(f_r + \frac{\partial f_\theta}{\partial \theta} \right) + \frac{\partial f_z}{\partial z}$$

根据上述结果，方程（6.1.7）变为

$$\nabla^2\sigma_r\cos^2\theta - \frac{2}{r^2}\Big[\sigma_r(\cos^2\theta - \sin^2\theta) + \sin(2\theta)\frac{\partial \sigma_r}{\partial \theta} \Big] +$$

$$\nabla^2\sigma_\theta\sin^2\theta + \frac{2}{r^2}\Big[(\cos^2\theta - \sin^2\theta)\sigma_\theta + \frac{\partial \sigma_\theta}{\partial \theta}\sin(2\theta) \Big] -$$

$$\nabla^2\tau_{r\theta}\sin(2\theta) + \frac{4}{r^2}\Big[\sin(2\theta)\sigma_\theta - \frac{\partial \tau_{r\theta}}{\partial \theta}(\cos^2\theta - \sin^2\theta) \Big] +$$

$$\frac{1}{1+\nu}\left(\cos^2\theta \frac{\partial^2 \Theta}{\partial r^2} + \frac{\sin^2\theta}{r^2}\frac{\partial^2 \Theta}{\partial \theta^2} - \frac{\sin(2\theta)}{r}\frac{\partial^2 \Theta}{\partial r \partial \theta} + \frac{\sin^2\theta}{r}\frac{\partial \Theta}{\partial r} + \frac{\sin(2\theta)}{r^2}\frac{\partial \Theta}{\partial \theta} \right)$$

$$= -2\Big[\frac{\partial f_r}{\partial r}\cos^2\theta + \left(f_r + \frac{\partial f_\theta}{\partial \theta} \right)\frac{\sin^2\theta}{r} + \left(\frac{1}{r}f_\theta - \frac{\partial f_\theta}{\partial r} - \frac{1}{r}\frac{\partial f_r}{\partial \theta} \right)\frac{\sin(2\theta)}{2} \Big] -$$

$$\frac{\nu}{1-\nu}\Big[\frac{\partial f_r}{\partial r} + \frac{1}{r}\left(f_r + \frac{\partial f_\theta}{\partial \theta} \right) + \frac{\partial f_z}{\partial z} \Big]$$

按 $\cos^2\theta, \sin^2\theta, \sin(2\theta)$ 合并同类项得到

$$\Big[\nabla^2\sigma_r - \frac{2(\sigma_r - \sigma_\theta)}{r^2} - \frac{4}{r^2}\frac{\partial \tau_{r\theta}}{\partial \theta} + \frac{1}{1+\nu}\frac{\partial^2 \Theta}{\partial r^2} \Big]\cos^2\theta +$$

$$\Big[\nabla^2\sigma_\theta + \frac{2(\sigma_r - \sigma_\theta)}{r^2} + \frac{4}{r^2}\frac{\partial \tau_{r\theta}}{\partial \theta} + \frac{1}{1+\nu}\left(\frac{1}{r^2}\frac{\partial^2 \Theta}{\partial \theta^2} + \frac{1}{r}\frac{\partial \Theta}{\partial r} \right) \Big]\sin^2\theta -$$

$$\Big[\nabla^2\tau_{r\theta} - \frac{4\sigma_\theta}{r^2} + \frac{2}{r^2}\frac{\partial(\sigma_r - \sigma_\theta)}{\partial \theta} + \frac{1}{1+\nu}\left(\frac{1}{r}\frac{\partial^2 \Theta}{\partial r \partial \theta} - \frac{1}{r^2}\frac{\partial \Theta}{\partial \theta} \right) \Big]\sin(2\theta)$$

$$= -\left\{ 2\frac{\partial f_r}{\partial r} + \frac{\nu}{1-\nu}\Big[\frac{\partial f_r}{\partial r} + \frac{1}{r}\left(f_r + \frac{\partial f_\theta}{\partial \theta} \right) + \frac{\partial f_z}{\partial z} \Big] \right\}\cos^2\theta -$$

$$\left\{ \frac{2}{r}\left(f_r + \frac{\partial f_\theta}{\partial \theta} \right) + \frac{\nu}{1-\nu}\Big[\frac{\partial f_r}{\partial r} + \frac{1}{r}\left(f_r + \frac{\partial f_\theta}{\partial \theta} \right) + \frac{\partial f_z}{\partial z} \Big] \right\}\sin^2\theta -$$

$$\left(\frac{1}{r}f_\theta - \frac{\partial f_\theta}{\partial r} - \frac{1}{r}\frac{\partial f_r}{\partial \theta} \right)\sin(2\theta) = 0$$

注意到 $\cos^2\theta, \sin^2\theta, \sin(2\theta)$ 的任意性，由此可得

$$\nabla^2\sigma_r - \frac{2(\sigma_r - \sigma_\theta)}{r^2} - \frac{4}{r^2}\frac{\partial \tau_{r\theta}}{\partial \theta} + \frac{1}{1+\nu}\frac{\partial^2 \Theta}{\partial r^2} = -2\frac{\partial f_r}{\partial r} - \frac{\nu}{1-\nu}\Big[\frac{\partial f_r}{\partial r} + \frac{1}{r}\left(f_r + \frac{\partial f_\theta}{\partial \theta} \right) + \frac{\partial f_z}{\partial z} \Big]$$

$$\nabla^2 \sigma_\theta + \frac{2(\sigma_r - \sigma_\theta)}{r^2} + \frac{4}{r^2}\frac{\partial \tau_{r\theta}}{\partial \theta} + \frac{1}{1+\nu}\left(\frac{1}{r^2}\frac{\partial^2 \Theta}{\partial \theta^2} + \frac{1}{r}\frac{\partial \Theta}{\partial r}\right)$$

$$= -\frac{2}{r}\left(f_r + \frac{\partial f_\theta}{\partial \theta}\right) - \frac{\nu}{1-\nu}\left[\frac{\partial f_r}{\partial r} + \frac{1}{r}\left(f_r + \frac{\partial f_\theta}{\partial \theta}\right) + \frac{\partial f_z}{\partial z}\right]\nabla^2 \tau_{r\theta} - \frac{4\tau_{r\theta}}{r^2} + \frac{2}{r^2}\frac{\partial(\sigma_r - \sigma_\theta)}{\partial \theta} +$$

$$\frac{1}{1+\nu}\frac{\partial}{\partial r}\left(\frac{1}{r}\frac{\partial \Theta}{\partial \theta}\right) = \frac{1}{r}f_\theta - \frac{\partial f_\theta}{\partial r} - \frac{1}{r}\frac{\partial f_r}{\partial \theta}$$

由于柱坐标系中的 z 坐标和直角坐标系中的完全相同,因此根据式(6.1.9)容易得到

$$\nabla^2 \sigma_z + \frac{1}{1+\nu}\frac{\partial^2 \Theta}{\partial z^2} = -2\frac{\partial f_z}{\partial z} - \frac{\nu}{1-\nu}\left[\frac{\partial f_r}{\partial r} + \frac{1}{r}\left(f_r + \frac{\partial f_\theta}{\partial \theta}\right) + \frac{\partial f_z}{\partial z}\right]$$

下面分析式（6.1.11）, 即 $\nabla^2 \tau_{yz} + \frac{1}{1+\nu}\frac{\partial^2 \Theta}{\partial y \partial z} = -\left(\frac{\partial f_y}{\partial z} + \frac{\partial f_z}{\partial y}\right)$ 经坐标变换后得到的结果。

将方程组(6.2.5)的第五式代入式(6.1.11)后, 方程左端变为

$$\nabla^2(\tau_{rz}\sin\theta + \tau_{\theta z}\cos\theta) + \frac{1}{1+\nu}\frac{\partial^2 \Theta}{\partial y \partial z}$$

展开各式得

$$\nabla^2(\tau_{rz}\sin\theta) = \nabla^2 \tau_{rz}\sin\theta + \frac{2}{r^2}\frac{\partial \tau_{rz}}{\partial \theta}\cos\theta - \frac{\tau_{rz}}{r^2}\sin\theta$$

$$\nabla^2(\tau_{\theta z}\cos\theta) = \nabla^2 \tau_{\theta z}\cos\theta - \frac{2}{r^2}\frac{\partial \tau_{\theta z}}{\partial \theta}\sin\theta - \frac{\tau_{\theta z}}{r^2}\cos\theta$$

$$\frac{\partial^2 \Theta}{\partial y \partial z} = \left(\sin\theta\frac{\partial}{\partial r} + \frac{\cos\theta}{r}\frac{\partial}{\partial \theta}\right)\frac{\partial \Theta}{\partial z} = \sin\theta\frac{\partial^2 \Theta}{\partial r \partial z} + \frac{\cos\theta}{r}\frac{\partial^2 \Theta}{\partial \theta \partial z}$$

又因为

$$\frac{\partial f_y}{\partial z} = \frac{\partial f_r}{\partial z}\sin\theta + \frac{\partial f_\theta}{\partial z}\cos\theta$$

$$\frac{\partial f_z}{\partial y} = \frac{\partial f_z}{\partial r}\sin\theta + \frac{1}{r}\frac{\partial f_z}{\partial \theta}\cos\theta$$

将上述结果代入式（6.1.11）, 并按 $\sin\theta$, $\cos\theta$ 合并同类项得到

$$\left(\nabla^2 \tau_{rz} - \frac{\tau_{rz}}{r^2} - \frac{2}{r^2}\frac{\partial \tau_{\theta z}}{\partial \theta} + \frac{1}{1+\nu}\frac{\partial^2 \Theta}{\partial r \partial z}\right)\sin\theta + \left(\nabla^2 \tau_{\theta z} + \frac{2}{r^2}\frac{\partial \tau_{rz}}{\partial \theta} - \frac{\tau_{\theta z}}{r^2} + \frac{1}{1+\nu}\frac{1}{r}\frac{\partial^2 \Theta}{\partial \theta \partial z}\right)\cos\theta$$

$$= -\left(\frac{\partial f_r}{\partial z} + \frac{\partial f_z}{\partial r}\right)\sin\theta - \left(\frac{\partial f_\theta}{\partial z} + \frac{1}{r}\frac{\partial f_z}{\partial \theta}\right)\cos\theta$$

注意到 $\sin\theta$, $\cos\theta$ 的任意性, 由此可得

$$\nabla^2 \tau_{z\theta} - \frac{\tau_{z\theta}}{r^2} + \frac{2}{r^2}\frac{\partial \tau_{rz}}{\partial \theta} + \frac{1}{1+\nu}\frac{1}{r}\frac{\partial^2 \Theta}{\partial z \partial \theta} = -\frac{\partial f_\theta}{\partial z} - \frac{1}{r}\frac{\partial f_z}{\partial \theta}$$

$$\nabla^2 \tau_{rz} - \frac{\tau_{rz}}{r^2} - \frac{2}{r^2}\frac{\partial \tau_{\theta z}}{\partial \theta} + \frac{1}{1+\nu}\frac{\partial^2 \Theta}{\partial r \partial z} = -\frac{\partial f_r}{\partial z} - \frac{\partial f_z}{\partial r}$$

可以验证, 根据式（6.1.8）、式（6.1.10）和式（6.1.12）, 我们将会得到重复的结果。

综合上述结果, 可以得到柱坐标下的应力协调方程组为

$$\nabla^2 \sigma_r - \frac{2(\sigma_r - \sigma_\theta)}{r^2} - \frac{4}{r^2}\frac{\partial \tau_{r\theta}}{\partial \theta} + \frac{1}{1+\nu}\frac{\partial^2 \Theta}{\partial r^2}$$

$$= -2\frac{\partial f_r}{\partial r} - \frac{\nu}{1-\nu}\left[\frac{\partial f_r}{\partial r} + \frac{1}{r}\left(f_r + \frac{\partial f_\theta}{\partial \theta}\right) + \frac{\partial f_z}{\partial z}\right] \tag{6.2.7}$$

$$\nabla^2 \sigma_\theta + \frac{2(\sigma_r - \sigma_\theta)}{r^2} + \frac{4}{r^2}\frac{\partial \tau_{r\theta}}{\partial \theta} + \frac{1}{1+\nu}\left(\frac{1}{r^2}\frac{\partial^2 \Theta}{\partial \theta^2} + \frac{1}{r}\frac{\partial \Theta}{\partial r}\right)$$

$$= -\frac{2}{r}\left(f_r + \frac{\partial f_\theta}{\partial \theta}\right) - \frac{\nu}{1-\nu}\left[\frac{\partial f_r}{\partial r} + \frac{1}{r}\left(f_r + \frac{\partial f_\theta}{\partial \theta}\right) + \frac{\partial f_z}{\partial z}\right] \qquad (6.2.8)$$

$$\nabla^2 \sigma_z + \frac{1}{1+\nu}\frac{\partial^2 \Theta}{\partial z^2} = -2\frac{\partial f_z}{\partial z} - \frac{\nu}{1-\nu}\left(\frac{\partial f_r}{\partial r} + \frac{1}{r}\left(f_r + \frac{\partial f_\theta}{\partial \theta}\right) + \frac{\partial f_z}{\partial z}\right) \qquad (6.2.9)$$

$$\nabla^2 \tau_{r\theta} - \frac{4\tau_{r\theta}}{r^2} + \frac{2}{r^2}\frac{\partial(\sigma_r - \sigma_\theta)}{\partial \theta} + \frac{1}{1+\nu}\frac{\partial}{\partial r}\left(\frac{1}{r}\frac{\partial \Theta}{\partial \theta}\right) = \frac{1}{r}f_\theta - \frac{\partial f_\theta}{\partial r} - \frac{1}{r}\frac{\partial f_r}{\partial \theta} \qquad (6.2.10)$$

$$\nabla^2 \tau_{z\theta} - \frac{\tau_{z\theta}}{r^2} + \frac{2}{r^2}\frac{\partial \tau_{rz}}{\partial \theta} + \frac{1}{1+\nu}\frac{1}{r}\frac{\partial^2 \Theta}{\partial z \partial \theta} = -\frac{\partial f_\theta}{\partial z} - \frac{1}{r}\frac{\partial f_z}{\partial \theta} \qquad (6.2.11)$$

$$\nabla^2 \tau_{rz} - \frac{\tau_{rz}}{r^2} - \frac{2}{r^2}\frac{\partial \tau_{\theta z}}{\partial \theta} + \frac{1}{1+\nu}\frac{\partial^2 \Theta}{\partial r \partial z} = -\frac{\partial f_r}{\partial z} - \frac{\partial f_z}{\partial r} \qquad (6.2.12)$$

由该方程组,很容易得到各种特殊情况下柱坐标系中的应力协调方程组,如无体力的情况、横截面平面应力情况和轴截面平面应力情况(应力轴对称问题)等。

令体力分量为零,代入(6.2.7)~(6.2.12) 即可得到无体力情况下柱坐标系中的三维应力协调方程组。

$$\nabla^2 \sigma_r - \frac{2(\sigma_r - \sigma_\theta)}{r^2} - \frac{4}{r^2}\frac{\partial \tau_{r\theta}}{\partial \theta} + \frac{1}{1+\nu}\frac{\partial^2 \Theta}{\partial r^2} = 0 \qquad (6.2.13)$$

$$\nabla^2 \sigma_\theta + \frac{2(\sigma_r - \sigma_\theta)}{r^2} + \frac{4}{r^2}\frac{\partial \tau_{r\theta}}{\partial \theta} + \frac{1}{1+\nu}\left(\frac{1}{r^2}\frac{\partial^2 \Theta}{\partial \theta^2} + \frac{1}{r}\frac{\partial \Theta}{\partial r}\right) = 0 \qquad (6.2.14)$$

$$\nabla^2 \sigma_z + \frac{1}{1+\nu}\frac{\partial^2 \Theta}{\partial z^2} = 0 \qquad (6.2.15)$$

$$\nabla^2 \tau_{r\theta} - \frac{4\tau_{r\theta}}{r^2} + \frac{2}{r^2}\frac{\partial(\sigma_r - \sigma_\theta)}{\partial \theta} + \frac{1}{1+\nu}\frac{\partial}{\partial r}\left(\frac{1}{r}\frac{\partial \Theta}{\partial \theta}\right) = 0 \qquad (6.2.16)$$

$$\nabla^2 \tau_{z\theta} - \frac{\tau_{z\theta}}{r^2} + \frac{2}{r^2}\frac{\partial \tau_{rz}}{\partial \theta} + \frac{1}{1+\nu}\frac{1}{r}\frac{\partial^2 \Theta}{\partial z \partial \theta} = 0 \qquad (6.2.17)$$

$$\nabla^2 \tau_{rz} - \frac{\tau_{rz}}{r^2} - \frac{2}{r^2}\frac{\partial \tau_{\theta z}}{\partial \theta} + \frac{1}{1+\nu}\frac{\partial^2 \Theta}{\partial r \partial z} = 0 \qquad (6.2.18)$$

6.2.2　二维问题

1. 无体力横截面平面应力情况

所谓横截面平面应力也就是第四章介绍的平面应力情况, $\sigma_z = \tau_{rz} = \tau_{\theta z} = 0$,且其余应力分量与 z 无关。将这种应力状态代入式 (6.2.13) ~式 (6.2.18) 即可得到

$$\nabla^2 \sigma_r - \frac{2(\sigma_r - \sigma_\theta)}{r^2} - \frac{4}{r^2}\frac{\partial \tau_{r\theta}}{\partial \theta} + \frac{1}{1+\nu}\frac{\partial^2 \Theta}{\partial r^2} = 0 \qquad (6.2.19)$$

$$\nabla^2 \sigma_\theta + \frac{2(\sigma_r - \sigma_\theta)}{r^2} + \frac{4}{r^2}\frac{\partial \tau_{r\theta}}{\partial \theta} + \frac{1}{1+\nu}\left(\frac{1}{r^2}\frac{\partial^2 \Theta}{\partial \theta^2} + \frac{1}{r}\frac{\partial \Theta}{\partial r}\right) = 0 \qquad (6.2.20)$$

$$\nabla^2 \tau_{r\theta} - \frac{4\tau_{r\theta}}{r^2} + \frac{2}{r^2}\frac{\partial(\sigma_r - \sigma_\theta)}{\partial \theta} + \frac{1}{1+\nu}\frac{\partial}{\partial r}\left(\frac{1}{r}\frac{\partial \Theta}{\partial \theta}\right) = 0 \qquad (6.2.21)$$

其余 3 个方程为 0 = 0 的恒等式。

由式 (6.2.19) 和式 (6.2.20) 两式相加或直接由式 (6.1.5) 可得

$$\nabla^2(\sigma_r + \sigma_\theta) = 0 \tag{6.2.22}$$

式中，$\nabla^2 = \dfrac{\partial^2}{\partial r^2} + \dfrac{1}{r}\dfrac{\partial}{\partial r} + \dfrac{1}{r^2}\dfrac{\partial^2}{\partial \theta^2}$。

2. 无体力轴对称应力情况

这种应力状态发生于轴对称结构承受轴对称载荷的情况，其应力分量中 $\tau_{r\theta} = \tau_{z\theta} = 0$，其余应力分量与 θ 无关。将这种应力状态代入式（6.2.13）~式（6.2.18）即可得到

$$\nabla^2\sigma_r - \frac{2(\sigma_r - \sigma_\theta)}{r^2} + \frac{1}{1+\nu}\frac{\partial^2\Theta}{\partial r^2} = 0 \tag{6.2.23}$$

$$\nabla^2\sigma_\theta + \frac{2(\sigma_r - \sigma_\theta)}{r^2} + \frac{1}{1+\nu}\frac{1}{r}\frac{\partial\Theta}{\partial r} = 0 \tag{6.2.24}$$

$$\nabla^2\sigma_z + \frac{1}{1+\nu}\frac{\partial^2\Theta}{\partial z^2} = 0 \tag{6.2.25}$$

$$\nabla^2\tau_{rz} - \frac{\tau_{rz}}{r^2} + \frac{1}{1+\nu}\frac{\partial^2\Theta}{\partial r\partial z} = 0 \tag{6.2.26}$$

其余两个方程为 $0 = 0$ 的恒等式。

由式（6.2.23）~式（6.2.25）三式相加或直接由式（6.1.5）可得

$$\nabla^2(\sigma_r + \sigma_\theta + \sigma_z) = 0 \tag{6.2.27}$$

式中，$\nabla^2 = \dfrac{\partial^2}{\partial r^2} + \dfrac{1}{r}\dfrac{\partial}{\partial r} + \dfrac{\partial^2}{\partial z^2}$。

3. 无体力，轴截面平面应力情况

在轴对称应力状态（$\tau_{r\theta} = \tau_{z\theta} = 0$）的基础上，如果轴向应力 $\sigma_z = 0$，$\tau_{rz} = 0$，式（6.2.23）~式（6.2.26）进一步简化为两个 $0 = 0$ 的恒等式和下列两个方程：

$$\nabla^2\sigma_r - \frac{2(\sigma_r - \sigma_\theta)}{r^2} + \frac{1}{1+\nu}\frac{\partial^2\Theta}{\partial r^2} = 0 \tag{6.2.28}$$

$$\nabla^2\sigma_\theta + \frac{2(\sigma_r - \sigma_\theta)}{r^2} + \frac{1}{1+\nu}\frac{1}{r}\frac{\partial\Theta}{\partial r} = 0 \tag{6.2.29}$$

由式（6.2.28）和式（6.2.29）两式相加或直接由式（6.1.5）可得

$$\nabla^2(\sigma_r + \sigma_\theta) = 0 \tag{6.2.30}$$

式中，$\nabla^2 = \dfrac{\partial^2}{\partial r^2} + \dfrac{1}{r}\dfrac{\partial}{\partial r}$。

6.3　球坐标系中应力法基本方程的推导

6.3.1　三维问题

采用坐标变换法，由直角坐标系下米歇尔方程推导球坐标系下米歇尔方程的过程与柱坐标系下的情形基本相同。由于过程冗长，本书只给出结果，具体推导过程从略。

$$\nabla^2\sigma_r - 2\frac{2\sigma_r - \sigma_\theta - \sigma_\varphi}{r^2} - \frac{4}{r^2}\frac{\partial\tau_{r\theta}}{\partial\theta} - \frac{4}{r^2 s_\theta}\frac{\partial\tau_{r\varphi}}{\partial\varphi} - \frac{4\cot\theta}{r^2}\tau_{r\theta} + \frac{1}{1+\mu}\frac{\partial^2\Theta}{\partial r^2}$$

$$= -2 \frac{\partial f_r}{\partial r} - \frac{\nu}{1-\nu} \left(\frac{\partial f_r}{\partial r} + \frac{2}{r} f_r + \frac{\cot\theta}{r} f_\theta + \frac{1}{r} \frac{\partial f_\theta}{\partial \theta} + \frac{1}{rs_\theta} \frac{\partial f_\varphi}{\partial \varphi} \right) \tag{6.3.1}$$

$$\nabla^2 \sigma_\theta - 2 \frac{\sigma_\theta - \sigma_r s_\theta^2 - \sigma_\varphi c_\theta^2}{r^2 s_\theta^2} + \frac{4}{r^2} \frac{\partial \tau_{r\theta}}{\partial \theta} - \frac{4c_\theta}{r^2 s_\theta^2} \frac{\partial \tau_{\theta\varphi}}{\partial \varphi} + \frac{1}{1+\nu} \left(\frac{1}{r^2} \frac{\partial^2 \Theta}{\partial \theta^2} + \frac{1}{r} \frac{\partial \Theta}{\partial r} \right)$$

$$= -2 \left(\frac{f_r}{r} + \frac{1}{r} \frac{\partial f_\theta}{\partial \theta} \right) - \frac{\nu}{1-\nu} \left(\frac{\partial f_r}{\partial r} + \frac{2}{r} f_r + \frac{\cot\theta}{r} f_\theta + \frac{1}{r} \frac{\partial f_\theta}{\partial \theta} + \frac{1}{rs_\theta} \frac{\partial f_\varphi}{\partial \varphi} \right) \tag{6.3.2}$$

$$\nabla^2 \sigma_\varphi - 2 \frac{\sigma_\varphi - \sigma_r s_\theta^2 - \sigma_\theta c_\theta^2}{r^2 s_\theta^2} + \frac{4}{r^2 s_\theta} \frac{\partial \tau_{r\varphi}}{\partial \varphi} + \frac{4c_\theta}{r^2 s_\theta^2} \frac{\partial \tau_{\theta\varphi}}{\partial \varphi} + \frac{4c_\theta}{r^2 s_\theta} \tau_{r\theta} +$$

$$\frac{1}{1+\nu} \left(\frac{1}{r^2 s_\theta^2} \frac{\partial^2 \Theta}{\partial \varphi^2} + \frac{1}{r} \frac{\partial \Theta}{\partial r} + \frac{\cot\theta}{r^2} \frac{\partial \Theta}{\partial \theta} \right)$$

$$= -2 \left(\frac{f_r}{r} + \frac{1}{rs_\theta} \frac{\partial f_\varphi}{\partial \varphi} + \frac{c_\theta}{rs_\theta} f_\theta \right) - \frac{\nu}{1-\nu} \left(\frac{\partial f_r}{\partial r} + \frac{2}{r} f_r + \frac{\cot\theta}{r} f_\theta + \frac{1}{r} \frac{\partial f_\theta}{\partial \theta} + \frac{1}{rs_\theta} \frac{\partial f_\varphi}{\partial \varphi} \right) \tag{6.3.3}$$

$$\nabla^2 \tau_{\theta\varphi} - 2 \frac{(1+c_\theta^2) \tau_{\theta\varphi} + s_\theta c_\theta \tau_{r\varphi}}{r^2 s_\theta^2} + \frac{2c_\theta}{r^2 s_\theta^2} \frac{\partial (\sigma_\theta - \sigma_\varphi)}{\partial \varphi} + \frac{2}{r^2} \frac{\partial \tau_{r\varphi}}{\partial \theta} + \frac{1}{r^2 s_\theta} \frac{\partial \tau_{r\theta}}{\partial \varphi} +$$

$$\frac{1}{1+\nu} \left(\frac{1}{r^2 s_\theta} \frac{\partial^2 \Theta}{\partial \theta \partial \varphi} - \frac{c_\theta}{r^2 s_\theta^2} \frac{\partial \Theta}{\partial \varphi} \right) = - \left(\frac{1}{rs_\theta} \frac{\partial f_\theta}{\partial \varphi} - \frac{1}{r} \frac{\partial f_\varphi}{\partial \theta} \right) \tag{6.3.4}$$

$$\nabla^2 \tau_{r\varphi} - \frac{4\tau_{r\varphi}}{r^2} - \frac{\tau_{r\varphi}}{r^2 s_\theta^2} - \frac{4c_\theta}{r^2 s_\theta} \tau_{\theta\varphi} + \frac{2}{r^2 s_\theta} \frac{\partial (\sigma_r - \sigma_\varphi)}{\partial \varphi} + \frac{2c_\theta}{r^2 s_\theta^2} \frac{\partial \tau_{r\theta}}{\partial \varphi} - \frac{2}{r^2} \frac{\partial \tau_{\theta\varphi}}{\partial \theta} +$$

$$\frac{1}{1+\nu} \left(\frac{1}{rs_\theta} \frac{\partial^2 \Theta}{\partial r \partial \varphi} - \frac{1}{r^2 s_\theta^2} \frac{\partial \Theta}{\partial \varphi} \right) = - \left(\frac{1}{rs_\theta} \frac{\partial f_r}{\partial \varphi} + \frac{\partial f_\varphi}{\partial r} + \frac{f_\varphi}{rs_\theta^2} \right) \tag{6.3.5}$$

$$\nabla^2 \tau_{r\theta} - \frac{4\tau_{r\theta}}{r^2} - \frac{\tau_{r\theta}}{r^2 s_\theta^2} + \frac{2c_\theta}{r^2 s_\theta} (\sigma_\varphi - \sigma_\theta) + \frac{2}{r^2} \frac{\partial (\sigma_{rr} - \sigma_\theta)}{\partial \theta} - \frac{2}{r^2 s_\theta} \frac{\partial \tau_{\theta\varphi}}{\partial \varphi} -$$

$$\frac{2c_\theta}{r^2 s_\theta^2} \frac{\partial \tau_{r\varphi}}{\partial \varphi} + \frac{1}{1+\nu} \left(\frac{1}{r} \frac{\partial^2 \Theta}{\partial r \partial \theta} - \frac{1}{r^2} \frac{\partial \Theta}{\partial \theta} \right) = - \left(\frac{\partial f_\theta}{\partial r} + \frac{1}{r} \frac{\partial f_r}{\partial \theta} - \frac{1}{r} f_{\theta r} \right) \tag{6.3.6}$$

式中，$\nabla^2 = \dfrac{\partial^2}{\partial r^2} + \dfrac{2}{r} \dfrac{\partial}{\partial r} + \dfrac{1}{r^2} \dfrac{\partial^2}{\partial \theta^2} + \dfrac{\cot\theta}{r^2} \dfrac{\partial}{\partial \theta} + \dfrac{1}{r^2 \sin^2\theta} \dfrac{\partial^2}{\partial \varphi^2}$。

6.3.2　球对称问题

在球对称问题中，

$$f_r = f_r(r), \quad f_\varphi = f_\theta \equiv 0$$

$$\sigma_r = \sigma_r(r), \quad \sigma_\varphi = \sigma_\theta = \sigma_\theta(r), \quad \tau_{r\varphi} = \tau_{\varphi\theta} = \tau_{\theta r} \equiv 0$$

则上述方程（6.3.1）~式（6.3.6）除了 0 = 0 的恒等式外，简化为如下 3 个方程。实际上，由于 $\sigma_\varphi = \sigma_\theta$，因此式（6.3.8）和式（6.3.9）是相同的。

$$\nabla^2 \sigma_r - \frac{4(\sigma_r - \sigma_\theta)}{r^2} + \frac{1}{1+\nu} \frac{\partial^2 \Theta}{\partial r^2} = -2 \frac{\partial f_r}{\partial r} - \frac{\nu}{1-\nu} \left(\frac{\partial f_r}{\partial r} + \frac{2}{r} f_r \right) \tag{6.3.7}$$

$$\nabla^2 \sigma_\theta + \frac{2(\sigma_r - \sigma_\theta)}{r^2} + \frac{1}{1+\nu} \frac{1}{r} \frac{\partial \Theta}{\partial r} = -2 \frac{f_r}{r} - \frac{\nu}{1-\nu} \left(\frac{\partial f_r}{\partial r} + \frac{2}{r} f_r \right) \tag{6.3.8}$$

$$\nabla^2 \sigma_\varphi + \frac{2(\sigma_r - \sigma_\varphi)}{r^2} + \frac{1}{1+\nu} \frac{1}{r} \frac{\partial \Theta}{\partial r} = -2 \frac{f_r}{r} - \frac{\nu}{1-\nu} \left(\frac{\partial f_r}{\partial r} + \frac{2}{r} f_r \right) \tag{6.3.9}$$

将式（6.3.7）~式（6.3.9）三式相加，并注意到球对称问题中

$$\Theta = \sigma_r + \sigma_\theta + \sigma_\varphi = \sigma_r + 2\sigma_\theta, \quad \nabla^2 = \frac{d^2}{dr^2} + \frac{2}{r} \frac{d}{dr}$$

因此得到

$$\nabla^2(\sigma_r + 2\sigma_\theta) = -\frac{1+\nu}{1-\nu}\left(\frac{\partial f_r}{\partial r} + \frac{2}{r}f_r\right) \tag{6.3.10}$$

此为一个非齐次二阶欧拉方程，当给定 f_r 后，即可求出关于 $\sigma_r + 2\sigma_\theta$ 的通解，再结合应力平衡方程

$$\frac{\mathrm{d}\sigma_r}{\mathrm{d}r} + \frac{2(\sigma_r - \sigma_\theta)}{r} + f_r = 0$$

即可实现给定体力下球对称问题的求解。方程（6.3.10）也可以由式（6.1.5）结合球对称问题特点直接得到。

6.4　重力作用下的柱体

1. 问题描述

如图 6.4.1 所示，一个尺寸为 $l \times b \times h$ 的直六面体弹性块体受重力作用，密度为 ρ，重力加速度为 g，上表面受均匀压力 $p = \rho g h$，要求该弹性体内的应力分布及变形。假设弹性体的弹性模量为 E，泊松比为 μ。

2. 问题的控制方程及定解条件

首先，建立如图 6.4.1 所示的坐标系。根据问题的几何特点及边界条件，可以初步判断该问题为一个一维应力问题，即除 x 方向的正应力外，其余应力分量均为零。

$$\frac{\mathrm{d}\sigma_x}{\mathrm{d}x} + \rho g = 0 \tag{6.4.1}$$

$$\sigma_x = \rho g h, \quad x = 0 \tag{6.4.2}$$

$$\sigma_x = 0, \quad x = h \tag{6.4.3}$$

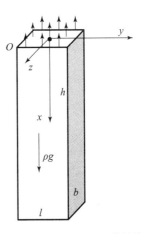

图 6.4.1　受重力作用的柱体

3. 问题的求解

显然，直接积分方程（6.4.1）即可得到

$$\sigma_x = -\rho g x + c$$

由边界条件（6.4.2）可以确定

$$c = \rho g h$$

因此得到问题的应力解

$$\sigma_x = \rho g(h - x)$$

下面根据本构方程，给出问题的应变解。

$$\varepsilon_x = \frac{\sigma_x}{E} - \frac{\nu}{E}(\sigma_y + \sigma_z) = \frac{\rho g(h-x)}{E}$$

$$\varepsilon_y = \frac{\sigma_y}{E} - \frac{\nu}{E}(\sigma_x + \sigma_z) = -\frac{\rho g \nu(h-x)}{E}$$

$$\varepsilon_z = \frac{\sigma_z}{E} - \frac{\nu}{E}(\sigma_x + \sigma_y) = -\frac{\rho g \nu(h-x)}{E}$$

$$\gamma_{xy} = \gamma_{yz} = \gamma_{xz} = 0$$

选择原点作为参考点 P_0，根据位移与应变的积分关系［见第二章式（2.8.20）~ 式（2.8.22）］可以求得柱体上任意点 P 的各位移分量为

$$u = u_0 + \int_{P_0 \to P} \varepsilon_x \mathrm{d}x +$$

$$\int_{P_0 \to P} \Big[\int \frac{\partial \varepsilon_x}{\partial y} \mathrm{d}x + \Big(\frac{\partial \gamma_{xy}}{\partial y} - \frac{\partial \varepsilon_y}{\partial x} \Big) \mathrm{d}y + \frac{1}{2} \Big(\frac{\partial \gamma_{xy}}{\partial z} + \frac{\partial \gamma_{zx}}{\partial y} - \frac{\partial \gamma_{yz}}{\partial x} \Big) \mathrm{d}z \Big] \mathrm{d}y +$$

$$\int_{P_0 \to P} \Big[\int \frac{\partial \varepsilon_x}{\partial z} \mathrm{d}x + \frac{1}{2} \Big(\frac{\partial \gamma_{xy}}{\partial z} + \frac{\partial \gamma_{zx}}{\partial y} - \frac{\partial \gamma_{yz}}{\partial x} \Big) \mathrm{d}y + \Big(\frac{\partial \gamma_{zx}}{\partial z} - \frac{\partial \varepsilon_z}{\partial x} \Big) \mathrm{d}z \Big] \mathrm{d}z$$

$$= u_0 + \int_{P_0 \to P} \varepsilon_x \mathrm{d}x - \int_{P_0 \to P} \Big(\int \frac{\partial \varepsilon_y}{\partial x} \mathrm{d}y \Big) \mathrm{d}y - \int_{P_0 \to P} \Big(\int \frac{\partial \varepsilon_z}{\partial x} \mathrm{d}z \Big) \mathrm{d}z$$

$$= u_0 + \int_{P_0 \to P} \varepsilon_x \mathrm{d}x - \frac{\rho g \nu}{E} \int_{P_0 \to P} \Big(\int \mathrm{d}y \Big) \mathrm{d}y - \frac{\rho g \nu}{E} \int_{P_0 \to P} \Big(\int \mathrm{d}z \Big) \mathrm{d}z$$

$$= u_0 + \frac{\rho g}{E} \Big[\int_{P_0 \to P} (h - x) \mathrm{d}x - \nu \int_{P_0 \to P} (y + C_1) \mathrm{d}y - \nu \int_{P_0 \to P} (z + C_2) \mathrm{d}z \Big]$$

$$= u_0 + \frac{\rho g}{E} \Big[\int_{P_0 \to P} - (x \mathrm{d}x + \nu y \mathrm{d}y + \nu z \mathrm{d}z) + \int_{P_0 \to P} (h \mathrm{d}x - \nu C_1 \mathrm{d}y - \nu C_2 \mathrm{d}z) \Big]$$

$$= u_0 - \frac{\rho g}{2E} (x^2 + \nu y^2 + \nu z^2) + \frac{\rho g}{E} (hx - \nu C_1 y - \nu C_2 z)$$

$$v = v_0 + \int_{P_0 \to P} \Big(\int \frac{\partial \varepsilon_y}{\partial x} \mathrm{d}y \Big) \mathrm{d}x + \int_{P_0 \to P} \varepsilon_y \mathrm{d}y$$

$$= v_0 + \frac{\rho g \nu}{E} \int_{P_0 \to P} \Big(\int \mathrm{d}y \Big) \mathrm{d}x - \frac{\rho g \nu}{E} \int_{P_0 \to P} (h - x) \mathrm{d}y$$

$$= v_0 + \frac{\rho g \nu}{E} \int_{P_0 \to P} (y + C_3) \mathrm{d}x + (x - h) \mathrm{d}y$$

$$= v_0 + \frac{\rho g \nu}{E} (xy + C_3 x - hy)$$

$$w = w_0 + \int_{P_0 \to P} \Big(\int \frac{\partial \varepsilon_z}{\partial x} \mathrm{d}z \Big) \mathrm{d}x + \int_{P_0 \to P} \varepsilon_z \mathrm{d}z$$

$$= w_0 + \frac{\rho g \nu}{E} \int_{P_0 \to P} \Big(\int \mathrm{d}z \Big) \mathrm{d}x - (h - x) \mathrm{d}z$$

$$= w_0 + \frac{\rho g \nu}{E} \int_{P_0 \to P} (z + C_4) \mathrm{d}x - (h - x) \mathrm{d}z$$

$$= w_0 + \frac{\rho g \nu}{E} (xz + C_4 x - hz)$$

如果约束原点的位移，则可知

$$u_0 = v_0 = w_0 = 0$$

如果约束柱体绕过原点的 z 轴和 y 轴的转动，则可知

$$\omega_z = \frac{\partial u}{\partial y} - \frac{\partial v}{\partial x} \Big|_{y=0} = -\frac{\rho g \nu}{E} (2y + C_1 + C_3) \Big|_{y=0} = 0$$

$$\omega_y = \frac{\partial u}{\partial z} - \frac{\partial w}{\partial x}\Big|_{z=0} = -\frac{\rho g \nu}{E}(2z + C_2 + C_4)\Big|_{z=0} = 0$$

由此可以得到

$$C_1 + C_3 = 0, \quad C_2 + C_4 = 0 \tag{6.4.4}$$

又因为两个剪应变分量 $\gamma_{xy} = \frac{\partial u}{\partial y} + \frac{\partial v}{\partial x} = C_3 - C_1$ 和 $\gamma_{xz} = \frac{\partial u}{\partial z} + \frac{\partial w}{\partial x} = C_4 - C_2$ 必须是确定的，

因此必须有

$$C_3 = C_1, \quad C_4 = C_2 \tag{6.4.5}$$

联立式（6.4.5）和式（6.4.5）可以得到

$$C_1 = C_3 = 0, \quad C_2 = C_4 = 0$$

因此得到问题的位移解为

$$u = -\frac{\rho g}{2E}(x^2 + \nu y^2 + \nu z^2) + \frac{\rho g}{E}hx$$

$$v = \frac{\rho g \nu}{E}y(x - h)$$

$$w = \frac{\rho g \nu}{E}z(x - h)$$

对于上述 4 个积分常数的确定过程，读者不妨结合 2.8.3 节 "位移解中积分常数的讨论" 来加深理解，同时请思考一下为什么这里只有 4 个积分常数而不是 2.8.3 节中的 6 个呢？

根据位移解，我们来分析物体变形后的形状。

首先看上表面 $x = 0$。变形后上表面上任意点 $(0, y, z)$ 变为 (x', y', z')：

$$x' = 0 + u\big|_{x=0} = -\frac{\rho g \nu}{2E}(y^2 + z^2)$$

$$y' = y + v\big|_{x=0} = y\left(1 - \frac{\rho g \nu}{E}h\right)$$

$$z' = z + w\big|_{x=0} = z\left(1 - \frac{\rho g \nu}{E}h\right)$$

可以看出，上表面不再是平面，而是一个二次曲面。同样，下表面 $x = h$ 也不再是一个平面。

对于侧面 $y = \pm\frac{l}{2}$，变形后上表面上任意点 $\left(x, \pm\frac{l}{2}, z\right)$ 变为 (x', y', z')：

$$x' = x + u = x - \frac{\rho g}{2E}(x^2 + \nu z^2) + \frac{\rho g}{E}hx$$

$$y' = \pm\frac{l}{2} + v\big|_{y=\pm\frac{l}{2}} = \pm\frac{l}{2} \pm \frac{l}{2}\frac{\rho g \nu}{E}(x - h)$$

$$z' = z + w = z\left[1 + \frac{\rho g \nu}{E}(x - h)\right]$$

可以看出，$y = \pm\frac{l}{2}$ 的两个侧面仍旧是平面。

而对于侧面 $z = \pm\frac{b}{2}$，变形后上表面上任意点 $\left(x, y, \pm\frac{b}{2}\right)$ 变为 (x', y', z')：

$$x' = x + u\big|_{z = \pm \frac{b}{2}} = x\left(1 + \frac{\rho g}{E}h\right) - \frac{\rho g}{2E}\left(x^2 + \nu y^2 + \nu \frac{b^2}{4}\right)$$

$$y' = y + v\big|_{z = \pm \frac{b}{2}} = y\left[1 + \frac{\rho g \nu}{E}(x - h)\right]$$

$$z' = \pm\frac{b}{2} + w\big|_{z = \pm \frac{b}{2}} = \pm\frac{b}{2} \pm \frac{b}{2}\frac{\rho g \nu}{E}(x - h)$$

可以看出 $z = \pm\dfrac{b}{2}$ 的两个侧表面也仍旧是平面。

4. 对结果的几点讨论

根据问题的特点，将问题定位为一维应力问题是该问题求解的关键。由于方程（6.4.1）的求解是很简单的，因此很容易获得问题的应力解。简单地利用本构方程，又不难获得问题的应变解。

值得指出的是，尽管问题的应力是一维的，应变却是三维的。但由于所有的剪应变为零，因此物体上一点处任意两条直线之间的夹角在变形过程中保持不变，即该变形是一个保角变形。

6.5　均匀压力作用下两端自由的厚壁圆筒问题

这里采用应力法再来求解 5.6 节求解的均匀压力作用下两端自由的厚壁圆筒问题。为阅读方便，这里再次给出原问题的示意图及相关描述。

1. 问题描述

如图 6.5.1 所示，圆筒内外半径分别为 r_i 和 r_o，内外压分别为 p_i 和 p_o，结构的弹性模量为 E，泊松比为 ν，求圆筒的应力分布和变形。

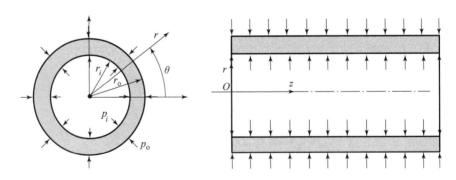

图 6.5.1　受内外压两端自由的厚壁圆筒

2. 问题的控制方程及定解条件

选取图 6.5.1 所示的圆柱坐标 r，θ，z，其中 z 轴为圆筒的中心轴。根据问题的轴对称性质，我们可以推定所有应力分量应该与 θ 无关。另外注意到与一般的轴对称问题相比，本问题的几何结构及边界条件沿 z 轴是完全均匀的，因此假设其应力分布具有以下特点：

$$\sigma_r = \sigma_r(r), \ \sigma_\theta = \sigma_\theta(r), \ \sigma_z = 0, \tau_{r\theta} = \tau_{rz} = \tau_{z\theta} = 0$$

注意这里实际上是采用了半逆解法,即先假定的部分解的形式。解答的最后结果将表明,这些假定对于两端自由的厚壁筒是正确的。由于体力为 0,此时的平衡方程退化为

$$r\frac{\mathrm{d}\sigma_r}{\mathrm{d}r} + \sigma_r - \sigma_\theta = 0 \tag{6.5.1}$$

其余两个方向的平衡方程均为 0 = 0 的恒等式,同时其应力协调方程也只剩下

$$\nabla^2\sigma_r - \frac{2(\sigma_r - \sigma_\theta)}{r^2} + \frac{1}{1+\nu}\frac{\mathrm{d}^2(\sigma_r + \sigma_\theta)}{\mathrm{d}r^2} = 0 \tag{6.5.2}$$

$$\nabla^2\sigma_\theta + \frac{2(\sigma_r - \sigma_\theta)}{r^2} + \frac{1}{1+\nu}\frac{\mathrm{d}(\sigma_r + \sigma_\theta)}{r\mathrm{d}r} = 0 \tag{6.5.3}$$

式中, $\nabla^2 = \dfrac{\mathrm{d}^2}{\mathrm{d}r^2} + \dfrac{1}{r}\dfrac{\mathrm{d}}{\mathrm{d}r}$。

圆筒内外表面上的应力边界条件为

$$r = r_i, \ \sigma_r = -p_i \tag{6.5.4}$$

$$r = r_o, \ \sigma_r = -p_o \tag{6.5.5}$$

3. 问题的求解

将式(6.5.2)与式(6.5.3)相加得

$$\frac{\mathrm{d}^2(\sigma_r + \sigma_\theta)}{\mathrm{d}r^2} + \frac{\mathrm{d}(\sigma_r + \sigma_\theta)}{r\mathrm{d}r} = 0 \tag{6.5.6}$$

解出

$$\sigma_r + \sigma_\theta = A + B\ln r \tag{6.5.7}$$

将式(6.5.6)代入平衡方程(6.5.1)得到

$$r\frac{\mathrm{d}\sigma_r}{\mathrm{d}r} + 2\sigma_r - A - B\ln r = 0 \tag{6.5.8}$$

解方程得到

$$\sigma_r = \frac{A}{2} + \frac{B}{2}\ln r - \frac{B}{4} + \frac{C}{r^2}$$

$$\sigma_\theta = \frac{A}{2} + \frac{B}{2}\ln r + \frac{B}{4} - \frac{C}{r^2}$$

$$\sigma_r - \sigma_\theta = -\frac{B}{2} + \frac{2C}{r^2}$$

结合方程(6.5.2)或式(6.5.3)可得

$$B = 0$$

$$\sigma_r = \frac{A}{2} + \frac{C}{r^2}$$

$$\sigma_\theta = \frac{A}{2} - \frac{C}{r^2}$$

常数 A 和 C 分别通过圆筒内外表面上的应力边界条件式(6.5.4)和式(6.5.5)来确定:

$$\frac{A}{2} + \frac{C}{r_i^2} = -p_i$$

$$\frac{A}{2} + \frac{C}{r_o^2} = -p_o$$

由此可解出

$$C = \frac{r_i^2 r_o^2}{r_o^2 - r_i^2}(p_o - p_i) , \quad \frac{A}{2} = \frac{p_o r_o^2 - p_i r_i^2}{r_i^2 - r_o^2}$$

因此问题的应力解为

$$\sigma_r = \frac{p_o r_o^2 - p_i r_i^2}{r_i^2 - r_o^2} + \frac{r_i^2 r_o^2 (p_o - p_i)}{r_o^2 - r_i^2} \frac{1}{r^2}$$

$$\sigma_\theta = \frac{p_o r_o^2 - p_i r_i^2}{r_i^2 - r_o^2} - \frac{r_i^2 r_o^2 (p_o - p_i)}{r_o^2 - r_i^2} \frac{1}{r^2}$$

进一步，可以根据本构方程获得问题的应变解如下：

$$\varepsilon_r = \frac{\sigma_r}{E} - \frac{\nu}{E}(\sigma_\theta + \sigma_z) = \frac{\sigma_r}{E} - \frac{\nu}{E}\sigma_\theta$$

$$\varepsilon_\theta = \frac{\sigma_\theta}{E} - \frac{\nu}{E}(\sigma_r + \sigma_z) = \frac{\sigma_\theta}{E} - \frac{\nu}{E}\sigma_r$$

$$\varepsilon_z = \frac{\sigma_z}{E} - \frac{\nu}{E}(\sigma_r + \sigma_\theta) = -\frac{\nu}{E}(\sigma_r + \sigma_\theta)$$

$$\gamma_{r\theta} = \gamma_{\theta z} = \gamma_{rz} = 0$$

注意到位移的轴对称性，因此可以根据应变与位移的关系获得问题的位移解：

$$\varepsilon_r = \frac{\mathrm{d}u_r}{\mathrm{d}r}, \quad \varepsilon_\theta = \frac{u_r}{r}, \quad \varepsilon_z = \frac{\mathrm{d}u_z}{\mathrm{d}z}$$

即

$$u_r = r\varepsilon_\theta = \frac{r}{E}(\sigma_\theta - \nu\sigma_r)$$

$$= \frac{1 - \nu}{E} \frac{p_i r_i^2 - p_o r_o^2}{r_o^2 - r_i^2} r + \frac{1 + \nu}{E} \frac{r_o^2 r_i^2 (p_i - p_o)}{r_o^2 - r_i^2} \frac{1}{r}$$

$$u_z = \int_0^z \varepsilon_z \mathrm{d}z = -\int_0^z \frac{\nu}{E}(\sigma_r + \sigma_\theta)\mathrm{d}z = \frac{2\nu}{E} \frac{p_o r_o^2 - p_i r_i^2}{r_o^2 - r_i^2} z$$

其结果与 5.6 节的结果完全相同。

上述过程表明，尽管开始的应力分布形式是我们根据问题的轴对称性质等分析假定的，但对于两端自由受均匀内、外压作用下的厚壁圆筒，由于获得的解能满足弹性力学全部 15 个基本方程和全部边界条件，因而是线弹性力学意义上的精确解。

6.6　均匀压力作用下的球壳问题

本节采用应力法再来求解 5.7 节求解的均匀压力作用下的球壳问题。为阅读方便，这里也再次给出原问题的示意图及相关描述。

1. 问题描述

图 6.6.1 所示为一受均匀分布的内、外压力作用的球壳，球内外半径分别为 r_i 和 r_o，内外压分别为 p_i 和 p_o，结构的弹性模量为 E，泊松比为 ν，求球的应力分布和变形。

2. 问题的控制方程及定解条件

我们利用对称性不难得出其应力分布具有以下特点：

$$\sigma_r = \sigma_r(r), \ \sigma_\theta = \sigma_\theta(r) = \sigma_\varphi = \sigma_\varphi(r), \ \tau_{r\theta} = \tau_{r\varphi} = \tau_{\theta\varphi} = 0$$

此时的 $\nabla^2 = \dfrac{\mathrm{d}^2}{\mathrm{d}r^2} + \dfrac{2}{r}\dfrac{\mathrm{d}}{\mathrm{d}r}$。注意，在这里并没有假设的成分，上述应力分布形式完全可以根据问题的球对称性质分析得到。

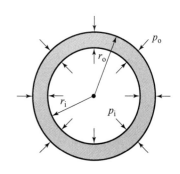

图 6.6.1 受均匀内、外压 作用的球壳

在这种应力分布形式下，问题的平衡方程退化为如下形式：

$$\frac{\mathrm{d}\sigma_r}{\mathrm{d}r} + \frac{2}{r}(\sigma_r - \sigma_\theta) = 0 \qquad (6.6.1)$$

其余两个恒成立。同时，其应力协调方程也退化为

$$\nabla^2\sigma_r - \frac{4}{r^2}(\sigma_r - \sigma_\theta) + \frac{1}{1+\nu}\frac{\mathrm{d}^2\Theta}{\mathrm{d}r^2} = 0 \qquad (6.6.2)$$

$$\nabla^2\sigma_\theta + \frac{2}{r^2}(\sigma_r - \sigma_\theta) + \frac{1}{1+\nu}\frac{1}{r}\frac{\mathrm{d}\Theta}{\mathrm{d}r} = 0 \qquad (6.6.3)$$

$$\nabla^2\sigma_\varphi + \frac{2}{r^2}(\sigma_r - \sigma_\varphi) + \frac{1}{1+\nu}\frac{1}{r}\frac{\mathrm{d}\Theta}{\mathrm{d}r} = 0 \qquad (6.6.4)$$

式中，$\Theta = \sigma_r + \sigma_\theta + \sigma_\varphi = \sigma_r + 2\sigma_\theta$。

根据问题描述可知球壳内外表面上的应力边界条件为

$$\begin{aligned} r = r_i, \ \sigma_r = -p_i \\ r = r_o, \ \sigma_r = -p_o \end{aligned} \qquad (6.6.5)$$

3. 问题的求解

将式（6.6.2）~式（6.6.4）相加，并注意到 $\sigma_\theta = \sigma_\varphi$ 得到

$$\left(\frac{\mathrm{d}^2}{\mathrm{d}r^2} + \frac{2}{r}\frac{\mathrm{d}}{\mathrm{d}r}\right)(\sigma_r + 2\sigma_\theta) = 0 \qquad (6.6.6)$$

该方程是一个二阶欧拉型常微分方程，根据常微分方程理论，其通解为

$$\sigma_r + 2\sigma_\theta = A + \frac{B}{r} \qquad (6.6.7)$$

将式（6.6.7）代入平衡方程得到

$$\frac{\mathrm{d}\sigma_r}{\mathrm{d}r} + \frac{3\sigma_r}{r} - \left(\frac{A}{r} + \frac{B}{r^2}\right) = 0$$

可以求出该方程对应齐次方程的通解为

$$\sigma_r = \frac{C}{r^3}$$

同时，不难求出该方程的一个特解为

$$\sigma_r = \frac{A}{3} + \frac{B}{2r}$$

因此得到该方程的通解为

$$\sigma_r = \frac{A}{3} + \frac{B}{2r} - \frac{C}{r^3}$$

结合式（6.6.7）可以得到

$$\sigma_\theta = \frac{A}{3} + \frac{B}{4r} + \frac{C}{2r^3}$$

A，B，C 三个常数可以通过应力协调方程和内外表面的应力边界条件确定。

首先，将上述应力表达式代入协调方程（6.6.2）［或者方程（6.6.3）］得

$$\left(\frac{B}{r^3} - \frac{12C}{r^5}\right) + \frac{2}{r}\left(-\frac{B}{2r^2} + \frac{3C}{r^4}\right) - \frac{4}{r^2}\left(\frac{B}{4r} - \frac{3C}{2r^3}\right) + \frac{1}{1+\nu}\left[\frac{B}{r^3} - \frac{12C}{r^5} + 2\left(\frac{B}{2r^3} + \frac{6C}{r^5}\right)\right] = 0$$

化简后有

$$\frac{1-\nu}{1+\nu}\frac{B}{r^3} = 0$$

由于 $\frac{1-\nu}{1+\nu} \neq 0$，故有

$$B = 0$$

根据应力边界条件式（6.6.5）得到

$$\frac{A}{3} - \frac{C}{r_i^3} = -p_i, \quad \frac{A}{3} - \frac{C}{r_o^3} = -p_o$$

解出

$$\frac{A}{3} = \frac{r_i^3 p_i - r_o^3 p_o}{r_o^3 - r_i^3}, \quad C = \frac{r_o^3 r_i^3 (p_i - p_o)}{r_o^3 - r_i^3}$$

最终获得问题的应力解为

$$\sigma_r = \frac{r_i^3 p_i - r_o^3 p_o}{r_o^3 - r_i^3} - \frac{r_o^3 r_i^3 (p_i - p_o)}{r_o^3 - r_i^3}\frac{1}{r^3}$$

$$\sigma_\theta = \frac{r_i^3 p_i - r_o^3 p_o}{r_o^3 - r_i^3} + \frac{r_o^3 r_i^3 (p_i - p_o)}{r_o^3 - r_i^3}\frac{1}{2r^3}$$

显然，该解与 5.7 节的结果是完全相同的。进一步，我们可以求出应变和位移，这里省略，结果可以参看 5.7 节。

习题六

6.1 6.5 节采用轴向应变与径向位移的关系直接求出了径向位移的表达式，试采用径向应变与径向位移的关系求出径向位移。

6.2 两端封闭的厚壁圆筒受内压作用，当圆筒足够长时，请计算圆筒中间部位的直径变化和周向应力大小。

6.3 横截面为部分圆环的薄板，假设其内外半径分别为 a 和 b，厚度为 l，两个圆弧边为自由边界，两个直边作用有合力矩 M，求板内应力分布。

第七章

线弹性力学问题的应力函数法

7.1 直角坐标系下的艾瑞应力函数法及应用

7.1.1 直角坐标系下的艾瑞应力函数法

第四章已经表明，无论平面应力问题还是平面应变问题，需要求解的方程可以采用统一的表达式。当采用直角坐标系时，如果用应力法进行求解，则可以求解下列方程组：

$$
\begin{cases}
\dfrac{\partial \sigma_x}{\partial x} + \dfrac{\partial \tau_{yx}}{\partial y} + f_x = 0 \\[2mm]
\dfrac{\partial \tau_{xy}}{\partial x} + \dfrac{\partial \sigma_y}{\partial y} + f_y = 0
\end{cases}
\tag{7.1.1}
$$

$$
\nabla^2 (\sigma_x + \sigma_y) = 0 \qquad （平面应力问题）
\tag{7.1.2}
$$

$$
\frac{\partial^2 \sigma_x}{\partial y^2} + \frac{\partial^2 \sigma_y}{\partial x^2} - 2 \frac{\partial^2 \tau_{xy}}{\partial x \partial y} = \nu \cdot \nabla^2 (\sigma_x + \sigma_y) \qquad （平面应变问题）
\tag{7.1.3}
$$

特别地，在无体力和体力为有势力的情形下，该方程组可以通过所谓的**应力函数**法进行求解。

1. 无体力情形

在无体力的情况下，平面问题的应力平衡方程为

$$
\begin{cases}
\dfrac{\partial \sigma_x}{\partial x} + \dfrac{\partial \tau_{yx}}{\partial y} = 0 \\[2mm]
\dfrac{\partial \tau_{xy}}{\partial x} + \dfrac{\partial \sigma_y}{\partial y} = 0
\end{cases}
\tag{7.1.4}
$$

由该方程组可得

$$
\frac{\partial \sigma_x}{\partial x} = \frac{\partial(-\tau_{xy})}{\partial y} \quad \frac{\partial(-\tau_{yx})}{\partial x} = \frac{\partial \sigma_y}{\partial y}
$$

根据二元可导函数对两个自变量的导数与顺序无关，令

$$
\frac{\partial A}{\partial y} = \sigma_x, \quad \frac{\partial A}{\partial x} = -\tau_{yx}
$$

又令

$$
\frac{\partial B}{\partial y} = -\tau_{xy}, \quad \frac{\partial B}{\partial x} = \sigma_y
$$

显然上述应力分量自动满足平衡方程。

又由于 $\tau_{xy} = \tau_{yx}$，因此有 $\dfrac{\partial A}{\partial x} = \dfrac{\partial B}{\partial y}$，可以进一步设

$$\frac{\partial \varphi}{\partial y} = A, \qquad \frac{\partial \varphi}{\partial x} = B$$

也就是说，只要令

$$\sigma_x = \frac{\partial^2 \varphi}{\partial y^2} \qquad \sigma_y = \frac{\partial^2 \varphi}{\partial x^2} \qquad \tau_{xy} = \tau_{yx} = -\frac{\partial^2 \varphi}{\partial x \partial y} \tag{7.1.5}$$

则这些应力分量自动满足平面问题的应力平衡方程。我们称 φ 为**艾瑞应力函数**，是由英国天文学家艾瑞（George B. Airy）于 1862 年首先提出的。因此，当利用应力函数定义应力分量时，采用应力法求解弹性力学问题也就转化为求解协调方程以及边界条件的标量型应力函数，应力函数一经求出，则相应的应力分量根据定义就自然可以获得。

将式（7.1.5）代入协调方程（7.1.2），可以得到

$$\nabla^2 \nabla^2 \varphi = 0 \tag{7.1.6}$$

而将式（7.1.5）代入协调方程（7.1.3），则有

$$\nabla^2 \nabla^2 \varphi = \frac{\nu'}{1+\nu'} \nabla^2 \nabla^2 \varphi$$

也可以得到方程（7.1.6）。

这一结果表明，在无体力情况下，应力函数法求解弹性力学平面问题也就转化为**求解双调和函数 φ，由它按式（7.1.5）定义的应力分量满足边界条件**。

2. 常体力情形

若平面问题的体力为常值时，令

$$f_x = c_1, \ f_y = c_2$$

则问题的应力平衡方程为

$$\begin{cases} \dfrac{\partial \sigma_x}{\partial x} + \dfrac{\partial \tau_{yx}}{\partial y} + c_1 = 0 \\[2mm] \dfrac{\partial \tau_{xy}}{\partial x} + \dfrac{\partial \sigma_y}{\partial y} + c_2 = 0 \end{cases} \tag{7.1.7}$$

当然，上式也可以写为

$$\begin{cases} \dfrac{\partial(\sigma_x + c_1 x)}{\partial x} + \dfrac{\partial \tau_{yx}}{\partial y} = 0 \\[2mm] \dfrac{\partial \tau_{xy}}{\partial x} + \dfrac{\partial(\sigma_y + c_2 y)}{\partial y} = 0 \end{cases} \tag{7.1.8}$$

类似地，只要令

$$\sigma_x = \frac{\partial^2 \varphi}{\partial y^2} - c_1 x, \ \sigma_y = \frac{\partial^2 \varphi}{\partial x^2} - c_2 y, \ \tau_{xy} = \tau_{yx} = -\frac{\partial^2 \varphi}{\partial x \partial y} \tag{7.1.9}$$

注意到此时也有

$$\frac{\partial^2 \sigma_x}{\partial y^2} + \frac{\partial^2 \sigma_y}{\partial x^2} - 2\frac{\partial^2 \tau_{xy}}{\partial x \partial y} = \frac{\partial^4 \varphi}{\partial y^4} + \frac{\partial^4 \varphi}{\partial x^4} + 2\frac{\partial^4 \varphi}{\partial x^2 \partial y^2} = \nabla^2 \nabla^2 \varphi$$

$$\nabla^2 (\sigma_x + \sigma_y) = \nabla^2 \left(\frac{\partial^2 \varphi}{\partial y^2} + \frac{\partial^2 \varphi}{\partial x^2} - c_1 x - c_2 y \right) = \nabla^2 \nabla^2 \varphi$$

因此根据应力协调方程，同样可以得到式（7.1.6），即

$$\nabla^2 \nabla^2 \varphi = 0$$

也就是说，常体力情况与无体力情况类似，应力函数法求解弹性力学平面问题也转化为**求解一个双调和函数 φ，由它按式（7.1.9）定义的应力分量满足边界条件**。

3. 体力为有势力的情形

若平面问题的体力为有势力，令势函数为 V，则

$$f_x = -\frac{\partial V}{\partial x}, \quad f_y = -\frac{\partial V}{\partial y} \tag{7.1.10}$$

则问题的应力平衡方程为

$$\begin{cases} \dfrac{\partial \sigma_x}{\partial x} + \dfrac{\partial \tau_{yx}}{\partial y} - \dfrac{\partial V}{\partial x} = 0 \\[2mm] \dfrac{\partial \tau_{xy}}{\partial x} + \dfrac{\partial \sigma_y}{\partial y} - \dfrac{\partial V}{\partial y} = 0 \end{cases} \tag{7.1.11}$$

当然，上式也可以写为

$$\frac{\partial(\sigma_x - V)}{\partial x} + \frac{\partial \tau_{yx}}{\partial y} = 0$$

$$\frac{\partial \tau_{xy}}{\partial x} + \frac{\partial(\sigma_y - V)}{\partial y} = 0$$

类似地，只要令

$$\sigma_x = \frac{\partial^2 \varphi}{\partial y^2} + V, \quad \sigma_y = \frac{\partial^2 \varphi}{\partial x^2} + V, \quad \tau_{xy} = \tau_{yx} = -\frac{\partial^2 \varphi}{\partial x \partial y} \tag{7.1.12}$$

注意到此时有

$$\frac{\partial^2 \sigma_x}{\partial y^2} + \frac{\partial^2 \sigma_y}{\partial x^2} - 2\frac{\partial^2 \tau_{xy}}{\partial x \partial y} = \frac{\partial^4 \varphi}{\partial y^4} + \frac{\partial^4 \varphi}{\partial x^4} + 2\frac{\partial^4 \varphi}{\partial x^2 \partial y^2} + \frac{\partial^2 V}{\partial y^2} + \frac{\partial^2 V}{\partial x^2} = \nabla^2 \nabla^2 \varphi + \nabla^2 V$$

$$\nabla^2 (\sigma_x + \sigma_y) = \nabla^2 \left(\frac{\partial^2 \varphi}{\partial y^2} + \frac{\partial^2 \varphi}{\partial x^2} + 2V \right) = \nabla^2 \nabla^2 \varphi + 2 \nabla^2 V$$

根据应力协调方程

$$\frac{\partial^2 \sigma_x}{\partial y^2} + \frac{\partial^2 \sigma_y}{\partial x^2} - 2\frac{\partial^2 \tau_{xy}}{\partial x \partial y} = \nu \cdot \nabla^2 (\sigma_x + \sigma_y) \quad \text{（平面应变问题）}$$

$$\frac{\partial^2 \sigma_x}{\partial y^2} + \frac{\partial^2 \sigma_y}{\partial x^2} - 2\frac{\partial^2 \tau_{xy}}{\partial x \partial y} = \frac{\nu}{1+\nu} \nabla^2 (\sigma_x + \sigma_y) \quad \text{（平面应力问题）}$$

在有势体力情况下，两类平面问题分别归结为

$$\nabla^2 \nabla^2 \varphi = -2 \nabla^2 V \quad \text{（平面应力问题）} \tag{7.1.13}$$

$$\nabla^2 \nabla^2 \varphi = \frac{2\nu - 1}{1 - \nu} \nabla^2 V \quad \text{（平面应变问题）} \tag{7.1.14}$$

在第四章已经述及，对于**平面应力**而言，根据协调方程已经得出前提条件为体力的散度为零，即

$$\frac{\partial f_x}{\partial x} + \frac{\partial f_y}{\partial y} = 0$$

由此根据前面体力势函数 V 的定义有

$$\nabla^2 V = 0$$

也就是说，对于平面应力问题，若体力为有势力，则问题采用应力法求解必将归结为双

调和方程（7.1.6）的求解。

但是对于平面应变问题而言，并不要求 $\dfrac{\partial f_x}{\partial x} + \dfrac{\partial f_y}{\partial y} = 0$，因此即便是有势体力的情形，问题要简化为双调和方程的求解，则还必须补充 $\nabla^2 V = 0 \left(\text{即}\dfrac{\partial f_x}{\partial x} + \dfrac{\partial f_y}{\partial y} = 0\right)$ 的条件。

显然，常体力是一种特殊的有势力，只要令 $V = -(c_1 x + c_2 y)$，就可以很容易地获得上面所述的常体力情形的结果。

综合上述无体力、常体力和有势体力 3 种情形的结果可知，如果无体力，或者体力为有势力且势函数为调和函数（满足拉普拉斯方程），则平面问题，无论是平面应力还是平面应变问题，**最后都将归结为求解满足一定条件的双调和方程**。

由此可以稍作推理，对相同单连通求解域（这里的单连通域应该包含可延拓多连通区域，见 2.8.4 节中的论述），当给定的边界条件仅为应力边界条件且完全相同的情况下，平面应力问题和平面应变问题的应力函数解也必然是相同的，因此两种平面问题的应力解将完全相同，且与弹性常数无关。当然，由于本构关系不同，此时两种平面问题的应变解及位移解是不同的。当给定的边界条件包含位移边界条件，即使求解域相同，由于本构关系不同，平面应力问题和平面应变问题的应力函数解也是不同的，因此相应的应力结果也是不同的。

由于双调和方程的复杂性，双调和方程的求解一般采用逆向求解或半逆求解的方式展开。基本思路有两条，一是充分了解应力函数的性质，也就是它和边界条件的关系，然后根据特定问题的边界条件试设应力函数的形式；二是针对给定的双调和函数，计算其应力分量表达式，然后根据特定问题的边界条件，结合叠加原理，选用相应的应力函数。

7.1.2 艾瑞应力函数的性质

根据上面的分析和推导可知，多数情况下平面问题的求解可以归结为艾瑞应力函数的求解，进一步研究应力函数的性质对运用应力函数法具有重要意义。

（1）应力函数的选择不必包含坐标 x，y 的一次项和常数项。

由前面应力函数和应力分量的关系容易看出，各应力分量均为应力函数对坐标的二阶导数，因此应力函数的选择不必包含坐标 x，y 的一次项和常数项。

多项式可以算是最简单的函数形式。由于不高于 3 次的多项式总是满足双调和方程，因此可以选择一个一般形式的二元三次多项式来计算相应的应力分量，即

$$\varphi = \frac{a}{2}x^2 + bxy + \frac{c}{2}y^2 + \frac{d}{6}x^3 + \frac{e}{2}x^2 y + \frac{f}{2}xy^2 + \frac{g}{6}y^3 \tag{7.1.15}$$

根据应力分量和应力函数的关系，可以得到无体力情况下，结构上各应力分量为

$$\begin{cases} \sigma_x = \dfrac{\partial^2 \varphi}{\partial y^2} = fx + gy + c \\[2mm] \sigma_y = \dfrac{\partial^2 \varphi}{\partial x^2} = dx + ey + a \\[2mm] \tau_{xy} = -\dfrac{\partial^2 \varphi}{\partial x \partial y} = -ex - fy - b \end{cases} \tag{7.1.16}$$

显然，若取 $d=e=f=g=0$，则得到一个常应力场，$\sigma_x=c$，$\sigma_y=a$，$\tau_{xy}=-b$，如果该应力场发生在一个矩形结构，则其边界载荷如图 7.1.1 所示；若仅有 $g\neq0$，则得到 $\sigma_x=gy$；如果该应力场发生在一个矩形结构，则其边界载荷如图 7.1.2 所示，这对应的是一个纯弯矩作用的载荷。

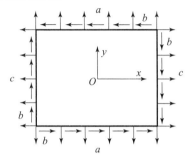

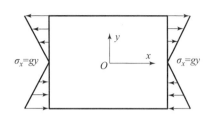

图 7.1.1　常应力场的矩形结构　　　　图 7.1.2　纯弯应力场的矩形结构

上述过程启发我们，可以充分研究一些常见的双调和函数对应的应力场，然后获得常见结构存在这些应力场时的边界条件，这对今后正向求解一些复杂问题是十分有利的。

（2）边界上应力函数的一阶导数值与边界上所受合力有关；边界上应力函数的值与边界上所受外力矩有关。

将用应力函数表示的应力分量代入应力边界条件可得

$$p_x = \frac{\partial^2 \varphi}{\partial y^2}c_{nx} - \frac{\partial^2 \varphi}{\partial x \partial y}c_{ny} \tag{7.1.17}$$

$$p_y = -\frac{\partial^2 \varphi}{\partial x \partial y}c_{nx} + \frac{\partial^2 \varphi}{\partial x^2}c_{ny} \tag{7.1.18}$$

如图 7.1.3 所示，在边界线上有

$$c_{nx} = \frac{\mathrm{d}y}{\mathrm{d}s}, \quad c_{ny} = -\frac{\mathrm{d}x}{\mathrm{d}s} \tag{7.1.19}$$

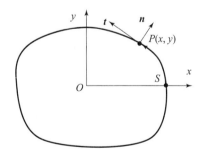

图 7.1.3　边界线上任意点处的法向和切向

将其代入式（7.1.17）和式（7.1.18）后得到

$$p_x = \frac{\partial}{\partial y}\left(\frac{\partial \varphi}{\partial y}\right)\frac{\mathrm{d}y}{\mathrm{d}s} + \frac{\partial}{\partial x}\left(\frac{\partial \varphi}{\partial y}\right)\frac{\mathrm{d}x}{\mathrm{d}s} = \frac{\mathrm{d}}{\mathrm{d}s}\left(\frac{\partial \varphi}{\partial y}\right) \tag{7.1.20}$$

$$p_y = -\frac{\partial}{\partial y}\left(\frac{\partial \varphi}{\partial x}\right)\frac{\mathrm{d}y}{\mathrm{d}s} - \frac{\partial}{\partial x}\left(\frac{\partial \varphi}{\partial x}\right)\frac{\mathrm{d}x}{\mathrm{d}s} = -\frac{\mathrm{d}}{\mathrm{d}s}\left(\frac{\partial \varphi}{\partial x}\right) \tag{7.1.21}$$

对上述两式沿边界从起点 S 到任意点 P 进行积分，可以得到

$$\left.\frac{\partial\varphi}{\partial y}\right|_P - \left.\frac{\partial\varphi}{\partial y}\right|_S = \int_S^P p_x \mathrm{d}s \tag{7.1.22}$$

$$\left.\frac{\partial\varphi}{\partial x}\right|_P - \left.\frac{\partial\varphi}{\partial x}\right|_S = -\int_S^P p_y \mathrm{d}s \tag{7.1.23}$$

显然，任意点 P 处的应力函数的一阶偏导数值与起点 S 的选择有关。选择不同起点对应的同一点 P 处的应力函数的导数值相差一个常数，相应地应力函数值也就只相差一个关于坐标 x，y 的一次函数，对应力的解并无影响。因此，为方便起见，可以令起点 S 处的应力函数一阶导数值为零，即

$$\left.\frac{\partial\varphi}{\partial y}\right|_S = 0, \left.\frac{\partial\varphi}{\partial x}\right|_S = 0$$

由此得到

$$\left.\frac{\partial\varphi}{\partial y}\right|_P = \int_S^P p_x \mathrm{d}s = X, \left.\frac{\partial\varphi}{\partial x}\right|_P = -\int_S^P p_y \mathrm{d}s = -Y \tag{7.1.24}$$

可以看出，**任意点 P 处的应力函数对 y 和 x 的一阶偏导数值分别等于从选定的起点沿正方向到任意点的 x 方向和 y 方向上的合力**。进一步，我们可以通过线积分来求出边界上的应力函数值：

$$
\begin{aligned}
\varphi(P) - \varphi(S) &= \int_S^P \mathrm{d}\varphi \\
&= \int_S^P \frac{\partial\varphi}{\partial x}\mathrm{d}x + \frac{\partial\varphi}{\partial y}\mathrm{d}y \\
&= \int_S^P -Y\mathrm{d}x + X\mathrm{d}y \quad （将式(7.1.24)代入） \\
&= (Xy - Yx)\Big|_S^P + \int_S^P x\mathrm{d}Y - y\mathrm{d}X \quad （进行分部积分） \\
&= y_P\int_S^P p_x \mathrm{d}s - x_P\int_S^P p_y \mathrm{d}s + \int_S^P xp_y \mathrm{d}s - \int_S^P yp_x \mathrm{d}s \quad （起点处合力为零） \\
&= \int_S^P (x - x_P)p_y \mathrm{d}s - \int_S^P (y - y_P)p_x \mathrm{d}s \quad （注意到 P 点坐标为定值） \\
&= M(P) \tag{7.1.25}
\end{aligned}
$$

上述结果表明，边界上任意点与选定起点处的应力函数值之差等于从起点至该点处的外力矩。选择不同起点时对应的同一点 P 处的应力函数值相差一个常数，这对应力分量的解并无影响。因此，为方便起见，可以令起点 S 处的应力函数值为零，从而有**边界上任意点处的应力函数值等于从起点沿正方向至该点处的外力矩**。这一物理含义对确定或试设应力函数是很有价值的。下面将通过实例介绍如何根据应力函数的这一性质来帮助选择应力函数的具体形式。

7.1.3　矩形截面悬臂梁受弯问题

设有一矩形截面薄板，上表面受均匀分布的压力 p，右侧面固定，其余表面均为自由边界，如图 7.1.4 所示。

由于是薄板，我们将其近似为平面应力问题处理。另外，左端固定边界要求边界上所有点的各位移分量均等于零，要寻求严格满足这样条件的解析解通常很困难，因此我

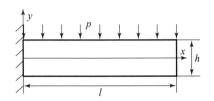 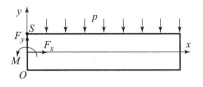

图 7.1.4 受均匀分布压力的悬臂梁

们可以只要求严格满足上、下表面的应力边界条件，而左侧和右侧位移边界条件用静力等效条件代替，即只要求该边界上的合力和合力矩满足整体静力平衡条件，尽管右端的边界其实是明确的。因此，问题的边界条件为

$$y = \frac{h}{2}: \ \sigma_y = -p, \ \tau_{yx} = 0$$

$$y = -\frac{h}{2}: \ \sigma_y = 0, \ \tau_{yx} = 0$$

$$x = 0: \ F_x = \int_{-h/2}^{h/2} \sigma_x \mathrm{d}y = 0, \ F_y = \int_{-h/2}^{h/2} \tau_{xy} \mathrm{d}y = pl, \ M = \int_{-h/2}^{h/2} y \sigma_x \mathrm{d}y = \frac{1}{2}pl^2$$

$$x = l: \ F_x = \int_{-h/2}^{h/2} \sigma_x \mathrm{d}y = 0, \ F_y = \int_{-h/2}^{h/2} \tau_{xy} \mathrm{d}y = 0, \ M = \int_{-h/2}^{h/2} y \sigma_x \mathrm{d}y = 0$$

应用前面介绍的应力函数的性质，可以根据上述给定的应力边界条件获得应力函数的边界条件。我们选择左上角点为起点 S，并设该处的应力函数和应力函数的导数值均为零。取边界的走向为顺时针方向，有

（1） $y = \frac{h}{2}$： $\varphi = -\frac{1}{2}px^2$，$\dfrac{\partial \varphi}{\partial y} = 0$。

（2） $y = -\frac{h}{2}$： $\varphi = pl\left(\dfrac{l}{2} - x\right)$，$\dfrac{\partial \varphi}{\partial y} = 0$。

上述条件说明，应力函数不仅与 x 有关，也与 y 有关，因此试假设

$$\varphi = -\frac{1}{2}px^2 f_1(y) + pl\left(\frac{l}{2} - x\right)f_2(y) + f_3(y)$$

根据上述应力函数的边界条件，可以得到待定的函数应该满足以下条件：

（1） 由 $y = \frac{h}{2}$： $\varphi = -\frac{1}{2}px^2$，可得到 $f_1\left(\dfrac{h}{2}\right) = 1$，$f_2\left(\dfrac{h}{2}\right) = 0$，$f_3\left(\dfrac{h}{2}\right) = 0$。

（2） 由 $y = -\frac{h}{2}$： $\varphi = pl\left(\dfrac{l}{2} - x\right)$，可得到 $f_1\left(-\dfrac{h}{2}\right) = 0$，$f_2\left(-\dfrac{h}{2}\right) = 1$，$f_3\left(-\dfrac{h}{2}\right) = 0$。

（3） 由 $y = \frac{h}{2}$： $\dfrac{\partial \varphi}{\partial y} = 0$，可得到 $f'_1\left(\dfrac{h}{2}\right) = 0$，$f'_2\left(\dfrac{h}{2}\right) = 0$，$f'_3\left(\dfrac{h}{2}\right) = 0$。

（4） 由 $y = -\frac{h}{2}$： $\dfrac{\partial \varphi}{\partial y} = 0$，可得到 $f'_1\left(-\dfrac{h}{2}\right) = 0$，$f'_2\left(-\dfrac{h}{2}\right) = 0$，$f'_3\left(-\dfrac{h}{2}\right) = 0$。

令应力函数满足双调和方程，即

$$\nabla^2 \nabla^2 \varphi = -2pf''_1(y) - \frac{1}{2}px^2 f_1^{(4)}(y) + pl\left(\frac{l}{2} - x\right)f_2^{(4)}(y) + f_3^{(4)}(y) = 0$$

根据函数的任意性，可以得到以下 3 个常微分方程定解问题。

（1） 关于 $f_1(y)$：

$$f_1^{(4)}(y) = 0$$

$$f_1\left(\frac{h}{2}\right)=1,\ f_1\left(-\frac{h}{2}\right)=0,\ f'_1\left(\frac{h}{2}\right)=0,\ f'_1\left(-\frac{h}{2}\right)=0$$

解出 $f_1(y)=\dfrac{1}{2}+\dfrac{3}{2h}y-\dfrac{2}{h^3}y^3$。

（2）关于 $f_2(y)$：

$$f_2^{(4)}(y)=0$$

$$f_2\left(\frac{h}{2}\right)=0,\ f_2\left(-\frac{h}{2}\right)=1,\ f'_2\left(\frac{h}{2}\right)=0,\ f'_2\left(-\frac{h}{2}\right)=0$$

解出 $f_2(y)=\dfrac{1}{2}-\dfrac{3}{2h}y+\dfrac{2}{h^3}y^3$。

（3）关于 $f_3(y)$：

$$f_3^{(4)}(y)-2pf''_1(y)=0$$

$$f_3\left(\frac{h}{2}\right)=0,\ f_3\left(-\frac{h}{2}\right)=0,\ f'_3\left(\frac{h}{2}\right)=0,\ f'_3\left(-\frac{h}{2}\right)=0$$

结合 $f_1(y)$ 的解，可以得到 $f_3(y)=\dfrac{3ph}{40}y+\dfrac{p}{10h}y^3-\dfrac{p}{5h^3}y^5$。

由此得到

$$\varphi=-\frac{1}{2}px^2\left(\frac{1}{2}+\frac{3}{2h}y-\frac{2}{h^3}y^3\right)+pl\left(\frac{l}{2}-x\right)\left(\frac{1}{2}-\frac{3}{2h}y+\frac{2}{h^3}y^3\right)+\frac{3ph}{40}y+\frac{p}{10h}y^3-\frac{p}{5h^3}y^5$$

根据应力分量与应力函数的关系，我们知道应力函数中关于坐标 $x,\ y$ 的一次项和常数项不影响应力分量的解，因此可以去掉上述函数中的一次项和常数项得到

$$\varphi=-\frac{1}{2}px^2\left(\frac{1}{2}+\frac{3}{2h}y-\frac{2}{h^3}y^3\right)+\frac{pl^2}{h^3}y^3+plx\left(\frac{3}{2h}y-\frac{2}{h^3}y^3\right)+\frac{p}{10h}y^3-\frac{p}{5h^3}y^5$$

将其代入应力分量与应力函数的关系式可以得到

$$\sigma_x=\frac{\partial^2\varphi}{\partial y^2}=\left(\frac{6p}{h^3}x^2-\frac{12lp}{h^3}x+\frac{6pl^2}{h^3}+\frac{6p}{10h}\right)y-\frac{4p}{h^3}y^3$$

$$\sigma_y=\frac{\partial^2\varphi}{\partial x^2}=-\left(\frac{1}{2}+\frac{3}{2h}y-\frac{2}{h^3}y^3\right)p$$

$$\tau_{xy}=-\frac{\partial^2\varphi}{\partial x\partial y}=(l-x)\left(\frac{6p}{h^3}y^2-\frac{3p}{2h}\right)$$

不难验证，该解完全满足上、下边界上的应力边界条件，也满足左、右边界上的静力等效条件。对于右边界，虽然满足了明确的剪应力条件，但 x 方向正应力为零的条件不能满足，因此该解尚不能视为原问题的精确解。

不难看出，如果去掉 σ_x 表达式的最后两项，即取

$$\sigma_x=\frac{\partial^2\varphi}{\partial y^2}=\left(\frac{6p}{h^3}x^2-\frac{12lp}{h^3}x+\frac{6pl^2}{h^3}\right)y$$

则结构右端边界条件可以精确满足，但可以验证此时应力分量将不满足应力协调方程，因此也不是原问题的精确解。这一结果说明，通过试设应力函数获得问题的精确解并非易事。

7.2 极坐标系中的艾瑞应力函数法及应用

7.2.1 极坐标系中的艾瑞应力函数法

如果结构是轴对称的，对于横截面平面应力或平面问题，则采用极坐标系要方便得多。这时需要将双调和方程写成极坐标系中的形式。

根据坐标变换法则，可以得到在极坐标系中有

$$\nabla^2 = \frac{\partial^2}{\partial x^2} + \frac{\partial^2}{\partial y^2} = \frac{\partial^2}{\partial r^2} + \frac{1}{r}\frac{\partial}{\partial r} + \frac{1}{r^2}\frac{\partial^2}{\partial \theta^2}$$

因此，在极坐标系中的双调和方程可以记为

$$\nabla^2\nabla^2\varphi = \left(\frac{\partial^2}{\partial r^2} + \frac{1}{r}\frac{\partial}{\partial r} + \frac{1}{r^2}\frac{\partial^2}{\partial \theta^2}\right)\left(\frac{\partial^2}{\partial r^2} + \frac{1}{r}\frac{\partial}{\partial r} + \frac{1}{r^2}\frac{\partial^2}{\partial \theta^2}\right)\varphi \tag{7.2.1}$$

对有势体力的情形，根据应力转轴公式以及坐标变换法则可得

$$\sigma_r = \frac{1}{r^2}\frac{\partial^2\varphi}{\partial\theta^2} + \frac{1}{r}\frac{\partial\varphi}{\partial r} + V \tag{7.2.2}$$

$$\sigma_\theta = \frac{\partial^2\varphi}{\partial r^2} + V \tag{7.2.3}$$

$$\tau_{r\theta} = \frac{1}{r^2}\frac{\partial\varphi}{\partial\theta} - \frac{1}{r}\frac{\partial^2\varphi}{\partial r\partial\theta} \tag{7.2.4}$$

若为存在有势体力的轴对称问题（即结构几何形状及载荷分布均与坐标 θ 无关），则应力及位移等函数分布与 θ 无关，因此应力函数也是与 θ 无关的函数。此时，用应力函数表达的应力分量为

$$\sigma_r = \frac{1}{r}\frac{\partial\varphi}{\partial r} + V \tag{7.2.5}$$

$$\sigma_\theta = \frac{\partial^2\varphi}{\partial r^2} + V \tag{7.2.6}$$

$$\tau_{r\theta} = 0 \tag{7.2.7}$$

注意到此时调和算子

$$\nabla^2 = \frac{\partial^2}{\partial x^2} + \frac{\partial^2}{\partial y^2} = \frac{\partial^2}{\partial r^2} + \frac{1}{r}\frac{\partial}{\partial r}$$

因此当 $\nabla^2 V = 0$（如常见的无体力或常体力情形）时，得到轴对称平面问题的方程为

$$\nabla^2\nabla^2\varphi = \frac{\mathrm{d}^4\varphi}{\mathrm{d}r^4} + \frac{2}{r}\frac{\mathrm{d}^3\varphi}{\mathrm{d}r^3} - \frac{1}{r^2}\frac{\mathrm{d}^2\varphi}{\mathrm{d}r^2} + \frac{1}{r^3}\frac{\mathrm{d}\varphi}{\mathrm{d}r} = 0 \tag{7.2.8}$$

这是一个四阶欧拉型常微分方程，根据常微分方程理论，该方程的通解为

$$\varphi = A\ln r + Br^2\ln r + Cr^2 + D \tag{7.2.9}$$

式中，A，B，C，D 为待定常数。

在无体力的情况（即 $V = 0$）下，将式（7.2.9）代入式（7.2.5）~ 式（7.2.6）容易得到

$$\sigma_r = \frac{1}{r}\frac{\partial\varphi}{\partial r} = \frac{A}{r^2} + B(1 + 2\ln r) + 2C \tag{7.2.10}$$

$$\sigma_\theta = \frac{\partial^2 \varphi}{\partial r^2} = -\frac{A}{r^2} + B(3 + 2\ln r) + 2C \tag{7.2.11}$$

如第四章 4.4.5 节所述，若问题为轴对称平面应力情况，应力分量除了要满足 $\nabla^2 (\sigma_r + \sigma_\theta) = 0$ 之外，还要满足式（4.4.53）和式（4.4.54）。由式（7.2.10）和式（7.2.11）可得

$$\sigma_r + \sigma_\theta = \left(\frac{\partial^2}{\partial r^2} + \frac{1}{r}\frac{\partial}{\partial r}\right)\varphi = 4[B(1 + \ln r) + C]$$

$$\sigma_r - \sigma_\theta = \frac{2A}{r^2} - 2B$$

将上述结果代入协调方程式（4.4.53）后有

$$\left(\frac{\partial^2}{\partial r^2} + \frac{1}{r}\frac{\partial}{\partial r}\right)\left(\frac{A}{r^2} + B(1 + 2\ln r) + 2C\right) - \frac{4}{r^2}\left(\frac{A}{r^2} - B\right) + \frac{4}{1 + \mu}\frac{\partial^2}{\partial r^2}[B(1 + \ln r) + C] = 0$$

展开可得

$$\frac{B}{r^2}\left(4 - \frac{1}{1 + \mu}\right) = 0$$

因此有

$$B = 0$$

因此轴对称平面应力问题的通解为

$$\sigma_r = \frac{A}{r^2} + 2C, \quad \sigma_\theta = -\frac{A}{r^2} + 2C, \quad \tau_{r\theta} = 0 \tag{7.2.12}$$

这与我们在 6.6 节的结果是完全相同的。

事实上容易验证，该解也满足另一个协调方程（4.4.54）。

显然，如果轴对称问题的求解域为实心圆（单连通域），为保证圆心处（$r = 0$）的应力为有限值，常数 A 必须为零，此时问题的解只剩下一个待定的常数 C，通过圆周上的应力边界条件 $\sigma_r = p$ 即可确定 $\sigma_r = \sigma_\theta = p$，其中 p 为圆周上的法向压力。

如果求解域为圆环结构（多连通域），则通过圆环的内、外两个边界条件可以确定问题的应力解，这便是 6.6 节给出的结果。但有一点很值得注意，这里得到的应力（应变）解在圆环的中心位置是奇异的，也就是说对本问题而言，圆环结构是不可延拓的多连通区域，其位移可积性除了要满足单连通区域的协调方程外，还应补充满足位移单值条件。但实际上并不需要，因为从数学上看，这里的轴对称问题其实是一维的，其真正的求解域只是一个以 r 为坐标的线段而已。

米歇尔[①]（Michell）在 1899 年给出了一个极坐标下弹性力学问题应力函数的通解，由其得到的各应力分量形成一个关于角坐标 θ 的傅里叶（Fourier）级数。表 7.2.1 给出了该级数各项对应的应力解。

$$\begin{aligned}
\varphi = {} & A_{01}r^2 + A_{02}r^2\ln r + A_{03}\ln r + A_{04}\theta + \\
& (A_{11}r^3 + A_{12}r\ln r + A_{14}r^{-1})\cos\theta + A_{13}r\theta\sin\theta + \\
& (B_{11}r^3 + B_{12}r\ln r + B_{14}r^{-1})\sin\theta + B_{13}r\theta\cos\theta +
\end{aligned}$$

① J. H. Michell, On the direct determination of stress in an elastic solid, with application to the theory of plates. *Proceedings of the London Mathematical Society*, Vol. 31 (1899), 100 – 124.

$$\sum_{n=2}^{\infty} (A_{n1} r^{n+2} + A_{n2} r^{-n+2} + A_{n3} r^n + A_{n4} r^{-n}) \cos(n\theta) +$$

$$\sum_{n=2}^{\infty} (B_{n1} r^{n+2} + B_{n2} r^{-n+2} + B_{n3} r^n + B_{n4} r^{-n}) \sin(n\theta) \qquad (7.2.13)$$

表 7.2.1　米歇尔应力解

φ	σ_r	$\tau_{r\theta}$	σ_θ
r^2	2	0	2
$r^2 \ln r$	$2\ln r + 1$	0	$2\ln r + 3$
$\ln r$	$1/r^2$	0	$-1/r^2$
θ	0	$1/r^2$	0
$r^3 \cos\theta$	$2r\cos\theta$	$2r\sin\theta$	$6r\cos\theta$
$r\theta\sin\theta$	$2\cos\theta/r$	0	0
$r\ln r\cos\theta$	$\cos\theta/r$	$\sin\theta/r$	$\cos\theta/r$
$\cos\theta/r$	$-2\cos\theta/r^3$	$-2\sin\theta/r^3$	$2\cos\theta/r^3$
$r^3 \sin\theta$	$2r\sin\theta$	$2r\cos\theta$	$6r\sin\theta$
$r\theta\cos\theta$	$-2\sin\theta/r$	0	0
$r\ln r\sin\theta$	$\sin\theta/r$	$-\cos\theta/r$	$\sin\theta/r$
$\sin\theta/r$	$-2\sin\theta/r^3$	$2\cos\theta/r^3$	$2\sin\theta/r^3$
$r^{n+2}\cos(n\theta)$	$-(n+1)(n-2)r^n\cos(n\theta)$	$n(n+1)r^n\sin(n\theta)$	$(n+1)(n+2)r^n\cos(n\theta)$
$r^{-n+2}\cos(n\theta)$	$-(n+2)(n-1)r^{-n}\cos(n\theta)$	$-n(n-1)r^{-n}\sin(n\theta)$	$(n-1)(n-2)r^{-n}\cos(n\theta)$
$r^2\cos(n\theta)$	$-n(n-1)r^{n-2}\cos(n\theta)$	$n(n-1)r^{n-2}\sin(n\theta)$	$n(n-1)r^{n-2}\cos(n\theta)$
$r^{-n}\cos(n\theta)$	$-n(n+1)r^{-n-2}\cos(n\theta)$	$-n(n+1)r^{-n-2}\sin(n\theta)$	$n(n+1)r^{-n-2}\cos(n\theta)$
$r^{n+2}\sin(n\theta)$	$-(n+1)(n-2)r^n\sin(n\theta)$	$-n(n+1)r^n\cos(n\theta)$	$(n+1)(n+2)r^n\sin(n\theta)$
$r^{-n+2}\sin(n\theta)$	$-(n+2)(n-1)r^{-n}\sin(n\theta)$	$n(n-1)r^{-n}\cos(n\theta)$	$(n-1)(n-2)r^{-n}\sin(n\theta)$
$r^2\sin(n\theta)$	$-n(n-1)r^{n-2}\sin(n\theta)$	$-n(n-1)r^{n-2}\cos(n\theta)$	$n(n-1)r^{n-2}\sin(n\theta)$
$r^{-n}\sin(n\theta)$	$-n(n+1)r^{-n-2}\sin(n\theta)$	$n(n+1)r^{-n-2}\cos(n\theta)$	$n(n+1)r^{-n-2}\sin(n\theta)$

　　熟悉表 7.2.1 中应力函数级数项及其对应的应力分量解，有助于我们采用半逆解法来求解弹性力学问题。对许多相对简单的问题（如 7.2.3 节的无限大楔体问题），往往可以根据问题的边界条件选用仅有若干项的米歇尔通解作为问题的试探应力函数。

7.2.2　小孔应力集中问题

　　如图 7.2.1（a）所示，是一个具有半径为 a 的小圆孔的**无限大矩形薄板**，薄板在 x 方向受均匀分布的集度为 p 的拉力作用，我们要求小孔周围的应力场。

　　因为这里主要是考察圆孔附近的应力，所以用极坐标求解要方便些。以小孔中心为坐标原点建立直角坐标系和相应的极坐标系，如图 7.2.1（a）所示。

　　根据叠加原理，单向受拉的问题可以视为图 7.2.1（b）和（c）所示的两个问题的叠加，即问题 1：x，y 两个方向受大小均为 $p/2$ 的拉力作用；问题 2：x 方向受集度为 $p/2$

的拉力而 y 方向受集度为 $p/2$ 的压力作用。

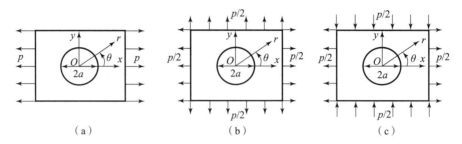

图 7.2.1　带圆孔的无限大薄板

（a）单向受拉；（b）双向受拉；（c）双向受拉压

对问题 1，根据给定条件，在无穷远处板上任意点上有

$$\sigma_x = \frac{p}{2}, \ \sigma_y = \frac{p}{2}, \ \tau_{xy} = 0$$

由极坐标下应力分量和直角坐标下应力分量的关系，可知在板的无穷远处任意点上有

$$\sigma_r = \sigma_x \cos^2\theta + \sigma_y \sin^2\theta + \tau_{xy}\sin(2\theta) \equiv \frac{p}{2}$$

$$\sigma_\theta = \sigma_x \sin^2\theta + \sigma_y \cos^2\theta - \tau_{xy}\sin(2\theta) \equiv \frac{p}{2}$$

$$\tau_{r\theta} = \frac{1}{2}(\sigma_y - \sigma_x)\sin(2\theta) + \tau_{xy}\cos(2\theta) \equiv 0$$

设想在板上取一个半径 b 为无穷大且与小孔同心的圆，根据 5.6 节或 6.6 节均匀压力作用下的厚壁圆筒问题结果，并注意本题的内壁压力为零，外壁受集度为 $p/2$ 的均匀拉力（图 7.2.2），板上任意点上的应力分量为

$$\sigma_r = \lim_{b\to\infty}\left(\frac{b^2}{a^2 - b^2} + \frac{a^2 b^2}{b^2 - a^2}\frac{1}{r^2}\right)\frac{-p}{2} = \frac{p}{2}\left(1 - \frac{a^2}{r^2}\right) \tag{7.2.14}$$

$$\sigma_\theta = \lim_{b\to\infty}\left(\frac{b^2}{a^2 - b^2} - \frac{a^2 b^2}{b^2 - a^2}\frac{1}{r^2}\right)\frac{-p}{2} = \frac{p}{2}\left(1 + \frac{a^2}{r^2}\right) \tag{7.2.15}$$

$$\tau_{r\theta} = 0 \tag{7.2.16}$$

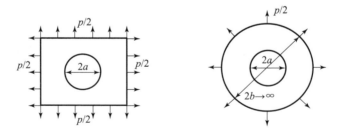

图 7.2.2　双向等拉伸作用的带孔板

下面重点分析问题 2。

在该问题中板上无穷远处任意点上有

$$\sigma_x = \frac{p}{2}, \ \sigma_y = -\frac{p}{2}, \ \tau_{xy} = 0$$

同样，由极坐标下应力分量和直角坐标下应力分量的关系，可知在板的无穷远处任意点上有

$$\sigma_r = \sigma_x \cos^2\theta + \sigma_y \sin^2\theta + \tau_{xy}\sin(2\theta) = \frac{p}{2}\cos(2\theta)$$

$$\sigma_\theta = \sigma_x \sin^2\theta + \sigma_y \cos^2\theta - \tau_{xy}\sin(2\theta) = -\frac{p}{2}\cos(2\theta)$$

$$\tau_{r\theta} = \frac{1}{2}(\sigma_y - \sigma_x)\sin(2\theta) + \tau_{xy}\cos(2\theta) = -\frac{p}{2}\sin(2\theta)$$

于是原来的问题转变为如图 7.2.3 所示的问题：内半径为 a 而外半径为 $b\to\infty$ 的圆筒，其中内孔边界处应力边界条件为

$$r = a：\ \sigma_r = 0,\ \tau_{r\theta} = 0 \tag{7.2.17}$$

$$r = b\to\infty：\ \sigma_r = \frac{p}{2}\cos(2\theta),\ \sigma_\theta = -\frac{p}{2}\cos(2\theta),\ \tau_{r\theta} = -\frac{p}{2}\sin(2\theta) \tag{7.2.18}$$

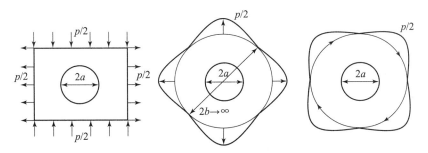

图 7.2.3　双向等压作用的带孔板

注意到上述应力边界条件的特点，正应力是 $\cos(2\theta)$ 的函数，而剪应力是 $\sin(2\theta)$ 的函数，同时结合极坐标系应力分量和应力函数的关系式（7.2.2）~式（7.2.4）以及体力为 0，因此有

$$\sigma_r = \frac{1}{r^2}\frac{\partial^2\varphi}{\partial\theta^2} + \frac{1}{r}\frac{\partial\varphi}{\partial r} \tag{7.2.19}$$

$$\sigma_\theta = \frac{\partial^2\varphi}{\partial r^2} \tag{7.2.20}$$

$$\tau_{r\theta} = \frac{1}{r^2}\frac{\partial\varphi}{\partial\theta} - \frac{1}{r}\frac{\partial^2\varphi}{\partial r\partial\theta} \tag{7.2.21}$$

因此假设问题的应力函数为

$$\varphi = f(r)\cos(2\theta)$$

将其代入双调和方程得到

$$\nabla^2\nabla^2\varphi = \left(\frac{\partial^2}{\partial r^2} + \frac{1}{r}\frac{\partial}{\partial r} - \frac{4}{r^2}\right)\left(\frac{\partial^2}{\partial r^2} + \frac{1}{r}\frac{\partial}{\partial r} - \frac{4}{r^2}\right)[f(r)\cos(2\theta)] = 0$$

即

$$\left[\left(\frac{\partial^2}{\partial r^2} + \frac{1}{r}\frac{\partial}{\partial r} - \frac{4}{r^2}\right)\left(\frac{\partial^2}{\partial r^2} + \frac{1}{r}\frac{\partial}{\partial r} - \frac{4}{r^2}\right)f(r)\right]\cos(2\theta) = 0$$

注意该方程对任意的 θ 值均成立，因此有

$$\left(\frac{\partial^2}{\partial r^2} + \frac{1}{r}\frac{\partial}{\partial r} - \frac{4}{r^2}\right)\left(\frac{\partial^2}{\partial r^2} + \frac{1}{r}\frac{\partial}{\partial r} - \frac{4}{r^2}\right)f(r) = 0 \tag{7.2.22}$$

这是一个四阶欧拉型常微分方程，可以求出其通解为

$$f(r) = Ar^4 + Br^2 + C + \frac{D}{r^2} \tag{7.2.23}$$

从而得到应力函数的通解

$$\varphi = f(r)\cos(2\theta) = \left(Ar^4 + Br^2 + C + \frac{D}{r^2}\right)\cos(2\theta) \tag{7.2.24}$$

代入式（7.2.19）~式（7.2.21），可以得到相应的应力分量为

$$\sigma_r = -\left(2B + \frac{4C}{r^2} + \frac{6D}{r^4}\right)\cos(2\theta) \tag{7.2.25}$$

$$\sigma_\theta = \left(12Ar^2 + 2B + \frac{6D}{r^4}\right)\cos(2\theta) \tag{7.2.26}$$

$$\tau_{r\theta} = \left(6Ar^2 + 2B - \frac{2C}{r^2} - \frac{6D}{r^4}\right)\sin(2\theta) \tag{7.2.27}$$

代入边界条件式（7.2.17）和式（7.2.18），可以得到：

（1）$r = b \to \infty$，应力分量应为有限值，因此 $A = 0$。

（2）$\sigma_r|_{r=b\to\infty} = \lim_{r\to\infty}\left[-\left(2B + \frac{4C}{r^2} + \frac{6D}{r^4}\right)\cos(2\theta)\right] = \frac{p}{2}\cos(2\theta)$，因此 $B = -\frac{p}{4}$。

（3）由 $r = a$ 时 $\sigma_r = 0$，$\tau_{r\theta} = 0$ 有

$$\frac{4C}{a^2} + \frac{6D}{a^4} - \frac{p}{2} = 0, \quad \frac{2C}{a^2} + \frac{6D}{a^4} + \frac{p}{2} = 0$$

解得 $C = \frac{p}{2}a^2$，$D = -\frac{p}{4}a^4$。

因此得到各应力分量为

$$\sigma_r = \frac{p}{2}\left(1 - \frac{4a^2}{r^2} + \frac{3a^4}{r^4}\right)\cos(2\theta) \tag{7.2.28}$$

$$\sigma_\theta = -\frac{p}{2}\left(1 + \frac{3a^4}{r^4}\right)\cos(2\theta) \tag{7.2.29}$$

$$\tau_{r\theta} = -\frac{p}{2}\left(1 + \frac{2a^2}{r^2} - \frac{3a^4}{r^4}\right)\sin(2\theta) \tag{7.2.30}$$

综合问题 1 和问题 2 的解，最后得到原问题的解为

$$\sigma_r = \frac{p}{2}\left(1 - \frac{a^2}{r^2}\right) + \frac{p}{2}\left(1 - \frac{4a^2}{r^2} + \frac{3a^4}{r^4}\right)\cos(2\theta) \tag{7.2.31}$$

$$\sigma_\theta = \frac{p}{2}\left(1 + \frac{a^2}{r^2}\right) - \frac{p}{2}\left(1 + \frac{3a^4}{r^4}\right)\cos(2\theta) \tag{7.2.32}$$

$$\tau_{r\theta} = -\frac{p}{2}\left(1 + \frac{2a^2}{r^2} - \frac{3a^4}{r^4}\right)\sin(2\theta) \tag{7.2.33}$$

令 $r = a$，得到小孔边上的周向应力分量为（其余两个应力分量为 0）

$$\sigma_\theta = p[1 - 2\cos(2\theta)]$$

不难看出，小孔边上的周向应力最大值为 $3p$，发生在与拉力方向垂直的方向上；最小值为 $-p$，发生在与拉力平行的方向上。

我们知道，如果无穷大板结构上没有小孔，只是在无穷远处作用有单向拉力 p，则板上处处均只有拉应力 p，其余应力分量全为零，因此从这个意义上讲，小孔的存在导致了应力的集中，有无小孔时最大应力之比通常称为**应力集中系数**，因此无穷大板上的小孔应力集中系数为 3。

需要指出的是，上述解是在板的边长为无穷大时获得的。对于有限边长的薄板，我们并不能获得其精确的解析解，初学者不妨仔细分析一下为什么上述求解过程不适用于有限长板的情形。但是，如果板的边长与小孔半径之比足够大，也可将上述解作为有限长带孔板问题的近似解，因此这一结果在工程上同样具有重要的实用价值。

7.2.3　无限大楔体问题

图 7.2.4 所示为一个顶角为 α 的无限大楔体，假设其尖端处作用有等效集中力 F，力的方向与楔体顶角平分线夹角为 β，求楔体的应力分布。

以楔体的顶角平分线为 x 轴，建立如图 7.2.4 所示的直角坐标系和极坐标系。

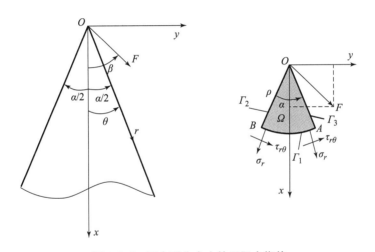

图 7.2.4　顶点受集中力的无限大楔体

本问题不考虑体力，根据给定条件可知，除了原点处应力存在奇异性之外，问题的边界条件为

（1）$\theta = -\alpha/2$：$\sigma_\theta = \dfrac{\partial^2 \varphi}{\partial r^2} = 0$，$\tau_{\theta r} = \dfrac{1}{r^2}\dfrac{\partial \varphi}{\partial \theta} - \dfrac{1}{r}\dfrac{\partial^2 \varphi}{\partial r \partial \theta} = 0$；

（2）$\theta = \alpha/2$：$\sigma_\theta = \dfrac{\partial^2 \varphi}{\partial r^2} = 0$，$\tau_{\theta r} = \dfrac{1}{r^2}\dfrac{\partial \varphi}{\partial \theta} - \dfrac{1}{r}\dfrac{\partial^2 \varphi}{\partial r \partial \theta} = 0$；

（3）$r \to \infty$：$\sigma_r = \sigma_\theta = \tau_{r\theta} = 0$；

（4）从楔体尖端切取的任意包含顶点和两侧边的封闭体积 Ω，它的边界 Γ 上的受力满足静力等效条件，即

$$\int_\Gamma T_x \mathrm{d}\Gamma = \int_\Gamma (\sigma_x c_{nx} + \tau_{yx} c_{ny}) \mathrm{d}\Gamma = F_x = F\cos\beta$$

$$\int_\Gamma T_y \mathrm{d}\Gamma = \int_\Gamma (\tau_{xy} c_{nx} + \sigma_y c_{ny}) \mathrm{d}\Gamma = F_y = F\sin\beta$$

$$\int_\Gamma (T_x y - T_y x) \mathrm{d}\Gamma = \left[\iint_\Gamma (\sigma_x c_{nx} + \tau_{yx} c_{ny}) y - (\tau_{xy} c_{nx} + \sigma_y c_{ny}) x \right] \mathrm{d}\Gamma = M_o = 0$$

根据边界条件（1）和（2）中应力函数对 r 的二阶导数为零，我们推测应力函数是关于 r 的一次函数形式，经试探必须去除其中的常数项，即具有如下形式：

$$\varphi(r,\theta) = r \cdot f(\theta) \tag{7.2.34}$$

将该式代入极坐标系下的双调和方程（7.2.1）得到

$$\frac{1}{r^3}\left(\frac{\mathrm{d}^4 f}{\mathrm{d}\theta^4} + 2\frac{\mathrm{d}^2 f}{\mathrm{d}\theta^2} + f \right) = 0, \quad \frac{\mathrm{d}^4 f}{\mathrm{d}\theta^4} + 2\frac{\mathrm{d}^2 f}{\mathrm{d}\theta^2} + f = 0 \tag{7.2.35}$$

方程（7.2.35）是一个常系数常微分方程，其特征方程为 $\lambda^4 + 2\lambda^2 + 1 = 0$，求出其特征根为 $\lambda_{1,2} = i$，$\lambda_{3,4} = -i$，具有两个重根，因此该方程的通解为

$$f(\theta) = A\cos\theta + B\sin\theta + C\theta\cos\theta + D\theta\sin\theta$$

因此得到应力函数为

$$\varphi = rf(\theta) = r(A\cos\theta + B\sin\theta + C\theta\cos\theta + D\theta\sin\theta)$$

由于 $x = r\cos\theta$，$y = r\sin\theta$，因此根据 7.1.2 节的应力函数性质（1），上式的前两项可以忽略。最后得到应力函数为

$$\varphi = Cr\theta\cos\theta + dr\theta\sin\theta$$

由式（7.2.2）~式（7.2.4）得到相应的体力分量（注意不含体力）

$$\begin{cases} \sigma_r = \dfrac{2}{r}(D\cos\theta - C\sin\theta) \\ \sigma_\theta = 0, \ \tau_{r\theta} = 0 \end{cases} \tag{7.2.36}$$

显然，这组解完全能够满足应力条件（1）、（2）和（3）。当然，上述应力函数本身也可以根据应力条件（1）和（2），结合表 7.2.1，直接选用仅有 $A_{13}r\theta\sin\theta$ 和 $B_{13}r\theta\cos\theta$ 两项的米歇尔应力函数通解作为试探应力函数得到。

取图 7.2.4 右侧所示的包含原点及楔体左右边界的扇形区域 Ω，记其圆弧边界为 Γ_1，则由等效边界条件（4）得到（其中力矩条件自动满足）

$$\int_{\Gamma_1} \sigma_r \cos\theta \rho \mathrm{d}\theta = F\cos\beta$$

$$\int_{\Gamma_1} \sigma_r \sin\theta \rho \mathrm{d}\theta = F\sin\beta$$

即

$$\int_{-\alpha}^{\alpha} 2(D\cos\theta - C\sin\theta)\cos\theta \mathrm{d}\theta = F\cos\beta$$

$$\int_{-\alpha}^{\alpha} 2(D\cos\theta - C\sin\theta)\sin\theta \mathrm{d}\theta = F\sin\beta$$

求出

$$C = \frac{F\sin\beta}{\alpha - \sin\alpha}, \quad D = \frac{-F\cos\beta}{\alpha + \sin\alpha}$$

代入式（7.2.36）可以得到应力解为

$$\begin{cases} \sigma_r = -\dfrac{2F}{r}\left(\dfrac{\cos\beta\cos\theta}{\alpha + \sin\alpha} + \dfrac{\sin\beta\sin\theta}{\alpha - \sin\alpha} \right) \\ \sigma_\theta = 0, \ \tau_{r\theta} = 0 \end{cases} \tag{7.2.37}$$

令 $\alpha = \pi$，我们得到一种特殊情况的楔体，即半无限大平面结构受集中载荷的应力结果：

$$\sigma_r = -\frac{2F}{\pi r}(\cos\beta\cos\theta + \sin\beta\sin\theta) = -\frac{2F}{\pi r}\cos(\beta - \theta) \tag{7.2.38}$$

这个结果具有重要的理论意义，根据叠加原理，我们可以基于该结果通过积分得到半无限大平面边界上有限区域内受任意分布载荷时平面内的应力结果。

进一步，根据解（7.2.37）还可以得到几种特殊情况下的应力分布。

（1）当 $\beta = 0$，$\alpha = \pi$ 时，这是半无限大平面边界上一点作用有法向集中压力的情形（图7.2.5），这时有

$$\sigma_r = -\frac{2F}{\pi}\frac{\cos\theta}{r} \tag{7.2.39}$$

这一结果是1892年佛拉门特（Flamant）首先得到的。根据上述结果，若在平面内作一直径为 d 的圆，使其在集中力作用点处与平面边界相切，圆心在作用点正下方，由于圆上任意点处的极坐标满足

$$\frac{\cos\theta}{r} \equiv \frac{1}{d}$$

因此在该圆上各点的径向应力分量均相等，其值等于集中力的2倍且均分于这个圆周上。

$$\sigma_r = \frac{2F}{\pi d} \tag{7.2.40}$$

也就是说，该应力场的等值线为在集中力作用点处相切，圆心在作用点正下方共线的一族圆。巧妙利用该结果和叠加原理，可以得到直径为 d 的薄圆板受一对径向集中力 F 作用下的应力分布，这留作习题供读者练习。

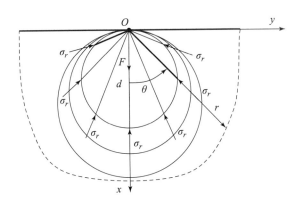

图7.2.5 边界上一点作用有法向集中压力的半无限大平面

另外，正如上面提及的，有了应力解（7.2.39），我们就可以通过积分求出半无限大平面边界上有限区域 $y \in [a, b]$ 内作用有任意分布压力载荷 $p(y)$（图7.2.6）时的应力分布。

根据式（7.2.39），对于平面上任意点 (x, y) 处，边界上 y' 点的面力微元 $p(y')\mathrm{d}y'$ 产生的应力分量微元为

$$\mathrm{d}\sigma_r = -\frac{2p(y')\mathrm{d}y'}{\pi}\frac{\cos\theta'}{r'} \tag{7.2.41}$$

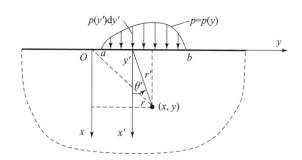

图 7.2.6 作用有法向分布力的半无限大平面

其余应力分量微元恒为零。利用第一章式（1.4.7），将其转换为图 7.2.6 中直角坐标系的应力分量微元为

$$\mathrm{d}\sigma_x = -\frac{2p(y')\mathrm{d}y'}{\pi}\frac{\cos^3\theta'}{r'} = -\frac{2p(y')}{\pi}\frac{x^3\mathrm{d}y'}{[x^2+(y-y')^2]^2} \tag{7.2.42}$$

$$\mathrm{d}\sigma_y = -\frac{2p(y')\mathrm{d}y'}{\pi}\frac{\sin^2\theta'\cos\theta'}{r'} = -\frac{2p(y')}{\pi}\frac{x(y-y')^2\mathrm{d}y'}{[x^2+(y-y')^2]^2} \tag{7.2.43}$$

$$\mathrm{d}\tau_{xy} = -\frac{2p(y')\mathrm{d}y'}{\pi}\frac{\sin\theta\cos^2\theta}{r} = -\frac{2p(y')}{\pi}\frac{x^2(y-y')\mathrm{d}y'}{[x^2+(y-y')^2]^2} \tag{7.2.44}$$

对式（7.2.42）~式（7.2.44）进行积分，便得到分布压力载荷 $p(y)$ 产生的应力分布为

$$\sigma_x = \int_a^b \mathrm{d}\sigma_x = \int_a^b p(y')\frac{-2x^3}{\pi[x^2+(y-y')^2]^2}\mathrm{d}y' \tag{7.2.45}$$

$$\sigma_y = \int_a^b \mathrm{d}\sigma_y = \int_a^b p(y')\frac{-2x(y-y')^2}{\pi[x^2+(y-y')^2]^2}\mathrm{d}y' \tag{7.2.46}$$

$$\tau_{xy} = \int_a^b \mathrm{d}\tau_{xy} = \int_a^b p(y')\frac{-2x^2(y-y')}{\pi[x^2+(y-y')^2]^2}\mathrm{d}y' \tag{7.2.47}$$

如果令

$$I_{xx}(x,y) = -\frac{2}{\pi}\frac{\cos^3\theta}{r} = -\frac{2}{\pi}\frac{x^3}{(x^2+y^2)^2} \tag{7.2.48}$$

$$I_{yy}(x,y) = -\frac{2}{\pi}\frac{\sin^2\theta\cos\theta}{r} = -\frac{2}{\pi}\frac{xy^2}{(x^2+y^2)^2} \tag{7.2.49}$$

$$I_{xy}(x,y) = -\frac{2}{\pi}\frac{\sin\theta\cos^2\theta}{r} = -\frac{2}{\pi}\frac{x^2y}{(x^2+y^2)^2} \tag{7.2.50}$$

分别表示单位集中压力载荷产生的 σ_x，σ_y 和 τ_{xy} 应力分量，则根据数学中函数的**卷积** " $*$ " 运算定义，式（7.2.45）~式（7.2.47）也可以简记为

$$\sigma_x = p(y)*I_{xx}(x,y), \quad \sigma_y = p(y)*I_{yy}(x,y), \quad \tau_y = p(y)*I_{xy}(x,y)$$

（2）当 $\beta = \frac{\pi}{2}$，$\alpha = \pi$ 时，这是半无限大平面边界上一点作用有切向集中压力的情形，

这时有

$$\sigma_r = -\frac{2F}{\pi}\frac{\sin\theta}{r} \tag{7.2.51}$$

自然，我们也可以仿照上面法向集中压力的情形，通过积分运算求出半无限大平面边界上有限区域内作用有任意分布切向载荷时的应力分布。

7.3 普朗特应力函数法及应用

7.3.1 普朗特应力函数法

普朗特（Ludwig Prandtl）在求解杆的自由扭转时提出了一种巧妙的方法，就是我们现在所说的普朗特应力函数法。

通过受力分析，我们知道自由扭转时杆结构的应力求解可以归结为任意横截面上的一种特殊平面应力问题，如图 7.3.1 所示，即

$$\sigma_x = \sigma_y = \sigma_z = \tau_{xy} = 0, \quad \tau_{yz} = \tau_{yz}(x,y), \quad \tau_{zx} = \tau_{zx}(x,y)$$

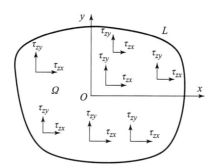

图 7.3.1 自由扭转的杆端面

因此 3 个平衡方程退化为只有一个，即

$$\frac{\partial \tau_{xz}}{\partial x} + \frac{\partial \tau_{yz}}{\partial y} = 0 \tag{7.3.1}$$

若令

$$\tau_{xz} = \frac{\partial \varphi}{\partial y}, \tau_{yz} = -\frac{\partial \varphi}{\partial x} \tag{7.3.2}$$

则平衡方程自动满足，6 个应力协调方程退化为

$$\nabla^2 \tau_{yz} = 0 \tag{7.3.3}$$

$$\nabla^2 \tau_{zx} = 0 \tag{7.3.4}$$

将式（7.3.2）代入上述两式即得到

$$\frac{\partial}{\partial x}\nabla^2 \varphi = 0 \tag{7.3.5}$$

$$\frac{\partial}{\partial y}\nabla^2 \varphi = 0 \tag{7.3.6}$$

因此有

$$\nabla^2 \varphi = C \tag{7.3.7}$$

式中，C 为待定常数。这里的函数 φ 称为**扭转应力函数**，也称为**普朗特应力函数**。

与艾瑞（Airy）应力函数类似，我们可以根据普朗特应力函数与剪应力分量的关系，获得普朗特应力函数应该满足的边界条件。

自由扭转时侧面边界上的受力为零，因此有

$$\tau_{zx} c_{nx} + \tau_{zy} c_{ny} = 0 \tag{7.3.8}$$

即

$$\frac{\partial \varphi}{\partial y} \frac{\partial y}{\partial s} + \frac{\partial \varphi}{\partial x} \frac{\partial x}{\partial s} = \frac{\mathrm{d}\varphi}{\mathrm{d}s} = 0 \tag{7.3.9}$$

也就是说在截面的边界 L 上有

$$\varphi \big|_L = c \tag{7.3.10}$$

根据自由扭转时端面的受力条件以及假定的应力解，可以得到端面上的应力条件为

$$F_x = \iint_\Omega \tau_{zx} \mathrm{d}x\mathrm{d}y = \iint_\Omega \frac{\partial \varphi}{\partial y} \mathrm{d}x\mathrm{d}y = \oint_L \varphi c_{ny} \mathrm{d}s = c \oint_L c_{ny} \mathrm{d}s \equiv 0$$

$$F_y = \iint_\Omega \tau_{zy} \mathrm{d}x\mathrm{d}y = -\iint_\Omega \frac{\partial \varphi}{\partial x} \mathrm{d}x\mathrm{d}y = -\oint_L \varphi c_{nx} \mathrm{d}s = -c \oint_L c_{nx} \mathrm{d}s \equiv 0$$

上述两式说明，当 $\varphi \big|_L = c$ 满足后，自由扭转时端面的受力条件将自动满足。

接下来，我们再来看端面的扭矩 M 与应力函数的关系条件。

$$\begin{aligned}
M &= \iint_\Omega (\tau_{yz} x - \tau_{zx} y) \mathrm{d}x\mathrm{d}y \\
&= -\iint_\Omega \left(\frac{\partial \varphi}{\partial x} x + \frac{\partial \varphi}{\partial y} y \right) \mathrm{d}x\mathrm{d}y \\
&= -\iint_\Omega \left[\frac{\partial}{\partial x}(x\varphi) + \frac{\partial}{\partial y}(y\varphi) - 2\varphi \right] \mathrm{d}x\mathrm{d}y \quad （分部积分） \\
&= -\oint_L \left[c(x c_{nx} + y c_{ny}) \mathrm{d}s + 2 \iint_\Omega \varphi \mathrm{d}x\mathrm{d}y \right] \quad （利用格林公式和条件 \varphi \big|_L = c） \\
&= 2 \iint_\Omega \varphi \mathrm{d}x\mathrm{d}y
\end{aligned} \tag{7.3.11}$$

也就是说，**扭转应力函数在求解域（端面）上的积分等于结构所受扭矩值的 $1/2$**。

7.3.2　圆截面杆的扭转问题

对于如图 7.3.2 所示的轴对称问题（如圆柱或圆管的扭转等）情况，有

$$\tau_{yz} = \tau_{yz}(r), \ \tau_{zx} = \tau_{zx}(r), \ \varphi = \varphi(r) \tag{7.3.12}$$

方程（7.3.7）展开后

$$\frac{\mathrm{d}^2 \varphi}{\mathrm{d}r^2} + \frac{1}{r} \frac{\mathrm{d}\varphi}{\mathrm{d}r} = C \tag{7.3.13}$$

该方程的齐次形式的通解为

$$\varphi_0 = C_1 + C_2 \ln r$$

该方程的一个特解为

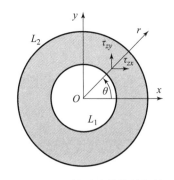

图 7.3.2　轴对称结构的扭转

$$\varphi^* = \frac{C}{4}r^2$$

所以方程的通解为

$$\varphi = C_1 + C_2\ln r + \frac{C}{4}r^2 \tag{7.3.14}$$

根据普朗特应力函数与剪应力的关系，我们知道应力函数中的常数项并不影响应力分量，因此只需取

$$\varphi = C_2\ln r + \frac{C}{4}r^2$$

综合上述结果，我们知道如果是半径为 R 的**实心圆杆**，考虑到轴心的应力分量应为有限值，因此有 $C_2 = 0$，这时有

$$M = 2\iint_\Omega \varphi \mathrm{d}x\mathrm{d}y = 2\int_0^{2\pi}\int_0^R \frac{C}{4}r^2 r\mathrm{d}r\mathrm{d}\theta = \frac{\pi C}{4}R^4$$

由此解出 C 后，得到普朗特应力函数为

$$\varphi = \frac{M}{\pi R^4}r^2 \tag{7.3.15}$$

注意到在边界 L 上 $r = R$，因此有

$$\varphi\big|_L = c = \frac{M}{\pi R^2} \tag{7.3.16}$$

将式（7.3.15）代入式（7.3.2）后得到两个剪应力分量为

$$\tau_{xz} = \frac{\partial\varphi}{\partial y} = \frac{2M}{\pi R^4}y, \ \tau_{yz} = -\frac{\partial\varphi}{\partial x} = -\frac{2M}{\pi R^4}x \tag{7.3.17}$$

因此得到合剪应力大小为

$$\tau = \sqrt{\tau_{yz}^2 + \tau_{zx}^2} = \frac{2M}{\pi R^4}r \tag{7.3.18}$$

显然，剪应力大小沿半径方向呈线性分布，其中圆心处剪应力为零，而在外边缘处取得最大值 $\tau_{max} = \frac{2M}{\pi R^3}$，这与材料力学中获得的结果完全相同。

对于内外半径分别为 r_i 和 r_o 的**空心圆杆**，我们取应力函数在内圆边界上的值为零，在外圆边界上的值为常数 c，因此有

$$C_2\ln r_o + \frac{C}{4}r_o^2 = 0 \tag{7.3.19}$$

$$C_2\ln r_i + \frac{C}{4}r_i^2 = c \tag{7.3.20}$$

结合式（7.3.1），有

$$M = 2\int_0^{2\pi}\int_{r_i}^{r_o}\left(C_2\ln r + \frac{C}{4}r^2\right)r\mathrm{d}r\mathrm{d}\theta$$

积分得到

$$C_2\left[\left(\frac{r_o^2}{2}\ln r_o - \frac{r_i^2}{2}\ln r_i\right) - \frac{r_o^2 - r_i^2}{4}\right] + C\frac{r_o^4 - r_i^4}{16} = \frac{M}{4\pi} \tag{7.3.21}$$

联立式（7.3.19）~式（7.3.21），求出 C_2 和 C，进而求出截面上的剪应力值。

7.3.3　椭圆截面杆的扭转问题

对于如图 7.3.3 所示的椭圆截面杆，可以根据式（7.3.7）和式（7.3.10），取

$$\varphi = m\left(\frac{x^2}{a^2} + \frac{y^2}{b^2} - 1\right) \tag{7.3.22}$$

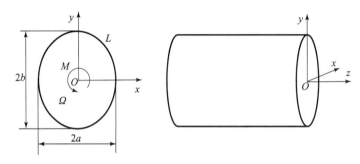

图 7.3.3　受扭矩作用的椭圆截面杆

这里相当于认为在边界 L 上，应力函数 φ 值为 0，其中 m 为待定常数。根据式（7.3.7）可知

$$2m\left(\frac{1}{a^2} + \frac{1}{b^2}\right) = C$$

利用条件式（7.3.11）可得

$$M = 2\iint_\Omega m\left(\frac{x^2}{a^2} + \frac{y^2}{b^2} - 1\right)\mathrm{d}x\mathrm{d}y \tag{7.3.23}$$

由此可以解出

$$m = -\frac{M}{\pi ab}$$

即

$$\varphi = -\frac{M}{\pi ab}\left(\frac{x^2}{a^2} + \frac{y^2}{b^2} - 1\right) \tag{7.3.24}$$

进一步可以得到待求的应力应变分量为

$$\tau_{zx} = \frac{\partial\varphi}{\partial y} = -\frac{2M}{\pi ab^3}y, \quad \tau_{zy} = -\frac{\partial\varphi}{\partial x} = \frac{2M}{\pi a^3 b}x \tag{7.3.25}$$

根据本构方程可以求得各应变分量为

$$\varepsilon_x = 0, \quad \varepsilon_y = 0, \quad \varepsilon_z = 0$$

$$\gamma_{zx} = -\frac{1}{G}\frac{2M}{\pi ab^3}y, \quad \gamma_{zy} = \frac{1}{G}\frac{2M}{\pi a^3 b}x \tag{7.3.26}$$

根据位移与应变的积分关系（见第二章式（2.8.20）～式（2.8.22））可以求得各位移分量为

$$u = u_0 + \int_{P_0 \to P}\left[\int \frac{1}{2}\left(\frac{\partial\gamma_{zx}}{\partial y} - \frac{\partial\gamma_{yz}}{\partial x}\right)\mathrm{d}z\right]\mathrm{d}y + \int_{P_0 \to P}\left[\int \frac{1}{2}\left(\frac{\partial\gamma_{zx}}{\partial y} - \frac{\partial\gamma_{yz}}{\partial x}\right)\mathrm{d}y\right]\mathrm{d}z$$

$$= u_0 - \int_{P_0 \to P}\left[\int\left(\frac{1}{G}\frac{M}{\pi ab^3} + \frac{1}{G}\frac{M}{\pi a^3 b}\right)\mathrm{d}z\right]\mathrm{d}y - \int_{P_0 \to P}\left[\int\left(\frac{1}{G}\frac{M}{\pi ab^3} + \frac{1}{G}\frac{M}{\pi a^3 b}\right)\mathrm{d}y\right]\mathrm{d}z$$

$$= u_0 - \int_{P_0 \to P} \left[\left(\frac{1}{G} \frac{M}{\pi ab^3} + \frac{1}{G} \frac{M}{\pi a^3 b} \right) z + C_1 \right] \mathrm{d}y - \int_{P_0 \to P} \left[\left(\frac{1}{G} \frac{M}{\pi ab^3} + \frac{1}{G} \frac{M}{\pi a^3 b} \right) y + C_2 \right] \mathrm{d}z$$

$$= u_0 - \frac{M(a^2 + b^2)}{G \pi a^3 b^3} yz - C_1 y - C_2 z$$

$$v = v_0 + \int_{P_0 \to P} \left[\int \frac{1}{2} \left(\frac{\partial \gamma_{xy}}{\partial z} + \frac{\partial \gamma_{yz}}{\partial x} - \frac{\partial \gamma_{zx}}{\partial y} \right) \mathrm{d}z \right] \mathrm{d}x + \int_{P_0 \to P} \left[\int \frac{1}{2} \left(\frac{\partial \gamma_{yz}}{\partial x} - \frac{\partial \gamma_{zx}}{\partial y} \right) \mathrm{d}x \right] \mathrm{d}z$$

$$= v_0 + \int_{P_0 \to P} \left[\int \frac{1}{2} \left(\frac{1}{G} \frac{2M}{\pi a^3 b} + \frac{1}{G} \frac{2M}{\pi ab^3} \right) \mathrm{d}z \right] \mathrm{d}x + \int_{P_0 \to P} \left[\int \frac{1}{2} \left(\frac{1}{G} \frac{2M}{\pi a^3 b} + \frac{1}{G} \frac{2M}{\pi ab^3} \right) \mathrm{d}x \right] \mathrm{d}z$$

$$= v_0 + \frac{M(a^2 + b^2)}{G \pi a^3 b^3} xz + C_1 x + C_3 z$$

$$w = w_0 + \int_{P_0 \to P} \left[\int \frac{1}{2} \left(\frac{\partial \gamma_{yz}}{\partial x} + \frac{\partial \gamma_{zx}}{\partial y} \right) \mathrm{d}y \right] \mathrm{d}x + \int_{P_0 \to P} \left[\int \frac{1}{2} \left(\frac{\partial \gamma_{yz}}{\partial x} + \frac{\partial \gamma_{zx}}{\partial y} \right) \mathrm{d}x \right] \mathrm{d}y$$

$$= w_0 + \int_{P_0 \to P} \left[\int \frac{1}{2} \left(\frac{1}{G} \frac{2M}{\pi a^3 b} - \frac{1}{G} \frac{2M}{\pi ab^3} \right) \mathrm{d}y \right] \mathrm{d}x + \int_{P_0 \to P} \left[\int \frac{1}{2} \left(\frac{1}{G} \frac{2M}{\pi a^3 b} - \frac{1}{G} \frac{2M}{\pi ab^3} \right) \mathrm{d}x \right] \mathrm{d}y$$

$$= w_0 + \frac{M(b^2 - a^2)}{G \pi a^3 b^3} xy + C_2 x - C_3 y$$

如果约束原点的位移和绕原点的转动，则可知

$$u_0 = v_0 = w_0 = 0, \quad C_1 = C_2 = C_3 = 0$$

因此问题的位移解为

$$u = -\frac{M(a^2 + b^2)}{G \pi a^3 b^3} yz, \quad v = \frac{M(a^2 + b^2)}{G \pi a^3 b^3} xz, \quad w = \frac{M(b^2 - a^2)}{G \pi a^3 b^3} xy$$

如果令

$$\alpha = \frac{M(a^2 + b^2)}{G \pi a^3 b^3}$$

则

$$u = -\alpha yz, \quad v = \alpha xz$$

当 α 很小时，可以视为柱体在单位长度上的扭转角。

下面对上述计算结果再做几点讨论。

（1）关于界面上的剪应力分布。

采用柱坐标，剪应力分量可以表示为

$$\tau_{zx} = -\frac{2M}{\pi ab^3} y = -\frac{2M}{\pi ab^3} r \sin\theta$$

$$\tau_{zy} = \frac{2M}{\pi a^3 b} x = \frac{2M}{\pi a^3 b} r \cos\theta$$

任一点上的总剪切应力为

$$\tau = \sqrt{\tau_{zx}^2 + \tau_{zy}^2} = \frac{2M}{\pi ab} \sqrt{\frac{x^2}{a^4} + \frac{y^2}{b^4}} = \frac{2Mr}{\pi ab} \sqrt{\frac{\cos^2\theta}{a^4} + \frac{\sin^2\theta}{b^4}}$$

可见，当角度 θ 确定后，τ 的大小沿径向呈线性分布，截面中心处数值为 0，最大值发生在截面的边缘；在截面的边缘上，因为 $\frac{x^2}{a^2} + \frac{y^2}{b^2} - 1 = 0$，因此总剪应力大小为

$$\tau = \frac{2M}{\pi ab}\sqrt{\frac{1}{a^2} + \frac{y^2}{b^2}\left(\frac{1}{b^2} - \frac{1}{a^2}\right)}$$

不失一般性，令 $b \geqslant a$，则 $\frac{1}{b^2} - \frac{1}{a^2} \leqslant 0$，因此在截面的边缘上，①当 $y = 0$ 时（即短轴边缘上），总剪应力取最大值，$\tau_{\max}\frac{2M}{\pi a^2 b}$；②当 $y = b$ 时（即长轴边缘上），总剪应力取最小值，$\tau_{\min} = \frac{2M}{\pi ab^2}$；方向为该点的切向，如图 7.3.4 所示。

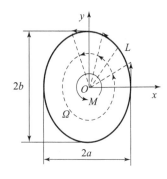

图 7.3.4 受扭椭圆截面杆
截面上的应力分布

（2）令 $a = b = R$，可以获得有关半径为 R 的圆截面杆受扭转的结果。

$$\tau_{zx} = -\frac{2M}{\pi R^4}y, \quad \tau_{zy} = \frac{2M}{\pi R^4}x$$

$$u = -\frac{2M}{G\pi R^4}yz, \quad v = \frac{2M}{G\pi R^4}xz, \quad w \equiv 0$$

上述应力结果与 7.3.2 节的结果是完全相同的。

将位移解转换为柱坐标形式得到

$$u_r = 0, \quad u_\theta = \frac{2M}{G\pi R^4}rz, \quad u_z \equiv 0$$

上述位移解表明，在 $z = 0$ 的端面上所有各点的位移均等于零。

在任意给定的横截面上，各点的切向位移 u_θ 与半径 r 成正比，而 $u_r = u_z = 0$，可见圆截面直杆在扭转变形时，各横截面像刚体一样转动。这一结果说明，**材料力学中对圆轴扭转所作的"刚性平面假设"是完全正确的**。

顺便指出，由于 $u_z = 0$，所以两端面处，即使在轴向 z 受到刚性限制，亦不会产生轴向应力 σ_z。因而在本问题中，亦可将 $\sigma_z = 0$（在两端面处）作为精确的力边界条件提出，仍可得到上面相同的结果。但即使这样，若在垂直于半径方向的切向面力沿半径不按线性规律分布时，解答仍然只能用在足够长圆杆的中间部分。

7.4 三维问题的应力函数法

本节简要介绍无体力三维问题的两种不同的应力函数法，分别是麦克斯韦（Maxwell）应力函数法和莫雷拉（Morera）应力函数法。事实上这两种应力函数存在内在的关联，是更一般的贝尔特拉米（Beltrami）应力函数的两个特例[①]，感兴趣的读者可以进一步参阅有关文献。

7.4.1 麦克斯韦应力函数法

1868 年，麦克斯韦取函数 φ_1，φ_2，φ_3，按下列方式构建应力分量：

① M. H. Sadd. Elasticity-Theory, Applications, and Numerics（Second Edition）[M]. Elsevier Inc，2009：p. 381；黄怡筠，程兆雄. 弹性理论基础 [M].北京：北京理工大学出版社，1988.

$$\sigma_x = \frac{\partial^2 \varphi_2}{\partial z^2} + \frac{\partial^2 \varphi_3}{\partial y^2}, \ \sigma_y = \frac{\partial^2 \varphi_3}{\partial x^2} + \frac{\partial^2 \varphi_1}{\partial z^2}, \ \sigma_z = \frac{\partial^2 \varphi_1}{\partial y^2} + \frac{\partial^2 \varphi_2}{\partial x^2}$$

$$\tau_{xy} = -\frac{\partial^2 \varphi_3}{\partial x \partial y}, \ \tau_{yz} = -\frac{\partial^2 \varphi_1}{\partial y \partial z}, \ \tau_{zx} = -\frac{\partial^2 \varphi_2}{\partial z \partial x}$$

容易验证，上述应力分量自动满足无体力三维弹性力学问题的平衡方程，因此求解 6 个应力分量转为求解 3 个应力函数。φ_1，φ_2，φ_3 常被称为**麦克斯韦应力函数**。将上述应力分量代入无体力应力协调方程，便得到这 3 个应力函数应该满足的微分方程。

$$\nabla^2 \left(\frac{\partial^2 \varphi_2}{\partial z^2} + \frac{\partial^2 \varphi_3}{\partial y^2} \right) + \frac{1}{1+\nu} \frac{\partial^2 \Theta}{\partial x^2} = 0$$

$$\nabla^2 \left(\frac{\partial^2 \varphi_3}{\partial x^2} + \frac{\partial^2 \varphi_1}{\partial z^2} \right) + \frac{1}{1+\nu} \frac{\partial^2 \Theta}{\partial y^2} = 0$$

$$\nabla^2 \left(\frac{\partial^2 \varphi_1}{\partial y^2} + \frac{\partial^2 \varphi_2}{\partial x^2} \right) + \frac{1}{1+\nu} \frac{\partial^2 \Theta}{\partial z^2} = 0$$

$$\frac{\partial^2}{\partial x \partial y} \left(\nabla^2 \varphi_3 - \frac{1}{1+\nu} \Theta \right) = 0$$

$$\frac{\partial^2}{\partial y \partial z} \left(\nabla^2 \varphi_1 - \frac{1}{1+\nu} \Theta \right) = 0$$

$$\frac{\partial^2}{\partial z \partial x} \left(\nabla^2 \varphi_2 - \frac{1}{1+\nu} \Theta \right) = 0$$

式中，$\Theta = \sigma_x + \sigma_y + \sigma_z = \nabla^2 (\varphi_1 + \varphi_2 + \varphi_3) - \left(\frac{\partial^2 \varphi_1}{\partial x^2} + \frac{\partial^2 \varphi_2}{\partial y^2} + \frac{\partial^2 \varphi_3}{\partial z^2} \right)$。

7.4.2 莫雷拉应力函数法

1892 年，莫雷拉取函数 φ_4，φ_5，φ_6，按下列方式构建应力分量：

$$\sigma_x = \frac{\partial^2 \varphi_4}{\partial y \partial z}, \ \sigma_y = \frac{\partial^2 \varphi_5}{\partial z \partial x}, \ \sigma_z = \frac{\partial^2 \varphi_6}{\partial x \partial y}$$

$$\tau_{xy} = -\frac{1}{2} \frac{\partial}{\partial z} \left(\frac{\partial \varphi_4}{\partial x} + \frac{\partial \varphi_5}{\partial y} - \frac{\partial \varphi_6}{\partial z} \right)$$

$$\tau_{yz} = -\frac{1}{2} \frac{\partial}{\partial x} \left(-\frac{\partial \varphi_4}{\partial x} + \frac{\partial \varphi_5}{\partial y} + \frac{\partial \varphi_6}{\partial z} \right)$$

$$\tau_{zx} = -\frac{1}{2} \frac{\partial}{\partial y} \left(\frac{\partial \varphi_4}{\partial x} - \frac{\partial \varphi_5}{\partial y} + \frac{\partial \varphi_6}{\partial z} \right)$$

我们也容易验证，上述应力分量自动满足无体力三维弹性力学问题的平衡方程，因此求解 6 个应力分量转为求解 3 个应力函数。φ_4，φ_5，φ_6 常被称为**莫雷拉应力函数**。它们应该满足无体力应力协调方程。

$$\nabla^2 \left(\frac{\partial^2 \varphi_4}{\partial y \partial z} \right) + \frac{1}{1+\nu} \frac{\partial^2 \Theta}{\partial x^2} = 0$$

$$\nabla^2 \left(\frac{\partial^2 \varphi_5}{\partial z \partial x} \right) + \frac{1}{1+\nu} \frac{\partial^2 \Theta}{\partial y^2} = 0$$

$$\nabla^2 \left(\frac{\partial^2 \varphi_6}{\partial x \partial y} \right) + \frac{1}{1+\nu} \frac{\partial^2 \Theta}{\partial z^2} = 0$$

$$\nabla^2 \frac{\partial}{\partial z}\left(\frac{\partial \varphi_4}{\partial x} + \frac{\partial \varphi_5}{\partial y} - \frac{\partial \varphi_6}{\partial z}\right) - \frac{2}{1+\nu}\frac{\partial^2}{\partial x \partial y}\Theta = 0$$

$$\nabla^2 \frac{\partial}{\partial x}\left(-\frac{\partial \varphi_4}{\partial x} + \frac{\partial \varphi_5}{\partial y} + \frac{\partial \varphi_6}{\partial z}\right) - \frac{2}{1+\nu}\frac{\partial^2}{\partial y \partial z}\Theta = 0$$

$$\nabla^2 \frac{\partial}{\partial y}\left(\frac{\partial \varphi_4}{\partial x} - \frac{\partial \varphi_5}{\partial y} + \frac{\partial \varphi_6}{\partial z}\right) - \frac{2}{1+\nu}\frac{\partial^2}{\partial z \partial x}\Theta = 0$$

式中，$\Theta = \sigma_x + \sigma_y + \sigma_z = \dfrac{\partial^2 \varphi_4}{\partial y \partial z} + \dfrac{\partial^2 \varphi_5}{\partial z \partial x} + \dfrac{\partial^2 \varphi_6}{\partial x \partial y}$。

上述结果表明，无论是采用麦克斯韦应力函数还是莫雷拉应力函数，三维弹性力学问题都要求解一个**三函数四阶三元偏微分方程组**。由于方程组非常复杂，因此在一般情况下仍然无法求得其通解。

习题七

7.1　采用应力函数法求解受均匀内压两端自由的厚壁圆筒问题。

7.2　求直径为 d 的薄圆板受一对径向集中力 F 作用下的应力分布。

7.3　求半无限大平面边界一点作用有法向集中压力 F 时的位移。

7.4　如题图所示，求半无限大平面长为 $2a$ 的一段边界作用有法向分布压力 $p = \cos(\pi y/a)$，求应力分布和表面的位移沉降。

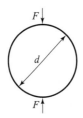

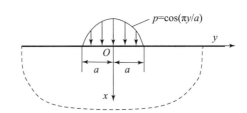

题 7.2 图　受一对径向集中力
作用的薄圆板

题 7.4 图　作用有法向分布压力
半无限大平面

第八章

线弹性力学问题的位移函数法

8.1 无体力弹性体位移场性质

根据第五章结果，我们考虑无体力时的弹性力学位移法的基本方程组

$$Gu_{j,ii} + (\lambda + G)u_{i,ij} = 0$$

利用弹性常数之间的关系，该方程也可以写为

$$u_{j,ii} + \frac{1}{1-2\nu}u_{i,ij} = 0 \tag{8.1.1}$$

或者记为

$$\nabla^2 u + \frac{1}{1-2\nu}\nabla(\nabla \cdot u) = 0 \tag{8.1.2}$$

这是一个椭圆型二阶线性偏微分方程组。与应力法基本方程组不同，位移法基本方程只有 3 个待求函数，方程数量和形式上已经相对简单，但该方程组仍十分复杂，除了在第五章介绍的一些简单情形外，一般不能直接求解。

事实上，如果对上述无体力位移法基本方程中的自由指标 j 求偏导然后相加则得到

$$u_{j,iij} + \frac{1}{1-2\nu}u_{i,ijj} = 0$$

因此便有

$$u_{i,ijj} = 0 \text{ 或者 } (u_{i,i})_{,jj} = 0 \tag{8.1.3}$$

即无体力弹性体的体积应变为调和函数。

接下来，我们对方程组（8.1.1）的每一项取拉普拉斯算子得到

$$u_{j,iimm} + \frac{1}{1-2\nu}u_{i,ijmm} = 0$$

将式（8.1.3）代入上式，便可以得到

$$u_{j,iimm} = 0 \tag{8.1.4}$$

即无体力弹性体的位移分量必为双调和函数。 也就是说，对于无体力弹性体，其位移分量 u，v，w 满足下列方程：

$$\nabla^2\nabla^2 u = 0, \ \nabla^2\nabla^2 v = 0, \ \nabla^2\nabla^2 w = 0 \tag{8.1.5}$$

理论研究表明，通过引入某些具有特殊性质的函数，由它构造的位移若能够自动满足上述基本方程组，则对该方程组的一般求解是十分有利的，我们称这种函数为**位移函数**。下面简要介绍几种经典的位移函数形式。

8.2 无旋位移场的势函数法

8.2.1 直角坐标系中的位移势函数

根据场论知识可知，无旋向量场必有势函数。假如在某种特殊情况下的位移场是一个无旋场，即 $u_{i,j} = u_{j,i}$，则一定存在势函数 ψ（也称**拉梅位移函数**），使得

$$u_i = \psi_{,i} \tag{8.2.1}$$

将其代入位移法基本方程组得到

$$\psi_{,jii} + \frac{1}{1-2\nu}\psi_{,iij} = 0$$

也就是

$$\psi_{,iij} = 0，即 \ \psi_{,ii} = c$$

也可以记为

$$\nabla^2 \psi = c \ 或 \ \frac{\partial^2 \psi}{\partial x^2} + \frac{\partial^2 \psi}{\partial y^2} + \frac{\partial^2 \psi}{\partial z^2} = c \tag{8.2.2}$$

这是一个泊松方程。注意到 $\psi_{,ii} = u_{i,i}$，也就是体积应变，因此上式说明无旋位移场对应的体积应变为常数，同时也表明，无旋位移弹性力学问题归结为一个非齐次项为常数的泊松方程的求解。这是一个很大的进展，因为非齐次项为常数的泊松方程的特解很容易求出。例如下列函数都是非齐次项为常数的泊松方程的特解：

$$\frac{c}{2}x^2，\ \frac{c}{4}(x^2 + y^2)，\ \frac{c}{6}(x^2 + y^2 + z^2)$$

而这时方程的通解即调和方程的通解（即任意调和函数）与上述任意函数之和，这为解析求解提供了很大方便。

但是，如何能够判断一个弹性力学问题的位移场为无旋场呢？我们知道，弹性体上一点的位移旋度对应其转动张量，无旋位移场说明弹性体上的转动张量处处为零，这意味着弹性体在变形过程中，除去刚体位移外，处处不发生转动。显然，这样的例子并不少见，如均匀受拉的块体，受静水压力的任意弹性体，前面第五章和第六章介绍的受均匀内外压两端光滑固定的厚壁圆筒，受均匀内外压的球壳问题，以及均匀升温的自由物体等。但这类问题都相对简单，求解时一般并不需要采用位移势函数法。

根据式（8.2.1），用位移势函数表示的柯西应变分量为

$$e_{ij} = \frac{1}{2}(u_{i,j} + u_{j,i}) = \psi_{,ij}$$

再根据线弹性材料应力—应变关系可以得到

$$\sigma_{ij} = 2Ge_{ij} + \lambda e_{kk}\delta_{ij} = 2G\psi_{,ij} + \lambda c\delta_{ij}$$

写成展开式即

$$\begin{cases} \sigma_x = 2G\dfrac{\partial^2 \psi}{\partial x^2} + \lambda c，\ \sigma_y = 2G\dfrac{\partial^2 \psi}{\partial y^2} + \lambda c，\ \sigma_z = 2G\dfrac{\partial^2 \psi}{\partial z^2} + \lambda c \\[2mm] \tau_{xy} = 2G\dfrac{\partial^2 \psi}{\partial x \partial y}，\ \tau_{yz} = 2G\dfrac{\partial^2 \psi}{\partial y \partial z}，\ \tau_{zx} = 2G\dfrac{\partial^2 \psi}{\partial z \partial x} \end{cases} \tag{8.2.3}$$

例如，对于图 8.2.1 所示的受静水压力 p 作用的物体 Ω，其边界为 Γ，假如我们能断定该问题的位移场为无旋场，所有边界条件均为如下的应力边界条件，则该问题的求解就是要求函数 ψ，使其满足方程（8.2.2）和如下的边界条件：

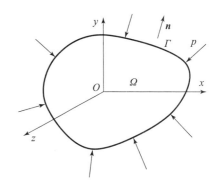

图 8.2.1　受静水压力的弹性体

$$\left(2G\frac{\partial^2\psi}{\partial x^2}+\lambda c\right)c_{nx}+2G\frac{\partial^2\psi}{\partial x\partial y}c_{ny}+2G\frac{\partial^2\psi}{\partial z\partial x}c_{nz}=-pc_{nx}$$

$$2G\frac{\partial^2\psi}{\partial x\partial y}c_{nx}+\left(2G\frac{\partial^2\psi}{\partial y^2}+\lambda c\right)c_{ny}+2G\frac{\partial^2\psi}{\partial y\partial z}c_{nz}=-pc_{ny}$$

$$2G\frac{\partial^2\psi}{\partial z\partial x}c_{nx}+2G\frac{\partial^2\psi}{\partial y\partial z}c_{ny}+\left(2G\frac{\partial^2\psi}{\partial z^2}+\lambda c\right)c_{nz}=-pc_{nz}$$

显然，要直接求解该方程并非易事。但如果根据物体的受力推定，物体内的剪应力分量均为零，因此剪应变分量也为零，即

$$\frac{\partial^2\psi}{\partial x\partial y}=\frac{\partial^2\psi}{\partial y\partial z}=\frac{\partial^2\psi}{\partial z\partial x}=0$$

这时由边界条件便可以得到

$$\left(2G\frac{\partial^2\psi}{\partial x^2}+\lambda c\right)c_{nx}=-pc_{nx}$$

$$\left(2G\frac{\partial^2\psi}{\partial y^2}+\lambda c\right)c_{ny}=-pc_{ny}$$

$$\left(2G\frac{\partial^2\psi}{\partial z^2}+\lambda c\right)c_{nz}=-pc_{nz}$$

即

$$\frac{\partial^2\psi}{\partial x^2}=\frac{\partial^2\psi}{\partial y^2}=\frac{\partial^2\psi}{\partial z^2}=-\frac{\lambda c+p}{2G} \tag{8.2.4}$$

将方程（8.2.4）代入方程（8.2.2）可得

$$-\frac{3(\lambda c+p)}{2G}=c$$

从而解出

$$c=-\frac{3p}{2G+3\lambda}=-\frac{3p(1-2\nu)}{E}=-\frac{p}{K} \tag{8.2.5}$$

式中，K 为第三章 3.3.1 节介绍的材料的体积模量。

确定了常数 c，便可以通过方程组（8.2.4）得到 ψ 的通解为

$$\psi=\frac{c}{6}(x^2+y^2+z^2)+Ax+By+Cz$$

进而得到位移表达式为

$$u=\frac{\partial\psi}{\partial x}=-\frac{p}{3K}x+A$$

$$v=\frac{\partial\psi}{\partial y}=-\frac{p}{3K}y+B$$

$$w=\frac{\partial\psi}{\partial z}=-\frac{p}{3K}z+C$$

如果选择物体上一点（如形心）为原点，并限制该点的位移，则上述 A，B，C 均等于零，这时的位移是

$$u = -\frac{p}{3K}x, \quad v = -\frac{p}{3K}y, \quad w = -\frac{p}{3K}z$$

8.2.2　柱坐标系和球坐标系中的位移势函数

通过坐标变换，可以将式（8.2.1）写成柱坐标和球坐标的形式，以便于分析柱坐标和球坐标系中的问题。

1. 柱坐标系中的位移势函数

根据柱坐标系的定义，我们知道柱坐标系中的坐标分量 (r, θ, z) 与其所参考的直角坐标系中的坐标分量 (x, y, z) 之间的关系，以及位移分量 (u_r, u_θ, u_z) 和 (u_x, u_y, u_z) 之间的关系分别如下：

$$x = r\cos\theta, \quad y = r\sin\theta, \quad z = z$$

$$r = \sqrt{x^2 + y^2}, \quad \theta = \arctan\frac{y}{x}, \quad z = z$$

$$\begin{Bmatrix} u_r \\ u_\theta \\ u_z \end{Bmatrix} = \begin{bmatrix} \cos\theta & \sin\theta & 0 \\ -\sin\theta & \cos\theta & 0 \\ 0 & 0 & 1 \end{bmatrix} \begin{Bmatrix} u_x \\ u_y \\ u_z \end{Bmatrix} = \begin{bmatrix} \cos\theta & \sin\theta & 0 \\ -\sin\theta & \cos\theta & 0 \\ 0 & 0 & 1 \end{bmatrix} \begin{Bmatrix} \dfrac{\partial\psi}{\partial x} \\[2mm] \dfrac{\partial\psi}{\partial y} \\[2mm] \dfrac{\partial\psi}{\partial z} \end{Bmatrix} \tag{8.2.6}$$

由此可以得到位移势函数对两个坐标系坐标分量导数之间的关系为

$$\begin{Bmatrix} \dfrac{\partial\psi}{\partial x} \\[2mm] \dfrac{\partial\psi}{\partial y} \\[2mm] \dfrac{\partial\psi}{\partial z} \end{Bmatrix} = \begin{bmatrix} \dfrac{\partial r}{\partial x} & \dfrac{\partial\theta}{\partial x} & \dfrac{\partial z}{\partial x} \\[2mm] \dfrac{\partial r}{\partial y} & \dfrac{\partial\theta}{\partial y} & \dfrac{\partial z}{\partial y} \\[2mm] \dfrac{\partial r}{\partial z} & \dfrac{\partial\theta}{\partial z} & \dfrac{\partial z}{\partial z} \end{bmatrix} \begin{Bmatrix} \dfrac{\partial\psi}{\partial r} \\[2mm] \dfrac{\partial\psi}{\partial\theta} \\[2mm] \dfrac{\partial\psi}{\partial z} \end{Bmatrix} = \begin{bmatrix} \cos\theta & -\dfrac{\sin\theta}{r} & 0 \\[2mm] \sin\theta & \dfrac{\cos\theta}{r} & 0 \\[2mm] 0 & 0 & 1 \end{bmatrix} \begin{Bmatrix} \dfrac{\partial\psi}{\partial r} \\[2mm] \dfrac{\partial\psi}{\partial\theta} \\[2mm] \dfrac{\partial\psi}{\partial z} \end{Bmatrix} \tag{8.2.7}$$

将式（8.2.7）代入式（8.2.6）后得到

$$\begin{Bmatrix} u_r \\ u_\theta \\ u_z \end{Bmatrix} = \begin{bmatrix} \cos\theta & \sin\theta & 0 \\ -\sin\theta & \cos\theta & 0 \\ 0 & 0 & 1 \end{bmatrix} \begin{bmatrix} \cos\theta & -\dfrac{\sin\theta}{r} & 0 \\[2mm] \sin\theta & \dfrac{\cos\theta}{r} & 0 \\[2mm] 0 & 0 & 1 \end{bmatrix} \begin{Bmatrix} \dfrac{\partial\psi}{\partial r} \\[2mm] \dfrac{\partial\psi}{\partial\theta} \\[2mm] \dfrac{\partial\psi}{\partial z} \end{Bmatrix}$$

展开后，得到柱坐标下的位移分量与位移势函数的关系为

$$u_r = \frac{\partial\psi}{\partial r}, \quad u_\theta = \frac{1}{r}\frac{\partial\psi}{\partial\theta}, \quad u_z = \frac{\partial\psi}{\partial z} \tag{8.2.8}$$

进一步，利用柱坐标系中几何方程（2.4.16）~式（2.4.21）和本构方程（3.3.17）可以得到柱坐标系中的应力分量与位移势函数的关系为

$$\begin{cases} \sigma_r = 2G\dfrac{\partial^2 \psi}{\partial r^2} + \lambda c, \ \sigma_\theta = 2G\left(\dfrac{1}{r}\dfrac{\partial \psi}{\partial r} + \dfrac{1}{r^2}\dfrac{\partial^2 \psi}{\partial \theta^2}\right) + \lambda c, \ \sigma_z = 2G\dfrac{\partial^2 \psi}{\partial z^2} + \lambda c \\[2mm] \tau_{r\theta} = 2G\dfrac{\partial}{\partial r}\left(\dfrac{1}{r}\dfrac{\partial \psi}{\partial \theta}\right), \ \tau_{\theta z} = 2G\dfrac{1}{r}\dfrac{\partial^2 \psi}{\partial \theta \partial z}, \ \tau_{zr} = 2G\dfrac{\partial^2 \psi}{\partial z \partial r} \end{cases} \tag{8.2.9}$$

2. 球坐标系中的位移势函数

同样，我们可以根据如下球坐标系中的坐标分量 (r, θ, φ) 与其所参考的直角坐标系中的坐标分量 (x, y, z) 之间的关系，以及位移分量 $(u_r, u_\theta, u_\varphi)$ 和 (u_x, u_y, u_z) 之间的关系：

$$x = r\sin\theta\cos\varphi, \ y = r\sin\theta\sin\varphi, \ z = r\cos\theta$$

$$r = \sqrt{x^2 + y^2 + z^2}, \ \theta = \arctan\frac{\sqrt{x^2 + y^2}}{z}, \ \varphi = \arctan\frac{y}{x}$$

$$\begin{Bmatrix} u_r \\ u_\theta \\ u_\varphi \end{Bmatrix} = \begin{bmatrix} \sin\theta\cos\varphi & \sin\theta\sin\varphi & \cos\theta \\ \cos\theta\cos\varphi & \cos\theta\sin\varphi & -\sin\theta \\ -\sin\varphi & \cos\varphi & 0 \end{bmatrix} \begin{Bmatrix} u_x \\ u_y \\ u_z \end{Bmatrix} \tag{8.2.10}$$

得到位移势函数对两个坐标系坐标分量导数之间的关系为

$$\begin{Bmatrix} \dfrac{\partial \psi}{\partial x} \\[2mm] \dfrac{\partial \psi}{\partial y} \\[2mm] \dfrac{\partial \psi}{\partial z} \end{Bmatrix} = \begin{bmatrix} \dfrac{\partial r}{\partial x} & \dfrac{\partial \theta}{\partial x} & \dfrac{\partial \varphi}{\partial x} \\[2mm] \dfrac{\partial r}{\partial y} & \dfrac{\partial \theta}{\partial y} & \dfrac{\partial \varphi}{\partial y} \\[2mm] \dfrac{\partial r}{\partial z} & \dfrac{\partial \theta}{\partial z} & \dfrac{\partial \varphi}{\partial z} \end{bmatrix} \begin{Bmatrix} \dfrac{\partial \psi}{\partial r} \\[2mm] \dfrac{\partial \psi}{\partial \theta} \\[2mm] \dfrac{\partial \psi}{\partial \varphi} \end{Bmatrix} = \begin{bmatrix} \sin\theta\cos\varphi & \dfrac{\cos\theta\cos\varphi}{r} & \dfrac{-\sin\varphi}{r\sin\theta} \\[2mm] \sin\theta\sin\varphi & \dfrac{\cos\theta\sin\varphi}{r} & \dfrac{\cos\varphi}{r\sin\theta} \\[2mm] \cos\theta & -\dfrac{\sin\theta}{r} & 0 \end{bmatrix} \begin{Bmatrix} \dfrac{\partial \psi}{\partial r} \\[2mm] \dfrac{\partial \psi}{\partial \theta} \\[2mm] \dfrac{\partial \psi}{\partial \varphi} \end{Bmatrix} \tag{8.2.11}$$

将式（8.2.1）和式（8.2.11）代入式（8.2.10），得到球坐标系中的位移分量和位移势函数的关系为

$$\begin{Bmatrix} u_r \\ u_\theta \\ u_\varphi \end{Bmatrix} = \begin{bmatrix} \sin\theta\cos\varphi & \sin\theta\sin\varphi & \cos\theta \\ \cos\theta\cos\varphi & \cos\theta\sin\varphi & -\sin\theta \\ -\sin\varphi & \cos\varphi & 0 \end{bmatrix} \begin{bmatrix} \sin\theta\cos\varphi & \dfrac{\cos\theta\cos\varphi}{r} & \dfrac{-\sin\varphi}{r\sin\theta} \\[2mm] \sin\theta\sin\varphi & \dfrac{\cos\theta\sin\varphi}{r} & \dfrac{\cos\varphi}{r\sin\theta} \\[2mm] \cos\theta & -\dfrac{\sin\theta}{r} & 0 \end{bmatrix} \begin{Bmatrix} \dfrac{\partial \psi}{\partial r} \\[2mm] \dfrac{\partial \psi}{\partial \theta} \\[2mm] \dfrac{\partial \psi}{\partial \varphi} \end{Bmatrix}$$

展开后可以得到球坐标系下位移用势函数的表达式

$$\begin{cases} u_r = \dfrac{\partial \psi}{\partial r} + \dfrac{\sin(2\theta)}{r}\dfrac{\partial \psi}{\partial \theta} - \dfrac{\sin(2\varphi)}{r}\dfrac{\partial \psi}{\partial \varphi} \\[3mm] u_\theta = \sin(2\theta)\dfrac{\partial \psi}{\partial r} + \dfrac{1}{r}\dfrac{\partial \psi}{\partial \theta} - \dfrac{\cot\theta\sin(2\varphi)}{r}\dfrac{\partial \psi}{\partial \varphi} \\[3mm] u_\varphi = -\sin^2\theta\sin(2\varphi)\dfrac{\partial \psi}{\partial r} - \dfrac{\sin(2\theta)\sin(2\varphi)}{2r}\dfrac{\partial \psi}{\partial \theta} + \dfrac{1}{r}\dfrac{\partial \psi}{\partial \varphi} \end{cases} \tag{8.2.12}$$

根据球坐标系的几何方程（2.4.52）~式（2.4.57）以及本构方程（3.3.18），我们不难得到应变和应力的表达式，这里从略，留作习题请读者自行推导。

在平面轴对称和球对称情况，位移势函数对应的泊松方程为二阶欧拉型非齐次常微分方程，我们可以求出其通解，结合给定的边界条件就能得到问题的解。

例如，对于受均匀内外压两端光滑固定的厚壁圆筒问题，根据其对称性，可知其位移模式为

$$u_r = u_r(r), \quad u_\theta = 0, \quad u_z = 0$$

因此可以令位移势函数为 $\psi = \psi(r)$，这时方程（8.2.2）为

$$\frac{\mathrm{d}^2\psi}{\mathrm{d}r^2} + \frac{1}{r}\frac{\mathrm{d}\psi}{\mathrm{d}r} = c$$

该方程为一个二阶非齐次欧拉型常微分方程，可以求得其通解为

$$\psi = A\ln r + B + \frac{c}{4}r^2$$

由于位移和应力均为位移函数的导数的函数，因此常数项没有意义，故位移函数只要取

$$\psi = A\ln r + \frac{c}{4}r^2$$

根据式（8.2.9），可以求得结构的应力分量分别为

$$\sigma_r = 2G\left(-\frac{A}{r^2} + \frac{c}{2}\right) + \lambda c, \quad \sigma_\theta = 2G\left(\frac{A}{r^2} + \frac{c}{2}\right) + \lambda c, \quad \sigma_z = \lambda c$$

$$\tau_{r\theta} = 0, \quad \tau_{\theta z} = 0, \quad \tau_{zr} = 0$$

如果令圆筒压力条件为

$$r = r_i: \ \sigma_r = -p_i, \ \tau_{r\theta} = 0, \ \tau_{zr} = 0$$

$$r = r_o: \ \sigma_r = -p_o, \ \tau_{r\theta} = 0, \ \tau_{zr} = 0$$

则有

$$2G\left(-\frac{A}{r_i^2} + \frac{c}{2}\right) + \lambda c = -p_i$$

$$2G\left(-\frac{A}{r_o^2} + \frac{c}{2}\right) + \lambda c = -p_o$$

可以求出

$$A = \frac{1}{2G}\frac{r_i^2 r_o^2}{r_o^2 - r_i^2}(p_i - p_o), \quad c = \frac{1}{G + \lambda}\frac{p_i r_i^2 - p_o r_o^2}{r_o^2 - r_i^2}$$

故而问题得解。

8.3 伽辽金位移函数法

8.3.1 直角坐标系中的伽辽金位移函数法

1930 年伽辽金[①]（Galerkin）提出，采用 3 个**双调和函数** ξ，η，ζ（也称为**伽辽金向量**），按以下方式构造的位移能够自动满足本章开头给出的弹性力学位移法的基本方程组：

$$u = 2(1-\nu)\nabla^2\xi - \frac{\partial}{\partial x}\left(\frac{\partial\xi}{\partial x} + \frac{\partial\eta}{\partial y} + \frac{\partial\zeta}{\partial z}\right)$$

---

① Galerkin B. Contribution à la solution générale du problème de la théorie de l' élasticité dans le cas de trios dimensions. *Comptes Rendus*, vol 190, p. 1047, 1930.

$$v = 2(1-\nu)\nabla^2\eta - \frac{\partial}{\partial y}\left(\frac{\partial\xi}{\partial x} + \frac{\partial\eta}{\partial y} + \frac{\partial\zeta}{\partial z}\right)$$

$$w = 2(1-\nu)\nabla^2\zeta - \frac{\partial}{\partial z}\left(\frac{\partial\xi}{\partial x} + \frac{\partial\eta}{\partial y} + \frac{\partial\zeta}{\partial z}\right)$$

$$(8.3.1)$$

事实上，如果沿用之前的记法，将 u，v，w 记为 u_1，u_2，u_3，同时将 ξ，η，ζ 记为 α_1，α_2，α_3，将上式写成指标形式

$$u_j = 2(1-\nu)\alpha_{j,ii} - \alpha_{i,ji}$$

代入弹性力学位移法的基本方程组（8.1.1）得到

$$2(1-\nu)\alpha_{j,iikk} - \alpha_{i,jikk} + \frac{1}{1-2\nu}\left[2(1-\nu)\alpha_{j,kkij} - \alpha_{k,jkij}\right] = 0$$

注意到后三项是同类项，合并后等于零，因此有 $\alpha_{j,iikk} = 0$。

也就是说，如果 α_1，α_2，α_3（即 ξ，η，ζ）是双调和函数，则方程（8.1.1）得到自动满足。这样弹性力学位移法求解便由寻找满足方程（8.1.1）和相关边界条件的 u，v，w，转换为寻找 3 个双调和函数 ξ，η，ζ，由它们按式（8.3.1）构造的位移满足相关边界条件。一般情况下这仍然是十分困难的。

方程（8.3.1）也可以记成如下的整体形式：

$$u = 2(1-\nu)\nabla^2\boldsymbol{\alpha} - \nabla(\nabla\cdot\boldsymbol{\alpha})$$

$$(8.3.2)$$

该形式也通用于其他不同类型的坐标系。

基于位移式（8.3.1），根据几何方程和本构方程便可以得到对应的应力解为

$$\begin{cases}
\sigma_x = 2G\left[2(1-\nu)\dfrac{\partial}{\partial x}\nabla^2\xi + \left(\nu\nabla^2 - \dfrac{\partial}{\partial x^2}\right)\left(\dfrac{\partial\xi}{\partial x} + \dfrac{\partial\eta}{\partial y} + \dfrac{\partial\zeta}{\partial z}\right)\right] \\[2mm]
\sigma_y = 2G\left[2(1-\nu)\dfrac{\partial}{\partial y}\nabla^2\eta + \left(\nu\nabla^2 - \dfrac{\partial}{\partial y^2}\right)\left(\dfrac{\partial\xi}{\partial x} + \dfrac{\partial\eta}{\partial y} + \dfrac{\partial\zeta}{\partial z}\right)\right] \\[2mm]
\sigma_z = 2G\left[2(1-\nu)\dfrac{\partial}{\partial z}\nabla^2\zeta + \left(\nu\nabla^2 - \dfrac{\partial}{\partial z^2}\right)\left(\dfrac{\partial\xi}{\partial x} + \dfrac{\partial\eta}{\partial y} + \dfrac{\partial\zeta}{\partial z}\right)\right] \\[2mm]
\tau_{xy} = 2G\left[(1-\nu)\left(\dfrac{\partial}{\partial x}\nabla^2\eta + \dfrac{\partial}{\partial y}\nabla^2\xi\right) - \dfrac{\partial^2}{\partial x\partial y}\left(\dfrac{\partial\xi}{\partial x} + \dfrac{\partial\eta}{\partial y} + \dfrac{\partial\zeta}{\partial z}\right)\right] \\[2mm]
\tau_{yz} = 2G\left[(1-\nu)\left(\dfrac{\partial}{\partial y}\nabla^2\zeta + \dfrac{\partial}{\partial z}\nabla^2\eta\right) - \dfrac{\partial^2}{\partial y\partial z}\left(\dfrac{\partial\xi}{\partial x} + \dfrac{\partial\eta}{\partial y} + \dfrac{\partial\zeta}{\partial z}\right)\right] \\[2mm]
\tau_{zx} = 2G\left[(1-\nu)\left(\dfrac{\partial}{\partial z}\nabla^2\xi + \dfrac{\partial}{\partial x}\nabla^2\zeta\right) - \dfrac{\partial^2}{\partial z\partial x}\left(\dfrac{\partial\xi}{\partial x} + \dfrac{\partial\eta}{\partial y} + \dfrac{\partial\zeta}{\partial z}\right)\right]
\end{cases}$$

$$(8.3.3)$$

有了这个应力表达式，便可以通过应力边界条件来确定待求的函数 ξ，η，ζ。由于式（8.3.1）定义的位移满足位移法基本方程（本质是平衡方程），因此可以推定方程组（8.3.3）定义的应力能自动满足应力平衡方程，因此函数 ξ，η，ζ 也可以理解为是一种应力函数。

8.3.2 柱坐标系中的伽辽金－拉甫位移函数法

将式（8.3.2）中哈密顿算子和拉普拉斯算子置换成柱坐标系中的形式

$$\nabla = \frac{\partial}{\partial r}\boldsymbol{e}_r + \frac{1}{r}\frac{\partial}{\partial\theta}\boldsymbol{e}_\theta + \frac{\partial}{\partial z}\boldsymbol{e}_z, \quad \nabla^2 = \frac{\partial^2}{\partial r^2} + \frac{1}{r}\frac{\partial}{\partial r} + \frac{1}{r^2}\frac{\partial^2}{\partial\theta^2} + \frac{\partial^2}{\partial z^2}$$

则得到方程（8.3.1）在柱坐标系的表达：

$$\begin{cases} u_r = 2(1-\nu)\nabla^2\xi - \dfrac{\partial}{\partial r}\left(\dfrac{\partial\xi}{\partial r} + \dfrac{1}{r}\dfrac{\partial\eta}{\partial\theta} + \dfrac{\partial\zeta}{\partial z}\right) \\[2mm] u_\theta = 2(1-\nu)\nabla^2\eta - \dfrac{1}{r}\dfrac{\partial}{\partial\theta}\left(\dfrac{\partial\xi}{\partial r} + \dfrac{1}{r}\dfrac{\partial\eta}{\partial\theta} + \dfrac{\partial\zeta}{\partial z}\right) \\[2mm] u_z = 2(1-\nu)\nabla^2\zeta - \dfrac{\partial}{\partial z}\left(\dfrac{\partial\xi}{\partial r} + \dfrac{1}{r}\dfrac{\partial\eta}{\partial\theta} + \dfrac{\partial\zeta}{\partial z}\right) \end{cases} \tag{8.3.4}$$

特别地，对于无体力轴对称问题，其位移法基本方程由式（5.3.28）、式（5.3.29）退化为

$$\begin{cases} \nabla^2 u_r - \dfrac{u_r}{r^2} + \dfrac{1}{1-2\nu}\dfrac{\partial}{\partial r}\left(\dfrac{\partial u_r}{\partial r} + \dfrac{u_r}{r} + \dfrac{\partial u_z}{\partial z}\right) = 0 \\[2mm] \nabla^2 u_z + \dfrac{1}{1-2\nu}\dfrac{\partial}{\partial z}\left(\dfrac{\partial u_r}{\partial r} + \dfrac{u_r}{r} + \dfrac{\partial u_z}{\partial z}\right) = 0 \end{cases} \tag{8.3.5}$$

这时 u_r，u_z 均与 θ 无关，仅仅是 r 和 z 的函数。可以验证，只要令上述伽辽金位移函数 $\xi = \eta = 0$，即

$$\begin{cases} u_r = -\dfrac{\partial^2\zeta}{\partial r\partial z} \\[2mm] u_z = 2(1-\nu)\nabla^2\zeta - \dfrac{\partial^2\zeta}{\partial z^2} \end{cases} \tag{8.3.6}$$

则方程组（8.3.5）第一式成为 $0 = 0$ 的恒等式，而如果 $\zeta = \zeta(r, z)$ 为双调和函数时，即

$$\nabla^2\nabla^2\zeta = \left(\frac{\partial^2}{\partial r^2} + \frac{1}{r}\frac{\partial}{\partial r} + \frac{\partial^2}{\partial z^2}\right)\left(\frac{\partial^2}{\partial r^2} + \frac{1}{r}\frac{\partial}{\partial r} + \frac{\partial^2}{\partial z^2}\right)\zeta = 0$$

则第二式也得到自动满足。这样，对于位移轴对称问题的求解便转化为一个双调和函数的求解问题。这个位移函数通常也被称为**伽辽金 - 拉甫**[①]（**Love**）**位移函数**。

由式（8.3.6）给定的位移可以得到对应的应变和应力为

$$\begin{cases} \varepsilon_r = \dfrac{\partial u_r}{\partial r} = -\dfrac{\partial^3\zeta}{\partial r^2\partial z} \\[2mm] \varepsilon_\theta = \dfrac{1}{r}\dfrac{\partial u_\theta}{\partial\theta} + \dfrac{u_r}{r} = -\dfrac{1}{r}\dfrac{\partial^2\zeta}{\partial r\partial z} \\[2mm] \varepsilon_z = \dfrac{\partial u_z}{\partial z} = 2(1-\nu)\nabla^2\dfrac{\partial\zeta}{\partial z} - \dfrac{\partial^3\zeta}{\partial z^3} \\[2mm] \gamma_{zr} = \dfrac{\partial u_z}{\partial r} + \dfrac{\partial u_r}{\partial z} = 2(1-\nu)\nabla^2\dfrac{\partial\zeta}{\partial r} - 2\dfrac{\partial^3\zeta}{\partial r\partial z^2} \end{cases} \tag{8.3.7}$$

$$\begin{cases} \sigma_r = 2G\dfrac{\partial}{\partial z}\left(\nu\nabla^2 - \dfrac{\partial^2}{\partial r^2}\right)\zeta \\[2mm] \sigma_\theta = 2G\dfrac{\partial}{\partial z}\left(\nu\nabla^2 - \dfrac{1}{r}\dfrac{\partial}{\partial r}\right)\zeta \\[2mm] \sigma_z = 2G\dfrac{\partial}{\partial z}\left[(2-\nu)\nabla^2 - \dfrac{\partial^2}{\partial z^2}\right]\zeta \\[2mm] \tau_{rz} = 2G\dfrac{\partial}{\partial r}\left[(1-\nu)\nabla^2 - \dfrac{\partial^2}{\partial z^2}\right]\zeta \end{cases} \tag{8.3.8}$$

同样，由于式（8.3.6）定义的位移满足位移法基本方程（本质是平衡方程），因此

[①] Love A E H. A Treatise on the Mathematical Theory of Elasticity (4th Edition)[M]. Dover, New York, 1944.

可以肯定式（8.3.8）定义的应力能自动满足平衡方程，因此 ζ 也可以理解为是一种应力函数。

可以验证，如果将式（8.3.8）代入轴对称问题的应力协调方程，则会得到 $\zeta = \zeta(r,z)$ 应该为双调和函数。由于双调和方程的复杂性，一般难以直接求解，多采用逆解法或者半逆解法。我们可以在充分了解部分双调和函数的基础上开展有关问题的求解。

在柱坐标系下，不难验证诸如 $\zeta = \rho = \sqrt{r^2 + z^2}$，$\zeta = \ln(\rho + z)$ 以及它们的线性组合都是双调和函数，都可以用作半逆求解轴对称问题的备选函数。

8.3.3 内部受集中力的无限大体问题

如图 8.3.1 所示，在无限大体积内作用有一个集中力 F，要求无限大体积内的应力分布。这是弹性力学的著名问题之一，是英国开尔文爵士（Lord Kelvin）于 1848 年给出的，因此也叫**开尔文问题**。

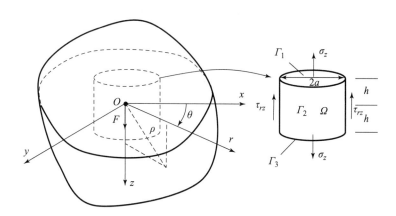

图 8.3.1 内部受集中力的无限大体

以集中力的作用点为原点，力的作用方向为 z 轴正方向，建立如图 8.3.1 所示的柱坐标系。在该坐标系下，我们可以推断本问题是一个位移和应力轴对称问题。

其中位移分量的特点为：各位移分量与 θ 无关且 θ 方向位移为零，即

$$u_r = u_r(r,z), \quad u_\theta = 0, \quad u_z = u_z(r,z)$$

应力分量的特点为：各应力分量与 θ 无关，且 $\tau_{r\theta} = \tau_{z\theta} = 0$。除了集中力作用点处应力分量具有奇异性外，我们可以给出问题的边界条件为：

（1）$r \to \infty$，$z \to \infty$：$\sigma_r = \sigma_\theta = \sigma_z = \tau_{r\theta} = \tau_{\theta z} = \tau_{zr} = 0$；

（2）对包含原点的任意体积 Ω，它的外表面 Γ 上所有 z 方向面力分量之和与集中力 F 平衡，即

$$\int_\Gamma T_{nz} \mathrm{d}\Gamma = \int_\Gamma (\tau_{rz} c_{nr} + \sigma_z c_{nz}) \mathrm{d}\Gamma = -F$$

采用拉甫位移函数法，选取双调和函数

$$\zeta = A\rho = A\sqrt{r^2 + z^2} \tag{8.3.9}$$

可以计算出

$$\frac{1}{r}\frac{\partial\rho}{\partial r} = \frac{1}{\rho}, \ \frac{\partial^2\rho}{\partial r^2} = \frac{1}{\rho} - \frac{r^2}{\rho^3}, \ \frac{\partial^2\rho}{\partial z^2} = \frac{1}{\rho} - \frac{z^2}{\rho^3}, \ \nabla^2\rho = \frac{1}{\rho}$$

将上述各式代入式(8.3.8),得到各应力分量为

$$\begin{cases} \sigma_r = 2GA\Big[(1-2\nu) - \dfrac{3r^2}{\rho^2}\Big]\dfrac{z}{\rho^3} \\[2mm] \sigma_\theta = 2GA(1-2\nu)\dfrac{z}{\rho^3} \\[2mm] \sigma_z = -2GA\Big[(1-2\nu) + \dfrac{3z^2}{\rho^2}\Big]\dfrac{z}{\rho^3} \\[2mm] \tau_{rz} = -2GA\Big[(1-2\nu) + \dfrac{3z^2}{\rho^2}\Big]\dfrac{r}{\rho^3} \end{cases} \tag{8.3.10}$$

容易验证,该应力解满足边界条件(1)。下面运用边界条件(2)来确定其中的待定系数 A。取条件(2)中的任意封闭体积 Ω 为以原点为中心、直径为 $2a$、高度为 $2h$ 的圆柱体,如图 8.3.1 所示,它的外表面包括上下底面 Γ_1、Γ_3 和侧面 Γ_2。注意圆柱体各表面的法向 $\boldsymbol{n}$ 与 z 轴的夹角,由条件(2)得到

$$\begin{aligned} \int_\Gamma T_{nz}\mathrm{d}\Gamma &= \int_{\Gamma_1} T_{nz}\mathrm{d}\Gamma + \int_{\Gamma_2} T_{nz}\mathrm{d}\Gamma + \int_{\Gamma_3} T_{nz}\mathrm{d}\Gamma \\ &= -\int_{\Gamma_1} \sigma_z\mathrm{d}\Gamma + \int_{\Gamma_2} \sigma_z\mathrm{d}\Gamma + \int_{\Gamma_3} \tau_{rz}\mathrm{d}\Gamma \\ &= -4GA\int_0^a 2\pi\Big[(1-2\nu) + \frac{3h^2}{\rho^2}\Big]\frac{h}{\rho^3}r\mathrm{d}r - 2GA\int_{-h}^h 2\pi\Big[(1-2\nu) + \frac{3z^2}{\rho^2}\Big]\frac{a^2}{\rho^3}\mathrm{d}z \end{aligned}$$

显然,该积分值应该不随 a 和 h 值的变化而变化。如果令 $a\to\infty$,即相当于选取了以原点为中心的一个无穷大层状分离体,这时侧面的剪应力为零,上述积分只剩下第一项,即

$$\begin{aligned} \int_\Gamma T_{nz}\mathrm{d}\Gamma &= -4GA\int_0^\infty 2\pi\Big[(1-2\nu) + \frac{3h^2}{\rho^2}\Big]\frac{h}{\rho^3}r\mathrm{d}r \\ &= -8GA\pi(1-2\nu)h\int_h^\infty \frac{1}{\rho^2}\mathrm{d}\rho - 24G\pi h^3 A\int_h^\infty \frac{1}{\rho^4}\mathrm{d}\rho \ (z\ \text{固定时}\ r\mathrm{d}r = \rho\mathrm{d}\rho) \\ &= -16GA\pi(1-\nu) = -F \end{aligned}$$

解出

$$A = \frac{F}{16G\pi(1-\nu)} \tag{8.3.11}$$

如果 $h\to\infty$,即相当于选取了一个以原点为中心的无穷长的柱状分离体,这时上下底面的正应力为零,上述积分只剩下第二项,即

$$\begin{aligned} \int_\Gamma T_{nz}\mathrm{d}\Gamma &= -2GA\int_{-h}^h 2\pi\Big[(1-2\nu) + \frac{3z^2}{\rho^2}\Big]\frac{a^2}{\rho^3}\mathrm{d}z \\ &= -8G\pi A(1-2\nu)a^2\int_0^\infty \frac{1}{\rho^3}\mathrm{d}z - 24G\pi Aa^2\int_0^\infty \frac{z^2}{\rho^5}\mathrm{d}z \\ &= -8G\pi A(1-2\nu)a^2\frac{z}{a^2\rho}\Big|_0^\infty - 24G\pi Aa^2\frac{z^3}{3a^2\rho^3}\Big|_0^\infty \\ &= -16G\pi A(1-\nu) = -F \end{aligned}$$

由此得到相同的结果。将式(8.3.11)代入式(8.3.10)得到应力结果为

$$\begin{cases} \sigma_r = \dfrac{F}{8\pi(1-\nu)}\Big[(1-2\nu)-\dfrac{3r^2}{\rho^2}\Big]\dfrac{z}{\rho^3} \\[3mm] \sigma_\theta = \dfrac{F}{8\pi(1-\nu)}(1-2\nu)\dfrac{z}{\rho^3} \\[3mm] \sigma_z = \dfrac{-F}{8\pi(1-\nu)}\Big[(1-2\nu)+\dfrac{3z^2}{\rho^2}\Big]\dfrac{z}{\rho^3} \\[3mm] \tau_{rz} = \dfrac{-F}{8\pi(1-\nu)}\Big[(1-2\nu)+\dfrac{3z^2}{\rho^2}\Big]\dfrac{r}{\rho^3} \end{cases} \qquad (8.3.12)$$

将式（8.3.11）代入式（8.3.6）得到位移结果为

$$\begin{cases} u_r = \dfrac{F}{16G\pi(1-\nu)}\dfrac{rz}{\rho^3} \\[3mm] u_z = \dfrac{F}{16G\pi(1-\nu)\rho}\Big(3-4\nu+\dfrac{z^2}{\rho^2}\Big) \end{cases} \qquad (8.3.13)$$

显然，根据叠加原理，利用上述点载荷的位移/应力分布（**开尔文解**），通过积分即可获得空间中有限区域内作用有任意分布体力时的位移/应力分布。

另外，在应用方面开尔文解常用作弹性力学微分方程边界积分求解法的基本解[①]，是弹性力学问题边界元法的基础，感兴趣的读者可以阅读有关文献。

8.3.4　边界上受法向集中力的半无限大体问题

如图 8.3.2 所示，在半无限大边界平面上一点沿反法向作用有一个集中力 F，要求半无限大体内的应力分布。该问题及结果是布辛尼斯克（Boussinesq）于 1885 年给出的，因此也叫**布辛尼斯克问题**，是弹性力学中的著名问题之一。

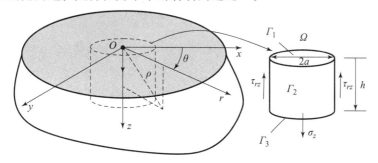

图 8.3.2　边界上受法向集中力的半无限大体

以集中力的作用点为原点，半无限大体边界平面的反法线方向为 z 轴正方向，建立如图 8.3.2 所示的柱坐标系。在该坐标系下，不难看出本问题是位移和应力轴对称问题，其位移及应力特点是各位移和应力分量与 θ 无关，且有 $\tau_{r\theta}=\tau_{z\theta}=0$，约束刚体位移后有 $u_\theta=0$。

除了原点处应力分量具有奇异性外，可以给出问题的边界条件为：

（1）$z=0$：$\sigma_z=0$，$\tau_{zr}=\tau_{z\theta}=0$；

（2）$r\to\infty$，$z\to\infty$：$\sigma_r=\sigma_\theta=\sigma_z=\tau_{r\theta}=\tau_{\theta z}=\tau_{zr}=0$；

（3）对包含原点的任意体积 Ω，它的外表面 Γ 上所有 z 方向面力分量之和与集中力 F

①　姚寿广. 边界元数值方法及其工程应用［M］. 北京：国防工业出版社，1995.

平衡，即 $\int_{\Gamma} T_{nz}\mathrm{d}\Gamma = \int_{\Gamma}(\tau_{rz}c_{nr} + \sigma_z c_{nz})\mathrm{d}\Gamma = -F$。

采用拉甫位移函数法，经过试凑，可以选取双调和函数

$$\zeta = A\rho + B\ln(\rho + z) \tag{8.3.14}$$

代入式（8.3.8）得到各应力分量为

$$\begin{cases} \sigma_r = 2GA\Big[(1-2\nu) - \dfrac{3r^2}{\rho^2}\Big]\dfrac{z}{\rho^3} + 2GB\Big[\dfrac{z}{\rho^3} - \dfrac{1}{\rho(\rho+z)}\Big] \\[2mm] \sigma_\theta = 2GA(1-2\nu)\dfrac{z}{\rho^3} + 2GB\dfrac{1}{\rho(\rho+z)} \\[2mm] \sigma_z = -2GA\Big[(1-2\nu) + \dfrac{3z^2}{\rho^2}\Big]\dfrac{z}{\rho^3} - 2GB\dfrac{z}{\rho^3} \\[2mm] \tau_{rz} = -2GA\Big[(1-2\nu) + \dfrac{3z^2}{\rho^2}\Big]\dfrac{r}{\rho^3} - 2GB\dfrac{r}{\rho^3} \end{cases} \tag{8.3.15}$$

利用应力边界条件（1）和（2），仿照8.3.3节的方法，取条件（2）中的任意封闭体积 Ω 为直径为 $2a$、高度为 h 的圆柱体，其中圆柱体的上底面位于边界平面上且中心为集中力作用点（也就是坐标系原点），如图8.3.2所示。最终可以确定常数 A 和 B 为

$$A = \frac{F}{4\pi G}, \quad B = -A(1-2\nu) = \frac{-F(1-2\nu)}{4\pi G} \tag{8.3.16}$$

将式（8.3.16）代入式（8.3.15）得到应力解为

$$\begin{cases} \sigma_r = \dfrac{F}{2\pi\rho^2}\Big[\dfrac{(1-2\nu)\rho}{\rho+z} - \dfrac{3r^2 z}{\rho^3}\Big] \\[2mm] \sigma_\theta = \dfrac{F(1-2\nu)}{2\pi\rho^2}\Big(\dfrac{z}{\rho} - \dfrac{\rho}{\rho+z}\Big) \\[2mm] \sigma_z = -\dfrac{F}{2\pi\rho^2}\dfrac{3z^3}{\rho^3} \\[2mm] \tau_{rz} = -\dfrac{F}{2\pi\rho^2}\dfrac{3rz^2}{\rho^3} \end{cases} \tag{8.3.17}$$

将得到的常数 A，B 结果代入拉甫位移函数表达式（8.3.14），再由位移函数与位移的关系式（8.3.6）得到位移结果为

$$\begin{cases} u_r = \dfrac{F}{4\pi G\rho}\Big[\dfrac{rz}{\rho^2} - \dfrac{(1-2\nu)r}{\rho+z}\Big] \\[2mm] u_z = \dfrac{F}{4\pi G\rho}\Big(2 - 2\nu + \dfrac{z^2}{\rho^2}\Big) \end{cases} \tag{8.3.18}$$

显然，根据叠加原理，利用上述点载荷的位移/应力分布（**布辛尼斯克解**），通过积分即可获得边界上有限区域内作用有任意分布压力时的位移/应力分布。

8.3.5　边界上受切向集中力的半无限大体问题

如图8.3.3所示，在半无限大体边界平面上一点沿切向作用有一个集中力 F，要求半无限大体内的应力分布。这是弹性力学中又一个著名问题，是赛如提（Cerruti）于1882年给出的，因此也叫赛如提问题。

显然，与开尔文问题和布辛尼斯克问题不同，赛如提问题不是一个轴对称问题，而

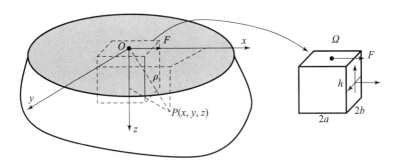

图 8.3.3　边界上受切向集中力的半无限大体

是一个完全三维问题。仍以力的作用点为原点，半无限大体边界平面的负法线方向为 z 轴方向，建立如图 8.3.3 所示的坐标系。

　　除了原点处应力分量具有奇异性外，我们可以给出问题的边界条件为：

（1） $z = 0$： $\sigma_z = 0$， $\tau_{zx} = \tau_{zy} = 0$；

（2） x， y， $z \rightarrow \infty$： $\sigma_x = \sigma_y = \sigma_z = \tau_{xy} = \tau_{yz} = \tau_{zx} = 0$；

（3） 对包含原点的任意体积 Ω，它的外表面 Γ 上所有 x 方向面力分量之和与集中力 F 平衡，即 $\int_\Gamma T_{nx}\mathrm{d}\Gamma = \int_\Gamma (\sigma_x c_{nx} + \tau_{yx} c_{ny} + \tau_{zx} c_{nz})\mathrm{d}\Gamma = -F$。

　　采用伽辽金位移函数法，经过试探，可以选取双调和函数

$$\begin{cases} \xi = A\rho + Bz\ln(\rho + z) \\ \eta = 0 \\ \zeta = Cx\ln(\rho + z) \end{cases} \tag{8.3.19}$$

针对采用的位移函数，完成有关计算可以得到

$$\nabla^2\xi = \frac{2(A+B)}{\rho}, \quad \nabla^2\eta = 0, \quad \nabla^2\zeta = \frac{2Cx}{\rho(\rho+z)}$$

$$\frac{\partial\xi}{\partial x} + \frac{\partial\eta}{\partial y} + \frac{\partial\zeta}{\partial z} = \frac{(A+B+C)x}{\rho} - \frac{Bx}{\rho+z}$$

将其代入式（8.3.3）得到各应力分量表达，然后利用应力边界条件解得

$$A = \frac{F}{8G\pi}\left[\frac{1}{1-\nu} - 2(1-2\nu)\right], \quad B = \frac{(1-2\nu)F}{4G\pi}, \quad C = \frac{(1-2\nu)F}{8G\pi(1-\nu)}$$

　　由此得到伽辽金位移函数，最后由式（8.3.1）和式（8.3.3）得到问题的位移解和应力解分别为

$$\begin{cases} u = \dfrac{F}{4\pi G\rho}\left[\dfrac{\rho^2 + x^2}{\rho^2} + (1-2\nu)\dfrac{\rho(\rho+z) - x^2}{(\rho+z)^2}\right] \\[3mm] v = \dfrac{F}{4\pi G\rho}\left[\dfrac{xy}{\rho^2} - (1-2\nu)\dfrac{xy}{(\rho+z)^2}\right] \\[3mm] w = \dfrac{F}{4\pi G\rho}\left[\dfrac{xz}{\rho^2} + (1-2\nu)\dfrac{x}{\rho+z}\right] \end{cases} \tag{8.3.20}$$

$$
\begin{cases}
\sigma_x = \dfrac{Fx}{2\pi\rho^3}\left[\dfrac{1-2\nu}{(\rho+z)^2}\left(\rho^2 - y^2 - \dfrac{2\rho y^2}{\rho+z}\right) - \dfrac{3x^2}{\rho^2}\right] \\[4mm]
\sigma_y = \dfrac{Fx}{2\pi\rho^3}\left[\dfrac{1-2\nu}{(\rho+z)^2}\left(3\rho^2 - x^2 - \dfrac{2\rho x^2}{\rho+z}\right) - \dfrac{3y^2}{\rho^2}\right] \\[4mm]
\sigma_z = -\dfrac{Fx}{2\pi\rho^3}\dfrac{3z^2}{\rho^2} \\[4mm]
\tau_{xy} = \dfrac{Fy}{2\pi\rho^3}\left[\dfrac{1-2\nu}{(\rho+z)^2}\left(-\rho^2 + x^2 + \dfrac{2\rho x^2}{\rho+z}\right) - \dfrac{3x^2}{\rho^2}\right] \\[4mm]
\tau_{yz} = -\dfrac{Fx}{2\pi\rho^3}\dfrac{3yz}{\rho^2} \\[4mm]
\tau_{zx} = -\dfrac{Fx}{2\pi\rho^3}\dfrac{3xz}{\rho^2}
\end{cases}
\tag{8.3.21}
$$

同样，有了集中切向力作用时的赛如提解，我们便可以根据叠加原理，通过积分获得在半无限大体边界平面上有限区域内任意分布的切向载荷作用下的位移和应力解。

进一步，将布辛尼斯克解和赛如提解相结合，再根据叠加原理就可以得到半无限大体边界平面上有限区域内任意分布的任意方向载荷作用下的弹性力学解，而这个解将是工程上接触问题求解的基础。

8.4 其他位移函数法

除了前面介绍的几种位移函数外，本节再简要介绍两种不同的位移函数。

8.4.1 巴普科维奇－纽伯尔位移函数法

1932 年，巴普科维奇[①]（Papkovich）提出，采用 4 个调和函数 ψ_0，ψ_1，ψ_2 和 ψ_3，即

$$\nabla^2\psi_0 = 0, \quad \nabla^2\psi_1 = 0, \quad \nabla^2\psi_2 = 0, \quad \nabla^2\psi_3 = 0 \tag{8.4.1}$$

按式（8.4.2）形式构造的位移能够自动满足无体力各向同性弹性体位移法基本方程。1934 年，纽伯尔[②]（Neuber）也独立得到了这个结果，并用这种解法求解了许多实际问题的应力集中问题。

$$
\begin{cases}
u = \psi_1 - \dfrac{1}{4(1-\nu)}\dfrac{\partial}{\partial x}(x\psi_1 + y\psi_2 + z\psi_3 + \psi_0) \\[4mm]
v = \psi_2 - \dfrac{1}{4(1-\nu)}\dfrac{\partial}{\partial y}(x\psi_1 + y\psi_2 + z\psi_3 + \psi_0) \\[4mm]
w = \psi_3 - \dfrac{1}{4(1-\nu)}\dfrac{\partial}{\partial z}(x\psi_1 + y\psi_2 + z\psi_3 + \psi_0)
\end{cases}
\tag{8.4.2}
$$

采用指标记法，不难验证上述位移能够满足无体力状态下的位移法基本方程（8.1.1）。

---

① P. F. Papkovich, An expression for a general integral of the theory of elasticity in terms of harmonic functions, *Izvest. Akad. Nauk SSSR, Ser. Matem. K. estestv. neuk*, no. 10, 1932.

② H. Neuber, Ein neurer censatz zur losing raumlicher probleme der elastez-etatstheorie, *Z. Angew. Math. Mech.*, Vol. 14, p. 203, 1934.

根据几何方程和本构方程，可以得到采用 ψ_0，ψ_1，ψ_2 和 ψ_3 表示的应力

$$
\begin{cases}
\sigma_x = 2G\left[\dfrac{\partial\psi_1}{\partial x} + \dfrac{1}{4(1-\nu)}\left(\nu\,\nabla^2 - \dfrac{\partial^2}{\partial x^2}\right)(x\psi_1 + y\psi_2 + z\psi_3 + \psi_0)\right] \\[2mm]
\sigma_y = 2G\left[\dfrac{\partial\psi_2}{\partial y} + \dfrac{1}{4(1-\nu)}\left(\nu\,\nabla^2 - \dfrac{\partial^2}{\partial y^2}\right)(x\psi_1 + y\psi_2 + z\psi_3 + \psi_0)\right] \\[2mm]
\sigma_z = 2G\left[\dfrac{\partial\psi_3}{\partial z} + \dfrac{1}{4(1-\nu)}\left(\nu\,\nabla^2 - \dfrac{\partial^2}{\partial z^2}\right)(x\psi_1 + y\psi_2 + z\psi_3 + \psi_0)\right] \\[2mm]
\tau_{xy} = 2G\left[\dfrac{1}{2}\left(\dfrac{\partial\psi_2}{\partial x} + \dfrac{\partial\psi_1}{\partial y}\right) - \dfrac{1}{4(1-\nu)}\dfrac{\partial^2}{\partial x\partial y}(x\psi_1 + y\psi_2 + z\psi_3 + \psi_0)\right] \\[2mm]
\tau_{yz} = 2G\left[\dfrac{1}{2}\left(\dfrac{\partial\psi_3}{\partial y} + \dfrac{\partial\psi_2}{\partial z}\right) - \dfrac{1}{4(1-\nu)}\dfrac{\partial^2}{\partial y\partial z}(x\psi_1 + y\psi_2 + z\psi_3 + \psi_0)\right] \\[2mm]
\tau_{zx} = 2G\left[\dfrac{1}{2}\left(\dfrac{\partial\psi_1}{\partial z} + \dfrac{\partial\psi_3}{\partial x}\right) - \dfrac{1}{4(1-\nu)}\dfrac{\partial^2}{\partial z\partial x}(x\psi_1 + y\psi_2 + z\psi_3 + \psi_0)\right]
\end{cases}
\tag{8.4.3}
$$

8.4.2　胡海昌位移函数法

1952 年，我国胡海昌[①]提出，对于横观各向同性材料，如果令其应力—应变关系（参考第三章式（3.2.23））为

$$
\begin{Bmatrix}
\sigma_x \\ \sigma_y \\ \sigma_z \\ \tau_{xy} \\ \tau_{yz} \\ \tau_{zx}
\end{Bmatrix}
=
\begin{bmatrix}
D_{11} & D_{12} & D_{13} & 0 & 0 & 0 \\
D_{21} & D_{11} & D_{13} & 0 & 0 & 0 \\
D_{31} & D_{31} & D_{33} & 0 & 0 & 0 \\
0 & 0 & 0 & \dfrac{D_{11}-D_{12}}{2} & 0 & 0 \\
0 & 0 & 0 & 0 & D_{44} & 0 \\
0 & 0 & 0 & 0 & 0 & D_{44}
\end{bmatrix}
\begin{Bmatrix}
\varepsilon_x \\ \varepsilon_y \\ \varepsilon_z \\ \gamma_{xy} \\ \gamma_{yz} \\ \gamma_{zx}
\end{Bmatrix}
$$

则采用满足下列方程的函数 F 和函数 φ：

$$
\left\{D_{11}D_{44}\left(\dfrac{\partial^2}{\partial x^2} + \dfrac{\partial^2}{\partial y^2}\right)^2 + \left[(D_{44}^2 + D_{11}D_{33} - (D_{13}+D_{44})^2)\right]\left(\dfrac{\partial^2}{\partial x^2} + \dfrac{\partial^2}{\partial y^2}\right)\dfrac{\partial^2}{\partial z^2} + D_{33}D_{44}\dfrac{\partial^4}{\partial z^4}\right\}F = 0
$$
$$\tag{8.4.4}$$

$$
\left(\dfrac{\partial^2}{\partial x^2} + \dfrac{\partial^2}{\partial y^2} + \dfrac{2D_{44}}{D_{11}-D_{12}}\dfrac{\partial^2}{\partial z^2}\right)\varphi = 0
\tag{8.4.5}
$$

按下列形式构造的位移能够自动满足无体力横观各向同性弹性体位移法基本方程：

$$
\begin{cases}
u = -\dfrac{\partial^2 F}{\partial x\partial z} - \dfrac{\partial\varphi}{\partial y} \\[2mm]
v = -\dfrac{\partial^2 F}{\partial y\partial z} + \dfrac{\partial\varphi}{\partial x} \\[2mm]
w = \dfrac{D_{11}}{D_{13}+D_{44}}\left(\dfrac{\partial^2}{\partial x^2} + \dfrac{\partial^2}{\partial y^2} + \dfrac{D_{44}}{D_{11}}\dfrac{\partial^2}{\partial z^2}\right)F
\end{cases}
\tag{8.4.6}
$$

将其应用于各向同性弹性体时，

[①] 胡海昌. 横观各向同性体的弹性力学的空间问题［J］. 物理学报，1952，9（2）：130 - 144.

$$D_{11} = D_{33} = 2G + \lambda , \quad D_{44} = G , \quad D_{12} = D_{13} = \lambda$$

这时满足式（8.4.4）和式（8.4.5）的 F 和 φ 分别成为一个双调和函数和调和函数，即

$$\nabla^2 \nabla^2 F = 0 , \quad \nabla^2 \varphi = 0 \tag{8.4.7}$$

按下列形式构造的位移能够自动满足无体力各向同性弹性体位移法基本方程：

$$\begin{cases} u = -\dfrac{\partial^2 F}{\partial x \partial z} - \dfrac{\partial \varphi}{\partial y} \\[2mm] v = -\dfrac{\partial^2 F}{\partial y \partial z} + \dfrac{\partial \varphi}{\partial x} \\[2mm] w = 2(1-\nu)\nabla^2 F - \dfrac{\partial^2 F}{\partial z^2} \end{cases} \tag{8.4.8}$$

相应的应力分量为

$$\begin{cases} \sigma_x = 2G\left[\dfrac{\partial}{\partial z}\left(\nu \nabla^2 - \dfrac{\partial^2}{\partial x^2} \right)F - \dfrac{\partial^2 \varphi}{\partial x \partial y} \right] \\[3mm] \sigma_y = 2G\left[\dfrac{\partial}{\partial z}\left(\nu \nabla^2 - \dfrac{\partial^2}{\partial y^2} \right)F + \dfrac{\partial^2 \varphi}{\partial x \partial y} \right] \\[3mm] \sigma_z = 2G\left[\dfrac{\partial}{\partial z}(2-\nu)\nabla^2 F - \dfrac{\partial^2 F}{\partial x^2} \right] \\[3mm] \tau_{xy} = 2G\left[-\dfrac{\partial^3 F}{\partial x \partial y \partial z} + \dfrac{1}{2}\left(\dfrac{\partial^2 \varphi}{\partial x^2} - \dfrac{\partial^2 \varphi}{\partial y^2} \right) \right] \\[3mm] \tau_{yz} = 2G\left\{ \dfrac{\partial}{\partial y}\left[(1-\nu)\nabla^2 F - \dfrac{\partial^2 F}{\partial z^2} \right] + \dfrac{1}{2}\dfrac{\partial^2 \varphi}{\partial z \partial x} \right\} \\[3mm] \tau_{zx} = 2G\left\{ \dfrac{\partial}{\partial x}\left[(1-\nu)\nabla^2 F - \dfrac{\partial^2 F}{\partial z^2} \right] - \dfrac{1}{2}\dfrac{\partial^2 \varphi}{\partial z \partial y} \right\} \end{cases} \tag{8.4.9}$$

习题八

8.1　采用位移势函数法求解受均匀内压两端自由的厚壁圆筒问题。

8.2　推导球坐标系中应力分量和位移势函数的关系，然后采用位移势函数法求解受均匀内压的自由厚壁球壳问题。

8.3　利用边界上受法向集中力的半无限大体问题结果，计算边界上单位圆内受法向均布力（合力为 F）的半无限大体应力分布及单位圆心处的位移。

8.4　采用指标记法，证明由 4 个调和函数定义的位移［式（8.4.1）］能够满足无体力状态下的位移法基本方程（8.1.1）。

第九章

热弹性力学问题

前已述及，温度也是使物体产生形变的一个重要原因。热弹性理论研究的是物体因温度改变而产生的弹性范围内的应力、应变和位移。一般地，温度变化还会使物体材料的力学性能发生变化，例如金属材料的弹性模量和屈服强度就随着温度的升高而降低。材料特性的变化将问题变得更加复杂，为简单起见，本书不考虑这种材料非线性的影响，只讨论力和热特性都是恒定且是均匀各向同性的弹性体问题。另外，本书分析的均为小变形问题，因此在计算力和温度变化对结构的影响时，均参考结构的初始尺寸，不考虑结构几何非线性的影响。

9.1 热传导问题简介

要分析温度对弹性体的影响，首先要获得弹性体的温度场。根据物体内部的生热条件 以及外部的换热条件来确定物体的温度变化规律属于传热学的范畴。为了后面分析说明的需要，这里扼要地给出直角坐标系、柱坐标系以及球坐标系下的热传导方程及其定解条件的数学表达。

9.1.1 直角坐标系下的热传导方程及定解条件

如图 9.1.1 所示，物体所占空间区域为 Ω，其边界为 Γ。假设物体的比热容为 c，密度为 ρ，在直角坐标系中沿 3 个方向的热传导系数分别为 λ_x，λ_y 和 λ_z，任意一点处的生热率为 $q(x, y, z, t)$，根据傅里叶导热定律和能量守恒定律可以推导得到，物体上任意点上的温度值 $T(x, y, z, t)$ 满足以下瞬态热传导方程：

$$c\rho \frac{\partial T}{\partial t} = \frac{\partial}{\partial x}\left(\lambda_x \frac{\partial T}{\partial x}\right) + \frac{\partial}{\partial y}\left(\lambda_y \frac{\partial T}{\partial y}\right) +$$

$$\frac{\partial}{\partial z}\left(\lambda_z \frac{\partial T}{\partial z}\right) + q(x,y,z,t) \quad (9.1.1)$$

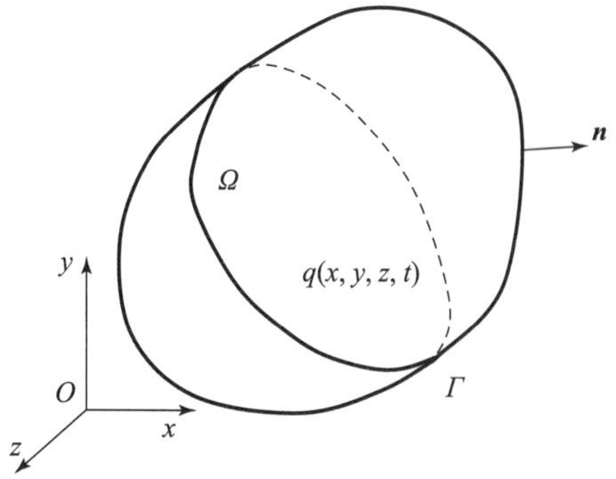

图 9.1.1 直角坐标系中的热弹性体

特别地，对于均匀各向同性导热材料而言，有 $\lambda_x = \lambda_y = \lambda_z = \lambda = \text{const}$，因此方程简化为

$$c\rho \frac{\partial T}{\partial t} = \lambda\left(\frac{\partial^2 T}{\partial x^2} + \frac{\partial^2 T}{\partial y^2} + \frac{\partial^2 T}{\partial z^2}\right) + q \quad (9.1.2)$$

如果物体各点的温度处于稳定状态，即温度 $T(x, y, z, t)$ 与时间 t 无关，这时生热

率 $q(x, y, z, t)$ 自然也是与时间 t 无关的，因此方程（9.1.2）可以进一步简化，得到稳态温度场方程为

$$\lambda\left(\frac{\partial^2 T}{\partial x^2} + \frac{\partial^2 T}{\partial y^2} + \frac{\partial^2 T}{\partial z^2}\right) + q(x, y, z) = 0 \tag{9.1.3}$$

这是一个泊松方程。如果物体内部并无热源，即 $q(x, y, z) \equiv 0$，显然这时的温度场函数应为调和函数，满足拉普拉斯（Laplace）方程

$$\frac{\partial^2 T}{\partial x^2} + \frac{\partial^2 T}{\partial y^2} + \frac{\partial^2 T}{\partial z^2} = 0 \tag{9.1.4}$$

引入拉普拉斯算子 $\nabla^2 = \frac{\partial^2}{\partial x^2} + \frac{\partial^2}{\partial y^2} + \frac{\partial^2}{\partial z^2}$，则式（9.1.2）~式（9.1.4）都可以进一步简记，例如式（9.1.4）为

$$\nabla^2 T = 0 \tag{9.1.5}$$

为了确定方程的解，还需要给出定解条件。对于一般瞬态热传导问题，定解条件包括初始条件和边界条件。

初始条件是指初始时刻（$t = 0$）时物体的温度分布，可以一般地表示为

$$T(x, y, z, t)\big|_{t=0} = T_0(x, y, z) \tag{9.1.6}$$

显然，对于稳态温度场问题，不需要给出初始条件。

边界条件指的是物体在边界上温度分布或其对位置坐标的导数值，通常有 3 种不同的形式：

（1）给出物体边界上的温度值。数学上，将这种直接给定边界上待求函数值的边界条件称为**狄利克雷（Dirichlet）条件**。

$$T(x, y, z, t)\big|_{\Gamma} = T_\Gamma(x, y, z, t) \tag{9.1.7}$$

这种边界条件的一种常见特殊情形是，边界上温度均匀且不随时间变化，即

$$T(x, y, z, t)\big|_{\Gamma} = T_\Gamma \tag{9.1.8}$$

（2）给出物体边界上温度的法向导数值。由于表面上温度法向导数的负值与热传导系数的乘积即边界法向热流密度，因此这种条件实际上适用于已知物体表面的热流密度的情形。这种条件也称为**诺依曼（Neumann）条件**。

$$-\lambda\frac{\partial T(x, y, z, t)}{\partial n}\bigg|_{\Gamma} = q_n(x, y, z, t) \tag{9.1.9}$$

特别地，如果物体表面绝热，即 $q_n = 0$，这时的温度条件为

$$\frac{\partial T(x, y, z, t)}{\partial n}\bigg|_{\Gamma} = 0 \tag{9.1.10}$$

（3）给出物体边界上温度与其法向导数的关系，一般为如下的线性形式。这种条件也称为**罗宾（Robin）条件**。

$$\left(\lambda\frac{\partial T}{\partial n} + hT\right)\bigg|_{\Gamma} = hT_a \tag{9.1.11}$$

式中，h 为物体表面与周围介质的换热系数；T_a 为物体周围介质的温度。

事实上，这个关系式是**牛顿冷却定律** $q = h(T_\Gamma - T_a)$ 的变化形式。因此，这种形式的边界条件适用于已知周围介质对物体的冷却（加温）效果的情形。

9.1.2 柱坐标系和球坐标系下的热传导方程

通常，对于圆柱结构和球形结构，采用柱坐标和球坐标分析问题要方便得多，热传导问题也不例外。通过直接推导或者基于直角坐标系的结果，采用坐标变换的方法，可以得到柱坐标系和球坐标系下的热传导方程，这里直接给出相应的结果。

1. 柱坐标系下的热传导方程

在柱坐标系下，三维的各向异性瞬态热传导方程为

$$c\rho \frac{\partial T}{\partial t} = \frac{\partial}{\partial r}\left(\lambda_r \frac{\partial T}{\partial r}\right) + \lambda_r \frac{1}{r}\frac{\partial T}{\partial r} + \frac{1}{r}\frac{\partial}{\partial \theta}\left(\lambda_\theta \frac{1}{r}\frac{\partial T}{\partial \theta}\right) + \frac{\partial}{\partial z}\left(\lambda_z \frac{\partial T}{\partial z}\right) + q \quad (9.1.12)$$

式中，λ_r，λ_θ 和 λ_z 分别为柱坐标系下三坐标方向的热传导系数。

对于各向同性材料，有 $\lambda_r = \lambda_\theta = \lambda_z = \lambda$，上述方程可以简化为

$$c\rho \frac{\partial T}{\partial t} = \lambda\left(\frac{\partial^2 T}{\partial r^2} + \frac{1}{r}\frac{\partial T}{\partial r} + \frac{1}{r^2}\frac{\partial^2 T}{\partial \theta^2} + \frac{\partial^2 T}{\partial z^2}\right) + q \quad (9.1.13)$$

进一步，如果物体温度场处于稳定状态，式（9.1.13）退化为以下形式：

$$\lambda\left(\frac{\partial^2 T}{\partial r^2} + \frac{1}{r}\frac{\partial T}{\partial r} + \frac{1}{r^2}\frac{\partial^2 T}{\partial \theta^2} + \frac{\partial^2 T}{\partial z^2}\right) + q = 0 \quad (9.1.14)$$

当物体没有内热源，上述方程又退化为

$$\frac{\partial^2 T}{\partial r^2} + \frac{1}{r}\frac{\partial T}{\partial r} + \frac{1}{r^2}\frac{\partial^2 T}{\partial \theta^2} + \frac{\partial^2 T}{\partial z^2} = 0 \quad (9.1.15)$$

如果引入拉普拉斯算子 $\nabla^2 = \frac{\partial^2}{\partial r^2} + \frac{1}{r}\frac{\partial}{\partial r} + \frac{1}{r^2}\frac{\partial^2}{\partial \theta^2} + \frac{\partial^2}{\partial z^2}$，则式（9.1.13）、式（9.1.14）和式（9.1.15）可以分别记成与式（9.1.2）、式（9.1.3）和式（9.1.4）完全相同的简记形式。

2. 球坐标系下的热传导方程

在球坐标系下，三维的各向异性瞬态热传导方程为

$$c\rho \frac{\partial T}{\partial t} = \frac{\partial}{\partial r}\left(\lambda_r \frac{\partial T}{\partial r}\right) + \lambda_r \frac{2}{r}\frac{\partial T}{\partial r} + \frac{1}{r}\frac{\partial}{\partial \theta}\left(\lambda_\theta \frac{1}{r}\frac{\partial T}{\partial \theta}\right) + \lambda_r \frac{\cot\theta}{r^2}\frac{\partial T}{\partial \theta} +$$

$$\frac{1}{r\sin\theta}\frac{\partial}{\partial \varphi}\left(\lambda_\varphi \frac{1}{r\sin\theta}\frac{\partial T}{\partial \varphi}\right) + q \quad (9.1.16)$$

式中，λ_r，λ_θ 和 λ_φ 分别为球坐标系下三坐标方向的热传导系数。

对于各向同性材料有 $\lambda_r = \lambda_\theta = \lambda_\varphi = \lambda$，上述方程可以简化为

$$c\rho \frac{\partial T}{\partial t} = \lambda\left(\frac{\partial^2 T}{\partial r^2} + \frac{2}{r}\frac{\partial T}{\partial r} + \frac{1}{r^2}\frac{\partial^2 T}{\partial \theta^2} + \frac{\cot\theta}{r^2}\frac{\partial T}{\partial \theta} + \frac{1}{r^2 \sin^2\theta}\frac{\partial^2 T}{\partial \varphi^2}\right) + q \quad (9.1.17)$$

进一步，如果物体温度场处于稳定状态，则有

$$\lambda\left(\frac{\partial^2 T}{\partial r^2} + \frac{2}{r}\frac{\partial T}{\partial r} + \frac{1}{r^2}\frac{\partial^2 T}{\partial \theta^2} + \frac{\cot\theta}{r^2}\frac{\partial T}{\partial \theta} + \frac{1}{r^2 \sin^2\theta}\frac{\partial^2 T}{\partial \varphi^2}\right) + q = 0 \quad (9.1.18)$$

当然，如果物体没有内热源，上述方程又退化为

$$\frac{\partial^2 T}{\partial r^2} + \frac{2}{r}\frac{\partial T}{\partial r} + \frac{1}{r^2}\frac{\partial^2 T}{\partial \theta^2} + \frac{\cot\theta}{r^2}\frac{\partial T}{\partial \theta} + \frac{1}{r^2 \sin^2\theta}\frac{\partial^2 T}{\partial \varphi^2} = 0 \quad (9.1.19)$$

同样，引入拉普拉斯算子 $\nabla^2 = \frac{\partial^2}{\partial r^2} + \frac{2}{r}\frac{\partial}{\partial r} + \frac{1}{r^2}\frac{\partial^2}{\partial \theta^2} + \frac{\cot\theta}{r^2}\frac{\partial}{\partial \theta} + \frac{1}{r^2 \sin^2\theta}\frac{\partial^2}{\partial \varphi^2}$，则式

（9.1.17）、式（9.1.18）和式（9.1.19）也可以分别记成与式（9.1.2）、式（9.1.3）和式（9.1.4）完全相同的简记形式。

9.2 热弹性力学问题的基本方程

在材料力学中，我们分析过一些简单的热变形和热应力问题。例如，一个长为 l 的自由杆件，当温度均匀变化 ΔT 后，则它的长度变化为 $\Delta l = \alpha \cdot \Delta T \cdot l$（这里的 α 为杆的线胀系数），杆在长度方向的应变 $\varepsilon = \Delta l / l = \alpha \cdot \Delta T$。由于杆的两端自由，因此可以推断杆的内部应力 $\sigma = 0$；但如果杆的两端固定，杆件温度变形就会受到约束力的作用，因为只有约束力使结构产生反向的变形，才能使杆的长度没有变化。由于约束力的存在，杆内部自然产生了应力 $\sigma = -E\varepsilon = -E \cdot \alpha \cdot \Delta T$（这里 E 为杆件的弹性模量，取负号是因为约束力产生的应变必定和温度应变相反），我们称这种由于温度变化导致的应力为热应力。对于均匀升温的受约束杆件，一般可以先放松约束，计算杆件的自由热变形，然后引入端部约束力，通过位移协调条件求出约束力，从而完成热弹性杆件的分析。但是，对于更一般的情况，如温度变化不均匀、结构形状复杂时，我们必须在考虑温度影响的基础上，像等温弹性力学一样，建立起应力、应变和位移的方程组，然后结合结构的边界条件实现问题的求解。

回顾前面所分析的弹性体问题基本方程可知，应力平衡方程的推导乃是从弹性体一点的受力分析得出的，与物体的温度改变与否无关，因此应力平衡方程对于热弹性体是同样适用的。

几何方程（或应变协调方程）反映的是应变和位移的几何关系，也与物体的温度变化与否无关，因此几何方程（或应变协调方程）也同样适用于热弹性问题。

唯一需要注意的是，热弹性体的应变和位移可能是力（应力）和热（温升）共同引起的，因此热弹性理论中的本构方程与等温弹性理论中是不同的，我们已经在第三章 3.5 节中给出了考虑温度的各向同性弹性体的应力—应变关系。

一般习惯于用 $T(x, y, z)$ 表示物体上任意点 $P(x, y, z)$ 处的温度值，而用 $\Delta T(x, y, z)$ 表示该点相对于参考温度的变化值。在热弹性力学中，我们关心的通常不是物体上任意点处温度的值，而是物体各点相对于一个均匀参考温度的变化值。因此，为了书写简便起见，除非特别说明，**我们统一采用 $T(x, y, z)$ 表示物体上任意点处温度相对于参考温度的变化值，而且认为物体在参考温度时由温度导致的变形为零，由温度导致的应力也为零。**

为了阅读方便，这里再次列出一般热弹性问题的方程组及边界条件，并重新标号。

1. 平衡方程

$$\begin{cases} \dfrac{\partial \sigma_x}{\partial x} + \dfrac{\partial \tau_{yx}}{\partial y} + \dfrac{\partial \tau_{zx}}{\partial z} + f_x = 0 \\[3mm] \dfrac{\partial \tau_{xy}}{\partial x} + \dfrac{\partial \sigma_y}{\partial y} + \dfrac{\partial \tau_{zy}}{\partial z} + f_y = 0 \\[3mm] \dfrac{\partial \tau_{xz}}{\partial x} + \dfrac{\partial \tau_{yz}}{\partial y} + \dfrac{\partial \sigma_z}{\partial z} + f_z = 0 \end{cases} \tag{9.2.1}$$

2. 几何方程

$$\begin{cases} \varepsilon_x = \dfrac{\partial u}{\partial x}, \ \varepsilon_y = \dfrac{\partial v}{\partial y}, \ \varepsilon_z = \dfrac{\partial w}{\partial z} \\[2mm] \gamma_{xy} = \dfrac{\partial v}{\partial x} + \dfrac{\partial u}{\partial y}, \ \gamma_{yz} = \dfrac{\partial w}{\partial y} + \dfrac{\partial v}{\partial z}, \ \gamma_{zx} = \dfrac{\partial u}{\partial z} + \dfrac{\partial w}{\partial x} \end{cases} \tag{9.2.2}$$

3. 本构方程

用应力表示应变：

$$\begin{cases} \varepsilon_x = \dfrac{1}{E}\big[\,\sigma_x - \nu(\sigma_y + \sigma_z)\,\big] + \alpha T \\[2mm] \varepsilon_y = \dfrac{1}{E}\big[\,\sigma_y - \nu(\sigma_x + \sigma_z)\,\big] + \alpha T \\[2mm] \varepsilon_z = \dfrac{1}{E}\big[\,\sigma_z - \nu(\sigma_x + \sigma_y)\,\big] + \alpha T \\[2mm] \gamma_{xy} = G\tau_{xy}, \ \gamma_{yz} = G\tau_{yz}, \ \gamma_{zx} = G\tau_{zx} \end{cases} \tag{9.2.3}$$

或者反过来采用应变表示应力：

$$\begin{cases} \sigma_x = 2G\varepsilon_x + \lambda(\varepsilon_x + \varepsilon_y + \varepsilon_z) - \beta T \\[2mm] \sigma_y = 2G\varepsilon_y + \lambda(\varepsilon_x + \varepsilon_y + \varepsilon_z) - \beta T \\[2mm] \sigma_z = 2G\varepsilon_z + \lambda(\varepsilon_x + \varepsilon_y + \varepsilon_z) - \beta T \\[2mm] \tau_{xy} = G\gamma_{xy}, \ \tau_{yz} = G\gamma_{yz}, \ \tau_{zx} = G\gamma_{zx} \end{cases} \tag{9.2.4}$$

式中，E 为弹性模量；ν 为泊松比；G 为剪切模量；λ 为拉梅系数；α 为线胀系数；β 为热应力系数。

这些量之间具有以下关系：

$$G = \frac{E}{2(1+\nu)} \tag{9.2.5}$$

$$\lambda = \frac{E\nu}{(1+\nu)(1-2\nu)} \tag{9.2.6}$$

$$\beta = \frac{E\alpha}{1-2\nu} = (3\lambda + 2G)\alpha \tag{9.2.7}$$

4. 应变协调方程

$$\frac{\partial^2 \varepsilon_x}{\partial y^2} + \frac{\partial^2 \varepsilon_y}{\partial x^2} = \frac{\partial^2 \gamma_{xy}}{\partial x \partial y} \tag{9.2.8}$$

$$\frac{\partial^2 \varepsilon_y}{\partial z^2} + \frac{\partial^2 \varepsilon_z}{\partial y^2} = \frac{\partial^2 \gamma_{yz}}{\partial y \partial z} \tag{9.2.9}$$

$$\frac{\partial^2 \varepsilon_z}{\partial x^2} + \frac{\partial^2 \varepsilon_x}{\partial z^2} = \frac{\partial^2 \gamma_{zx}}{\partial x \partial z} \tag{9.2.10}$$

$$\frac{\partial^2 \varepsilon_x}{\partial y \partial z} = \frac{1}{2}\left(\frac{\partial^2 \gamma_{xy}}{\partial x \partial z} + \frac{\partial^2 \gamma_{zx}}{\partial x \partial y} - \frac{\partial^2 \gamma_{yz}}{\partial x^2}\right) \tag{9.2.11}$$

$$\frac{\partial^2 \varepsilon_y}{\partial z \partial x} = \frac{1}{2}\left(\frac{\partial^2 \gamma_{xy}}{\partial y \partial z} + \frac{\partial^2 \gamma_{yz}}{\partial y \partial x} - \frac{\partial^2 \gamma_{zx}}{\partial y^2}\right) \tag{9.2.12}$$

$$\frac{\partial^2 \varepsilon_z}{\partial x \partial y} = \frac{1}{2}\left(\frac{\partial^2 \gamma_{yz}}{\partial x \partial z} + \frac{\partial^2 \gamma_{zx}}{\partial z \partial y} - \frac{\partial^2 \gamma_{xy}}{\partial z^2}\right) \tag{9.2.13}$$

5. 边界条件

位移边界条件：

$$u\big|_{\Gamma_u} = \bar{u}, \quad v\big|_{\Gamma_u} = \bar{v}, \quad w\big|_{\Gamma_u} = \bar{w}, \quad 在\ \Gamma_u\ 上 \tag{9.2.14}$$

应力边界条件：

$$\begin{cases} \sigma_x c_{nx} + \tau_{yx} c_{ny} + \tau_{zx} c_{nz} = \bar{p}_x \\ \tau_{xy} c_{nx} + \sigma_y c_{ny} + \tau_{zy} c_{nz} = \bar{p}_y \quad 在\ \Gamma_\sigma\ 上 \\ \tau_{xz} c_{nx} + \tau_{yz} c_{ny} + \sigma_z c_{nz} = \bar{p}_z \end{cases} \tag{9.2.15}$$

仿照4.2节不考虑温度的线弹性力学问题解的唯一性证明，可以证明上述热弹性力学问题的解也是唯一的。这里留作习题，请读者自行完成。

9.3　自由物体热应力为零的条件

对于不受外力，也没有位移约束的均温各向同性物体，当其温变分布为 $T(x,y,z)$ 时，有一个很重要也很自然的问题是：$T(x,y,z)$ 应该满足什么条件，物体上各点的应力会为零？也就是说，**对于一个不受力原本均匀温度的自由物体，热应力为零的升温条件是什么**？下面对此稍作分析。

由于应力为零，因此根据方程（9.2.3）可知物体的应变完全由温度引起，此时各分量的值为

$$\begin{cases} \varepsilon_x = \varepsilon_y = \varepsilon_z = \alpha T(x,y,z) \\ \gamma_{xy} = \gamma_{yz} = \gamma_{zx} = 0 \end{cases} \tag{9.3.1}$$

显然，零应力解满足应力平衡条件（零体力）和问题给定的所有边界条件（零面力条件），此时只需要式（9.3.1）给出的应变满足应变协调方程式（9.2.8）～式（9.2.13）即可。

由式（9.2.8）～式（9.2.10）可以得出

$$\frac{\partial^2 T}{\partial x^2} = \frac{\partial^2 T}{\partial y^2} = \frac{\partial^2 T}{\partial z^2} = 0 \tag{9.3.2}$$

而由式（9.2.11）～式（9.2.13）可以得到

$$\frac{\partial^2 T}{\partial y \partial z} = \frac{\partial^2 T}{\partial x \partial z} = \frac{\partial^2 T}{\partial x \partial y} = 0 \tag{9.3.3}$$

联立式（9.3.2）和式（9.3.3），可以解出

$$T = C_1 x + C_2 y + C_3 z + C_4 \tag{9.3.4}$$

式中，C_1，C_2，C_3，C_4 为常数。

由此可知，**对于一个不受力的原本温度均匀的自由物体，热应力为零的条件是温变分布仅为物体直角坐标的线性函数**。

注意到线性温升分布函数式（9.3.4）在三维空间中处处光滑连续，因此这一条件不仅适用于单连通物体，也适用于任意的多连通物体。

与等温弹性理论一样，热弹性力学问题的求解也可以采用位移法和应力法，下面分别进行阐述。

9.4　热弹性力学的位移法

与 5.2 节的方法相同，将几何方程（9.2.2）代入本构方程（9.2.4），再将得到的由位移表示的方程（9.2.4）代入平衡方程（9.2.1）即可得到热弹性力学问题位移法的基本方程：

$$G \nabla^2 u + (\lambda + G)\frac{\partial \theta}{\partial x} + f_x - \beta \cdot \frac{\partial T}{\partial x} = 0 \tag{9.4.1}$$

$$G \nabla^2 v + (\lambda + G)\frac{\partial \theta}{\partial y} + f_y - \beta \cdot \frac{\partial T}{\partial y} = 0 \tag{9.4.2}$$

$$G \nabla^2 w + (\lambda + G)\frac{\partial \theta}{\partial z} + f_z - \beta \cdot \frac{\partial T}{\partial z} = 0 \tag{9.4.3}$$

结合位移边界条件式（9.2.14）

$$u \big|_{\Gamma_u} = \overline{u}, \quad v \big|_{\Gamma_u} = \overline{v}, \quad w \big|_{\Gamma_u} = \overline{w}$$

以及用位移表示的应力边界条件式（9.2.15），即

$$G\left(c_{nx}\frac{\partial u}{\partial x} + c_{ny}\frac{\partial u}{\partial y} + c_{nz}\frac{\partial u}{\partial z} + c_{nx}\frac{\partial u}{\partial x} + c_{ny}\frac{\partial v}{\partial x} + c_{nz}\frac{\partial w}{\partial x} \right) + \lambda c_{nx}\theta = \overline{p}_x + \beta T c_{nx} \tag{9.4.4}$$

$$G\left(c_{nx}\frac{\partial v}{\partial x} + c_{ny}\frac{\partial v}{\partial y} + c_{nz}\frac{\partial v}{\partial z} + c_{nx}\frac{\partial u}{\partial y} + c_{ny}\frac{\partial v}{\partial y} + c_{nz}\frac{\partial w}{\partial y} \right) + \lambda c_{ny}\theta = \overline{p}_y + \beta T c_{ny} \tag{9.4.5}$$

$$G\left(c_{nx}\frac{\partial w}{\partial x} + c_{ny}\frac{\partial w}{\partial y} + c_{nz}\frac{\partial w}{\partial z} + c_{nx}\frac{\partial u}{\partial z} + c_{ny}\frac{\partial v}{\partial z} + c_{nz}\frac{\partial w}{\partial z} \right) + \lambda c_{nz}\theta = \overline{p}_z + \beta T c_{nz} \tag{9.4.6}$$

即可求得热弹性体的位移，进而根据几何方程和本构方程获得结构的应变和应力。式（9.4.1）~式（9.4.6）中，$\theta = \dfrac{\partial u}{\partial x} + \dfrac{\partial v}{\partial y} + \dfrac{\partial w}{\partial z}$。

从位移法基本方程可以看出，对比于等温弹性力学问题，热弹性力学问题在两个方面存在差异：

（1）平衡方程的体力项发生了变化，在原来弹性体给定体力 (f_x, f_y, f_z) 的基础上叠加了由温度变化产生的等效体力

$$(f_x^t, f_y^t, f_z^t) = \left(-\beta \frac{\partial T}{\partial x}, \ -\beta \frac{\partial T}{\partial y}, \ -\beta \frac{\partial T}{\partial z} \right) \tag{9.4.7}$$

（2）应力边界条件给定的面力项发生了变化，在原来弹性体给定体力 $(\overline{p}_x, \overline{p}_y, \overline{p}_z)$ 的基础上叠加了由温度变化产生的等效面力

$$(\overline{p}_x^t, \overline{p}_y^t, \overline{p}_z^t) = (\beta T c_{nx}, \beta T c_{ny}, \beta T c_{nz}) \tag{9.4.8}$$

由于方程（9.4.1）~方程（9.4.6）都是线性的，因此在位移边界条件不变的基础上，相关载荷的作用满足叠加原理。也就是说，**在位移边界条件不变的情况下，结构的热弹性位移等于原体力和面力作用下的位移与温变等效体力和温变等效面力作用产生位移之和。**

下面通过一个简单例子进一步说明该问题。如图 9.4.1 所示，一个长、宽、高

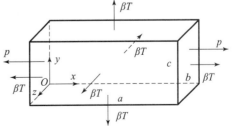

图 9.4.1　长方体结构均匀升温 T 时的等效面力

分别为 a，b，c 的长方体结构在某个参考温度下两端受集度为 p 的均匀拉力，假设其温度均匀升高 T，上述分析结果表明，长方体的尺寸变化等于拉力 p 和温升 T 单独作用的叠加，而温升 T 的作用又可转化为等效体力和等效面力的作用来求得。

建立如图 9.4.1 所示的直角坐标系，容易求出在拉力 p 的作用下，长方体内各点的应变为

$$\varepsilon_x^{\mathrm{p}} = \frac{p}{E}, \quad \varepsilon_y^{\mathrm{p}} = -\frac{\nu p}{E}, \quad \varepsilon_z^{\mathrm{p}} = -\frac{\nu p}{E}, \quad \gamma_{xy}^{\mathrm{p}} = \gamma_{yz}^{\mathrm{p}} = \gamma_{zx}^{\mathrm{p}} = 0 \qquad (9.4.9)$$

长、宽、高 a，b，c 的变化量为

$$\Delta a^{\mathrm{p}} = \frac{pa}{E}, \quad \Delta b^{\mathrm{p}} = -\frac{\nu pb}{E}, \quad \Delta c^{\mathrm{p}} = -\frac{\nu pc}{E} \qquad (9.4.10)$$

因为温升 T 为常数，因此等效体力为零，这时温升 T 的作用即等效为每个面作用有集度为 βT 的均匀拉力的情形，长方体内各点的应变为

$$\varepsilon_x^{\mathrm{t}} = \varepsilon_y^{\mathrm{t}} = \varepsilon_z^{\mathrm{t}} = \frac{\beta T}{E}(1 - 2\nu), \quad \gamma_{xy}^{\mathrm{t}} = \gamma_{yz}^{\mathrm{t}} = \gamma_{zx}^{\mathrm{t}} = 0 \qquad (9.4.11)$$

对应的长、宽、高变化为

$$\Delta a^{\mathrm{t}} = \frac{\beta Ta}{E}(1 - 2\nu), \quad \Delta b^{\mathrm{t}} = \frac{\beta Tb}{E}(1 - 2\nu), \quad \Delta c^{\mathrm{t}} = \frac{\beta Tc}{E}(1 - 2\nu) \qquad (9.4.12)$$

根据式（9.1.7），式（9.4.11）和式（9.4.12）也可以写为

$$\varepsilon_x^{\mathrm{t}} = \varepsilon_y^{\mathrm{t}} = \varepsilon_z^{\mathrm{t}} = \alpha T, \quad \gamma_{xy}^{\mathrm{t}} = \gamma_{yz}^{\mathrm{t}} = \gamma_{zx}^{\mathrm{t}} = 0 \qquad (9.4.13)$$

$$\Delta a^{\mathrm{t}} = \alpha Ta, \quad \Delta b^{\mathrm{t}} = \alpha Tb, \quad \Delta c^{\mathrm{t}} = \alpha Tc \qquad (9.4.14)$$

这一结果显然是我们所熟悉的。将式（9.4.9）和式（9.4.11）相加，便得到面力 p 和温升 T 同时作用时长方体长、宽、高的变化为

$$\Delta a = \left(\alpha T + \frac{p}{E}\right)a, \quad \Delta b = \left(\alpha T - \frac{\nu p}{E}\right)b, \quad \Delta c = \left(\alpha T - \frac{\nu p}{E}\right)c \qquad (9.4.15)$$

但是，需要特别注意的是，此时结构内的应力却不能简单地根据图 9.4.1 认为是由拉力 p 产生的单向拉应力和由温升 T 产生的三向拉应力的叠加，也就是说

$$\begin{bmatrix} \sigma_x & \tau_{xy} & \tau_{xz} \\ \tau_{yx} & \sigma_y & \tau_{yz} \\ \tau_{zx} & \tau_{zy} & \sigma_z \end{bmatrix} \neq \begin{bmatrix} p & 0 & 0 \\ 0 & 0 & 0 \\ 0 & 0 & 0 \end{bmatrix} + \begin{bmatrix} \beta T & 0 & 0 \\ 0 & \beta T & 0 \\ 0 & 0 & \beta T \end{bmatrix}$$

事实上，

$$\varepsilon_x = \varepsilon_x^{\mathrm{p}} + \varepsilon_x^{\mathrm{t}} = \frac{p}{E} + \alpha T, \quad \varepsilon_y = \varepsilon_y^{\mathrm{p}} + \varepsilon_y^{\mathrm{t}} = -\frac{\nu p}{E} + \alpha T, \quad \varepsilon_z = \varepsilon_z^{\mathrm{p}} + \varepsilon_z^{\mathrm{t}} = -\frac{\nu p}{E} + \alpha T$$

$$\gamma_{xy} = \gamma_{xy}^{\mathrm{p}} + \gamma_{xy}^{\mathrm{t}} = 0, \quad \gamma_{yz} = \gamma_{yz}^{\mathrm{p}} + \gamma_{yz}^{\mathrm{t}} = 0, \quad \gamma_{zx} = \gamma_{zx}^{\mathrm{p}} + \gamma_{zx}^{\mathrm{t}} = 0$$

将其代入本构方程（9.2.4）的第一式，可以得到

$$\begin{aligned} \sigma_x &= 2G\left(\frac{p}{E} + \alpha T\right) + \lambda\left(\frac{1 - 2\nu}{E}p + 3\alpha T\right) - \beta T \\ &= \frac{2G + \lambda(1 - 2\nu)}{E}p + (2G + 3\lambda)\alpha T - \beta T \\ &= p \qquad （利用式（9.2.5）~式（9.2.7）） \end{aligned} \qquad (9.4.16)$$

类似地，根据本构方程（9.2.4）可以得到其他所有应力分量均为零。

这一结果表明，对于自由的长方体结构，均匀的温升并不影响结构的应力，这与 9.3

节中得到的结论是一致的。

另外，上述位移法求解热弹性问题的过程表明，为了使问题的求解更加清晰和简单，**一个热弹性力学问题可以分解为两个问题进行求解。**

一是在原有体力、面力（应力边界上）和位移约束（位移边界上）作用下，不考虑温度的等温弹性力学问题，不妨称之为**纯弹性力学问题。**

二是在温变等效体力、温变等效面力（应力边界上）和零位移约束（位移边界上）作用下的等温弹性力学问题，不妨称之为**纯热弹性力学问题。**

表 9.4.1 列出了这种分解后各问题的基本方程。由于有关方程都是线性的，因此这种分解是容易理解的。

表 9.4.1　热弹性力学问题基本方程及其分解

热弹性力学问题	纯弹性力学问题	纯热弹性力学问题
$\dfrac{\partial \sigma_x}{\partial x}+\dfrac{\partial \tau_{yx}}{\partial y}+\dfrac{\partial \tau_{zx}}{\partial z}+f_x=0$ $\dfrac{\partial \tau_{xy}}{\partial x}+\dfrac{\partial \sigma_y}{\partial y}+\dfrac{\partial \tau_{zy}}{\partial z}+f_y=0$ $\dfrac{\partial \tau_{xz}}{\partial x}+\dfrac{\partial \tau_{yz}}{\partial y}+\dfrac{\partial \sigma_z}{\partial z}+f_z=0$	$\dfrac{\partial \sigma_x^{\circ}}{\partial x}+\dfrac{\partial \tau_{yx}^{\circ}}{\partial y}+\dfrac{\partial \tau_{zx}^{\circ}}{\partial z}+f_x=0$ $\dfrac{\partial \tau_{xy}^{\circ}}{\partial x}+\dfrac{\partial \sigma_y^{\circ}}{\partial y}+\dfrac{\partial \tau_{zy}^{\circ}}{\partial z}+f_y=0$ $\dfrac{\partial \tau_{xz}^{\circ}}{\partial x}+\dfrac{\partial \tau_{yz}^{\circ}}{\partial y}+\dfrac{\partial \sigma_z^{\circ}}{\partial z}+f_z=0$	$\dfrac{\partial \sigma_x^{t}}{\partial x}+\dfrac{\partial \tau_{yx}^{t}}{\partial y}+\dfrac{\partial \tau_{zx}^{t}}{\partial z}-\beta\dfrac{\partial T}{\partial x}=0$ $\dfrac{\partial \tau_{xy}^{t}}{\partial x}+\dfrac{\partial \sigma_y^{t}}{\partial y}+\dfrac{\partial \tau_{zy}^{t}}{\partial z}-\beta\dfrac{\partial T}{\partial y}=0$ $\dfrac{\partial \tau_{xz}^{t}}{\partial x}+\dfrac{\partial \tau_{yz}^{t}}{\partial y}+\dfrac{\partial \sigma_z^{t}}{\partial z}-\beta\dfrac{\partial T}{\partial z}=0$
$\varepsilon_x=\dfrac{\partial u}{\partial x},\ \varepsilon_y=\dfrac{\partial v}{\partial y},\ \varepsilon_z=\dfrac{\partial w}{\partial z}$ $\gamma_{xy}=\dfrac{\partial v}{\partial x}+\dfrac{\partial u}{\partial y}$ $\gamma_{yz}=\dfrac{\partial w}{\partial y}+\dfrac{\partial v}{\partial z}$ $\gamma_{zx}=\dfrac{\partial u}{\partial z}+\dfrac{\partial w}{\partial x}$	$\varepsilon_x^{\circ}=\dfrac{\partial u^{\circ}}{\partial x},\ \varepsilon_y^{\circ}=\dfrac{\partial v^{\circ}}{\partial y},\ \varepsilon_z^{\circ}=\dfrac{\partial w^{\circ}}{\partial z}$ $\gamma_{xy}^{\circ}=\dfrac{\partial v^{\circ}}{\partial x}+\dfrac{\partial u^{\circ}}{\partial y}$ $\gamma_{yz}^{\circ}=\dfrac{\partial w^{\circ}}{\partial y}+\dfrac{\partial v^{\circ}}{\partial z}$ $\gamma_{zx}^{\circ}=\dfrac{\partial u^{\circ}}{\partial z}+\dfrac{\partial w^{\circ}}{\partial x}$	$\varepsilon_x^{t}=\dfrac{\partial u^{t}}{\partial x},\ \varepsilon_y^{t}=\dfrac{\partial v^{t}}{\partial y},\ \varepsilon_z^{t}=\dfrac{\partial w^{t}}{\partial z}$ $\gamma_{xy}^{t}=\dfrac{\partial v^{t}}{\partial x}+\dfrac{\partial u^{t}}{\partial y}$ $\gamma_{yz}^{t}=\dfrac{\partial w^{t}}{\partial y}+\dfrac{\partial v^{t}}{\partial z}$ $\gamma_{zx}^{t}=\dfrac{\partial u^{t}}{\partial z}+\dfrac{\partial w^{t}}{\partial x}$
$\sigma_x=2G\varepsilon_x+\lambda(\varepsilon_x+\varepsilon_y+\varepsilon_z)-\beta T$ $\sigma_y=2G\varepsilon_y+\lambda(\varepsilon_x+\varepsilon_y+\varepsilon_z)-\beta T$ $\sigma_z=2G\varepsilon_z+\lambda(\varepsilon_x+\varepsilon_y+\varepsilon_z)-\beta T$ $\tau_{xy}=G\gamma_{xy},\ \tau_{yz}=G\gamma_{yz},\ \tau_{zx}=G\gamma_{zx}$	$\sigma_x^{\circ}=2G\varepsilon_x^{\circ}+\lambda(\varepsilon_x^{\circ}+\varepsilon_y^{\circ}+\varepsilon_z^{\circ})$ $\sigma_y^{\circ}=2G\varepsilon_y^{\circ}+\lambda(\varepsilon_x^{\circ}+\varepsilon_y^{\circ}+\varepsilon_z^{\circ})$ $\sigma_z^{\circ}=2G\varepsilon_z^{\circ}+\lambda(\varepsilon_x^{\circ}+\varepsilon_y^{\circ}+\varepsilon_z^{\circ})$ $\tau_{xy}^{\circ}=G\gamma_{xy}^{\circ},\ \tau_{yz}^{\circ}=G\gamma_{yz}^{\circ},\ \tau_{zx}^{\circ}=G\gamma_{zx}^{\circ}$	$\sigma_x^{t}=2G\varepsilon_x^{t}+\lambda(\varepsilon_x^{t}+\varepsilon_y^{t}+\varepsilon_z^{t})$ $\sigma_y^{t}=2G\varepsilon_y^{t}+\lambda(\varepsilon_x^{t}+\varepsilon_y^{t}+\varepsilon_z^{t})$ $\sigma_z^{t}=2G\varepsilon_z^{t}+\lambda(\varepsilon_x^{t}+\varepsilon_y^{t}+\varepsilon_z^{t})$ $\tau_{xy}^{t}=G\gamma_{xy}^{t},\ \tau_{yz}^{t}=G\gamma_{yz}^{t},\ \tau_{zx}^{t}=G\gamma_{zx}^{t}$
$u\mid_{\Gamma_u}=\bar{u},\ v\mid_{\Gamma_u}=\bar{v},\ w\mid_{\Gamma_u}=\bar{w}$	$u^{\circ}\mid_{\Gamma_u}=\bar{u},\ v^{\circ}\mid_{\Gamma_u}=\bar{v},\ w^{\circ}\mid_{\Gamma_u}=\bar{w}$	$u^{t}\mid_{\Gamma_u}=0,\ v^{t}\mid_{\Gamma_u}=0,\ w^{t}\mid_{\Gamma_u}=0$
$\sigma_x c_{nx}+\tau_{yx}c_{ny}+\tau_{zx}c_{nz}=\bar{p}_x$ $\tau_{xy}c_{nx}+\sigma_y c_{ny}+\tau_{zy}c_{nz}=\bar{p}_y$ $\tau_{xz}c_{nx}+\tau_{yz}c_{ny}+\sigma_z c_{nz}=\bar{p}_z$	$\sigma_x^{\circ}c_{nx}+\tau_{yx}^{\circ}c_{ny}+\tau_{zx}^{\circ}c_{nz}=\bar{p}_x$ $\tau_{xy}^{\circ}c_{nx}+\sigma_y^{\circ}c_{ny}+\tau_{zy}^{\circ}c_{nz}=\bar{p}_y$ $\tau_{xz}^{\circ}c_{nx}+\tau_{yz}^{\circ}c_{ny}+\sigma_z^{\circ}c_{nz}=\bar{p}_z$	$\sigma_x^{t}c_{nx}+\tau_{yx}^{t}c_{ny}+\tau_{zx}^{t}c_{nz}=\beta T c_{nx}$ $\tau_{xy}^{t}c_{nx}+\sigma_y^{t}c_{ny}+\tau_{zy}^{t}c_{nz}=\beta T c_{ny}$ $\tau_{xz}^{t}c_{nx}+\tau_{yz}^{t}c_{ny}+\sigma_z^{t}c_{nz}=\beta T c_{nz}$

如果设结构的热弹性位移向量为 u，应变张量为 e，应力张量为 σ；纯弹性力学问题的位移向量为 u°，应变张量为 e°，应力张量为 σ°；纯热弹性力学问题的位移向量为 u^{t}，应变张量为 e^{t}，应力张量为 σ^{t}。则它们之间具有以下关系：

$$u=u^{\circ}+u^{t} \tag{9.4.17}$$

$$e=e^{\circ}+e^{t} \tag{9.4.18}$$

$$\sigma=\sigma^{\circ}+\sigma^{t}-\beta T I \tag{9.4.19}$$

通常，我们称 u^{t}、e^{t} 和 σ^{t} 分别为"纯热位移""纯热应变"和"纯热应力"。当物体只有应力边界条件时，它们完全是温变等效体力和温变等效面力作用的结果。但由于位移约束往往会引入反力作用，因此当物体存在位移边界时，纯热弹性力学问题得到的位移、应变和应力实际上存在部分外力作用的结果，甚至主要是外力作用的结果，因此称为"纯热位移""纯热应变"或"纯热应力"其实并不十分恰当。

我们在前面的章节已经讨论了结构单纯在原体力和面力作用下的纯弹性力学问题，因此本章只要重点关注纯热弹性力学问题的解 u^t、e^t 和 σ^t 即可。采用位移法求解的方程就是

$$G\nabla^2 u^t + (\lambda + G)\frac{\partial \theta^t}{\partial x} = \beta \cdot \frac{\partial T}{\partial x} \tag{9.4.20}$$

$$G\nabla^2 v^t + (\lambda + G)\frac{\partial \theta^t}{\partial y} = \beta \cdot \frac{\partial T}{\partial y} \tag{9.4.21}$$

$$G\nabla^2 w^t + (\lambda + G)\frac{\partial \theta^t}{\partial z} = \beta \cdot \frac{\partial T}{\partial z} \tag{9.4.22}$$

位移边界条件为

$$u^t\big|_{\Gamma_u} = 0, \ v^t\big|_{\Gamma_u} = 0, \ w^t\big|_{\Gamma_u} = 0 \tag{9.4.23}$$

应力边界条件为

$$G\left(c_{nx}\frac{\partial u^t}{\partial x} + c_{ny}\frac{\partial u^t}{\partial y} + c_{nz}\frac{\partial u^t}{\partial z} + c_{nx}\frac{\partial u^t}{\partial x} + c_{ny}\frac{\partial v^t}{\partial x} + c_{nz}\frac{\partial w^t}{\partial x}\right) + \lambda c_{nx}\theta^t = \beta T c_{nx} \tag{9.4.24}$$

$$G\left(c_{nx}\frac{\partial v^t}{\partial x} + c_{ny}\frac{\partial v^t}{\partial y} + c_{nz}\frac{\partial v^t}{\partial z} + c_{nx}\frac{\partial u^t}{\partial y} + c_{ny}\frac{\partial v^t}{\partial y} + c_{nz}\frac{\partial w^t}{\partial y}\right) + \lambda c_{ny}\theta^t = \beta T c_{ny} \tag{9.4.25}$$

$$G\left(c_{nx}\frac{\partial w^t}{\partial x} + c_{ny}\frac{\partial w^t}{\partial y} + c_{nz}\frac{\partial w^t}{\partial z} + c_{nx}\frac{\partial u^t}{\partial z} + c_{ny}\frac{\partial v^t}{\partial z} + c_{nz}\frac{\partial w^t}{\partial z}\right) + \lambda c_{nz}\theta^t = \beta T c_{nz} \tag{9.4.26}$$

式中，$\theta^t = \dfrac{\partial u^t}{\partial x} + \dfrac{\partial v^t}{\partial y} + \dfrac{\partial w^t}{\partial z}$。

求解出 u^t、v^t、w^t 后，再按表 9.4.1 中所列的几何方程和本构方程求出应变和应力。注意这两个方程在形式上与纯弹性力学（等温弹性力学）相关方程是完全相同的。

下面对温变等效体力和温变等效面力稍作分析。

首先，从式（9.4.8）可以看出温变等效体力是有势力，其势函数为

$$V^t = -\beta T \tag{9.4.27}$$

另外，从物理上可以判断温度变化对弹性体不会产生整体的动力学效应，也就是说温变等效体力和温变等效面力构成平衡力系。在图 9.4.1 所示的简单例子中，温变等效体力为零，很容易看出温变等效面力是平衡力。一般情况下，可以得到以下力平衡和力矩平衡式：

$$\int_\Gamma p_i^t \mathrm{d}\Gamma + \int_\Omega f_i^t \mathrm{d}\Omega = \beta\left(\int_\Gamma T c_{ni}\mathrm{d}\Gamma - \int_\Omega \frac{\partial T}{\partial x_i}\mathrm{d}\Omega\right) = 0 \tag{9.4.28}$$

$$\int_\Gamma (p_i^t x_j - p_j^t x_i)\mathrm{d}\Gamma + \int_\Omega (f_i^t x_j - f_j^t x_i)\mathrm{d}\Omega$$

$$= \beta\left(\int_\Gamma T(x_j c_{ni} - x_i c_{nj})\mathrm{d}\Gamma - \int_\Omega \left(\frac{\partial T}{\partial x_i}x_j - \frac{\partial T}{\partial x_j}x_i\right)\mathrm{d}\Omega\right) = 0 \tag{9.4.29}$$

运用高等数学中的格林公式，上述两式的证明是显然的。

对于定解问题方程（9.4.20）～式（9.4.26），除了直接求解外，通常还可以采用位移势函数的方法求解，其基本思路如下。

假设温变等效体力和温变等效面力产生的位移存在势函数 φ，即

$$u^{\mathrm{t}} = \frac{\partial \varphi}{\partial x}, \quad v^{\mathrm{t}} = \frac{\partial \varphi}{\partial y}, \quad w^{\mathrm{t}} = \frac{\partial \varphi}{\partial z} \tag{9.4.30}$$

则有

$$\theta^{\mathrm{t}} = \frac{\partial u^{\mathrm{t}}}{\partial x} + \frac{\partial v^{\mathrm{t}}}{\partial y} + \frac{\partial w^{\mathrm{t}}}{\partial z} = \nabla^2 \varphi \tag{9.4.31}$$

将其代入式（9.4.20）~式（9.4.22）并稍加整理后可以得到

$$\frac{\partial}{\partial x} \nabla^2 \varphi = \frac{\beta}{\lambda + 2G} \frac{\partial T}{\partial x} \tag{9.4.32}$$

$$\frac{\partial}{\partial y} \nabla^2 \varphi = \frac{\beta}{\lambda + 2G} \frac{\partial T}{\partial y} \tag{9.4.33}$$

$$\frac{\partial}{\partial z} \nabla^2 \varphi = \frac{\beta}{\lambda + 2G} \frac{\partial T}{\partial z} \tag{9.4.34}$$

积分方程（9.4.32）~方程（9.4.34）可得

$$\nabla^2 \varphi = \frac{\beta T}{\lambda + 2G} = \frac{1 + \nu}{1 - \nu} \alpha T \tag{9.4.35}$$

通过方程（9.4.35）和可能的边界条件式（9.4.23）~式（9.4.26）将热弹性位移势函数 φ 解出后，则可以根据热弹性位移势与纯热位移的关系式求出纯热位移，然后根据几何方程求出纯热弹性应变，最后根据本构方程求出纯热弹性应力，即

$$\begin{cases} \sigma_x^{\mathrm{t}} = -2G \left(\dfrac{\partial^2 \varphi}{\partial y^2} + \dfrac{\partial^2 \varphi}{\partial z^2} \right) \\[2mm] \sigma_y^{\mathrm{t}} = -2G \left(\dfrac{\partial^2 \varphi}{\partial z^2} + \dfrac{\partial^2 \varphi}{\partial x^2} \right) \\[2mm] \sigma_z^{\mathrm{t}} = -2G \left(\dfrac{\partial^2 \varphi}{\partial x^2} + \dfrac{\partial^2 \varphi}{\partial y^2} \right) \\[2mm] \tau_{xy}^{\mathrm{t}} = 2G \dfrac{\partial^2 \varphi}{\partial x \partial y}, \quad \tau_{yz}^{\mathrm{t}} = 2G \dfrac{\partial^2 \varphi}{\partial y \partial z}, \quad \tau_{zx}^{\mathrm{t}} = 2G \dfrac{\partial^2 \varphi}{\partial z \partial x} \end{cases} \tag{9.4.36}$$

9.5　热弹性力学的应力法

与等温弹性力学一样，热弹性力学问题也可以基于应力法求解。其基本思路是，求解应力平衡方程（9.1.1）和如下包含了温变函数的应力协调方程（该方程的推导与第六章 6.1.1 节几乎完全相同，这里从略）：

$$\nabla^2 \sigma_x + \frac{1}{1+\nu} \frac{\partial^2 \Theta}{\partial x^2} = -2 \frac{\partial f_x}{\partial x} - \frac{\nu}{1-\nu} \left(\frac{\partial f_x}{\partial x} + \frac{\partial f_y}{\partial y} + \frac{\partial f_z}{\partial z} \right) - \frac{E\alpha}{1-\nu} \nabla^2 T - \frac{E\alpha}{1+\nu} \frac{\partial^2 T}{\partial x^2} \tag{9.5.1}$$

$$\nabla^2 \sigma_y + \frac{1}{1+\nu} \frac{\partial^2 \Theta}{\partial y^2} = -2 \frac{\partial f_y}{\partial y} - \frac{\nu}{1-\nu} \left(\frac{\partial f_x}{\partial x} + \frac{\partial f_y}{\partial y} + \frac{\partial f_z}{\partial z} \right) - \frac{E\alpha}{1-\nu} \nabla^2 T - \frac{E\alpha}{1+\nu} \frac{\partial^2 T}{\partial y^2} \tag{9.5.2}$$

$$\nabla^2 \sigma_z + \frac{1}{1+\nu} \frac{\partial^2 \Theta}{\partial z^2} = -2 \frac{\partial f_z}{\partial z} - \frac{\nu}{1-\nu} \left(\frac{\partial f_x}{\partial x} + \frac{\partial f_y}{\partial y} + \frac{\partial f_z}{\partial z} \right) - \frac{E\alpha}{1-\nu} \nabla^2 T - \frac{E\alpha}{1+\nu} \frac{\partial^2 T}{\partial z^2} \tag{9.5.3}$$

$$\nabla^2 \tau_{xy} + \frac{1}{1+\nu} \frac{\partial^2 \Theta}{\partial x \partial y} = - \left(\frac{\partial f_x}{\partial y} + \frac{\partial f_y}{\partial x} \right) - \frac{E\alpha}{1+\nu} \frac{\partial^2 T}{\partial x \partial y} \tag{9.5.4}$$

$$\nabla^2 \tau_{yz} + \frac{1}{1+\nu} \frac{\partial^2 \Theta}{\partial y \partial z} = - \left(\frac{\partial f_y}{\partial z} + \frac{\partial f_z}{\partial y} \right) - \frac{E\alpha}{1+\nu} \frac{\partial^2 T}{\partial y \partial z} \tag{9.5.5}$$

$$\nabla^2 \tau_{zx} + \frac{1}{1+\nu} \frac{\partial^2 \Theta}{\partial z \partial x} = -\left(\frac{\partial f_z}{\partial x} + \frac{\partial f_x}{\partial z} \right) - \frac{E\alpha}{1+\nu} \frac{\partial^2 T}{\partial z \partial x} \tag{9.5.6}$$

事实上，上述协调方程也可以将6.1.1节的应力协调方程作如下替换得到（初学者要思考一下原因）：

$$(f_x, f_y, f_z) \rightarrow \left(f_x - \beta \frac{\partial T}{\partial x}, f_y - \beta \frac{\partial T}{\partial y}, f_z - \beta \frac{\partial T}{\partial z} \right)$$

$$(\sigma_x, \sigma_y, \sigma_z) \rightarrow (\sigma_x + \beta T, \ \sigma_y + \beta T, \ \sigma_z + \beta T)$$

如果将整个问题像9.4节所述，分解为纯弹性力学问题和纯热弹性力学问题，则由于温变等效体力具有特殊的形式［式（9.4.8）］，因此只要令

$$(f_x, f_y, f_z) = (f_x^t, f_y^t, f_z^t) = \left(-\beta \frac{\partial T}{\partial x}, \ -\beta \frac{\partial T}{\partial y}, \ -\beta \frac{\partial T}{\partial z} \right)$$

将其代入应力协调方程(6.1.7)~式（6.1.12）即得到纯热弹性力学问题的应力协调方程

$$\nabla^2 \sigma_x^t + \frac{1}{1+\nu} \frac{\partial^2 \Theta^t}{\partial x^2} = \beta \left(\frac{\nu}{1-\nu} \nabla^2 T + 2 \frac{\partial^2 T}{\partial x^2} \right) \tag{9.5.7}$$

$$\nabla^2 \sigma_y^t + \frac{1}{1+\nu} \frac{\partial^2 \Theta^t}{\partial y^2} = \beta \left(\frac{\nu}{1-\nu} \nabla^2 T + 2 \frac{\partial^2 T}{\partial y^2} \right) \tag{9.5.8}$$

$$\nabla^2 \sigma_z^t + \frac{1}{1+\nu} \frac{\partial^2 \Theta^t}{\partial z^2} = \beta \left(\frac{\nu}{1-\nu} \nabla^2 T + 2 \frac{\partial^2 T}{\partial z^2} \right) \tag{9.5.9}$$

$$\nabla^2 \tau_{xy}^t + \frac{1}{1+\nu} \frac{\partial^2 \Theta^t}{\partial x \partial y} = 2\beta \frac{\partial^2 T}{\partial x \partial y} \tag{9.5.10}$$

$$\nabla^2 \tau_{yz}^t + \frac{1}{1+\nu} \frac{\partial^2 \Theta^t}{\partial y \partial z} = 2\beta \frac{\partial^2 T}{\partial y \partial z} \tag{9.5.11}$$

$$\nabla^2 \tau_{zx}^t + \frac{1}{1+\nu} \frac{\partial^2 \Theta^t}{\partial z \partial x} = 2\beta \frac{\partial^2 T}{\partial z \partial x} \tag{9.5.12}$$

式中，$\Theta^t = \sigma_x^t + \sigma_y^t + \sigma_z^t$。

对于无热源的稳态温度场，因为$\nabla^2 T \equiv 0$，所以上述协调方程还可以进一步简化，写成指标形式为

$$\nabla^2 \sigma_{ij}^t + \frac{1}{1+\nu} \Theta_{,ij}^t = 2\beta T_{,ij} \tag{9.5.13}$$

结合下列平衡方程和边界条件即可求出σ^t：

$$\begin{cases} \dfrac{\partial \sigma_x^t}{\partial x} + \dfrac{\partial \tau_{yx}^t}{\partial y} + \dfrac{\partial \tau_{zx}^t}{\partial z} - \beta T = 0 \\[2mm] \dfrac{\partial \tau_{xy}^t}{\partial x} + \dfrac{\partial \sigma_y^t}{\partial y} + \dfrac{\partial \tau_{zy}^t}{\partial z} - \beta T = 0 \quad 在 \Omega 内 \\[2mm] \dfrac{\partial \tau_{xz}^t}{\partial x} + \dfrac{\partial \tau_{yz}^t}{\partial y} + \dfrac{\partial \sigma_z^t}{\partial z} - \beta T = 0 \end{cases} \tag{9.5.14}$$

$$\begin{cases} \sigma_x^t c_{nx} + \tau_{yx}^t c_{ny} + \tau_{zx}^t c_{nz} = \beta T c_{nx} \\[2mm] \tau_{xy}^t c_{nx} + \sigma_y^t c_{ny} + \tau_{zy}^t c_{nz} = \beta T c_{ny} \quad 在 \Gamma_\sigma 上 \\[2mm] \tau_{xz}^t c_{nx} + \tau_{yz}^t c_{ny} + \sigma_z^t c_{nz} = \beta T c_{nz} \end{cases} \tag{9.5.15}$$

再通过表9.4.1中纯热弹性力学问题的本构方程求出e^t，最后通过积分可以求出u^t。下面也通过一个例子说明应力法的应用。

如图 9.5.1 所示，假设长方体具有一个沿 x 方向的线性温升，其中左端面（$x=0$）的温升为 0，右端面（$x=a$）的温升为 T。容易给出长方体的温升分布函数为

$$T(x,y,z)=\frac{T}{a}x$$

则温变等效体力为

$$\begin{aligned}(f_x^t,f_y^t,f_z^t)&=\left(-\beta\frac{\partial T}{\partial x},\ -\beta\frac{\partial T}{\partial y},\ -\beta\frac{\partial T}{\partial z}\right)\\&=\left(-\frac{\beta T}{a},\ 0,\ 0\right)\end{aligned}$$

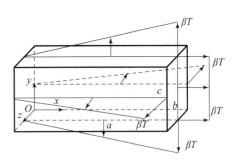

图 **9.5.1**　长方体结构线性升温 T 时的等效面力

温变等效面力为

$$(\bar{p}_x^t,\bar{p}_y^t,\bar{p}_z^t)=(\beta Tc_{nx},\ \beta Tc_{ny},\ \beta Tc_{nz})$$

具体地，我们得到各表面的温变等效面力及对应的纯热弹性应力边界条件分别为

左端面$(x=0)$：$(p_x^t,p_y^t,p_z^t)=(0,0,0)$；$\sigma_x^t=0$，$\tau_{xy}^t=0$，$\tau_{xz}^t=0$

右端面$(x=a)$：$(p_x^t,p_y^t,p_z^t)=(\beta T,0,0)$；$\sigma_x^t=\beta T$，$\tau_{xy}^t=0$，$\tau_{xz}^t=0$

上表面$(y=c)$：$(p_x^t,p_y^t,p_z^t)=\left(0,\beta T\frac{x}{a},0\right)$；$\sigma_y^t=\beta T\frac{x}{a}$，$\tau_{yx}^t=0$，$\tau_{yz}^t=0$

下表面$(y=0)$：$(p_x^t,p_y^t,p_z^t)=\left(0,-\beta T\frac{x}{a},0\right)$；$\sigma_y^t=\beta T\frac{x}{a}$，$\tau_{yx}^t=0$，$\tau_{yz}^t=0$

前表面$(z=b)$：$(p_x^t,p_y^t,p_z^t)=\left(0,0,\beta T\frac{x}{a}\right)$；$\sigma_z^t=\beta T\frac{x}{a}$，$\tau_{zx}^t=0$，$\tau_{zy}^t=0$

后表面$(z=0)$：$(p_x^t,p_y^t,p_z^t)=\left(0,0,-\beta T\frac{x}{a}\right)$；$\sigma_z^t=\beta T\frac{x}{a}$，$\tau_{zx}^t=0$，$\tau_{zy}^t=0$

根据上述温变等效面力对应的纯热弹性应力边界条件，可以猜测问题的解为

$$\sigma_x^t=\sigma_y^t=\sigma_z^t=\beta T\frac{x}{a}$$

$$\tau_{xy}^t=\tau_{yz}^t=\tau_{zx}^t=0$$

可以验证，这组解满足平衡方程（9.5.14）、应力协调方程（9.5.7）~（9.5.12）以及应力边界条件，因此就是纯热弹性应力解，由于原问题没有作用体力和面力，因此

$$\sigma_x^o=\sigma_y^o=\sigma_z^o=0$$

$$\tau_{xy}^o=\tau_{yz}^o=\tau_{zx}^o=0$$

最终得到原问题的应力解为

$$\sigma_x=\sigma_x^t+\sigma_x^o-\beta T\frac{x}{a}=0$$

$$\sigma_y=\sigma_y^t+\sigma_y^o-\beta T\frac{x}{a}=0$$

$$\sigma_z=\sigma_z^t+\sigma_z^o-\beta T\frac{x}{a}=0$$

$$\tau_{xy}=\tau_{xy}^t+\tau_{xy}^o=0$$

$$\tau_{yz}=\tau_{yz}^t+\tau_{yz}^o=0$$

$$\tau_{zx}=\tau_{zx}^t+\tau_{zx}^o=0$$

根据表9.4.1中纯热弹性问题的本构方程,可以求出问题的纯热应变解,由于纯弹性应力解为零,故纯弹性应变解也为零,由此得到纯热应变解就是问题的热弹性应变解。通过线积分,可以求出物体的位移(变形),这里从略。

9.6 柱坐标下的热弹性力学

对于圆柱结构进行热弹性力学分析,采用柱坐标系要方便得多。这里直接给出柱坐标系的热弹性力学基本方程。

9.6.1 基本方程组和边界条件

1. 平衡方程

$$
\begin{cases}
\dfrac{\partial \sigma_r}{\partial r} + \dfrac{1}{r}\dfrac{\partial \tau_{\theta r}}{\partial \theta} + \dfrac{\partial \tau_{zr}}{\partial z} + \dfrac{\sigma_r - \sigma_\theta}{r} + f_r = 0 \\[3mm]
\dfrac{\partial \tau_{r\theta}}{\partial r} + \dfrac{1}{r}\dfrac{\partial \sigma_\theta}{\partial \theta} + \dfrac{\partial \tau_{z\theta}}{\partial z} + \dfrac{2\tau_{r\theta}}{r} + f_\theta = 0 \\[3mm]
\dfrac{\partial \tau_{rz}}{\partial r} + \dfrac{1}{r}\dfrac{\partial \tau_{\theta z}}{\partial \theta} + \dfrac{\partial \sigma_z}{\partial z} + \dfrac{\tau_{rz}}{r} + f_z = 0
\end{cases}
\tag{9.6.1}
$$

2. 几何方程

$$
\begin{cases}
\varepsilon_r = \dfrac{\partial u_r}{\partial r}, \ \ \varepsilon_z = \dfrac{\partial u_z}{\partial z}, \ \ \varepsilon_\theta = \dfrac{1}{r}\dfrac{\partial u_\theta}{\partial \theta} + \dfrac{u_r}{r} \\[3mm]
\gamma_{r\theta} = \dfrac{1}{r}\dfrac{\partial u_r}{\partial \theta} + \dfrac{\partial u_\theta}{\partial r} - \dfrac{u_\theta}{r} \\[3mm]
\gamma_{\theta z} = \dfrac{\partial u_\theta}{\partial z} + \dfrac{1}{r}\dfrac{\partial u_z}{\partial \theta} \\[3mm]
\gamma_{zr} = \dfrac{\partial u_z}{\partial r} + \dfrac{\partial u_r}{\partial z}
\end{cases}
\tag{9.6.2}
$$

3. 本构方程

$$
\begin{cases}
\sigma_r = 2G\varepsilon_r + \lambda(\varepsilon_r + \varepsilon_\theta + \varepsilon_z) - \beta T, \ \ \varepsilon_r = \dfrac{1}{E}\big[\sigma_r - \nu(\sigma_\theta + \sigma_z)\big] + \alpha T \\[3mm]
\sigma_\theta = 2G\varepsilon_\theta + \lambda(\varepsilon_r + \varepsilon_\theta + \varepsilon_z) - \beta T, \ \ \varepsilon_\theta = \dfrac{1}{E}\big[\sigma_\theta - \nu(\sigma_r + \sigma_z)\big] + \alpha T \\[3mm]
\sigma_z = 2G\varepsilon_z + \lambda(\varepsilon_r + \varepsilon_\theta + \varepsilon_z) - \beta T, \ \ \varepsilon_z = \dfrac{1}{E}\big[\sigma_z - \nu(\sigma_r + \sigma_\theta)\big] + \alpha T \\[3mm]
\tau_{r\theta} = \dfrac{\gamma_{r\theta}}{G}, \ \ \tau_{\theta z} = \dfrac{\gamma_{\theta z}}{G}, \ \ \tau_{zr} = \dfrac{\gamma_{zr}}{G}, \qquad \gamma_{r\theta} = G\tau_{r\theta}, \ \ \gamma_{\theta z} = G\tau_{\theta z}, \ \ \gamma_{zr} = G\tau_{zr}
\end{cases}
\tag{9.6.3}
$$

4. 边界条件

位移边界条件:

$$
u_r\big|_{\Gamma_u} = \bar{u}_r, \ u_\theta\big|_{\Gamma_u} = \bar{u}_\theta, \ u_z\big|_{\Gamma_u} = \bar{u}_z, \ 在 \ \Gamma_u \ 上
\tag{9.6.4}
$$

应力边界条件:

$$\begin{cases} \sigma_r c_{nr} + \tau_{\theta r} c_{n\theta} + \tau_{zr} c_{nz} = \bar{p}_r \\ \tau_{r\theta} c_{nr} + \sigma_\theta c_{n\theta} + \tau_{z\theta} c_{nz} = \bar{p}_\theta \quad \text{在 } \Gamma_\sigma \text{ 上} \\ \tau_{rz} c_{nr} + \tau_{\theta z} c_{n\theta} + \sigma_z c_{nz} = \bar{p}_z \end{cases} \tag{9.6.5}$$

9.6.2 柱坐标热弹性问题位移法

1. 柱坐标热弹性问题位移法方程组

$$G\left(\nabla^2 u_r - \frac{2}{r^2}\frac{\partial u_\theta}{\partial \theta} - \frac{u_r}{r^2}\right) + (\lambda + G)\frac{\partial}{\partial r}\left(\frac{\partial u_r}{\partial r} + \frac{u_r}{r} + \frac{1}{r}\frac{\partial u_\theta}{\partial \theta} + \frac{\partial u_z}{\partial z}\right) - \beta \cdot \frac{\partial T}{\partial r} + f_r = 0 \tag{9.6.6}$$

$$G\left(\nabla^2 u_\theta + \frac{2}{r^2}\frac{\partial u_r}{\partial \theta} - \frac{u_\theta}{r^2}\right) + (\lambda + G)\frac{\partial}{\partial r\partial \theta}\left(\frac{\partial u_r}{\partial r} + \frac{u_r}{r} + \frac{1}{r}\frac{\partial u_\theta}{\partial \theta} + \frac{\partial u_z}{\partial z}\right) - \beta \cdot \frac{1}{r}\frac{\partial T}{\partial \theta} + f_\theta = 0$$

$$\tag{9.6.7}$$

$$G\nabla^2 u_z + (\lambda + G)\frac{\partial}{\partial z}\left(\frac{\partial u_r}{\partial r} + \frac{u_r}{r} + \frac{1}{r}\frac{\partial u_\theta}{\partial \theta} + \frac{\partial u_z}{\partial z}\right) - \beta \cdot \frac{\partial T}{\partial z} + f_z = 0 \tag{9.6.8}$$

对圆柱结构，当载荷和温度分布呈轴对称分布时，其位移也必是轴对称的，这时有

$$u_r = u_r(r, z), \quad u_\theta = 0, \quad u_z = u_z(r, z)$$

上述方程将退化为

$$G\left(\nabla^2 u_r - \frac{u_r}{r^2}\right) + (\lambda + G)\frac{\partial}{\partial r}\left(\frac{\partial u_r}{\partial r} + \frac{u_r}{r} + \frac{\partial u_z}{\partial z}\right) - \beta \cdot \frac{\partial T}{\partial r} + f_r = 0 \tag{9.6.9}$$

$$G\nabla^2 u_z + (\lambda + G)\frac{\partial}{\partial z}\left(\frac{\partial u_r}{\partial r} + \frac{u_r}{r} + \frac{\partial u_z}{\partial z}\right) - \beta \cdot \frac{\partial T}{\partial z} + f_z = 0 \tag{9.6.10}$$

2. 边界条件

除了式（9.6.4）的位移边界条件外，需要将应力边界条件改写为如下位移表示的形式：

$$\left[2G\frac{\partial u_r}{\partial r} + \lambda\left(\frac{\partial u_r}{\partial r} + \frac{1}{r}\frac{\partial u_\theta}{\partial \theta} + \frac{u_r}{r} + \frac{\partial u_z}{\partial z}\right)\right]c_{nr} +$$

$$G\left(\frac{1}{r}\frac{\partial u_r}{\partial \theta} + \frac{\partial u_\theta}{\partial r} - \frac{u_\theta}{r}\right)c_{n\theta} + G\left(\frac{\partial u_z}{\partial r} + \frac{\partial u_r}{\partial z}\right)c_{nz} = \bar{p}_r + \beta T c_{nr} \tag{9.6.11}$$

$$\left[2G\left(\frac{1}{r}\frac{\partial u_\theta}{\partial \theta} + \frac{u_r}{r}\right) + \lambda\left(\frac{\partial u_r}{\partial r} + \frac{1}{r}\frac{\partial u_\theta}{\partial \theta} + \frac{u_r}{r} + \frac{\partial u_z}{\partial z}\right)\right]c_{n\theta} +$$

$$G\left(\frac{1}{r}\frac{\partial u_r}{\partial \theta} + \frac{\partial u_\theta}{\partial r} - \frac{u_\theta}{r}\right)c_{nr} + G\left(\frac{\partial u_\theta}{\partial z} + \frac{1}{r}\frac{\partial u_z}{\partial \theta}\right)c_{nz} = \bar{p}_\theta + \beta T c_{n\theta} \tag{9.6.12}$$

$$\left[2G\frac{\partial u_z}{\partial z} + \lambda\left(\frac{\partial u_r}{\partial r} + \frac{1}{r}\frac{\partial u_\theta}{\partial \theta} + \frac{u_r}{r} + \frac{\partial u_z}{\partial z}\right)\right]c_{nz} +$$

$$G\left(\frac{\partial u_z}{\partial r} + \frac{\partial u_r}{\partial z}\right)c_{nr} + G\left(\frac{\partial u_\theta}{\partial z} + \frac{1}{r}\frac{\partial u_z}{\partial \theta}\right)c_{n\theta} = \bar{p}_z + \beta T c_{nz} \tag{9.6.13}$$

9.6.3 两端光滑固定圆筒的热弹性问题

作为柱坐标热弹性问题位移法应用实例，我们来分析两端光滑固定圆筒的热弹性问题。如图9.6.1所示，一个内半径为r_i，外半径为r_o的厚壁圆筒，两端光滑固定（即只约束轴向位移）且为绝热，内外壁存在均匀换热条件，假设圆筒从某一均匀温度加热，

内面增温 T_i，外面增温 T_o，筒内无内热源。试求圆筒温度达到稳定时圆筒的变形和热应力。

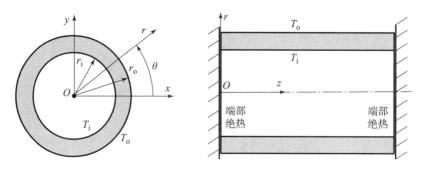

图 9.6.1 两端绝热并光滑固定的厚壁圆筒

注意到厚壁圆筒两端绝热，内外壁均匀换热，因此在图 9.6.1 所示的坐标系中，其热传导方程为平面轴对称无源稳态热传导方程

$$\nabla^2 T = 0 \quad \text{即} \quad \frac{\mathrm{d}^2 T}{\mathrm{d}r^2} + \frac{1}{r}\frac{\mathrm{d}T}{\mathrm{d}r} = \frac{1}{r}\frac{d}{dr}\left(r\frac{\mathrm{d}T}{\mathrm{d}r}\right) = 0$$

积分求解该方程得到圆筒的温变函数通解为

$$T = c_1 \ln r + c_2$$

代入边界条件

$$T\big|_{r=r_i} = c_1 \ln r_i + c_2 = T_i$$
$$T\big|_{r=r_o} = c_1 \ln r_o + c_2 = T_o$$

解得

$$T = \frac{T_i - T_o}{\ln r_i - \ln r_o}\ln r + \frac{T_o \ln r_i - T_i \ln r_o}{\ln r_i - \ln r_o}$$

由于圆筒两端光滑固定，结构温度是轴对称分布，无体力作用，因此可以推定结构变形也是轴对称的，且没有轴向变形，约束结构刚体位移后，其位移模式为

$$u_r = u_r(r), \quad u_\theta = 0, \quad u_z = 0$$

将位移模式、温度结果以及体力条件代入方程（9.6.9）～方程（9.6.10），得到采用位移法求解该问题的方程为

$$\frac{\mathrm{d}^2 u_r}{\mathrm{d}r^2} + \frac{1}{r}\frac{\mathrm{d}u_r}{\mathrm{d}r} - \frac{u_r}{r^2} = \frac{1}{r}\frac{1+\nu}{1-\nu}\alpha c_1$$

边界条件为

$$\left[(\lambda + 2G)\frac{\mathrm{d}u_r}{\mathrm{d}r} + \lambda\frac{u_r}{r}\right]\Bigg|_{r=r_i} = \beta T_i$$

$$\left[(\lambda + 2G)\frac{\mathrm{d}u_r}{\mathrm{d}r} + \lambda\frac{u_r}{r}\right]\Bigg|_{r=r_o} = \beta T_o$$

上述关于 u_r 的方程是一个二阶非齐次欧拉方程，可以求得其通解及其一阶导数分别为

$$u_r = Ar + \frac{B}{r} + \frac{\alpha c_1}{2}\frac{1+\nu}{1-\nu}r\ln r, \quad \frac{\mathrm{d}u_r}{\mathrm{d}r} = A - \frac{B}{r^2} + \frac{\alpha c_1}{2}\frac{1+\nu}{1-\nu}(\ln r + 1)$$

将其代入两个边界条件，得

$$2(\lambda + G)A - \frac{2G}{r_i^2}B = \beta T_i - 2G\frac{\alpha c_1}{2}\frac{1+\nu}{1-\nu}\ln r_i - (\lambda + 2G)\left(\frac{\alpha c_1}{2}\frac{1+\nu}{1-\nu}\right)$$

$$2(\lambda + G)A - \frac{2G}{r_o^2}B = \beta T_o - 2G\frac{\alpha c_1}{2}\frac{1+\nu}{1-\nu}\ln r_o - (\lambda + 2G)\left(\frac{\alpha c_1}{2}\frac{1+\nu}{1-\nu}\right)$$

求出待定系数

$$A = \alpha(1+\nu)\left(\frac{r_i^2 T_i - r_o^2 T_o}{r_i^2 - r_o^2} + \frac{1-2\nu}{1-\nu}\frac{r_o^2\ln r_o - r_i^2\ln r_i}{r_i^2 - r_o^2}\frac{c_1}{2} + \frac{c_1}{2}\right)$$

$$B = \alpha(1+\nu)r_i^2 r_o^2\left(\frac{1}{1-2\nu}\frac{T_i - T_o}{r_i^2 - r_o^2} - \frac{c_1}{2}\frac{1}{1-\nu}\frac{\ln r_i - \ln r_o}{r_i^2 - r_o^2}\right)$$

由此得到结构的位移解,利用几何方程和本构方程,便可以得到结构的应变和应力。由于表达式十分冗长,这里从略。但这里可以简单分析一种特殊的情况,$T_i = T_o = T$,这时有

$$A = \alpha(1+\nu)T, \ B = 0, \ c_1 = 0$$

因此相应的位移为

$$u_r = Ar = \alpha(1+\nu)Tr, \ u_\theta = u_z = 0$$

应变和应力分别为

$$\varepsilon_r = \varepsilon_\theta = \alpha(1+\nu)T, \ \varepsilon_z = \gamma_{r\theta} = \gamma_{\theta z} = \gamma_{zr} = 0$$

$$\sigma_r = \sigma_\theta = \tau_{r\theta} = \tau_{\theta z} = \tau_{zr} = 0, \ \sigma_z = (2\nu - 1)\beta T = -E\alpha T$$

这个解表明,当圆筒两端刚性光滑固定再升温 T 时,结构的应力相当于两端受均匀压力 $\bar{p}_z = E\alpha T$,这与我们在材料力学中的认识是吻合的。

9.6.4　柱坐标热弹性问题的应力法

将式 (6.2.16)~式 (6.2.21) 柱坐标下的应力协调方程作如下替换即可得到热弹性力学应力协调方程 (初学者要思考一下原因):

$$(f_r, f_\theta, f_z) \rightarrow \left(f_r - \beta\frac{\partial T}{\partial r}, f_\theta - \beta\frac{1}{r}\frac{\partial T}{\partial \theta}, f_z - \beta\frac{\partial T}{\partial z}\right)$$

$$(\sigma_r, \sigma_\theta, \sigma_z) \rightarrow (\sigma_r + \beta T, \ \sigma_\theta + \beta T, \ \sigma_z + \beta T)$$

$$\nabla^2\sigma_r - \frac{2(\sigma_r - \sigma_\theta)}{r^2} - \frac{4}{r^2}\frac{\partial\tau_{r\theta}}{\partial\theta} + \frac{1}{1+\nu}\frac{\partial^2\Theta}{\partial r^2}$$

$$= -2\frac{\partial f_r}{\partial r} - \frac{\nu}{1-\nu}\left[\frac{\partial f_r}{\partial r} + \frac{1}{r}\left(f_r + \frac{\partial f_\theta}{\partial\theta}\right) + \frac{\partial f_z}{\partial z}\right] - \frac{E\alpha}{1+\nu}\frac{\partial^2 T}{\partial r^2} - \frac{E\alpha}{1-\nu}\nabla^2 T \tag{9.6.14}$$

$$\nabla^2\sigma_\theta + \frac{2(\sigma_r - \sigma_\theta)}{r^2} + \frac{4}{r^2}\frac{\partial\tau_{r\theta}}{\partial\theta} + \frac{1}{1+\nu}\left(\frac{1}{r^2}\frac{\partial^2\Theta}{\partial\theta^2} + \frac{1}{r}\frac{\partial\Theta}{\partial r}\right) = -\frac{2}{r}\left(f_r + \frac{\partial f_\theta}{\partial\theta}\right) - $$

$$\frac{\nu}{1-\nu}\left[\frac{\partial f_r}{\partial r} + \frac{1}{r}\left(f_r + \frac{\partial f_\theta}{\partial\theta}\right) + \frac{\partial f_z}{\partial z}\right] - \frac{E\alpha}{1+\nu}\frac{1}{r}\left(\frac{1}{r}\frac{\partial^2 T}{\partial\theta^2} + \frac{\partial T}{\partial r}\right) - \frac{E\alpha}{1-\nu}\nabla^2 T \tag{9.6.15}$$

$$\nabla^2\sigma_z + \frac{1}{1+\nu}\frac{\partial^2\Theta}{\partial z^2} = -2\frac{\partial f_z}{\partial z} - \frac{\nu}{1-\nu}\left(\frac{\partial f_r}{\partial r} + \frac{1}{r}\left(f_r + \frac{\partial f_\theta}{\partial\theta}\right) + \frac{\partial f_z}{\partial z}\right) - \frac{E\alpha}{1+\nu}\frac{\partial^2 T}{\partial z^2} - \frac{E\alpha}{1-\nu}\nabla^2 T$$

$$\tag{9.6.16}$$

$$\nabla^2\tau_{r\theta} - \frac{4\tau_{r\theta}}{r^2} + \frac{2}{r^2}\frac{\partial(\sigma_r - \sigma_\theta)}{\partial\theta} + \frac{1}{1+\nu}\frac{\partial}{\partial r}\left(\frac{1}{r}\frac{\partial\Theta}{\partial\theta}\right) = \frac{1}{r}f_\theta - \frac{\partial f_\theta}{\partial r} - \frac{1}{r}\frac{\partial f_r}{\partial\theta} - \frac{E\alpha}{1+\nu}\frac{\partial}{\partial r}\left(\frac{1}{r}\frac{\partial T}{\partial\theta}\right)$$

$$\tag{9.6.17}$$

$$\nabla^2 \tau_{z\theta} - \frac{\tau_{z\theta}}{r^2} + \frac{2}{r^2}\frac{\partial \tau_{rz}}{\partial \theta} + \frac{1}{1+\nu}\frac{1}{r}\frac{\partial^2 \Theta}{\partial z\partial \theta} = -\frac{\partial f_{\theta}}{\partial z} - \frac{1}{r}\frac{\partial f_z}{\partial \theta} - \frac{E\alpha}{1+\nu}\frac{1}{r}\frac{\partial^2 T}{\partial z\partial \theta} \qquad (9.6.18)$$

$$\nabla^2 \tau_{rz} - \frac{\tau_{rz}}{r^2} - \frac{2}{r^2}\frac{\partial \tau_{\theta z}}{\partial \theta} + \frac{1}{1+\nu}\frac{\partial^2 \Theta}{\partial r\partial z} = -\frac{\partial f_r}{\partial z} - \frac{\partial f_z}{\partial r} - \frac{E\alpha}{1+\nu}\frac{1}{r}\frac{\partial^2 T}{\partial r\partial z} \qquad (9.6.19)$$

对圆柱结构,当载荷和温度分布呈轴对称、轴向均匀分布时,且温度稳定,两端自由,则结构的应力分布必是平面轴对称的,这时有

$$\nabla^2 T = 0, \quad \sigma_r = \sigma_r(r), \quad \sigma_{\theta} = \sigma_{\theta}(r), \quad \sigma_z = 0, \quad \tau_{r\theta} = \tau_{\theta z} = \tau_{zr} = 0$$

上述方程将退化为如下两式,其余都是 $0 = 0$ 的恒定式。

$$\nabla^2 \sigma_r - \frac{2(\sigma_r - \sigma_{\theta})}{r^2} + \frac{1}{1+\nu}\frac{\partial^2 \Theta}{\partial r^2} = -2\frac{\partial f_r}{\partial r} - \frac{\nu}{1-\nu}\left(\frac{\partial f_r}{\partial r} + \frac{1}{r}f_r\right) - \frac{E\alpha}{1+\nu}\frac{\partial^2 T}{\partial r^2} \qquad (9.6.20)$$

$$\nabla^2 \sigma_{\theta} + \frac{2(\sigma_r - \sigma_{\theta})}{r^2} + \frac{1}{1+\nu}\frac{1}{r}\frac{\partial \Theta}{\partial r} = -\frac{2}{r}f_r - \frac{\nu}{1-\nu}\left(\frac{\partial f_r}{\partial r} + \frac{1}{r}f_r\right) - \frac{E\alpha}{1+\nu}\frac{1}{r}\frac{\partial T}{\partial r} \qquad (9.6.21)$$

9.6.5 两端自由圆筒的热弹性问题

作为柱坐标热弹性问题应力法应用实例,我们来分析两端自由圆筒的热弹性问题。

将9.6.3节介绍的厚壁圆筒热弹性问题中两端的光滑固定约束去除,我们得到如下两端自由厚壁圆筒(图9.6.2),其余条件与9.6.3节均相同,我们来分析该圆筒的热应力及变形问题。

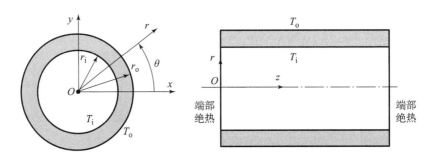

图 9.6.2 内外均匀两端绝热的自由厚壁圆筒

由于结构全部边界均为自由表面,即面力均为零,因此采用应力法求解要方便些。由于结构的温度分布均匀,且不受外力作用,因此可以推断结构的应力为平面轴对称分布,即应力分布具有以下模式:

$$\sigma_r = \sigma_r(r), \quad \sigma_{\theta} = \sigma_{\theta}(r), \quad \sigma_z = 0, \quad \tau_{r\theta} = \tau_{\theta z} = \tau_{zr} = 0$$

注意到体力项为零,因此该问题应力法基本方程为简化的方程(9.6.14)~方程(9.6.15)加上无体力的轴对称应力平衡方程:

$$\nabla^2 \sigma_r - \frac{2(\sigma_r - \sigma_{\theta})}{r^2} + \frac{1}{1+\nu}\frac{d^2 \Theta}{dr^2} = -\frac{E\alpha}{1+\nu}\frac{d^2 T}{dr^2}$$

$$\nabla^2 \sigma_{\theta} + \frac{2(\sigma_r - \sigma_{\theta})}{r^2} + \frac{1}{1+\nu}\frac{1}{r}\frac{d\Theta}{dr} = -\frac{E\alpha}{1+\nu}\frac{1}{r}\frac{dT}{dr}$$

$$\frac{d\sigma_r}{dr} + \frac{\sigma_r - \sigma_{\theta}}{r} = 0$$

其应力边界条件为

$$\sigma_r\big|_{r=r_o} = \sigma_r\big|_{r=r_i} = 0$$

将上述两个协调方程相加得到

$$\nabla^2(\sigma_r + \sigma_\theta) + \frac{1}{1+\nu}\left(\frac{d^2\Theta}{dr^2} + \frac{1}{r}\frac{d\Theta}{dr}\right) = -\left(\frac{E\alpha}{1+\nu}\frac{d^2T}{dr^2} + \frac{1}{r}\frac{dT}{dr}\right)$$

注意到此时

$$\Theta = \sigma_r + \sigma_\theta, \quad \nabla^2 = \frac{d^2}{dr^2} + \frac{1}{r}\frac{d}{dr}$$

因此上述方程整理后也就是

$$\frac{d^2\Theta}{dr^2} + \frac{1}{r}\frac{d\Theta}{dr} = 0$$

求解该方程由此得到 Θ 的通解

$$\Theta = \sigma_r + \sigma_\theta = A + B\ln r, \quad \sigma_\theta = A + B\ln r - \sigma_r$$

将其代入平衡方程得到

$$r\frac{d\sigma_r}{dr} + 2\sigma_r - A - B\ln r = 0$$

求解该方程得到 σ_r 和 σ_θ 的通解为

$$\sigma_r = \frac{A}{2} + \frac{B}{2}\ln r - \frac{B}{4} + \frac{C}{r^2}, \quad \sigma_\theta = \frac{A}{2} + \frac{B}{2}\ln r + \frac{B}{4} - \frac{C}{r^2}$$

由此也得到

$$\sigma_r - \sigma_\theta = -\frac{B}{2} + \frac{2C}{r^2}$$

将上述应力通解及前面的温变结果代入第一个协调方程，并结合应力边界条件得到

$$\frac{B}{r^2} - \frac{1}{1+\nu}\frac{B}{r^2} = \frac{E\alpha}{1+\nu}\frac{c_1}{r^2}$$

$$\frac{A}{2} + \frac{B}{2}\ln r_i - \frac{B}{4} + \frac{C}{r_i^2} = 0$$

$$\frac{A}{2} + \frac{B}{2}\ln r_o - \frac{B}{4} + \frac{C}{r_o^2} = 0$$

解出这个关于 A，B，C 的代数方程，得到

$$A = \frac{\left(\ln r_o - \frac{1}{2}\right)r_o - \left(\ln r_i - \frac{1}{2}\right)r_i}{r_i^2 - r_o^2}\frac{E\alpha c_1}{\nu}, \quad B = \frac{E\alpha c_1}{\nu}, \quad C = \frac{r_i^2 r_o^2}{2}\frac{\ln r_i - \ln r_o}{r_i^2 - r_o^2}\frac{E\alpha c_1}{\nu}$$

最后得到结构的应力解为

$$\sigma_r = \frac{E\alpha}{2\nu}\frac{T_i - T_o}{\ln r_i - \ln r_o}\left[\frac{\left(\ln r_o - \frac{1}{2}\right)r_o - \left(\ln r_i - \frac{1}{2}\right)r_i}{r_i^2 - r_o^2} + \left(\ln r - \frac{1}{2}\right) + r_i^2 r_o^2\frac{\ln r_i - \ln r_o}{r_i^2 - r_o^2}\frac{1}{r^2}\right]$$

$$\sigma_\theta = \frac{E\alpha}{2\nu}\frac{T_i - T_o}{\ln r_i - \ln r_o}\left[\frac{\left(\ln r_o - \frac{1}{2}\right)r_o - \left(\ln r_i - \frac{1}{2}\right)r_i}{r_i^2 - r_o^2} + \left(\ln r + \frac{1}{2}\right) - r_i^2 r_o^2\frac{\ln r_i - \ln r_o}{r_i^2 - r_o^2}\frac{1}{r^2}\right]$$

其余应力分量为零。

利用这些应力结构代入本构方程，便可以得到结构的应变分量，然后通过积分，可

以求出结构的位移，进而得到结构的变形。由于一般表达式过于冗长，这里从略。

和 9.6.3 节一样，我们在这里可以讨论一种特殊的简单情形，即 $T_i = T_o = T$，这时容易看出，所有应力分量均为零，但根据热弹性本构关系，结构的应变分量并非全为零，即

$$\varepsilon_r = \varepsilon_\theta = \varepsilon_z = \alpha T$$

$$\gamma_{r\theta} = \gamma_{\theta z} = \gamma_{zr} = 0$$

这和我们在材料力学中的结果是一致的。

9.7　球坐标下的热弹性力学

对于球形结构进行热弹性力学分析，采用球坐标系要方便得多。这里直接给出球坐标系下的热弹性力学基本方程。

9.7.1　基本方程组和边界条件

1. 平衡方程

$$
\begin{cases}
\dfrac{\partial \sigma_r}{\partial r} + \dfrac{1}{r}\dfrac{\partial \tau_{\theta r}}{\partial \theta} + \dfrac{1}{r\sin\theta}\dfrac{\partial \tau_{\varphi r}}{\partial \varphi} + \dfrac{2\sigma_r - \sigma_\theta - \sigma_\varphi + \cot\theta\,\tau_{\theta r}}{r} + f_r = 0 \\[3mm]
\dfrac{\partial \tau_{r\theta}}{\partial r} + \dfrac{1}{r}\dfrac{\partial \sigma_\theta}{\partial \theta} + \dfrac{1}{r\sin\theta}\dfrac{\partial \tau_{\varphi\theta}}{\partial \varphi} + \dfrac{3\tau_{r\theta} + \cot\theta(\sigma_\theta - \sigma_\varphi)}{r} + f_\theta = 0 \\[3mm]
\dfrac{\partial \tau_{r\varphi}}{\partial r} + \dfrac{1}{r}\dfrac{\partial \tau_{\theta\varphi}}{\partial \theta} + \dfrac{1}{r\sin\theta}\dfrac{\partial \sigma_\varphi}{\partial \varphi} + \dfrac{3\tau_{r\varphi} + 2\cot\theta\,\tau_{\theta\varphi}}{r} + f_\varphi = 0
\end{cases}
\tag{9.7.1}
$$

2. 几何方程

$$
\begin{cases}
\varepsilon_r = \dfrac{\partial u_r}{\partial r}, \quad \varepsilon_\theta = \dfrac{1}{r}\dfrac{\partial u_\theta}{\partial \theta} + \dfrac{u_r}{r} \\[3mm]
\varepsilon_\varphi = \dfrac{u_r}{r} + \dfrac{\cot\theta}{r}\cdot u_\theta + \dfrac{1}{r\sin\theta}\dfrac{\partial u_\varphi}{\partial \varphi} \\[3mm]
\gamma_{r\theta} = \dfrac{1}{r}\dfrac{\partial u_r}{\partial \theta} + \dfrac{\partial u_\theta}{\partial r} - \dfrac{u_\theta}{r} \\[3mm]
\gamma_{\theta\varphi} = \dfrac{1}{r\sin\theta}\dfrac{\partial u_\theta}{\partial \varphi} + \dfrac{1}{r}\dfrac{\partial u_\varphi}{\partial \theta} - \dfrac{\cot\theta}{r}\cdot u_\varphi \\[3mm]
\gamma_{\varphi r} = \dfrac{1}{r\sin\theta}\dfrac{\partial u_r}{\partial \varphi} + \dfrac{\partial u_\varphi}{\partial r} - \dfrac{u_\varphi}{r}
\end{cases}
\tag{9.7.2}
$$

3. 本构方程

$$
\begin{cases}
\sigma_r = 2G\varepsilon_r + \lambda(\varepsilon_r + \varepsilon_\theta + \varepsilon_\varphi) - \beta T, \quad \varepsilon_r = \dfrac{1}{E}\left[\sigma_r - \nu(\sigma_\theta + \sigma_\varphi)\right] + \alpha T \\[3mm]
\sigma_\theta = 2G\varepsilon_\theta + \lambda(\varepsilon_r + \varepsilon_\theta + \varepsilon_\varphi) - \beta T, \quad \varepsilon_\theta = \dfrac{1}{E}\left[\sigma_\theta - \nu(\sigma_r + \sigma_\varphi)\right] + \alpha T \\[3mm]
\sigma_\varphi = 2G\varepsilon_\varphi + \lambda(\varepsilon_r + \varepsilon_\theta + \varepsilon_\varphi) - \beta T, \quad \varepsilon_z = \dfrac{1}{E}\left[\sigma_\varphi - \nu(\sigma_r + \sigma_\theta)\right] + \alpha T \\[3mm]
\tau_{r\theta} = \dfrac{\gamma_{r\theta}}{G}, \quad \tau_{\theta\varphi} = \dfrac{\gamma_{\theta\varphi}}{G}, \quad \tau_{\varphi r} = \dfrac{\gamma_{\varphi r}}{G}, \quad \gamma_{r\theta} = G\tau_{r\theta}, \quad \gamma_{\theta z} = G\tau_{\theta z}, \quad \gamma_{zr} = G\tau_{zr}
\end{cases}
\tag{9.7.3}
$$

4. 边界条件

位移边界条件:

$$u_r\big|_{\Gamma_u} = \overline{u}_r, \quad u_\theta\big|_{\Gamma_u} = \overline{u}_\theta, \quad u_\varphi\big|_{\Gamma_u} = \overline{u}_\varphi, \quad 在 \Gamma_u 上 \tag{9.7.4}$$

应力边界条件:

$$\sigma_r c_{nr} + \tau_{\theta r} c_{n\theta} + \tau_{\varphi r} c_{n\varphi} = \overline{p}_r$$
$$\tau_{r\theta} c_{nr} + \sigma_\theta c_{n\theta} + \tau_{\varphi\theta} c_{n\varphi} = \overline{p}_\theta \quad 在 \Gamma_\sigma 上 \tag{9.7.5}$$
$$\tau_{r\varphi} c_{nr} + \tau_{\theta\varphi} c_{n\theta} + \sigma_\varphi c_{n\varphi} = \overline{p}_\varphi$$

9.7.2 球坐标系热弹性问题的位移法

1. 球坐标系热弹性问题位移法方程组

$$\nabla^2 u_r - \frac{2}{r^2}\left(\frac{\partial u_\theta}{\partial \theta} + \frac{1}{\sin\theta}\frac{\partial u_\varphi}{\partial \varphi} + u_r + \cot\theta u_\theta\right) +$$

$$\frac{1}{1-2\nu}\frac{\partial}{\partial r}\left(\frac{\partial u_r}{\partial r} + \frac{2u_r}{r} + \frac{1}{r}\frac{\partial u_\theta}{\partial \theta} + \frac{\cot\theta}{r}u_\theta + \frac{1}{r\sin\theta}\frac{\partial u_\varphi}{\partial \varphi}\right) - \frac{\beta}{G}\frac{\partial T}{\partial r} + \frac{f_r}{G} = 0 \tag{9.7.6}$$

$$\nabla^2 u_\theta + \frac{2}{r^2}\left(\frac{\partial u_r}{\partial \theta} - \frac{\cos\theta}{\sin^2\theta}\frac{\partial u_\varphi}{\partial \varphi} - \frac{u_\theta}{2\sin^2\theta}\right) +$$

$$\frac{1}{1-2\nu}\frac{\partial}{r\partial\theta}\left(\frac{\partial u_r}{\partial r} + \frac{2u_r}{r} + \frac{1}{r}\frac{\partial u_\theta}{\partial \theta} + \frac{\cot\theta}{r}u_\theta + \frac{1}{r\sin\theta}\frac{\partial u_\varphi}{\partial \varphi}\right) - \frac{\beta}{G}\frac{1}{r}\frac{\partial T}{\partial \theta} + \frac{f_\theta}{G} = 0 \tag{9.7.7}$$

$$\nabla^2 u_\varphi + \frac{2}{r^2\sin\theta}\left(\frac{\partial u_r}{\partial \varphi} + \cot\theta\frac{\partial u_\theta}{\partial \varphi} - \frac{u_\varphi}{2\sin\theta}\right) +$$

$$\frac{1}{1-2\nu}\frac{1}{r\sin\theta}\frac{\partial}{\partial \varphi}\left(\frac{\partial u_r}{\partial r} + \frac{2u_r}{r} + \frac{1}{r}\frac{\partial u_\theta}{\partial \theta} + \frac{\cot\theta}{r}u_\theta + \frac{1}{r\sin\theta}\frac{\partial u_\varphi}{\partial \varphi}\right) - \frac{\beta}{G}\frac{1}{r\sin\theta}\frac{\partial T}{\partial \varphi} + \frac{f_\varphi}{G} = 0 \tag{9.7.8}$$

对球体结构,当载荷和温度分布都是球对称分布时,结构的位移必将呈球对称分布,因此有 $u_r = u_r(r)$, $u_\theta = 0$, $u_\varphi = 0$,上述方程将退化为

$$(\lambda + 2G)\left(\frac{\mathrm{d}^2 u_r}{\mathrm{d}r^2} + \frac{2}{r}\frac{\mathrm{d}u_r}{\mathrm{d}r} - \frac{2}{r^2}u_r\right) - \beta\frac{\mathrm{d}T}{\mathrm{d}r} + f_r = 0 \tag{9.7.9}$$

这是一个二阶欧拉型常微分方程,在给定球对称的温变函数和体力分布后,可以求出通解。再结合给定的位移和应力边界条件,即可获得问题的解。

2. 边界条件

除了方程(9.7.4)的位移边界条件外,我们需要将应力边界条件(9.7.5)改写为如下位移表示的形式:

$$\left[2G\frac{\partial u_r}{\partial r} + \lambda\left(\frac{\partial u_r}{\partial r} + \frac{1}{r}\frac{\partial u_\theta}{\partial \theta} + \frac{2u_r}{r} + \frac{\cot\theta}{r}u_\theta + \frac{1}{r\sin\theta}\frac{\partial u_\varphi}{\partial \varphi}\right)\right]c_{nr} +$$

$$G\left(\frac{1}{r}\frac{\partial u_r}{\partial \theta} + \frac{\partial u_\theta}{\partial r} - \frac{u_\theta}{r}\right)c_{n\theta} + G\left(\frac{1}{r\sin\theta}\frac{\partial u_r}{\partial \varphi} + \frac{\partial u_\varphi}{\partial r} - \frac{u_\varphi}{r}\right)c_{n\varphi} = \overline{p}_r + \beta T c_{nr} \tag{9.7.10}$$

$$\left[2G\left(\frac{1}{r}\frac{\partial u_\theta}{\partial \theta} + \frac{u_r}{r}\right) + \lambda\left(\frac{\partial u_r}{\partial r} + \frac{1}{r}\frac{\partial u_\theta}{\partial \theta} + \frac{2u_r}{r} + \frac{\cot\theta}{r}u_\theta + \frac{1}{r\sin\theta}\frac{\partial u_\varphi}{\partial \varphi}\right)\right]c_{n\theta} +$$

$$G\left(\frac{1}{r}\frac{\partial u_r}{\partial \theta} + \frac{\partial u_\theta}{\partial r} - \frac{u_\theta}{r}\right)c_{nr} + G\left(\frac{1}{r\sin\theta}\frac{\partial u_\theta}{\partial \varphi} + \frac{1}{r}\frac{\partial u_\varphi}{\partial \theta} - \frac{\cot\theta}{r}u_\varphi\right)c_{n\varphi} = \overline{p}_\theta + \beta T c_{n\theta} \tag{9.7.11}$$

$$\left[2G\left(\frac{u_r}{r} + \frac{\cot\theta}{r}u_\theta + \frac{1}{r\sin\theta}\frac{\partial u_\varphi}{\partial \varphi}\right) + \lambda\left(\frac{\partial u_r}{\partial r} + \frac{1}{r}\frac{\partial u_\theta}{\partial \theta} + \frac{2u_r}{r} + \frac{\cot\theta}{r}u_\theta + \frac{1}{r\sin\theta}\frac{\partial u_\varphi}{\partial \varphi}\right)\right]c_{n\varphi} +$$

$$G\left(\frac{1}{r\sin\theta}\frac{\partial u_r}{\partial \varphi} + \frac{\partial u_\varphi}{\partial r} - \frac{u_\varphi}{r}\right)c_{nr} + G\left(\frac{1}{r\sin\theta}\frac{\partial u_\theta}{\partial \varphi} + \frac{1}{r}\frac{\partial u_\varphi}{\partial \theta} - \frac{\cot\theta}{r}u_\varphi\right)c_{n\theta} = \bar{p}_\varphi + \beta T c_{n\varphi} \qquad (9.7.12)$$

9.7.3 球坐标系热弹性问题的应力法

将式（6.3.1）～式（6.3.6）球坐标下的应力协调方程作如下替换即可得到热弹性力学应力协调方程：

$$(f_r, f_\theta, f_\varphi) \rightarrow \left(f_r - \beta\frac{\partial T}{\partial r}, f_\theta - \beta\frac{1}{r}\frac{\partial T}{\partial \theta}, f_\varphi - \beta\frac{1}{r\sin\theta}\frac{\partial T}{\partial \varphi}\right)$$

$$(\sigma_r, \sigma_\theta, \sigma_\varphi) \rightarrow (\sigma_r + \beta T, \ \sigma_\theta + \beta T, \ \sigma_\varphi + \beta T)$$

由于方程冗长，这里只给出有关温变函数的体力项（相当于结构原来无体力的情形，或者是纯热弹性力学问题的应力法方程），若要考虑原来体力的作用，对应的体力项与式（6.3.1）～式（6.3.6）完全相同，只要在下列方程的右端加上即可：

$$\nabla^2\sigma_r - 2\frac{2\sigma_r - \sigma_\theta - \sigma_\varphi}{r^2} - \frac{4}{r^2}\frac{\partial\tau_{r\theta}}{\partial\theta} - \frac{4}{r^2 s_\theta}\frac{\partial\tau_{r\varphi}}{\partial\varphi} - \frac{4\cot\theta}{r^2}\tau_{r\theta} +$$

$$\frac{1}{1+\nu}\frac{\partial^2\Theta}{\partial r^2} = -\frac{E\alpha}{1+\nu}\frac{\partial^2 T}{\partial r^2} - \frac{E\alpha}{1-\nu}\nabla^2 T \qquad (9.7.13)$$

$$\nabla^2\sigma_\theta - 2\frac{\sigma_\theta - \sigma_r s_\theta^2 - \sigma_\varphi c_\theta^2}{r^2 s_\theta^2} + \frac{4}{r^2}\frac{\partial\tau_{r\theta}}{\partial\theta} - \frac{4c_\theta}{r^2 s_\theta^2}\frac{\partial\tau_{\theta\varphi}}{\partial\varphi} +$$

$$\frac{1}{1+\nu}\left(\frac{1}{r^2}\frac{\partial^2\Theta}{\partial\theta^2} + \frac{1}{r}\frac{\partial\Theta}{\partial r}\right) = -\frac{E\alpha}{1+\nu}\left(\frac{1}{r^2}\frac{\partial^2 T}{\partial\theta^2} + \frac{1}{r}\frac{\partial T}{\partial r}\right) - \frac{E\alpha}{1-\nu}\nabla^2 T \qquad (9.7.14)$$

$$\nabla^2\sigma_\varphi - 2\frac{\sigma_\varphi - \sigma_r s_\theta^2 - \sigma_\theta c_\theta^2}{r^2 s_\theta^2} + \frac{4}{r^2 s_\theta}\frac{\partial\tau_{r\varphi}}{\partial\varphi} + \frac{4c_\theta}{r^2 s_\theta^2}\frac{\partial\tau_{\theta\varphi}}{\partial\varphi} + \frac{4c_\theta}{r^2 s_\theta}\tau_{r\theta} +$$

$$\frac{1}{1+\nu}\left(\frac{1}{r^2 s_\theta^2}\frac{\partial^2\Theta}{\partial\varphi^2} + \frac{1}{r}\frac{\partial\Theta}{\partial r} + \frac{c_\theta}{r^2 s_\theta}\frac{\partial\Theta}{\partial\theta}\right)$$

$$= -\frac{E\alpha}{1+\nu}\left(\frac{1}{r^2 s_\theta^2}\frac{\partial^2 T}{\partial\varphi^2} + \frac{1}{r}\frac{\partial T}{\partial r} + \frac{c_\theta}{r^2 s_\theta}\frac{\partial T}{\partial\theta}\right) - \frac{E\alpha}{1-\nu}\nabla^2 T \qquad (9.7.15)$$

$$\nabla^2\tau_{\theta\varphi} - 2\frac{(1+c_\theta^2)\tau_{\theta\varphi} + s_\theta c_\theta\tau_{r\varphi}}{r^2 s_\theta^2} + \frac{2c_\theta}{r^2 s_\theta^2}\frac{\partial(\sigma_\theta - \sigma_\varphi)}{\partial\varphi} + \frac{2}{r^2}\frac{\partial\tau_{r\varphi}}{\partial\theta} + \frac{1}{r^2 s_\theta}\frac{\partial\tau_{r\theta}}{\partial\varphi} +$$

$$\frac{1}{1+\nu}\left(\frac{1}{r^2 s_\theta}\frac{\partial^2\Theta}{\partial\theta\partial\varphi} - \frac{c_\theta}{r^2 s_\theta^2}\frac{\partial\Theta}{\partial\varphi}\right) = -\frac{E\alpha}{1+\nu}\left(\frac{1}{r^2 s_\theta}\frac{\partial^2 T}{\partial\theta\partial\varphi} - \frac{c_\theta}{r^2 s_\theta^2}\frac{\partial T}{\partial\varphi}\right) \qquad (9.7.16)$$

$$\nabla^2\tau_{r\varphi} - \frac{4\tau_{r\varphi}}{r^2} - \frac{\tau_{r\varphi}}{r^2 s_\theta^2} - \frac{4c_\theta}{r^2 s_\theta}\tau_{\theta\varphi} + \frac{2}{r^2 s_\theta}\frac{\partial(\sigma_r - \sigma_\varphi)}{\partial\varphi} + \frac{2c_\theta}{r^2 s_\theta^2}\frac{\partial\tau_{r\theta}}{\partial\varphi} - \frac{2}{r^2}\frac{\partial\tau_{\theta\varphi}}{\partial\theta} +$$

$$\frac{1}{1+\nu}\left(\frac{1}{rs_\theta}\frac{\partial^2\Theta}{\partial r\partial\varphi} - \frac{1}{r^2 s_\theta^2}\frac{\partial\Theta}{\partial\varphi}\right) = -\frac{E\alpha}{1+\nu}\left(\frac{1}{rs_\theta}\frac{\partial^2 T}{\partial r\partial\varphi} - \frac{1}{r^2 s_\theta^2}\frac{\partial T}{\partial\varphi}\right) \qquad (9.7.17)$$

$$\nabla^2\tau_{r\theta} - \frac{4\tau_{r\theta}}{r^2} - \frac{\tau_{r\theta}}{r^2 s_\theta^2} + \frac{2c_\theta}{r^2 s_\theta}(\sigma_\varphi - \sigma_\theta) + \frac{2}{r^2}\frac{\partial(\sigma_{rr} - \sigma_\theta)}{\partial\theta} - \frac{2}{r^2 s_\theta}\frac{\partial\tau_{\theta\varphi}}{\partial\varphi} - \frac{2c_\theta}{r^2 s_\theta^2}\frac{\partial\tau_{r\varphi}}{\partial\varphi} +$$

$$\frac{1}{1+\nu}\left(\frac{1}{r}\frac{\partial^2\Theta}{\partial r\partial\theta} - \frac{1}{r^2}\frac{\partial\Theta}{\partial\theta}\right) = -\frac{E\alpha}{1+\nu}\frac{1}{r}\left(\frac{\partial^2 T}{\partial r\partial\theta} - \frac{1}{r}\frac{\partial T}{\partial\theta}\right) \qquad (9.7.18)$$

对于球对称问题的情况，上述方程组退化为如下形式：

$$\nabla^2\sigma_r - \frac{4(\sigma_r - \sigma_\theta)}{r^2} + \frac{1}{1+\nu}\frac{d^2\Theta}{dr^2} = -\frac{E\alpha}{1+\nu}\frac{d^2 T}{dr^2} - \frac{E\alpha}{1-\nu}\nabla^2 T \qquad (9.7.19)$$

$$\nabla^2 \sigma_\theta + \frac{2(\sigma_r - \sigma_\theta)}{r^2} + \frac{1}{1+\nu} \frac{1}{r} \frac{\mathrm{d}\Theta}{\mathrm{d}r} = -\frac{E\alpha}{1+\nu} \frac{1}{r} \frac{\mathrm{d}T}{\mathrm{d}r} - \frac{E\alpha}{1-\nu} \nabla^2 T \qquad (9.7.20)$$

采用 6.3 节介绍的方法，并注意球对称问题中 $\nabla^2 = \dfrac{\mathrm{d}^2}{\mathrm{d}r^2} + \dfrac{2}{r} \dfrac{\mathrm{d}}{\mathrm{d}r}$，将式（9.7.20）两端乘以 2 加上式（9.7.19），同时考虑原来的体力项得到

$$\frac{2+\nu}{1+\nu} \nabla^2 (\sigma_r + 2\sigma_\theta) = -6 \frac{\partial f_r}{\partial r} - \frac{3\nu}{1-\nu} \left(\frac{\partial f_r}{\partial r} + \frac{2}{r} f_r \right) - \frac{2E\alpha}{1-\nu} \frac{2+\nu}{1+\nu} \nabla^2 T \qquad (9.7.21)$$

显然，上述方程是一个关于 $\Theta = \sigma_r + 2\sigma_\theta$ 的非齐次二阶欧拉方程，求出关于 $\sigma_r + 2\sigma_\theta$ 的通解后，结合应力平衡方程

$$\frac{\mathrm{d}\sigma_r}{\mathrm{d}r} + \frac{2(\sigma_r - \sigma_\theta)}{r} + f_r = 0 \qquad (9.7.22)$$

以及方程（9.7.19）或方程（9.7.20）中的一个，再根据给定的边界条件就可以实现球对称热弹性力学问题的求解。

9.7.4　球体结构的热弹性问题

下面通过一个实例来说明球坐标热弹性问题位移法和应力法的应用。

对于半径为 a 的均匀球体，试求温度分布为球对称函数 $T(r)$ 时的应力分布，讨论球体没有应力的 $T(r)$ 的条件。已知球的线胀系数为 α，弹性模量为 E，泊松比为 ν。下面分别采用位移法和应力法对该问题进行分析。

1. 位移法

由于温度分布为球对称的，因此可以推断在球坐标系下，消除刚体位移后，结构的位移模式为

$$u_r = u_r(r), \ u_\theta = u_\varphi = 0$$

因此本问题位移法基本方程为无体力的式（9.7.9），即

$$(\lambda + 2G) \left(\frac{\mathrm{d}^2 u_r}{\mathrm{d}r^2} + \frac{2}{r} \frac{\mathrm{d}u_r}{\mathrm{d}r} - \frac{2}{r^2} u_r \right) - \beta \cdot \frac{\mathrm{d}T}{\mathrm{d}r} = 0$$

化简后可得

$$\frac{\mathrm{d}^2 u_r}{\mathrm{d}r^2} + \frac{2}{r} \left(\frac{\mathrm{d}u_r}{\mathrm{d}r} - \frac{u_r}{r} \right) - \frac{\alpha(1+\nu)}{1-\nu} \frac{\mathrm{d}T}{\mathrm{d}r} = 0$$

该方程也可以写为

$$\frac{\mathrm{d}}{\mathrm{d}r} \left[\frac{1}{r^2} \frac{\mathrm{d}}{\mathrm{d}r} (r^2 u_r) \right] = \frac{\alpha(1+\nu)}{1-\nu} \frac{\mathrm{d}T}{\mathrm{d}r}$$

通过两次积分可以得到

$$r^2 u_r = \int_0^r \frac{\alpha(1+\nu)}{1-\nu} T r^2 \mathrm{d}r + \frac{1}{3} c_1 r^3 + c_2$$

即

$$u_r = \frac{\alpha}{r^2} \frac{1+\nu}{1-\nu} \int_0^r T r^2 \mathrm{d}r + \frac{1}{3} c_1 r + \frac{c_2}{r^2}$$

注意到球心位置的位移应该为 0（或有限数），即

$$u_r \big|_{r=0} = 0 \ （或有限数），c_2 = 0$$

由此可得

$$\frac{\mathrm{d}u_r}{\mathrm{d}r} = \frac{-2\alpha}{r^3}\frac{1+\nu}{1-\nu}\int_0^r Tr^2\mathrm{d}r + \frac{1}{3}c_1 + \frac{\alpha(1+\nu)}{1-\nu}T$$

$$\frac{u_r}{r} = \frac{1}{r^3}\frac{\alpha(1+\nu)}{1-\nu}\int_0^r Tr^2\mathrm{d}r + \frac{1}{3}c_1$$

将上述两式代入径向应力分量表达式

$$\sigma_r = \frac{(1-\nu)E}{(1+\nu)(1-2\nu)}\frac{\partial u_r}{\partial r} + \frac{2\nu E}{(1+\nu)(1-2\nu)}\frac{u_r}{r} - \frac{E\alpha T}{1-2\nu}$$

得到

$$\sigma_r = \frac{-2}{r^3}\frac{E\alpha}{1-\nu}\int_0^r Tr^2\mathrm{d}r + \frac{Ec_1}{3(1-2\nu)}$$

由于球体的外表面为自由表面,因此有

$$\sigma_r\big|_{r=a} = 0$$

由此可以确定

$$c_1 = \frac{6(1-2\nu)\alpha}{a^3(1-\nu)}\int_0^a Tr^2\mathrm{d}r$$

因此各应力分量最终结果为

$$\sigma_r = \frac{2E\alpha}{1-\nu}\left(\frac{1}{a^3}\int_0^a Tr^2\mathrm{d}r - \frac{1}{r^3}\int_0^r Tr^2\mathrm{d}r\right)$$

$$\sigma_\theta = \sigma_r - \frac{E}{1+\nu}\left(\frac{\partial u_r}{\partial r} - \frac{u_r}{r}\right) = \frac{2E\alpha}{1-\nu}\left(\frac{1}{a^3}\int_0^a Tr^2\mathrm{d}r + \frac{1}{2r^3}\int_0^r Tr^2\mathrm{d}r\right) - \frac{E\alpha T}{1-\nu}$$

如果球体没有应力,即要求

$$\sigma_r = \frac{2E\alpha}{1-\nu}\left(\frac{1}{a^3}\int_0^a Tr^2\mathrm{d}r - \frac{1}{r^3}\int_0^r Tr^2\mathrm{d}r\right) \equiv 0$$

$$\sigma_\theta = \frac{2E\alpha}{1-\nu}\left(\frac{1}{a^3}\int_0^a Tr^2\mathrm{d}r + \frac{1}{2r^3}\int_0^r Tr^2\mathrm{d}r\right) - \frac{E\alpha T}{1-\nu} \equiv 0$$

于是有

$$\int_0^r Tr^2\mathrm{d}r = \frac{1}{3}Tr^3$$

将上述积分方程两端对自变量 r 求导得到

$$Tr^2 = \frac{1}{3}\frac{\mathrm{d}T}{\mathrm{d}r}r^3 + Tr^2$$

由此可得

$$\frac{\mathrm{d}T}{\mathrm{d}r} = 0$$

因此可以解得

$$T = c$$

　　事实上,根据9.3节的结论——**对于一个不受力的原本均匀温度的自由物体,热应力为零的条件是温变分布仅为物体直角坐标的线性函数**,结合温度分布为球对称的条件,上面的结果其实就是很显然的了。

2. 应力法

同样，由于温度分布为球对称的，因此可以推断在球坐标系下，结构的应力模式为

$$\sigma_r = \sigma_r(r), \ \sigma_\theta = \sigma_\varphi = \sigma_\theta(r), \ \tau_{r\theta} = \tau_{\theta\varphi} = \tau_{\varphi r} = 0$$

因此本问题应力法基本方程为无体力的式（9.7.21），结合无体力应力平衡方程（9.7.22）以及式（9.7.19）或式（9.7.20）中的任意一个，即

$$\nabla^2(\sigma_r + 2\sigma_\theta) = -\frac{2E\alpha}{1-\nu}\nabla^2 T$$

$$\frac{\mathrm{d}\sigma_r}{\mathrm{d}r} + \frac{2(\sigma_r - \sigma_\theta)}{r} = 0$$

$$\nabla^2\sigma_r - \frac{4(\sigma_r - \sigma_\theta)}{r^2} + \frac{1}{1+\nu}\frac{\mathrm{d}^2\Theta}{\mathrm{d}r^2} = -\frac{E\alpha}{1+\nu}\frac{\mathrm{d}^2 T}{\mathrm{d}r^2} - \frac{E\alpha}{1-\nu}\nabla^2 T$$

其边界条件为

$$\sigma_r\big|_{r=a} = 0$$

可以求出关于 $\sigma_r + 2\sigma_\theta$ 的二阶非齐次欧拉方程的通解为

$$\sigma_r + 2\sigma_\theta = A + \frac{B}{r} - \frac{2E\alpha}{1-\nu}T(r)$$

将该通解代入平衡方程得到关于 σ_r 的一阶常微分方程为

$$\frac{\mathrm{d}\sigma_r}{\mathrm{d}r} + \frac{3}{r}\sigma_r = \frac{A}{r} + \frac{B}{r^2} - \frac{2E\alpha}{1-\nu}\frac{T(r)}{r}$$

该方程为一阶非齐次欧拉方程，其齐次方程通解为

$$\sigma_r = \frac{C}{r^3}$$

采用常数变易法可以求得其非齐次方程的特解，进而得到原方程的通解为

$$\sigma_r = \frac{A}{3} + \frac{B}{2r} + \frac{C}{r^3} - \frac{1}{r^3}\frac{2E\alpha}{1-\nu}\int_0^r T(r)r^2\mathrm{d}r$$

和 σ_θ 的通解为

$$\sigma_\theta = \frac{A}{3} + \frac{B}{4r} - \frac{C}{2r^3} - \frac{E\alpha}{1-\nu}T(r) + \frac{1}{r^3}\frac{E\alpha}{1-\nu}\int_0^r T(r)r^2\mathrm{d}r$$

将这两个通解代入上述协调方程中可得

$$B = 0, \ C = 0$$

再利用应力边界条件得到

$$A = \frac{3}{a^3}\frac{2E\alpha}{1-\nu}\int_0^a T(r)r^2\mathrm{d}r$$

因此得到结构的应力解为

$$\sigma_r = \frac{2E\alpha}{1-\nu}\left[\frac{1}{a^3}\int_0^a T(r)r^2\mathrm{d}r - \frac{1}{r^3}\int_0^r T(r)r^2\mathrm{d}r\right]$$

$$\sigma_\theta = \frac{E\alpha}{1-\nu}\left[\frac{2}{a^3}\int_0^a T(r)r^2\mathrm{d}r - T(r) + \frac{1}{r^3}\int_0^r T(r)r^2\mathrm{d}r\right]$$

显然，这与位移法得到的结果是完全相同的。

从应力法的角度不必求出应力表达式，即可讨论没有热应力时 $T(r)$ 应该满足条件。

事实上，直接从协调方程（9.7.19）、方程（9.7.20）出发容易知道，当应力为零时有

$$\nabla^2 T = \frac{d^2 T}{dr^2} + \frac{2}{r}\frac{dT}{(dr)} = 0 , \quad \frac{d^2 T}{dr^2} = 0$$

由此可知

$$\frac{dT}{dr} = 0$$

也就是说

$$T = c$$

这个结论与根据应力的表达式来判断是一样的。

习题九

9.1　试证明线性各向同性热弹性力学问题的解具有唯一性。

9.2　如题9-2图所示，设有厚度为 h 的矩形截面薄板，两端光滑固定，初始温度为0，不受外力作用，试求当其温度分布 $T = T_0 y$ 和 $T = T_0 x$ 时板内的应力分布和形状。

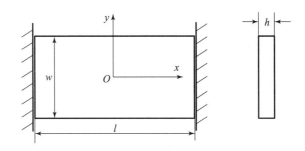

题9-2图　两端光滑固定的受热矩形截面板

9.3　试分别求当9.6.3节和9.6.5节中分析的圆筒结构的温升为一般的轴对称函数 $T = T(r)$ 时结构的应力和变形。

9.4　试求球心存在恒定热源 q，外表保持恒定温度 T_0 的球体在温度达到稳定状态时结构的应力分布。

第十章

弹性力学的积分提法

10.1 几个基本概念

前已述及，在弹性力学中，对在给定外力（体力和面力）作用下处于平衡状态的变形体 Ω（其边界为 Γ，其本构关系 $\sigma_{ij} = \sigma_{ij}(e_{kl})$ 给定），精确满足下列全部方程和边界条件（包括应力边界条件和位移边界条件）的应力和位移是真实的，也是唯一的，我们称这样的解为**真实解**。

$$\sigma_{ij,i} + f_j = 0, \ 在 \ \Omega \ 内 \tag{10.1.1}$$

$$e_{ij} - \frac{1}{2}(u_{i,j} + u_{j,i}) = 0, \ 在 \ \Omega \ 内 \tag{10.1.2}$$

$$\sigma_{ij}c_{ni} - \overline{p}_j = 0, \ 在 \ \Gamma_\sigma \ 上 \tag{10.1.3}$$

$$u_i - \overline{u}_i = 0, \ 在 \ \Gamma_u \ 上 \tag{10.1.4}$$

仅满足静力平衡和应力边界条件的应力可能有很多，但它们不一定是我们所分析问题的真实应力，因为它们按本构关系所对应的位移（应变）不一定满足所分析问题的位移边界条件和变形协调方程。同样，满足变形连续的位移（应变）也有很多，它们也不一定是真实的位移（应变），因为它们按本构关系所对应的应力不一定满足平衡方程和应力边界条件。我们将满足部分方程或条件的解称为**可能解**。

特别地，我们称满足变形连续（等价于几何方程）及位移边界条件的位移场为**可能位移**，也称为**几何许可的位移**；由可能位移通过几何方程确定的应变称为**可能应变**。满足平衡方程及力边界条件的应力场称为**可能应力**，也称为**静力许可的应力**。

一个微分方程问题的求解，可以理解为在预先满足部分方程或边界条件的众多解中，寻找满足其余方程和边界条件的解，也就是说在**可能解**中寻找**真实解**。

弹性力学问题的求解通常有以下两种不同的思路：

（1）在可能位移中寻找真实位移，然后利用几何方程获得真实应变，再根据应力—应变关系求得真实应力，这就是所谓的**位移法**。

（2）在可能应力中寻找真实应力，然后利用应力—应变关系求得真实应变，再通过应变积分获得真实位移，这就是所谓的**应力法**。

为了表示可能解与可能解之间的不同，可以引入**解的变分**概念。

我们称两个可能解之间的微小差异为解的变分，例如两个可能位移之间的差异为**位移的变分**，两个可能应力之间的差异为**应力的变分**。

特别地，我们又称位移的变分为**虚位移**，记为 δu_i，根据可能位移的条件，可以得到虚位移应该满足下列条件：

$$\delta u_i = 0，在位移边界 \, \Gamma_u \, 上 \tag{10.1.5}$$

称由虚位移根据几何方程确定的应变为**虚应变**，记为 δe_{ij}，显然有

$$\delta e_{ij} = \frac{1}{2}(\delta u_{i,j} + \delta u_{j,i})，在 \, \Omega \, 内 \tag{10.1.6}$$

我们称应力的变分为**虚应力**，根据可能应力的条件，可以得到虚应力应该满足下列条件：

$$\delta \sigma_{ij,i} = 0，在 \, \Omega \, 内 \tag{10.1.7}$$

$$\delta \sigma_{ij} c_{ni} = 0 ，在应力边界 \, \Gamma_\sigma \, 上 \tag{10.1.8}$$

在位移边界上，我们可以定义由虚应力产生的**虚面力**：

$$\delta \sigma_{ij} c_{ni} = \delta p_j，在位移边界 \, \Gamma_u \, 上 \tag{10.1.9}$$

10.2 弹性力学问题的等效积分形式

不难验证，方程组（10.1.1）~式（10.1.4）等价于如下积分形式：

$$\int_\Omega (\sigma_{ij,i} + f_j) W_j \mathrm{d}\Omega + \int_\Omega [e_{ij} - \frac{1}{2}(u_{i,j} + u_{j,i})] V_{ij} \mathrm{d}\Omega +$$
$$\int_{\Gamma_\sigma} (\sigma_{ij} c_{ni} - \bar{p}_j) \overline{W}_j \mathrm{d}\Gamma + \int_{\Gamma_u} (u_i - \bar{u}_i) \overline{V}_i \mathrm{d}\Gamma = 0 \tag{10.2.1}$$

式中，W_j，V_{ij}，$\overline{W}_j$ 和 $\overline{V}_i$ 为任意函数。

注意，W_j，V_{ij}，$\overline{W}_j$ 和 $\overline{V}_i$ 的任意性是上述微分方程组和积分方程等价的根本保证。

（1）如果我们是在可能位移中寻找满足应力边界条件及平衡方程的位移，则式（10.2.1）的第二项积分和第四项积分恒为零，因此等效积分式实际上只有两项，即

$$\int_\Omega (\sigma_{ij,i} + f_j) W_j \mathrm{d}\Omega + \int_{\Gamma_\sigma} (\sigma_{ij} c_{ni} - \bar{p}_j) \overline{W}_j \mathrm{d}\Gamma = 0 \tag{10.2.2}$$

利用分部积分公式，上述积分形式可以转化为

$$\int_\Omega [(\sigma_{ij} W_j)_{,i} - \sigma_{ij} W_{j,i}] \mathrm{d}\Omega + \int_\Omega f_j W_j \mathrm{d}\Omega + \int_{\Gamma_\sigma} (\sigma_{ij} c_{ni} - \bar{p}_j) \overline{W}_j \mathrm{d}\Gamma = 0$$

根据高斯公式，将上述积分第一项化为面积分后可得上述积分方程的弱形式

$$\int_\Gamma \sigma_{ij} W_j c_{ni} \mathrm{d}\Gamma - \int_\Omega \sigma_{ij} W_{j,i} \mathrm{d}\Omega + \int_\Omega f_j W_j \mathrm{d}\Omega + \int_{\Gamma_\sigma} (\sigma_{ij} c_{ni} - \bar{p}_j) \overline{W}_j \mathrm{d}\Gamma = 0 \tag{10.2.3}$$

之所以称式（10.2.3）为式（10.2.2）的弱形式，是由于该式中降低了对应力连续性（不再要求其对坐标的一阶偏导数存在）的要求。

（2）类似地，如果我们是在可能应力中寻找满足位移边界条件及几何方程的应力，则式（10.2.1）的第一项积分和第三项积分恒为零，此时有

$$\int_\Omega [e_{ij} - \frac{1}{2}(u_{i,j} + u_{j,i})] V_{ij} \mathrm{d}\Omega + \int_{\Gamma_u} (u_i - \bar{u}_i) \overline{V}_i \mathrm{d}\Gamma = 0 \tag{10.2.4}$$

即

$$\int_\Omega (e_{ij} - u_{i,j}) V_{ij} \mathrm{d}\Omega + \int_{\Gamma_u} (u_i - \bar{u}_i) \overline{V}_i \mathrm{d}\Gamma = 0 \tag{10.2.5}$$

类似地，也可以利用分部积分公式和高斯公式将上述积分形式转化为弱形式，即

$$\int_\Omega e_{ij} V_{ij} \mathrm{d}\Omega + \int_\Omega u_i V_{ij,j} \mathrm{d}\Omega - \int_\Gamma u_i V_{ij} c_{nj} \mathrm{d}\Gamma + \int_{\Gamma_u} (u_i - \bar{u}_i) \overline{V}_i \mathrm{d}\Gamma = 0 \tag{10.2.6}$$

建立微分方程定解问题的等效积分形式为从另一个角度理解原问题提供了途径。基于等效积分形式可以得到弹性力学问题的虚功原理（包括虚位移原理和虚应力原理），并进而得到最小势能原理和最小余能原理。

另外，按照建立等效积分形式的思路，我们还可以建立求解微分方程定解问题近似解的加权余量法。

用"～"表示近似解，则将 $\tilde{\sigma}_{ij}$、$\tilde{e}_{ij}$ 和 $\tilde{u}_i$ 代入式（10.2.1）～式（10.2.4）的左端后一般不为零，我们称该值为原微分方程的余量（或称残值）。如果将原问题的求解转化为使得所有方程的余量在某种加权意义上为零，则得到类似于式（10.2.1）的形式：

$$\int_{\Omega} (\tilde{\sigma}_{ij,i} + f_j) W_j \mathrm{d}\Omega + \int_{\Omega} \left[\tilde{e}_{ij} - \frac{1}{2}(\tilde{u}_{i,j} + \tilde{u}_{j,i}) \right] V_{ij} \mathrm{d}\Omega +$$

$$\int_{\Gamma_\sigma} (\tilde{\sigma}_{ij} c_{ni} - \bar{p}_j) \overline{W}_j \mathrm{d}\Gamma + \int_{\Gamma_u} (\tilde{u}_i - \bar{u}_i) \overline{V}_i \mathrm{d}\Gamma = 0 \tag{10.2.7}$$

此时任意函数 W_j、V_{ij}、$\overline{W}_i$ 和 $\overline{V}_i$ 也称为权函数，式（10.2.7）称为弹性力学近似解的**加权余量形式**。基于该形式，我们可进一步推导弹性力学问题的有限元法和边界元法等。

10.3　弹性力学问题的虚功原理

在等效积分形式的基础上，引入具有特定含义的任意函数，可以获得多种形式的弹性力学问题的虚功原理。

10.3.1　虚位移原理

这里，我们进一步讨论在可能位移中，如何寻找满足应力边界条件及平衡方程的位移。

基于等效积分的弱形式（10.2.3），取 $W_j = -\overline{W}_j = \delta u_j$，即虚位移，可以得到

$$\int_{\Gamma} \sigma_{ij} \delta u_j c_{ni} \mathrm{d}\Gamma - \int_{\Omega} \sigma_{ij} \delta u_{j,i} \mathrm{d}\Omega + \int_{\Omega} f_j \delta u_j \mathrm{d}\Omega - \int_{\Gamma_\sigma} (\sigma_{ij} c_{ni} - \bar{p}_j) \delta u_j \mathrm{d}\Gamma = 0 \tag{10.3.1}$$

注意到 $\Gamma = \Gamma_\sigma + \Gamma_u$，将第一项积分区域拆开，上式可写为

$$\int_{\Gamma_\sigma + \Gamma_u} \sigma_{ij} \delta u_j c_{ni} \mathrm{d}\Gamma - \int_{\Omega} \sigma_{ij} \delta u_{j,i} \mathrm{d}\Omega + \int_{\Omega} f_j \delta u_j \mathrm{d}\Omega - \int_{\Gamma_\sigma} (\sigma_{ij} c_{ni} - \bar{p}_j) \delta u_j \mathrm{d}\Gamma = 0$$

注意到在 Γ_u 上：$\delta u_j = 0$，故 $\int_{\Gamma_u} \sigma_{ij} \delta u_j c_{ni} \mathrm{d}\Gamma = 0$，整理上式有

$$\int_{\Omega} \sigma_{ij} \delta u_{j,i} \mathrm{d}\Omega = \int_{\Omega} f_j \delta u_j \mathrm{d}\Omega + \int_{\Gamma_\sigma} \bar{p}_j \delta u_j \mathrm{d}\Gamma$$

利用虚应变的定义式（10.1.6），并注意到求和约定知道 $\sigma_{ij} \delta u_{j,i} = \sigma_{ij} \delta e_{ij}$，所以上式也可以写为

$$\int_{\Omega} \sigma_{ij} \delta e_{ij} \mathrm{d}\Omega = \int_{\Omega} f_j \delta u_j \mathrm{d}\Omega + \int_{\Gamma_\sigma} \bar{p}_j \delta u_j \mathrm{d}\Gamma \tag{10.3.2}$$

上式表明，外力（体力和面力）在虚位移上所做的功等于内力（应力）在虚应变上所做的功，简单地说就是外力虚功等于内力虚功，此即**虚位移原理**。

虚位移原理表明，如果应力在可能位移的任意变动产生的应变上所做的功等于给定体力和面力在该任意变动上所做的功，则相应的可能位移必为**真实位移**。

由于式（10.3.2）成立的条件中只用到了平衡方程和几何方程，没有涉及具体材料本构关系，因此虚位移原理对一切小变形情况均成立，包括常见的小变形线性、非线弹性以及弹塑性情形。

10.3.2 虚应力原理

接下来，我们进一步讨论在可能应力中，如何寻找满足位移边界条件及几何方程（连续性条件）的应力。

特别地，取 $V_{ij} = \delta\sigma_{ij}$（虚应力），$\bar{V}_i = \delta p_i$（虚面力），则式（10.2.6）转化为

$$\int_\Omega e_{ij}\delta\sigma_{ij}\mathrm{d}\Omega + \int_\Omega u_i\delta\sigma_{ij,j}\mathrm{d}\Omega - \int_\Gamma u_i\delta\sigma_{ij}c_{nj}\mathrm{d}\Gamma + \int_{\Gamma_u}(u_i - \bar{u}_i)\delta p_i\mathrm{d}\Gamma = 0 \quad (10.3.3)$$

同样，注意到 $\Gamma = \Gamma_\sigma + \Gamma_u$ 以及在 Ω 内 $\delta\sigma_{ij,i} = 0$，在应力边界 Γ_σ 上 $\delta\sigma_{ij}c_{ni} = 0$，在位移边界 Γ_u 上 $\delta\sigma_{ij}c_{ni} = \delta p_j$，所以上式可简化为

$$\int_\Omega e_{ij}\delta\sigma_{ij}\mathrm{d}\Omega - \int_{\Gamma_u}\bar{u}_i\delta p_i\mathrm{d}\Gamma = 0 \quad (10.3.4)$$

上式表明，应变在虚应力上所做的功等于给定位移在虚面力上所做的功，此即**虚应力原理**。虚应力原理表明，如果应变在可能应力的任意变动上所做的功等于给定位移在相应边界面力变动上所做的功，则相应的可能应力必为**真实应力**。

10.3.3 可能功原理

如图 10.3.1 所示，假设弹性体 Ω 的边界为 $\Gamma = \Gamma_\sigma + \Gamma_u$，其中在应力边界 Γ_σ 上的面力为 $\bar{p}_j$，在位移边界 Γ_u 上的位移为 $\bar{u}_i$，所受体力为 f_j。

现假设弹性体的两种可能状态：

状态 1：弹性体处于可能应力状态，即应力 σ_{ij}^1 满足平衡方程及力边界条件。

状态 2：弹性体处于可能位移状态，即位移 u_i^2 满足变形连续（等价于几何方程，对应的应变为 e_{ij}^2）及位移边界条件。

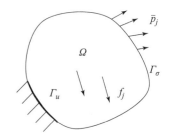

图 10.3.1 受外力作用和位移约束的一般弹性体

下面我们来计算可能应力在可能位移产生的应变（即可能应变）上做的功：

$$\begin{aligned}
\int_\Omega \sigma_{ij}^1 e_{ij}^2 \mathrm{d}\Omega &= \int_\Omega \sigma_{ij}^1 u_{i,j}^2 \mathrm{d}\Omega \quad \left(e_{ij}^2 = \frac{1}{2}(u_{i,j}^2 + u_{j,i}^2), \sigma_{ij}^1 = \sigma_{ji}^1\right) \\
&= \int_\Omega (\sigma_{ij}^1 u_i^2)_{,j}\mathrm{d}\Omega - \int_\Omega \sigma_{ij,j}^1 u_i^2 \mathrm{d}\Omega \quad (\text{分部积分公式}) \\
&= \int_\Gamma \sigma_{ij}^1 u_i^2 c_{nj}\mathrm{d}\Gamma + \int_\Omega f_i u_i^2 \mathrm{d}\Omega \quad (\text{高斯定理}, \sigma_{ij,j}^1 + f_i = 0) \\
&= \int_\Gamma p_i^1 u_i^2 \mathrm{d}\Gamma + \int_\Omega f_i u_i^2 \mathrm{d}\Omega \quad (\sigma_{ij} = \sigma_{ji}, \ \diamondsuit\ \sigma_{ji}^1 c_{nj} = p_i^1) \quad (10.3.5)
\end{aligned}$$

对给定的可能应力，我们不妨称由体积内平衡方程导出的体力（即上面的 f_i）和由边界上柯西公式导出的面力（即上面的 p_i^1）为**可能外力**。那么式（10.3.5）则表明，可能应力在可能应变上做的功等于可能外力在可能位移上的功。这一结论被称为**可能功原理**。

注意到 $\Gamma = \Gamma_\sigma + \Gamma_u$，给定的应力边界条件 $\sigma_{ij}^1 c_{nj}\big|_{\Gamma_\sigma} = \bar{p}_i$，位移边界条件 $u_i^2\big|_{\Gamma_u} = \bar{u}_i$，同时在位移边界上可能应力和面力的关系 $\sigma_{ij}^1 c_{nj}\big|_{\Gamma_u} = p_i^1$，上述可能功原理可以进一步表示为

$$\int_\Omega \sigma_{ij}^1 e_{ij}^2 \mathrm{d}\Omega = \int_{\Gamma_\sigma} \bar{p}_i u_i^2 \mathrm{d}\Gamma + \int_{\Gamma_u} p_i^1 \bar{u}_i \mathrm{d}\Gamma + \int_\Omega f_i u_i^2 \mathrm{d}\Omega \tag{10.3.6}$$

从上述导出可能功原理的过程可以看出，该原理不涉及本构关系，因此只要满足线性几何方程（即小变形）的固体力学问题均适用。另外，由于状态 1 和状态 2 是相互独立的，因此通过适当选定状态 1 和状态 2，我们可以在此基础上导出其他相关的原理或定理。

特别地，如果取两种可能位移 u_i^2，u_i^3，则根据式（10.3.6）分别有

$$\int_\Omega \sigma_{ij}^1 e_{ij}^2 \mathrm{d}\Omega = \int_{\Gamma_\sigma} \bar{p}_i u_i^2 \mathrm{d}\Gamma + \int_{\Gamma_u} p_i^1 \bar{u}_i \mathrm{d}\Gamma + \int_\Omega f_i u_i^2 \mathrm{d}\Omega$$

$$\int_\Omega \sigma_{ij}^1 e_{ij}^3 \mathrm{d}\Omega = \int_{\Gamma_\sigma} \bar{p}_i u_i^3 \mathrm{d}\Gamma + \int_{\Gamma_u} p_i^1 \bar{u}_i \mathrm{d}\Gamma + \int_\Omega f_i u_i^3 \mathrm{d}\Omega$$

将上述两式相减，并令 $\delta u_i = u_i^2 - u_i^3$，$\delta e_{ij} = e_{ij}^2 - e_{ij}^3$，则有

$$\int_\Omega \sigma_{ij}^1 \delta e_{ij} \mathrm{d}\Omega = \int_\Gamma \bar{p}_i \delta u_i \mathrm{d}\Gamma + \int_\Omega f_i \delta u_i \mathrm{d}\Omega$$

显然，这就是前面述及的**虚位移原理**。类似地，可以得到**虚应力原理**。

又如，可以将状态 1 和状态 2 取为线弹性体在两个不同载荷条件（面力分别为 p_i^1 和 p_i^2，体力分别为 f_i^1 和 f_i^2）下的真实状态。因为对于线弹性体有 $\sigma_{ij} = C_{ijkl} e_{kl}$，因此容易验证

$$\int_\Omega \sigma_{ij}^1 e_{ij}^2 \mathrm{d}\Omega = \int_\Omega \sigma_{ij}^2 e_{ij}^1 \mathrm{d}\Omega \tag{10.3.7}$$

进而可以得到

$$\int_\Gamma p_i^1 u_i^2 \mathrm{d}\Gamma + \int_\Omega f_i^1 u_i^2 \mathrm{d}\Omega = \int_\Gamma p_i^2 u_i^1 \mathrm{d}\Gamma + \int_\Omega f_i^2 u_i^1 \mathrm{d}\Omega \tag{10.3.8}$$

式（10.3.8）表明，若线弹性体受两组不同的力作用，则第一组力在第二组力引起的位移上做的功等于第二组力在第一组力引起的位移上所做的功，此即线弹性体的**功互等定理**（或称贝蒂（**Betti**）定理）。

下面通过一个例子说明功互等定理的应用。

如图 10.3.2（a）所示，一个等截面杆，在杆的中部受两个大小相等、方向相反的共线力 P 的作用，求杆的轴向总伸长。

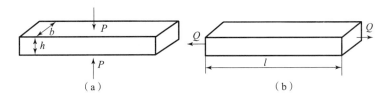

图 10.3.2　等截面杆（状态 1：上下面中部受夹持力（a）；状态 2：两端受拉（b））

这是个经典的例子，很多教材采用了如下解法。

首先，假设原问题对应的受力及变形为杆的状态 1；然后将两端受合力大小为 Q 的均布力的简单拉伸作为状态 2。

令状态 1 在 Q 作用处（即杆的两端）的位移为 δ_1，状态 2 在 P 作用处（即杆身上下面的中部）的位移为 δ_2，根据功互等定理有

$$P\delta_2 = Q\delta_1 \tag{10.3.9}$$

因此有

$$\delta_1 = \frac{P}{Q}\delta_2 \tag{10.3.10}$$

又根据简单拉伸时纵向伸长和横向缩短的关系容易得到

$$\delta_2 = \frac{\nu}{E}\frac{Q}{bh}h = \frac{\nu}{E}\frac{Q}{b} \tag{10.3.11}$$

将其代入式（10.3.10），可以得到

$$\delta_1 = \frac{P}{Q}\frac{\nu}{E}\frac{Q}{b} = \frac{\nu P}{Eb} \tag{10.3.12}$$

事实上，这种解法存在一定的问题，只能算作一个近似估计。

应该注意，**功互等定理成立的前提是线弹性本构关系**。但是，在集中力作用下，结构通常容易出现局部塑性甚至断裂从而超出线弹性范围，导致功互等定理不再适用。生活经验表明，当我们用钳子夹持较软的物体时，钳子可能已深陷物体，而物体并没有明显伸长，这是因为此时功互等定理已经不适用。另外，第二状态力 Q 在 P 作用处的位移为 δ_2 的求解也只是适用 Q 在杆端为均匀分布的情形。

当然，即便结构在力的作用下仍处于线弹性范围，上述解也是在平均意义上给出的。下面作简要分析。

首先在实际问题中并没有绝对的集中力 P，假设其实际分布如图 10.3.3 所示，它的作用区域为 Γ_1。其分布函数为 p，根据集中力的定义有

$$\int_{\Gamma_1} p\mathrm{d}\Gamma = P \tag{10.3.13}$$

为了减少由于复杂面力分布带来的困难，可以将上述状态 2 中杆的两端受力 Q 假设为均匀分布力，并令杆右端边界为 Γ_2。

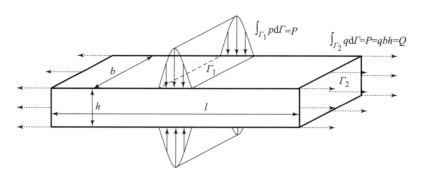

图 10.3.3　等截面杆（状态 1：上下面中部受分布夹持力；状态 2：两端受均布拉力）

根据功互等定理有

$$\int_{\Gamma_1} p\delta_2\mathrm{d}\Gamma = \int_{\Gamma_2} q\delta_1\mathrm{d}\Gamma \tag{10.3.14}$$

由于杆端力 Q 为均匀分布，因此根据简单拉伸问题的解可知

$$\delta_2 = \frac{\nu}{E} \frac{Q}{bh} h = \frac{\nu}{E} \frac{Q}{b} \qquad (10.3.15)$$

注意到 δ_2 和 q 均是不随位置变化的量，因此有

$$\delta_2 \int_{\Gamma_1} p \mathrm{d}\Gamma = q \int_{\Gamma_2} \delta_1 \mathrm{d}\Gamma \qquad (10.3.16)$$

结合前面集中力 P 的定义式（10.3.13），所以有

$$P\delta_2 = q \int_{\Gamma_2} \delta_1 \mathrm{d}\Gamma \qquad (10.3.17)$$

一般地，在 p 的作用下，δ_1 是位置的函数 $\left(\text{若 } p \text{ 为均布载荷，且 } \Gamma_1 \text{ 为板的整个上表}\right.$ 面，则 δ_1 是常数，可以按简单压缩求出 $\delta_1 = \dfrac{\nu}{E} \dfrac{P}{bl} h$，则问题得解$\Big)$。假设 δ_1 在 Γ_2 上连续，根据积分中值定理，上式也可以写为

$$P\delta_2 = q\bar{\delta}bh = Q\bar{\delta}_1 \qquad (10.3.18)$$

式中，$\bar{\delta}_1$ 即 δ_1 在 Γ_2 上的平均值（即中值），代入 δ_2 可以得到

$$\bar{\delta}_1 = \frac{\nu}{E} \frac{P}{b} \qquad (10.3.19)$$

这在形式上和前面的式（10.3.12）是相同的。

10.4 最小势能原理

对于各向同性线弹性体，令 u_i，e_{ij}，σ_{ij} 为其真实位移以及对应的真实应变和真实应力。除了满足方程（10.1.1）~ 方程（10.1.4）之外，各向同性线弹性体还满足本构方程

$$\sigma_{ij} = 2Ge_{ij} + \lambda e_{kk}\delta_{ij} \quad \text{或} \quad e_{ij} = \frac{1+\nu}{E}\sigma_{ij} - \frac{\nu}{E}\sigma_{kk}\delta_{ij}$$

我们定义弹性体的变形势能

$$U = \int_\Omega \frac{1}{2}\sigma_{ij}e_{ij}\mathrm{d}\Omega = \frac{1}{2}\int_\Omega \sigma_{ij}e_{ij}\mathrm{d}\Omega \qquad (\text{参见式}(3.2.10))$$

又定义弹性体的外力势能

$$V = -\int_{\Gamma_\sigma} \bar{p}_i u_i \mathrm{d}\Gamma - \int_\Omega f_i u_i \mathrm{d}\Omega$$

最后，定义弹性体总势能为变形势能和外力势能之和

$$\Pi = U + V = \int_\Omega \frac{1}{2}\sigma_{ij}e_{ij}\mathrm{d}\Omega - \int_{\Gamma_\sigma} \bar{p}_i u_i \mathrm{d}\Gamma - \int_\Omega f_i u_i \mathrm{d}\Omega$$

需要注意的是，外力势能与外力实际所做的功是有区别的。外力势能在数值上可以理解为在变形过程中外力保持不变时所做的功，我们可以用常见的重力势能来类比。因此，对线弹性体来讲，实际上外力势能在数值上时等于外力功的 2 倍。

假设另一组有别于真实位移的可能位移（满足位移边界条件的光滑位移）为 u_i'，它与真实位移的差为 δu_i，即

$$u_i' = u_i + \delta u_i$$

相应的可能应变和可能应力分别为

$$e'_{ij} = e_{ij} + \delta e_{ij} = \frac{1}{2}(u_{i,j} + u_{j,i}) \quad + \frac{1}{2}(\delta u_{i,j} + \delta u_{j,i})$$

$$\sigma'_{ij} = \sigma_{ij} + \delta\sigma_{ij} = 2G(e_{ij} + \delta e_{ij}) \quad + \lambda(e_{kk} + \delta e_{kk})\ \delta_{ij}$$

注意上述式中不带 δ 的应变、应力或位移均是真实位移，而 δ_{ij} 则为克罗内克符号。

来计算该组可能位移下对应的弹性体总势能：

$$\Pi' = \int_\Omega \frac{1}{2}(\sigma_{ij} + \delta\sigma_{ij})(e_{ij} + \delta e_{ij})\mathrm{d}\Omega - \int_{\Gamma_\sigma} \bar{p}_i(u_i + \delta u_i)\mathrm{d}\Gamma - \int_\Omega f_i(u_i + \delta u_i)\mathrm{d}\Omega$$

如果令

$$\Pi' = \Pi + \delta\Pi$$

则展开后可得

$$\delta\Pi = \int_\Omega \frac{1}{2}(\sigma_{ij}\delta e_{ij} + \delta\sigma_{ij}e_{ij} + \delta\sigma_{ij}\delta e_{ij})\mathrm{d}\Omega - \int_{\Gamma_\sigma} \bar{p}_i\delta u_i\mathrm{d}\Gamma - \int_\Omega f_i\delta u_i\mathrm{d}\Omega$$

$$= \int_\Omega \frac{1}{2}\delta\sigma_{ij}\delta e_{ij}\mathrm{d}\Omega + \int_\Omega \sigma_{ij}\delta e_{ij}\mathrm{d}\Omega - \int_{\Gamma_\sigma} \bar{p}_i\delta u_i\mathrm{d}\Gamma - \int_\Omega f_i\delta u_i\mathrm{d}\Omega \quad (\sigma_{ij}\delta e_{ij} = \delta\sigma_{ij}e_{ij})$$

$$= \int_\Omega \frac{1}{2}\delta\sigma_{ij}\delta e_{ij}\mathrm{d}\Omega + \int_\Omega \sigma_{ij}\delta u_{i,j}\mathrm{d}\Omega - \int_{\Gamma_\sigma} \bar{p}_i\delta u_i\mathrm{d}\Gamma - \int_\Omega f_i\delta u_i\mathrm{d}\Omega (\sigma_{ij}\delta e_{ij} = \sigma_{ij}\delta u_{i,j})$$

$$= \int_\Omega \frac{1}{2}\delta\sigma_{ij}\delta e_{ij}\mathrm{d}\Omega + \int_\Omega \left[(\sigma_{ij}\delta u_j)_{,i} - \sigma_{ij,i}\delta u_j\right]\mathrm{d}\Omega - \int_{\Gamma_\sigma} \bar{p}_i\delta u_i\mathrm{d}\Gamma - \int_\Omega f_i\delta u_i\mathrm{d}\Omega$$

$$= \int_\Omega \frac{1}{2}\delta\sigma_{ij}\delta e_{ij}\mathrm{d}\Omega + \int_\Gamma \sigma_{ij}\delta u_j c_{ni}\mathrm{d}\Gamma - \int_{\Gamma_\sigma} \bar{p}_i\delta u_i\mathrm{d}\Gamma - \int_\Omega (\sigma_{ij,i} + f_j)\delta u_j\mathrm{d}\Omega (合并同类项)$$

$$= \int_\Omega \frac{1}{2}\delta\sigma_{ij}\delta e_{ij}\mathrm{d}\Omega - \int_\Omega (\sigma_{ij,i} + f_j)\delta u_j\mathrm{d}\Omega + \int_{\Gamma_\sigma} (\sigma_{ij}c_{ni} - \bar{p}_i)\delta u_j\mathrm{d}\Gamma + \int_{\Gamma_u} \sigma_{ij}\delta u_j c_{ni}\mathrm{d}\Gamma$$

注意到位移取真实位移 u_i 时式（10.1.1）和式（10.1.3）成立，即在 Ω 内，$\sigma_{ij,i} + f_j = 0$，在 Γ_σ 上 $\sigma_{ij}c_{ni} - \bar{p}_i = 0$；另外，对可能位移有式（10.1.5）成立，即在 Γ_u 上，$\delta u_j = 0$，所以上式右端的后三项积分均恒为零。因此

$$\delta\Pi = \int_\Omega \frac{1}{2}\delta\sigma_{ij}\delta e_{ij}\mathrm{d}\Omega$$

再利用各向同性线弹性体本构方程 $e_{ij} = \dfrac{1+\nu}{E}\sigma_{ij} - \dfrac{\nu}{E}\sigma_{kk}\delta_{ij}$，将其代入上式有

$$\delta\Pi = \int_\Omega \frac{1}{2}\left(\frac{1+\nu}{E}\sigma_{ij} - \frac{\nu}{E}\sigma_{kk}\delta_{ij}\right)\delta\sigma_{ij}\mathrm{d}\Omega$$

$$= \frac{1}{2E}\int_\Omega \left[(1+\nu)\delta\sigma_{ij}\delta\sigma_{ij} - \nu\delta\sigma_{ii}\delta\sigma_{jj}\right]\mathrm{d}\Omega \geq 0$$

$$= \frac{1}{6E}\int_\Omega (1-2\nu)(\delta\sigma_{11} + \delta\sigma_{22} + \delta\sigma_{33})^2 + (1+\nu)\left[(\delta\sigma_{11} - \delta\sigma_{22})^2\right.$$

$$+ (\delta\sigma_{22} - \delta\sigma_{33})^2 + (\delta\sigma_{33} - \delta\sigma_{11})^2 + 6(\delta\sigma_{12}^2 + \delta\sigma_{23}^2 + \delta\sigma_{31}^2)\left.\right]\mathrm{d}\Omega (展开指标运算)$$

$$\geq 0 \quad (E > 0, -1 < \nu < 0.5)$$

这里 $\delta\Pi$ 的非负性证明与 4.2 节中 $I = \int_\Omega \sigma_{ij}e_{ij}\mathrm{d}\Omega$ 的非负性证明是完全相同的。

上式表明，总势能 $\Pi' \geq \Pi$，即弹性体取任意有别于真实位移的可能位移时，其总势能均不小于弹性体取真实位移时的总势能。换言之，弹性体取真实位移时的总势能最小。**此即线弹性体的最小势能原理。**

为了便于理解，我们以一个简单受拉杆为例来说明上述线弹性体的最小势能原理。

图 10.4.1 所示为一个尺寸为 $a \times b \times c$ 的矩形等截面杆结构，截面两端受均匀分布的拉力，拉力的集度为 p，不计体力。

对于这个简单问题，我们可以建立如图 10.4.1 所示的直角坐标系，并约束杆件位于坐标原点处的刚体位移和转动，容易求出问题的应力、应变和位移解为

$$\sigma_{xx} = p, \ \sigma_{yy} = \sigma_{zz} = \sigma_{xy} = \sigma_{xz} = \sigma_{yz} = 0,$$

$$e_{xx} = \frac{p}{E}, \ e_{yy} = e_{zz} = -\frac{\nu p}{E}, \ e_{xy} = e_{xz} = e_{yz} = 0$$

$$u_x = \frac{p}{E}x, \ u_y = -\frac{\nu p}{E}y, \ u_z = -\frac{\nu p}{E}z$$

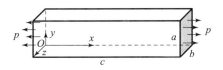

图 10.4.1　简单受拉的矩形等截面杆

因此杆的变形势能为

$$U = \int_\Omega \frac{1}{2}\sigma_{ij}e_{ij}\mathrm{d}\Omega = \iiint_\Omega \frac{1}{2}\sigma_{xx}e_{xx}\mathrm{d}x\mathrm{d}y\mathrm{d}z = \iiint_\Omega \frac{1}{2}\frac{p^2}{E}\mathrm{d}x\mathrm{d}y\mathrm{d}z = \frac{1}{2}\frac{p^2}{E}abc$$

杆的外力势能为

$$V = -\int_{\Gamma_\sigma} \bar{p}_i u_i \mathrm{d}\Gamma - \int_\Omega f_i u_i \mathrm{d}\Omega = -\iint_{\Gamma_\sigma} p u_x \mathrm{d}y\mathrm{d}z = -\frac{p^2}{E}abc$$

杆的总势能为

$$\Pi = U + V = -\frac{1}{2}\frac{p^2}{E}abc$$

现在，假设另一个可能的位移（满足原点处无刚体平动和转动的位移）

$$u'_x = \alpha\frac{p}{E}x, \ u'_y = -\alpha\frac{\nu p}{E}y, \ u'_z = -\alpha\frac{\nu p}{E}z$$

式中，α 为任意实数。

相应地，可能应变及其对应的应力为

$$e'_{xx} = \alpha\frac{p}{E}, \ e'_{yy} = e'_{zz} = -\alpha\frac{\nu p}{E}, \ e'_{xy} = e'_{xz} = e'_{yz} = 0$$

$$\sigma'_{xx} = \alpha p, \ \sigma'_{yy} = \sigma'_{zz} = \sigma'_{xy} = \sigma'_{xz} = \sigma'_{yz} = 0$$

此时杆的变形势能为

$$U' = \int_\Omega \frac{1}{2}\sigma'_{ij}e'_{ij}\mathrm{d}\Omega = \iiint_\Omega \frac{1}{2}\sigma'_{xx}e'_{xx}\mathrm{d}x\mathrm{d}y\mathrm{d}z = \iiint_\Omega \frac{1}{2}\alpha^2\frac{p^2}{E}\mathrm{d}x\mathrm{d}y\mathrm{d}z = \frac{\alpha^2}{2}\frac{p^2}{E}abc$$

杆的外力势能为

$$V' = -\int_{\Gamma_\sigma} \bar{p}_i u'_i \mathrm{d}\Gamma - \int_\Omega f_i u'_i \mathrm{d}\Omega = -\iint_{\Gamma_\sigma} p u'_x \mathrm{d}y\mathrm{d}z = -\alpha\frac{p^2}{E}abc$$

杆的总势能为

$$\Pi' = U' + V' = \left(\frac{\alpha^2}{2} - \alpha\right)\frac{p^2}{E}abc$$

显然有

$$\Pi' - \Pi = \left(\frac{\alpha^2}{2} - \alpha + \frac{1}{2}\right)\frac{p^2}{E}abc = \frac{1}{2}(\alpha - 1)^2\frac{p^2}{E}abc \geqslant 0$$

这说明假设的**可能位移**对应的总势能比**真实位移**对应的总势能大,只有当 $\alpha = 1$,也就是可能位移与真实位移相同时,二者对应的总势能才相等。

前面给出最小势能原理时,采用了各向同性线弹性本构关系。事实上,这个条件并不是必需的。下面我们来看一般理想弹性体,即存在应变能函数 $W(e_{ij})$,使得 $\sigma_{ij} = \dfrac{\partial W}{\partial e_{ij}}$ 的情况。

对一般理想弹性体有

$$\Pi = U + V = \int_\Omega W\mathrm{d}\Omega - \int_{\Gamma_\sigma} u_i p_i \mathrm{d}\Gamma - \int_\Omega u_i f_i \mathrm{d}\Omega$$

$$\delta\Pi = \delta U + \delta V = \int_\Omega \left[W(e_{ij} + \delta e_{ij}) - W(e_{ij}) \right]\mathrm{d}\Omega - \int_{\Gamma_\sigma} p_i \delta u_i \mathrm{d}\Gamma - \int_\Omega f_i \delta u_i \mathrm{d}\Omega$$

$$= \int_\Omega \left[\frac{\partial W}{\partial e_{ij}}\delta e_{ij} + \frac{1}{2}\frac{\partial^2 W(e_{ij} + \theta\delta e_{ij})}{\partial e_{ij}\partial e_{kl}}\delta e_{ij}\delta e_{kl} \right]\mathrm{d}\Omega - \int_{\Gamma_\sigma} p_i \delta u_i \mathrm{d}\Gamma - \int_\Omega f \delta u_i \mathrm{d}\Omega$$

$$= \int_\Omega \left[\sigma_{ij}\delta e_{ij} + \frac{1}{2}\frac{\partial^2 W(e_{ij} + \theta\delta e_{ij})}{\partial e_{ij}\partial e_{kl}}\delta e_{ij}\delta e_{kl} \right]\mathrm{d}\Omega - \int_{\Gamma_\sigma} p_i \delta u_i \mathrm{d}\Gamma - \int_\Omega f \delta u_i \mathrm{d}\Omega$$

$$= \frac{1}{2}\int_\Omega \frac{\partial^2 W(e_{ij} + \theta\delta e_{ij})}{\partial e_{ij}\partial e_{kl}}\delta e_{ij}\delta e_{kl}\mathrm{d}\Omega$$

显然,如果 $\dfrac{\partial^2 W(e_{ij} + \theta\delta e_{ij})}{\partial e_{ij}\partial e_{kl}}\delta e_{ij}\delta e_{kl} \geqslant 0$(即应变能函数为凸函数),则 $\delta\Pi \geqslant 0$,即此时弹性体取真实位移时的总势能最小。也就是说,更一般地,**最小势能原理适用于应变能函数为凸函数的理想弹性体**。

对多元二次可微的连续函数,通常可以根据其海塞(Hesse)矩阵是否正定来判断该函数是否为凸函数。

对无初应力假设下的线弹性体,其应变能 $W(e_{ij}) = \dfrac{1}{2}\sigma_{ij}e_{ij} = \dfrac{1}{2}C_{ijkl}e_{kl}e_{ij}$,是关于应变(或应力)分量的二次型,其**海塞矩阵**正是该二次型的系数矩阵〔见(3.2.1)式的弹性矩阵〕。特别地,对各向同性线弹性体

$$W(e_{ij}) = \frac{1}{2}\sigma_{ij}e_{ij} = \frac{1}{2E}\left[(1 + \nu)\sigma_{ij}\sigma_{ij} - \nu\sigma_{ii}\sigma_{jj} \right] = Ge_{ij}e_{ij} + \frac{\lambda}{2}e_{ii}e_{jj}$$

其海塞矩阵(也就是该二次型的系数矩阵,或称为弹性矩阵)为

$$\boldsymbol{H}(W) = \begin{bmatrix} \dfrac{\partial^2 W}{\partial e_{11}\partial e_{11}} & \dfrac{\partial^2 W}{\partial e_{11}\partial e_{12}} & \cdots & \dfrac{\partial^2 W}{\partial e_{11}\partial e_{33}} \\[2ex] \dfrac{\partial^2 W}{\partial e_{12}\partial e_{11}} & \dfrac{\partial^2 W}{\partial e_{12}\partial e_{12}} & \cdots & \dfrac{\partial^2 W}{\partial e_{12}\partial e_{33}} \\[2ex] \vdots & \vdots & \cdots & \vdots \\[2ex] \dfrac{\partial^2 W}{\partial e_{33}\partial e_{11}} & \dfrac{\partial^2 W}{\partial e_{33}\partial e_{12}} & \cdots & \dfrac{\partial^2 W}{\partial e_{33}\partial e_{33}} \end{bmatrix}$$

$$= \begin{bmatrix} 2G+\lambda & 0 & 0 & 0 & \lambda & 0 & 0 & 0 & \lambda \\ 0 & 2G & 0 & 0 & 0 & 0 & 0 & 0 & 0 \\ 0 & 0 & 2G & 0 & 0 & 0 & 0 & 0 & 0 \\ 0 & 0 & 0 & 2G & 0 & 0 & 0 & 0 & 0 \\ \lambda & 0 & 0 & 0 & 2G+\lambda & 0 & 0 & 0 & \lambda \\ 0 & 0 & 0 & 0 & 0 & 2G & 0 & 0 & 0 \\ 0 & 0 & 0 & 0 & 0 & 0 & 2G & 0 & 0 \\ 0 & 0 & 0 & 0 & 0 & 0 & 0 & 2G & 0 \\ \lambda & 0 & 0 & 0 & \lambda & 0 & 0 & 0 & 2G+\lambda \end{bmatrix}$$

注意弹性常数的取值范围，容易验证 $\boldsymbol{H}(W)$ 的各阶顺序主子式均大于零，所以 $\boldsymbol{H}(W)$（也就是应变能二次型的系数矩阵，或称为弹性矩阵）是正定的，因此各向同性线弹性体的势能函数必为凸函数，也就是说各向同性线弹性体存在最小势能原理。这当然也证明了各向同性线弹性体应变能是关于应力（或应变）分量的正定二次型（参见 4.2 节）。

10.5 最小余能原理

对各向同性线弹性体，令 u_i，e_{ij}，σ_{ij} 为弹性体的真实位移以及对应的真实应变和真实应力。除了满足方程（10.1.1）~ 式（10.1.4）之外，还满足下列本构方程：

$$\sigma_{ij} = 2Ge_{ij} + \lambda e_{kk}\delta_{ij} \quad \text{或} \quad e_{ij} = \frac{1+\nu}{E}\sigma_{ij} - \frac{\nu}{E}\sigma_{kk}\delta_{ij}$$

我们定义弹性体的**变形余能**

$$U^* = \int_\Omega \int_0^{\sigma_{ij}} e_{ij}\mathrm{d}\sigma_{ij}\mathrm{d}\Omega = \int_\Omega \frac{1}{2}\sigma_{ij}e_{ij}\mathrm{d}\Omega \quad （参见式(3.2.11)）$$

同时，定义弹性体的**外力余能**

$$V^* = -\int_{\Gamma_u} p_i\bar{u}_i\mathrm{d}\Gamma$$

最后，定义弹性体总余能为变形余能和外力余能之和

$$\Pi^* = U^* + V^* = \int_\Omega \frac{1}{2}\sigma_{ji}e_{ij}\mathrm{d}\Omega - \int_{\Gamma_u} p_i\bar{u}_i\mathrm{d}\Gamma$$

请注意，外力余能与外力势能的差别。外力余能仅在给定位移的边界上计算，因此对于工程上常见的零位移约束问题，外力余能实际上恒为零。

假设一组有别于真实应力的可能应力（满足平衡方程和应力边界条件）为 σ'_{ij}，它与真实应力的差为 $\delta\sigma_{ij}$，即

$$\sigma'_{ij} = \sigma_{ij} + \delta\sigma_{ij}$$

由式（10.1.7）~（10.1.9）可知，在 Ω 内 $\delta\sigma_{ij,i} = 0$，在应力边界 Γ_σ 上 $\delta\sigma_{ij}c_{ni} = 0$，在位移边界 Γ_u 上 $\delta\sigma_{ij}c_{ni} = \delta p_j$，其中虚面力 δp_j 为应力变化 $\delta\sigma_{ij}$ 时位移边界 Γ_u 上反力的变化量。

我们来计算在可能应力作用下对应的弹性体总余能的变化：

$$\delta\Pi^* = \int_\Omega (e_{ij}\delta\sigma_{ij} + \frac{1}{2}\delta\sigma_{ij}\delta e_{ij})\mathrm{d}\Omega - \int_{\Gamma_u} \bar{u}_i\delta p_i\mathrm{d}\Gamma$$

$$= \int_\Omega \Big[\frac{1}{2}(u_{i,j} + u_{j,i})\delta\sigma_{ij} + \frac{1}{2}\delta\sigma_{ij}\delta e_{ij}\Big]\mathrm{d}\Omega - \int_{\Gamma_u} \bar{u}_i\delta p_i\mathrm{d}\Gamma \quad （代入几何方程）$$

$$= \int_{\Omega} \left(u_{i,j} \delta \sigma_{ij} + \frac{1}{2} \delta \sigma_{ij} \delta e_{ij} \right) \mathrm{d}\Omega - \int_{\Gamma_u} \bar{u}_i \delta p_i \mathrm{d}\Gamma \quad （运用指标运算法则）$$

$$= \int_{\Omega} \left[\left(u_i \delta \sigma_{ij} \right)_{,j} - u_i \delta \sigma_{ij,j} \right] \mathrm{d}\Omega + \frac{1}{2} \int_{\Omega} \delta \sigma_{ij} \delta e_{ij} \mathrm{d}\Omega - \int_{\Gamma_u} \bar{u}_i \delta p_i \mathrm{d}\Gamma（分部积分）$$

$$= \int_{\Gamma} u_i \delta \sigma_{ij} c_{nj} \mathrm{d}\Gamma + \frac{1}{2} \int_{\Omega} \delta \sigma_{ij} \delta e_{ij} \mathrm{d}\Omega - \int_{\Gamma_u} \bar{u}_i \delta p_i \mathrm{d}\Gamma \quad （高斯公式, \delta \sigma_{ij,j} = 0）$$

$$= \int_{\Gamma_u} \bar{u}_i \delta \sigma_{ij} c_{nj} \mathrm{d}\Gamma + \frac{1}{2} \int_{\Omega} \delta \sigma_{ij} \delta e_{ij} \mathrm{d}\Omega - \int_{\Gamma_u} \bar{u}_i \delta p_i \mathrm{d}\Gamma \quad （运用式(10.1.4) 和(10.1.8)）$$

$$= \int_{\Gamma_u} \bar{u}_i (\delta \sigma_{ij} c_{nj} - \delta p_i) \mathrm{d}\Gamma + \frac{1}{2} \int_{\Omega} \delta \sigma_{ij} \delta e_{ij} \mathrm{d}\Omega \quad （合并同类项）$$

$$= \frac{1}{2} \int_{\Omega} \delta \sigma_{ij} \delta e_{ij} \mathrm{d}\Omega \quad （\delta \sigma_{ij} c_{nj} = \delta p_i, 即式(10.1.9)）$$

$$= \delta \Pi \geq 0 \quad （见 10.4 节）$$

上式表明，总余能 Π^* 在真实应力 σ_{ij} 上取最小值，此即**线弹性体的最小余能原理**。与最小势能原理类似，初学者不妨以图 10.4.1 的简单例子来具体理解最小余能原理。

同样，可以证明，对一般的理想弹性体 $\left(\text{即存在应变余能函数 } W^*, \text{ 使得 } e_{ij} = \dfrac{\partial W^*}{\partial \sigma_{ij}}\right)$，当应变余能函数 W^* 为凸函数时，最小余能原理也成立。

10.6 微分提法与积分提法的对比

通过前面的分析可以看出，对于同一个弹性力学问题实际上存在多种不同的数学表达方式，下面对此进行一个简单的总结和对比。

表 10.6.1 列出了已经介绍的弹性力学问题的各种数学表达方式，图 10.6.1 则给出了这些不同表达方式之间的数学关联。

表 10.6.1 弹性力学问题的不同数学表达方式

弹性力学问题的不同提法		约束条件
微分提法	平衡方程：$\sigma_{ij,i} + f_j = 0$ 几何方程：$e_{ij} = (u_{i,j} + u_{j,i})/2$ 各向同性线弹性本构：$\sigma_{ij} = 2G e_{ij} + \lambda e_{kk} \delta_{ij}$ 应变协调方程：$e_{ij,kl} + e_{kl,ij} = e_{ik,jl} + e_{jl,ik}$	位移边界条件 $u_i = \bar{u}_i$ 应力边界条件 $\sigma_{ij} c_{nj} = \bar{p}_i$
等效积分形式一	$\int_{\Omega} (\sigma_{ij,i} + f_j) W_j \mathrm{d}\Omega + \int_{\Omega} \left[e_{ij} - \frac{1}{2}(u_{i,j} + u_{j,i}) \right] V_{ij} \mathrm{d}\Omega +$ $\int_{\Gamma_\sigma} (\sigma_{ij} c_{ni} - \bar{p}_j) \overline{W}_j \mathrm{d}\Gamma + \int_{\Gamma_u} (u_i - \bar{u}_i) \overline{V}_i \mathrm{d}\Gamma = 0$ 若积分方程对任意权函数均成立，则各积分项除权函数外必为零	权函数具有任意性

续表

弹性力学问题的不同提法	约束条件
等效积分形式二　$\int_{\Omega}(\sigma_{ij,i}+f_j)W_j\mathrm{d}\Omega+\int_{\Gamma_\sigma}(\sigma_{ij}c_{ni}-\bar{p}_j)\overline{W}_j\mathrm{d}\Gamma=0$ $\int_{\Gamma}\sigma_{ij}W_jc_{ni}\mathrm{d}\Gamma-\int_{\Omega}\sigma_{ij}W_{j,i}\mathrm{d}\Omega+\int_{\Omega}f_jW_j\mathrm{d}\Omega+\int_{\Gamma_\sigma}(\sigma_{ij}c_{ni}-\bar{p}_j)\overline{W}_j\mathrm{d}\Gamma$ $=0$ 若积分方程对任意权函数均成立,则各积分项除权函数外必为零	权函数具有任意性 位移边界条件 $u_i=\bar{u}_i$ 几何方程 $e_{ij}=(u_{i,j}+u_{j,i})/2$
虚位移原理　$\int_{\Omega}\sigma_{ij}\delta e_{ij}\mathrm{d}\Omega=\int_{\Omega}f_j\delta u_j\mathrm{d}\Omega+\int_{\Gamma_\sigma}\bar{p}_j\delta u_j\mathrm{d}\Gamma$ 在满足位移约束的情况下,弹性体应力在虚应变上做的功等于外力在虚位移上做的功(等价于平衡方程和应力边界条件)	位移边界条件 $u_i=\bar{u}_i$
最小势能原理　$\min\Pi=\int_{\Omega}\frac{1}{2}\sigma_{ij}e_{ij}\mathrm{d}\Omega-\int_{\Gamma_\sigma}\bar{p}_iu_i\mathrm{d}\Gamma-\int_{\Omega}f_iu_i\mathrm{d}\Omega$ 在满足位移约束的情况下,线弹性体的真实状态对应于势能取最小值(等价于平衡方程和应力边界条件)	位移边界条件 $u_i=\bar{u}_i$ 线弹性本构关系 $\sigma_{ij}=2Ge_{ij}+\lambda e_{kk}\delta_{ij}$
等效积分形式三　$\int_{\Omega}\left[e_{ij}-\frac{1}{2}(u_{i,j}+u_{j,i})\right]V_{ij}\mathrm{d}\Omega+\int_{\Gamma_u}(u_i-\bar{u}_i)\overline{V}_i\mathrm{d}\Gamma=0$ $\int_{\Omega}e_{ij}V_{ij}\mathrm{d}\Omega+\int_{\Omega}u_iV_{ij,j}\mathrm{d}\Omega-\int_{\Gamma}u_iV_{ij}c_{nj}\mathrm{d}\Gamma+\int_{\Gamma_u}(u_i-\bar{u}_i)\overline{V}_i\mathrm{d}\Gamma=0$ 若积分方程对任意权函数均成立,则各积分项除权函数外必为零	权函数具有任意性 平衡方程 $\sigma_{ij,i}+f_j=0$ 应力边界条件 $\sigma_{ij}c_{ni}=\bar{p}_j$
虚应力原理　$\int_{\Omega}e_{ij}\delta\sigma_{ij}\mathrm{d}\Omega=\int_{\Gamma_u}\bar{u}_i\delta p_i\mathrm{d}\Gamma$ 在满足平衡方程和应力边界条件的情况下,弹性体应变在虚应力上做的余功等于位移在虚面力上做的余功(等价于几何方程或应变协调方程,以及位移边界条件)	平衡方程 $\sigma_{ij,i}+f_j=0$ 应力边界条件 $\sigma_{ij}c_{ni}=\bar{p}_j$
最小余能原理　$\min\Pi^*=\int_{\Omega}\frac{1}{2}\sigma_{ij}e_{ij}\mathrm{d}\Omega-\int_{\Gamma_u}p_i\bar{u}_i\mathrm{d}\Gamma$ 在满足平衡方程和应力边界条件的情况下,线弹性体的真实状态对应于总余能取最小值,等价于应力/应变协调方程	平衡方程 $\sigma_{ij,i}+f_j=0$ 应力边界条件 $\sigma_{ij}c_{ni}=\bar{p}_j$ 线弹性本构关系 $\sigma_{ij}=2Ge_{ij}+\lambda e_{kk}\delta_{ij}$

　　首先,我们可以通过引入任意权函数建立弹性力学问题微分方程组的**等效积分形式一**,根据弹性力学问题的求解就是在一定范围内寻找满足其余条件的位移或应力的思想,

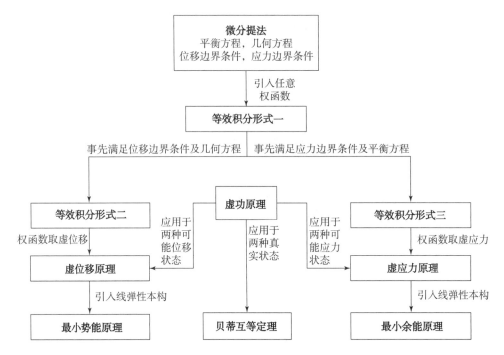

图 10.6.1　弹性力学各种提法之间的相互关系

我们可以进一步提出事先满足位移边界条件及几何方程后的**等效积分形式二**和事先满足应力边界条件及平衡方程后的**等效积分形式三**。基于等效积分形式，我们还可以通过分部积分和高斯公式建立降低待求函数的连续性要求的等效积分弱形式。

其次，在**等效积分形式二**和**等效积分形式三**的基础上，分别将任意权函数取为虚位移和虚应力，则可以得到弹性力学的**虚位移原理和虚应力原理**，将这两个原理应用于线弹性体，则可以相应得到线弹性体的**最小势能原理**和**最小余能原理**。

最后，将虚功原理分别应用于两种可能位移状态和两种可能应力状态也可以推出弹性力学的**虚位移原理**和**虚应力原理**，而将其应用于两种真实状态时，则可以自然地推出**贝蒂互等定理**。

不同的数学提法为从不同角度理解弹性力学问题提供了途径。我们将包含了微分方程组的表达称为**微分提法**，在没有给定任意权函数的物理或几何意义时，等效积分可以看成是基于微分提法的一种**纯数学表达**，其余包括虚位移原理、虚应力原理、虚功原理、最小势能原理和最小余能原理等，由于表达式明显的功和能的含义又可以称之为**能量原理**，其中最小势能原理和最小余能原理显然是典型的泛函极值问题，因此是典型的**变分提法**。事实上，熟悉变分原理的读者不难看出，如果将虚位移原理和虚应力原理中的虚位移 δu_i、虚应变 δe_{ij} 和虚应力 $\delta \sigma_{ij}$ 分别视为位移、应变和应力分量的**变分**运算，则将式（10.3.2）虚位移原理改写为

$$\int_\Omega \sigma_{ij}\delta e_{ij}\,\mathrm{d}\Omega - \int_\Omega f_j\delta u_j\,\mathrm{d}\Omega - \int_{\Gamma_\sigma} \bar{p}_j\delta u_j\,\mathrm{d}\Gamma = 0$$

之后再引入线弹性本构关系，则可以将上式写成如下变分形式：

$$\delta\Big(\int_{\Omega}\frac{1}{2}\sigma_{ij}e_{ij}\mathrm{d}\Omega-\int_{\Omega}f_{j}u_{j}\mathrm{d}\Omega-\int_{\Gamma_{\sigma}}\bar{p}_{j}u_{j}\mathrm{d}\Gamma\Big)=0$$

显然，上式括号中三项即 10.4 节中定义的总势能 Π，而上式表明总势能的变分为零，根据变分法即可知道虚位移原理意味着总势能取极值，进一步可以推出最小势能原理。同样地，由虚应力原理式（10.3.4）即可推出最小余能原理。

实际上，除了最小势能原理和最小余能原理外，弹性力学问题还存在其他形式的变分原理。出于实际教学安排的需要，本书不准备从变分法的角度深入探讨弹性力学问题，感兴趣的读者可以参阅其他相关专著或教材。

10.7 弹性力学积分提法的应用

除了提供从不同角度理解弹性力学问题的途径外，积分提法在求解弹性力学问题方面也有十分重要的应用。一般地，要由积分提法精确地求解弹性力学问题，还需要转为相应微分方程定解问题的求解，因此并不比微分提法具有优势。但积分提法本身提供了一种建立问题近似解法的规范化途径，这对于大多数难以获得解析解的复杂问题而言，具有更重要的现实意义。

以最小势能原理为例，该原理告诉我们，弹性力学问题的求解可以转化为在可能位移（即满足位移边界条件且一阶可导的位移）中寻求使总势能最小的位移。我们已经知道，一个足够光滑的函数总可以展开成泰勒级数的形式。不难想象，如果真实位移解足够光滑，通过最小势能原理总可以获得其级数形式的解，这就是所谓的**级数解法**。但是这种方法具体实施起来难度很大。为了使问题简化，我们可以假定位移为一个具有有限个参数表示的函数形式（如有限项多项式）。这样，我们便可以通过最小势能原理在这一类函数集合中找到最优的解。由于问题的真解未必具有假定的形式，因此这时我们一般获得的是问题的近似解。如果假定的函数类型正好包含了真解的形式，则也就获得了问题的真解。事实上，如果我们采用有限项多项式作为试探函数，则一般可以获得问题的一个近似解。

另外，弹性力学的积分提法也可以用于建立一些特殊问题的微分方程，这些方程可以认为是三维弹性力学基本方程在这些特殊问题中的近似形式。同样以最小势能原理为例，如果通过适当的分析和简化，能够获得某结构的总势能表达式，由于总势能必定是关于某个（些）位移量的泛函，因此根据变分法中泛函取极值的必要条件——**欧拉方程**，即可推导得到这个（些）位移量满足的微分方程。

下面将结合具体的例子，分别介绍这两方面的应用。

10.7.1 用于近似求解

这里分别介绍基于最小势能原理和虚位移原理开展的弹性力学问题近似求解的基本思路，这些思路对后续位移有限元法原理的学习具有一定的铺垫作用。

例1：基于最小势能原理的五面刚性光滑约束块体问题近似求解。

首先，我们以 5.5 节介绍的均匀压力作用下的五面刚性光滑约束块体问题为例，介绍如何采用最小势能原理求解弹性问题。为阅读方便，这里再次给出该问题的示意

图 10.7.1。这个问题在 5.5 节已经得到精确的求解，其位移解是

$$u = -\frac{\rho g h + p}{2G + \lambda}x + \frac{\rho g}{2(2G + \lambda)}x^2$$

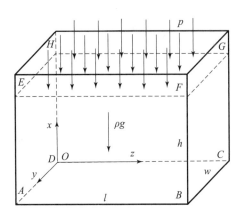

图 10.7.1 均匀压力作用下的五面刚性光滑约束块体

现在我们采用最小势能原理重新审视该问题。依据最小势能原理，该问题的求解相当于寻求合适的位移函数 u，使得下列总势能取最小值：

$$\Pi = \int_\Omega \frac{1}{2}(\varepsilon_x\sigma_x + \varepsilon_y\sigma_y + \varepsilon_z\sigma_z + \gamma_{xy}\tau_{xy} + \gamma_{yz}\tau_{yz} + \gamma_{zx}\tau_{zx})\mathrm{d}\Omega -$$

$$\int_{\Gamma_\sigma}(up_x + vp_y + wp_z)\mathrm{d}\Gamma - \int_\Omega(uf_x + vf_y + wf_z)\mathrm{d}\Omega \qquad (10.7.1)$$

注意到本问题的几何结构和边界条件的对称性，我们可以分析得出结构只存在 x 方向的位移，且该位移仅是 x 的函数。受前面精确解的启发，我们可以尝试采用多项式的形式作为待求位移函数解。

下面假设问题的解为

$$u(x) = \alpha_0 + \alpha_1 x + \alpha_2 x^2 \qquad (10.7.2)$$

由于底平面（$x = 0$）的结构位移为零，即 $u(0) = 0$，因此上式可以简化为

$$u(x) = \alpha_1 x + \alpha_2 x^2 \qquad (10.7.3)$$

由此得到应变和应力分量分别为

$$\varepsilon_x = \frac{\partial u}{\partial x} = \alpha_1 + 2\alpha_2 x, \ \varepsilon_y = 0, \ \varepsilon_z = 0, \gamma_{xy} = 0, \ \gamma_{yz} = 0, \ \gamma_{xz} = 0$$

$$\sigma_x = (2G + \lambda)\varepsilon_x = (2G + \lambda)(\alpha_1 + 2\alpha_2 x), \ \sigma_y = \sigma_z = \lambda\varepsilon_x = \lambda(\alpha_1 + 2\alpha_2 x),$$
$$\tau_{xy} = 0, \ \tau_{yz} = 0, \ \tau_{xz} = 0$$

将上述位移、应变和应力分量，以及给定的体力和面力分量代入总势能表达式得到

$$\Pi = \int_\Omega \frac{1}{2}\varepsilon_x\sigma_x\mathrm{d}\Omega + \int_{\Gamma_\sigma}up\mathrm{d}\Gamma + \int_\Omega u\rho g\mathrm{d}\Omega$$

$$= \int_\Omega \frac{1}{2}(2G + \lambda)(\alpha_1 + 2\alpha_2 x)^2\mathrm{d}\Omega + \int_{\Gamma_\sigma}(\alpha_1 x + \alpha_2 x^2)p\mathrm{d}\Gamma + \int_\Omega(\alpha_1 x + \alpha_2 x^2)\rho g\mathrm{d}\Omega$$

根据最小势能原理，令总势能取最小值，即

$$\frac{\partial \Pi}{\partial \alpha_1} = 0, \frac{\partial \Pi}{\partial \alpha_2} = 0$$

从而得到关于 α_1 和 α_2 的线性代数方程组：

$$\int_0^w \int_0^l \int_0^h (2G+\lambda)(\alpha_1 + 2\alpha_2 x)\mathrm{d}x\mathrm{d}y\mathrm{d}z = -\int_0^l \int_0^w hp\mathrm{d}y\mathrm{d}z - \int_0^w \int_0^l \int_0^h x\rho g\mathrm{d}x\mathrm{d}y\mathrm{d}z$$

$$\int_0^w \int_0^l \int_0^h (2G+\lambda)(\alpha_1 + 2\alpha_2 x)2x\mathrm{d}x\mathrm{d}y\mathrm{d}z = -\int_0^l \int_0^w h^2 p\mathrm{d}y\mathrm{d}z - \int_0^w \int_0^l \int_0^h x^2\rho g\mathrm{d}x\mathrm{d}y\mathrm{d}z \quad (10.7.4)$$

完成有关积分，得到方程组为

$$\alpha_1 + h\alpha_2 = -\frac{2p + h\rho g}{2(2G+\lambda)}$$

$$\alpha_1 + \frac{4}{3}h\alpha_2 = -\frac{3p + \rho gh}{3(2G+\lambda)}$$

求解该代数方程组，即可得到

$$\alpha_1 = -\frac{p+\rho gh}{2G+\lambda}, \ \alpha_2 = \frac{\rho g}{2(2G+\lambda)}$$

因此得到位移解为

$$u(x) = -\frac{p+\rho gh}{2G+\lambda}x + \frac{\rho g}{2(2G+\lambda)}x^2 \quad (10.7.5)$$

显然，这个解与 5.5 节获得的解是完全相同的。这是由于假定的位移函数形式包含了真解的形式，因此我们得到了近似解就是问题的精确解。显然，对于更一般的问题，通常是做不到这一点的。

例 2：基于最小势能原理的两侧固定一侧受拉的正方形薄板近似求解。

下面再举一个并不知道解析解的例子。如图 10.7.2 所示，一个边长为 l 的正方形薄板，其左侧及下侧两边固定，右侧受均匀拉力 p，假设板的弹性模量为 E，泊松比为 ν，采用最小势能原理求板的应力及位移的分布。

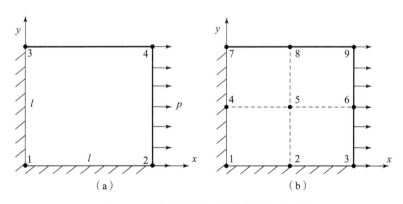

图 10.7.2　两边固定一边受力的方形薄板

（a）4 个插值点；（b）9 个插值点

因为这是一个仅有侧面受力的薄板，因此我们将问题近似处理为无体力的平面应力问题。对于无体力平面应力问题，有线性各向同性应力—应变关系为

$$\sigma_x = \frac{E}{1-\nu^2}(\varepsilon_x + \mu\varepsilon_y)$$

$$\sigma_y = \frac{E}{1-\nu^2}(\varepsilon_y + \mu\varepsilon_x)$$

$$\tau_{xy} = G\gamma_{xy} = \frac{E}{2(1+\nu)}\gamma_{xy}$$

因此，总势能为

$$\Pi = \int_{\Omega} W \mathrm{d}\Omega - \int_{\Gamma_\sigma}(up_x + vp_y)\mathrm{d}\Gamma$$

$$= \int_{\Omega}\frac{1}{2}(\varepsilon_x\sigma_x + \varepsilon_y\sigma_y + \gamma_{xy}\tau_{xy})\mathrm{d}\Omega - \int_{\Gamma_\sigma}(up_x + vp_y)\mathrm{d}\Gamma$$

$$= \int_{\Omega}\frac{1}{2}\left\{\frac{E}{1-\nu^2}\left[\left(\frac{\partial u}{\partial x}\right)^2 + \left(\frac{\partial v}{\partial y}\right)^2 + 2\nu\frac{\partial u}{\partial x}\frac{\partial v}{\partial y}\right] + G\left(\frac{\partial v}{\partial x} + \frac{\partial u}{\partial y}\right)^2\right\}\mathrm{d}\Omega - \int_{\Gamma_\sigma}(up_x + vp_y)\mathrm{d}\Gamma$$

我们的任务即要寻找到合适的位移函数 u 和 v，使得上述总势能取最小值。首先，我们可以假设板内的位移分布为如下双线性形式：

$$\begin{cases} u(x, y) = \alpha_0 + \alpha_1 x + \alpha_2 y + \alpha_3 xy \\ v(x, y) = \beta_0 + \beta_1 x + \beta_2 y + \beta_3 xy \end{cases} \tag{10.7.6}$$

由于左侧及下侧两个边界上的位移恒为零，因此假设的位移分布可以简化为

$$\begin{cases} u(x, y) = \alpha xy \\ v(x, y) = \beta xy \end{cases} \tag{10.7.7}$$

将假设的位移式（10.7.7）及面力条件代入板的应变能表达式为

$$\Pi = \frac{1}{2}\iint_{\Omega}\left\{\frac{E}{1-\nu^2}\left[(\alpha y)^2 + (\beta x)^2) + 2\nu\alpha\beta xy\right] + G(\beta y + \alpha x)^2\right\}\mathrm{d}x\mathrm{d}y - \int_{\Gamma_\sigma}\alpha lyp\mathrm{d}\Gamma$$

根据最小势能原理，令总势能取最小值，有

$$\frac{\partial \Pi}{\partial \alpha} = 0: \int_0^l\int_0^l\left\{\frac{E}{1-\nu^2}[\alpha y^2 + \nu\beta xy] + G(\beta y + \alpha x)x\right\}\mathrm{d}x\mathrm{d}y - \int_0^l lyp\mathrm{d}y = 0$$

$$\frac{\partial \Pi}{\partial \beta} = 0: \int_0^l\int_0^l\left\{\frac{E}{1-\nu^2}[\beta x^2 + \nu\alpha xy] + G(\beta y + \alpha x)y\right\}\mathrm{d}x\mathrm{d}y = 0$$

联立上述方程得到关于 α 和 β 的线性代数方程组：

$$\begin{bmatrix} \int_0^l\int_0^l\left(\frac{E}{1-\nu^2}y^2 + Gx^2\right)\mathrm{d}x\mathrm{d}y & \int_0^l\int_0^l\left(\frac{E\nu}{1-\nu^2}xy + Gxy\right)\mathrm{d}x\mathrm{d}y \\ \int_0^l\int_0^l\left(\frac{E\nu}{1-\nu^2}xy + Gxy\right)\mathrm{d}x\mathrm{d}y & \int_0^l\int_0^l\left(\frac{E}{1-\nu^2}x^2 + Gy^2\right)\mathrm{d}x\mathrm{d}y \end{bmatrix}\begin{Bmatrix} \alpha \\ \beta \end{Bmatrix} = \begin{Bmatrix} \int_0^l lyp\mathrm{d}y \\ 0 \end{Bmatrix}$$

完成积分后得到

$$\begin{bmatrix} \dfrac{4(3-\nu)}{1+\nu} & 3 \\ 3 & \dfrac{4(3-\nu)}{1+\nu} \end{bmatrix}\begin{Bmatrix} \alpha \\ \beta \end{Bmatrix} = \begin{Bmatrix} \dfrac{12(1-\nu)p}{El} \\ 0 \end{Bmatrix} \tag{10.7.8}$$

求解上述方程组得

$$\alpha = \frac{48(3-\nu)(1-\nu^2)}{(15-\nu)(9-7\nu)}\frac{p}{El},\ \beta = \frac{36(1+\nu)(1-\nu^2)}{(15-\nu)(7\nu-9)}\frac{p}{El}$$

因此得到位移解为

$$u(x,y) = \frac{48(3-\nu)(1-\nu^2)}{(15-\nu)(9-7\nu)}\frac{p}{El}xy,\ v(x,y) = -\frac{36(1+\nu)(1-\nu^2)}{(15-\nu)(9-7\nu)}\frac{p}{El}xy \tag{10.7.9}$$

进一步，我们可以得到对应的应力解

$$\sigma_x = \frac{1}{(15-\nu)(9-7\nu)} \frac{p}{l} [48(3-\nu)y - 36\nu(1+\nu)x]$$

$$\sigma_y = \frac{1}{(15-\nu)(9-7\nu)} \frac{p}{l} [-36(1+\nu)x + 48\nu(3-\nu)y]$$

$$\tau_{xy} = \frac{(1-\nu)}{2(15-\nu)(9-7\nu)} \frac{p}{l} [48(3-\nu)x - 36(1+\nu)y]$$

显然，这个应力解并不满足给定的应力边界条件，因此这只能是一个近似解。

为提高精度，我们可以采用更高次数的多项式函数进行近似，如

$$\begin{cases} u(x,y) = \alpha_0 + \alpha_1 x + \alpha_2 y + \alpha_3 xy + \alpha_4 x^2 + \alpha_5 y^2 + \alpha_6 x^2 y + \alpha_7 xy^2 + \alpha_8 x^2 y^2 \\ v(x,y) = \beta_0 + \beta_1 x + \beta_2 y + \beta_3 xy + \beta_4 x^2 + \beta_5 y^2 + \beta_6 x^2 y + \beta_7 xy^2 + \beta_8 x^2 y^2 \end{cases} \tag{10.7.10}$$

同样，由于左侧及下侧两个边界上的位移恒为零，因此假设的位移分布可以简化为

$$\begin{cases} u(x,y) = \alpha_3 xy + \alpha_6 x^2 y + \alpha_7 xy^2 + \alpha_8 x^2 y^2 \\ v(x,y) = \beta_3 xy + \beta_6 x^2 y + \beta_7 xy^2 + \beta_8 x^2 y^2 \end{cases} \tag{10.7.11}$$

重复上面的步骤，求出近似函数中的各项系数即可得到一个更为精确的近似解。但显然这时我们将要求解一个八元一次的代数方程组，这通常需要借助计算机才能实现。

对于近似求解，有一个很重要的问题就是如何估计误差。但遗憾的是，由于复杂问题无法获得精确解，因此也就无法估计近似解的误差。实际应用中，对于在已获得解析解问题中应用有效的方法，在解决复杂问题时是否"更为精确"通常采用一种实用化的收敛趋势法来进行判别。

事实上，上述采用多项式作为试探函数近似求解弹性力学问题的过程，也可以按以下思路进行理解。

其中，采用双线性多项式的情况，可以理解为位移函数采用图 10.7.2（a）所示的 4 个顶点的位移进行双线性插值所得，即令

$$u(x,y) = \sum_{i=1}^{4} N_i(x,y) u_i, \quad v(x,y) = \sum_{i=1}^{4} N_i(x,y) v_i$$

式中，u_i 和 v_i 分别为 4 个顶点的位移；$N_i(x,y)$ 为插值基函数，分别为

$$N_1(x,y) = (x-2)(y-2), \quad N_2(x,y) = (x-0)(y-2)$$

$$N_3(x,y) = (x-2)(y-0), \quad N_4(x,y) = (x-0)(y-0)$$

注意到 1、2、3 点两个方向的位移均为 0，因此实际上有

$$u(x,y) = u_4 xy, \quad v(x,y) = v_4 xy$$

也就是说，式（10.7.7）中的 α，β 实际上表示的就是顶点 4 的位移分量。

类似地，要采用双二次多项式（10.7.8）的情况，可以理解为位移函数采用图 10.7.2（b）所示的 9 个插值点（包括 4 个顶点，4 个边中点和 1 个中心点）的位移进行双线性插值所得，即令

$$u(x,y) = \sum_{i=1}^{9} N_i(x,y) u_i, \quad v(x,y) = \sum_{i=1}^{9} N_i(x,y) v_i$$

式中，u_i 和 v_i 分别为 9 个插值点的位移；$N_i(x,y)$ 为插值基函数，分别为

$$N_1(x,y) = (x-1)(x-2)(y-1)(y-2), \quad N_2(x,y) = (x-0)(x-2)(y-1)(y-2)$$

$$N_3(x,y) = (x-0)(x-1)(y-1)(y-2), \quad N_4(x,y) = (x-1)(x-2)(y-0)(y-2)$$

$$N_5(x,y) = (x-0)(x-2)(y-0)(y-2), \ N_6(x,y) = (x-0)(x-1)(y-0)(y-2)$$
$$N_7(x,y) = (x-1)(x-2)(y-0)(y-1), \ N_8(x,y) = (x-0)(x-2)(y-0)(y-1)$$
$$N_9(x,y) = (x-0)(x-1)(y-0)(y-1)$$

由于 1、2、3、4、7 点两个方向的位移均为 0，因此实际上有

$$u(x,y) = N_5(x,y)u_5 + N_6(x,y)u_6 + N_8(x,y)u_8 + N_9(x,y)u_9$$
$$v(x,y) = N_5(x,y)v_5 + N_6(x,y)v_6 + N_8(x,y)v_8 + N_9(x,y)v_9$$

读者不妨展开看看，找出式（10.7.9）和 5、6、8、9 点的位移分量的关系。

这种采用有限个点的位移进行整体插值来近似求解弹性力学问题的方法，正是目前应用最为广泛的有限元法的基本思路。只不过在有限元法中，我们是将问题的求解区域先划分成若干个子域（即单元），然后在每个子域上令位移为若干个点（即节点）位移的插值多项式的形式，通过分片插值的方式给出位移的近似表达，最后通过最小势能原理或其他积分提法求出插值点的位移，从而得到问题的一个近似解。

这个方法由英国物理学家瑞利（Rayleigh）爵士首先提出，后被瑞士物理学家里兹（Ritz）推广，因此常称为**瑞利—里兹法**。

例3：基于虚功原理的五面刚性光滑约束块体问题近似求解。

这里仍以 5.5 节介绍的均匀压力作用下的五面刚性光滑约束块体问题为例，介绍如何采用虚位移原理求解弹性力学问题。

我们仍假设问题的解为

$$u(x) = \alpha_0 + \alpha_1 x + \alpha_2 x^2$$

在满足底平面（$x=0$）的结构位移为零后，即 $u(0) = 0$，上式可以简化为

$$u(x) = \alpha_1 x + \alpha_2 x^2$$

因此结构的虚位移（请读者思考一下，这是为什么？）

$$\delta u(x) = \delta\alpha_1 x + \delta\alpha_2 x^2$$

由此得到应变和虚应变分量分别为

$$\varepsilon_x = \frac{\partial u}{\partial x} = \alpha_1 + 2\alpha_2 x, \ \varepsilon_y = 0, \ \varepsilon_z = 0, \ \gamma_{xy} = \gamma_{yz} = \gamma_{zx} = 0$$

$$\delta\varepsilon_x = \frac{\partial \delta u}{\partial x} = \delta\alpha_1 + 2\delta\alpha_2 x, \ \delta\varepsilon_y = 0, \ \delta\varepsilon_z = 0, \ \delta\gamma_{xy} = \delta\gamma_{yz} = \delta\gamma_{zx} = 0$$

假设应力—应变为各向同性线性关系：

$$\sigma_x = (2G+\lambda)\varepsilon_x = (2G+\lambda)(\alpha_1 + 2\alpha_2 x), \ \sigma_y = \sigma_z = \lambda\varepsilon_x = \lambda(\alpha_1 + 2\alpha_2 x)$$

$$\tau_{xy} = \tau_{yz} = \tau_{xz} = 0$$

根据虚位移原理

$$\int_\Omega \sigma_{ij}\delta e_{ij}\mathrm{d}\Omega = \int_\Omega f_j\delta u_j\mathrm{d}\Omega + \int_{\Gamma_\sigma} \bar{p}_j\delta u_j\mathrm{d}\Gamma$$

因此有

$$\int_0^w\int_0^l\int_0^h (2G+\lambda)(\alpha_1 + 2\alpha_2 x)(\delta\alpha_1 + 2\delta\alpha_2 x)\mathrm{d}x\mathrm{d}y\mathrm{d}z$$

$$= -\int_0^w\int_0^l\int_0^h \rho g(\delta\alpha_1 x + \delta\alpha_2 x^2)\mathrm{d}x\mathrm{d}y\mathrm{d}z - \int_0^l\int_0^w p(\delta\alpha_1 x + \delta\alpha_2 x^2)\mathrm{d}y\mathrm{d}z$$

按 $\delta\alpha_1$ 和 $\delta\alpha_2$ 合并同类项后有

$$\Big[\int_0^w\int_0^l\int_0^h\big[(2G+\lambda)(\alpha_1+2\alpha_2x)+\rho gx\big]\mathrm{d}x\mathrm{d}y\mathrm{d}z+\int_0^l\int_0^w hp\mathrm{d}y\mathrm{d}z\Big]\delta\alpha_1+$$

$$\Big[\int_0^w\int_0^l\int_0^h\big[(2G+\lambda)(\alpha_1+2\alpha_2x)2x+\rho gx^2\big]\mathrm{d}x\mathrm{d}y\mathrm{d}z+\int_0^l\int_0^w ph^2\mathrm{d}y\mathrm{d}z\Big]\delta\alpha_2=0$$

由于 $\delta\alpha_1$ 和 $\delta\alpha_2$ 的任意性，我们得到了与式（10.7.4）完全相同的关于 α_1 和 α_2 的方程组，因此也将获得与式（10.7.5）完全相同的解。

不难将上述方法应用于上一节对图 10.7.2 所示的边长为 l 的正方形薄板的求解，只需要认识到，当假设的位移分布为式（10.7.7）后，相应的虚位移为

$$\delta u(x,y)=\delta a\cdot xy$$
$$\delta v(x,y)=\delta\beta\cdot xy$$

则利用虚位移原理，也可以获得与式（10.7.9）完全相同的解。

10.7.2　用于建立方程

可以证明，使泛函 $\Pi(\varphi)$ 在 $\varphi_0(x_1,x_2,\cdots,x_r)$ 上取极值的必要条件是泛函 $\Pi(\varphi)$ 在 $\varphi_0(x_1,x_2,\cdots,x_r)$ 上的变分等于零。由此，我们可以得到相应的欧拉方程，这时也就建立了原问题相应的微分方程。我们在这里直接给出几种常见泛函形式对应的欧拉方程[①]。

（1）当泛函 $\Pi[\varphi(x)]=\int_a^b F[x,\varphi(x),\varphi'(x)]\mathrm{d}x$ 时，其欧拉方程为

$$\frac{\partial F}{\partial\varphi}-\frac{\mathrm{d}}{\mathrm{d}x}\Big(\frac{\partial F}{\partial\varphi'}\Big)=0 \tag{10.7.12}$$

（2）当泛函 $\Pi[\varphi(x)]=\int_a^b F[x,\varphi(x),\varphi'(x),\cdots,\varphi^{(n)}(x)]\mathrm{d}x$ 时，其欧拉方程为

$$\frac{\partial F}{\partial\varphi}-\frac{\mathrm{d}}{\mathrm{d}x}\Big(\frac{\partial F}{\partial\varphi'}\Big)+\frac{\mathrm{d}^2}{\mathrm{d}x^2}\Big(\frac{\partial F}{\partial\varphi''}\Big)-\cdots+(-1)^n\frac{\mathrm{d}^n}{\mathrm{d}x^n}\Big(\frac{\partial F}{\partial\varphi^{(n)}}\Big)=0 \tag{10.7.13}$$

（3）当泛函 $\Pi[\varphi_1(x),\cdots,\varphi_n(x)]=\int_a^b F[x,\varphi_1(x),\cdots,\varphi_n(x),\varphi'_1(x),\cdots,\varphi'_n(x)]\mathrm{d}x$ 时，其欧拉方程为

$$\frac{\partial F}{\partial\varphi_i}-\frac{\mathrm{d}}{\mathrm{d}x}\Big(\frac{\partial F}{\partial\varphi'_i}\Big)=0\ (i=1,2,\cdots,n) \tag{10.7.14}$$

（4）当泛函 $\Pi[\varphi(x_1,x_2,\cdots,x_r)]=\int_\Omega F[x_1,\cdots,x_r,\varphi,\frac{\partial\varphi}{\partial x_1},\cdots,\frac{\partial\varphi}{\partial x_r}]\mathrm{d}x_1\cdots\mathrm{d}x_r$ 时，其欧拉方程为

$$\frac{\partial F}{\partial\varphi}-\sum_{i=1}^r\frac{\partial}{\partial x_i}\Bigg(\frac{\partial F}{\partial\Big(\dfrac{\partial\varphi}{\partial x_i}\Big)}\Bigg)=0 \tag{10.7.15}$$

下面以**直梁的弯曲和张紧薄膜的弯曲**为例，采用最小势能原理推导其在横向力作用下的挠曲线或挠曲面方程，这些方程是开展这类结构静动力学分析的基础。

例 1：纯弯梁的挠曲线方程。

图 10.7.3 所示为一个长为 l 的等截面梁。以梁的一端截面形心为原点，沿中性层方向为 x 方向，建立直角坐标系。假设在梁的长度方向作用有分布面力 $f(x)$ 和分布力偶

―――――――――――

[①]　老大中 著．变分法基础(第3版)[M]．北京：国防工业出版社，2017．

$M(x)$，它们沿梁的宽度方向（z 方向）均匀分布；梁的弹性模量为 E，截面关于中性轴的惯性矩为 I。

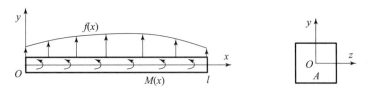

图 10.7.3　受横向力和弯矩的等截面梁

忽略梁的横向剪切变形影响，认为梁上任意点上只有纯弯曲变形，我们知道在这种假设下的梁模型也称为**伯努利 - 欧拉梁**。令 $v(x)$ 为梁的中性层的横向位移，ρ 为梁中性层的曲率半径，则梁的任意点上沿 x 方向的正应变为

$$\varepsilon_x = \frac{y}{\rho} \tag{10.7.16}$$

式中

$$\frac{1}{\rho} = \frac{\dfrac{\mathrm{d}^2 v}{\mathrm{d}x^2}}{\left[1 + \left(\dfrac{\mathrm{d}v}{\mathrm{d}x}\right)^2\right]^{3/2}} \tag{10.7.17}$$

当作用力不大时，挠曲线是一条非常平坦的曲线，此时 $\left(\dfrac{\mathrm{d}v}{\mathrm{d}x}\right)^2 \ll 1$，因此有

$$\frac{1}{\rho} \approx \frac{\mathrm{d}^2 v}{\mathrm{d}x^2}, \quad \varepsilon_x = \frac{y}{\rho} \approx y\frac{\mathrm{d}^2 v}{\mathrm{d}x^2} \tag{10.7.18}$$

梁上任意点的各应力分量为

$$\sigma_x = E\varepsilon_x, \quad \sigma_y = \sigma_z = \tau_{xy} = \tau_{xz} = \tau_{yz} = 0 \tag{10.7.19}$$

由此得到梁的变形势能

$$
\begin{aligned}
U &= \int_\Omega \frac{1}{2}\sigma_{ji}e_{ij}\mathrm{d}\Omega \\
&= \int_0^l \left[\iint_A \frac{1}{2}E\left(y\frac{\mathrm{d}^2 v}{\mathrm{d}x^2}\right)^2 \mathrm{d}A\right]\mathrm{d}x \text{（将式（10.7.18）和式（10.7.19）各量代入）} \\
&= \frac{1}{2}EI\int_0^l \left(\frac{\mathrm{d}^2 v}{\mathrm{d}x^2}\right)^2 \mathrm{d}x \text{（注意到 E 和 $\frac{\mathrm{d}^2 v}{\mathrm{d}x^2}$ 均与 y 无关，截面惯性矩 $I = \iint_A y^2 \mathrm{d}A$）}
\end{aligned}
$$

在梁处于小变形时，梁横截面的转角 θ 也是一个小的角度，这时有

$$\theta \approx \tan\theta = \frac{\mathrm{d}v}{\mathrm{d}x} \tag{10.7.20}$$

因此梁上作用的分布力 $f(x)$ 和分布弯矩 $M(x)$ 的外力势能为

$$V = -\int_0^l \left[f(x)v + M(x)\theta\right]\mathrm{d}x \approx -\int_0^l \left[f(x)v + M(x)\frac{\mathrm{d}v}{\mathrm{d}x}\right]\mathrm{d}x$$

由此得到梁的总势能为

$$\Pi = \frac{1}{2}EI\int_0^l \left(\frac{\mathrm{d}^2 v}{\mathrm{d}x^2}\right)^2 \mathrm{d}x - \int_0^l \left[f(x)v + M(x)\frac{\mathrm{d}v}{\mathrm{d}x}\right]\mathrm{d}x$$

为了应用泛函取极值的必要条件——欧拉方程，令

$$F\left(x,v,\frac{\mathrm{d}v}{\mathrm{d}x},\frac{\mathrm{d}^2v}{\mathrm{d}x^2}\right)=\frac{1}{2}EI\left(\frac{\mathrm{d}^2v}{\mathrm{d}x^2}\right)^2-M(x)\frac{\mathrm{d}v}{\mathrm{d}x}-f(x)v \qquad (10.7.21)$$

$$v'_x=\frac{\mathrm{d}v}{\mathrm{d}x},\quad v''_x=\frac{\mathrm{d}^2v}{\mathrm{d}x^2}$$

则根据式（10.7.13）得到当总势能 Π 取极小值时有

$$\frac{\partial F}{\partial v}-\frac{\partial}{\partial x}\frac{\partial F}{\partial v'_x}+\frac{\partial^2}{\partial x^2}\frac{\partial F}{\partial v''_x}=0$$

将式（10.7.15）代入后，完成有关求导运算即可得到

$$EI\frac{\mathrm{d}^4v}{\mathrm{d}x^4}=f(x)-\frac{\mathrm{d}M(x)}{\mathrm{d}x} \qquad (10.7.22)$$

此即横向力作用下梁的挠曲线方程。

　　如果梁上的横向力和（或）弯矩是时变的，则梁的挠度也是时变的。采用达朗贝尔原理，在分布力 $f(x,t)$ 上叠加梁的分布惯性力（ $-\rho A\dfrac{\partial^2v}{\partial t^2}$，$\rho$ 为梁的线密度，A 为梁的截面积），将最小势能原理运用于每个时刻点 t 上，则可以得到梁的横向振动方程为

$$\rho A\frac{\partial^2v}{\partial t^2}+EI\frac{\partial^4v}{\partial x^4}=f(x,t)-\frac{\partial M(x,t)}{\partial x} \qquad (10.7.23)$$

　　例 2：张紧薄膜的挠曲面方程。

　　图 10.7.4 所示为一个四周固定的圆形平面薄膜结构，面内张紧力为 T，薄膜表面法向作用有分布力 $f(x,y)$，试求薄膜的挠曲面方程。

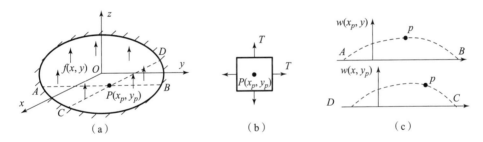

图 10.7.4　四周固定的张紧薄膜受力和变形
（a）薄膜的边界条件；（b）P 点附近的受力状态；（c）P 点处 x，y 方向的截线

　　薄膜结构作为一类特殊的弹性体，由于厚度很小，因此可以认为这类结构不能承受压缩和剪切作用。当其面内张紧力为 T 时，意味着薄膜上任意点 $P(x,y)$ 处于双向等拉伸应力状态，即

$$\sigma_x=\sigma_y=T,\quad \sigma_z=\tau_{xy}=\tau_{xz}=\tau_{yz}=0$$

　　当承受法向力发生横向小变形时，由于薄膜的弹性模量和厚度均很小，因此可以忽略弯曲变形导致的张力变化，也就是薄膜的应力状态仍然保持不变。以薄膜张紧时的平衡位置（即挠度为 0）为零应变位置，则当膜的挠度为 $w(x,y)$ 时，可以认为膜上任意点 $P(x,y)$ 在厚度方向上的应变与应力一样，也是均匀的。参考图 10.7.4（c），根据变形后点 P 处 x 方向和 y 方向的曲线长度，可以得到该点处柯西应变各分量为

$$\varepsilon_x\approx\left(\frac{\partial w}{\partial x}\right)^2,\quad \varepsilon_y\approx\left(\frac{\partial w}{\partial y}\right)^2,\quad \varepsilon_z=0,\gamma_{xy}=\gamma_{xz}=\gamma_{yz}=0$$

因此，薄膜结构的总势能

$$\Pi = \int_\Omega W h\mathrm{d}\Omega - \int_\Omega f(x,y)wh\mathrm{d}\Omega \approx \int_\Omega \left\{ \frac{1}{2}T\left[\left(\frac{\partial w}{\partial x}\right)^2 + \left(\frac{\partial w}{\partial y}\right)^2 \right] - f(x,y)w \right\}h\mathrm{d}\Omega$$

式中，h 为薄膜的厚度。

同样，令

$$\begin{cases} F\left(x,y,w,\dfrac{\partial w}{\partial x},\dfrac{\partial w}{\partial y}\right) = \dfrac{1}{2}T\left[\left(\dfrac{\partial w}{\partial x}\right)^2 + \left(\dfrac{\partial w}{\partial y}\right)^2 \right] - f(x,y)w \\ w'_x = \dfrac{\partial w}{\partial x}, w'_y = \dfrac{\partial w}{\partial y} \end{cases} \tag{10.7.24}$$

根据式（10.7.15），得到当总势能 Π 取极小值时，有

$$\frac{\partial}{\partial x}\frac{\partial F}{\partial w'_x} + \frac{\partial}{\partial y}\frac{\partial F}{\partial w'_y} - \frac{\partial F}{\partial w} = 0$$

将式（10.7.24）代入后可以得到

$$T\left(\frac{\partial^2 w}{\partial x^2} + \frac{\partial^2 w}{\partial y^2} \right) + f(x,y) = 0 \tag{10.7.25}$$

此即横向力作用下张紧力为 T 的薄膜的挠曲面方程。

如果横向力是时变的，则薄膜的挠度也是时变的。采用达朗贝尔原理，在分布力 $f(x,y,t)$ 上叠加薄膜的分布惯性力 $\left(-\rho\dfrac{\partial^2 w}{\partial t^2}，\rho \right.$ 为膜的密度$\left. \right)$，将最小势能原理运用于每个时刻点 t 上，则可以得到薄膜的振动方程为

$$\rho\frac{\partial^2 w}{\partial t^2} = T\left(\frac{\partial^2 w}{\partial x^2} + \frac{\partial^2 w}{\partial y^2} \right) + f(x,y,t) \tag{10.7.26}$$

习题十

10.1　基于可能功原理推导虚应力原理。

10.2　采用分量展开的形式推导最小势能原理或最小余能原理。

10.3　采用最小势能原理或最小余能原理描述两端自由受均匀内外压的厚壁圆筒问题。

10.4　采用最小势能原理或虚功原理求解两端光滑固定的受均匀内压厚壁圆筒问题的近似解。

10.5　采用最小势能原理推导两端固定，张紧力恒定的弦受横向力作用下的微幅挠曲线方程和振动方程。

附录

弹性力学代表人物及其主要贡献[①]

人物	主要贡献
古代工匠	古代中国、埃及、希腊和罗马等文明古国的劳动人民建设房屋（如大型宫殿、庙宇、教堂等）、纪念碑、金字塔、方尖碑、桥梁、防御设施（如长城、城堡）等过程中积累了大量有关建筑材料的强度知识，掌握了做出决定构件安全尺寸的法则
阿基米德（Archimedes，公元前 287—公元前 212），古希腊哲学家、数学家、物理学家	确立了静力学的基本原理，奠定了固体力学（材料力学）的基础
达·芬奇（Leonardo da Vinci，1452—1519），意大利艺术家、工程师、科学家	最先采用静力学（虚位移原理）求解作用在某些构件的力，最先用实验确定结构材料的强度
伽利略（Galileo Galilei，1564—1642），意大利物理学家、数学家、天文学家和哲学家，近代实验科学的先驱者	1638 年出版《两门新科学》（Two New Sciences），谈到诸多建筑材料的力学性质和梁的强度，采用解析方法确定构件安全尺寸，成为材料力学领域中的第一本著作，可认为是弹性体力学的开端。书中涉及杆的抗拉强度、梁的抗弯强度问题，研究了自重作用下悬臂梁的抗力，推导了等强度悬臂梁的形状，根据强度和尺寸的关系得出了无论是人工的还是天然的结构物，其尺寸都不可能非常大的结论
马略特（Edme Mariotte，1620—1684），法国物理学家和植物生理学家	创立冲击定理；发明冲击摆；考虑弹性变形改进伽利略的梁的弯曲理论并通过试验进行校核；用试验校正了伽利略关于"梁的强度随跨度而变"这方面的一些结论；研究了梁的两端固定后对梁的强度的效应；得到管子胀裂强度的公式等
胡克（Robert Hooke，1635—1703），英国物理学家、天文学家	1678 年发表论文"弹性能"（De Potentiâ Restitutiva 或称"弹簧"Of Spring），首次讨论材料的弹性，提出了物体的变形与所受力的线性关系（现称胡克定律）
雅科布 伯努利（Jakob Bernoulli，1654—1705），瑞士数学家和物理学家	开创弹性梁的挠度曲线形状的研究
丹尼尔 伯努利（Daniel Bernoulli，1700—1782），瑞士数学家和物理学家	首次导出棱柱/弦的侧向振动微分方程，开展了一系列梁的振动模态实验

---

① 本表资料主要来源于 S.P.Timoshenko.History of Strength of Materials［M］. Dover Publications, Inc., New York 1953；该书有中译本 S.P. 铁木生可 著，常振槪 译，材料力学史［M］.上海：上海科学技术出版社，1961.

人物	主要贡献
欧拉（Leonhard Euler，1707—1783），瑞士数学家和物理学家。	研究了弹性曲线，弹性杆的横向振动，1744 年出版变分学第一本书《曲线的变分法》（Mehtodus inveniendi lineas curvas…），建立了悬链线方程，研究了柱的屈曲，曲杆、板的弯曲，膜的弯曲和振动等
拉格朗日（Joseph - Louis Lagrange，1736—1813），法国数学家、物理学家	创立分析力学（提出广义坐标、广义力），研究了杆的屈曲，板的弯曲等；对流体运动的理论也有重要贡献，提出了描述流体运动的拉格朗日方法
库仑（Charlse - Augustin de Coulomb，1736—1806），法国工程师、物理学家	建立摩擦学理论，研究了金属丝的扭转及力学性能，开展了沙石的强度试验，建立了强度准则（库仑准则），研究了挡土墙和拱的稳定性，是 18 世纪对弹性力学贡献最大的人
纳维（Claude - Louis - Marie - Henri Navier，1785—1836），法国物理学家	数学弹性理论开创者之一，研究了薄板弯曲问题（1820），采用分子力概念初步建立各向同性弹性体平衡方程（单参数），发表《弹性固体的平衡定理与运动研究报告》（Mémoire sur les lois de l'équilibre et du movement des corps solides élastiques）（1821），开展了悬索桥的研究（1823），出版了材料力学讲义（1826）和《力学课程总结（Résumé des Leçons de Mécanique)》，给出了弹性模量的定义以及超静定问题的一般解法，研究了受横力和轴力联合作用的杆弯曲，曲杆弯曲，薄壳弯曲等
彭西列特（J. V. Poncelet，1788—1867），法国数学家	将剪应力的影响引入到梁的挠度计算，提出"疲劳"的概念；画法几何的开创者
托马斯·杨（Thomas Young，1773—1829），英国物理学家	出版《自然哲学与机械工艺课程》（A Course of Lectures on Natural Philosophy and the Mechanical Arts）（1807），第一次提出弹性模量的概念，是冲击应力分析的先行者，给出了断裂前服从胡克定律的完全弹性材料的冲击应力计算方法，最早求解矩形杆受偏心拉压问题，研究了变截面杆的屈曲等
柯西（Augustin Louis Cauchy，1789—1857），法国数学家	数学弹性理论开创者之一，提出应力、应变、应力二次曲面、主应力、应变二次曲面、主应变等一系列现在弹性力学的概念，建立了弹性力学平衡方程，几何方程，本构关系（各向同性材料应力应变关系）等，研究了矩形截面杆的扭转问题等
泊松（Simeon Denis Poisson，1781—1840），法国数学家、物理学家	提出了现在的泊松比概念，建立了平板横向弯曲方程

人物	主要贡献
拉梅（Gabriel Lamé, 1795—1870），法国数学家、物理学家、工程师	和克拉佩隆合作发表《均匀固体的内平衡》（Sur l'équilibre interieur des corps solides homogenes）（1828），解决了圆轴简单扭转、空心圆筒受内外压、球壳受内外压、球体受向心引力、半无限大体表面受法向力、无限长圆柱体扭转等问题；提出现在的"拉梅应力椭球"概念；建立弹性体应力-应变关系（拉梅常数）；编写了第一本关于弹性理论的书籍《固体弹性的数学理论教程》（Leçons sur la Théorie Mathématique de l'Élasticité des Corps Solides）（1852）；出版了《曲线坐标及其不同应用》（Leçons sur les coordonnées curvilignes et leurs diverses applications）（1859），叙述了曲线坐标的一般理论及其在力学、热学和弹性理论中的应用，给出了变换为曲线坐标的弹性方程
克拉佩朗（B. P. E Clapeyron, 1799—1864），法国物理学家、工程师	和拉梅合作发表《均匀固体的内平衡》（Sur l'équilibre interieur des corps solides homogenes）（1828），解决了一系列有实用价值的问题，最早提出各向同性体应变能的一般公式（克拉佩朗原理），发展了连续梁的分析方法，建立连续梁三弯矩方程
圣维南（Barré de Saint-Venant, 1797—1886），法国力学家、工程师	第一个验证梁弯曲假设的精确性，求解了自由端加载和悬臂梁问题、梁的扭转问题、冲击问题、强迫振动问题等，提出了圣维南原理、半拟解法等，第一个证明纯剪切是由双向等拉压产生的，第一个研究了连续梁超静定问题，建立了平板弯曲的微分方程并求解了简支矩形板问题，建立了平板侧向屈曲微分方程，推动弹性力学问题解的工程实用化，大篇幅加注了纳维的《力学课程总结》（1864），大篇幅注释和编译了克列布希的《固体弹性理论》，首次推导塑性力学基本方程
杜哈姆（J. M. C Duhamel, 1791—1872），法国数学家和物理学家	热弹性理论的开创者，发表"关于计算因温度变化引起固体中分子作用力的研究报告"（1838），建立了考虑温度应力的平衡微分方程，提出了外载荷应力和温度应力的叠加法，提出了弹性体强迫振动分析的"杜哈姆积分法"（即卷积）
格林（George Green, 1793—1841），英国数学家	提出弹性本构理论（应变能全微分），指出一般弹性体需要 21 个弹性系数，各向同性弹性体则只有 2 个
诺依曼（Franz Neumann, 1798—1895），德国物理学家、数学家	发展了受力弹性体的双折射理论，为光弹实验方法奠定基础；发展了正交各向异性弹性体（有 3 个相互正交对称面的晶体），通过试验确定了各种晶体所需的弹性常数的个数，否定了纳维、泊松等人相关假定，出版《固体和以太的弹性理论讲义》（Vorlesungen über die Theorie der Elasticität der festen körper und des Lichtäthers)》（1885），包含了一些独创性的研究
艾瑞（George Biddell Airy, 1801—1892），英国数学家、天文学家	提出二维问题的应力函数法（1862）

人物	主要贡献
沃勒（A. Whöler, 1819—1914），德国	开创金属疲劳试验研究，首次测得材料的 S - N 曲线（沃勒曲线）
斯托克斯（George Gabriel Stokes, 1819—1903），英国数学家、物理学家	发表论文《流体在运动中的内摩擦理论和弹性固体的平衡与运动理论》（On the Theories of the Internal Friction of Fluids in Motion, and of the Equilibrium and Motion of Elastic Solids）（1845），推导建立了两弹性常数的平衡方程，强调弹性理论必须根据实验结果而非固体分子结构理论，阐述了材料弹性和塑性的关系，在对以太的研究中提出了弹性振动理论中的两个定理（1849）
克希霍夫（Gustave Robert Kirchhoff, 1824—1887）德国物理学家	提出关于平板弯曲的两个假设（现称为克希霍夫假设）建立了平板弯曲微分方程，发展了平板弹性理论；发展了细薄杆变形理论，提出了克希霍夫动力比拟法
开尔文（Lord Kelvin（William Thomson Kelvin），1824 - 1907），英国物理学家	开创了弹性体的热力学分析；第一次证明弹性体应变能只与应变状态有关与加载路径无关；给出了已知表面应力或表面位移的球壳和实心球的解；出版《自然哲学论著》（Treatise on Natural Philosophy）（1967，和泰特（P. G. Tait）合著）和《巴尔的摩讲演集》（Baltimore Lectures）（1884）包含诸多弹性理论方面的创造性成果；研究了弹性系统的阻尼振动，提出了内摩擦的概念
麦克斯韦（James Clerk Maxwell, 1831—1879），英国物理学家	1850 年发表《弹性固体的平衡》（On the Equilibrium of Elastic Solids），涉及弹性体本构、光测弹性应力分析法、给出了一系列问题的解，如离心力作用下薄圆盘的应力，空心圆筒和空心球的温度应力，三角形薄板的应力等；提出三维应力函数法（1868），建议用应变能（畸变能）来确定材料的屈服载荷
克列布希（A. Clebsch, 1833—1872），德国数学力学家	出版《固体弹性理论》（Theorie der Elasticität fester körper）（1862），注重采用数学方法求解问题，给出了一些平面应力问题的求解，发展了克希霍夫的薄杆和薄板变形理论；研究了弹性球的颤振问题，发展了球函数理论
包辛格（Johann Bauschinger, 1833—1893），德国力学家	发明了精密的弹性变形测量仪，开展了多种材料力学性质的精密测量，发现了包括今天称之为包辛格效应的一系列钢铁材料的弹塑性性质
莫尔（O. Mohr, 1835—1918），德国力学家	提出了三维情况下一点上应力计算的图示方法（莫尔圆），并用这种应力表示方法发展了强度理论，现称为莫尔强度理论
列维（Maurice Lévy, 1838—1910），法国力学家（圣维南的学生）	给出了受均匀横向压力作用下杆件平面弯曲平衡方程（1884）；解出了表面受压的二维楔体应力分布（1898）
布辛尼斯克（Joseph Valentin Boussinneq, 1842—1929），法国力学家（圣维南的学生）	出版《弹性固体平衡和运动中势能的应用》（Application des potentiels à l'étude de l'équilibre et du mouvement des solides élastiques…）（1885），获得了边界上作用有法向集中力或分布力的半无限弹性体的解以及半无限弹性体边界作用刚性圆柱压模的解，建立了松散物质弹性变形理论

人物	主要贡献
佛拉门特（Alfred-Aime Flamant），法国力学家（圣维南的学生）	发展了松散物质的平衡与稳定性理论，给出了单位厚度半无限平板边缘作用法向集中力的解
瑞利（Lord Rayleigh, John William Strutt, 1842—1919），英国物理学家	深入研究了弦、杆、膜、板、壳的振动问题，出版《声学理论》（The Theory of Sound）（1877），提出弹性表面波（瑞利波）概念，提出应用广义力和广义坐标的概念，建立弹性表面波理论，发展了薄壳的振动理论，提出今天称为瑞利－里兹法的近似计算方法
卡斯提亚诺（Alberto Castigliano, 1847—1884），意大利工程师	提出了卡斯提亚诺定理，证明了最小功（势能）原理（1873）
沃依特（Woldemar Voigt, 1850—1919），德国物理学家	建立了晶体弹性理论，出版《晶体物理教程》（Lehrbuch der Kristallphysik）（1910），通过单晶体实验解决了历史上对弹性常数个数的争辩，发展了棱柱的纵向冲击理论以及材料的极限强度理论，发展了各向异性板弯曲理论，首次将张量概念引入弹性理论
皮尔逊（Karl Pearson, 1857—1936），英国科学家	和托德亨特（Isaak Todhunter）合作出版《弹性力学史》（History of Elasticity）第一卷（1886），第二卷（1893）；出版《圣维南的弹性研究》（The Elastical Researches of Barré de Saint-Venant）；发展了有体力作用大梁的弯曲以及弹性支撑上连续梁弯曲理论
赫兹（Heinrich Hertz, 1857—1894），德国物理学家	发展了弹性体的接触理论，提出材料硬度测量方法，获得了水面上无限平板一点受压弯曲问题的解以及沿轴线均匀受压圆柱的一般解
拉甫（Augustus Edward Hough Love, 1863—1940），英国力学家、物理学家	出版《数学弹性理论教材》（Treatise on the Mathematical Theory of Elasticity（1892），修正瑞利的薄壳理论，研究了实心球的弹性平衡，出版了《地球动力学的某些问题》（Some Problems of Geodynamics）（1911），修正了"瑞利波"理论，建立了今天的"拉甫波"理论
米歇尔（J. H. Michell, 1863—1940），澳大利亚力学家	研究了各向同性二维问题，给出了极坐标下弹性力学问题应力函数的通解以及应力分布与弹性常数无关的条件（1899），获得了半无限大板受斜拉力的解、端部受载的楔形悬臂梁的解、无限大板内一点受力问题的解等（1900）
普朗特（Ludwig Prandtl, 1875—1953），德国物理学家，近代力学奠基人之一	研究了狭长矩形截面梁的侧向稳定性，发明屈曲临界载荷实验技术（1899），提出扭转问题应力函数，采用薄膜比拟法分析扭转问题（1903）

人物	主要贡献
铁木辛柯（Stephen Prokofievitch Timoshenko 1878—1972），美籍俄罗斯力学家、力学教育家	研究了梁、板的稳定性问题，提出"铁木辛柯梁"模型，编写了《材料力学》《高等材料力学》《结构力学》《工程力学》《高等动力学》《弹性力学》《弹性稳定性理论》《工程中的振动问题》《弹性系统的稳定性》《高等动力学》《板壳理论》《材料力学史》等二十种书
穆斯海里什维里（N. I. Muskhelishvili, 1891—1976），苏联数学家、力学家	发展了弹性力学的复分析，将复变函数中的保角映射应用于各向同性单连通平面弹性问题的求解，借助积分方程求解了多连通区域平面弹性问题，出版《数学弹性理论中的几个基本问题》（1933）

主要参考书目

［1］ Barber J R. Elasticity (3rd Revised Edition)［M］. Springer Science + Business Media B. V, 2010.

［2］ Sadd M H. Elasticity-Theory, Applications, and Numerics (Second Edition)［M］. Elsevier Inc, 2009.

［3］ Timoshenko S P. Goodier J N. Theory of Elasticity (Third Edition)［M］. 北京：清华大学出版社，2004.

［4］ Timoshenko S P. History of Strength of Materials ［M］. Dover Publications, Inc. , New York 1953.

［5］ Love A E H. A Treatise on the Mathematical Theory of Elasticity (4th Edition)［M］. Dover, New York, 1944.

［6］ 钱伟长，叶开沅. 弹性力学 ［M］. 北京：科学出版社，1956.

［7］ 铁木辛柯，古地尔. 弹性理论 ［M］. 北京：高等教育出版社，1990.

［8］ 陆明万，罗学富. 弹性理论基础 ［M］. 2 版. 北京：清华大学出版社，施普林格出版社，2001.

［9］ 吴家龙. 弹性力学 ［M］. 北京：高等教育出版社，2001.

［10］ 程昌钧，朱媛媛. 弹性力学 (修订版)［M］. 上海：上海大学出版社，2005.

［11］ 黄怡筠，程兆雄. 弹性理论基础 ［M］. 北京：北京理工大学出版社，1988.

［12］ 武际可，王敏中. 弹性力学引论 (修订版)［M］. 北京：北京大学出版社，2001.

［13］ 王敏中，王炜，武际可. 弹性力学教程 (修订版)［M］. 北京：北京大学出版社，2011.

［14］ 徐芝纶. 弹性力学 ［M］. 北京：高等教育出版社，1990.

［15］ 徐芝纶. 弹性力学简明教程 ［M］. 3 版. 北京：高等教育出版社，2002.

［16］ 严宗达，王洪礼. 热应力 ［M］. 北京：高等教育出版社，1993.

［17］ 黄克智，薛明德，陆明万. 张量分析 ［M］. 北京：清华大学出版社，1986.

［18］ 林家翘，L A 西格尔. 自然科学中确定性问题的应用数学 ［M］. 北京：科学出版社，2010.

［19］ 恩·伊·穆斯海里什维里. 数学弹性理论的几个基本问题 (原书第 5 版)［M］. 北京：科学出版社，2018.

［20］ 武际可. 力学史 ［M］. 上海：上海辞书出版社，2010.